高等学校土木工程专业系列规划教材

土木工程材料

（第3版）

主　编　杨　杨　钱晓倩　孔德玉
副主编　孟　涛　徐　迅　顾春平
主　审　张亚梅

图书在版编目(CIP)数据

土木工程材料/杨杨,钱晓倩,孔德玉主编.—3版.武汉:武汉大学出版社,2023.3

高等学校土木工程专业系列规划教材

ISBN 978-7-307-23541-0

Ⅰ.土… Ⅱ.①杨… ②钱… ③孔… Ⅲ.土木工程—建筑材料—高等学校—教材 Ⅳ.TU5

中国国家版本馆CIP数据核字(2023)第014406号

责任编辑:刘小娟　　责任校对:路亚妮　　装帧设计:吴　极

出版发行:**武汉大学出版社**　(430072　武昌　珞珈山)

(电子邮箱:whu_publish@163.com)

印刷:湖北睿智印务有限公司

开本:880×1230　1/16　印张:23.75　字数:763千字

版次:2014年6月第1版　2018年7月第2版

2023年3月第3版　2023年3月第3版第1次印刷

ISBN 978-7-307-23541-0　定价:72.00元

丛书序

土木工程涉及国家的基础设施建设，投入大，带动的行业多。改革开放后，我国国民经济持续稳定增长，其中土建行业的贡献率达到1/3。随着城市化的发展，这一趋势还将继续呈现增长势头。土木工程行业的发展，极大地推动了土木工程专业教育的发展。目前，我国有500余所大学开设土木工程专业，在校生达40余万人。

2010年6月，中国工程院和教育部牵头，联合有关部门和行业协(学)会，启动实施“卓越工程师教育培养计划”，以促进我国高等工程教育的改革。其中，“高等学校土木工程专业卓越工程师教育培养计划”由住房和城乡建设部与教育部组织实施。

2011年9月，住房和城乡建设部人事司和高等学校土建学科教学指导委员会颁布《高等学校土木工程本科指导性专业规范》，对土木工程专业的学科基础、培养目标、培养规格、教学内容、课程体系及教学基本条件等提出了指导性要求。

在上述背景下，为满足国家建设对土木工程卓越人才的迫切需求，有效推动各高校土木工程专业卓越工程师教育培养计划的实施，促进高等学校土木工程专业教育改革，2013年住房和城乡建设部高等学校土木工程学科专业指导委员会启动了“高等教育教学改革土木工程专业卓越计划专项”，支持并资助有关高校结合当前土木工程专业高等教育的实际，围绕卓越人才培养目标及模式、实践教学环节、校企合作、课程建设、教学资源建设、师资培养等专业建设中的重点、亟待解决的问题开展研究，以对土木工程专业教育起到引导和示范作用。

为配合土木工程专业实施卓越工程师教育培养计划的教学改革及教学资源建设，由武汉大学发起，联合国内部分土木工程教育专家和企业工程专家，启动了“高等学校土木工程专业系列规划教材”建设项目。该系列教材贯彻落实《高等学校土木工程本科指导性专业规范》《卓越工程师教育培养计划通用标准》和《土木工程卓越工程师教育培养计划专业标准》，力图以工程实际为背景，以工程技术为主线，着力提升学生的工程素养，培养学生的工程实践能力和工程创新能力。该系列教材的编写人员，大多主持或参加了住房和城乡建设部高等学校土木工程学科专业指导委员会的“高等教学改革土木工程专业卓越计划专项”教改项目，因此该系列教材也是“土木工程专业卓越计划专项”的教改成果。

土木工程专业卓越工程师教育培养计划的实施，需要校企合作，期望土木工程专业教育专家与工程专家一道，共同为土木工程专业卓越工程师的培养做出贡献！

是以为序。

2014年3月于同济大学四平路校区

特别提示

教学实践表明，有效地利用数字化教学资源，对于学生学习能力以及问题意识的培养乃至怀疑精神的塑造具有重要意义。

通过对数字化教学资源的选取与利用，学生的学习从以教师主讲的单向指导的模式转变为一次建设性、发现性的学习，从被动学习转变为主动学习，由教师传播知识到学生自己重新创造知识。这无疑是锻炼和提高学生信息素养的大好机会，也是检验其学习能力、学习收获的最佳方式和途径之一。

本系列教材在相关编写人员的配合下，逐步配备基本数字教学资源，主要内容包括：

文本：课程重难点、思考题与习题参考答案、知识拓展等。

图片：课程教学外观图、原理图、设计图等。

视频：课程讲述对象展示视频、模拟动画，课程实验视频，工程实例视频等。

音频：课程讲述对象解说音频、录音材料等。

数字资源获取方法：

① 打开微信，点击“扫一扫”。

② 将扫描框对准书中所附的二维码。

③ 扫描完毕，即可查看文件。

更多数字教学资源共享、图书购买及读者互动敬请关注“开动传媒”微信公众号！

前　言

《土木工程材料》自2014年第一次出版、2018年第二次出版以来，经过多所院校的使用，受到了广大教师和学生的好评，同时他们也提出了一些宝贵的意见和建议。为了更好地满足学生学习的需要，通过4年的教学实践和总结，对第2版进行了修订。

本版本保留了第2版的风格和体系，对第2版中出现的错误进行了修订；对规范修订后的内容进行了修改，并增加了一些重大工程案例；同时，结合最新的出版融合技术，将二维码嵌入纸质媒体，配置多种“数字资源”，打造“多媒体、立体化、互联网＋”的全媒体图书，给不同的读者群体提供多样化的阅读体验。

本书由浙江工业大学杨杨、浙江大学钱晓倩、浙江工业大学孔德玉担任主编，浙江大学孟涛、西南科技大学徐迅、浙江工业大学顾春平担任副主编，浙江科技学院张云莲，浙江工业大学叶青、施韬，浙江华威建材集团有限公司王章夫参编，浙江大学硕士研究生孟睿覃、王梦华、杨潮军，西南科技大学硕士研究生孙永涛参与了部分图片制作和文字录入等工作。全书的审校核对工作由孔德玉负责。

具体编写分工为：杨杨（前言、第4章），钱晓倩（第6章），孟涛（第3、7、9、11章），孔德玉（第1、2章），徐迅（绪论、工程案例），张云莲（第10章），叶青（第5章），施韬（第8章），顾春平（标准规范相关内容修订），王章夫（经典案例）。

本书采用国家与行业最新技术标准和规范，并介绍了相关材料最新研究进展和发展方向，应用性强、适用面广，可作为土木工程相关专业的教学用书，也可供土木工程设计、施工、科研、工程管理和监理人员学习参考。

由于土木工程材料科学和技术发展很快，新材料、新工艺、新标准层出不穷，书中难免有不当、有待商榷，甚至错误之处，敬请读者批评指正。

编　者

2022年4月

目　录

数字资源目录

0 绪　论

课前导读

内容提要

本章主要介绍土木工程材料的分类，土木工程材料的地位与作用以及土木工程材料的发展史。

能力要求

通过本章的学习，学生了解土木工程材料的分类、在工程中的地位、发展历史和发展趋势。

土木工程材料是指人类建造建(构)筑物时所用的材料和制品的总称。常用的土木工程材料有水泥、石灰、砂、石、混凝土、木材、钢材、沥青、塑料等。

图0-1为土木工程材料按化学成分和组成分类。

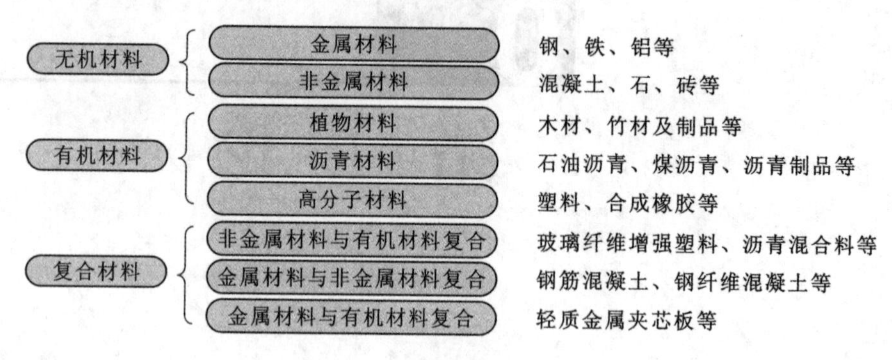

图0-1 土木工程材料的分类

0.1 土木工程材料的地位和作用

0.1.1 材料是土木工程的核心

土木工程材料是一切建筑工程的物质基础,任何建筑物或构筑物都是用土木工程材料按某种方式组合而成的。如图0-2所示,土木工程的建造需要做到"顶天立地",从顶天的"力学"与"设计",到立地的材料、施工与造价因素。没有土木工程材料,就没有土木工程。

0.1.2 材料与工程造价和资源消耗关系密切

在土木工程中,土木工程材料应用量巨大,比如一栋单体建筑物所消耗的土木工程材料涉及数十甚至上百种,质量为几百上千吨,有时达到数万吨甚至几十万吨。图0-3展示了土木工程在建设和使用过程中消耗大量材料和能源,合理降低材料的使用可减少资源的消耗,对发展低碳建筑具有重要意义,也是低碳化建设与管理的重要基础。

同时,土木工程材料的费用在工程总造价中一般占到40%～70%,选用的材料直接影响工程造价和建设投资。

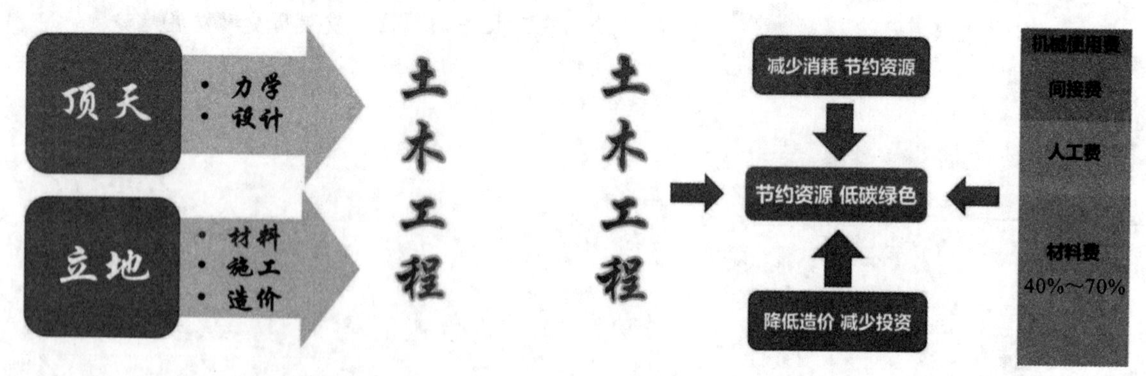

图0-2 土木工程中的"顶天立地"

图0-3 土木工程建设中费用的组成

0.1.3 材料是工程结构发展的基础

土木工程材料的性能影响土木工程的坚固性、耐久性和适用性。土木工程材料,对工程结构的设计有着重大作用,土木工程结构的设计依托材料性能,例如,钢筋混凝土结构的建筑物,其坚固性一般优于木结构建筑物,而舒适性不及后者。

图 0-4 展示了世界上最大的膜结构工程——水立方，其使用的 ETFE 膜（乙烯-四氟乙烯共聚物）是一种轻质新型材料，具有良好的热学性能，可以调节室内环境，冬季保温、夏季散热，而且还能避免建筑结构受到游泳中心内部环境的侵蚀。同时，ETFE 材料还具有出色的自动修复功能，如果 ETFE 膜上有一个破洞，不必更换，只需打上一块补丁，过一段时间就会恢复原貌。由于新型材料出现，膜结构建筑是 21 世纪最具代表性的一种全新的建筑形式，至今已成为大跨度空间建筑的主要形式之一。

图 0-4 世界上最大的膜结构工程——水立方

0.2 土木工程材料发展史

纵观历史发展，人们不断利用天然材料，材料不停地发展，材料使用呈现百花齐放，如木材、石材、砖瓦等材料一直沿用至今。图 0-5 表示了材料的发展历程，通过不断发展，人类逐步开始制造使用合成的人造材料，减少了对天然材料的依赖。如今依靠科技，开始从原子、分子层面对材料进行设计和调控，制造了许多新型科技材料，如纳米材料、自修复材料、记忆材料等，不断丰富着材料的宝库。

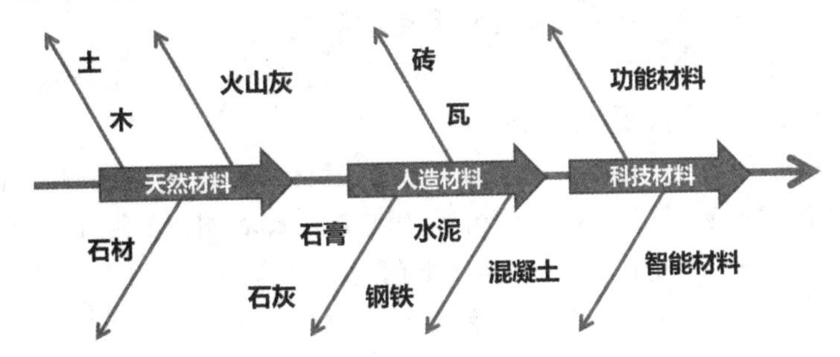

图 0-5 材料的发展历程

0.2.1 天然材料时代

在遥远的旧石器时代，人类居住在天然洞穴中，利用天然材料，甚至不需人为加工。

0.2.1.1 土、木材料

我国在木材应用的技术方面具有很高的水平和独到之处，古人将木结构的优点发挥到极致，结合我国的艺术精华，给后人留下了许多宝贵的建筑文化遗产，如图 0-6 的河姆渡遗址、图 0-7 的明十三陵等。江南古建筑中常用杉木作为厅堂及亭台楼阁木结构中的柱、梁，承重结构常常用到栗木、榉木、香樟甚至楠木、银杏等珍贵木材。

中国古代有名的木结构建筑有北宋乾德二年（964 年）福建福州的华林寺大殿，宋天禧二年（1018 年）山东曲阜的孔庙藏书楼,明永乐十八年(1420年)北京的紫禁城太和殿,清光绪六年(1880年)福建龙岩的福裕楼等。

图 0-6 河姆渡遗址

图 0-7 北京天寿山明十三陵

0.2.1.2 石、火山灰材料

青铜时期,石作为土木工程材料登上了历史的舞台。石的抗压强度高,耐久性好,但是自重大,抗弯、抗剪强度低,加工运输困难,因此当时石梁的跨度都非常小。图0-8为以石作为土木工程材料的巴姆古城。

图 0-8 巴姆古城

赵州桥(图0-9)建于隋朝,整个桥体全部由石料建成,代表了当时石拱建造技术的最高峰。在历经十几次水灾和多次地震之后,赵州桥至今依然保持完好。

同时在此时期,火山爆发后产生的火山灰这种原始的胶凝材料也逐渐被人们发现并开始利用,早期石灰与火山灰的混合物与现代的石灰-火山灰水泥很相似,用它胶结碎石制成的混凝土,硬化后不但强度较高,而且还能抵抗淡水或盐水的侵蚀,图0-10为125年建造的意大利万神庙上使用石灰-火山灰胶凝材料来制作的穹顶。在之后的很长一段时间,火山灰作为一种重要的胶凝材料,广泛应用于民用建筑、水利、国防等工程。

图 0-9 赵州桥

图 0-10 意大利万神庙

0.2.2 人造材料时代

0.2.2.1 砖、瓦

人类在铁器时代制造建材的工具更加丰富，开始人工合成和制造各种土木工程材料，如砖和瓦。

我国在西周时期的墓穴中就发现了砖的痕迹。到了战国时期和秦朝，为了抵御北方匈奴，使用砖修筑了长城(图 0-11)。砖与石相比具有许多优点，尺寸相同时，质量相对较轻，制造方便，施工便捷。砖的抗压强度较高，耐久性也很好。

早在秦朝的阿房宫前殿遗址中就发现了瓦。到了汉朝，我国的制瓦工艺达到了巅峰，图 0-12 为汉代制作的瓦。瓦的防水隔热性好，强度较高，耐腐蚀性好，但是脆性大，易破损。瓦是历史上第一次出现的人造防水材料，它的出现具有划时代的意义。

图 0-11 用砖砌筑的长城

图 0-12 汉代优美的瓦

0.2.2.2 石灰、石膏

石灰是一种以氧化钙为主要成分的气硬性无机胶凝材料。石灰是用石灰石、白云石、白垩、贝壳等碳酸钙含量高的产物，经 900～1100℃煅烧而成。石灰是人类最早应用的胶凝材料。石灰在土木工程中的应用范围很广，我国古代长城在砌筑时就使用了此材料。

石膏和石灰一样，都是最古老的建筑材料，具有悠久的使用与发展历史。石膏是以硫酸钙为主要成分的气硬性胶凝材料。石膏制品具有轻质高强、隔热吸声、防火保温、环保美观、加工容易等优良性能，适用于室内装饰及框架轻板结构，特别是各种轻质石膏板材，在建筑工程应用发展很快。

0.2.2.3 水泥

英国土木工程师约翰·史密顿在现代水泥的历史、重新发现和发展方面非常重要，他确定了在石灰中获得"水硬性"所需的成分要求。胶凝材料从气硬性到水硬性这一重大变革，是水泥发展过程中知识积累的一大飞跃，不仅对英国航海业做出了贡献，也对"波特兰水泥"的发明起到了重要作用。用黏土、石灰石制成的石灰被称为水硬性石灰。

约翰·史密顿在反复试验的基础上，总结出石灰石、黏土等多种原料之间的比例以及生产这种混合料的方法。他将这些原料按一定比例配合后，在类似于烧石灰的立窑内煅烧成熟料，再经磨细制成水泥。这种水泥具有优良的建筑性能，在水泥史上具有划时代意义。图 0-13 为如今使用现代水泥制作的建筑物。

0.2.2.4 钢材、混凝土

随着工业时代的到来，土木工程材料的发展进入了高速发展的新时期。这个时期资本主义快速兴起，大跨度厂房、高层建筑和桥梁等工程的建设使土木工程材料的需求剧增，原有材料在性能上满足不了新的建设要求。钢结构与钢筋混凝土结构的大规模应用代表着建筑结构的又一次飞跃。图 0-14、图 0-15 展示了钢结构和钢筋混凝土结构所建造的大型建筑物与摩天大楼。

图 0-13 使用现代水泥制作的建筑物

图 0-14 埃菲尔铁塔

图 0-15 台北 101 大楼

0.2.3 科技材料时代

进入 21 世纪,土木工程材料开始由单一强调经济性和适用性向关注可持续性、绿色化、智能化转变,基础学科及相关工程学科的发展为土木工程材料的高性能化、多功能化、智能化和绿色生态化创造了更为充分的条件,日新月异的土木工程设计理念和建造技术对土木工程材料的发展提出了越来越多的要求,各种具有应变能力或者更强功能性的材料不断被开发,如新型防水材料、新型复合材料、新型保温材料及新型智能材料,人们将不同组成与结构的材料复合,扬长避短,发挥各种材料的特性,如图 0-16 所示的透光混凝土、图 0-17 所示的自修复混凝土等。随着土木工程行业的发展,未来的工程材料将朝着高性能化、多功能化、智能化、绿色生态化等方向持续发展。

图 0-16 透光混凝土

图 0-17 自修复混凝土

低碳革新 为材永恒
——材料的生命周期

介绍

改革开放以来，我国大规模工业化发展，经济高速增长，但与此同时伴随着资源、能源消耗与环境污染的急速增加，材料工业的能耗和产业发展带来的污染物排放等问题愈加凸显，如我国材料工业能耗已超过全国总能耗的45%及工业总能耗的65%，材料工业发展带来的SO_2、废水、固体废弃物、烟尘排放分别占工业总量的32%、48%、60%、94%，加剧了资源能源紧缺、生态环境恶化。

建筑材料是世界上消耗最多的资源，据统计，全球有30%～40%初级能源被建筑行业所消耗，全球40%～50%温室气体排放来自建筑业，随着全球变暖，资源、能源耗竭，环境污染等环境问题日益严峻，严重阻碍了社会、经济、资源和环境的可持续发展。

建筑业是社会、经济发展的主要贡献者之一，同时又消耗了大量的资源、能源并产生了大量的污染物及废弃物。从矿产资源到我们所见到的各式各样的建筑材料，各种资源与环境问题不断加重，从地区到全球、从城市到农村逐渐蔓延，阻碍了循环经济与社会环境的协调发展。人类开始不断探索新的可持续发展方式。在建筑领域，关于废旧建筑材料循环利用问题的研究受到了国内外相关人士的普遍关注，为建筑材料的循环利用以及可持续建筑设计指出了一条全新的发展道路。

钢铁、水泥、混凝土等我们使用的各种材料均有着生命周期的概念。如图0-18所示，以钢材的生命周期为例，在材料的生命周期中，从原材料的制造到后期的使用过程伴随着一系列的强度、刚度等技术指标的确立与变化。

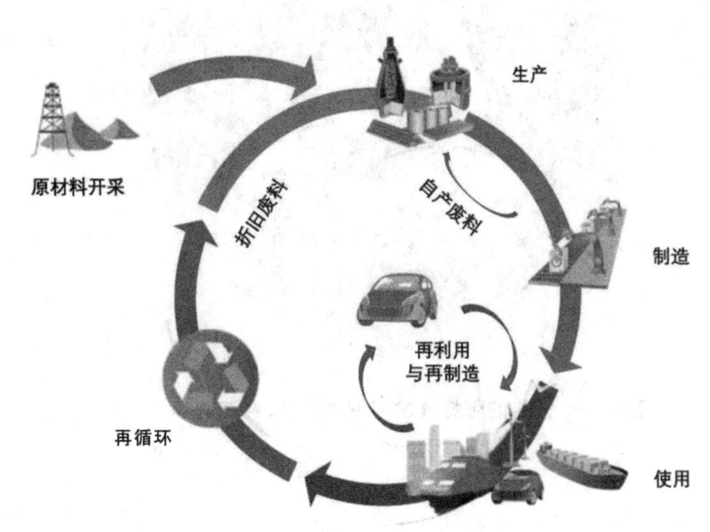

图0-18 钢材的生命周期

党的十八大以来，我国已将生态文明建设作为基本国策，推动工业绿色转型。材料产品是人类生存、国民经济发展不可或缺的物质基础，在倡导生态文明建设的大背景下，材料产业发展应从注重产量、成本、性能的模式，逐渐向注重性能、资源/能源、环境多维协调的模式转变。

同时，"碳达峰"和"碳中和"战略对建筑行业绿色低碳发展提出了新的要求，在"双碳"目标下，建设标准、建造方式、技术路线以及建材选用的节能降碳绿色水平都将提到一个新的高度。绿色建筑、绿色建材、建筑新型能源形态等技术形态将加速建筑产业升级。生命周期工程是绿色制造战略在全产业链的延伸与扩展，以满足使用性能、保护环境、促进经济发展为协同目标，将其理论与技术应用到产品的设计与生产中，综合优化产品在生命周期中的成本、性能与环境表现，是一个涵盖产品生态设计、绿色工艺规划、绿色制造、清洁生产、绿色包装、维修、再制造、再利用等诸多研究内容，由制造科学、管理科学和环境科学深层次交叉而形成的国际重要科学与技术研究的前沿领域。

启示

了解了材料的生命周期,对你有什么启示?

(1)减少原始资源消耗,构建人类命运共同体

在高速发展运转的时代,不止建筑业,各行各业都离不开对材料的使用,但材料归根到底都是使用已有的有限矿产资源,如果资源不加以合理规划与使用,最终将会消耗殆尽,对未来长期发展将会造成不可挽回的损失。如今,从材料的生命周期角度去探究材料的科学、合理使用,分析、解决全球能源危机和环境污染问题,增强新型绿色材料与环境协同效应,构建人类命运共同体。

(2)增强材料的循环利用,减少资源开发,节约成本

目前,世界资源匮乏,尤其是不可再生资源极为匮乏,我们只有不断完善、不断丰富循环使用材料,才可以长久地实现人与自然的和谐共生,减少建筑资源的浪费。

(3)材料的生命周期与可持续发展过程中也伴随着社会、环境与经济的发展

材料资源的可持续发展也是和社会资源、社会环境、社会经济环环相扣的(图 0-19)。生命周期工程是多专业、多领域相融合的工程研究,是一项庞杂的系统工程,更是实现全球可持续发展目标的关键途径。生命周期工程实践迫切需要各相关领域的科技工作者共同携手、肩负使命、勤于探索、勇于实践,为实现人类社会的绿色发展贡献力量。

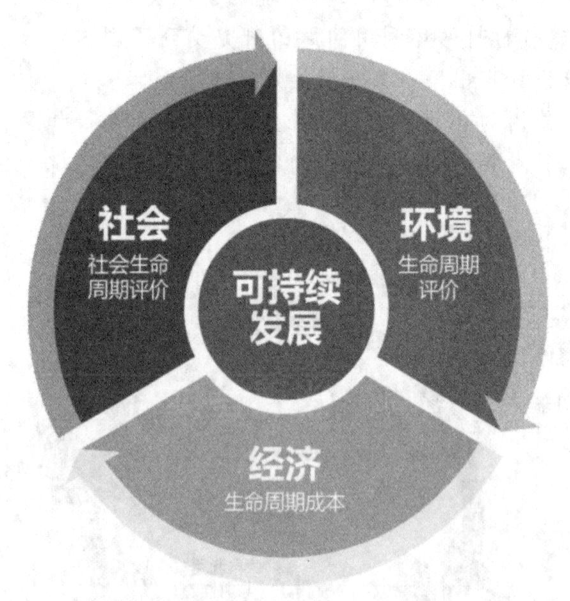

图 0-19 材料的可持续发展推动社会、经济与环境发展

1

土木工程材料的基本性质

课前导读

内容提要

本章主要介绍土木工程材料的物理性质、力学性质、耐久性等基本参数和基本概念，并介绍了土木工程材料的物质组成、微观结构、宏观构造及其与材料性质之间的关系。

能力要求

通过本章的学习，学生应熟练掌握土木工程材料基本物理参数的计算方法，掌握材料与水、热等有关基本物理性质的相关概念，了解材料组成、结构与构造之间的关系，能够根据材料组成、结构和构造推断材料基本特性的变化规律。

数字资源

重难点

1.1 材料的物理性质

1.1.1 材料的体积组成

在土木工程常用材料中，绝大多数材料的表面和内部均含有孔隙(pore，图1-1)。材料中的孔隙数量和孔隙特征对材料性质影响很大。根据孔隙与外界是否连通的特性，可将材料孔隙分为与外界连通的开口孔隙(open pore)和与外界隔绝的闭口孔隙(closed pore)；按孔隙尺寸大小，可将材料孔隙分为大孔隙(macro-pore)、毛细孔隙(micro-pore or capillary pore)和纳米孔隙(nano-pore)三种。

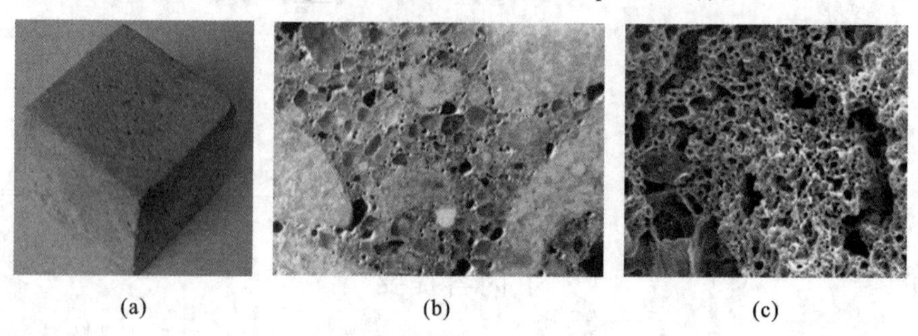

(a)　　(b)　　(c)

图1-1　材料中的孔隙

(a)混凝土表面的孔隙；(b)混凝土内部的孔隙；(c)轻骨料内部的孔隙

对于开口孔隙，大孔隙中水分和溶液易于渗入，但不易被充满；纳米孔隙中水分和溶液易于渗入，但不易在其中流动；而介于两者之间的毛细孔隙，水分和溶液既易于渗入，又易于被充满，故对材料的抗渗性、抗冻性和抗侵蚀性均有不利影响。

由于闭口孔隙中水分和溶液不易侵入，故闭口孔隙的存在对材料的抗渗性、抗冻性和抗侵蚀性无不利影响，反而具有改善材料保温性和耐久性等作用。

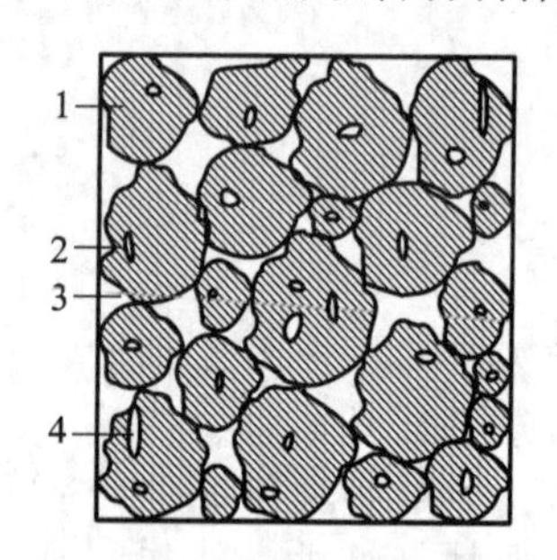

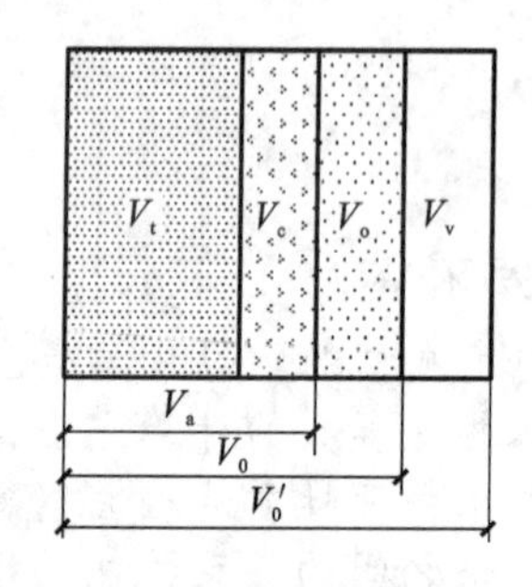

图1-2　含孔材料堆积状态与体积组成示意图

1—固体物质；2—闭口孔隙；3—空隙；4—开口孔隙

将材料中开口孔隙和闭口孔隙的体积分别记为V_o和V_c，则材料的孔隙体积$V_p=V_o+V_c$。若将材料中实物质的体积记为V_t，则材料的总体积(一般将该体积称为材料的毛体积)$V_0=V_t+V_o+V_c$；另外将材料中实物质的体积和闭口孔隙体积之和称为材料的表观体积(apparent volume)，记为V_a。对于散粒状材料，如砂石材料、水泥等，当颗粒堆积在一起时，颗粒之间存在大量空隙(void)，其空隙体积记为V_v。含孔材料颗粒的堆积体积组成如图1-2所示，其堆积总体积用V_0'表示。

1.1.2 材料与密度有关的物理参数

1.1.2.1 真实密度

材料在绝对密实状态下单位体积的质量称为材料的真实密度(density)。用公式表示为：

$$\rho_t=\frac{m}{V_t} \tag{1-1}$$

式中　ρ_t——真实密度，g/cm^3；

m——材料在干燥状态下的质量，g；

V_t——干燥材料在绝对密实状态下的体积，cm^3。

在土木工程材料中,绝大多数材料均含有一定数量的孔隙,如混凝土、砖、泡沫玻璃等。测定含孔无机材料真实密度时,为消除材料内部闭口孔隙对所测真实体积的影响,需将材料磨成细粉(一般要求全部通过0.20mm方孔筛),干燥后,用密度瓶或李氏瓶通过排水(液)法测定其真实体积,选用的液体与被测材料之间应无化学反应或溶解现象。材料磨得愈细,测得的真实密度值愈精确。

对于完全密实材料,如玻璃、钢、铁、单矿物等,若外形规则,则可直接通过测量其几何尺寸来计算其真实体积,外形不规则可用排水(液)法进行测定。

1.1.2.2 表观密度

材料单位表观体积的质量称为材料的表观密度(apparent density)。用公式表示为:

$$\rho_a = \frac{m}{V_a} \tag{1-2}$$

式中 ρ_a——表观密度,g/cm^3;

m——材料在干燥状态下的质量,g;

V_a——干燥材料包括闭口孔隙体积在内的体积,$V_a = V_t + V_c$,cm^3。

材料的表观体积通常采用排水(液)法进行测定。对于散粒状材料,可采用容量瓶法进行测定。将一定质量(m_0)的散粒状材料加入装有半瓶水的容量瓶中,通过摇晃驱赶出其中的气泡,静置24h,待吸水饱和后,加水至规定刻度,称量包含散粒状材料、水和容量瓶在内的总质量m_2,然后将容量瓶倒空,再加水至规定刻度后,称量包含水和容量瓶在内的总质量m_1,则可计算得到材料的表观密度,如式(1-3)所示。

$$\rho_a = \frac{m_0}{\dfrac{m_0 + m_1 - m_2}{\rho_w}} = \frac{m_0 \cdot \rho_w}{m_0 + m_1 - m_2} \tag{1-3}$$

式中 m_0——散粒状材料的质量,g;

m_2——加水至规定刻度后包含散粒状材料、水和容量瓶在内的总质量,g;

m_1——倒空再加水至规定刻度后包含水和容量瓶在内的总质量,g;

ρ_w——水的密度,在常温下约为1.00g/cm^3。

工程上砂、碎石等散粒状材料的表观密度即采用容量瓶法进行测定。

对于块状材料,表观密度可采用静水称量法进行测定。首先称量得到块状材料在空气中的干燥质量(m_0),然后将材料置于水中,吸水饱和后,采用专用的静水天平称量得到块状材料在水中的质量(m_2),则可根据材料所受的浮力与上述质量之间的关系计算材料的表观体积,进一步计算得到材料的表观密度,如式(1-4)所示。

$$\rho_a = \frac{m_0}{V_t + V_c} = \frac{m_0}{\dfrac{m_0 - m_2}{\rho_w}} = \frac{m_0 \cdot \rho_w}{m_0 - m_2} \tag{1-4}$$

式中 ρ_w——水的密度,在常温下约为1.00g/cm^3;

m_0——块状材料在空气中的干燥质量,g;

m_2——块状材料在水中的质量,g。

1.1.2.3 体积密度

材料在自然状态下单位毛体积的质量称为材料的体积密度(gross volume density)。用公式表示为:

$$\rho_0 = \frac{m}{V_0} \tag{1-5}$$

式中 ρ_0——材料的体积密度,g/cm^3;

m——材料的干燥质量,g;

V_0——材料的毛体积,cm^3。

材料的毛体积是指包含材料内部实物质、开口孔隙和闭口孔隙三者体积在内的总体积。对于外形规则的材料,可采用直接测量其几何尺寸的方法来计算其毛体积;对于开口孔隙尺寸较小的外形不规则材料,可用静水称量法进行测定。对于开口孔隙尺寸较大的外形不规则的材料,可采用封蜡法将表面大孔封闭,然后采用静水称量法测定材料毛体积。

静水称量法测定材料毛体积时,首先称量得到块状材料在空气中的干燥质量(m_0),然后将材料置于水中,吸水饱和后,采用专用的静水天平称量得到块状材料在水中的质量(m_2),然后将吸水饱和的材料取出,用干毛巾将材料表面擦干,称量得到材料的饱和面干状态(内部吸水饱和,表面干燥状态)下的质量(m_1),则可根据材料所受的浮力与上述质量之间的关系计算材料的毛体积,并计算得到材料的体积密度,如式(1-6)所示。

$$\rho_0=\frac{m_0}{V_0}=\frac{m_0}{\frac{m_1-m_2}{\rho_w}}=\frac{m_0\cdot\rho_w}{m_1-m_2} \tag{1-6}$$

式中 ρ_w——水的密度,在常温下约为1.00g/cm^3;

m_0——块状材料在空气中的干燥质量,g;

m_2——块状材料在水中的质量,g;

m_1——材料在饱和面干状态下的质量,g。

上述测得的材料在烘干状态下的体积密度称为干体积密度。实际上,材料在自然状态下的体积密度与其含水率有关,当材料含水率变化时,其质量和体积均有所变化。因此测定材料体积密度时,需同时测定其含水率,并予以注明。

1.1.2.4 堆积密度

散粒状材料在自然堆积状态下单位体积的质量称为堆积密度(bulk density)。用公式表示为:

$$\rho_0'=\frac{m}{V_0'} \tag{1-7}$$

式中 ρ_0'——散粒状材料的堆积密度,g/cm^3;

m——散粒状材料的质量,一般以干燥状态为准,若材料含水时必须注明含水情况,g;

V_0'——散粒状材料在自然堆积状态下的体积,$V_0'=V_t+V_c+V_o+V_v=V_{筒}$,m^3。

散粒状材料在自然堆积状态下的体积是指既含有颗粒内部的孔隙,又含有颗粒之间空隙的总体积。散粒状材料的体积可用已标定容积的容量筒($V_{筒}$)进行测定。测定时材料未经振实而呈自然堆积状态时,测得的堆积密度称为松堆积密度;按照规定方法进行振实后测得的堆积密度称为紧密堆积密度。

大多数材料均或多或少含有一些孔隙,故一般干燥材料的ρ_t(真实密度)>ρ_a(表观密度)>ρ_0(体积密度)>ρ_0'(堆积密度)。

在土木工程中,计算材料用量、构件自重、配料、材料堆放的体积或面积以及材料的孔隙率和空隙率等参数时,需用到材料的真实密度、表观密度、体积密度和堆积密度。常用土木工程材料的真实密度、表观密度、体积密度和堆积密度等见表1-1。

表1-1 **常用土木工程材料的真实密度、表观密度、体积密度和堆积密度**

材料名称	真实密度/(g·cm^{-3})	表观密度/(g·cm^{-3})	体积密度/(g·cm^{-3})	堆积密度/(g·cm^{-3})
钢	7.85	—	7850	—
花岗岩	2.60~2.90	—	2500~2800	—
石灰岩	2.50~2.80	—	2400~2750	—
石灰岩碎石	2.50~2.80	—	2450~2780	1350~1650
砂	2.50~2.80	2450~2780	—	1350~1650
黏土	2.50~2.70	—	—	1600~1800
水泥	2.80~3.20	—	—	1200~1300
烧结普通砖	2.50~2.70	—	1600~1900	—
烧结多孔砖	2.50~2.70	—	800~1480	—
红松木	1.55	—	380~700	—
泡沫塑料	—	—	20~50	—
普通混凝土	2.50~2.60	—	2100~2600	—

1.1.3 材料与孔隙有关的物理参数

1.1.3.1 孔隙率

材料内部孔隙体积占总体积的百分率称为材料的孔隙率(porosity,P),材料内部开口孔隙和闭口孔隙体积分别占总体积的百分率称为材料的开口孔隙率(P_o)和闭口孔隙率(P_c),可用公式分别表示如下:

$$P=\frac{V_p}{V_0}\times 100\%=\frac{V_0-V_t}{V_0}\times 100\%=\left(1-\frac{\rho_0}{\rho_t}\right)\times 100\% \tag{1-8}$$

$$P_o=\frac{V_o}{V_0}\times 100\%=\frac{V_0-V_a}{V_0}\times 100\%=\left(1-\frac{\rho_0}{\rho_a}\right)\times 100\% \tag{1-9}$$

$$P_c=P-P_o \tag{1-10}$$

式中 V_o——材料开口孔隙的体积,m^3;

V_p——材料孔隙的总体积,m^3;

V_t——材料中物质的真实体积,m^3;

V_0——材料总体积,m^3;

ρ_0——材料的体积密度,kg/m^3;

ρ_a——材料的表观密度,kg/m^3;

ρ_t——材料的真实密度,kg/m^3。

材料孔隙率的大小直接反映材料的密实程度的大小,孔隙率越小,密实度越大,材料强度越大。孔隙率相同的材料,它们的孔隙特征(如开口或封闭、大小、分布以及连通性)可以不同。因此,孔隙率及其孔隙特征与材料的许多重要性质(如强度、吸水性、抗渗性、抗冻性、导热性等)密切相关。一般而言,孔隙率较小且连通开口孔隙较少的材料,其吸水性较小、强度较高、抗渗性与抗冻性较好。

1.1.3.2 密实度

固体物质的体积占总体积的百分率称为密实度(D)。密实度反映材料体积内被固体物质所填充的程度,用公式表示为:

$$D=\frac{V_t}{V_0}\times 100\%=\frac{\rho_0}{\rho_t}\times 100\% \tag{1-11}$$

孔隙率与密实度的关系为:

$$P+D=1 \tag{1-12}$$

式中 P——材料的孔隙率;

其他参数含义同前。

1.1.4 材料与空隙有关的物理参数

1.1.4.1 空隙率

散粒状材料堆积体积中,颗粒间空隙体积所占堆积总体积的百分率称为空隙率(percentage of voids 或 voids content,P')。用公式表示为:

$$P'=\frac{V_v}{V_0'}\times 100\%=\frac{V_0'-V_0}{V_0'}\times 100\%=\left(1-\frac{\rho_0'}{\rho_0}\right)\times 100\% \tag{1-13}$$

式中 V_v——散粒状材料堆积时颗粒之间空隙的体积,m^3;

V_0'——散粒状材料在自然堆积状态下的体积,m^3;

V_0——材料总体积,m^3;

ρ_0'——散粒状材料的堆积密度,kg/m^3;

ρ_0——材料的体积密度,kg/m^3。

散粒状材料堆积空隙率的大小反映了散粒状材料颗粒之间相互填充的密实程度的大小。

在配制混凝土时,砂和碎石的空隙率是控制混凝土中骨料级配与计算混凝土砂率的重要依据。

1.1.4.2 填充率

填充率(D')是指在某堆积体积中,被散粒状材料的颗粒所填充的程度。可用下式表示:

$$D' = \frac{V_0}{V_0'} \times 100\% = \frac{\rho_0'}{\rho_0} \times 100\% \tag{1-14}$$

空隙率与填充率的关系为:

$$P' + D' = 1 \tag{1-15}$$

式中 P'——材料的空隙率;

其他参数含义同前。

1.1.5 材料与水有关的性质

1.1.5.1 亲水性和憎水性

材料在使用过程中经常与水接触,然而,不同材料表面与水之间的亲和情况是不同的。材料与水接触时,能被水润湿的性质称为亲水性(hydrophilicity),不能被水润湿的性质称为憎水性(hydrophobicity)。

材料与水图

材料被水润湿的情况可用润湿角(又称为接触角)θ来说明。在材料(固相)、水、空气这三相的交点处,沿水滴表面作切线,此切线与材料和水接触面的夹角θ称为润湿角,如图1-3所示。θ角愈小,表明材料愈易被水润湿。当$\theta \leqslant 90°$时[图1-3(a)],材料表面吸附水,并能被水润湿而表现出亲水性,这种材料称为亲水性材料;当$\theta > 90°$时[图1-3(b)],材料表面不吸附水,这种材料称为憎水性材料;当$\theta = 0°$时,表明材料完全被水润湿。上述概念也适用于其他液体对固体的润湿情况,相应地称为亲液材料和憎液材料。

土木工程材料中无机材料通常为亲水性材料,如水泥、混凝土、砂、石、砖等;有机材料中也有部分为亲水性材料,如木材;大部分有机材料均为憎水性材料,如沥青、石蜡及某些塑料等。

亲水性材料易被水润湿,且水能通过毛细管作用而渗入材料内部,表现为毛细管水上升;憎水性材料则能阻止水分渗入毛细管中,表现为毛细管水下降,如图1-4所示,故憎水性材料常被用作防水材料,或用作亲水性材料的表面处理层,以提高其防水、防潮性质。

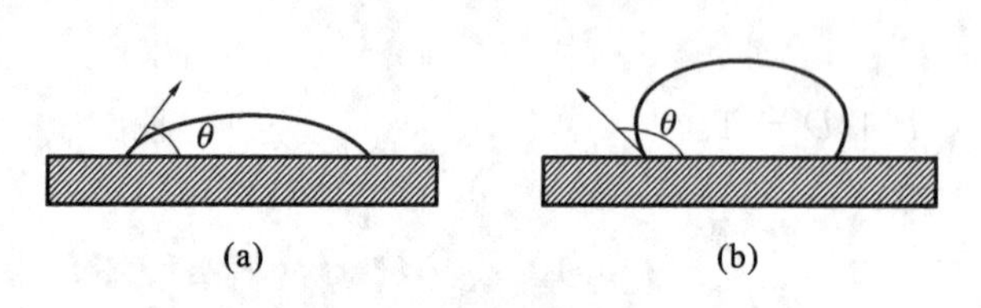

图1-3 材料润湿示意图

(a)亲水性材料;(b)憎水性材料

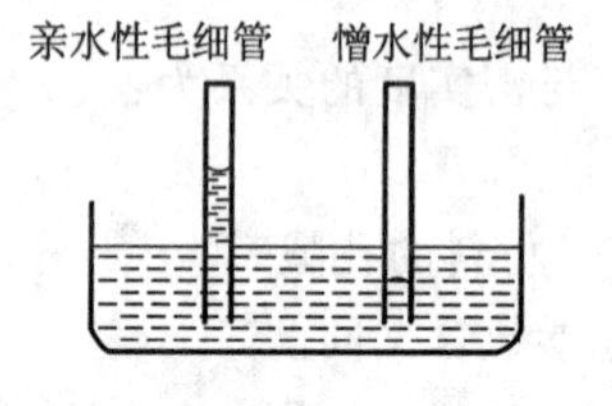

图1-4 毛细管作用示意图

1.1.5.2 吸湿性

材料在潮湿空气中吸收水分的性质称为吸湿性,用含水率(moisture content,W_h)表示。含水率是指材料内部所含水的质量占材料干质量的百分率,用公式表示为:

$$W_h = \frac{m_s - m}{m} \times 100\% \tag{1-16}$$

式中 m_s——材料在潮湿状态的质量,g;

m——干燥材料的质量,g。

材料的含水率随着空气湿度和环境温度的变化而改变,当空气湿度较大且温度较低时,材料的含水率较大;反之则较小。材料中所含水分与周围空气的湿度相平衡时的含水率,称为平衡含水率(equilibrium moisture content)。具有许多微小开口孔隙的材料吸湿性特别强,在潮湿空气中能吸收很多水分。这是因为这类材料的内表面积很大,所以吸附水的能力很强。

1.1.5.3 吸水性

材料在水中吸收水分的性质称为吸水性。材料的吸水性大小常用吸水率表示，有以下两种表示方法。

①质量吸水率(water absorption in weight percent，W_m)：材料在吸水饱和时，其内部所吸收水分的质量占材料干质量的百分率。用下式表示：

$$W_m = \frac{m_{ssd} - m}{m} \times 100\% \tag{1-17}$$

式中 m_{ssd}——饱和面干状态质量，g；

m——干燥材料的质量，g。

②体积吸水率(water absorption in volume percent，W_V)：材料在吸水饱和时，其内部所吸收水分的体积占干燥材料自然体积的百分率。用下式表示：

$$W_V = \frac{m_{ssd} - m}{V_0 \rho_w} \times 100\% \tag{1-18}$$

式中 m_{ssd}——饱和面干状态质量，g；

m——干燥材料的质量，g；

V_0——材料在自然状态下的体积，cm^3；

ρ_w——水的密度，常温下取 $1.00g/cm^3$。

质量吸水率与体积吸水率有下列关系：

$$W_V = W_m \frac{\rho_0}{\rho_w} \tag{1-19}$$

式中 ρ_0——材料的体积密度，g/cm^3。

材料所吸收的水分是通过开口孔隙吸入的，故开口孔隙率愈大，材料的吸水量愈多。材料吸水饱和时的体积吸水率，即材料的开口孔隙率(P_o)[见式(1-9)]。因此，体积吸水率不会大于 100%。

$$W_V = \frac{m_{ssd} - m}{V_0 \rho_w} \times 100\% \approx \frac{V_o}{V_0} \times 100\% = P_o \tag{1-20}$$

式中 V_o——材料开口孔隙的体积，cm^3；

其他参数含义同上。

材料的吸水性与材料的孔隙率及孔隙特征有关。对于细微连通的孔隙，孔隙率愈大，则吸水率愈大。封闭的孔隙内水分不易进去，而开口的大孔虽然水分易进入，但不易保留，只能润湿孔壁，所以吸水率仍然较小。

材料的吸水性和吸湿性均会对材料的性质产生不利影响。材料吸水后会导致其自重增大、导热性增大、强度与耐久性下降。干湿交替还会引起材料形状和尺寸的改变而影响使用，脆性材料则发生风化作用，引起材料开裂、破坏。

土木工程材料一般采用质量吸水率表示材料的吸水性。各种材料的吸水率差异很大，如花岗岩的质量吸水率只有0.5%～1%，混凝土的质量吸水率为 2%～5%，烧结普通砖的质量吸水率为 8%～20%，木材的质量吸水率可超过 100%。

材料开口孔隙的体积可由材料吸入水的体积或质量来确定，在精确度要求不高的情况下，可在常温常压下将干燥试样放入水中浸泡 4d 后测定饱和面干状态质量，计算吸入水的质量和体积。然而，在精确度要求较高的情况下，由于在常温常压下水难以渗入孔的前端，此时需对样品进行真空饱水处理，在一定的负压条件下测定和计算吸入水的质量和体积。

【例 1-1】 一块尺寸标准的砖(240mm×115mm×53mm)，干燥质量 m=2500g，饱和面干状态质量 m_b=2900g；敲碎磨细过筛(0.2mm)烘干后，取样 55.48g，测得其排水体积 $V_{排水}=20.55cm^3$。求该砖的真实密度、体积密度、开口孔隙率、闭口孔隙率、孔隙率、质量吸水率、体积吸水率。

【解】 真实密度：$\rho_t = m/V_t = 55.48/20.55 = 2.70(g/cm^3)$；

体积密度：$\rho_0 = m/V_0 = 2500/(24.0 \times 11.5 \times 5.3) = 1.71(g/cm^3)$；

孔隙率：$P=(1-\rho_0/\rho_t)\times100\%=(1-1.71/2.70)\times100\%=36.7\%$；

质量吸水率：$W_m=[(m_b-m)/m]\times100\%=[(2900-2500)/2500]\times100\%=16.0\%$；

体积吸水率：$W_V=[(m_b-m)/(V_0\rho_水)]\times100\%=(W_m\rho_0/\rho_水)\times100\%=16.0\%\times1.71/1.00=27.4\%$；

开口孔隙率：$P_o\approx W_V=27.4\%$；

闭口孔隙率：$P_c=P-P_o=36.7\%-27.4\%=9.3\%$。

1.1.5.4 渗透性

材料的渗透性(permeability)是指水(或溶液)在一定压力作用下向材料内部渗透并通过材料的性质，而材料抵抗压力水渗透的能力称为材料的抗渗性。材料的渗透性通常用渗透系数表示，其物理意义是指一定厚度的材料，在单位压力水头作用下，单位时间内透过单位面积的水量，可用公式表示为：

$$K=\frac{Qd}{HAt} \tag{1-21}$$

式中 K——材料的渗透系数，m/s；

d——材料的厚度，m；

t——渗水时间，s；

Q——渗透水量，m^3；

A——渗水面积，m^2；

H——静水压力水头，m。

K 值愈大，表示材料的渗透性愈好，而抗渗性愈差。工程上混凝土和砂浆的抗渗性常用抗渗等级表示。

材料的抗渗性与其孔隙率和孔隙特征有关。闭口孔隙中水不易渗入，因此孔隙率很小、孔隙未相互连通、大部分为闭口孔隙的材料具有很好的抗渗性。然而，当孔隙率很大时，在较大水压力作用下，若闭口孔隙易被破坏，并易与两侧开口孔隙连通，则其抗渗性仍较差。开口连通的孔隙中水易渗入，因此无论孔隙率是大还是小，当存在与两侧连通的开口孔隙时，材料的抗渗性都较差，且这种孔隙越多，材料的抗渗性越差。

抗渗性是决定材料耐久性的重要因素。在设计地下结构、压力管道、压力容器等结构时，均要求其所用材料具有一定的抗渗性。抗渗性也是检验防水材料质量的重要指标。

1.1.5.5 耐水性

材料长期在水的作用下不破坏，强度也不显著降低的性质称为耐水性(water resistance)。材料的耐水性用软化系数(K_R)表示：

$$K_R=\frac{f_b}{f_g} \tag{1-22}$$

式中 f_b——材料在吸水饱和状态下的强度，MPa；

f_g——材料在干燥状态下的强度，MPa。

材料的软化系数通常在0～1之间，其大小表明材料在浸水饱和后强度降低的程度。一般来说，材料被水浸湿后，强度均会有所降低。K_R 值愈小，表示材料吸水饱和后强度下降愈多，即耐水性愈差。

材料吸水后材料强度下降的原因包括三方面：一是组成成分溶出导致孔隙率增大；二是材料颗粒表面吸附了水分，形成水膜，削弱了微粒间的结合作用力；三是材料吸水后，开口孔隙中的空气被水取代，由于水具有不可压缩特性，在压力作用下，水对孔隙内壁产生的反作用应力大于空气对孔隙内壁产生的反作用应力，导致材料更易发生破坏。因此，不同材料之间的软化系数相差很大，其数值大小与材料的化学组成在水中的溶解性、材料组分(颗粒)间的相互作用力类别和材料的开口孔隙率大小等有关，如石灰硬化体中的 $Ca(OH)_2$ 易溶于水，故石灰硬化体的软化系数 $K_R=0$，但当表面的 $Ca(OH)_2$ 碳化形成 $CaCO_3$ 包裹层后，其软化系数有所增大；黏土砖坯颗粒之间的相互作用力属于六方板状晶体之间的分子间作用力，其作用力很小，极易受到水分子的影响，遇水后发生溃散，其软化系数 $K_R=0$；钢材原子之间属于金属键，其键合作用力不受水分子的影响，开口孔隙率为0，其软化系数 $K_R=1$。

土木工程中将 $K_R>0.85$ 的材料，称为耐水材料。在设计长期处于水中或潮湿环境中的重要结构时，必须选用软化系数大于 0.85 的材料；用于受潮较轻或次要结构物的材料，软化系数也不宜小于 0.75。

1.1.6 材料与热有关的性质

1.1.6.1 导热性

材料与热图

材料传导热量的能力称为导热性，即当材料两侧存在温度差时，热量从温度高的一侧向温度低的一侧传导的能力。材料的导热性可用导热系数(coefficient of thermal conductivity)来表示，其物理意义是厚度为 1m 的材料，当其相对两侧表面温度差为 1K 时，在 1s 时间内通过 $1m^2$ 面积的热量。用公式表示为：

$$\lambda=\frac{Qd}{(T_2-T_1)At} \tag{1-23}$$

式中 λ——导热系数，W/(m·K)；

Q——传导的热量，J；

A——热传导面积，m^2；

d——材料的厚度，m；

t——热传导时间，s；

T_2-T_1——材料两侧表面温度差，K。

工程中通常把导热系数小于 0.23W/(m·K)的材料称为绝热(保温隔热)材料。材料的导热系数愈小，表示其绝热性质愈好。各种材料的导热系数差别很大，为 0.03(如泡沫塑料)～3.5(如花岗岩)W/(m·K)。

导热系数与材料的物质组成、微观结构、孔隙率、孔隙特征、湿度、温度、热流方向等有着密切的关系。一般有机材料的导热系数小于无机材料，非金属材料的导热系数小于金属材料。当物质组成相同时，非晶体材料的导热系数小于晶体材料。由于密闭空气的导热系数很小[0.023W/(m·K)]，故当材料的孔隙率较大且多数为细小的闭口孔隙时，其导热系数较小；但当孔隙粗大贯通或与外界相通成为开口孔隙时，由于对流作用，材料的导热系数反而增加。由于水和冰的导热系数比空气的导热系数大很多[分别为 0.58W/(m·K)和 2.33W/(m·K)]，当材料受潮或受冻后，其导热系数大大提高，因此，绝热保温材料应通过防水处理使其经常处于干燥状态，以利于发挥材料的绝热和保温效能。

1.1.6.2 热阻

材料厚度 d 与导热系数 λ 的比值，称为热阻，即 $R=d/\lambda$ (m^2·K/W)，它表示热量通过材料时所受到的阻力。

在同样的温差条件下，热阻越大，通过材料的热量越少。在多层导热条件下，应用热阻概念来进行计算十分方便。

1.1.6.3 热容量

热容量(heat capacity)是指材料在温度变化时吸收或放出热量的能力，可用下式表示：

$$C=cm=\frac{Q}{T_2-T_1} \tag{1-24}$$

式中 C——材料的热容量，J/K；

Q——材料在温度变化时吸收或放出的热量，J；

m——材料的质量，g；

T_1——材料受热或冷却前的温度，K；

T_2——材料受热或冷却后的温度，K；

c——材料的比热，J/(g·K)。

在相同的热源下，物质的热容量越大，则温度越不容易升降。

不同材料的热容量,可用比热作比较。比热(specific heat)的物理意义是指质量为1g的材料在温度升高或降低1K时所放出或吸收的热量。比热是反映材料吸热或放热能力大小的物理量。材料的比热,对保持建筑物内部温度稳定有很大的意义,比热大的材料,能在热流变动或采暖设备供热不均匀时,缓和室内的温度波动。

材料的导热系数和热容量是设计建筑物围护结构(墙体、屋盖)进行热工计算时的重要参数,设计时应选用导热系数较小而热容量较大的材料,有利于保持建筑物室内温度的稳定。同时,导热系数也是工业窑炉热工计算和确定冷藏绝热层厚度的重要数据。几种典型材料的热工性质指标如表1-2所示。

表1-2 几种典型材料的热工性质指标

材料	导热系数/($W \cdot m^{-1} \cdot K^{-1}$)	比热/($J \cdot g^{-1} \cdot K^{-1}$)	材料	导热系数/($W \cdot m^{-1} \cdot K^{-1}$)	比热/($J \cdot g^{-1} \cdot K^{-1}$)
铜	350	0.38	松木(横纹)	0.15	1.63
钢	58	0.47	泡沫塑料	0.03	1.30
花岗岩	3.5	0.92	冰	2.20	2.05
普通混凝土	1.6	0.86	水	0.58	4.19
烧结普通砖	0.65	0.85	静止空气	0.023	1.00

1.1.6.4 温度变形

材料的温度变形是指材料在温度变化时产生体积变化的性质。多数材料在温度升高时体积膨胀,温度下降时体积收缩。温度变形在单向尺寸上的变化称为线膨胀或线收缩,一般用线膨胀系数来衡量,其计算式如下:

$$\alpha = \frac{\Delta L}{L(T_2 - T_1)} \tag{1-25}$$

式中 α——材料在常温下的平均线膨胀系数,1/K;

ΔL——材料的线膨胀或线收缩量,mm;

T_1——材料受热或冷却前的温度,K;

T_2——材料受热或冷却后的温度,K;

L——材料原长,mm。

土木工程材料的线膨胀系数一般都较小,但由于土木工程结构的尺寸较大,温度变形引起的结构体积变化仍是关系其安全与稳定的重要因素。工程上常用预留伸缩缝的办法来解决温度变形问题。

1.1.7 材料与火有关的性质

1.1.7.1 耐火性

材料的耐火性是指材料在长期高温作用下,能保持其结构和工作性质的基本稳定而不损坏的性质,用耐火度(refractoriness)表示。工程上用于高温环境和热工设备等的材料都要使用耐火材料。根据耐火度的不同,材料可分为三大类。①耐火材料:耐火度不低于1580℃的材料,如各类耐火砖等。②难熔材料:耐火度为1350～1580℃的材料,如难熔黏土砖、耐火混凝土等。③易熔材料:耐火度低于1350℃的材料,如普通黏土砖、玻璃等。

1.1.7.2 耐燃性

材料的耐燃性(flammability resistance)是指材料对火焰和高温的抵抗能力,是影响建筑物防火、结构耐火等级的重要因素。

根据耐燃性的不同,可将材料分为三大类。

①不燃材料:指遇火或高温作用时,不起火、不燃烧、不碳化的材料,如混凝土、天然石材、砖、玻璃、金属等。需要注意的是玻璃、钢铁、铝等材料,虽然不燃烧,但在火烧或高温下会发生较大的变形或熔融,因而其耐火性质较差。

②难燃材料：指遇火或高温作用时，难起火、难燃烧、难碳化，只有在火源持续存在时才能继续燃烧，在火源消除时燃烧即停止的材料，如沥青混凝土和经防火处理的木材等。

③易燃材料：指遇火或高温作用时，容易引燃起火或微燃，火源消除后仍能继续燃烧的材料，如木材、沥青等。用易燃材料制作的构件，一般应作阻燃处理。

1.1.8 材料与声音有关的性质

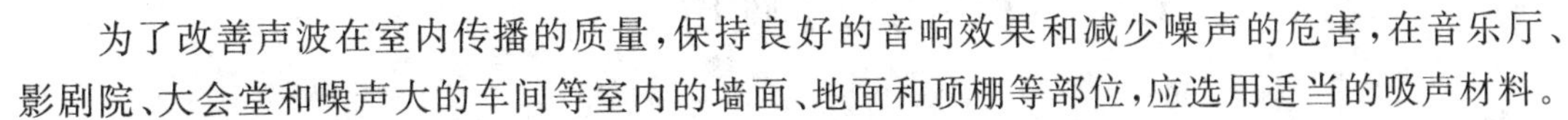

为了改善声波在室内传播的质量，保持良好的音响效果和减少噪声的危害，在音乐厅、影剧院、大会堂和噪声大的车间等室内的墙面、地面和顶棚等部位，应选用适当的吸声材料。

材料与声音图

声音起源于物体的振动，说话时喉间声带的振动和击鼓时鼓皮的振动，都能产生声音，声带和鼓皮称为声源。声源的振动迫使邻近的空气随着振动而形成声波，并在空气介质中向四周传播。声音沿发射的方向最响，称为声音的方向性。

声音在传播过程中，一部分声能随着距离的增大而扩散，另一部分声能因空气分子的吸收而减弱。声能的这种减弱现象，在室外空旷处颇为明显，但在室内若房间的空间不大，则不明显，且主要是室内墙壁、天花板、地板等材料表面对声能的吸收和反射。

1.1.8.1 吸声性质

当声波遇到材料表面时，一部分被反射，另一部分穿透材料，其余的声能转化为热能而被吸收。被材料吸收的声能 E（包括部分穿透材料的声能在内）与原先传递给材料的全部声能（入射声能）E_0 之比，是评定材料吸声性质好坏的主要指标，称为吸声系数(coefficient of sound absorption，α)，用公式表示如下：

$$\alpha = \frac{E}{E_0} \tag{1-26}$$

式中 E——被材料吸收的声能，J；

E_0——原先传递给材料的全部声能，J。

假如入射声能的60%被吸收，40%被反射，则该材料的吸声系数就等于0.60。当入射声能100%被吸收而无反射时，吸声系数等于1。当门窗开启时，吸声系数相当于1。一般材料的吸声系数为0～1。

一般而言，材料内部开口并连通的气孔越多，吸声性质越好。材料的吸声性质除了与材料本身性质及厚度、有无空气层及空气层的厚度、材料表面状况等有关外，还与声波的入射角及频率有关。因此，吸声系数用声音从各个方向入射的平均值表示，并应指出是对哪一频率声波的吸收。同一材料，对于高、中、低不同频率声波的吸声系数是不同的。为了全面反映材料的吸声性质，规定取125Hz、250Hz、500Hz、1000Hz、2000Hz、4000Hz六个声波频率的吸声系数来表示材料的吸声特性。吸声材料在这六个规定声波频率的平均吸声系数应大于0.2。

材料的吸声机理是当声波进入材料内部互相贯通的孔隙时，受到空气分子及孔壁的摩擦和黏滞阻力，以及使细小纤维作机械振动，从而使声能转化为热能。吸声材料大多为疏松多孔的材料，如矿渣棉、地毯、石膏板等。多孔吸声材料的吸声系数，一般从低频到高频逐渐增大，故对高频和中频声波的吸声效果较好。

1.1.8.2 隔声性质

材料的隔声性质是指材料减弱或隔断声波传递，防止声波透过的性质。人们要隔绝的声音，按传播途径有空气声（通过空气传播的声音）和固体声（通过固体的撞击或振动传播的声音）两种，两者隔声的原理截然不同。隔声不但与材料有关，而且与建筑结构密切相关。

隔绝空气声，主要是依据声学中的“质量定律”，即材料的体积密度越大，质量越大，越不易振动，其隔声效果越好。

隔绝固体声，最有效的措施是隔断其声波的连续传递，即采用不连续的结构处理。在产生和传递固体声的结构（如梁、框架、楼板与隔墙以及它们的交接处等）层中加入柔性材料，如软木、橡胶、毛毡、地毯或设置空气隔离层等，以减弱或阻止固体声的继续传播。

无论是隔绝空气声还是固体声,其隔声原理均是采用固有频率与需隔绝的声波频率相差悬殊的材料进行隔绝,如隔绝空气声时,质量大的材料固有频率大,与空气声的频率相差很大,声音无法通过材料继续传播,除非材料本身具有两侧连通的孔隙,使声音通过材料内部两侧连通的空气层继续传播;而隔绝固体声时,因撞击产生的固体声频率较大,故采用固有频率较低的柔性材料作为隔声材料。

1.2 材料的力学性质

1.2.1 材料的强度及强度等级

1.2.1.1 强度

材料在外力作用下抵抗破坏的能力称为强度(strength),并以单位面积上所能承受的荷载大小来衡量。材料的强度本质上是材料内部质点间结合力强弱的体现。当材料受外力作用时,材料内部便产生应力与之相抗衡,外力增加,内部应力相应增大,直至材料内部质点间的结合力不足以抵抗所作用的外力时,材料即发生破坏。材料破坏时,应力达到极限值,这个极限应力值就是材料的强度,也称极限强度。

根据外力作用形式的不同,材料的强度可分为抗压强度(compressive strength, f_c)、抗拉强度(tensile strength, f_t)、抗弯强度(bending or flexural strength, f_{tm})、抗剪强度(shear strength, f_v)等,如图1-5所示。材料的这些强度通常是在一定加荷速度下,通过静力试验(测试过程中无冲击作用)来测定的,故称为静力强度。材料的静力强度是通过标准试件的破坏试验来测定的。材料的抗压强度、抗拉强度和抗剪强度可按公式(1-27)计算:

$$f=\frac{P}{A} \tag{1-27}$$

式中 f——材料的抗压(抗拉或抗剪)强度,MPa;

P——试件破坏时的最大荷载,N;

A——试件受力面积,mm^2。

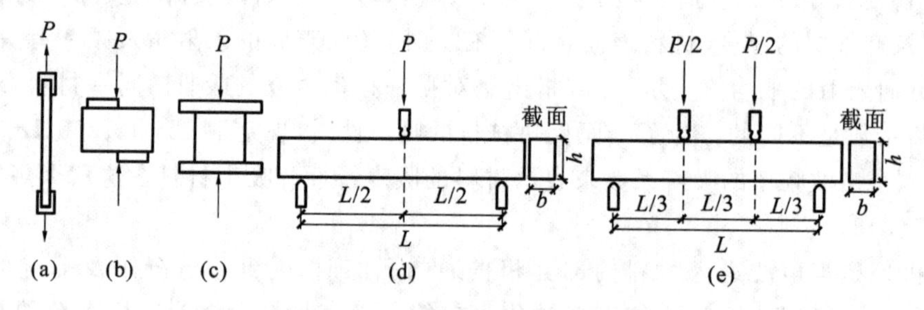

图1-5 材料受外力作用示意图

(a)抗拉;(b)抗剪;(c)抗压;(d)抗折——中间点加荷;(e)抗折——三分点加荷

材料的抗弯(或抗折)强度与试件的几何外形及荷载施加的情况有关,对于矩形截面长方体试件,当在两支点间的中间作用集中荷载时,其抗弯强度按式(1-28)计算:

$$f_{tm}=\frac{3PL}{2bh^2} \tag{1-28}$$

当在两支点间的三分点处作用两个相等的集中荷载时,其抗弯强度按式(1-29)计算:

$$f_{tm}=\frac{PL}{bh^2} \tag{1-29}$$

式中 f_{tm}——材料的抗弯强度,MPa;

P——试件破坏时的最大荷载,N;

L——试件两支点间的距离,mm;

b,h——试件截面的宽度和高度,mm。

1.2.1.2 影响材料强度的主要因素

材料的强度与材料的化学组成、微观结构和宏观构造有关，实际测试得到的材料强度还与测试方法和测试条件密切相关。

(1)材料的化学组成

材料的化学组成是材料性质的基础，不同化学成分或矿物成分的材料，具有不同的力学性质，对材料的性质起着决定性作用。

(2)材料的微观结构

即使材料的组成相同，其微观结构不同，则强度也不同。金属类晶体结构材料，其强度与晶粒粗细有关，其中细晶粒材料的强度高。无机非金属类晶体结构材料单晶的强度较高，但由于晶体颗粒之间主要通过分子间作用力结合，故多晶材料强度通常较低。对于凝胶体，虽然颗粒之间也通过分子间作用力结合，但由于其中的凝胶粒子颗粒很小，甚至达到纳米级，其比表面积很大，故其强度通常较高。

(3)材料的宏观构造

材料的宏观构造对材料的强度影响很大。对于多孔材料，一般材料的孔隙率越小，强度越高。对同一品种材料，其强度与孔隙率之间存在近似直线的反比例关系。对于层状复合材料或具有解理特性的天然石材等，垂直于层状结合面或解理面施加荷载时，其强度大于沿层状结合面或解理面施加荷载时的强度。对于纤维状材料，其抗拉强度很大，如玻璃是脆性材料，抗拉强度很低，但当制成玻璃纤维后，就具有较高的抗拉强度。

(4)材料强度的测试条件

①试件温度。温度升高，材料内部质点间的振动加强，质点间距离增大，质点间的作用力减弱，从而使材料的强度降低。

②含水状态。材料被水浸湿后或吸水饱和后，其强度往往低于干燥状态下的强度(图 1-6)。一方面是由于水分被组成材料的微粒表面吸附，增大了微粒间的距离，降低了微粒间的结合力；另一方面是由于材料开口孔隙中的空气被水所替代，空气为可压缩物质，而水为不可压缩物质，开口孔隙中含水时，荷载引起的材料应力传递给水，水会对孔隙周围的材料产生反作用力，从而使材料易发生破坏。

③试件形状。材料和受压面积相同情况下，采用圆柱体试件测得的强度值要高于采用棱柱体试件测得的强度值。这是因为在对试件施加荷载时，棱柱体的棱角处易产生应力集中现象，使试件棱角处更易发生破坏。

④试件尺寸。材料和形状相同情况下，采用小尺寸试件测得的强度值大于采用大尺寸试件测得的强度值(图 1-7)，其原因是小尺寸试件中的缺陷较少，其应力集中的程度小于大尺寸试件。

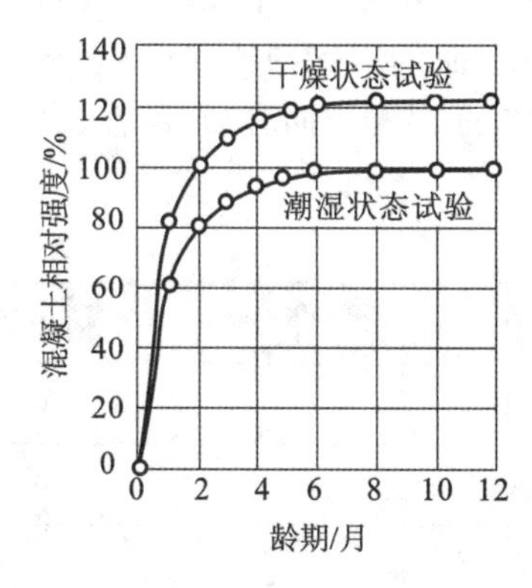

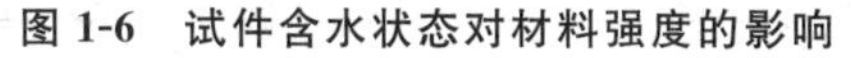
图 1-6 试件含水状态对材料强度的影响

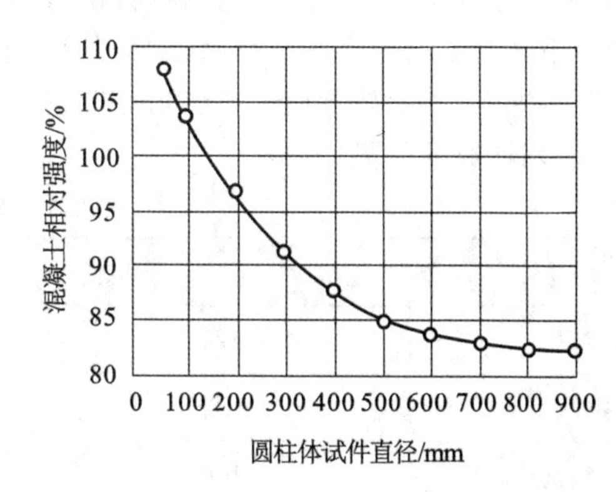

图 1-7 试件尺寸对材料强度的影响

⑤表面性状。试件受力表面不平整或表面涂润滑剂时，所测强度值会偏低。表面凹凸不平时，由于凹凸部分易被破坏，易形成从试件表面向内部深入的裂纹，故表面不平整时，测得的强度值偏低。因此，对于混凝土材料，其成型面不能作为强度测试时的承压面。

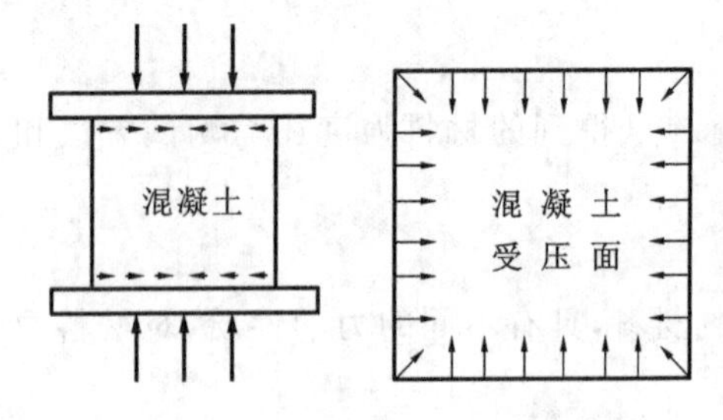

图1-8　材料强度测试时的"环箍效应"

表面未涂润滑剂时，材料与承压板之间存在摩擦阻力。一般而言，承压板在荷载作用下的横向变形能力小于试件的横向变形能力，施加荷载时，由于摩擦阻力作用，承压板对试件表面的横向变形产生约束作用，即存在所谓"环箍效应"，如图1-8所示，该效应对材料在荷载作用下的裂纹扩展有阻碍作用，故实际测得的材料强度值偏大。相应地，材料表面涂润滑剂时，其强度测定结果偏小。

⑥加荷速度。加荷速度快时，由于变形速度落后于荷载增长速度，故测得的强度值会偏高；反之，因材料有充裕的变形时间，测得的强度值会偏低。

由此可知，材料的强度是在特定条件下测得的数值，为了使试验结果准确，且具有可比性，各个国家均制定了统一的材料强度试验标准。在测定材料强度时，必须严格按照规定的试验方法进行。

1.2.1.3　强度等级

各种材料的强度差别甚大，土木工程材料按其强度值的大小可划分为若干个强度等级。如烧结普通砖按抗压强度分为MU10～MU30共五个强度等级，普通混凝土按其抗压强度分为C7.5～C60共十二个强度等级。划分强度等级，对生产者和使用者均有重要意义，它可使生产者在控制质量时有据可依，从而保证产品质量；对使用者则有利于掌握材料的性质指标，以便于合理选用材料，正确地进行设计和施工，防止大材小用或小材大用。常用土木工程材料的强度如表1-3所示。

表1-3　常用土木工程材料的强度　(单位：MPa)

材料	抗压强度	抗拉强度	抗弯强度
花岗岩	100～250	5～8	10～14
烧结普通砖	10～30	—	1.8～4.0
普通混凝土	7.5～60	1～4	2.0～8.0
松木(顺纹)	30～50	80～120	60～100
钢材	235～1800	235～1800	—

1.2.1.4　比强度

比强度(specific strength)等于材料强度与其体积密度之比，反映材料单位体积质量的强度，是衡量材料轻质高强性质的重要指标。优质的结构材料，应具有较高的比强度。由表1-4中几种主要材料的比强度值可知，玻璃钢和木材是轻质高强的材料，它们的比强度大于低碳钢，而低碳钢的比强度大于普通混凝土。普通混凝土是体积密度相对较大而比强度相对较小的材料，所以使普通混凝土向轻质、高强、高性能化发展是未来混凝土材料研究的趋势。

表1-4　几种主要材料的比强度

材料	强度代表值/MPa	体积密度代表值/(kg·m^{-3})	比强度代表值
低碳钢	420	7850	0.054
普通混凝土	40	2400	0.017
松木(顺纹抗拉)	100	500	0.200
松木(顺纹抗压)	36	500	0.072
玻璃钢	450	2000	0.225
烧结普通砖	10	1700	0.006

1.2.2 材料的弹性与塑性

材料在外力作用下产生变形，当外力取消后变形能完全恢复的性质称为弹性(elasticity)，如图 1-9(a)所示，这种可恢复的变形称为弹性变形(elastic deformation)。工程中常用弹性模量 E 衡量材料抵抗变形的能力，其值等于应力(σ)与应变(ε)之比，即：

$$E = \frac{\sigma}{\varepsilon} \tag{1-30}$$

式中 σ——材料受到荷载作用时产生的应力，MPa；

ε——材料受到荷载作用时产生的应变。

材料弹性模量愈大，愈不易变形，亦即刚度愈好。土木工程结构通常不希望所用材料变形过大，因此，弹性模量是结构设计时的重要参数。

材料在外力作用下产生变形，当外力取消后变形不能完全恢复，仍保留部分残余变形而不产生开裂的性质称为塑性，如图 1-9(b)所示。在全部变形中，可恢复的变形为弹性变形，而残余的不可恢复的变形称为塑性变形(plastic deformation)。

工程中，纯弹性变形或纯塑性变形的材料是没有的。通常材料在受力不大时，表现为弹性变形，当外力超过一定值时，开始出现塑性变形，如图 1-9(c)所示。另外，许多材料在一开始受力时，即同时产生弹性变形和塑性变形，当外力取消后，其中的弹性变形可以恢复，而塑性变形不能恢复，如普通混凝土。

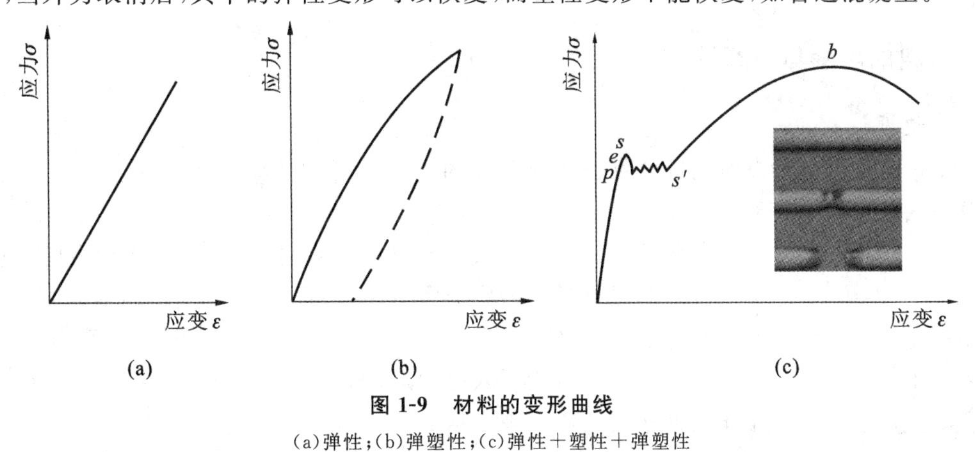

图 1-9 材料的变形曲线

(a)弹性；(b)弹塑性；(c)弹性＋塑性＋弹塑性

1.2.3 材料的脆性与韧性

材料受外力作用并达到一定限度时，材料无明显塑性变形而突然发生破坏的性质称为脆性(brittleness)，具有这种性质的材料称为脆性材料。脆性材料的抗压强度远大于其抗拉强度，可高达数倍甚至数十倍，其抵抗冲击荷载或振动作用的能力很差，只适合用作承压构件。天然岩石、陶瓷、玻璃、普通混凝土、铸铁等均为脆性材料。

材料在冲击或振动荷载作用下，能吸收较多能量，同时产生较大塑性变形而不发生突然破坏的性质称为韧性(toughness)，具有这种性质的材料称为韧性材料。韧性材料的突出特点是塑性变形大，抗拉强度与抗压强度相差不大。木材、低碳钢、低合金钢、橡胶、塑料等都属于韧性材料。

材料的韧性用冲击韧性指标 α_K 表示。冲击韧性指标是指用带缺口的试件做冲击韧性测试(图 1-10)时，断口处单位面积所能吸收的能量，其计算公式为：

$$\alpha_K = \frac{A_K}{A} \tag{1-31}$$

$$A_K = mg(H - h) \tag{1-32}$$

式中 α_K——材料的冲击韧性指标，J/mm^2；

A_K——试件破坏时所消耗的能量，J；

m——冲击锤的质量，kg；

g——重力加速度,m/s^2,一般取 $9.8m/s^2$;

H——冲击锤的初始高度,m;

h——冲击锤冲断试件后上升的高度,m;

A——试件受力净截面积,mm^2。

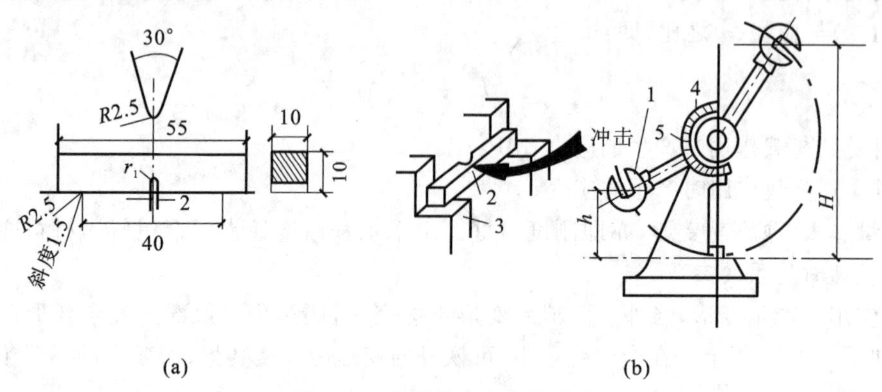

图 1-10 材料的冲击韧性测试

1—摆锤;2—试件;3—支座;4—指针;5—刻度盘

在土木工程中,对于要求承受冲击荷载和有抗震要求的结构,如吊车梁、桥梁、路面等所用的材料,均应具有较高的韧性。

1.2.4 材料的硬度与耐磨性

1.2.4.1 硬度

硬度(hardness)是指材料表面抵抗硬物压入或刻划的能力。测定材料硬度的方法有多种,常用的有刻划法和压入法两种。

刻划法常用于测定天然矿物的硬度,按刻划法的矿物硬度(莫氏硬度)分为10级,其硬度递增顺序为滑石1级、石膏2级、方解石3级、萤石4级、磷灰石5级、正长石6级、石英7级、黄玉8级、刚玉9级、金刚石10级。

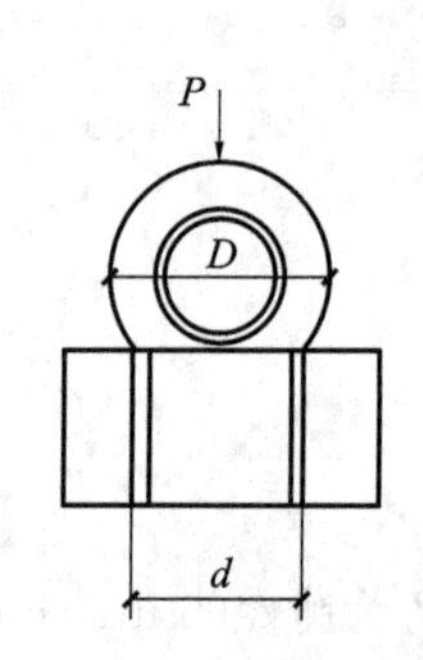

图 1-11 材料的布氏硬度测试

钢材的硬度常用压入法测定,如布氏硬度(图 1-11)。布氏硬度值是以单位压痕面积上的压力来表示的:

$$\mathrm{HB} = \frac{P}{A} \tag{1-33}$$

式中 HB——钢材的布氏硬度,MPa;

P——布氏硬度测试时施加的荷载,N;

A——施加荷载一定时间后钢材表面的压痕面积,mm^2。

一般材料的硬度愈大,则其耐磨性愈好。工程中有时也可用硬度来间接推算材料的强度。

1.2.4.2 耐磨性

耐磨性(abrasion resistance)是指材料表面抵抗磨损的能力。材料的耐磨性用磨损率表示,其计算公式为:

$$N = \frac{m_1 - m_2}{A} \tag{1-34}$$

式中 N——材料的磨损率,g/cm^2;

m_1,m_2——材料磨损前、后的质量,g;

A——试件受磨面积,cm^2。

测得的磨损率越小,材料的耐磨性越好。材料的耐磨性与材料的化学成分、矿物成分、结构、强度、硬度等因素有关。在土木工程中,用作踏步、台阶、地面、路面等部位的材料,应具有较高的耐磨性。一般而言,强度较高且密实的材料,其硬度较大,耐磨性较好。

1.3 材料的耐久性

材料的耐久性(durability)是指材料在环境的多种因素作用下,能经久耐用,长久保持其原有性质的能力。

建筑物在使用过程中,其材料除内在因素使其组成、构造和性质发生变化以外,还因长期受到周围环境及各种自然因素的作用而逐渐被破坏。这些作用可概括为以下几方面。

①物理作用。其包括环境温度、湿度的交替变化,即冷热、干湿、冻融等循环作用。材料在经受这些作用后,发生限制膨胀和限制收缩,在材料内部和表面均容易产生内应力。长期的反复作用,将使材料逐渐产生破坏。

②化学作用。其包括大气和环境水中的酸、碱、盐溶液或其他有害物质对材料的溶出和化学侵蚀作用;对于有机材料,还包括材料在热和日光等因素作用下产生的光化学反应导致的破坏作用;对于金属材料,还包括由于杂质存在而引起的电化学反应破坏作用。

③机械作用。其包括荷载的持续作用或交变作用,引起材料的疲劳、冲击、磨损等。

④生物作用。其包括菌类、昆虫等对天然材料引起的腐朽、蛀蚀等破坏作用。

各种材料耐久性的具体内容,因其组成和结构不同而异。例如,钢材易发生电化学锈蚀作用,无机非金属材料常因风化、溶蚀、冻融、干湿交替等作用而破坏,有机材料多因腐烂、虫蛀、老化而变质。

对材料耐久性最可靠的判断,是对其在使用条件下进行长期的观察和测定,但这需要很长的时间,不利于新材料的开发和应用。为此,工程中常采用快速检验法,通过模拟实际使用条件,将材料在实验室进行有关的快速试验,根据试验结果对材料的耐久性作出判定,如混凝土的快速冻融循环测试、人工加速碳化试验、沥青的加速老化试验等。

现代土木工程设计在选用土木工程材料时,必须考虑材料的耐久性问题。采用耐久性优良的材料,对节约工程材料、减少维护费用、保证建筑物长期正常使用等具有十分重要的意义。美国学者曾用"五倍定律"形象地说明工程结构耐久性设计的重要性:设计时,对新建项目在钢筋混凝土结构钢筋防护方面每节省1美元,则发现钢筋锈蚀时采取措施需追加维护费用5美元,混凝土开裂时采取措施需追加维护费用25美元,严重破坏时采取措施需多追加维护费用125美元。因此,在现代土木结构工程设计时,均需考虑材料与结构的耐久性问题。

1.4 材料的组成与结构

环境条件是影响材料性质的外部因素,材料的组成、结构和构造是影响材料性质的内部因素。外因要通过内因才起作用,内因对材料性质起着决定性的作用。

1.4.1 材料的组成

材料的组成包括材料的化学组成、矿物组成和相组成。它影响着材料的化学性质,也决定着材料的物理性质。

1.4.1.1 化学组成

化学组成(chemical composition)是指构成材料的化学物质(单质或化合物)的种类和数量,如建筑钢材的主要化学组成为铁,其中还有一些杂质元素,如碳、硫、磷、其他合金元素等;生石灰的主要化学组成为CaO,其中还含有少量MgO;生石灰水化反应后形成的熟石灰主要化学组成为$Ca(OH)_2$。当材料与外界环境中的各类物质接触时,它们之间必然要按照化学变化规律发生作用。水玻璃的主要化学组成为硅酸钠,水化硬化后形成硅酸凝胶,其耐酸性好,耐碱性差;混凝土中水泥的水化产物中含$Ca(OH)_2$,与空气中的CO_2和水易发生碳化作用等,这些都与材料的化学组成有关。

1.4.1.2　*矿物组成*

矿物是指由地质作用形成的具有相对固定的化学成分和确定的内部结构的天然单质或化合物，是组成岩石和矿石的基本单元。矿物组成(mineral composition)是指构成材料的矿物种类和数量。在土木工程材料中，通常将通过特定的工艺条件经煅烧而形成的特定材料，如水泥、玻璃等材料中具有相对固定的化学成分和确定内部结构的天然单质或化合物也称为矿物组成。矿物组成是决定材料性质的主要因素，例如，化学组成均是碳的石墨和金刚石，由于晶体结构不同，它们的物理性质差异很大。矿物数量也影响着材料的性质，例如，当硅酸盐水泥中的硅酸三钙含量较高时，水泥的凝结硬化较快、强度较高。

1.4.1.3　*相组成*

材料中具有相同物理、化学性质的均匀部分称为材料的相(phase)。自然界中的物质可分为气相、液相和固相。同种物质在温度、压力等条件下发生变化时，会发生相的转变，例如，在1个大气压条件下，水在0℃下可由液相转变为固相，在100℃下可由液相转变为气相。任何材料均含有两相或两相以上的相组成，例如，干燥的含孔固体材料中含固相和气相；吸水后的固体材料中含固相和液相；土则由固相、液相和气相三相组成。

通常将由两相或两相以上固相物质组成的材料称为复相材料，将两相之间的分界面称为界面。在实际工程材料中，界面往往是一个很薄的薄弱区，可称为“界面相”。例如，碳素钢是一种铁基合金，主要含有铁素体和渗碳体两个固相，两相之间存在着晶界(即界面)，晶界上原子排列不太规律并富含杂质，钢材的破坏往往首先发生在晶界上。混凝土也是一种复相材料，由硬化水泥石(相)和骨料(相)组成，其间还存在界面过渡区(相)。通过改变和控制材料的相组成，可改善和提高材料的技术性质。

在现代工程结构中，通常将由两种或两种以上不同性质的材料，通过物理或化学的方法，在宏观上组合形成具有特定性质的材料称为复合材料(composite materials)。组成复合材料的各种材料在性质上互相取长补短，产生协同效应，使复合材料的综合性质优于原组成材料而满足各种工程结构的不同要求，例如将混凝土与纤维复合形成纤维混凝土，可提高混凝土的抗拉强度和抗冲击韧性等。

1.4.2　材料的结构

根据材料结构层次，可将材料结构分为微观结构(micro-structure)、细观结构(meso-structure)和宏观结构(macro-structure)，其中材料的宏观结构又称为材料的构造。

1.4.2.1　*微观结构*

微观结构是指材料在原子和分子层次的结构，其尺寸范围为0.1～1000nm。该层次的结构特征可用电子显微镜、原子力显微镜、X射线衍射仪等手段来分析研究和表征。固体材料的许多物理性质，如强度、硬度、熔点、导电性、导热性等都是由其微观结构所决定的(表1-5)。

表1-5　**材料的微观结构形式与主要特征**

<table>
<tr><th colspan="3">微观结构</th><th>常见材料</th><th>主要特征</th></tr>
<tr><td rowspan="4">晶体</td><td rowspan="4">晶格规则排列</td><td>原子晶体(共价键)</td><td>金刚石、石英</td><td>强度、硬度、熔点高</td></tr>
<tr><td>离子晶体(离子键)</td><td>氯化钠、石膏</td><td>强度、硬度、熔点与键合强度有关</td></tr>
<tr><td>分子晶体(分子键)</td><td>石蜡、冰、干冰</td><td>强度、硬度、熔点低，密度小</td></tr>
<tr><td>金属晶体(金属键)</td><td>钢铁、铜、铝、合金等</td><td>强度、硬度与键合强度有关</td></tr>
<tr><td rowspan="2">非晶体</td><td rowspan="2">晶格无序排列</td><td>玻璃体</td><td>玻璃、矿渣、火山灰、粉煤灰</td><td rowspan="2">无固定的熔点和几何形状，与同组成的晶体相比，强度、化学稳定性、导热性、导电性较差，呈各向同性</td></tr>
<tr><td>凝胶体</td><td>明胶、硅胶、二氧化硅气凝胶等</td></tr>
</table>

固体材料在微观结构层次上可分为晶体和非晶体。

(1)晶体(crystal or crystalline substance)

晶体是原子、离子或分子按照一定的周期性，在结晶过程中，在空间排列成具有一定规则的几何外形的

固体。晶体内部原子或分子排列的三维空间周期性结构,是晶体最基本的、最本质的特征,并使晶体具有下面的通性:

①均匀性,即晶体内部各处宏观性质相同;

②各向异性,即晶体中不同的方向上性质不同;

③能自发形成多面体外形;

④有确定的、明显的熔点;

⑤有特定的对称性;

⑥能对 X 射线和电子束产生衍射效应等。

晶体的性质主要取决于将分子联结成固体的结合力(原子之间的吸引力),这些结合力通常涉及原子或分子的最外层电子(或称价电子)的相互作用。如果结合力强,晶体有较高的熔点。如果结合力弱,晶体则有较低的熔点,也可能较易弯曲和变形。如果结合力很弱,晶体只能在很低的温度下才能形成,此时分子可利用的能量不多。

晶体根据其组成的质点及化学键的不同,可分为原子晶体、离子晶体、分子晶体及金属晶体四种。

①原子晶体。原子晶体是指中性原子以共价键结合而形成的晶体,晶体的原子或分子共享它们的价电子。

共价键的结合力很强,故其强度、硬度、熔点均高,如金刚石、锗、硅、碳化硅等。

②离子晶体。离子晶体是指正负离子以离子键结合而形成的晶体。离子键的结合力强,故其强度、硬度、熔点较高,如氯化钠、石灰岩等。

③分子晶体。分子晶体是指以分子间的范德华力(即分子键)结合而形成的晶体。分子键结合力较弱,分子晶体具有较大的变形性质,但强度、硬度、熔点较低,如冰、干冰(固态的二氧化碳)、石蜡及一些合成高分子材料等。

④金属晶体。金属晶体是指以金属阳离子为晶格,由自由电子与金属阳离子间的金属键结合而形成的晶体。金属键的结合力最强,因而具有强度高和塑性变形能力大,以及良好的导电及导热性质,如钢材等。

实际应用的材料是由细小的晶粒杂乱排列组成的,其宏观性质常表现为各向同性。

(2)非晶体(amorphous substance)

非晶体是相对晶体而言的,与晶体的区别在于质点呈不规则排列,没有特定的几何外形,没有固定的熔点。其可分为玻璃体(glassy substance)和凝胶体(gelinite)两种。

玻璃体是高温熔融物在急速冷却过程中形成的,质点来不及进行规则排列形成晶体,从而形成质点不规则排列的玻璃体。由于玻璃体凝固时没有结晶放热过程,在内部积蓄着大量的内能,因此,玻璃体是一种不稳定的结构,具有较高的化学活性,如粒化高炉矿渣(水淬矿渣)、粉煤灰等工业废弃物材料中均存在大量玻璃态物质,在混凝土中掺入这些材料,主要是利用这些玻璃态物质的化学活性来改善混凝土的性质。

凝胶体是材料在胶体分散体系(colloidal dispersion)中通过凝胶化过程(gelation)形成的。

胶状分散体系,简称胶体(colloid),是一种均匀混合物。在胶体中含有两种不同状态的物质,一种分散,一种连续。分散的部分(分散质)为微小的固体粒子或液滴,其直径为 1～100nm;连续的部分(分散介质)可以是气体或液体。分散介质为气体时,称为气溶胶(aerosol),如云、雾等;分散介质为液体时,称为液溶胶,简称溶胶(sol),如氢氧化铁胶体、硅溶胶等。

胶体分散体系中的胶体粒子或高分子在一定条件下互相连接,形成空间网状结构,结构空隙中充满了分散介质,这样一种特殊的分散体系称作凝胶体。凝胶体没有流动性,内部常含有大量液体或气体,例如血凝胶、琼脂的含水量可达 99%以上。

根据凝胶体中分散介质的不同,凝胶体可分为液凝胶和气凝胶,两者均通过溶胶-凝胶过程制备而成,但气凝胶在经过溶胶-凝胶过程制备形成液凝胶后,还需经过溶剂置换和超临界干燥过程,才能制备得到气凝胶(aerogel)。气凝胶为块状结构,其气孔率可高达 99.8%以上,强度很低。将液凝胶直接进行常压干燥制备得到的凝胶称为干凝胶(xerogel),它可以是粉体颗粒或块状结构,其强度与干凝胶体中的孔隙率有关。

知识拓展

气凝胶图

气凝胶及其应用

气凝胶是指以纳米量级超微颗粒相互聚集构成纳米多孔网络结构，并在网络孔隙中充满气态分散介质的轻质纳米固态材料，由美国斯坦福大学 S. S. Kistler 最早制得。按其组分，可分为单组分气凝胶和多组分气凝胶，前者如 SiO_2、Al_2O_3、TiO_2、碳气凝胶（有机气凝胶碳化后得到）等，后者如 SiO_2/Al_2O_3、SiO_2/TiO_2 等。

最早的气凝胶因其半透明和质量超轻，有时也被称为“固态烟”或“冻住的烟”(图 1-12)。不同气凝胶可以承受不同的温度，如 SiO_2 气凝胶可在绝对零度到 650℃的范围内使用，有些气凝胶最高能承受 1400℃的高温。气凝胶的这些特性使其在航天探测上有多种用途，如俄罗斯“和平号”空间站和美国“勇气号”火星探测器上，都用到了气凝胶材料。

气凝胶是吉尼斯世界纪录里最轻的固体(图 1-13)，具有以下特点：

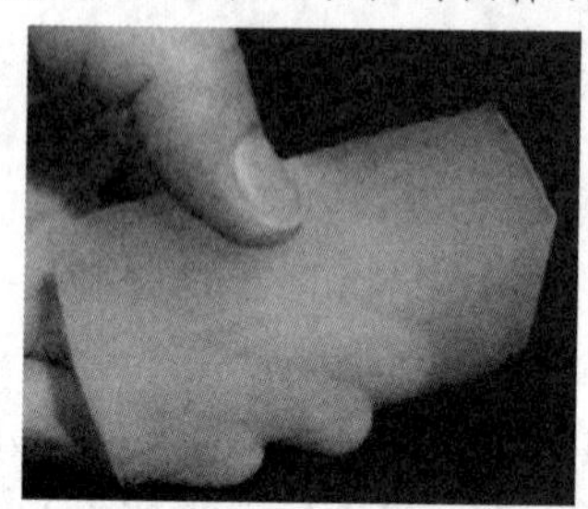
图 1-12　气凝胶

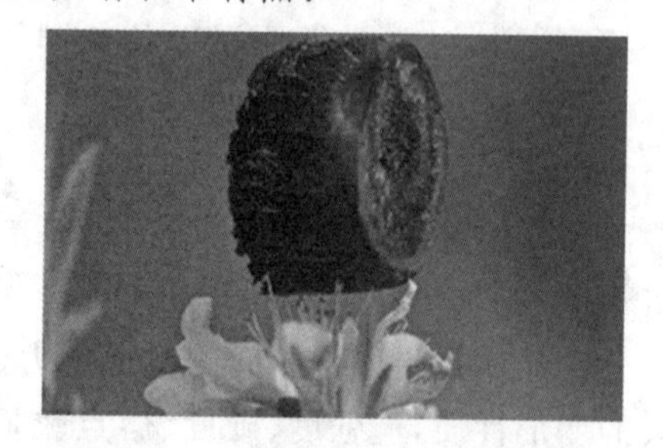
图 1-13　“碳海绵”立在桃花花蕊上

①孔隙率很高，可高达 99.8%；

②具有纳米级孔隙(6～20nm)和三维纳米骨架（2～5nm)；

③比表面积可高达 $1000m^2/g$；

④密度可低至 $0.003g/cm^3$；

⑤具有极低热导率，常温下可低至 0.013W/(m·K)，比空气的导热系数还低，是目前隔热性能最好的固态材料；

⑥强度低，脆性大，这是因为其比表面积和孔隙率很大，密度很低，所以其强度很低，如 SiO_2 气凝胶杨氏模量不到 10MPa，抗拉强度只有 16kPa。

由于气凝胶具有上述特点，其在很多领域具有很好的应用前景，如超级保温隔热、催化剂载体、航空航天、气体吸附等。

根据凝胶体的性质不同，凝胶体可分为弹性凝胶体和脆性凝胶体。弹性凝胶体失去分散介质后，体积显著缩小，而当重新吸收分散介质时，体积又重新增大，例如明胶。脆性凝胶体失去或重新吸收分散介质时，形状和体积都不改变，例如硅胶。一般有机凝胶为弹性凝胶体，无机凝胶为脆性凝胶体。

1.4.2.2　细观结构

细观结构是指用光学显微镜所能观察到的材料结构，其尺寸范围为 1～1000μm。对于材料的细观结构，只能针对某种具体材料来进行具体的分类。对天然岩石可分为矿物、晶体颗粒、非晶体组织，对钢材可分为铁素体、渗碳体、珠光体，对木材可分为木纤维、导管、髓线、树脂道，对混凝土可分为水泥硬化浆体、骨料及其界面等。材料内部在此尺度范围内的孔隙或裂纹也属于细观结构的一部分。

需要说明的是，材料科学研究人员通常将材料的细观结构和微观结构统称为微观结构，而结构工程学科研究人员在进行材料的力学性质分析与模拟时，通常比较关注材料的细观结构和宏观结构。

1.4.2.3　宏观结构

宏观结构是指用肉眼或在 10～100 倍放大镜或显微镜下就可分辨的粗大组织，其尺寸在 1mm 以上。一般将材料的宏观结构称为材料的构造。材料的宏观结构直接影响材料的体积密度、渗透性、强度等性质。

相同组成的材料，如果质地均匀，结构致密，则强度高，反之强度低。

材料的构造主要有以下几大类：

①密实构造。材料内无孔隙或少孔隙的材料构造称为密实构造，具有密实构造的材料密度和体积密度在数值上极其接近，如钢材、玻璃、塑料等。这类材料具有体积密度大、孔隙率小、强度高、导热性好的特点。

②多孔构造。含有几乎均匀分布的几微米到几毫米的孤立孔或连通孔的材料构造称为多孔构造，如加气混凝土、大孔混凝土等。这类材料具有体积密度小、孔隙率大等特点，其性质与孔隙大小有关。具有微孔多孔构造的材料保温隔热好、吸声性质好，具有大孔多孔构造的材料透水性和吸声性质好。

③纤维构造。由纤维状物质构成的材料构造称为纤维构造，如木材、矿棉、玻璃棉等。由于材料内部质点排列具有方向性，故其平行纤维方向与垂直纤维方向的强度和导热性等性质具有明显的差异。由于含有大量的纤维间孔隙，故在干燥状态下这类材料具有体积密度小、保温隔热好、吸声性质好的特点。

④层状构造。用机械或黏结等方法把层状结构的材料叠合在一起成为整体的材料构造称为层状构造。可以由同种材料层压，如胶合板；也可以由异种材料层压，如纸面石膏板、蜂窝夹心板、玻璃钢等。这类构造能提高材料的强度、硬度、保温、装饰等性质。在自然条件下形成的某些具有解理结构或者在不同地质条件下形成的具有分层结构的天然石材也属于这类构造。

⑤纹理构造。天然材料在生长或形成过程中自然造就形成纹理的材料构造称为纹理构造，如木材、大理石、花岗岩等；人工材料可人为制作纹理，如人造花岗岩石板、仿木塑料地板等。

知识归纳

独立思考

1-1 当某材料孔隙率及孔隙特征发生变化时（表 1-6），其性质将如何变化？（用符号填写：增大↑，下降↓，不变=，不定？）

表 1-6 材料孔隙率及孔隙特征的变化规律

孔隙率		密度	表观密度	强度	吸水性	吸湿性	抗冻性	抗渗性	导热性	吸声性
P↑										
P 一定	P_o↑									
	P_c↑									

1-2 今有湿砂 100.0kg，已知其含水率为 6.0%，则其中含有水的质量是多少？

1-3 某石材在气干、绝干、水饱和条件下测得的抗压强度分别为 74.0MPa、80.0MPa、65.0MPa，求该石材的软化系数，并判断该石材可否用于水下工程。

1-4 一块板砖，其真实密度 ρ=2.60g/cm^3，绝干状态下的质量 m_0=2000g，将它浸没于水中，吸水饱和后取出擦干表面后，测得其饱和面干（表干）质量 m_b=2350g；另采用静水天平法测得其浸泡于水中的质量 m_2=1150g。求该砖的表观密度、体积密度、孔隙率、开口孔隙率、闭口孔隙率和体积吸水率。

1-5 称取堆积密度为 1480kg/m^3 的干砂 300g，将此砂加入已装有 250mL 水的 500mL 容量瓶内，充分摇动排尽气泡，静止 24h 后加水到刻度，称得总质量为 876.4g；将瓶内砂和水倒出洗净后，再向瓶内重新注水到刻度，此时称得总质量为 690.8g。再将部分砂敲碎磨细过筛（0.2 mm 筛）烘干后，取样 53.81 g，测得其排水体积 $V_{排水}$ 为19.85cm^3。试计算该砂的空隙率。

思考题答案

参考文献

[1] 叶青，丁铸. 土木工程材料. 2 版. 北京：中国质检出版社，2013.

[2] 钱晓倩. 土木工程材料. 杭州：浙江大学出版社，2003.

[3] SUN HAIYAN, XU ZHEN, GAO CHAO. Multifunctional, ultra-flyweight, synergistically assembled carbon aerogels. Advanced Materials, 2013, 25(18): 2554-2560.

2 气硬性胶凝材料

课前导读

内容提要

本章主要介绍只能在空气中硬化的胶凝材料(包括石灰、石膏和水玻璃)的原材料与生产方法、化学组成、水化与硬化过程、性质和工程应用等。

能力要求

通过本章的学习，学生应掌握石灰、石膏、水玻璃等气硬性胶凝材料的水化与硬化机理、主要性质和主要用途，了解它们的原材料和生产方法。

数字资源

重难点

在土木工程材料中，凡在一定条件下，经过一系列物理、化学作用后，能把块状或散粒状材料胶结成整体并具有一定强度的材料统称为胶凝材料(cementitious/binding materials)。这里的块状或散粒状材料包括砖、砌块、砂、石、石粉等。胶凝材料按其化学成分可分为有机胶凝材料和无机胶凝材料两大类。无机胶凝材料按其硬化时的条件又可分为气硬性胶凝材料(air-hardening/non-hydraulic cementitious materials)和水硬性胶凝材料(hydraulic cementitious materials)。气硬性胶凝材料只能在空气中硬化，并在空气中保持或继续提高其强度，如石灰、石膏、水玻璃等。气硬性胶凝材料能用于干燥环境，不宜用于潮湿环境，更不可用于水中。水硬性胶凝材料不仅能在空气中硬化，而且能更好地在水中硬化，其强度能保持并继续提高，如各种水泥。水硬性胶凝材料既适用于干燥环境，又适用于潮湿环境或水下工程。

2.1 石　　灰

石灰(lime)是一种传统的气硬性胶凝材料，是以石灰岩为原料经煅烧而成的。由于来源广泛，工艺简单，成本低廉，使用方便，石灰曾被广泛应用于古代很多土木工程中。然而，随着现代土木工程对材料性能要求越来越高，石灰在工程中的应用越来越少，仅在混合砂浆、石灰稳定土等少数场合下有所应用。其一般用作其他土木工程材料原材料，如用作加气混凝土、蒸压灰砂砖等的原材料。

2.1.1 石灰的生产与分类

石灰图

生产石灰的主要原材料是以碳酸钙为主的天然岩石，如石灰岩。其中可能会含有少量的碳酸镁及黏土等杂质。石灰岩经过高温煅烧后，碳酸钙将分解成为 CaO 和 CO_2，CO_2 以气体逸出，其化学反应式如下：

$$CaCO_3 \xrightarrow{900\sim1100℃} CaO + CO_2\uparrow$$

$$MgCO_3 \xrightarrow{700℃} MgO + CO_2\uparrow$$

生产所得的 CaO 称为生石灰，是一种白色或灰色的块状物质。煅烧温度一般以 1000℃为宜。在煅烧过程中，若温度过低或煅烧时间不足，$CaCO_3$ 不能完全分解，将生成“欠火石灰”，导致石灰岩有效利用率下降。如果煅烧时间过长或温度过高，将生成颜色较深、块体致密的“过火石灰”，它的特点是密度较大，与水反应水化的速度较慢，往往在石灰固化后才开始水化，从而产生局部体积膨胀，引起鼓包开裂，影响工程质量。

由于原料中常含有碳酸镁($MgCO_3$)，煅烧后会生成 MgO。根据建筑材料行业标准《建筑生石灰》(JC/T 479—2013)的规定，将 MgO 含量小于或等于 5%的生石灰称为钙质生石灰；MgO 含量大于 5%的生石灰称为镁质生石灰。同等级的钙质生石灰质量优于镁质生石灰。

将块状生石灰经过加工，可得到另外三种工业产品：

①生石灰粉(ground quick lime)：由块状生石灰磨细生成，主要成分为 CaO。

②消石灰粉(slaked lime)：将生石灰用适量水(60%～80%)经消化和干燥而成的粉末，主要成分为 $Ca(OH)_2$，也称为熟石灰粉。

③石灰膏(lime plaster)：将块状生石灰用大量的水(生石灰体积的 3～4 倍)消化，或将消石灰粉和水拌和所得的一定稠度的膏状物，主要成分为 $Ca(OH)_2$ 和 H_2O。

2.1.2 石灰的水化、凝结与硬化

2.1.2.1 石灰的水化

生石灰 CaO 加水反应生成 $Ca(OH)_2$ 的过程称为水化。生成物 $Ca(OH)_2$ 称为熟石灰。反应式如下：

$$CaO + H_2O = Ca(OH)_2 + 64.9\ kJ/mol$$

水化过程的特点：

①速度快。煅烧良好的CaO与水接触时几秒钟内即反应完毕。

②体积膨胀。CaO与水反应生成$Ca(OH)_2$时,体积增大2.5～3倍。

③放出大量的热。每消解1kg生石灰可放热1160kJ。

CaO水化理论需水量只为32.1%,而实际水化过程中通常加入过量的水,一方面是考虑水化时释放热量引起水分蒸发损失,另一方面是确保CaO充分水化。建筑工地上常在化灰池中进行石灰膏的生产,即将块状生石灰用水冲淋,通过筛网,滤去欠火石灰和杂质,流入化灰池中沉淀而得。石灰膏面层必须蓄水保养,其目的是隔绝空气,避免与空气直接接触,防止干硬固化和碳化固结,以免影响正常使用和效果。

当煅烧温度过高或时间过长时将产生过火石灰,这在石灰煅烧中是难免的。由于过火石灰的表面包覆着一层玻璃釉状物,水化很慢,对使用非常不利,若在石灰使用并硬化后再继续水化,则产生的体积膨胀将引起局部隆起和爆裂。为消除上述过火石灰的危害,石灰膏使用前应在化灰池中存放2周以上,使过火石灰充分水化,这个过程称为陈伏(aging)。陈伏期间,石灰膏表面应保持一层水,以隔绝空气,防止与CO_2反应发生碳化,使石灰失去胶凝性能。但若将生石灰磨细后使用,则不需要陈伏,这是因为粉磨过程使过火石灰的表面积大大增加,与水水化反应速度加快,过火石灰几乎可以同步水化,而且又均匀分散在生石灰粉中,不至于产生过火石灰的种种危害。

2.1.2.2 *石灰的凝结与硬化*

熟石灰应用于工程后将在空气中逐渐发生凝结和硬化,其硬化过程包括结晶和碳化两个同时进行的物理化学过程。

(1)结晶过程

石灰浆中的游离水分蒸发或被砌体吸收,使$Ca(OH)_2$以晶体形态析出,石灰浆体逐渐失去塑性,并凝结硬化具有一定强度。

(2)碳化过程

$Ca(OH)_2$与空气中的CO_2反应生成$CaCO_3$晶体,析出的水分逐渐被蒸发,其反应式为:

$$Ca(OH)_2+CO_2+nH_2O \longrightarrow CaCO_3+(n+1)H_2O$$

图2-1 石灰抹灰表面爆裂现象

由于碳化作用在表层生成$CaCO_3$结晶的薄层阻碍了CO_2的进一步深入和水分蒸发,而且空气中CO_2的浓度低,所以石灰的碳化速度缓慢。

【案例分析2-1】 *某农村家庭简单装修,采用石灰膏作为内墙涂料,施工完毕半月左右后墙面出现如图2-1所示的凹坑,试分析原因。*

【原因分析】 *这是因为石灰消化后未进行必要的陈伏处理。未经陈伏处理的石灰膏中尚存在未水化的过火石灰,其水化速度较慢,一般在15d左右才能完全水化,水化过程中体积膨胀,导致已经硬化的石灰硬化体发生膨胀爆裂。*

2.1.3 石灰的性质、技术要求和应用

2.1.3.1 *石灰的性质*

(1)水化放热量大,腐蚀性强

生石灰的水化过程是放热反应,反应时放出大量的热;水化产物中的$Ca(OH)_2$成分为强碱,具有较强的腐蚀性。

(2)可塑性、保水性好

生石灰水化后形成的石灰浆是一种表面吸附水膜的高度分散的$Ca(OH)_2$胶粒,该胶粒为类似于黏土颗粒的六方板状晶体颗粒。由于六方板状颗粒堆积叠合在一起时,不容易因微小变形而开裂,因而石灰膏具有良好的可塑性和保水性。利用这一性质,将其掺入水泥浆中,可显著提高砂浆的可塑性和保水性。

(3)凝结硬化慢、强度低

石灰浆和石灰膏在凝结硬化过程中结晶作用相对较快,一般1～2d即可凝结硬化,但其碳化作用受外界

环境湿度、空气中二氧化碳浓度和表面碳化层厚度的影响，碳化速度极其缓慢。由于石灰硬化体以 $Ca(OH)_2$ 晶体为主，虽然 $Ca(OH)_2$ 晶体本身强度较高，但 $Ca(OH)_2$ 晶体颗粒与颗粒之间属于分子间作用力，故石灰硬化体的强度很低，例如 1∶3 配合比的石灰砂浆，其 28d 抗压强度只有 0.2～0.5MPa。石灰硬化体经长时间碳化作用后，其强度逐渐增大。

(4)硬化时体积收缩大

石灰在硬化过程中，由于大量的游离水分蒸发，体积显著收缩，易出现干缩裂缝，故石灰浆不宜单独使用，一般要掺入骨料(如细砂)或纤维材料(如麻刀、纸筋等)，以抵抗收缩产生的拉应力，防止开裂。

(5)生石灰吸湿性强，石灰硬化体耐水性差

生石灰在放置过程中会缓慢吸收空气中的水分而自动水化，再与空气中的 CO_2 作用生成 $CaCO_3$，失去胶结能力。硬化后的石灰，如果长期处于潮湿环境或水中，$Ca(OH)_2$ 会逐渐溶解而导致结构破坏，故耐水性差。石灰硬化体经长时间碳化作用后，其耐水性有所改善。

2.1.3.2 *石灰的技术要求*

(1)建筑生石灰和建筑生石灰粉

建筑生石灰根据 MgO 含量分为钙质生石灰和镁质生石灰；又根据 CaO 和 MgO 总含量及未消化残渣、CO_2 含量、产浆量和细度分为优等品、一等品和合格品三个等级。生石灰和生石灰粉的技术指标分别见表 2-1、表 2-2。

(2)建筑消石灰粉

建筑消石灰粉根据 MgO 含量分为钙质消石灰粉(MgO＜4％)、镁质消石灰粉(4％≤MgO＜24％)和白云石消石灰粉(24％≤MgO＜30％)三类，并根据 CaO 和 MgO 总含量、游离水含量和体积安定性分为优等品、一等品和合格品三个等级。见表 2-3。

表 2-1 **建筑生石灰的技术指标**

项目	钙质生石灰			镁质生石灰		
	优等品	一等品	合格品	优等品	一等品	合格品
(CaO＋MgO)含量/％	≥90	≥85	≥80	≥85	≥80	≥75
未消化残渣(5mm 圆孔筛筛余)含量/％	≤5	≤10	≤15	≤5	≤10	≤15
CO_2 含量/％	≤5	≤7	≤9	≤6	≤8	≤10
产浆量/($L \cdot kg^{-1}$)	≥2.8	≥2.3	≥2.0	≥2.8	≥2.3	≥2.0

表 2-2 **建筑生石灰粉的技术指标**

项目		钙质生石灰			镁质生石灰		
		优等品	一等品	合格品	优等品	一等品	合格品
(CaO＋MgO)含量 /％		≥85	≥80	≥75	≥80	≥75	≥70
CO_2 含量/％		≤7	≤9	≤11	≤8	≤10	≤12
细度	0.9mm 筛筛余/％	≤0.2	≤0.5	≤1.5	≤0.2	≤0.5	≤1.5
	0.125mm 筛筛余/％	≤7.0	≤12.0	≤18.0	≤7.0	≤12.0	≤18.0

表 2-3 **建筑消石灰粉的技术指标**

项目	钙质消石灰粉			镁质消石灰粉			白云石消石灰粉		
	优等品	一等品	合格品	优等品	一等品	合格品	优等品	一等品	合格品
(CaO＋MgO)含量/％	≥70	≥65	≥60	≥65	≥60	≥55	≥65	≥60	≥55
游离水含量/％	0.4～2	0.4～2	0.4～2	0.4～2	0.4～2	0.4～2	0.4～2	0.4～2	0.4～2

续表

项目		钙质消石灰粉			镁质消石灰粉			白云石消石灰粉		
		优等品	一等品	合格品	优等品	一等品	合格品	优等品	一等品	合格品
体积安定性		合格	合格	—	合格	合格	—	合格	合格	—
细度	0.9mm 筛筛余/%	0	0	≤0.5	0	0	≤0.5	0	0	≤0.5
	0.125mm 筛筛余/%	≤3	≤10	≤15	≤3	≤10	≤15	≤3	≤10	≤15

2.1.3.3 石灰的应用

(1)制作石灰乳和石灰砂浆

将消石灰粉或水化好的石灰膏加入大量水调制成稀浆,成为石灰乳,或配制成石灰砂浆,用于要求不高的室内粉刷或抹面。为了克服石灰砂浆收缩大、易开裂等缺点,配制时常需加入纸筋、麻刀等纤维材料抑制收缩。目前已很少使用石灰乳和石灰砂浆直接进行室内粉刷或抹面,而主要采用石灰膏与水泥、砂配制成水泥混合砂浆用于砌筑和抹面。

(2)拌制石灰土和三合土

消石灰粉和黏土拌和,称为石灰土,若再加入砂和石屑、炉渣等即为三合土。在潮湿环境中,由于$Ca(OH)_2$能和黏土中少量的活性SiO_2和Al_2O_3反应生成具有水硬性的产物,使黏土的密实度、强度和耐水性得到改善,因此石灰土和三合土可广泛用于建筑物的基础和道路垫层。在古建筑中,石灰土和三合土是常用的建筑胶凝材料,有时还在三合土基础上加入糯米汤或牲血以及天然的纤维材料,以提高三合土综合性能。

(3)生产硅酸盐制品

以磨细生石灰(或熟石灰粉)和硅质材料(如砂、粉煤灰、火山灰、煤矸石等)为主要原料,加水拌和,经过成型、养护(常压蒸汽养护或高压蒸汽养护)等工序制得的制品,统称为硅酸盐制品,常用的有粉煤灰混凝土、加气混凝土、粉煤灰砖、灰砂砖、硅酸盐砌块等。

2.1.3.4 石灰运输和储存的注意事项

根据生石灰的性质,生石灰在运输和储存时要防止受潮,且储存时间不宜过长。由于运输和储存中的生石灰受潮水化要放出大量的热量且体积会膨胀,会导致易燃、易爆物品燃烧和爆炸,所以生石灰不宜与易燃、易爆物品一起运输和储存。

2.2 石 膏

石膏是以半水硫酸钙为主要成分的气硬性胶凝材料。由于石膏及其制品具有许多优良的性质,原料来源丰富,生产能耗较低,因而其在建筑工程中得到广泛应用。

2.2.1 石膏的生产与分类

石膏图

生产石膏的主要原料是天然二水石膏(gypsum)($CaSO_4 \cdot 2H_2O$,又称为软石膏或生石膏)。也可采用化工石膏作为原料,其成分是含有$CaSO_4 \cdot 2H_2O$和$CaSO_4$混合物的化工副产品及废渣。将天然二水石膏或化工石膏经加热、脱水、磨细可得石膏。依据加热的条件和程度不同,可得到结构和性质不同的石膏产品。

(1)建筑石膏

将天然二水石膏在107～170℃条件下加热脱去部分结晶水,再经磨细,且未添加任何外加剂制备而成的粉状胶凝材料,称为建筑石膏,主要成分为β型半水石膏(β-$CaSO_4 \cdot 0.5H_2O$),其晶粒细小[图 2-2(a)],调制浆体时需水量较大。

$$CaSO_4 \cdot 2H_2O \xrightarrow{107 \sim 170℃} \beta\text{-}CaSO_4 \cdot 0.5H_2O + 1.5H_2O$$

建筑石膏为白色或灰白色粉末，密度为 2.6～2.75g/cm^3，堆积密度为 800～1000kg/m^3。

生产建筑石膏的原材料除了天然二水石膏外，还包括工业副产石膏、烟气脱硫石膏、磷石膏。以工业副产石膏为原料生产的建筑石膏，用代号“N”表示；以烟气脱硫石膏为原料制取的建筑石膏，用代号“S”表示；以磷石膏为原料制取的建筑石膏，用代号“P”表示。

(2)高强石膏

将天然二水石膏置于 0.13MPa 和 124℃的过饱和蒸汽下进行蒸压，或置于某些盐溶液中煮沸，可获得晶粒较粗、较致密的 α 型半水石膏[图 2-2(b)]，即高强石膏。α 型半水石膏晶体粗大，调制浆体时需水量小，因此硬化后强度较高。

(a)

(b)

图 2-2 β型与α型半水石膏在 SEM 下的微观结构形貌

(a)β 型；(b)α 型

(3)高温煅烧石膏

加热温度超过 800℃时，在分解出的 CaO 的激发下，生成的具有重新凝结硬化能力的煅烧石膏，被称为高温煅烧石膏，又称地板石膏。它主要用于砌筑及制造人造大理石的砂浆，还可加入稳定剂、填料等经塑化压制成地板材料。

2.2.2 建筑石膏的水化与凝结硬化

建筑石膏与水拌和后，成为具有可塑性的浆体，但其中的半水石膏很快与水发生水化反应，形成二水石膏，其固相体积增大，使浆体很快变稠而失去可塑性，最后逐渐形成具有一定强度的硬化体。

2.2.2.1 建筑石膏的水化

建筑石膏加水拌和后，与水相互作用，由原先的半水石膏逐渐反应生成二水石膏，这个过程称为水化。反应式如下：

$$CaSO_4 \cdot 0.5H_2O + 1.5H_2O \longrightarrow CaSO_4 \cdot 2H_2O$$

建筑石膏加水后，首先半水石膏溶解，然后发生水化反应，生成二水石膏。由于二水石膏在水中的溶解度(20℃为 2.05g/L)比半水石膏在水中的溶解度(20℃为 8.16g/L)小得多，故二水石膏不断从过饱和溶液中沉淀而析出胶体微粒。二水石膏析出，使半水石膏浓度下降，成为不饱和溶液，此时半水石膏进一步溶解以达到饱和浓度，而二水石膏继续生成和析出。如此不断循环，直到半水石膏完全转化为二水石膏为止。

2.2.2.2 建筑石膏的凝结硬化

随着水化的进行，二水石膏胶体微粒的数量不断增多，它比原来的半水石膏颗粒细得多，总表面积增大，因而可吸附更多的水分；同时，水分蒸发和部分水参与反应而成为化合水，致使自由水减少，浆体逐渐变稠而开始失去可塑性。一般将浆体开始失去可塑性时对应的状态称为初凝状态，从石膏开始与水接触至达到初凝状态所需要的时间称为初凝时间。

在浆体变稠的同时，二水石膏胶体微粒逐渐变为晶体，晶体逐渐长大、共生和相互交错，使浆体完全失去可塑性，此时的状态称为终凝状态，从石膏开始与水接触至达到终凝状态所需要的时间称为终凝时间。

浆体逐渐干燥,内部自由水排出,晶体之间的摩擦力、黏结力逐渐增大,强度也随之增加,一直发展到最大值,这就是凝结硬化过程,如图2-3所示。直至剩余水分完全蒸发后,强度才停止发展。

由图2-3可见,石膏浆体的水化、凝结和硬化实际上是一个连续的溶解、水化、胶化和结晶过程,是交叉进行的,其最终硬化属于干燥和结晶作用。完全硬化后的石膏微观结构如图2-4所示。

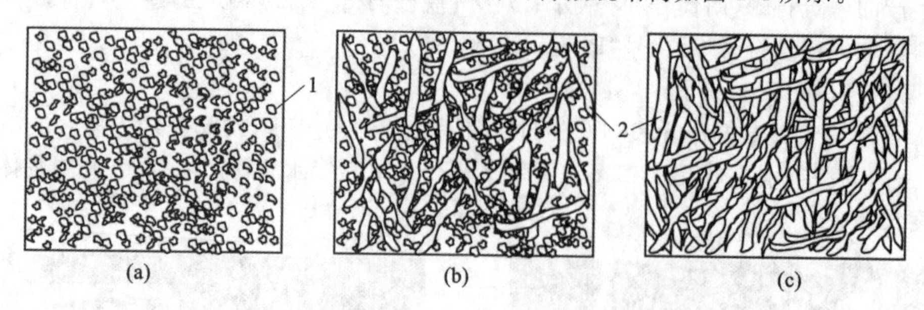

图2-3 建筑石膏凝结硬化示意图

(a)半水石膏浆体;(b)二水石膏开始结晶;(c)结晶长大与交错

1—半水石膏;2—二水石膏晶体

图2-4 硬化后的石膏扫描电镜图片

(a)水/石膏=0.65;(b)水/石膏=0.80

2.2.3 建筑石膏的性质和技术要求

2.2.3.1 建筑石膏的性质

①凝结硬化快。建筑石膏凝结硬化很快,一般初凝仅几分钟,终凝不超过半小时。由于初凝时间短不便于施工操作,使用时需加入缓凝剂以延长凝结时间。常用的缓凝剂有经石灰处理的动物胶(掺量0.1%~0.2%)、亚硫酸酒精废液(掺量1%)、硼砂、柠檬酸、聚乙烯醇等。

②硬化时体积略增大。建筑石膏硬化后,体积略有增大(增大率为0.05%~0.15%),这一特性使得石膏制品表面光滑、形体饱满、无收缩裂纹,特别适用于粉刷、抹面和制作建筑装饰制品。工程中也可以利用该特性将石膏涂抹于建筑物由于不均匀沉降等原因引起的裂缝表面,通过观察硬化石膏是否开裂,来判别建筑物的不均匀沉降是否会继续发展。

③硬化后孔隙率大、表观密度小、强度较低。建筑石膏发生水化反应的理论用水量为18.6%,但为了满足施工要求的可塑性,实际加水量为60%~80%,石膏凝结后多余水分蒸发,导致石膏硬化体孔隙率高达40%~60%,因而建筑石膏制品的质量轻、强度低。

④隔热、吸声性能好。由于建筑石膏硬化后水分蒸发形成大量的毛细孔隙,其导热系数较小,仅为0.121~0.205W/(m·K),因而其具有良好的保温隔热能力;其开口孔隙率大使其同时具有较强的吸声能力。

⑤调湿性能好。由于建筑石膏内部的大量毛细孔隙对空气中的水蒸气具有较强的吸附能力,所以其对室内空气的湿度有一定的调节作用。

⑥防火性能良好。建筑石膏硬化后的主要成分是含有两个结晶水分子的二水石膏,当遇火时,结晶水

蒸发，吸收热量并在表面形成具有良好隔热性能的“水蒸气雾幕”，能够有效抑制火焰蔓延和温度升高。

⑦加工性能好。建筑石膏制品可锯、可刨、可钉，加工性能好。

⑧耐水性、抗冻性差。建筑石膏硬化后孔隙率高，吸水性、吸湿性强，并且二水石膏微溶于水，长期浸水会使其强度下降，其软化系数仅为0.2～0.3，故其耐水性差。若吸水后再受冻，会因结冰而产生崩裂，故抗冻性也很差。

2.2.3.2 建筑石膏的技术要求

根据《建筑石膏》(GB/T 9776—2022)的规定，建筑石膏按2h湿抗折强度分为4.0、3.0、2.0三个等级。

(1)组成

产品中有效胶凝材料β半水硫酸钙(β-$CaSO_4 \cdot 1/2H_2O$)与可溶性无水硫酸钙(AⅢ-$CaSO_4$)含量之和应不小于60.0%，且二水硫酸钙($CaSO_4 \cdot 2H_2O$)含量应不大于4.0%；可溶性无水硫酸钙(AⅢ-$CaSO_4$)含量由供需双方商定。

(2)物理力学性能

建筑石膏的物理力学性能应符合表2-4的要求。

表2-4 建筑石膏的物理力学性能

等级	凝结时间/min		强度/MPa			
			2h湿强度		干强度	
	初凝	终凝	抗折	抗压	抗折	抗压
4.0	≥3	≤30	≥4.0	≥8.0	≥7.0	≥15.0
3.0			≥3.0	≥6.0	≥5.0	≥12.0
2.0			≥2.0	≥4.0	≥4.0	≥8.0

(3)放射性核素限量

产品的放射性核素限量内照射指数(I_{Ra})应不大于1.0，外照射指数(I_c)应不大于1.0。

(4)限制成分

产品的水溶性氧化镁(MgO)、水溶性氧化钠(Na_2O)、水溶性氯离子(Cl^-)、水溶性五氧化二磷(P_2O_5)、水溶性氟离子(F^-)的含量应符合相关要求。由磷石膏和脱硫石膏混合原料制成的建筑石膏应满足所有指标。

2.2.3.3 建筑石膏的标记

建筑石膏按产品名称、代号、等级及标准编号的顺序标记。如等级为3.0的天然建筑石膏标记为：建筑石膏 N3.0 GB/T 9776—2022。

2.2.4 建筑石膏的应用和储运

2.2.4.1 建筑石膏的应用

(1)制备石膏砂浆和粉刷石膏

将建筑石膏与水、砂及缓凝剂配成石膏砂浆，可用于室内抹灰。建筑石膏加水和适量外加剂，可调制成粉刷石膏，涂刷装修内墙面。石膏砂浆具有良好的保温隔热性能和隔音防火性能，并可在一定程度上调节室内空气的湿度，因此，建筑石膏及其制品被广泛用作室内装饰材料，但其耐水性差，不宜用于室外。

(2)制作石膏板和装饰构件

石膏板具有轻质、保温、吸音、防火以及施工方便等性能，可广泛应用于高层建筑及大跨度建筑的隔墙。目前常用的石膏板主要有纸面石膏板、石膏空心条板、石膏装饰板、纤维石膏板等。建筑石膏配以纤维增强材料、胶黏剂等还可制成石膏角线、线板、角花、灯圈、罗马柱、雕塑等装饰构件。

2.2.4.2 建筑石膏的储运

建筑石膏在运输和储存时要注意防潮，储存期一般不宜超过3个月，否则石膏制品的质量将下降。

2.3 水 玻 璃

土木工程中常用的水玻璃(water glass)俗称泡花碱,是一种由碱金属氧化物和二氧化硅结合而成的水溶性硅酸盐材料,其化学通式为 $R_2O \cdot nSiO_2$,常见的有硅酸钠水玻璃 $Na_2O \cdot nSiO_2$ 和硅酸钾水玻璃 $K_2O \cdot nSiO_2$ 等。钾水玻璃在性能上优于钠水玻璃,但其价格较高,故建筑上最常用的是钠水玻璃。

水玻璃图

2.3.1 水玻璃的生产

在石英砂或石英岩粉中加入 Na_2CO_3 或 Na_2SO_4 在玻璃熔炉内熔化,在 1300～1400℃温度下熔融而生成硅酸钠,冷却后即得固态水玻璃,其反应式如下:

$$Na_2CO_3 + nSiO_2 \xrightarrow{1300\sim1400℃} Na_2O \cdot nSiO_2 + CO_2\uparrow$$

固态水玻璃在 0.3～0.4MPa 压力的蒸汽锅内,溶于水成黏稠状的水玻璃溶液。其分子式中的 n 为 SiO_2 与 R_2O 的分子比,称为水玻璃的模数。

水玻璃溶于水,使用时仍可加水稀释,其溶解的难易程度与 n 值的大小有关。n 值越大,水玻璃的黏度越大,越难溶解,但却越易分解硬化。土建工程中常用水玻璃的 n 值一般在 2.5～2.8 之间。

液体水玻璃在空气中会与 CO_2 发生反应,由于干燥和析出无定形硅酸并逐渐硬化,这个反应进行得很慢,为了加速硬化,可加入适量氟硅酸钠,促使硅酸凝胶析出,其化学反应式为:

$$2[Na_2O \cdot nSiO_2] + Na_2SiF_6 + mH_2O = 6NaF + (2n+1)SiO_2 \cdot mH_2O$$

氟硅酸钠的适宜掺量(占水玻璃质量百分比)为 12%～15%。用量太少,硬化速度慢,强度低,且未反应的水玻璃易溶于水,导致耐水性差;用量过多,会引起凝结过快,增加施工难度。氟硅酸钠有一定的毒性,操作时应注意安全,也可以用磷酸或硫酸等作为水玻璃的促硬剂。

2.3.2 水玻璃的性质

(1)黏结性能良好

水玻璃硬化后的主要成分为硅酸凝胶和固体,比表面积大,因而有良好的黏结性能。对于不同模数的水玻璃,模数越大,黏结力越大;当模数相同时,浓度越大,黏结力越大。此外,硬化时析出的硅酸凝胶还可堵塞毛细孔隙,起到防止液体渗漏的作用。

(2)耐热性好

水玻璃硬化后形成的 SiO_2 网状骨架在高温下强度不下降,用它和耐热集料配制的混凝土可耐 1000℃的高温而不发生破坏。

(3)耐酸性好

硬化后水玻璃的主要成分是 SiO_2,在强氧化性酸中具有较好的化学稳定性,因此能抵抗大多数无机酸与有机酸的腐蚀。

(4)耐碱性与耐水性差

一方面,因 SiO_2 和 $Na_2O \cdot nSiO_2$ 均为酸性物质,溶于碱,故水玻璃耐碱性差,不能在碱性环境中使用;另一方面,硬化产物 NaF、Na_2CO_3 等又均溶于水,因此耐水性差。

2.3.3 水玻璃的应用

(1)作灌浆材料用以加固地基

将水玻璃溶液与氯化钙溶液同时或交替灌入地基中,填充地基土颗粒空隙并将其胶结成整体,可提高地基承载能力及地基土的抗渗性。

(2)用作涂刷或浸渍材料

直接将液体水玻璃涂刷或浸渍在混凝土材料表面能形成 SiO_2 膜层,提高混凝土的抗风化及抗渗能力。

但不能对石膏制品表面进行涂刷或浸渍，因为水玻璃与石膏反应生成硫酸钠晶体，导致制品体积增大，使石膏制品受到破坏。

(3)配制水玻璃矿渣砂浆

将水玻璃、矿渣粉、砂和氟硅酸钠配制成砂浆，直接压入砖墙裂缝，可以起到黏结和增强作用，用于堵漏。

(4)配制耐酸砂浆或混凝土

以水玻璃为胶凝材料，氟硅酸钠为促硬剂，和耐酸粉料及集料按一定比例配制成耐酸砂浆或耐酸混凝土，用于储酸槽、酸洗槽、耐酸地坪及耐酸器材等。

(5)配制快凝防水剂

以水玻璃为基料，加入 2～4 种矾可以配制防水剂。这种防水剂凝结快，初凝时间一般不超过 1min，故常用于水泥浆调和。将其掺入水泥浆、砂浆或混凝土中，用于堵塞漏洞、缝隙等局部抢修。

2.4　镁质胶凝材料

镁质胶凝材料，是以 MgO 为主要成分的气硬性胶凝材料，如菱苦土(也叫苛性苦土，主要成分是 MgO)、苛性白云石(主要成分是 MgO 和 $CaCO_3$)等。

2.4.1　镁质胶凝材料的生产

镁质胶凝材料图

镁质胶凝材料是将菱镁矿或天然白云石经煅烧、磨细而制成的。煅烧时的反应式如下：

$$MgCO_3 \xrightarrow{600\sim650℃} MgO + CO_2\uparrow$$

实际生产时，煅烧温度为 800～850℃。

白云石的分解分两步进行，第一步是复盐分解，第二步是碳酸镁分解：

$$CaMg(CO_3)_2 \xrightarrow{600\sim750℃} MgCO_3 + CaCO_3$$

$$MgCO_3 \longrightarrow MgO + CO_2\uparrow$$

煅烧温度对镁质胶凝材料的质量有重要影响。煅烧温度过低时，$MgCO_3$ 分解不完全，易产生“生烧”而降低材料胶凝性；煅烧温度过高时，MgO 烧结收缩，颗粒变得坚硬，称为过烧，其胶凝性很差。

煅烧温度适当的菱苦土为白色或浅黄色粉末，苛性白云石为白色粉末。煅烧所得镁质胶凝材料的密度为 3.1～3.4g/cm^3，堆积密度为 800～900 kg/m^3。煅烧所得菱苦土磨得越细，使用时强度越高；相同细度时，MgO 含量越高，质量越好。

2.4.2　菱苦土

2.4.2.1　菱苦土的性质

菱苦土用水拌和时，生成 $Mg(OH)_2$，疏松、胶凝性差，故通常用 $MgCl_2$、$MgSO_4$、$FeCl_3$ 或 $FeSO_4$ 等的水溶液拌和，以改善其性能。其中，以用 $MgCl_2$ 溶液拌和为最好，浆体硬化较快，其硬化浆体的主要产物为氯氧化镁水化物($xMgO \cdot yMgCl_2 \cdot zH_2O$)和氢氧化镁等，其强度高(可达 40～60MPa)，但吸湿性强，耐水性差(水会溶解其中的可溶性盐类)。

2.4.2.2　菱苦土的应用和储运

菱苦土能与木质材料很好地黏结，而且碱性较弱，不会腐蚀有机纤维，但对铝、铁等金属有腐蚀作用，故不能让菱苦土直接接触金属。其在建筑上常用来制造木屑地板、木丝板、刨花板等。

菱苦土木屑地板有弹性，能防爆、防火，导热性小，表面光洁，不产生噪声与尘土，宜用于纺织车间等。菱苦土木丝板、刨花板和零件则可用于临时性建筑物的内墙、天花板、楼梯扶手等。目前，其主要用作机械设备的包装构件，可节省大量木材。

菱苦土制品只能用于干燥环境中,不适用于受潮、遇水和受酸类侵蚀的地方。

苛性白云石的性质、用途与菱苦土相似,但质量稍差。

菱苦土运输和储存时应避免受潮,也不可久存,以防其吸收空气中水分而成为 $Mg(OH)_2$,再碳化为 $MgCO_3$,失去胶凝能力。

2.4.3 氯氧镁水泥

氯氧镁水泥(简称镁水泥),是用具有一定浓度的氯化镁水溶液与活性氧化镁粉末调配后得到的气硬性胶凝材料。镁水泥的基本体系,即 $MgO-MgCl_2-H_2O$ 三元体系,最终反应产物的形成取决于氧化镁、氯化镁与水之间的配合比。

镁水泥属于气硬性胶凝材料,在干燥空气中强度持续增加,但是其水化产物在水中的溶解度大,导致镁水泥制品在潮湿环境中使用易返卤、翘曲、变形,因此它的使用范围仅限于非永久性、非承重建筑结构件内,同时镁水泥具有大理石般的光滑表面,因此它是装饰材料的极好材料。为了提高镁水泥的抗水性,可以掺入适量磷酸、铁矾等外加剂;镁水泥耐磨性高,特别适合生产地面砖及其他高耐磨制品,尤其是磨料磨具,如抛光砖磨块等;镁水泥建材制品一般均有耐高温的特性,即使是复合玻璃纤维,其耐火温度也高达 300℃以上,因此被广泛用于生产防火板;镁水泥呈微碱性,对玻璃纤维和木质纤维的腐蚀性很小,因此可用于抗碱性玻璃纤维和植物纤维制品的生产。

知识归纳

独立思考

2-1 石灰硬化过程中会产生哪几种开裂破坏?欲避免这些开裂发生,应采取什么技术措施?

2-2 为什么建筑石膏及其制品适用于室内而不适用于室外?

2-3 用于内墙抹灰时,与石灰相比,建筑石膏具有哪些优点?为什么?

2-4 水玻璃的模数、浓度对其黏结性能有何影响?

思考题答案

参考文献

[1] SINGH N B, MIDDENDORF B. Calcium sulphate hemihydrate hydration leading to gypsum crystallization. Progress in Crystal Growth and Characterization of Materials, 2007, 53(1): 57-77.

[2] YU Q L, BROUWERS H J H. Microstructure and mechanical properties of β-hemihydrate produced gypsum: an insight from its hydration process. Construction and Building Materials, 2011, 25(7):3149-3157.

[3] 中华人民共和国国家质量监督检验检疫总局,中国国家标准化管理委员会. 建筑石膏:GB/T 9776—2022. 北京:中国标准出版社,2023.

[4] 中华人民共和国国家质量监督检验检疫总局,中国国家标准化管理委员会. 建筑材料放射性核素限量:GB 6566—2010. 北京:中国标准出版社,2011.

[5] 叶青,丁铸. 土木工程材料. 2版. 北京:中国质检出版社,2013.

3 水　泥

课前导读

内容提要

本章主要介绍水泥的原材料、生产工艺、矿物组成，水泥的水化、凝结、硬化与强度形成机理，硬化水泥石的化学侵蚀机理与预防措施，通用硅酸盐水泥以及其他品种水泥的特性及选用等。

能力要求

通过本章的学习，学生应了解硅酸盐水泥熟料生产的原材料、生产工艺及熟料矿物组成，以及其他品种水泥的特性及选用；掌握通用硅酸盐水泥中熟料矿物与水泥活性混合材料的水化、凝结、硬化机理及其影响因素，通用硅酸盐水泥的技术性能指标及其测试方法，硬化水泥石的化学侵蚀机理及其防护措施；熟悉不同硅酸盐水泥的特性，并能够根据工程环境需求的不同进行合理选择。

数字资源

重难点

水泥呈粉末状，与适量水拌和成塑性浆体，经过物理化学过程浆体能变成坚硬的石状体，并能将散粒状材料胶结成为整体。水泥是一种良好的胶凝材料，水泥浆体不但能在空气中硬化，还能在水中更好地硬化，保持并发展其强度，故水泥是水硬性胶凝材料。

水泥在胶凝材料中占有极其重要的地位，是最重要的建筑材料之一。它不但大量应用于工业与民用建筑工程，还广泛地应用于农业、水利、公路、铁路、海港、国防等工程，常用来制造各种形式的钢筋混凝土、预应力混凝土构件和建筑物，也常用于配制砂浆，并用作灌浆材料等。

水泥的种类繁多，按组成水泥的基本物质——熟料的矿物组成划分，一般可分为：①硅酸盐系水泥，其中包括通用硅酸盐水泥，含硅酸盐水泥、普通硅酸盐水泥（简称普通水泥）、矿渣硅酸盐水泥（简称矿渣水泥）、火山灰质硅酸盐水泥（简称火山灰水泥）、粉煤灰硅酸盐水泥（简称粉煤灰水泥）、复合硅酸盐水泥（简称复合水泥）六个品种，以及快硬硅酸盐水泥、白色硅酸盐水泥、抗硫酸盐硅酸盐水泥等；②铝酸盐系水泥，如铝酸盐自应力水泥、铝酸盐水泥等；③硫铝酸盐系水泥，如快硬硫铝酸盐水泥、Ⅰ型低碱硫铝酸盐水泥等；④氟铝酸盐水泥；⑤铁铝酸盐水泥；⑥少熟料或无熟料水泥。按水泥的特性与用途划分，可分为：①通用水泥，是指大量用于一般土木工程的水泥，如上述六种水泥；②专用水泥，是指有专门用途的水泥，如砌筑水泥、油井水泥、道路水泥等；③特性水泥，是指某种性能比较突出的水泥，如快硬水泥、白色水泥、膨胀水泥、低热及中热水泥等。

本章以通用硅酸盐水泥为主要内容，在此基础上介绍其他品种的水泥。

水泥原料图

3.1 通用硅酸盐水泥的生产与分类

3.1.1 通用硅酸盐水泥的定义与分类

水泥制品和应用图

凡以硅酸盐水泥熟料和适量的石膏，以及适当的混合材料制成的水硬性胶凝材料统称为通用硅酸盐水泥。

通用硅酸盐水泥按混合材料的品种和掺量分为硅酸盐水泥（portland cement）、普通硅酸盐水泥（ordinary portland cement）、矿渣硅酸盐水泥（portland slag cement）、火山灰质硅酸盐水泥（portland pozzolana cement）、粉煤灰硅酸盐水泥（portland fly ash cement）和复合硅酸盐水泥（composite portland cement）。各种水泥的组成成分、代号见表3-1。

表3-1 通用硅酸盐水泥的组分

品种	代号	组分（质量分数）/%				
		熟料＋石膏	粒化高炉矿渣	火山灰质混合材料	粉煤灰	石灰石
硅酸盐水泥	P·Ⅰ	100	—	—	—	—
	P·Ⅱ	≥95	≤5	—	—	—
		≥95	—	—	—	≤5
普通硅酸盐水泥	P·O	80～95	5～20			
矿渣硅酸盐水泥	P·S·A	50～80	20～50	—	—	—
	P·S·B	30～50	50～70	—	—	—
火山灰质硅酸盐水泥	P·P	60～80	—	20～40	—	—
粉煤灰硅酸盐水泥	P·F	60～80	—	—	20～40	—
复合硅酸盐水泥	P·C	50～80	20～50			

通用硅酸盐水泥是指组成水泥的基本物质——熟料的主要成分为硅酸钙，在所有的水泥中通用硅酸盐水泥应用最广。

3.1.2 硅酸盐水泥熟料的原材料与生产工艺

生产通用硅酸盐水泥的原材料主要是石灰质和黏土质原料两类。石灰质原料主要提供 CaO,常采用石灰石、白垩、石灰质凝灰岩等。黏土质原料主要提供 SiO_2、Al_2O_3 及 Fe_2O_3,常采用黏土、黏土质页岩、黄土等。当两种原料化学成分不能满足要求时,还需加入少量校正原料来调整,常采用黄铁矿渣等。

通用硅酸盐水泥的生产工艺概括起来就是"两磨一烧",如图 3-1 所示。

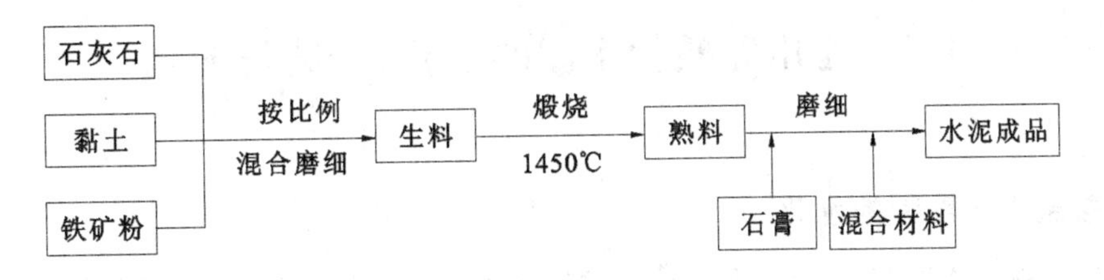

图 3-1　通用硅酸盐水泥生产工艺示意图

生产水泥时首先将原料按适当比例混合后再磨细,然后将制成的生料入窑进行高温煅烧;再将烧好的熟料配以适当的石膏和混合材料在磨机中磨成细粉,即得到水泥。

煅烧水泥熟料的窑型主要有两类:回转窑和立窑。随着工业的不断发展,技术相对落后、能耗较高、产品质量较差的立窑逐渐被淘汰,取而代之的是技术先进、能耗低、产品质量好、生产规模大(可达 12000t/d)的窑外分解回转窑。

3.1.3 水泥混合材料

磨制水泥时掺入的人工或天然矿物材料称为混合材料(blender)。混合材料按其性能可分为活性混合材料和非活性混合材料两大类。

(1)活性混合材料

常温下与石灰、石膏或硅酸盐水泥加水拌和后能发生水化反应,生成水硬性水化产物的混合材料称为活性混合材料。活性混合材料掺入水泥中的主要作用是改善水泥的某些性能、调节水泥强度、降低水化热、降低生产成本、增加水泥产量、增加水泥品种。常用的活性混合材料有粉煤灰、粒化高炉矿渣和火山灰质材料等。

①粉煤灰。粉煤灰(fly ash)是从燃煤发电厂的烟道气体中收集的粉末,又称飞灰。它以 Al_2O_3、SiO_2 为主要成分,含有少量 CaO,具有火山灰性,其活性主要取决于玻璃体的含量以及无定形 Al_2O_3 和 SiO_2 的含量;同时,颗粒形状及大小对其活性也有较大的影响,细小球形玻璃体含量越高,粉煤灰的活性越高。

《用于水泥和混凝土中的粉煤灰》(GB/T 1596—2017)规定,粉煤灰的活性用强度活性指数(粉煤灰取代30%水泥的试验胶砂与无粉煤灰的对比胶砂 28d 抗压强度之比)来评定,用于水泥中的粉煤灰要求强度活性指数不小于 70%。

②粒化高炉矿渣。粒化高炉矿渣(granulated blast furnace slag,简称 slag)是炼铁高炉中的熔融炉渣经急速冷却后形成的质地疏松的颗粒材料。由于通常采用水淬方法进行急冷,故又称水淬高炉矿渣。急冷的目的在于阻止其中的矿物成分结晶,使其在常温下成为不稳定的玻璃体(一般占 80%以上),从而具有较高的化学能,即具有较高的潜在活性。

粒化高炉矿渣中的活性成分主要是活性 Al_2O_3 和活性 SiO_2,矿渣的活性用质量系数 K 评定,按《用于水泥中的粒化高炉矿渣》(GB/T 203—2008),K 是矿渣的化学成分中 CaO、MgO、Al_2O_3 的质量分数之和与 SiO_2、MnO、TiO_2 的质量分数之和的比值。K 反映了矿渣中活性组分与低活性和非活性组分之间的比例,K 值越大,矿渣的活性越高。水泥用粒化高炉矿渣的质量系数不得小于 1.2。

③火山灰质材料。火山灰质混合材料(pozzolanic blending materials)是指具有火山灰活性的天然或人工的矿物材料。其品种很多,天然的有火山灰、凝灰岩、浮石、浮石岩、沸石、硅藻土等;人工的有烧页岩、烧

黏土、煤渣、煤矸石、硅灰等。火山灰质混合材料的活性成分也是活性 Al_2O_3 和活性 SiO_2。

(2)非活性混合材料

凡常温下与石灰、石膏或硅酸盐水泥加水拌和后不能发生水化反应或反应甚微，不能生成水硬性产物的混合材料称为非活性混合材料。非活性混合材料掺入水泥中的主要作用是调节水泥强度、降低水化热、降低生产成本、增加水泥产量。常用的非活性混合材料主要有石灰石、石英砂、慢冷矿渣等。

3.2 通用硅酸盐水泥的水化、凝结与硬化

3.2.1 硅酸盐水泥熟料的水化

以适当成分的生料煅烧至部分熔融，所得以硅酸钙为主要成分的产物，称为硅酸盐水泥熟料(clinker)。生料中的主要成分是 CaO、SiO_2、Al_2O_3、Fe_2O_3，经高温煅烧后，反应生成硅酸盐水泥熟料中的四种主要矿物：硅酸三钙($3CaO \cdot SiO_2$，简写式 C_3S)、硅酸二钙($2CaO \cdot SiO_2$，简写式 C_2S)、铝酸三钙($3CaO \cdot Al_2O_3$，简写式 C_3A)和铁铝酸四钙($4CaO \cdot Al_2O_3 \cdot Fe_2O_3$，简写式 C_4AF)。硅酸盐水泥熟料的化学成分和矿物组分含量如表 3-2 所示。

表 3-2 硅酸盐水泥熟料的化学成分及矿物组分含量

化学成分	含量/%	矿物组分	含量/%
CaO	62～67	$3CaO \cdot SiO_2(C_3S)$	37～60
SiO_2	19～24	$2CaO \cdot SiO_2(C_2S)$	15～37
Al_2O_3	4～7	$3CaO \cdot Al_2O_3(C_3A)$	7～15
Fe_2O_3	2～5	$4CaO \cdot Al_2O_3 \cdot Fe_2O_3(C_4AF)$	10～18

硅酸盐水泥与水拌和后，其熟料颗粒表面的四种矿物立即与水发生水化反应，生成水化产物。各矿物的水化反应如下：

$$2(3CaO \cdot SiO_2)+6H_2O = 3CaO \cdot 2SiO_2 \cdot 3H_2O+3Ca(OH)_2$$

(水化硅酸钙凝胶)(氢氧化钙晶体)

$$2(2CaO \cdot SiO_2)+4H_2O = 3CaO \cdot 2SiO_2 \cdot 3H_2O+Ca(OH)_2$$

$$3CaO \cdot Al_2O_3+6H_2O = 3CaO \cdot Al_2O_3 \cdot 6H_2O \quad \text{(水化铝酸钙晶体)}$$

$$4CaO \cdot Al_2O_3 \cdot Fe_2O_3+7H_2O = 3CaO \cdot Al_2O_3 \cdot 6H_2O+CaO \cdot Fe_2O_3 \cdot H_2O \quad \text{(水化铁酸钙凝胶)}$$

上述反应中，硅酸三钙的水化反应速度快，水化放热量大，生成的水化硅酸钙几乎不溶于水，而以胶体微粒析出，并逐渐凝聚成为凝胶。经扫描电镜观察，水化硅酸钙的颗粒尺寸与胶体相当，实际呈结晶度较差的箔片状和纤维颗粒，由这些颗粒构成的网状结构具有很高的强度，如图 3-2 所示。反应生成的氢氧化钙(Calcium Hydroxide, CH)很快在溶液中达到饱和，呈六方板状晶体析出。硅酸三钙早期与后期对强度的贡献均高。

硅酸二钙的水化反应产物与硅酸三钙的相同，只是数量上有所不同，硅酸二钙水化反应慢，水化放热量少，因此早期强度低，但后期强度增长率大，一年后可达到甚至超过硅酸三钙的强度。

铁铝酸四钙水化反应快，水化放热量中等，生成的水化产物为水化铝酸钙立方晶体与水化铁酸钙凝胶，强度较低。

铝酸三钙的水化反应极快，水化放热量是四者中最大的，其水化产物为水化铝酸钙晶体，该水化产物强度均较低。

上述熟料矿物水化与凝结硬化特性见表 3-3 与图 3-3。

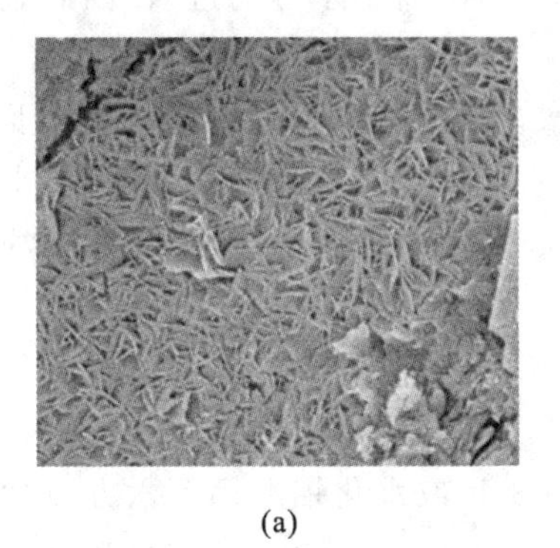
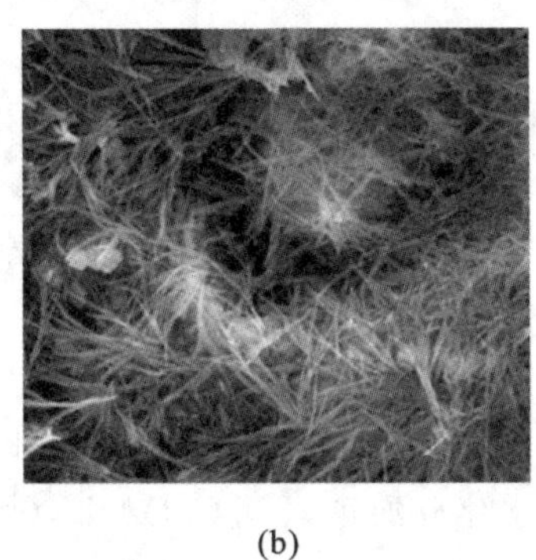
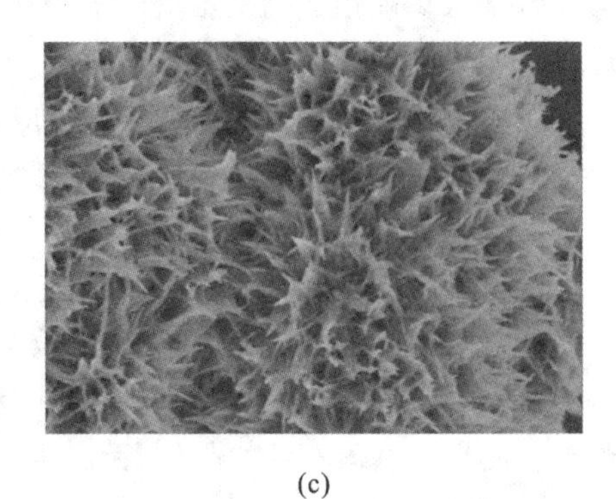

(a)　(b)　(c)

图 3-2　扫描电镜下 C—S—H 凝胶的微观形貌

(a)箔片状;(b)纤维状;(c)纤维状聚合体

表 3-3　**硅酸盐水泥主要矿物组成及其特性**

指标		$3CaO\cdot SiO_2$ (C_3S)	$2CaO\cdot SiO_2$ (C_2S)	$3CaO\cdot Al_2O_3$ (C_3A)	$4CaO\cdot Al_2O_3\cdot Fe_2O_3$ (C_4AF)
密度/(g/cm^3)		3.25	3.28	3.04	3.77
水化反应速率		快	慢	最快	快
水化放热量		大	小	最大	中
强度	早期	高	低	低	低
	后期		高		

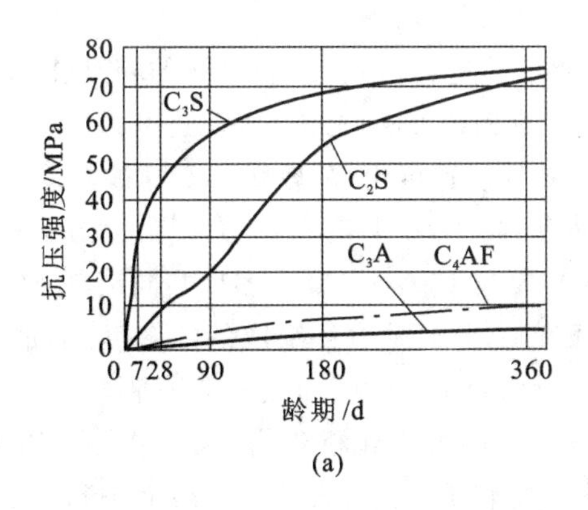

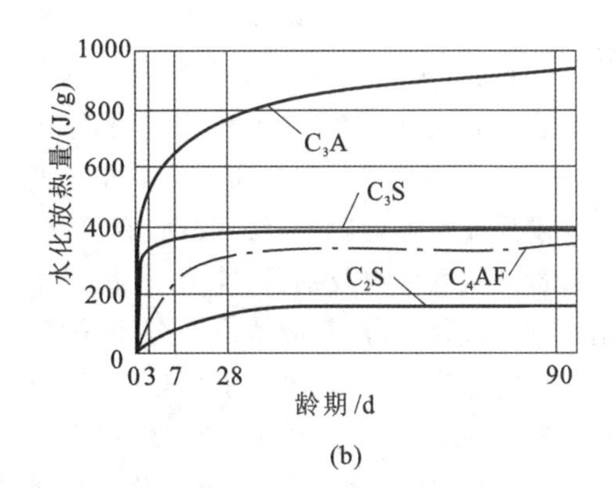

(a)　(b)

图 3-3　熟料矿物的水化和凝结硬化特性

(a)水泥熟料矿物在不同龄期的抗压强度;(b)水泥熟料矿物在不同龄期的水化放热量

由上述可知,正常煅烧的硅酸盐水泥熟料经磨细后与水拌和时,由于铝酸三钙快速水化,浆体会迅速凝结,导致使用时无法正常施工,因此,水泥生产过程中必须加入适量的石膏调凝剂,使水泥的凝结时间满足工程施工的要求。水泥中适量的石膏与水化铝酸三钙反应生成高硫型水化硫铝酸钙,又称钙矾石(ettringite)或 AFt,其反应式如下:

$$3CaO\cdot Al_2O_3\cdot 6H_2O+3(CaSO_4\cdot 2H_2O)+20H_2O \longrightarrow 3CaO\cdot Al_2O_3\cdot 3CaSO_4\cdot 32H_2O$$

(高硫型水化硫铝酸钙晶体)

石膏完全消耗后,一部分钙矾石将转变为单硫型水化硫铝酸钙(AFm)晶体,即:

$$3CaO\cdot Al_2O_3\cdot 3CaSO_4\cdot 32H_2O+2(3CaO\cdot Al_2O_3\cdot 6H_2O) \longrightarrow 3(3CaO\cdot Al_2O_3\cdot CaSO_4\cdot 12H_2O)$$

(单硫型水化硫铝酸钙晶体)

高硫型水化硫铝酸钙是难溶于水的针状晶体,它沉淀在熟料颗粒的周围,阻碍了水分的进入,因此起到了延缓水泥凝结的作用。

水泥的水化实际上是复杂的化学反应,上述反应仅仅是几个典型的水化反应式。如果忽略一些次要的或少量的成分以及混合材料的影响,硅酸盐水泥与水反应后,生成的主要水化产物有水化硅酸钙凝胶、水化铁酸钙凝胶、氢氧化钙晶体、水化铝酸钙晶体、水化硫铝酸钙晶体。在完全水化的水泥中,水化硅酸钙约占70%,氢氧化钙约占20%,钙矾石和单硫型水化硫铝酸钙约占7%。

但是,硅酸盐水泥的水化是多种矿物共同水化,填充在颗粒之间的液相实际上不是纯水,而是含有各种离子的溶液。水泥加水后,C_3A立即发生反应,C_3S和C_4AF也很快水化,而C_2S则较慢。几分钟后可在水泥颗粒表面生成钙矾石针状晶体、无定型的水化硅酸钙以及$Ca(OH)_2$(图3-4)或水化铝酸钙等六方板状晶体。由于钙矾石不断生成,液相中SO_4^{2-}离子逐渐减少并在耗尽之后转化为单硫型水化硫铝(铁)酸钙。如果石膏不足,还有C_3A或C_4AF剩留,则会生成单硫型水化物和$C_4(A,F)H_{13}$的固溶体,甚至只生成$C_4(A,F)H_{13}$,再逐渐转变成稳定的等轴晶体$C_3(A,F)H_6$。

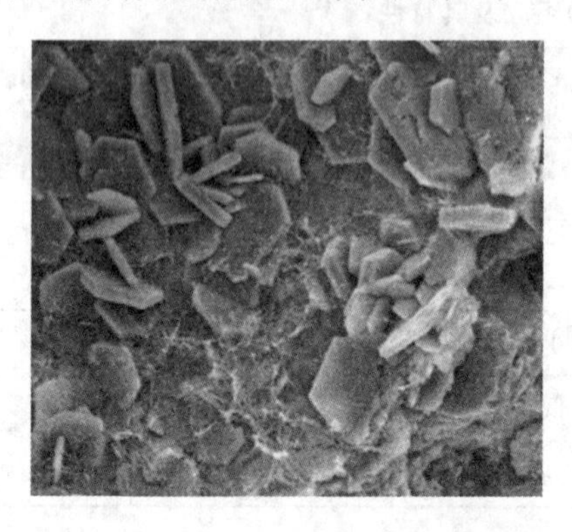
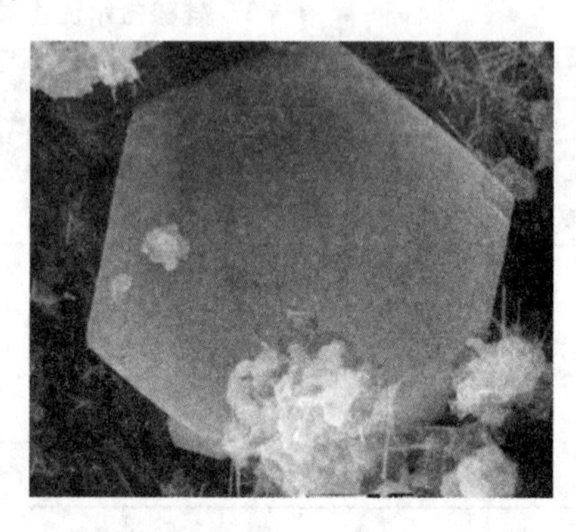

图3-4 硬化水泥浆体中$Ca(OH)_2$的微观形貌

水泥既然是多矿物、多组分的体系,各熟料矿物不可能单独进行水化,它们之间的相互作用必然会对水化进程有一定的影响。例如,由于C_3S水化较快,迅速提高液相中Ca^{2+}的浓度,促进$Ca(OH)_2$结晶,β-C_2S的水化有所加快。C_3A和C_4AF都会和SO_4^{2-}结合,但C_3A反应速度更快,较多的石膏被其消耗掉后,C_4AF则不能按计量要求形成足够的硫铝(铁)酸钙,有可能会使其水化较少且有所延缓。同时,在C—S—H内部会结合进相当数量的硫酸根以及铝、铁等离子,因此C_3S又要与C_3A、C_4AF一起,共同消耗SO_4^{2-}。由此可见水泥的水化过程非常复杂,液相的组成及各离子的浓度依赖于水泥中各组成的溶解度,而液相组成反过来影响各熟料矿物的水化,因此在水泥水化过程中,固、液两相处于随时间而变的动态平衡之中。

目前提出的硅酸盐水泥的水化机理有两种。一种是完全溶解水化机理:熟料矿物溶解在水中形成离子,这些离子在溶液中形成水化产物,由于水化产物的溶解度较低,最终从过饱和溶液中析出。因此,该机理认为,水泥的水化是原有矿物成分的完全重新组合。另一种是局部反应机理或固相水化机理:该机理认为水化反应直接发生在未水化水泥表面,水化早期,主要以完全溶解水化机理为主;水化后期,由于溶液中离子的迁移受阻,剩余水泥颗粒的水化则主要按固相水化机理进行。

硅酸盐水泥熟料矿物是在高温条件下反应形成的不平衡产物,因此处于高能态。水泥与水接触后,熟料矿物即与水反应,达到了稳定的低能态,同时以热量形式放出能量。也就是说,硅酸盐水泥熟料矿物的水化反应是放热反应。

水泥的水化热对混凝土工艺具有多方面的意义。水化热有时对工程不利,如大体积混凝土;但有些情况下却是有利的,比如冬季混凝土施工。可以用各种熟料矿物水化时的总放热量及放热速率反映其反应活性。水化热的数据可以说明水泥凝结和硬化的特征,同时预计水化温升的情况。

3.2.2 活性混合材料的辅助胶凝作用

磨细的活性混合材料与水调和后,本身不会硬化或硬化极其缓慢,但是在氢氧化钙溶液中,会发生显著的水化,而在饱和的氢氧化钙溶液中水化更快。主要发生的反应是:

$$xCa(OH)_2 + SiO_2(活性) + n_1H_2O \longrightarrow xCaO \cdot SiO_2 \cdot (n_1 + x)H_2O$$

（水化硅酸钙）

$$yCa(OH)_2 + Al_2O_3(活性) + n_2H_2O \longrightarrow yCaO \cdot Al_2O_3 \cdot (n_2 + y)H_2O$$

（水化铝酸钙）

生成的水化硅酸钙和水化铝酸钙是具有水硬性的产物，与硅酸盐水泥中的水化产物相同。当有石膏存在时，水化铝酸钙还可以和石膏进一步反应生成水化硫铝酸钙。由此可见，氢氧化钙和石膏可以激发混合材料的活性，故称它们为活性混合材料的激发剂。氢氧化钙称为碱性激发剂，石膏称为硫酸盐激发剂。

掺活性混合材料的硅酸盐水泥与水拌和后，首先是水泥熟料水化，之后是水泥熟料的水化产物——$Ca(OH)_2$与活性混合材料中的活性 SiO_2 和活性 Al_2O_3 发生水化反应（亦称二次水化）生成水化产物。

由此过程可知，该反应具有如下特点：第一，反应速度缓慢，因此放热速率和强度发展也较慢，从而提高水泥制品抗温差开裂的性能；第二，反应消耗氢氧化钙而不是产生氢氧化钙，这对于酸性环境中水泥浆体的耐久性和提高耐碱-集料膨胀有重要的意义；第三，二次水化的产物可以有效地填充毛细孔隙并改善界面过渡区，从而提高水泥制品的强度和抗渗性。

3.2.3 硅酸盐水泥的凝结与硬化机理

迄今为止，尚没有统一的理论来阐述水泥的凝结与硬化机理，现有的理论还存在着许多问题有待进一步研究。一般根据水化反应速率和水泥浆体的结构特征，硅酸盐水泥的凝结与硬化过程分为初始反应期、潜伏期、凝结期、硬化期四个阶段，见表 3-4。

表 3-4　水泥凝结与硬化的几个阶段

凝结与硬化阶段	一般放热反应速度	一般持续时间	主要物理化学变化
初始反应期	168J/(g·h)	5～10min	初始溶解和水化
潜伏期	4.2J/(g·h)	1h	凝胶体膜层围绕水泥颗粒成长
凝结期	在 6h 内逐渐增加到 21J/(g·h)	6h	膜层破裂，水泥颗粒进一步水化
硬化期	在 24h 内逐渐减少到 4.2J/(g·h)	6h 至若干年	凝胶体填充毛细孔隙

(1)初始反应期

水泥与水接触后立即发生水化反应，在初始的 5～10min 内，放热速率先急剧增长，达到此阶段的最大值，然后又降至很低的数值，这个阶段称为初始反应期。在此阶段，铝酸三钙溶于水并与石膏反应，生成水化铝酸钙凝胶和短棒状的钙矾石覆盖在水泥颗粒表面。

(2)潜伏期

在初始反应期后，有相当长一段时间（1～2h），水泥浆的放热速率很低，说明水泥水化十分缓慢，这主要是因为水泥颗粒表面覆盖了水化铝酸钙凝胶和钙矾石晶体，阻碍了水泥颗粒的进一步水化。

许多研究者也将上述两个阶段合并称为诱导期（induction period）。

(3)凝结期

在潜伏期后由于渗透压作用，水泥颗粒表面的膜层破裂，水泥继续水化，放热速率又开始增大，6h 内可增至最大值，然后又缓慢下降。在此阶段，水化产物不断增加并填充水泥颗粒之间的孔隙，接触点的增多，形成了由分子力结合的凝聚结构，使水泥浆体逐渐失去塑性。这一阶段称为水泥的凝结期，也称为加速反应期。此阶段结束约有 15%的水泥水化。

(4)硬化期

在凝结期后，放热速率缓慢下降，至水泥水化 24h 后，放热速率已降到一个较低值，约 4.2J/(g·h)，此时，水泥水化仍在继续进行，水化铁铝酸钙形成；由于石膏耗尽，高硫型水化硫铝酸钙转变为单硫型水化硫

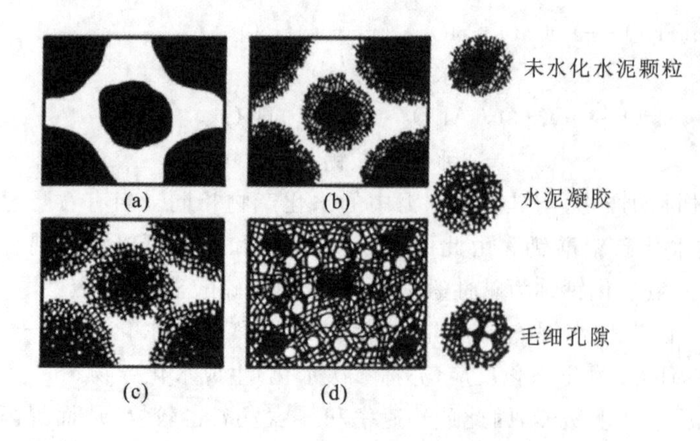

图 3-5 水泥凝结与硬化过程示意图

(a)分散在水中未水化的水泥颗粒;(b)在水泥颗粒表面形成水化物膜层;(c)膜层长大并互相连接(凝结);(d)水化物进一步发展,填充毛细孔隙(硬化)

铝酸钙,水化硅酸钙凝胶形成纤维状。在这一过程中,水化产物越来越多,它们进一步填充孔隙且彼此间的结合更加紧密,使得水泥浆体产生强度,这一过程称为水泥的硬化。硬化期是一个相当长的过程,在适当的养护条件下,水泥硬化可以持续很长时间,几个月、几年甚至几十年后强度还会继续增长。水泥凝结与硬化过程示意图如图 3-5 所示。

水泥石强度发展的一般规律是:3～7d 内强度增长最快,7～28d 内强度增长较快,超过 28d 后强度将继续增长但增长较慢。

需要注意的是,水泥凝结与硬化过程的各个阶段不是彼此截然分开,而是连续进行的。

3.2.4 硬化水泥浆体的微观结构

硬化水泥浆体(Hardened Cement Paste, HCP)是指由硅酸盐水泥与水反应得到的浆体。硬化水泥浆体是由多种相组成的不均匀结构,如图 3-6 所示。在固相里,对于非均质材料,很多技术性能是由最劣质、最薄弱的部分起主要作用的,而不是由微观结构的平均水平决定的。局部水灰比存在差异,是微观结构不匀质的首要原因。与分散均匀的体系相比,硬化水泥浆体高度絮凝化,不仅使其孔径和形状存在差异,也使晶态的水化产物存在差异。

(1)硬化水泥浆体中的固相

硬化水泥浆体的固相主要有水化硅酸钙、氢氧化钙、水化硫铝酸钙和未水化的水泥颗粒四种。

硅酸钙水化相缩写为 C—S—H。在完全硬化的水泥浆体里,C—S—H 可占固相体积的 50%～60%,因此其是决定浆体性能的主要相。由于形成条件不同,C—S—H 又分为内部水化产物和外部水化产物,二者分别对应高密度(HD)C—S—H 和低密度(LD)C—S—H。氢氧化钙结晶占水泥浆体固相体积的 20%～25%,在较大的空间里,它形成六方板状的大晶体,而在受到约束的有限空间里,则大片堆叠;由于氢氧化钙的比表面积小,它对强度的作用有限,但对耐久性有较大的影响。水化硫铝酸钙占水泥浆体固相体积的 15%～20%,因此在微观结构-性能关系中不起主要作用;水化早期,一般形成钙矾石,呈针状棱柱形晶体[图 3-7(a)];在普通硅酸盐水泥浆体里,钙矾石最终转变成单硫型水化物,呈六方片状晶体。此外,在硬化水泥浆体的微观结构中还会找到一些未水化的水泥颗粒[图 3-7(b)]。

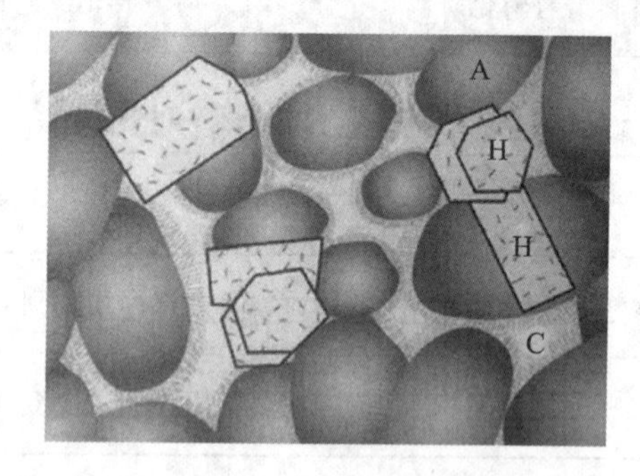

图 3-6 水化良好的硅酸盐硬化水泥浆体模型

A—结晶很差的 C—S—H 颗粒聚集体;

H—六方晶体产物,如 CH、C_4AH_{19} 和 C_4AH_{18},它们形成较大的晶体;

C—开始时由水分占据的空间没有完全被水泥水化产物填充时形成的毛细孔

(2)硬化水泥浆体里的孔

除了固相外,硬化水泥浆体里还有几种类型的孔,对其性能有重要影响。

吴中伟先生根据不同孔径对混凝土性能的影响,将混凝土中的孔划分为四个等级,分别为孔径小于 200Å 的无害孔级、孔径为 200～500Å 的少害孔级、孔径为 500～2000Å 的有害孔级和孔径大于 2000Å 的多害孔级,并指出增加 500Å 以下孔的比例,减少 1000Å 以上孔的含量,可显著改善混凝土的性能。

硬化水泥浆体中的孔按照形成方式的不同可以分为气孔、毛细孔和 C—S—H 中的层间孔。气孔是水泥浆体在拌制过程中带入的少量空气形成的,气孔孔径一般较大,因此会对强度产生不利影响。毛细孔是由原有的充水空间未被水化产物填充所留下的空间形成的。毛细孔的体积和尺寸由水灰比及水泥水化的程度决定,因为氢键作用,毛细孔中的水分不会完全失去或水化,仍有存留,在一定条件下会失去并产生干缩和徐变。通常认为，C—S—H 为层状结构，层间孔都很微小，孔径一般在 5～25Å 之间，因此不会对硬化水泥浆体的强度和渗透性产生不利影响。

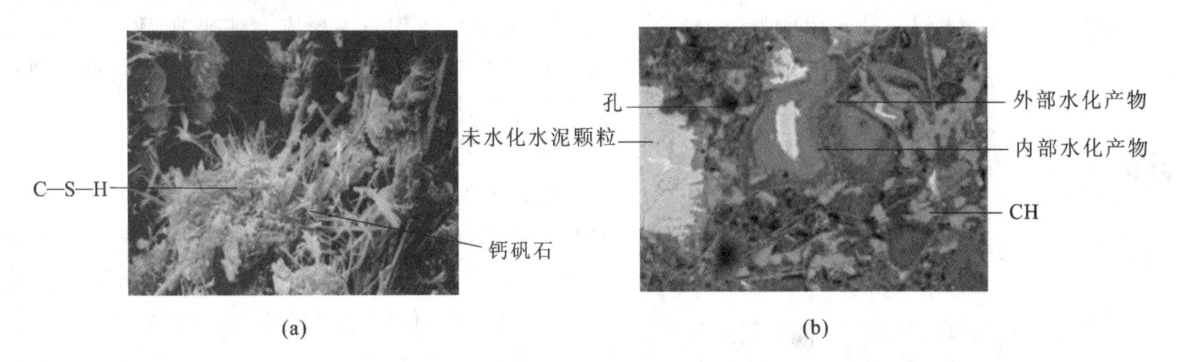

图 3-7　硬化水泥浆体的微观结构

(a)硬化水泥浆体的微观结构(7d 龄期)；(b)硬化水泥浆体的背散射电子显微镜图片

(3)硬化水泥浆体中的水分

硬化水泥浆体中的水分以多种形式存在。根据水分从硬化水泥浆体中迁移的难易程度，可以将其分为自由水、毛细水、吸附水、层间水和化学结合水五种类型(图 3-8)。

自由水是存在于 500Å 以上孔隙中的水，这部分水的失去，不会引起硬化水泥石的收缩。

毛细水是存在于 50～500Å 的毛细孔中的水，由于受毛细张力作用，这部分水失去时，会引起硬化水泥石的干燥收缩。

吸附水是一种靠近固相表面的水，其吸附主要是由于氢键的作用引起的，其吸附可达 6 个水分子层(15Å)。当水泥浆体干燥至 30%的相对湿度时，会失去大部分吸附水，使硬化水泥浆体一步产生收缩。

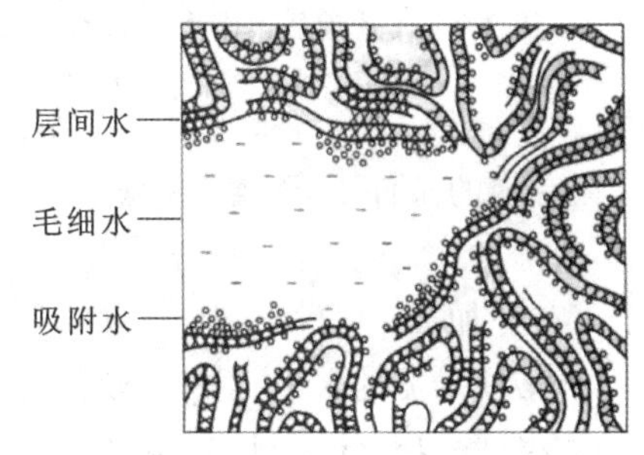

图 3-8　硬化水泥浆体中水分存在形式

层间水是一种与 C—S—H 凝胶结构相关联的水。层间水只有在强烈的干燥作用下(相对湿度低于 11%)才会失去，失去层间水时C—S—H结构会发生明显的收缩。

化学结合水是各种水泥水化产物微观结构的一部分。这种水在干燥时一般不会失去，只有受热使水化产物分解时才会失去。

3.2.5　影响水泥水化、凝结与硬化的主要因素

从硅酸盐水泥熟料的单矿物水化、凝结与硬化特性不难看出，熟料的矿物组成直接影响着水泥水化、凝结与硬化，除此以外，水泥的凝结与硬化还与下列因素有关。

(1)水泥组成成分的影响

水泥的矿物组成及各组分的比例是影响水泥凝结与硬化的最主要因素。如前所述，不同矿物成分单独和水反应时所表现出来的特点是不同的。如提高水泥中 C_3A、C_3S 的含量，将使水泥的凝结与硬化加快，同时水化热也变大。一般来讲，若在水泥熟料中掺加混合材料，将使水泥的水化热降低，早期强度降低，但抗侵蚀性提高。

(2)水泥细度

水泥颗粒越细，与水反应的表面积越大，水化作用的发展就越迅速且充分，凝结与硬化的速度越快，早期强度越大。但颗粒过细的水泥硬化时产生的收缩亦越大，而且磨制水泥能耗多、成本高，一般认为，水泥颗粒小于 40μm 才具有较高的活性，大于 100μm 时活性就很小了。

(3)石膏掺量

石膏可延缓水泥的凝结与硬化速率，有试验表明，当水泥中石膏掺入量(以 SO_3 含量计)小于 1.3%时，并不能阻止水泥快凝，但在掺入量(以 SO_3 含量计)大于 2.5%以后，水泥凝结时间的增长很少。

(4)水泥浆的水灰比

拌和水泥浆时，水与水泥的质量比称为水灰比(W/C)。为使水泥浆体具有一定塑性和流动性，加入的水量通常要大大超过水泥充分水化所需的水量，多余的水在硬化的水泥石内形成毛细孔隙，W/C越大，硬化水泥石的毛细孔隙率越大，水泥石的强度越低。硬化前后不同水灰比的水泥浆对比如图3-9所示。

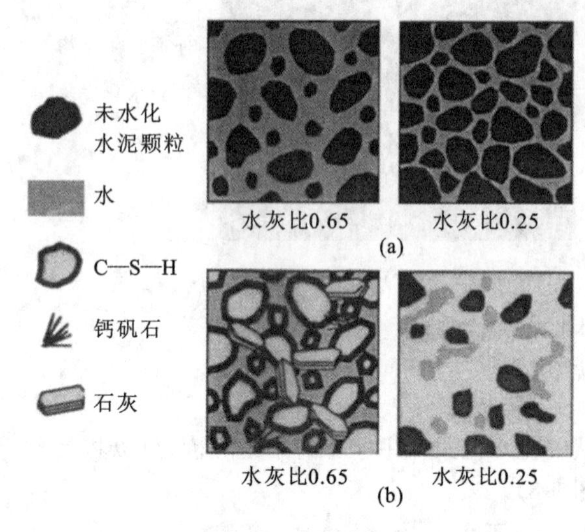

图3-9 硬化前后不同水灰比的水泥浆对比

(a)硬化前;(b)硬化后

(5)养护条件(温度与湿度)

温度升高，水泥的水化反应加快，从而使其凝结与硬化速率加快，早期强度提高，但后期强度反而可能有所下降;相反，在较低温度下，水泥的凝结与硬化速度慢，早期强度低，但因生成的水化产物较致密而可以获得较高的最终强度;负温下水结成冰时，水泥的水化将停止。

水是水泥水化与硬化的必要条件，在干燥环境中，水分蒸发快，易使水泥浆失水而使水化不能正常进行，影响水泥石强度的正常增长，因此用水泥拌制的砂浆和混凝土，在浇筑后应注意保水养护。

(6)养护龄期

水泥的水化与硬化是一个较长时期不断进行的过程，在有水的条件下，随着养护龄期的增加，水泥的水化程度提高，凝胶体不断增多，毛细孔减少，水泥石强度不断增加。

(7)外加剂

硅酸盐水泥的水化、凝结与硬化受水泥熟料中C_3S、C_3A含量的制约，凡能影响C_3S和C_3A水化的外加剂，都会使得硅酸盐水泥的水化、凝结与硬化性能发生变化。如加入促凝剂($CaCl_2$、Na_2SO_4等)就能促进水泥水化、硬化，提高早期强度;相反，掺加缓凝剂(木钙、糖类等)就会延缓水泥的水化、硬化，影响水泥早期强度的发展。

(8)贮存条件

贮存不当会使水泥受潮，颗粒表面发生水化而结块，严重降低强度。即使贮存良好，在空气中的水分和CO_2作用下，水泥也会发生缓慢水化和碳化。经3个月，强度降低10%～20%，6个月降低15%～30%，1年后将降低25%～40%，所以水泥的有效贮存期为3个月。

3.3 硬化水泥石的化学侵蚀与防护

3.3.1 常见的化学侵蚀作用

3.3.1.1 软水侵蚀

不含或仅含少量重碳酸盐(含HCO_3^-的盐)的水称为软水，如雨水、蒸馏水、冷凝水及部分江水、湖水等。当水泥石长期与软水接触时，水化产物将按其稳定存在所必需的平衡氢氧化钙(钙离子)浓度的大小，依次逐渐溶解或分解，从而造成水泥石的破坏，会造成软水侵蚀，这种侵蚀又称钙溶出(calcium leaching)。

在各种水化产物中，$Ca(OH)_2$的溶解度最大，因此首先溶出，这样不仅增加了水泥石的孔隙率，使水更容易渗入，而且由于$Ca(OH)_2$浓度降低，还会使水化产物依次分解，如高碱性的水化硅酸钙、水化铝酸钙等分解成低碱性的水化产物，并最终变成胶凝能力很差的产物。在静水及无压力水的情况下，由于周围的软水易为溶出的氢氧化钙所饱和，使溶出作用停止，所以对水泥石的影响不大;但在流水及压力水的作用下，水化产物的溶出将会不断地进行下去，水泥石结构的破坏将由表及里地持续发生。当水泥石与环境中的硬水接触时，水泥石中的氢氧化钙与重碳酸盐发生反应：

$$Ca(OH)_2 + Ca(HCO_3)_2 \longrightarrow 2CaCO_3 + 2H_2O$$

生成的几乎不溶于水的碳酸钙积聚在水泥石的孔隙内，形成致密的保护层，可阻止外界水的继续侵入，从而阻止水化产物溶出。

3.3.1.2 盐类侵蚀

某些溶解于水中的盐类会与水泥石相互作用发生置换反应，生成一些易溶或无胶结能力或产生膨胀的物质，从而使水泥石结构破坏，这就是盐类侵蚀。最常见的盐类侵蚀是硫酸盐侵蚀与镁盐侵蚀。

硫酸盐侵蚀是水中溶有一些易溶的硫酸盐，它们与水泥石中的氢氧化钙反应生成硫酸钙，硫酸钙再与水泥石中的固态铝酸钙反应生成钙矾石，体积膨胀（约 1.5 倍），使水泥石结构破坏，其反应式如下：

$$3CaO \cdot Al_2O_3 \cdot 6H_2O + 3(CaSO_4 \cdot 2H_2O) + 20H_2O \longrightarrow 3CaO \cdot Al_2O_3 \cdot 3CaSO_4 \cdot 32H_2O$$

钙矾石是针状晶体，常称其为“水泥杆菌”。若硫酸钙浓度过高，也可能直接在孔隙中生成二水石膏结晶，体积增加导致水泥石结构破坏。

镁盐侵蚀主要是氯化镁或硫酸镁与水泥石中的氢氧化钙发生复分解反应，生成无胶结能力的氢氧化镁及易溶于水的氯化钙或生成石膏导致水泥石结构破坏，其反应式为：

$$MgCl_2 + Ca(OH)_2 \longrightarrow Mg(OH)_2 + CaCl_2$$

$$MgSO_4 + Ca(OH)_2 + 2H_2O \longrightarrow CaSO_4 \cdot 2H_2O + Mg(OH)_2$$

可见，硫酸镁对水泥石的侵蚀包含镁盐与硫酸盐的双重作用。

在海水、湖水、盐沼水、地下水、某些工业污水及流经高炉矿渣或煤渣的水中常含钾、钠、铵等硫酸盐；在海水及地下水中常含有大量的镁盐，主要是硫酸镁和氯化镁。

3.3.1.3 酸类侵蚀

(1)碳酸侵蚀

在某些工业污水和地下水中常溶解有较多的二氧化碳，这种水对水泥石的侵蚀作用称为碳酸侵蚀。首先，水泥石中的 $Ca(OH)_2$ 与溶有 CO_2 的水反应，生成不溶于水的碳酸钙；接着碳酸钙又继续与碳酸水反应生成易溶于水的碳酸氢钙。反应式为：

$$Ca(OH)_2 + CO_2 + H_2O \longrightarrow CaCO_3 + 2H_2O$$

$$CaCO_3 + CO_2 + H_2O \longrightarrow Ca(HCO_3)_2$$

当水中含有较多的碳酸时，上述反应向右进行，从而导致水泥石中的 $Ca(OH)_2$ 不断地转变为易溶的 $Ca(HCO_3)_2$ 而流失，进一步导致其他水化产物的分解，使水泥石结构遭到破坏。

(2)一般酸侵蚀

水泥的水化产物呈碱性，因此酸类对水泥石一般都会有不同程度的侵蚀作用，其中侵蚀作用最强的是无机酸中的盐酸、氢氟酸、硝酸、硫酸及有机酸中的醋酸、蚁酸和乳酸等，它们与水泥石中的 $Ca(OH)_2$ 反应后的生成物，或者易溶于水，或者体积增大，都对水泥石结构产生破坏作用。例如，盐酸和硫酸分别与水泥石中的 $Ca(OH)_2$ 反应：

$$2HCl + Ca(OH)_2 \longrightarrow CaCl_2 + 2H_2O$$

$$H_2SO_4 + Ca(OH)_2 \longrightarrow CaSO_4 + 2H_2O$$

反应生成的氯化钙易溶于水，生成的石膏继而又产生硫酸盐侵蚀作用。

3.3.1.4 强碱侵蚀

水泥石本身具有相当高的碱度，因此弱碱溶液一般不会侵蚀水泥石，但是，铝酸盐含量较高的水泥石遇到强碱（如氢氧化钠）作用后会被腐蚀破坏。氢氧化钠与水泥熟料中未水化的铝酸三钙作用，生成易溶的铝酸钠：

$$3CaO \cdot Al_2O_3 + 6Na(OH) = 3Na_2O \cdot Al_2O_3 + 3Ca(OH)_2$$

当水泥石被氢氧化钠浸润后又在空气中干燥，与空气中的二氧化碳作用生成碳酸钠，它在水泥石毛细孔中结晶沉积，会使水泥石胀裂。

除了上述4种典型的侵蚀类型外,糖、氨、盐、动物脂肪、纯酒精、含环烷酸的石油产品等对水泥石也有一定的侵蚀作用。

在实际工程中,水泥石的侵蚀常常是几种侵蚀介质同时存在、共同作用所产生的;但固体化合物不会对水泥石产生侵蚀,侵蚀性介质必须呈溶液状且浓度大于某一临界值。

水泥的耐蚀性可用耐蚀系数定量表示。耐蚀系数是指同一龄期下,水泥试体在侵蚀性溶液中养护的强度与在淡水中养护的强度之比,比值越大,水泥耐蚀性越好。

3.3.2 硬化水泥石的防侵蚀措施

从以上对侵蚀作用的分析可以看出,水泥石被侵蚀的基本内因包括两方面:一是水泥石中存在易被侵蚀的组分,如 $Ca(OH)_2$ 与铝酸三钙;二是水泥石本身不致密,有很多毛细孔通道,侵蚀性介质易于进入其内部。因此,针对不同情况可采取下列措施防止水泥石的侵蚀。

(1)根据侵蚀介质的类型,合理选用水泥品种

如采用水化产物中 $Ca(OH)_2$ 含量较少的水泥,可提高对多种侵蚀作用的抵抗能力;采用铝酸三钙含量低于5%的水泥,可有效抵抗硫酸盐的侵蚀;掺入活性混合材料,可提高硅酸盐水泥抵抗多种介质的侵蚀作用。

(2)提高水泥石的密实度

水泥石(或混凝土)的密实度越高,孔隙率越小,抗渗能力越强,侵蚀介质也越难进入,侵蚀作用越小。在实际工程中,可采用多种措施提高混凝土与砂浆的密实度。

(3)设置隔离层或保护层

当侵蚀作用较强或上述措施不能满足要求时,可在水泥制品(混凝土、砂浆等)表面设置耐蚀性强且不透水的隔离层或保护层。

3.4 通用硅酸盐水泥的技术指标与要求

根据《〈通用硅酸盐水泥〉国家标准第3号修改单》(GB 175—2007/XG3—2018),对硅酸盐水泥的主要技术指标作出以下规定。

3.4.1 细度

细度(fineness)是指水泥颗粒的粗细程度,水泥细度通常采用筛析法或比表面积法测定。《通用硅酸盐水泥》(GB 175—2007)规定,硅酸盐水泥和普通硅酸盐水泥的细度以比表面积表示,不应小于 $300m^2/kg$;矿渣硅酸盐水泥、火山灰质硅酸盐水泥、粉煤灰硅酸盐水泥和复合硅酸盐水泥以筛余表示,$80\mu m$ 方孔筛筛余不应大于10%或 $45\mu m$ 方孔筛筛余不应大于30%。水泥细度是鉴定水泥品质的选择性指标,水泥细度将会影响其水化速度与早期强度,过细的水泥会对混凝土的性能产生不良影响。

3.4.2 标准稠度用水量

在按国家标准检验水泥的凝结时间和体积安定性时,规定需采用"标准稠度"的水泥净浆。按国家标准,水泥"标准稠度"采用水泥标准稠度测定仪测定。标准稠度用水量(water requirement)是指水泥净浆达到规定稠度时所需的拌和用水量,以占水泥质量的百分率表示,硅酸盐水泥的标准稠度用水量一般为24%~30%。

水泥中熟料的成分、水泥细度、混合材料的种类及掺量等因素影响着水泥的标准稠度用水量,如熟料成分中铝酸三钙需水量最大,硅酸二钙需水量最小;水泥细度越小,包裹水泥颗粒表面需要的水越多,因而标准稠度用水量越大;使用的混合材料中粉煤灰、烧黏土、沸石等需水量大,若这些物质掺量多,则标准稠度用水量大。

3.4.3 凝结时间

凝结(setting)时间是指水泥从加水开始,到水泥浆失去可塑性所需的时间。凝结时间分初凝(initial

setting)时间和终凝(final setting)时间。初凝时间是指水泥从加水到水泥浆开始失去可塑性的时间,终凝时间是指水泥从加水到水泥浆完全失去可塑性的时间,如图 3-10 所示。国家标准规定,硅酸盐水泥的初凝时间不得小于 45min,终凝时间不得大于 390min;普通硅酸盐水泥、矿渣硅酸盐水泥、火山灰质硅酸盐水泥、粉煤灰硅酸盐水泥和复合硅酸盐水泥初凝时间不应小于 45min,终凝时间不应大于 600min。

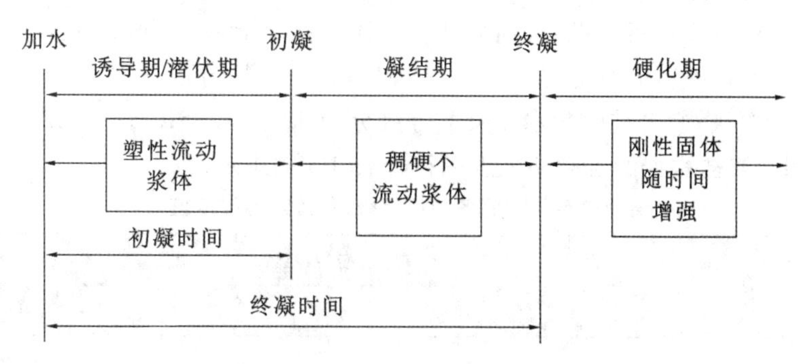

图 3-10　水泥凝结时间与水泥浆体状况的关系

水泥凝结时间,是以标准稠度的水泥净浆,在规定温度和湿度条件下,用凝结时间测定仪测定的。水泥的凝结时间对水泥混凝土和砂浆的施工有重要的意义。初凝时间不宜过短,以便施工时有足够的时间来完成混凝土和砂浆拌合物的运输、浇捣或砌筑等操作;终凝时间不宜过长,是为了使混凝土和砂浆在浇捣或砌筑完毕后能尽快凝结硬化,以利于下一道工序的及早进行。

影响水泥凝结时间的因素如下:①熟料含量。熟料中铝酸三钙含量高,石膏掺量不足,使水泥快凝。②水泥细度。水泥的细度越小,水化作用越快,凝结越快。③水灰比。水灰比越小,凝结时的温度越高,凝结越快。④混合材料掺量。混合材料掺量越大,水泥凝结越缓慢。

3.4.4　安定性

安定性(soundness)是指水泥浆体硬化后体积变化的均匀性。若水泥浆体硬化后体积变化不稳定、不均匀,即所谓的安定性不良,混凝土产生膨胀破坏,造成严重的工程质量事故。因此,国家标准规定:水泥安定性不合格的应作废品处理,不得用于任何工程中。

在水泥中,熟料会因为煅烧不完全而存在游离的 CaO(f-CaO)与 MgO(f-MgO),由于是在高温下生成,属于过火石灰,因此其水化活性小,在水泥浆体水化硬化后才开始发生水化,体积增大;生产水泥时如果加入过多的石膏,在水泥硬化后还会继续与铝酸钙反应生成水化硫铝酸钙,体积也会增大。这三种物质造成的体积增大均会导致水泥安定性不良,使得硬化水泥石产生弯曲、开裂甚至粉碎性破坏。沸煮能加速 f-CaO 的水化,《通用硅酸盐水泥》(GB 175—2007)规定通用硅酸盐水泥用沸煮法检验安定性;f-MgO 的水化比 f-CaO 更缓慢,沸煮法已不能检验,《通用硅酸盐水泥》(GB 175—2007)规定通用硅酸盐水泥 MgO 含量不得超过 5%,若水泥经压蒸法检验合格,则 MgO 含量可放宽到 6%;由石膏造成的安定性不良,需长期浸在常温水中才能发现,不便于检验,所以《通用硅酸盐水泥》(GB 175—2007)规定硅酸盐水泥中的 SO_3 含量不得超过 3.5%。

3.4.5　强度与强度等级

水泥的强度是评定其质量的重要指标,也是划分水泥强度等级的依据。水泥的强度包括抗折强度与抗压强度,判定水泥强度等级时必须同时满足相关标准要求,缺一不可。

硅酸盐水泥的强度与熟料矿物的成分和细度有关。水泥中四种主要熟料矿物的强度各不相同,因此它们的相对含量改变时,水泥的强度及其增长速度也随之改变。

另外,水泥中混合材料的质量和数量、石膏掺量等都对水泥的强度有影响。从水泥凝结与硬化过程的物理化学变化可以看出,水泥颗粒越细,水化速度越快,水化进行得越彻底,强度增长越快,最终强度越高。

为了提高水泥的早期强度,我国现行标准将水泥分为普通型和早强型(R 型)两种型号。早强型水泥 3d 的抗压强度可以达到 28d 抗压强度的 50%;同强度等级的早强型水泥 3d 的抗压强度较普通型的可以提高

10%～24%。这样的规定对于冬季混凝土工程施工和抢修的混凝土工程选用水泥很有实际意义。

根据《〈通用硅酸盐水泥〉国家标准第3号修改单》(GB 175—2007/XG3—2018)和《水泥胶砂强度检验方法(ISO法)》(GB/T 17671—2021)的规定,水泥和标准砂按1∶3混合,用0.50的水灰比,按规定的方法制成试件,在标准温度的水中养护,测定3d和28d的强度。根据测定结果,将硅酸盐水泥分为42.5、42.5R、52.5、52.5R、62.5和62.5R六个强度等级;普通硅酸盐水泥的强度等级分为42.5、42.5R、52.5、52.5R四个等级;矿渣硅酸盐水泥、火山灰质硅酸盐水泥、粉煤灰硅酸盐水泥的强度等级分为32.5、32.5R、42.5、42.5R、52.5、52.5R六个等级;复合硅酸盐水泥强度等级分为42.5、42.5R、52.5、52.5R四个等级。不同品种不同强度等级的通用硅酸盐水泥的各龄期强度应符合表3-5的规定。

表3-5 通用硅酸盐水泥各强度等级、各龄期的强度值

品种	强度等级	抗压强度/MPa		抗折强度/MPa	
		3d	28d	3d	28d
硅酸盐水泥	42.5	≥17.0	≥42.5	≥3.5	≥6.5
	42.5R	≥22.0		≥4.0	
	52.5	≥23.0	≥52.5	≥4.0	≥7.0
	52.5R	≥27.0		≥5.0	
	62.5	≥28.0	≥62.5	≥5.0	≥8.0
	62.5R	≥32.0		≥5.5	
普通硅酸盐水泥	42.5	≥17.0	≥42.5	≥3.5	≥6.5
	42.5R	≥22.0		≥4.0	
	52.5	≥23.0	≥52.5	≥4.0	≥7.0
	52.5R	≥27.0		≥5.0	
矿渣硅酸盐水泥 火山灰质硅酸盐水泥 粉煤灰硅酸盐水泥	32.5	≥10.0	≥32.5	≥2.5	≥5.5
	32.5R	≥15.0		≥3.5	
	42.5	≥15.0	≥42.5	≥3.5	≥6.5
	42.5R	≥19.0		≥4.0	
	52.5	≥21.0	≥52.5	≥4.0	≥7.0
	52.5R	≥23.0		≥4.5	
复合硅酸盐水泥	42.5	≥15.0	≥42.5	≥3.5	≥6.5
	42.5R	≥19.0		≥4.0	
	52.5	≥21.0	≥52.5	≥4.0	≥7.0
	52.5R	≥23.0		≥4.5	

3.4.6 碱含量

水泥中的碱含量以按 $Na_2O+0.658K_2O$ 计算的质量百分率来表示。水泥中的碱会和集料中的活性物质如活性 SiO_2 反应,生成碱硅酸盐凝胶,在潮湿条件下吸水膨胀,导致混凝土开裂破坏。这种反应和水泥的碱含量、集料的活性物质含量及混凝土的使用环境有关。为防止碱集料反应,即使在使用相同活性集料的情况下,不同的混凝土配合比、使用环境对水泥的碱含量要求也不一样,因此,《〈通用硅酸盐水泥〉国家标准第3号修改单》(GB 175—2017/XG3—2018)中将碱含量定为任选要求,当用户要求提供低碱水泥时,水泥中的碱含量应不大于0.60%或由买卖双方协商确定。

3.4.7 水化热

水泥在凝结与硬化过程中因水化反应所放出的热量，称为水泥的水化热，通常以 kJ/kg 为单位。大部分水化热是伴随着强度的增长在水化初期放出的。水泥的水化热大小和释放速率主要与水泥熟料的矿物组成、混合材料的品种与数量、水泥细度及养护条件等有关，另外，加入外加剂可改变水泥的释热速率。大型基础、水坝、桥墩、厚大构件等大体积混凝土构筑物，由于水化热聚集在内部不易散发，内部温升可达 50～60℃甚至更高，内外温差产生的应力和温降收缩产生的应力常使混凝土产生裂缝，因此，大体积混凝土工程不宜采用水化热较大、放热较快的水泥，如硅酸盐水泥，因为它含熟料最多。但国家标准未就该项指标作具体的规定。

【案例分析 3-1】 某大体积的混凝土工程，浇筑两周后拆模，发现挡墙有多道贯穿型的纵向裂缝，试分析其原因。经测定，所用 42.5Ⅱ型硅酸盐水泥熟料的矿物组成如表 3-6 所示。

表 3-6 **工程所用 42.5Ⅱ型硅酸盐水泥熟料的矿物组成**

熟料矿物	C_3S	C_2S	C_3A	C_4AF
含量/%	61	14	14	11

【原因分析】 从熟料矿物成分含量来看，C_3S 的含量明显高于一般水平，且 C_3S 的水化反应速度快，水化放热量大。从工程情况来看，该项目是大体积的混凝土工程，会导致内部温度过高。综上，该裂缝由温度变形产生。为了解决这一问题，可以在该项目所用混凝土中掺入适量的矿物掺合料，或更换水泥品种，使用矿渣水泥、火山灰水泥、粉煤灰水泥等掺大量混合材料的水泥。

3.5 通用硅酸盐水泥的性质与应用

通用硅酸盐水泥一般指硅酸盐水泥、普通硅酸盐水泥、矿渣硅酸盐水泥、火山灰质硅酸盐水泥、粉煤灰硅酸盐水泥以及复合硅酸盐水泥，从这几种通用硅酸盐水泥的组成可以看出，它们的区别仅在于是否掺加了活性混合材料以及掺加的混合材料种类是否相同，其水化产物及凝结与硬化速度相近，因此这些品种水泥的大多数性质和应用相同或相近，即这几种水泥在许多情况下可替代使用。同时，又由于这些活性混合材料的物理性质和表面特征及水化活性等有些差异，这几种水泥分别具有各自的特性。

掺加混合材料的四种水泥与硅酸盐水泥或普通硅酸盐水泥相比，具有以下特点。

(1)四种水泥的共性

①早期强度低、后期强度增长多。

这四种水泥的熟料含量少且二次水化反应(即活性混合材料的水化)慢，故早期(3d、7d)强度低。后期由于二次水化反应不断进行且水泥熟料不断水化，水化产物不断增多，强度可赶上或超过同标号的硅酸盐水泥(图 3-11)。活性混合材料的掺量越多，早期强度越低，后期强度增长越多。

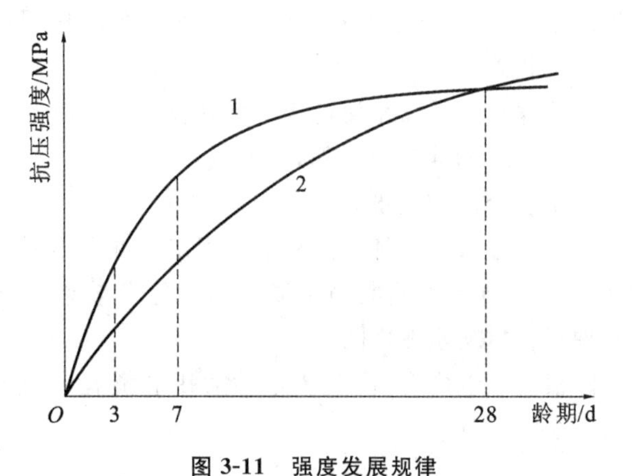

图 3-11 强度发展规律

1—硅酸盐水泥；2—掺加混合材料的硅酸盐水泥

这四种水泥不适合用于早期强度要求高的混凝土工程，如冬季施工现浇工程等。

②对温度敏感，适合高温养护。

这四种水泥在低温下水化明显减慢，强度较低。采用高温养护可大大加速活性混合材料的水化，并可加速熟料的水化，故可大幅提高早期强度，且不影响常温下后期强度的发展。

③耐腐蚀性好。

这四种水泥的熟料数量相对较少,水化硬化后水泥石中的氢氧化钙和水化铝酸钙的数量少,且活性混合材料的二次水化反应使水泥石中氢氧化钙的数量进一步降低,因此耐腐蚀性好,适合用于有硫酸盐、镁盐、软水等侵蚀作用的环境,如水工、海港、码头等混凝土工程。但当侵蚀介质的浓度较高或耐腐蚀性要求高时,仍需采取其他措施进一步提高其抗侵蚀能力。

④水化热小。

四种水泥中的熟料含量少,因而水化放热量少,尤其是早期放热速度慢,放热量少,适合用于大体积混凝土工程。

⑤抗冻性较差。

矿渣硅酸盐水泥和粉煤灰硅酸盐水泥易泌水形成连通孔隙,火山灰质硅酸盐水泥一般需水量较大,会增加内部的孔隙含量,此外,由于早期强度发展慢,因而抗冻性均较差。

⑥抗碳化性较差。

由于这四种水泥在水化硬化后,水泥石中氢氧化钙的数量少,同时早期强度发展慢,故其抵抗碳化的能力差。因而这四种水泥不适合用于二氧化碳浓度高的工业厂房,如铸造、翻砂车间等。

(2)四种水泥的特性

①矿渣硅酸盐水泥。

由于粒化高炉矿渣玻璃体对水的吸附能力差,即保水性差,与水拌和时易产生泌水造成较多的连通孔隙,且干缩较大,因此,矿渣硅酸盐水泥不适宜用于干燥环境的混凝土工程。但在配制混凝土时,如能与减水剂配合使用,并适当调整配合比,可以解决泌水问题,使其适用于水工等工程。矿渣本身耐热性好,且矿渣硅酸盐水泥水化后氢氧化钙的含量少,故矿渣硅酸盐水泥的耐热性较好,适合用于有耐热要求的混凝土工程。

②火山灰质硅酸盐水泥。

火山灰质混合材料内部含有大量的微细孔隙,故火山灰质硅酸盐水泥的保水性高;火山灰质硅酸盐水泥水化后形成较多的水化硅酸钙凝胶,使水泥石结构致密,因而其抗渗性较好;火山灰质硅酸盐水泥的干缩大,水泥石易产生微细裂纹,且空气中的二氧化碳能使水化硅酸钙凝胶碳化成为碳酸钙和氧化硅的混合物,使水泥石的表面产生起粉现象;火山灰质硅酸盐水泥的耐磨性也较差。

火山灰质硅酸盐水泥适用于有抗渗要求的混凝土工程,不宜用于干燥环境中的地上混凝土工程及有耐磨性要求的混凝土工程。

③粉煤灰硅酸盐水泥。

未经磨细的优质分选粉煤灰是表面致密的球形颗粒,在水泥浆体中不仅具有火山灰活性,还能起到润滑效果,降低拌和需水量,又可起到微集料的作用,减少粉煤灰水泥的干缩和徐变。粉煤灰硅酸盐水泥的耐磨性也较差。

粉煤灰硅酸盐水泥适用于承载较晚的混凝土工程和水工工程,不宜用于干燥环境中的混凝土工程及有耐磨性要求的混凝土工程。

④复合硅酸盐水泥。

由于掺入了两种或两种以上规定的混合材料,其效果不只是各类混合材料的简单混合,而是互相取长补短,产生单一混合材料不能起到的优良效果,因此,复合硅酸盐水泥的性能介于普通硅酸盐水泥和以上三种混合材料水泥之间。

根据以上内容,将上述各种通用硅酸盐水泥的性质及其在工程中如何选用进行适当归纳,见表3-7和表3-8。

表 3-7　　通用硅酸盐水泥的性质

项目	硅酸盐水泥	普通硅酸盐水泥	矿渣硅酸盐水泥	火山灰质硅酸盐水泥	粉煤灰硅酸盐水泥	复合硅酸盐水泥
性质	1.早期、后期强度高； 2.耐腐蚀性差； 3.水化热大； 4.抗碳化性好； 5.抗冻性好； 6.耐磨性好； 7.耐热性差	1.早期强度稍低，后期强度高； 2.耐腐蚀性稍好； 3.水化热较大； 4.抗碳化性好； 5.抗冻性好； 6.耐磨性较好； 7.耐热性稍好； 8.抗渗性好	早期强度低，后期强度高			
			1.对温度敏感，适合高温养护；2.耐腐蚀性好；3.水化热小；4.抗冻性较差；5.抗碳化性较差			
			1.泌水性大、抗渗性差； 2.耐热性较好； 3.干缩较大	1.保水性好、抗渗性好； 2.干缩大； 3.耐磨性差	1.泌水性大(快)，易产生失水裂纹，抗渗性差； 2.干缩小、抗裂性好； 3.耐磨性差	干缩较大

表 3-8　　通用硅酸盐水泥在工程中的选用

品种		混凝土工程特点及所处环境条件	优先选用	可以选用	不宜选用
普通混凝土	1	在一般气候环境中的混凝土	普通硅酸盐水泥	矿渣硅酸盐水泥、火山灰质硅酸盐水泥、粉煤灰硅酸盐水泥、复合硅酸盐水泥	
	2	在干燥环境中的混凝土	普通硅酸盐水泥	矿渣硅酸盐水泥	火山灰质硅酸盐水泥、粉煤灰硅酸盐水泥
	3	在高湿度环境中或长期处于水中的混凝土	矿渣硅酸盐水泥、火山灰质硅酸盐水泥、粉煤灰硅酸盐水泥、复合硅酸盐水泥	普通硅酸盐水泥	
	4	大体积的混凝土	矿渣硅酸盐水泥、火山灰质硅酸盐水泥、粉煤灰硅酸盐水泥、复合硅酸盐水泥	普通硅酸盐水泥	硅酸盐水泥
有特殊要求的混凝土	1	要求快硬、高强(大于C40)的混凝土	硅酸盐水泥	普通硅酸盐水泥	矿渣硅酸盐水泥、火山灰质硅酸盐水泥、粉煤灰硅酸盐水泥、复合硅酸盐水泥
	2	严寒地区的露天混凝土、寒冷地区处于水位升降范围内的混凝土	普通硅酸盐水泥	矿渣硅酸盐水泥(强度等级大于32.5)	火山灰质硅酸盐水泥、粉煤灰硅酸盐水泥
	3	严寒地区处于水位升降范围内的混凝土	普通硅酸盐水泥(强度等级大于42.5)		火山灰质硅酸盐水泥、矿渣硅酸盐水泥、粉煤灰硅酸盐水泥、复合硅酸盐水泥
	4	有抗渗要求的混凝土	普通硅酸盐水泥、火山灰质硅酸盐水泥		矿渣硅酸盐水泥、粉煤灰硅酸盐水泥
	5	有耐磨性要求的混凝土	硅酸盐水泥、普通硅酸盐水泥	矿渣硅酸盐水泥(强度等级大于32.5)	火山灰质硅酸盐水泥、粉煤灰硅酸盐水泥
	6	受侵蚀性介质作用的混凝土	矿渣硅酸盐水泥、火山灰质硅酸盐水泥、粉煤灰硅酸盐水泥、复合硅酸盐水泥		硅酸盐水泥、普通硅酸盐水泥

3.6 其他品种水泥

3.6.1 特性硅酸盐水泥

3.6.1.1 白色硅酸盐水泥

凡以适当成分的生料烧至部分熔融,所得以硅酸钙为主要成分、氧化铁含量很少的白色硅酸盐水泥熟料,加入适量石膏,磨细制成的水硬性胶凝材料,称为白色硅酸盐水泥(简称白水泥),代号P·W。

白水泥的性能与硅酸盐水泥基本相同,所不同的是白水泥严格控制水泥原料的铁含量,并严防在生产过程中混入铁质。白水泥中 Fe_2O_3 的含量一般小于0.5%,并尽可能除掉其他着色氧化物(MnO、TiO_2 等)。表3-9为水泥中 Fe_2O_3 含量与水泥颜色的关系。

表3-9 水泥中 Fe_2O_3 含量与水泥颜色的关系

Fe_2O_3 含量/%	3～4	0.45～0.7	0.35～0.4
水泥颜色	暗灰色	淡绿色	白色

白水泥的物理性能应满足《白色硅酸盐水泥》(GB/T 2015—2017)的规定,细度45μm方孔筛筛余不大于30.0%;初凝时间应不小于45min,终凝时间应不大于600min;安定性(沸煮法)合格;水泥中 SO_3 含量应不超过3.5%。白水泥强度等级按规定龄期的抗压和抗折强度来划分,各龄期强度应符合表3-10所规定的数值。白水泥白度值满足:1级白度不小于89,2级白度不小于87。

表3-10 白色硅酸盐水泥各龄期强度值 (单位:MPa)

强度等级	抗压强度		抗折强度	
	3d	28d	3d	28d
32.5	≥12.0	≥32.5	≥3.0	≥6.0
42.5	≥17.0	≥42.5	≥3.5	≥6.5
52.5	≥22.0	≥52.5	≥4.0	≥7.0

3.6.1.2 彩色硅酸盐水泥

凡由硅酸盐水泥熟料加适量石膏(或白色硅酸盐水泥)、混合材料及着色剂磨细或混合制成的带有色彩的水硬性胶凝材料,称为彩色硅酸盐水泥。

彩色硅酸盐水泥的强度等级以28d抗压强度分为27.5、32.5和42.5。水泥中 SO_3 的含量不得超过4.0%,80μm方孔筛筛余不大于6.0%,初凝时间不小于60min,终凝时间不大于600min。

目前生产彩色硅酸盐水泥多采用染色法,就是将硅酸盐水泥熟料(白水泥熟料或普通硅酸盐水泥熟料)、适量石膏和碱性颜料共同磨细而制成。也可将颜料直接与水泥粉混合而配制成彩色硅酸盐水泥,但这种方法颜料用量大,色泽也不易均匀。

生产彩色硅酸盐水泥所用的颜料应满足以下基本要求:不溶于水,分散性好;耐大气稳定性好,耐光性应在7级以上;抗碱性强,应具1级耐碱性;着色力强,颜色浓;不会使水泥强度显著降低,也不影响水泥正常凝结与硬化。无机矿物颜料能较好地满足以上要求,而有机颜料色泽鲜艳,在彩色硅酸盐水泥中只需掺入少量,就能显著提高装饰效果。

白色和彩色硅酸盐水泥在装饰工程中常用来配制彩色水泥浆,装饰混凝土,也可配制各种彩色砂浆用于装饰抹灰,以及制造各种色彩的水刷石、人造大理石及水磨石等制品。

3.6.1.3 中热硅酸盐水泥、低热硅酸盐水泥

《中热硅酸盐水泥、低热硅酸盐水泥》(GB/T 200—2017)对中热硅酸盐水泥、低热硅酸盐水泥的定义如下。

中热硅酸盐水泥:以适当成分的硅酸盐水泥熟料加入适量的石膏磨细制成的具有中等水化热的水硬性

胶凝材料，简称中热水泥，代号 P·MH。

低热硅酸盐水泥：以适当成分的硅酸盐水泥熟料加入适量的石膏磨细制成的具有低水化热的水硬性胶凝材料，简称低热水泥，代号 P·LH。

水泥的水化热允许采用直接法或溶解热法检验。各龄期的水化热应符合表 3-11 规定的数值。32.5 级低热水泥 28d 的水化热应不大于 290kJ/kg，42.5 级低热水泥 28d 的水化热不大于 310kJ/kg。

表 3-11 水泥各龄期的水化热

品种	强度等级	水化热/(kJ/kg)		
		3d	7d	28d
中热水泥	42.5	251	293	310
低热水泥	32.5	197	230	290

3.6.1.4 抗硫酸盐硅酸盐水泥

《抗硫酸盐硅酸盐水泥》(GB/T 748—2005)按抗硫酸盐的性能将抗硫酸盐硅酸盐水泥分为中抗硫酸盐硅酸盐水泥和高抗硫酸盐硅酸盐水泥两类。

以特定矿物组成的硅酸盐水泥熟料，加入适量石膏磨细制成的具有抵抗中等浓度硫酸根离子侵蚀的水硬性胶凝材料，称为中抗硫酸盐硅酸盐水泥，简称中抗硫酸盐水泥，代号 P·MSR；具有抵抗较高浓度硫酸根离子侵蚀的水硬性胶凝材料，称为高抗硫酸盐硅酸盐水泥，简称高抗硫酸盐水泥，代号 P·HSR。

两种抗硫酸盐水泥的强度分为 32.5 和 42.5 两个等级。水泥中的硅酸三钙和铝酸三钙的含量应符合表 3-12 规定。

表 3-12 抗硫酸盐水泥中硅酸三钙和铝酸三钙的含量(质量分数)

分类	硅酸三钙含量/%	铝酸三钙含量/%
中抗硫酸盐水泥	≤55.0	≤5.0
高抗硫酸盐水泥	≤50.0	≤3.0

抗硫酸盐水泥的烧失量应不大于 3.0%，SO_3 含量应不大于 2.5%，水泥的比表面积应不小于 $280m^2/kg$。中抗硫酸盐水泥 14d 线膨胀率应不大于 0.06%，高抗硫酸盐水泥 14d 线膨胀率应不大于 0.04%。其他技术要求同矿渣硅酸盐水泥。

3.6.2 特种水泥

3.6.2.1 铝酸盐水泥

凡以铝酸钙为主的铝酸盐水泥熟料磨细制成的水硬性胶凝材料，称为铝酸盐水泥，代号 CA。

(1)铝酸盐水泥的组成、水化与硬化

铝酸盐水泥的主要化学成分是 CaO、Al_2O_3、SiO_2，生产原料是铝矾土和石灰石。

铝酸盐水泥的主要矿物成分是铝酸一钙($CaO \cdot Al_2O_3$，简写式 CA)和二铝酸一钙($CaO \cdot 2Al_2O_3$，简写式 CA_2)，此外还有少量的其他铝酸盐和硅酸二钙。

铝酸一钙是铝酸盐水泥的最主要矿物，具有很高的活性，其特点是凝结正常、硬化迅速，是影响铝酸盐水泥强度的主要因素。

二铝酸一钙的凝结与硬化慢，早期强度低，但后期强度较高。含量过多将影响水泥的快硬性能。

铝酸盐水泥的水化产物与温度密切相关，主要是十水铝酸一钙($CaO \cdot Al_2O_3 \cdot 10H_2O$，简写式 CAH_{10})、八水铝酸二钙($2CaO \cdot Al_2O_3 \cdot 8H_2O$，简写式 C_2AH_8)和铝胶($Al_2O_3 \cdot 3H_2O$)。

CAH_{10} 和 C_2AH_8 为片状或针状晶体，它们互相交错搭接，形成坚固的结晶连生体骨架，同时生成的铝胶填充于晶体骨架的空隙中，形成致密的水泥石结构，因此强度较高。水化 5～7d 后，水化产物数量很少增长，故铝酸盐水泥早期强度增长较快，后期强度增长较慢。

特别需要指出的是，CAH_{10} 和 C_2AH_8 都是不稳定的，会逐步转化为 C_3AH_6，温度升高转化加快，晶体转变的结果使水泥石内析出了游离水,增大了孔隙率;同时也由于 C_3AH_6 本身强度较低,且相互搭接较差,所以水泥石的强度明显下降,后期强度可能比最高强度降低40%以上。

(2)铝酸盐水泥的技术要求

《铝酸盐水泥》(GB/T 201—2015)规定的技术要求如下。

①化学成分。各类型水泥的化学成分要求见表3-13。

②细度。45μm方孔筛筛余应不大于20%或比表面积应不小于300m²/kg。

③凝结时间。CA50、CA70、CA80的初凝时间不得小于30min,终凝时间不得大于360min。CA60-Ⅰ的初凝时间不得小于30min,终凝时间不得大于360min,CA60-Ⅱ的初凝时间不得小于60min,终凝时间不得大于1080min。

④强度。各类型铝酸盐水泥各龄期强度值应符合表3-14的数值。

表3-13 各类型水泥化学成分

<table>
<tr><th>水泥类型</th><th>Al_2O_3 含量/%</th><th>SiO_2 含量/%</th><th>Fe_2O_3 含量/%</th><th>$R_2O(Na_2O+0.658K_2O)$ 含量/%</th><th>S(全硫)含量/%</th><th>Cl^- 含量/%</th></tr>
<tr><td>CA50</td><td>≥50且<60</td><td>≤9.0</td><td>≤3.0</td><td>≤0.50</td><td>≤0.2</td><td rowspan="4">≤0.06</td></tr>
<tr><td>CA60</td><td>≥60且<68</td><td>≤5.0</td><td>≤2.0</td><td rowspan="3">≤0.40</td><td rowspan="3">≤0.1</td></tr>
<tr><td>CA70</td><td>≥68且<77</td><td>≤1.0</td><td>≤0.7</td></tr>
<tr><td>CA80</td><td>≥77</td><td>≤0.5</td><td>≤0.5</td></tr>
</table>

表3-14 水泥胶砂强度 (单位:MPa)

<table>
<tr><th colspan="2" rowspan="2">类型</th><th colspan="4">抗压强度</th><th colspan="4">抗折强度</th></tr>
<tr><th>6h</th><th>1d</th><th>3d</th><th>28d</th><th>6h</th><th>1d</th><th>3d</th><th>28d</th></tr>
<tr><td rowspan="4">CA50</td><td>CA50-Ⅰ</td><td rowspan="4">≥20*</td><td>≥40</td><td>≥50</td><td>—</td><td rowspan="4">≥3*</td><td>≥5.5</td><td>≥6.5</td><td>—</td></tr>
<tr><td>CA50-Ⅱ</td><td>≥50</td><td>≥60</td><td>—</td><td>≥6.5</td><td>≥7.5</td><td>—</td></tr>
<tr><td>CA50-Ⅲ</td><td>≥60</td><td>≥70</td><td>—</td><td>≥7.5</td><td>≥8.5</td><td>—</td></tr>
<tr><td>CA50-Ⅳ</td><td>≥70</td><td>≥80</td><td>—</td><td>≥8.5</td><td>≥9.5</td><td>—</td></tr>
<tr><td rowspan="2">CA60</td><td>CA60-Ⅰ</td><td>—</td><td>≥65</td><td>≥85</td><td>—</td><td>—</td><td>≥7.0</td><td>≥10.0</td><td>—</td></tr>
<tr><td>CA60-Ⅱ</td><td>—</td><td>≥20</td><td>≥45</td><td>≥85</td><td>—</td><td>≥2.5</td><td>≥5.0</td><td>≥10.0</td></tr>
<tr><td colspan="2">CA70</td><td>—</td><td>≥30</td><td>≥40</td><td>—</td><td>—</td><td>≥5.0</td><td>≥6.0</td><td>—</td></tr>
<tr><td colspan="2">CA80</td><td>—</td><td>≥25</td><td>≥30</td><td>—</td><td>—</td><td>≥4.0</td><td>≥5.0</td><td>—</td></tr>
</table>

* 用户要求时,生产厂家应提供试验结果。

(3)铝酸盐水泥的特性与应用

与硅酸盐水泥相比,铝酸盐水泥具有以下特性及相应的应用。

①快硬早强。1d强度高,适用于紧急抢修工程。

②水化热大。放热主要集中在早期,1d内即可放出水化总热量的70%~80%,因此,不宜用于大体积混凝土工程,但适用于寒冷地区冬季施工的混凝土工程。

③抗硫酸盐侵蚀性好。铝酸盐水泥在水化后几乎不含有 $Ca(OH)_2$,且结构致密。其适用于抗硫酸盐及海水侵蚀的工程。

④耐热性好。不存在水化产物 $Ca(OH)_2$,且在高温时水化产物之间发生固相反应,生成新的化合物。因此,铝酸盐水泥可作为耐热砂浆或耐热混凝土的胶结材料,能耐1300~1400℃的高温。

⑤长期强度降低。长期强度一般降低40%~50%,因此不宜用于长期承载结构,且不宜用于高温环境中的工程,现常用于砂浆。

3.6.2.2 硫铝酸盐水泥

以适当成分的生料,经煅烧所得以无水硫铝酸钙和硅酸二钙为主要矿物成分的水泥熟料掺加不同量的石灰石、适量石膏共同磨细制成的具有水硬性的胶凝材料，称为硫铝酸盐水泥。

其中，水泥熟料的 Al_2O_3 含量(质量分数)应不小于 30.0%，SiO_2 含量(质量分数)应不大于 10.5%，且硫铝酸盐水泥熟料的 3d 抗压强度应不低于 55.0MPa；石灰石的 CaO 含量应不小于 50%，Al_2O_3 含量应不大于 2.0%。

硫铝酸盐水泥分为快硬硫铝酸盐水泥、低碱度硫铝酸盐水泥和自应力硫铝酸盐水泥三种。

(1)快硬硫铝酸盐水泥

快硬硫铝酸盐水泥是由适当成分的硫铝酸盐水泥熟料和少量石灰石(掺量应不大于水泥质量的 15%)、适量石膏共同磨细制成的早期强度高的水硬性胶凝材料，代号 R·SAC。

快硬硫铝酸盐水泥的主要水化产物是高硫型水化硫铝酸钙(AFt)、低硫型水化硫铝酸钙(AFm)、铝胶和水化硅酸盐，由于无水硫铝酸钙($C_4A_3\bar{S}$)、硅酸二钙(C_2S)和 $CaSO_4 \cdot 2H_2O$ 在水化反应时互相促进，因此水泥的反应非常迅速，早期强度非常高。

①快硬硫铝酸盐水泥的技术要求。

《硫铝酸盐水泥》(GB/T 20472—2006)规定的技术要求是：比表面积不应小于 $350m^2/kg$；初凝时间不小于 25min，终凝时间不大于 180min；强度以 3d 抗压强度分为 42.5、52.5、62.5、72.5 四个等级，各强度等级快硬硫铝酸盐水泥的各龄期强度应不低于表 3-15 的数值。

表 3-15 各强度等级快硬硫铝酸盐水泥各龄期强度值 (单位：MPa)

强度等级	抗压强度			抗折强度		
	1d	3d	28d	1d	3d	28d
42.5	30.0	42.5	45.0	6.0	6.5	7.0
52.5	40.0	52.5	55.0	6.5	7.0	7.5
62.5	50.0	62.5	65.0	7.0	7.5	8.0
72.5	55.0	72.5	75.0	7.5	8.0	8.5

②快硬硫铝酸盐水泥的特性与应用。

a. 凝结快、早期强度很高。1d 的强度可达 34.5～59.0MPa，因此特别适用于抢修或紧急工程。

b. 水化放热快，但放热总量不大，因此适用于冬季施工，但不适用于大体积混凝土工程。

c. 硬化时微膨胀。因为水泥水化生成较多钙矾石，因此适用于有抗渗、抗裂要求的混凝土工程。

d. 耐蚀性好。因为水泥石中没有 $Ca(OH)_2$ 与水化铝酸钙，因此适用于有耐蚀性要求的混凝土工程。

e. 耐热性差。因为水化产物 AFt 和 AFm 中含有大量结晶水，遇热分解释放大量的水使水泥石强度下降，因此不适用于有耐热要求的混凝土工程。

【案例分析 3-2】 307 国道鹿泉段水泥混凝土路面修建于 1986 年，路面结构为 24cm 厚水泥混凝土面层，42cm 厚石灰稳定土基层。设计标准偏低，加之此路段为晋煤外运的主要通道，日交通量达 18000～21000 辆。水泥混凝土这种水硬性材料对设计不足、超载等问题很敏感，特别是近年来超负荷的重载车辆对水泥混凝土路面的损伤十分严重。为了让道路可以在短期内修复完成，快速投入使用，要求在 40d 内完成主车道水泥混凝土路面挖补。

【原因分析】 分析该项目特点及需要，发现修复材料的选择将起到关键作用。该项目中修复材料应具有早强、抗疲劳性好、收缩小等技术特点。综合分析不同水泥品种的特点，选定快硬硫铝酸盐水泥，理由如下：

①该水泥自身有微膨胀性，黏结性强，可防止混凝土收缩，增强修补板块与周围板块的嵌挤力，同时可防止地表水下渗损坏基层。

②快硬混凝土的水化反应主要是通过无水硫铝酸钙($C_4A_3\bar{S}$)与二水石膏在同一反应中生成钙矾石与氢氧化铝凝胶及 β-C_2S 水化生成 C—S—H 凝胶的过程来完成的，由于它们相互促进，快硬混凝土早期强度发展很快，其 24h 抗压强度可达 40MPa，抗折强度达 5.0MPa，适合于快通混凝土路面及快速修复工程。

③水泥早期水化放热量大，温峰值高而集中，凝结时间短，有利于蓄热保温和养护，尽早达到抗冻临界强度，适合于低温及负温施工。

④由于硫铝酸盐水泥的水化产物钙矾石、氢氧化铝和水化硅酸钙凝胶都是稳定的，因此，快硬混凝土的强度是长期稳定的。

虽然快硬硫铝酸盐水泥的价格略高于普通硅酸盐水泥，但其缩短了工期，大大降低了交通事故率，保持了公路畅通，解决了早期通车问题，避免了堵车现象发生，社会及综合经济效益明显。

(2)低碱度硫铝酸盐水泥

由适当成分的硫铝酸盐水泥熟料和较多量石灰石(掺量应不小于水泥质量的15%，且不大于水泥质量的35%)、适量石膏共同磨细制成，具有低碱度的水硬性胶凝材料，称为低碱度硫铝酸盐水泥，代号L·SAC。

低碱度硫铝酸盐水泥比表面积应不小于400m^2/kg；初凝时间不小于25min，终凝时间不大于180min；pH值应不大于10.5；28d自由膨胀率应不大于0.15%；强度以7d抗压强度分为32.5、42.5、52.5三个等级，各强度等级低碱度硫铝酸盐水泥的各龄期强度应不低于表3-16的数值。

表3-16 各强度等级低碱度硫铝酸盐水泥各龄期强度值 (单位：MPa)

强度等级	抗压强度		抗折强度	
	1d	3d	1d	3d
32.5	25.0	32.5	3.5	5.0
42.5	30.0	42.5	4.0	5.5
52.5	40.0	52.5	4.5	6.0

低碱度硫铝酸盐水泥主要用于玻璃纤维增强水泥制品，不应用于配有钢纤维、钢筋、钢丝网和钢埋件等的混凝土制品。

3.6.2.3 膨胀性水泥

一般硅酸盐水泥在空气中凝结与硬化时，通常都表现为收缩。收缩的程度与水泥品种、熟料的矿物组成、水泥的细度、石膏的加入量及用水量有关。由于收缩，水泥混凝土内部会产生微裂纹，这样不但影响水泥混凝土的强度，而且使水泥混凝土的耐久性下降。当采用膨胀性水泥时即可克服上述缺点。根据膨胀值和用途的不同，膨胀性水泥可分为膨胀水泥和自应力水泥两类，前者膨胀性能较低，限制膨胀时所产生的压应力能大致抵消干缩所产生的拉应力，所以有时又称为不收缩水泥或补偿收缩水泥；而后者具有较高的膨胀性能，当用这种水泥配制钢筋混凝土时，由于存在握裹力，混凝土本身一定会受到一个来自钢筋的压应力，当然这种压应力实际上是水泥膨胀导致的，所以称为自应力，这种水泥称为自应力水泥。

虽然有许多化学反应能使水泥混凝土产生膨胀，但适合制造膨胀性水泥的方法主要有三种。

①在水泥中掺入一定量在特定温度下煅烧制得的CaO(生石灰)，CaO水化时产生膨胀。煅烧温度一般控制在1150～1250℃。

②在水泥中掺入一定量在特定温度下煅烧制得的MgO(菱苦土)，MgO水化时产生膨胀。煅烧温度通常控制在900～950℃。

③在水泥中形成钙矾石产生膨胀。由于CaO和MgO的水化速度对环境温度较敏感，且CaO、MgO的水化速度和膨胀速度因其煅烧温度和颗粒大小的不同而改变，因此在生产上往往膨胀不够稳定，除此之外，CaO、MgO的胶凝性也较差，即水化后的强度较低，所以在生产上没有得到广泛应用，实际上得到应用的是形成钙矾石的膨胀水泥。

膨胀水泥根据水泥熟料的种类分为三种，分别以硅酸盐水泥熟料、铝酸盐水泥熟料和硫铝酸盐水泥熟料为主。

膨胀水泥适用于补偿收缩混凝土结构工程、防渗层及防渗混凝土、构件的接缝及管道接头、结构的加固与修补、固结机器底座及地脚螺栓等。

自应力水泥适用于制造自应力钢筋混凝土压力管及其配件。

3.6.3 专用水泥

3.6.3.1 砌筑水泥

凡以活性混合材料或具有水硬性的工业废料为主要原料，加入少量硅酸盐水泥熟料和石膏，经磨细制成的水硬性胶凝材料，称为砌筑水泥。

砌筑水泥对于我国大量的砖混结构有着特殊的意义。它既适应建筑砂浆对强度的要求，又可以保证砂浆中胶凝材料的数量。它适用于工业与民用建筑的砌筑砂浆和内墙抹面砂浆，不得用于混凝土结构工程。

3.6.3.2 道路水泥

由适当成分的生料烧至部分熔融，所得以硅酸钙为主要成分和较多量的铁铝酸钙的硅酸盐熟料，称为道路硅酸盐水泥熟料。由道路硅酸盐水泥熟料、0～10%活性混合材料和适量石膏磨细制成的水硬性胶凝材料，称为道路硅酸盐水泥，简称道路水泥，代号P·R。

道路工程对水泥的要求主要是耐磨性好、收缩小、抗冻性好、弹性模量低、有较高的应变性、抗冲击性能好，以及抗折强度高等。这些特性主要是依靠改变水泥熟料的矿物组成、粉磨细度、石膏加入量以及外加剂来实现的。C_4AF脆性小、体积收缩小，提高C_4AF的含量对提高水泥的抗折强度、耐磨性有利；C_3A主要是降低其水化数量，以减少水泥的干缩率。

《道路硅酸盐水泥》(GB/T 13693—2017)规定的技术要求如下。

(1)化学组成

在道路水泥或熟料中含有下列有害成分时必须加以限制。水泥中MgO含量不得超过5.0%；SO_3含量不得超过3.5%；烧失量不得大于3.0%；氯离子含量(质量分数)不大于0.06%；熟料中f-CaO含量：旋窑生产者不得大于1.0%，立窑生产者不得大于1.8%；碱含量由供需双方商定，若使用活性骨料，用户要求提供低碱水泥时，水泥中碱含量应不超过0.60%。

(2)矿物组成

熟料中铝酸三钙含量不应大于5.0%，铁铝酸四钙含量不应小于15.0%。

(3)物理性能

①比表面积。比表面积为300～450m^2/kg。

②凝结时间。初凝时间不小于90min，终凝时间不大于720min。

③安定性。用雷氏夹检验必须合格。

④干缩性。28d干缩率应不大于0.10%。

⑤耐磨性。28d磨耗量应不大于3.00kg/m^2。

⑥强度。道路水泥强度等级按规定龄期的抗压和抗折强度划分，各龄期的抗压和抗折强度应不低于表3-17所规定的数值。

表3-17　**道路水泥的强度等级、各龄期强度值**

强度等级	抗压强度/MPa		抗折强度/MPa	
	3d	28d	3d	28d
7.5	21.0	42.5	4.0	7.5
8.5	26.0	52.5	5.0	8.5

道路水泥是一种强度高(特别是抗折强度高)、耐磨性好、干缩性小、抗冲击性好、抗冻性和抗硫酸性比较好的专用水泥，适用于道路路面、机场跑道道面、城市广场等工程。由于道路水泥具有干缩性小、耐磨、抗冲击等特性，可减少水泥混凝土路面的裂缝和磨耗等病害，减少维修，延长路面使用年限。

知识拓展

水泥水化热

水泥与水接触后，熟料矿物即与水反应，达到了稳定的低能态，同时以热量形式放出能量。水泥的水化热对混凝土工艺具有多方面的意义，水化热的数据可以说明水泥凝结和硬化的特征，同时预计水化温升的情况。

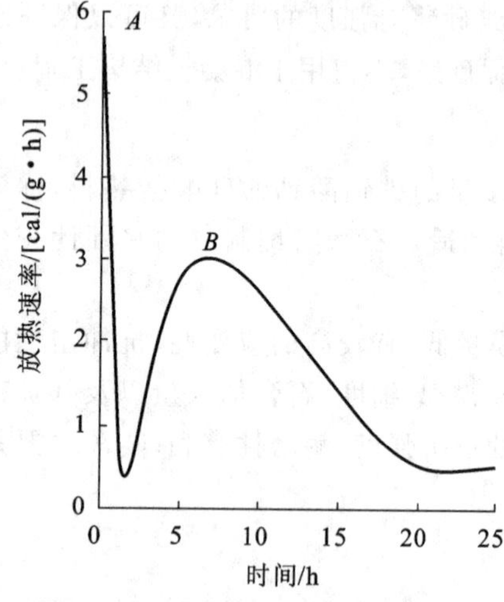

图 3-12 硅酸盐水泥浆体在凝结和早期硬化阶段的放热速率曲线

图 3-12 是硅酸盐水泥浆体在凝结和早期硬化阶段的放热速率典型曲线图。一般而言，水泥加水拌和后，立即出现快速放热期（A 峰的上升段），持续约几分钟。这可能是铝酸盐和硫酸盐的溶解热。当铝酸盐的溶解度受溶液中硫酸盐的影响而降低时，初始放热期很快结束（A 峰的下降段）。下一个放热周期主要是形成钙矾石的放热过程（B 峰的上升段），对大多数水泥来说，在水化 4～8h 后才能达到第二放热峰的峰顶。许多研究者认为，这一放热阶段中也包括了一部分 C_3S 的溶解热及 C—S—H 的形成热。正常凝结的水泥在这一放热阶段开始前保持可塑性；在到达峰值 B 前会出现稠化和初凝，在峰值 B 点处达到终凝。

知识归纳

独立思考

3-1 制造通用硅酸盐水泥时为什么必须掺入适量的石膏？在矿渣水泥中掺加的石膏还能发挥什么作用？其机理如何？

3-2 国家标准规定水泥初凝时间和终凝时间的原因是什么？

3-3 为什么生产硅酸盐水泥时掺加适量石膏对水泥石不起破坏作用，而硬化水泥石在有硫酸盐的环境介质中生成石膏时就有破坏作用？

3-4 某工地材料仓库存有白色胶凝材料 3 桶，原分别标明为磨细生石灰、建筑石膏和白水泥，后因保管不善，标签脱落，问：可用什么简易方法来加以辨认？

3-5 在下列混凝土工程中，试分别选用合适的水泥品种，并说明选用的理由。

①早期强度要求高、抗冻性好的混凝土工程；

②抗软水和硫酸盐腐蚀较强的混凝土工程；

③抗淡水侵蚀强、抗渗性高的混凝土工程；

④抗硫酸盐腐蚀较强、干缩小、抗裂性较好的混凝土工程；

⑤夏季现浇混凝土工程；

⑥紧急军事工程；

⑦大体积混凝土工程；

⑧水中、地下的建筑物；

⑨在我国北方，冬季施工混凝土工程；

⑩位于海水下的建筑物；

⑪填塞建筑物接缝的混凝土工程。

思考题答案

3-6 已知一种普通硅酸盐水泥的 3d 抗折和抗压强度均达到 P·O42.5 的强度指标要求。现测得其 28d 抗折和抗压破坏荷载分别为 3200N、3300N、3100N 和 70.0kN、80.0kN、80.0kN、80.0kN、83.0kN、87.0kN，试评定该水泥的强度等级。

参考文献

[1] KUMAR MEHTA P,PAULO J M MONTEIRO. 混凝土:微观结构、性能和材料(原著第三版). 覃维祖,王栋民,丁建彤,译. 北京:中国电力出版社,2008.

[2] 钱晓倩. 建筑工程材料. 杭州:浙江大学出版社,2009.

[3] BENSTED J,BARNES P. 水泥的结构和性能(原著第二版). 廖欣,译. 北京:化学工业出版社,2009.

[4] 内维尔 A M. 混凝土的性能(原著第四版). 刘数华,冷发光,李新宇,等,译. 北京:中国建筑工业出版社,2011.

[5] 施惠生,郭晓潞,阚黎黎. 水泥基材料科学. 北京:中国建材工业出版社,2011.

[6] 张巨松. 混凝土学. 哈尔滨:哈尔滨工业大学出版社,2011.

4 混 凝 土

课前导读

内容提要

本章主要介绍混凝土原材料、新拌混凝土拌和物性能(和易性)、硬化混凝土性能(强度、变形性能、耐久性)、质量波动及其控制与评定、配合比设计等内容，同时还包括有特殊要求的混凝土及其配合比设计、轻混凝土和其他混凝土等。本章的重点是混凝土性能以及根据混凝土性能要求进行混凝土的配合比设计。

能力要求

通过本章的学习，学生应了解性能指标测定方法、其他混凝土的基本性能与配制原理、有特殊要求的混凝土及其配合比设计、轻混凝土和其他混凝土等；掌握混凝土主要组成材料的性能要求及其对混凝土性能的影响；熟练掌握新拌混凝土拌合物的性质、测定和性能调整方法，硬化混凝土的力学性能、变形性能和耐久性及其影响因素，普通混凝土、掺减水剂以及含掺和料混凝土的配合比设计方法。

数字资源

重难点

4.1 概　　述

混凝土原料图

混凝土制品和应用图

所谓混凝土，是指由胶凝材料（水泥和矿物掺合料）、细骨料（砂）、粗骨料（石）、水和化学外加剂按适当的比例拌和、浇筑成型，再经养护一定时间后硬化而成的人造石材，常简写为“砼”（tóng）。

混凝土的种类很多，按所用胶凝材料可分为水泥混凝土、水玻璃混凝土、聚合物混凝土、聚合物水泥混凝土、石膏混凝土、硅酸盐混凝土等。

工程中常用的混凝土为水泥混凝土，其种类也很多，常用分类方法和种类可归纳如下。

①按混凝土干表观密度可分为重混凝土、普通混凝土和轻混凝土。

重混凝土：干表观密度大于 2600kg/m^3，通常采用重骨料（如重晶石）和普通水泥或重水泥（如钡水泥、锶水泥）配制而成，主要用于防辐射工程，又称为防辐射混凝土。

普通混凝土：干表观密度为 1950～2500kg/m^3，通常为 2400kg/m^3 左右，主要采用硅酸盐系列水泥、水、普通砂、石等配制而成，是目前土木工程中应用最多的混凝土，广泛用于工业与民用建筑、道路与桥梁、港口、大坝、军事等土木工程，主要用作承重结构材料。

轻混凝土：干表观密度小于 1950kg/m^3，包括轻骨料混凝土、大孔混凝土和多孔混凝土，根据强度大小可用作承重结构、保温结构和承重兼保温结构。

②按混凝土结构物实体尺寸可分为大体积混凝土和普通混凝土。其中大体积混凝土是指混凝土结构物实体最小几何尺寸不小于 1m 的混凝土，或预计会因混凝土中胶凝材料水化引起的温度变化和收缩而导致有害裂缝产生的混凝土。

③按施工工艺可分为泵送混凝土、喷射混凝土、离心混凝土、挤压混凝土、堆石混凝土、压力灌浆混凝土、真空脱水混凝土、真空吸水混凝土等。

④按抗压强度（f_{cu}）可分为低强混凝土（$f_{cu}<30$MPa）、中强混凝土（30MPa$\leqslant f_{cu}\leqslant$55MPa）、高强混凝土（55MPa$<f_{cu}<$100MPa）和超高强混凝土（$f_{cu}\geqslant$100MPa）。

⑤按用途可分为结构混凝土、抗渗混凝土、海工混凝土、道路混凝土、水下（不分散）混凝土等。

⑥按特性可分为耐热混凝土、耐酸混凝土、防辐射混凝土、膨胀混凝土等。

⑦按每立方米中的水泥用量可分为贫混凝土（水泥用量不大于 170kg）和富混凝土（水泥用量不小于 230kg）。

与钢材、木材等常用土木工程材料相比，混凝土具有许多优点：

①原材料来源广泛。混凝土中约 70％的材料为砂石材料，一般可就地取材，造价低廉。

②施工方便。配合比设计合理的混凝土拌合物具有良好的和易性，可根据工程需要，通过模板设计，浇灌成任何形状及尺寸的构件或结构物，既可现场浇筑成型，也可预制成建筑构配件用于现场装配施工，如桥梁板、工业化住宅预制梁板柱等。

③可根据用途配制不同性能的混凝土。通过调整组成材料的品种、强度等级和用量以及掺入不同种类的化学外加剂和矿物掺合料，可获得不同施工和易性、强度、耐久性或其他特殊性能的混凝土。

④与钢筋之间有较高的黏结力。混凝土与钢筋的线膨胀系数基本相同，两者复合后能很好地共同工作，不会因温度变化而在钢筋混凝土内部产生拉应力，导致混凝土与钢筋脱离。

⑤耐久性良好。原材料选择正确、配合比设计合理、施工养护良好的混凝土硬化后具有良好的抗渗性、抗冻性和抗腐蚀性能，并对钢筋具有保护作用，可保持钢筋混凝土结构长期性能稳定。

⑥耐火性良好。钢筋混凝土结构耐火极限可达 1h 以上，而钢结构耐火极限仅为 15min 左右。

⑦可充分利用工业废渣，如粉煤灰、矿渣等，有利于环保。

然而，混凝土也存在一些缺点，主要包括以下几方面：

①凝结硬化慢，生产周期长。

②早期收缩变形大，易产生开裂。

③呈脆性,抗拉强度低,一般仅为抗压强度的1/20～1/10。

④自重大,比强度小,不利于建筑物(构筑物)向高层、大跨度发展。

4.2 混凝土的组成材料

混凝土最基本的组成材料为胶凝材料(包括水泥和矿物掺合料)、水、细骨料(砂)和粗骨料(石)。目前工程中还使用不同品种的化学外加剂来配制满足不同工程需要的混凝土。

粗骨料和细骨料在混凝土中主要起骨架作用。同时,由于其弹性模量较大,故亦可发挥抑制混凝土早期和后期收缩的作用。水泥、矿物掺合料、化学外加剂和水拌和后,形成的水泥浆包裹在骨料表面并填充骨料间的空隙,在混凝土硬化前主要起润滑作用,赋予混凝土拌合物良好的工作性,便于施工;硬化后主要起胶结作用,将粗、细骨料胶结成一个整体,使混凝土产生强度,成为坚硬的人造石材。掺加矿物掺合料不仅可降低成本,还可改善混凝土性能,如降低混凝土水化温升、提高硬化混凝土耐久性等。掺加化学外加剂的目的主要是调整混凝土拌合物和硬化混凝土的性能。

4.2.1 胶凝材料

4.2.1.1 水泥

水泥(cement)是混凝土中最重要的组分,通常也是混凝土各组成材料中总成本最高的材料。配制混凝土时,应正确选择水泥的品种和强度等级,以配制出满足性能要求、经济性好的混凝土。

(1)水泥品种的选择

配制混凝土时,应根据工程的结构部位、施工条件、环境状况等合理选择水泥的品种。常用环境条件下水泥品种的选择见表3-8。在实际工程中,若由于水泥品种的选择受到限制而无法获得需要的水泥品种,可通过掺加适量矿物掺合料来进行调节。

(2)水泥强度等级的选择

水泥强度等级的选择应与混凝土的设计强度等级相适应。原则上,配制高强度等级的混凝土应选用高强度等级的水泥,反之亦然。简单而言,即要避免大材小用或小材大用。若大材小用,即采用高强度等级水泥配制低强度等级的混凝土,则较少的水泥用量即可满足混凝土的强度,但水泥用量过少会严重影响混凝土拌合物的和易性及硬化混凝土的耐久性,此时需要通过掺加矿物掺合料进行调节,使胶凝材料用量能够满足硬化混凝土的耐久性要求;若小材大用,即采用低强度等级水泥配制高强度等级的混凝土时,会因水胶比太小及水泥用量过大而影响混凝土拌合物的流动性,并会显著增加混凝土的水化热和混凝土的干缩与徐变,同时混凝土的强度也不易得到保证,经济上也不合理。

4.2.1.2 矿物掺合料

混凝土用矿物掺合料(mineral admixture)是指在混凝土生产过程中,与混凝土其他组分一起,直接加入的工业废料粉末和人造的或天然的矿物材料,其目的是改善混凝土性能、调节混凝土强度等级以及节约水泥用量等,掺量一般大于水泥质量的5%。目前混凝土用矿物掺合料已有很多种,如粉煤灰、磨细矿渣微粉、硅灰、天然沸石粉、偏高岭土、石灰石粉等。

(1)粉煤灰

粉煤灰(fly ash)是从火力发电厂的烟气中收集而得到的粉末状材料。粉煤灰按排放方式不同分为湿排灰和干排灰。目前在混凝土工程中大多采用干排灰,但干排灰的储存、运输费用较高,这给电厂和用灰单位都带来经济负担;而湿排灰虽然在储运方面有一定的经济技术优势,但其火山灰活性不如干排灰,需水量也比较大。按CaO含量的高低,粉煤灰可分为高钙灰(CaO含量不小于10%)和低钙灰(CaO含量小于10%),其中低钙灰来源广泛,是目前国内外用量最大、使用范围最广的混凝土矿物掺合料。高钙灰含钙量较高,具有较高的火山灰活性,但其游离CaO含量也较高,使用不当时,会造成硬化混凝土体积安定性不良,导致混凝土质量事故。

由于粉煤灰燃烧时，较细的粒子随气流掠过燃烧区，立即熔融成水滴状，到了炉膛外面骤冷，就将熔融时由于表面张力作用形成的圆珠形态保持下来，因此粉煤灰的颗粒形貌主要是玻璃微珠，如图 4-1(a)所示。玻璃微珠有空心和实心之分。空心微珠是因燃烧过程中产生的 CO_2、CO、SO_2、SO_3 等气体，被截留于熔融的灰滴之中而形成的。空心微珠有薄壁与厚壁之分，前者能漂浮在水面上，又叫作“漂珠”，其活性高；后者置于水中能下沉，又叫作“沉珠”。另外，粉煤灰中还有部分未成珠的多孔玻璃体[图 4-1(b)]和未燃尽的碳粒[图 4-1(c)]。多孔玻璃体和未燃尽碳粒含量较高时，会导致粉煤灰的需水量增大。

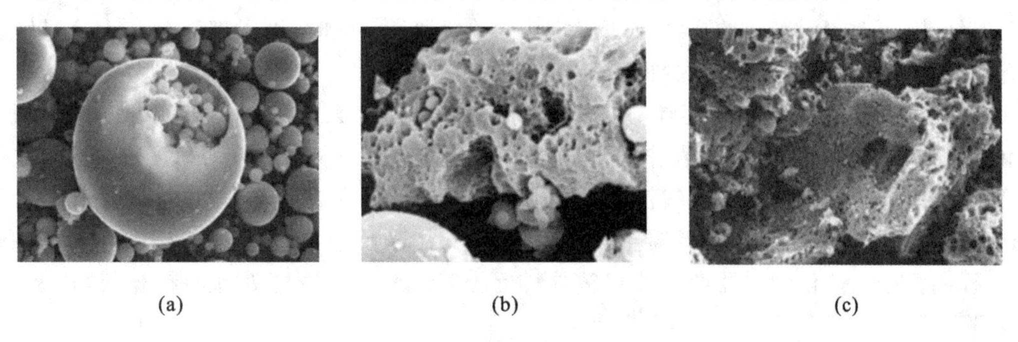

(a) (b) (c)

图 4-1 粉煤灰颗粒形貌

(a)玻璃微珠；(b)多孔玻璃体；(c)未燃尽碳粒

《用于水泥和混凝土中的粉煤灰》(GB/T 1596—2017)规定，粉煤灰按煤种分为 F 类(由无烟煤或烟煤煅烧收集的粉煤灰)和 C 类(由褐煤或次烟煤煅烧收集的粉煤灰，其 CaO 含量一般大于或等于 10%)，并按质量要求分为Ⅰ、Ⅱ、Ⅲ三个等级，相应的技术要求如表 4-1 所示。

表 4-1 **用于混凝土和砂浆中的粉煤灰技术要求**

项目		技术要求		
		Ⅰ	Ⅱ	Ⅲ
细度(45μm 方孔筛筛余)/%	F 类粉煤灰	≤12.0	≤30.0	≤45.0
	C 类粉煤灰			
需水量比/%	F 类粉煤灰	≤95	≤105	≤115
	C 类粉煤灰			
烧失量/%	F 类粉煤灰	≤5.0	≤8.0	≤10.0
	C 类粉煤灰			
含水量/%	F 类粉煤灰	≤1.0		
	C 类粉煤灰			
三氧化硫(SO_3)质量分数/%	F 类粉煤灰	≤3.0		
	C 类粉煤灰			
游离氧化钙(f-CaO)质量分数/%	F 类粉煤灰	≤1.0		
	C 类粉煤灰	≤4.0		
二氧化硅(SiO_2)、三氧化二铝(Al_2O_3)和三氧化二铁(Fe_2O_3)总质量分数/%	F 类粉煤灰	≥70.0		
	C 类粉煤灰	≥50.0		
密度/(g/cm^3)	F 类粉煤灰	≤2.6		
	C 类粉煤灰			
安定性(雷氏法)/mm	C 类粉煤灰	≤5.0		
强度活性指数/%	F 类粉煤灰	≥70.0		
	C 类粉煤灰			

粉煤灰本身的化学成分、微观结构、颗粒形状等特征,使其掺入混凝土中可产生以下三种效应,称为粉煤灰的"三大效应"。

①形态效应。当粉煤灰的颗粒绝大多数为实心或空心玻璃微珠时,玻璃微珠可在混凝土拌合物中起"滚珠轴承"的作用,能减小颗粒间的内摩阻力,使掺有粉煤灰的混凝土拌合物比基准混凝土流动性好,具有减水作用。

②微集料效应。优质粉煤灰(如Ⅰ级粉煤灰)的细度比水泥大,其中的微细颗粒均匀分布在水泥浆内,填充孔隙和毛细孔,可改善混凝土的孔结构,增大混凝土的密实度;同时,由于玻璃微珠十分坚硬,在混凝土中还可以有效约束水泥浆体的收缩,减少徐变。

③活性效应。粉煤灰中所含玻璃体中的 SiO_2 和 Al_2O_3 具有火山灰活性,在水泥水化过程产生的 $Ca(OH)_2$ 和水泥中所掺石膏的化学激发作用下,能生成水化硅酸钙、水化铝酸钙和钙矾石等水化产物,可作为辅助胶凝材料起增强作用。因此,虽然粉煤灰取代混凝土中部分水泥后,混凝土早期强度有所下降,但后期强度可赶上甚至超过未掺粉煤灰的混凝土强度。同时,火山灰反应可消耗部分 $Ca(OH)_2$ 并吸收碱金属离子,因而可提高混凝土抗化学侵蚀性并抑制碱骨料反应等。经超细球磨处理的粉煤灰,其火山灰反应活性也有所增强。

可见,将粉煤灰掺入混凝土中,可改善混凝土拌合物的和易性、可泵性和可塑性,降低混凝土的水化热,提高混凝土的耐久性等。然而,粉煤灰掺量过多时,混凝土的抗碳化性能变差,对钢筋的保护能力下降,故粉煤灰取代水泥的最大限量(以质量计)需满足表4-2的规定。对于密实度很高的混凝土,可放宽此限制。

表4-2 **粉煤灰取代水泥的最大限量**

混凝土种类	硅酸盐水泥		普通硅酸盐水泥	
	水胶比≤0.4	水胶比>0.4	水胶比≤0.4	水胶比>0.4
预应力混凝土	30	25	25	15
钢筋混凝土	40	35	35	30
素混凝土	55		45	
碾压混凝土	70		65	

注:1. 对浇筑量比较大的基础钢筋混凝土,粉煤灰最大掺量可增加5%~10%;
2. 当粉煤灰掺量超过本表规定时,应进行试验论证。

混凝土中掺用粉煤灰可采用以下三种方法。

①等量取代法,用粉煤灰等量(以质量计)取代混凝土中的水泥。当配制的混凝土强度超过设计强度或配制大体积混凝土时,可采用此法。

②超量取代法,用粉煤灰超量取代混凝土中的水泥,即除等量取代部分水泥外,超量部分的粉煤灰用于等体积取代部分细骨料。超量取代的目的是增加混凝土中胶凝材料数量,以补偿由于粉煤灰取代水泥而造成的混凝土强度降低。

③外加法,在水泥用量不变的情况下,掺入一定数量的粉煤灰,主要用于改善混凝土拌合物的和易性。

目前,粉煤灰在工程中的应用已极为广泛,主要用于配制泵送混凝土、高性能混凝土、流态混凝土、大体积混凝土、抗渗混凝土、抗硫酸盐与抗软水侵蚀混凝土、蒸养混凝土、轻骨料混凝土、地下与水下工程混凝土等。

(2)磨细矿渣微粉

磨细矿渣微粉(ground granulated blast-furnace slag)是由粒化高炉矿渣经磨细而成的粉状矿物掺合料,其主要化学成分为 CaO、SiO_2 和 Al_2O_3,三者的总量占90%以上,另外含有 Fe_2O_3、MgO 及少量 SO_3 等。粒化高炉矿渣是钢铁工业冶炼生铁时的副产品经水淬急冷处理后得到的一种废渣,由于急冷处理使其中含大量玻璃体,其冷却速度比粉煤灰颗粒在空气中的冷却速度快,故粒化高炉矿渣经磨细处理后,火山灰活性比粉煤灰高,掺量也比粉煤灰大。磨细矿渣微粉可以等量取代水泥,使混凝土的多项性能得到显著改善,如降低水泥水化热、提高硬化混凝土耐久性等,对混凝土早期性能仅略有影响。目前国内外均已将磨细矿渣微粉大量应用于工程。

《用于水泥、砂浆和混凝土中的粒化高炉矿渣粉》(GB/T 18046—2017)规定,矿渣粉根据28d活性指数分为S105、S95和S75三个级别,相应的技术要求如表4-3所示。

表4-3 用于水泥、砂浆和混凝土中的粒化高炉矿渣粉技术要求

项目		级别		
		S105	S95	S75
密度/(g/cm³)		≥2.8		
比表面积/(m²/kg)		≥500	≥400	≥300
活性指数/%	7d	≥95	≥70	≥55
	28d	≥105	≥95	≥75
流动度比/%		≥95		
初凝时间比/%		≤200		
含水量(质量分数)/%		≤1.0		
三氧化硫(质量分数)/%		≤4.0		
氯离子(质量分数)/%		≤0.06		
烧失量(质量分数)/%		≤1.0		
不溶物(质量分数)/%		≤3.0		
玻璃体含量(质量分数)/%		≥85		
放射性		I_{Ra}≤1.0且I_{γ}≤1.0		

(3)硅灰

硅灰(silica fume)是在生产硅铁、硅钢或其他硅金属时,高纯度石英和煤在电弧炉中还原所得到的以无定形SiO_2为主要成分的球状颗粒粉尘,其无定形SiO_2含量高达90%以上。

硅灰颗粒极细,平均粒径为0.1μm左右(图4-2),比表面积高达20000~25000m²/kg,因此,硅灰的火山灰反应活性极高,其火山灰活性指标可高达110%以上,可配制出100MPa以上的高强混凝土。硅灰取代水泥后,可改善混凝土拌合物的和易性,降低水化热,提高混凝土抗化学侵蚀、抗冻、抗渗等耐久性能,并可抑制碱骨料反应,其效果比掺粉煤灰好得多。硅灰需水量比较大,可达130%以上,若掺量过大,将会使水泥浆变得十分黏稠,因此,在土建工程中,硅灰取代水泥量不宜过高,一般为5%~15%,且必须同时掺入高效减水剂。

图4-2 硅灰颗粒形貌

由于硅灰单位质量很轻,其堆积密度仅为250~300kg/m³,对其进行包装、运输均很不方便,因此,国外通常对硅灰进行增密处理。经增密处理后,其需水量比有所下降,但其火山灰活性也有所下降。国产硅灰通常为原状灰。

由于硅灰价格很高,甚至高达水泥的10倍左右,故硅灰常用于对耐久性等性能要求特别高的钢筋混凝土结构工程和用于配制超高强水泥基材料(如RPC)。

(4)天然沸石粉

沸石(zeolite)是沸石族矿物的总称,目前发现的品种已将近40种,主要有方沸石、浊沸石、钙十字沸石、钠沸石、丝光沸石、片沸石、斜发沸石、菱沸石、八面沸石等,是主要由SiO_2、Al_2O_3、H_2O和碱金属、碱土金属离子组成的硅酸盐矿物,其中硅氧四面体和铝氧四面体构成了沸石的三维空间架状结构,三价铝取代四价硅产生的过剩负电荷由一价或二价的金属阳离子如碱金属或碱土金属阳离子所平衡。碱金属、碱土金属和水分子结合松散,易发生置换作用,因此,沸石具有特殊的吸附作用和离子交换作用,并且由于每种沸石有

其特定的均一孔径(0.3～1nm),只能通过相应大小的分子,故沸石被广泛用作催化剂或载体、干燥剂、污水净化剂等。部分品种在水泥混凝土中也有广泛应用,如斜发沸石和丝光沸石。

天然沸石粉对于混凝土的强度效应主要来源于沸石矿物的组成、特殊的三维空间架状结构和较大内表面积等特点。沸石的主要化学成分是 SiO_2,约占70 %,另外含有 Al_2O_3,约占12%,同时还含有活性较高的可溶硅铝,但天然沸石粉本身没有活性。天然沸石粉掺入混凝土后,一方面在混凝土中碱性物质的激发下,沸石晶体结构中包藏的活性硅和活性铝与水泥水化过程中提供的 $Ca(OH)_2$ 发生二次反应,生成 C—S—H 凝胶,使混凝土更加密实,强度提高;另一方面,沸石粉加入水泥混凝土后,由于沸石粉具有吸水作用,一部分自由水被沸石粉吸走,因此,要得到相同的坍落度和扩展度,需提高减水剂用量,但水灰比相同时,混凝土的自由水灰比有所下降,提高了混凝土中水泥石基体的密实度,因而混凝土强度和耐久性有所提高。此外,掺入天然沸石粉能减少混凝土碱骨料反应的危害,其主要是因为天然沸石粉具有离子交换性和离子交换的选择性,使得混凝土中的 Na^+ 易被吸附进入沸石中,而 Ca^{2+} 则被交换出来,降低了混凝土中游离的 Na^+ 浓度。

研究表明,天然沸石粉在提高混凝土强度、抑制碱-骨料反应等方面的效果优于粉煤灰,但比掺硅灰时差。

(5)偏高岭土

偏高岭土(metakaolin)是以高岭土($Al_2O_3 \cdot 2SiO_2 \cdot 2H_2O$)为原料,在适当温度(600～900℃)下经脱水形成的无水硅酸铝($Al_2O_3 \cdot 2SiO_2$,AS_2)。高岭土属于层状硅酸盐结构,层与层之间由范德华键结合,羟基在其中结合得较牢固。高岭土在空气中受热时,发生几次结构变化,加热到约600℃时,其层状结构因脱水而破坏,形成结晶度很差的过渡相——偏高岭土。

偏高岭土是一种高活性的人工火山灰矿物掺合料,可与水泥水化产物 $Ca(OH)_2$、石膏、水等发生火山灰反应。随 AS_2/CH 的比率及反应温度的不同,生成不同的水化产物,包括托勃莫来石、水化钙铝黄长石(C_2ASH_8)、水化铝酸四钙(C_4AH_{13})、水化铝酸三钙(C_3AH_6)和钙矾石等。研究表明,掺加偏高岭土亦可发挥辅助胶凝作用,提高混凝土强度和耐久性,但其改善效果也比掺硅灰时差。

(6)石灰石粉

石灰石粉(limestone powder)是惰性矿物掺合料,质地松软,易磨细。通过级配设计可使石灰石粉末处于颗粒粒度分布曲线上最细的一端,用以改善胶凝材料体系颗粒级配。在配制需要高粉体含量的混凝土,如自密实混凝土时,可使用石灰石粉。国外在配制自密实混凝土时掺入大量石灰石粉,掺量最高达到300kg/m³。掺入石灰石粉可以增加浆体含量,改善黏聚性,提高泵送性能。在我国许多水电工程中,采用了石灰石粉作为矿物掺合料。石灰石粉在一定掺量范围内具有微集料效应,能改善新拌和混凝土的和易性,对混凝土的凝结时间几乎没有影响,可以降低混凝土的绝热温升3～5℃,这对于减小温度应力,提高混凝土抗裂能力非常有利,不影响其抗压强度、劈拉强度和抗渗性能。

近年来,大量研究表明,石灰石粉不完全是一种惰性矿物掺合料。日本学者研究发现,由于碳酸盐微颗粒可与含铝矿物发生反应,生成碳铝酸钙,所以掺入石灰石粉可以提高抗压强度,且能降低水泥用量,减少混凝土内部水化升温。

【案例分析4-1】 2006年5月20日14时,三峡坝顶上激动的建设者们见证了大坝最后一方混凝土浇筑完毕的历史性时刻。至此,世界规模最大的混凝土大坝终于在中国长江西陵峡全线建成。三峡大坝是钢筋混凝土重力坝,一共用了1600多万立方米的水泥砂石料,若按1m³的体积排列,可绕地球赤道三圈多。三峡大坝是三峡水利枢纽工程的核心,最后海拔高程为185m,总浇筑时间为3080d。建设者在施工中综合运用了世界上最先进的施工技术,高峰期创下日均浇筑20000m³混凝土的世界纪录。如此巨型的混凝土工程在浇筑过程中为控制内部温度,必须加入适量的掺合料,掺合料直接影响了混凝土的多方面性能和工程质量。

【原因分析】 在大坝混凝土中掺加适量的掺合料,可以增加混凝土胶凝组分含量,提高混凝土后期强度增进率;降低水化放热和绝热温升,有利于降低大坝混凝土的温差,在一定程度上减轻开裂。当前最常用的掺合料是矿渣和粉煤灰,其中矿渣往往以混合材料掺入水泥中,磨细矿渣也可在混凝土搅拌时掺入,粉煤灰则往往在现场混凝土搅拌时掺入。粉煤灰的品质对大坝混凝土性能的影响很大。Ⅰ级粉煤灰在混凝土中可以起到形态效应、活化效应和微集料效应。它的需水量比较小,具有减水作用,三峡大坝所用的Ⅰ级粉煤灰减水率达到10%～15%。研究发现，Ⅰ级粉煤灰有改善骨料与浆体界面的作用，并可降低水化热。用优质粉煤灰等量取代水泥后，混凝土的收缩值减小，可以显著降低混凝土的透水性。掺加粉煤灰将使混凝土的抗冻性能降低，但是引入适量气泡，可以使其抗冻性提高到与不掺粉煤灰的混凝土相同。但如果掺加量过高，有可能造成混凝土的贫钙现象，即混凝土中胶凝材料水化产物内 $Ca(OH)_2$ 数量不足甚至没有，C—S—H 凝胶的 Ca 与 Si 的比值下降，从而造成混凝土抵抗风化和水溶蚀的能力减弱。试验测试，用中热水泥掺Ⅰ级粉煤灰配制的三峡大坝混凝土中，$Ca(OH)_2$ 数量随粉煤灰掺加量(50℃养护半年)的变化规律是：粉煤灰取代中热水泥数量每增加10%，单位体积中 $Ca(OH)_2$ 数量减少1/3。因此，当粉煤灰取代50%以上中热水泥时，混凝土中的 $Ca(OH)_2$ 数量将非常少。考虑部分 $Ca(OH)_2$ 会与拌和水中的 CO_2 反应，实际存在的 $Ca(OH)_2$ 数量将更少。因此，粉煤灰掺量以45%以下为宜。

4.2.2 骨料

根据《高性能混凝土用骨料》(JG/T 568—2019)，骨料(aggregate)是指在混凝土中起骨架、填充和稳定体积作用的岩石颗粒等粒状松散材料，包括粗骨料和细骨料，其中粗骨料是指粒径大于4.75mm的岩石颗粒，包括卵石和碎石。细骨料是指粒径小于4.75mm的岩石颗粒，包括天然砂和人工砂，其中人工砂包括机制砂和混合砂。《普通混凝土用砂、石质量及检验方法标准》(JGJ 52—2006)则规定，公称粒径大于5.00mm的岩石颗粒称为碎石或卵石，公称粒径小于5.00mm的岩石颗粒称为砂。

碎石(crushed stone)由天然岩石经破碎、筛分而成，碎石表面粗糙，棱角多，与水泥石黏结比较牢固。碎石的生产通常包括粗碎、中碎、筛分等过程。大块石料由振动给料机通过料仓送至颚式破碎机进行粗碎，粗碎石块由输送机送至圆锥式或反击式破碎机进行进一步破碎。破碎得到的碎石块经振动筛筛分后，得到不同规格的石子。

卵石(pebble)由天然岩石经自然条件作用而形成，表面光滑，有机杂质含量较多，与水泥石胶结能力较差。一般而言，其他条件相同情况下，采用卵石配制的混凝土流动性比采用碎石配制的混凝土流动性大，但其强度较低。

天然砂(natural sand)是由天然岩石经自然条件作用而形成的，包括河砂、海砂和山砂。河砂因长期经受水流和波浪的冲洗，颗粒较圆，比较洁净，分布较广，条件允许时，应优先采用。海砂因长期受到海浪冲刷，颗粒圆滑，粒度一般比较整齐，但常含有贝壳及盐类等有害杂质，一般不能直接使用。在配制钢筋混凝土时，海砂中 Cl^- 含量不应大于0.06%(以全部 Cl^- 换算成 NaCl 占干砂质量的百分率计)，超过该值时，应通过淋洗，使 Cl^- 含量降低至0.06%以下。对于预应力钢筋混凝土，不宜采用海砂。山砂是从山谷或旧河床中采运而得到的，其颗粒多带棱角，表面粗糙，泥和有机物等杂质含量较多，使用时应加以限制。

人工砂(artificial sand)主要指机制砂，是由天然岩石破碎而成的，为采用岩石生产碎石时的副产物，也可采用专门的制砂机生产。生产碎石时得到的机制砂往往级配不良，因此目前工业上通常以破碎到一定程度的碎石为原料，进一步采用制砂机生产机制砂。

机制砂的生产工艺主要可以分为湿法生产和干法生产两类。湿法生产工艺是相对成熟的机制砂生产工艺。制砂原料通常为制石系统产生的5～40mm的碎石，通过振动给料器给棒磨机喂料。棒磨机是湿法制砂的核心设备，将石料和水同时加入棒磨机中，棒磨机可将石料破碎，破碎后与水一起排入螺旋分级机，在叶片搅动中进行清洗和分级。合格的砂进入脱水筛脱水后输出到成品砂料堆，细颗粒的石粉与泥随水排出。干法生产工艺的原料也主要为5～40mm的碎石，通过振动给料器给立轴冲击破碎机喂料。立轴冲击破碎机是干法制砂的核心设备，分为石打铁和石打石两类，制砂采用石打铁型。经立轴破碎得到的机制砂经筛分后输送到成品砂料堆，经筛分后大于5mm的物料返回料仓，进行重复破碎。

破碎机是碎石和机制砂生产关键设备，其种类主要按照不同破碎原理进行区分，主要有颚式破碎机、锤式破碎机、圆锥式破碎机、反击式破碎机、对辊式破碎机、旋回式破碎机、旋盘式破碎机和冲击式破碎机等。破碎机的破碎原理对其最终得到的产品粒型有直接影响，通常圆锥式和冲击式破碎机的产品粒型最优，反击式、锤式和旋盘式破碎机次之，颚式、辊式和旋回式破碎机最差。

机制砂颗粒富有棱角，比较洁净，但片状颗粒及细粉含量较大，只有在缺乏天然砂时才采用。也可将天然砂和人工砂混合使用,称为混合砂。

骨料的质量,直接影响到混凝土的质量。《普通混凝土用砂、石质量及检验方法标准》(JGJ 52—2006)规定,混凝土用砂、石的质量要求包括以下几方面。

4.2.2.1 粗细程度和颗粒级配

在混凝土中,粗骨料的表面由水泥砂浆包裹,细骨料的表面由水泥净浆包裹,粗骨料之间的空隙由水泥砂浆来填充,细骨料之间的空隙由水泥净浆来填充。为了节约水泥,提高混凝土密实度,从而提高硬化混凝土强度和耐久性,应尽可能减小细骨料和粗骨料的总表面积以及细骨料和粗骨料之间的堆积空隙率。

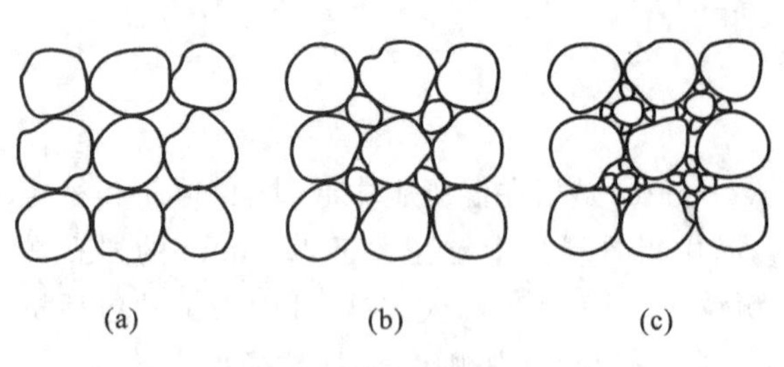

图 4-3 骨料颗粒级配示意图

骨料的粗细程度(fineness)与其总表面积有直接关系,骨料越粗,骨料总表面积越小。

骨料的颗粒级配(gradation)是指粒径大小不同的骨料之间的搭配情况。粒径相同的骨料堆积在一起时,骨料之间的空隙率较大,如图 4-3(a)所示;用两种粒径的骨料搭配起来时,其堆积空隙率有所减小,如图 4-3(b)所示;用多种粒径的骨料搭配时,空隙率可更小,如图 4-3(c)所示。由此可见,为减小骨料间的空隙,减少水泥用量,不同粒径大小的骨料颗粒应搭配起来使用。

骨料的粗细程度和颗粒级配通常用筛分析的方法进行测定。

按照《普通混凝土用砂、石质量及检验方法标准》(JGJ 52—2006)的规定,砂的筛分析法是用公称粒径分别为 5.00mm、2.50mm、1.25mm、630μm、315μm、160μm、80μm,相应的筛孔孔径分别为 4.75mm、2.36mm、1.18mm、600μm、300μm 和 150μm、75μm 的方孔筛对砂试样进行筛分,将 500.0 g 干砂样由粗到细依次过筛,称取残留在各筛上砂的筛余量 x_i,然后计算各筛的分计筛余百分数 α_i(各筛上的筛余量占砂样总重的百分数)、累计筛余百分数 β_i(各筛及比该筛粗的所有筛的分计筛余百分数之和)和通过百分数 P_i(通过该筛的百分数)。分计筛余百分数、累计筛余百分数和通过百分数的关系见表 4-4。

表 4-4 分计筛余百分数、累计筛余百分数和通过百分数的关系

公称粒径/mm	筛孔尺寸/mm	筛余量 x_i/g	分计筛余百分数 α_i/%	累计筛余百分数 β_i/%	通过百分数 P_i/%
5.00	4.75	x_1	$\alpha_1 = x_1/500\times100\%$	$\beta_1 = \alpha_1$	$P_1 = 100-\beta_1$
2.50	2.36	x_2	$\alpha_2 = x_2/500\times100\%$	$\beta_2 = \beta_1+\alpha_2$	$P_2 = 100-\beta_2$
1.25	1.18	x_3	$\alpha_3 = x_3/500\times100\%$	$\beta_3 = \beta_2+\alpha_3$	$P_3 = 100-\beta_3$
0.630	0.600	x_4	$\alpha_4 = x_4/500\times100\%$	$\beta_4 = \beta_3+\alpha_4$	$P_4 = 100-\beta_4$
0.315	0.300	x_5	$\alpha_5 = x_5/500\times100\%$	$\beta_5 = \beta_4+\alpha_5$	$P_5 = 100-\beta_5$
0.160	0.150	x_6	$\alpha_6 = x_6/500\times100\%$	$\beta_6 = \beta_5+\alpha_6$	$P_6 = 100-\beta_6$

砂的粗细程度用细度模数(fineness modulus) μ_f 表示,其计算式如下:

$$\mu_f = \frac{\beta_2+\beta_3+\beta_4+\beta_5+\beta_6-5\beta_1}{100-\beta_1} \tag{4-1}$$

式中 μ_f——砂的细度模数;

β_i——第 i 级筛的累计筛余百分数,%。

细度模数 μ_f 越大,表示砂越粗。$3.1\leqslant\mu_f\leqslant3.7$ 为粗砂,$2.3\leqslant\mu_f\leqslant3.0$ 为中砂,$1.6\leqslant\mu_f\leqslant2.2$ 为细砂,$0.6\leqslant\mu_f\leqslant1.5$为特细砂。细砂和特细砂会增加用水量和水泥用量,降低混凝土拌合物的流动性,并增大混凝土的干缩和徐变变形,降低混凝土强度和耐久性,但砂过粗时,由于粗颗粒砂对粗骨料的黏聚力较低,会引起混凝土拌合物离析、分层,因此,工程中应优先使用中砂。当使用细砂和特细砂时,应采取一些相应的技术措施,如增大单位用水量和单位水泥用量,以保证混凝土拌合物和易性和硬化混凝土强度。

按照《普通混凝土用砂、石质量及检验方法标准》(JGJ 52—2006)的规定,砂按公称粒径 630μm 筛孔的累计筛余百分数,分为三个级配区,见表 4-5。砂的实际颗粒级配与表 4-6 中所示累计筛余百分数相比,除 5.00mm 和 630μm 筛号外,允许稍有超出分界线,但总量百分数不应大于 5%。

表 4-5 **砂颗粒级配区**

砂级配区	累计筛余百分数/%					
	公称粒径/mm					
	0.160	0.315	0.630	1.25	2.50	5.00
Ⅰ	90～100	80～95	71～85	35～65	5～35	0～10
Ⅱ	90～100	70～92	41～70	10～50	0～25	0～10
Ⅲ	90～100	55～85	16～40	0～25	0～15	0～10

以累计筛余百分数为纵坐标,以公称粒径为横坐标,根据表 4-5 的数据可绘制得到 3 个级配区的筛分曲线范围,如图 4-4 所示。试验时,根据筛分析试验得到的累计筛余百分数,可在图 4-4 中绘制得到试样的筛分曲线,由此可判断试样的级配区。

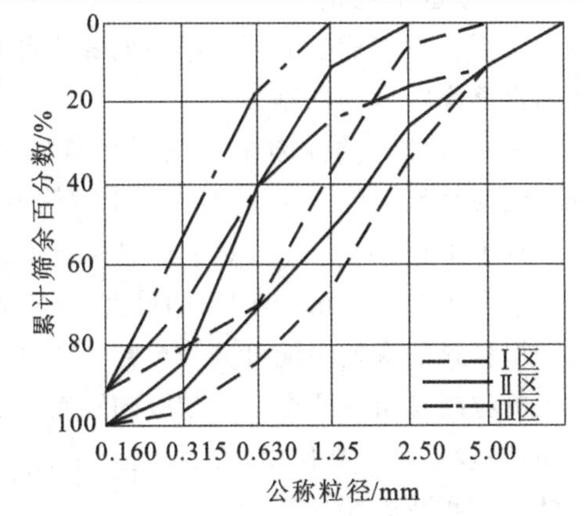

图 4-4 砂的级配区曲线

混凝土用砂应尽量满足表 4-6 中级配区的要求。若砂的级配满足级配区要求,则砂的堆积空隙率较小,有利于减少混凝土单位用水量和水泥用量,提高混凝土性能。若砂自然级配不符合要求,可采用人工级配砂,配制方法是当有粗、细两种砂时,将两种砂按合适的比例掺配在一起;当仅有一种砂时,可在筛分分级后,再按一定比例配制。

配制混凝土时宜优先选用Ⅱ区砂。当采用较粗的Ⅰ区砂时,应适当提高砂率,并保持足够的水泥用量,以满足混凝土的黏聚性和保水性。当采用Ⅲ区砂时,宜适当降低砂率,以节约水泥用量;配制泵送混凝土时,宜选用中砂。

【例 4-1】 对某干砂试样进行筛分析试验,筛分结果如表 4-6 所示,试求该砂的细度模数、粗细程度和颗粒级配区。

表 4-6 **干砂试样的筛分与计算结果**

公称粒径/mm	5.00	2.50	1.25	0.630	0.315	0.160	0.080
筛孔尺寸/mm	4.75	2.36	1.18	0.600	0.300	0.150	0.075
筛余量/g	25.6	75.4	153.8	158.4	69.4	9.1	8.3
分计筛余百分数 α_i/%	5.1	15.1	30.8	31.7	13.9	1.8	1.7
累计筛余百分数 β_i/%	5	20	51	83	97	98	100
通过百分数 P_i/%	95	80	49	17	3	2	0

【解】 该砂试样的分计筛余百分数、累计筛余百分数和通过百分数计算结果见表 4-6。由此可计算得到砂的细度模数:

$$\mu_f = \frac{\beta_2+\beta_3+\beta_4+\beta_5+\beta_6-5\beta_1}{100-\beta_1} = \frac{20+51+83+97+98-5\times5}{100-5} = 3.4$$

μ_f 为 3.1～3.7,故该砂属于粗砂。

将计算得到的累计筛余百分数与表 4-5 进行对比,可以发现,除 0.315mm 公称粒径的累计筛余百分数超出表中Ⅰ区砂要求的 2%之外,其余筛孔的累计筛余百分数均在Ⅰ区砂的级配要求范围内。由于除 0.630mm 筛孔累计筛余百分数外,其余筛孔的累计筛余百分数累计超出不超过 5%,故仍可判定该砂的级配区属于Ⅰ区。

对粗骨料进行筛分析试验时,所用标准筛一套共 12 个,均为方孔筛,孔径依次为 2.36mm、4.75mm、

9.50mm、16.0mm、19.0mm、26.5mm、31.5mm、37.5mm、53.0mm、63.0mm、75.0mm、90.0mm,其公称粒径分别为 2.50mm、5.0mm、10.0mm、16.0mm、20.0mm、25mm、31.5mm、40.0mm、50.0mm、63.0mm、75.0mm、100.0mm。筛分析时,所用试样量与粗骨料的最大粒径有关。与砂的筛分析试验类似,将粗骨料由粗到细依次过筛,称取残留在各筛上的筛余量 x_i,然后计算各筛的分计筛余百分数 α_i、累计筛余百分数 β_i 和通过百分数 P_i。

粗骨料的粗细程度用粗骨料的最大粒径(D_{max})表示。所谓粗骨料的最大粒径,是指粗骨料公称粒径的上限。

当配制混凝土用的粗骨料最大粒径增大时,由于总表面积减少,保证一定厚度润滑层所需的水泥浆数量减少,因而可减少混凝土单位用水量,节约水泥用量,降低混凝土的水化热及混凝土的干缩与徐变,并提高混凝土的强度与耐久性。因此,在条件许可情况下,对中低强度混凝土,应尽量选择最大粒径较大的粗骨料,但一般也不宜超过 37.5mm(混凝土强度较低时可适当放宽),因这时由于减少用水量获得的强度提高,被大粒径骨料造成的界面黏结减弱和内部结构不均匀性所抵消。同时,最大粒径还受到混凝土结构截面尺寸和钢筋净距等的限制。

根据《混凝土结构工程施工质量验收规范》(GB 50204—2015)的规定,混凝土粗骨料的最大粒径不得超过截面最小尺寸的 1/4,且不得大于钢筋最小净距的 3/4;对于混凝土实心板,骨料最大粒径不宜超过板厚的 1/3,且不得超过 40mm。对于道路混凝土,混凝土的抗折强度随最大粒径的增加而减小,因而碎石的最大粒径不宜大于 31.5mm,碎卵石的最大粒径不宜大于 26.5mm,卵石的最大粒径不宜大于 19mm。

粗骨料的颗粒级配可分为单粒级、间断级配和连续级配三种。

单粒级是指主要由一个粒级的颗粒组成的级配,其堆积空隙率最大。单粒级骨料除用于配制大孔混凝土外,一般不宜单独使用。工程上通常将粗骨料按单粒级存放,防止颗粒分层离析,并用来配制所要求的连续级配或间断级配骨料。

间断级配是指粒径不连续,即中间缺少 1～2 级的颗粒,且相邻两级粒径相差较大(比值为 5～6)。间断级配的空隙率小,有利于节约水泥用量,但由于骨料粒径相差较大,混凝土拌合物易离析、分层,造成施工困难,故仅适合配制流动性小的半干硬性及干硬性混凝土,或水泥用量多的混凝土,且宜在预制厂使用,不宜在工地现场使用。

连续级配是指颗粒由小到大,每一级粗骨料都占有一定的比例,且相邻两级粒径相差较小(比值小于 2)。连续级配的空隙率较小,适合配制各种混凝土,尤其适合配制流动性大的混凝土,在工程中应用较多。

《普通混凝土用砂、石质量及检验方法标准》(JGJ 52—2006)规定,连续级配粗骨料的级配应满足表 4-7 的要求。确定粗骨料级配时,按表 4-7 选用部分筛号进行筛分,将试样的累计筛余百分数计算结果与表 4-7 对照,以判断该试样级配是否合格。

表 4-7 **卵石和碎石的颗粒级配**

级配情况	公称粒径/mm	累计筛余百分数/%											
		方孔筛孔径/mm											
		2.36	4.75	9.50	16.0	19.0	26.5	31.5	37.5	53.0	63.0	75.0	90.0
连续级配	5～10	95～100	80～100	0～15	0	—	—	—	—	—	—	—	—
	5～16	95～100	85～100	30～60	0～10	0	—	—	—	—	—	—	—
	5～20	95～100	90～100	40～80	—	0～10	0	—	—	—	—	—	—
	5～25	95～100	90～100	—	30～70	—	0～5	0	—	—	—	—	—
	5～31.5	95～100	90～100	70～90	—	15～45	—	0～5	0	—	—	—	—
	5～40	—	95～100	70～90	—	30～65	—	—	0～5	0	—	—	—

续表

级配情况	公称粒径/mm	累计筛余百分数/%											
		方孔筛孔径/mm											
		2.36	4.75	9.50	16.0	19.0	26.5	31.5	37.5	53.0	63.0	75.0	90.0
单粒级	10～20	—	95～100	85～100	—	0～15	0	—	—	—	—	—	—
	16～31.5	—	95～100	—	85～100	—	—	0～10	0	—	—	—	—
	20～40	—	—	95～100	—	80～100	—	—	0～10	0	—	—	—
	31.5～63	—	—	—	95～100	—	—	75～100	45～75	—	0～10	0	—
	40～80	—	—	—	—	95～100	—	—	70～100	—	30～60	0～10	0

混凝土粗骨料颗粒级配不符合要求时，可将两种或两种以上级配不同的粗骨料按适当比例混合试配，直至符合要求。

4.2.2.2 含泥量、石粉含量与泥块含量

含泥量是指在粗骨料或天然砂中公称粒径小于 80μm 的颗粒含量。石粉含量是指在人工砂中粒径小于 80μm，且其矿物组成和化学成分与被加工母岩相同的颗粒含量。泥块含量在细骨料中是指公称粒径大于 1.25mm，经水洗、手捏后粒径小于 630μm 的颗粒含量；在粗骨料中是指公称粒径大于 5.00mm，经水洗、手捏后粒径小于 2.50mm 的颗粒含量。

粗骨料和天然砂中的泥和泥块对混凝土性能是有害的。泥包裹于骨料表面，隔断水泥石与骨料间的黏结，削弱混凝土中骨料与水泥石之间的界面黏结作用，当含泥量较多时，会降低混凝土强度和耐久性，增加混凝土干缩。泥块在混凝土内成为薄弱部位，会使混凝土强度和耐久性下降。粗骨料和天然砂的含泥量与泥块含量应符合表 4-8 的规定。对于有抗冻、抗渗或其他特殊要求的小于或等于 C25 的混凝土，所用天然砂含泥量不应大于 3.0%，泥块含量不应大于 1.0%；所用粗骨料含泥量不应大于 1.0%，泥块含量不应大于 0.5%。

表 4-8 **天然砂与粗骨料的含泥量与泥块含量**

项目		≥C60	C30～C55	≤C25
含泥量(按质量计)/%	天然砂	≤2.0	≤3.0	≤5.0
	碎石或卵石	≤0.5	≤1.0	≤2.0
泥块含量(按质量计)/%	天然砂	≤0.5	≤1.0	≤2.0
	碎石或卵石	≤0.2	≤0.5	≤0.7

一般认为，在人工砂中，石粉含量过大会增大混凝土拌合物需水量，影响混凝土和易性，降低混凝土强度。《普通混凝土用砂、石质量及检验方法标准》(JGJ 52—2006)规定，人工砂的石粉含量应符合表 4-9 的规定。表中亚甲蓝 MB 值是用于判定人工砂中粒径小于 80μm 的颗粒是属于泥颗粒还是属于与被加工母岩化学成分相同的石粉颗粒的指标，其试验原理是在试样的水悬液中连续逐次加入亚甲蓝溶液，每次加亚甲蓝溶液后，通过滤纸蘸染试液检验游离染料是否出现，以检查试样对染料溶液的吸附，当确认游离染料出现后，即可计算出亚甲蓝值(MB)，表示为每千克试验粒径(对于人工砂，其试验粒径为 0～2.36mm)吸附的染料克数。

表 4-9 **人工砂的石粉含量**

项目		≥C60	C30～C55	≤C25
石粉含量(按质量计)/%	MB<1.4(合格)	≤5.0	≤7.0	≤10.0
	MB≥1.4(不合格)	≤2.0	≤3.0	≤5.0

知识拓展

目前很多研究认为，人工砂中的石粉不能视为有害物质。虽然人工砂中的石粉含量较高会导致砂的比

表面积增大，增加用水量，但细小颗粒的存在又会改善混凝土和易性，尤其是对提高混凝土拌合物保水性有好处。研究认为，石粉含量在8%～10%时，对不同强度等级的混凝土都能发挥有益的作用。水泥用量较少的普通混凝土，其人工砂的石粉含量可以高达15%以上，关键在于控制亚甲蓝值，亚甲蓝值小于0.5时，效果最好，即石粉含量可以较高，但必须控制含泥量和泥块含量。图4-5所示为采用水洗人工砂和石粉含量为14%的人工砂制备得到的混凝土拌合物。由图4-5可见，采用水洗人工砂制备的混凝土拌合物保水性较差，出现了明显的泌水现象[图4-5(a)]，而采用含较多石粉的人工砂制备的混凝土拌合物保水性好，无泌水现象发生[图4-5(b)]。

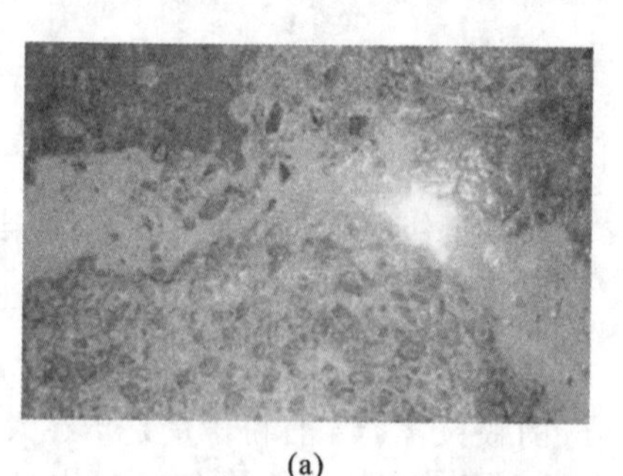
(a)

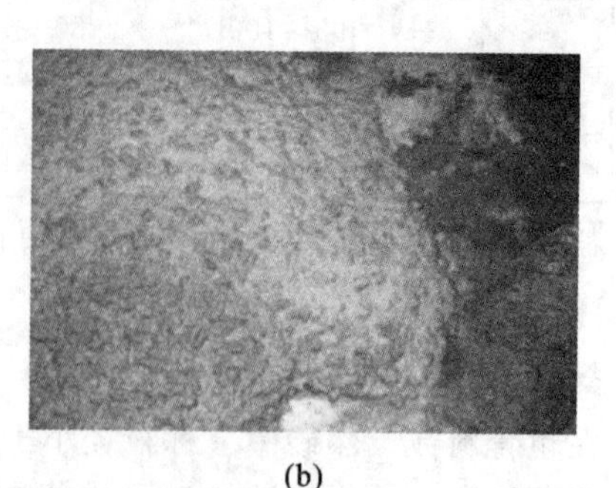
(b)

图4-5 石粉含量对混凝土拌合物保水性的影响

(a)水洗人工砂，泌水严重；(b)石粉含量为14%的人工砂，无泌水

4.2.2.3 坚固性

骨料在气候、环境变化或其他物理因素作用下抵抗破坏的能力称为坚固性。

砂的坚固性是通过测定硫酸钠饱和溶液渗透进砂中形成结晶时的裂胀力对砂的破坏程度来间接进行判断的。试验时称取公称粒径分别为0.315～0.630mm、0.630～1.25mm、1.25～2.50mm和2.50～5.00mm的试样各100g；若是特细砂，则称取0.160～0.315mm、0.315～0.630mm、0.630～1.25mm、1.25～2.50mm的试样各100g，分别装入三脚网篮并浸入盛有硫酸钠饱和溶液的容器中，溶液体积应不小于试样总体积的5倍，其温度保持在20～25℃。试样浸入溶液时，应先上下升降25次以排除试样中的气泡，然后静置在容器中。浸泡20h后，从溶液中提出网篮，在(105±5)℃下烘干4h，作为第一次循环；待试样冷却至20～25℃后，开始第二次循环，从第二次循环开始，浸泡和烘干时间均为4h。第五次循环完成后，将试样置于20～25℃的清水中洗净硫酸钠，再在(105±5)℃下烘干至恒重，取出并冷却至室温后，用孔径为试样粒级下限的筛，过筛并称量各级试样试验后的筛余量，然后计算出各粒级颗粒的分计质量损失百分率：

$$\delta_{ji} = \frac{m_i - m_i'}{m_i} \times 100\% \tag{4-2}$$

式中 δ_{ji}——公称粒径为i的颗粒分计质量损失百分率，%；

m_i——i粒级试样试验前的质量，g；

m_i'——经硫酸钠溶液试验后，i粒级筛余颗粒的烘干质量，g。

根据分计质量损失百分率，可计算出砂试样的总质量损失百分率(精确至1%)：

$$\delta_j = \frac{\sum_{i=1}^{4} a_i \delta_{ji}}{\sum_{i=1}^{4} a_i} \times 100\% \tag{4-3}$$

式中 δ_j——试样的总质量损失百分率，%。

a_i——公称粒级为i的颗粒在筛除小于公称粒径0.315mm及大于公称粒径5.00mm颗粒后的原试样中所占的百分率，%；对于特细砂，为公称粒级为i的颗粒在筛除小于公称粒径0.160mm及大于公称粒径2.50mm颗粒后的原试样中所占的百分率，%。

δ_{ji}——公称粒级为i的分计质量损失百分率，%。

粗骨料的坚固性试验方法与细骨料的坚固性试验方法基本相同，但所用粒径分别为5.00～10.0mm、10.0～20.0mm、20.0～40.0mm、40.0～63.0mm和63.0～80.0mm，所用试样量分别为500g、1000g、

1500g、3000g 和 3000g，其分计质量损失百分率和总质量损失百分率计算方法基本相同。

《普通混凝土用砂、石质量及检验方法标准》(JGJ 52—2006)规定，在严寒及寒冷地区室外使用，并处于潮湿或干湿交替状态下的混凝土，以及有抗疲劳、耐磨、抗冲击要求的混凝土，或有腐蚀介质作用，或受冰冻与盐冻作用，或经常处于水位变化区的地下结构混凝土，所用粗、细骨料的坚固性指标质量损失应小于 8%。其他条件下使用的混凝土，所用细骨料的坚固性指标质量损失应小于 10%，所用粗骨料的坚固性指标质量损失应小于 12%。

4.2.2.4　强度

为了保证混凝土的强度，粗、细骨料必须致密并具有足够的强度。

一般天然砂的强度较高，因此，《普通混凝土用砂、石质量及检验方法标准》(JGJ 52—2006)对天然砂的强度未作规定。

对于人工砂，其强度采用压碎指标法进行检验。试验时，将人工砂筛分成公称粒径 2.50～5.00mm、1.25～2.50mm、0.630～1.25mm、0.315～0.630mm 四个单粒级，按规定方法将每个单粒级人工砂试样放入由内径为 77mm、外径为 97mm 的圆筒和内径为 97mm、外径为 117mm 带底的底盒组成的容器内，再在试样表面放置加压块，以 500N/s 的加荷速度施加压力，施压至 25kN 时持荷 5s 后再以同样速度卸荷。对压碎后的试样采用该粒级下限筛进行筛分，得到筛余量，则可计算得到该粒级试样的压碎指标值(精确至 0.1%)：

$$\delta_i = \frac{m_{0i} - m_{1i}}{m_{0i}} \times 100\% \tag{4-4}$$

式中　δ_i——公称粒径为 i 的颗粒压碎指标，%；

m_{0i}——i 粒级试样试验前的质量，g；

m_{1i}——试验后，i 粒级筛余颗粒的烘干质量，g。

根据计算得到的 i 粒级颗粒压碎指标值，可计算出人工砂试样的总压碎指标(精确至 0.1%)：

$$\delta_{sa} = \frac{\sum_{i=1}^{4} a_i \delta_i}{\sum_{i=1}^{4} a_i} \times 100\% \tag{4-5}$$

式中　δ_{sa}——试样的总压碎指标，%；

a_i——公称粒径为 i 粒级下限(分别为 2.50mm、1.25mm、0.630mm、0.315mm)的分计筛余百分数，%；

δ_i——公称粒级为 i 的颗粒压碎指标，%。

《普通混凝土用砂、石质量及检验方法标准》(JGJ 52—2006)规定，人工砂的总压碎指标值应小于 30%。

碎石的强度可用生产碎石的母岩岩石抗压强度和碎石的压碎值(crushing value)或压碎指标表示。卵石的强度只用压碎值或压碎指标表示。

岩石抗压强度是将生产粗骨料的母岩切割成边长为 50mm 的立方体试件，或直径与高均为 50mm 的圆柱体试件，每组六个试件。对有明显层理的岩石，应制作两组，一组保持层理与受力方向平行；另一组保持层理与受力方向垂直，分别测试。试件浸水 48h 后，测定其极限抗压强度值。

骨料在混凝土中呈堆积状态受力，通过测定母岩抗压强度表征粗骨料强度时，骨料是相对面受力。为模拟粗骨料在混凝土中的实际受力状态，通常用压碎值来表征粗骨料强度。

压碎值的测定是将一定质量呈气干状态的 10.0～20.0mm 粗骨料装入标准圆筒(内径为152mm、外径为172mm，底盒内径为 172mm、外径为 182mm)内，在 160～300s 内均匀加荷至 200kN，稳定 5s，再均匀卸荷。卸荷后称取试样总质量 m_0，再用 2.50mm 孔径的筛筛除被压碎的颗粒，称出筛余试样质量 m_1，则按式(4-6)可计算压碎值：

$$\delta_a = \frac{m_0 - m_1}{m_0} \times 100\% \tag{4-6}$$

压碎值可间接反映粗骨料的强度。压碎值越小,说明粗骨料抵抗受压破碎的能力越强,其强度越大。《普通混凝土用砂、石质量及检验方法标准》(JGJ 52—2006)规定,粗骨料压碎值应符合表4-10的规定。

表4-10 **碎石和卵石的压碎值**

岩石品种	混凝土强度等级	碎石压碎值/%
沉积岩(包括石灰岩、砂岩等)碎石	C40~C60	≤10
	≤C35	≤16
变质岩(包括片麻岩、砂岩等)碎石 生成的火成岩(包括花岗岩、正长岩、闪长岩和橄榄岩等)碎石	C40~C60	≤12
	≤C35	≤20
喷出的火成岩(包括玄武岩和辉绿岩等)碎石	C40~C60	≤13
	≤C35	≤30
卵石	C40~C60	≤12
	≤C35	≤16

用于生产碎石的母岩岩石抗压强度应比混凝土强度至少高20%。当混凝土强度等级不小于C60时,应进行母岩岩石抗压强度检验。母岩岩石强度首先应由碎石生产单位提供,工程中可用压碎值进行质量控制。

4.2.2.5 有害物质

骨料中不应混有草根、树叶、树枝、塑料、煤块、炉渣等杂物。砂中有害物质包括云母、轻物质、有机物、硫化物及硫酸盐、氯盐等,海砂中有害物质还包括贝壳等,粗骨料中的有害物质主要考虑硫化物及硫酸盐含量。云母是表面光滑的小薄片,会降低混凝土拌合物和易性,也会降低混凝土的强度和耐久性。硫化物及硫酸盐主要由硫铁矿(FeS_2)和石膏($CaSO_4$)等杂物带入,它们与水泥石中固态水化铝酸钙反应生成钙矾石,反应产物的固相体积增大,易引起混凝土膨胀开裂。有机物主要来自动植物的腐殖质、腐殖土、泥煤和废机油等,会延缓水泥的水化,降低混凝土的强度,尤其是早期强度。氯离子易导致钢筋混凝土中的钢筋锈蚀,钢筋锈蚀后体积增大且受力面减小,从而引起混凝土开裂。骨料中有害物质含量应符合表4-11的规定,海砂中贝壳的含量应满足表4-12的要求。海砂中氯离子含量高,因此,使用海砂前应对其进行处理,使其氯离子等有害杂质含量符合标准要求。

表4-11 **骨料中有害物质含量限值**

项目	砂		碎石或卵石
云母含量(按质量计)/%	≤1.0		—
轻物质含量(按质量计)/%	≤1.0		—
氯化物含量(以氯离子质量计)/%	钢筋混凝土	≤0.06	—
	预应力钢筋混凝土	≤0.02	—
硫化物及硫酸盐含量(按 SO_3 质量计)/%	≤0.5		≤1.0
有机物(比色法)	颜色应不深于标准色,当颜色深于标准色时,应按水泥胶砂强度检验方法或配制成混凝土进行强度对比试验,抗压强度比应不小于0.95		

表4-12 **海砂中的贝壳含量限值**

混凝土强度等级	≥C40	C30~C35	C15~C25
贝壳含量(按质量计)/%	≤3.0	≤5.0	≤8.0

4.2.2.6 颗粒形状

混凝土用天然河砂和海砂颗粒表面光滑,对提高混凝土流动性有利。人工砂表面粗糙,颗粒棱角多,针状、片状颗粒也很多,因此,采用人工砂拌制的混凝土拌合物和易性较差。为改善人工砂的粒型,可对其进行颗粒整形处理。《普通混凝土用砂、石质量及检验方法标准》(JGJ 52—2006)对细骨料颗粒形状未作特别规定。

混凝土用粗骨料以接近球状或立方体为好,此时粗骨料颗粒之间的空隙率小,混凝土更易密实,有利于提高混凝土强度。然而，粗骨料中通常还含有针、片状颗粒(图 4-6)，其中颗粒长度大于该颗粒所属粒级平均粒径的2.4 倍者为针状骨料，颗粒厚度小于该颗粒所属粒级平均粒径的 40%者为片状骨料。针、片状颗粒的比表面积与堆积空隙率较大，受力时易折断，含量高时会显著增加混凝土的用水量、水泥用量及硬化混凝土的干缩与徐变，降低混凝土拌合物的流动性及硬化混凝土的强度与耐久性。针、片状颗粒还影响混凝土的摊铺效果和平整度。《普通混凝土用砂、石质量及检验方法标准》(JGJ 52—2006)规定，粗骨料中针、片状颗粒含量应满足表 4-13 的要求。

图 4-6 针、片状颗粒

表 4-13 粗骨料针、片状颗粒含量

混凝土强度等级	≥C60	C30～C55	≤C25
针、片状颗粒含量(按质量计)/%	≤8	≤15	≤25

4.2.2.7 碱活性

碱活性是指骨料能在一定条件下与混凝土中的碱(Na^+、K^+)在潮湿环境下缓慢发生反应，反应产物吸水后导致混凝土中骨料-水泥石界面发生膨胀、开裂甚至破坏的特性。

对于长期处于潮湿环境的重要结构混凝土，所用砂应采用砂浆棒法(快速法)或砂浆长度法进行砂的碱活性检验。所用的碎石或卵石应进行碱活性检验。进行碱活性检验时，首先应采用岩相法检验碱活性骨料的品种、类型和数量。当检验出骨料中含有活性 SiO_2 时，应采用砂浆棒法或砂浆长度法进行碱活性检验；当检验出骨料中含有活性碳酸盐时，应采用岩石柱法进行碱活性检验。经检验判断粗骨料有潜在碱-碳酸盐反应危害时，不宜用作混凝土骨料；否则，应通过专门的混凝土试验，作最后评定。

当判定骨料存在潜在碱-硅反应危害时，应控制混凝土中的碱含量不超过 3kg/m³，或采用能抑制碱骨料反应的有效措施。

4.2.2.8 骨料的含水状态

骨料的含水状态主要有以下四种，如图 4-7 所示。

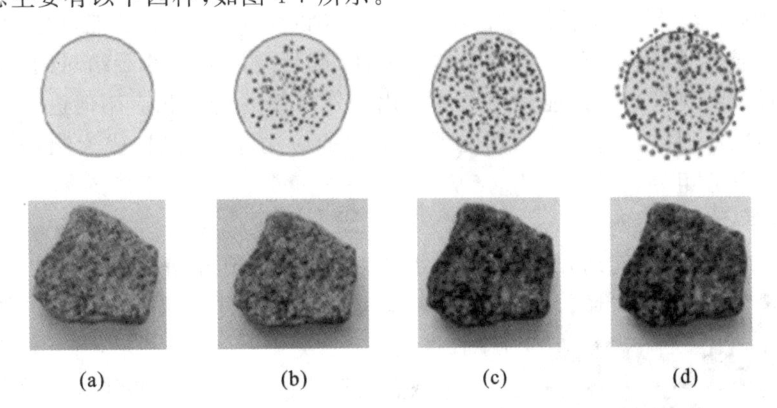

图 4-7 骨料的含水状态示意图与不同含水状态下的花岗岩样品

(a)干燥状态；(b)气干状态；(c)饱和面干状态；(d)湿润状态

①干燥状态(oven-dry)：骨料内外不含任何自由水或含水极微[图 4-7(a)]。通常在(105±5)℃条件下烘干而得，其质量称为干燥状态质量。建筑工程中通常采用干燥状态计量骨料用量。

②气干状态(air-dry)：骨料表面干燥，内部孔隙中部分含水[图 4-7(b)]，即在室内或室外与空气相对湿度平衡时的含水状态，其含水量的大小与空气相对湿度和温度密切相关，其质量即为气干状态质量。

③饱和面干状态(saturated-surface-dry)：骨料表面干燥，内部孔隙吸水饱和[图 4-7(c)]。将上述湿润状态的试样，用拧干的湿毛巾擦除表面水分后，即为饱和面干状态或饱水状态，其质量即为饱和面干状态质量或表干质量。水利工程中进行配合比设计和工程施工时，通常采用饱和面干状态计量骨料用量。

④湿润状态(wet):骨料不仅在内部孔隙中吸水饱和,而且在其表面被水润湿,并附有一层水膜[图4-7(d)]。在常温常压下将试样放入水中浸泡4d后,由水中取出即为湿润状态,此时称得的质量即为湿润状态质量。

除上述四种基本含水状态外,骨料还可能处于两种状态之间的过渡状态。

工程中在进行骨料计量时,若采用干燥状态为基准进行计量,应扣除骨料中含有的水分,在混凝土配合比中应相应减少单位用水量。

4.2.3 水

混凝土拌和及养护用水应不影响混凝土的水化、凝结和硬化,无损于混凝土强度发展及耐久性,不加快钢筋锈蚀,不引起预应力钢筋脆断,不污染混凝土表面。根据《混凝土用水标准》(JGJ 63—2006)规定,混凝土用水中的物质含量限值如表4-14所示。

一般城市自来水可直接用于混凝土拌和和养护,若需采用天然水体中的水进行拌和和养护,需按《混凝土用水标准》(JGJ 63—2006)的规定进行检测后方可使用。

表4-14 **混凝土用水中的物质含量限值**

项目	预应力钢筋混凝土	钢筋混凝土	素混凝土
pH	＞4	＞4	＞4
不溶物含量/(mg/L)	＜2000	＜2000	＜5000
可溶物含量/(mg/L)	＜2000	＜5000	＜10000
氯化物含量(以Cl^-计)/(mg/L)	＜500	＜1200	＜3500
硫酸盐含量(以SO_4^{2-}计)/(mg/L)	＜600	＜2700	＜2700
硫化物含量(以S^{2-}计)/(mg/L)	＜100	—	—

4.2.4 化学外加剂

化学外加剂是指在拌制混凝土过程中掺入的用以改善或满足混凝土特定性能的物质,其掺量一般不大于水泥用量的5%(膨胀剂除外)。在混凝土中掺入不同种类的化学外加剂,虽然其掺量较小,却可根据结构设计和工程施工要求,或显著改善混凝土拌合物的和易性,或延缓混凝土的凝结时间,或促进混凝土的凝结硬化,或明显提高混凝土的物理力学性能和耐久性。化学外加剂的研究和应用促进了混凝土生产和施工工艺以及新型混凝土的发展。目前,化学外加剂在混凝土中的应用非常普遍,成为制备优良性能混凝土的必备组分,被称为混凝土第五组分。

化学外加剂按主要功能分为四类:

①改善混凝土拌合物流变性能的外加剂,如减水剂、引气剂、泵送剂等。

图4-8 掺减水剂对配合比相同的混凝土拌合物流动性的影响

A—未掺减水剂;B—掺减水剂

②调节混凝土凝结时间和硬化性能的外加剂,如缓凝剂、早强剂、速凝剂等。

③改善混凝土耐久性的外加剂,如引气剂、防水剂、防冻剂、阻锈剂等。

④改善混凝土其他性能的外加剂,如加气剂、膨胀剂、着色剂、养护剂等。

4.2.4.1 减水剂

减水剂(water-reducer)是指在保持混凝土拌合物流动性基本相同的条件下,能减少单位用水量的外加剂。在混凝土其他组成材料种类和用量不变的情况下,在混凝土中掺加减水剂(图4-8中B),与未掺加减水剂的混凝土拌合物(图4-8中A)相比,其流动性将显著提高。减水剂是目前工程中应用最为广泛的一种外加剂。

(1)减水剂的分子结构

减水剂属于表面活性剂，其分子由亲水基团和憎水基团两部分组成。根据在水中离解后亲水基团的性能，表面活性剂可分为阳离子型、阴离子型、两性离子型和非离子型四种，常见的表面活性基团如图 4-9 所示。表面活性剂分子可溶于水并定向排列于液体表面或两相界面上，显著降低表面张力或界面张力，能起到湿润、分散、乳化、润滑、起泡等作用。常见的表面活性剂有硬脂酸钠、十二烷基磺酸钠等。实际工程中使用的表面活性剂通常具有较为复杂的分子结构，如图 4-10 所示。

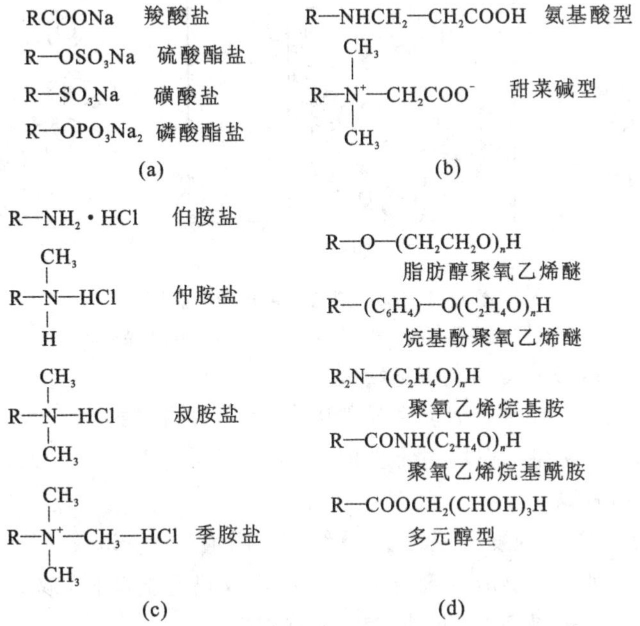

(a)
$RCOONa$ 羧酸盐
$R—OSO_3Na$ 硫酸酯盐
$R—SO_3Na$ 磺酸盐
$R—OPO_3Na_2$ 磷酸酯盐

(b)
$R—NHCH_2—CH_2COOH$ 氨基酸型
$R—N^+(CH_3)_2—CH_2COO^-$ 甜菜碱型

(c)
$R—NH_2 \cdot HCl$ 伯胺盐
$R—N(CH_3)(H)—HCl$ 仲胺盐
$R—N(CH_3)_2—HCl$ 叔胺盐
$R—N^+(CH_3)_2—CH_3—HCl$ 季胺盐

(d)
$R—O—(CH_2CH_2O)_nH$ 脂肪醇聚氧乙烯醚
$R—(C_6H_4)—O(C_2H_4O)_nH$ 烷基酚聚氧乙烯醚
$R_2N—(C_2H_4O)_nH$ 聚氧乙烯烷基胺
$R—CONH(C_2H_4O)_nH$ 聚氧乙烯烷基酰胺
$R—COOCH_2(CHOH)_3H$ 多元醇型

图 4-9 表面活性剂中常见表面活性基团

(a)阴离子型；(b)两性离子型；(c)阳离子型；(d)非离子型

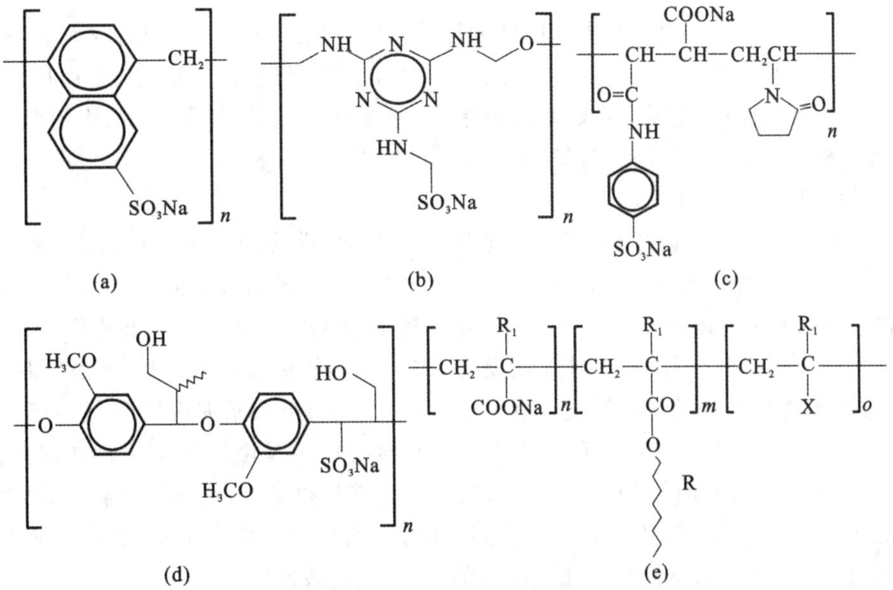

(a) (b) (c)

(d) (e)

图 4-10 常见减水剂的分子结构

(a)萘系；(b)密胺树脂系；(c)密胺系；(d)脂肪族；(e)聚羧酸系

(2)减水剂的作用机理

水泥加入水进行拌和时，由于颗粒之间存在分子间作用力，会形成絮凝结构，如图 4-11(a)所示，一部分拌和用水被包裹在絮凝结构内部，未能包裹于水泥颗粒表面的形成对水泥净浆流动性有贡献的表面水膜，因此，未掺加减水剂的水泥净浆流动性较差(图 4-8 中拌合物 A)。

当在拌和水中加入减水剂后,减水剂首先溶解于水形成溶液。与水泥拌和后,溶液中减水剂分子的部分亲水基团吸附锚固于水泥颗粒表面,憎水基团则提供一种位阻斥力作用,其余亲水基团伸向溶液,使水泥颗粒表面带有相同的电荷,产生静电斥力作用,如图4-11(b)所示,两种斥力作用使水泥颗粒絮凝结构解体,释放出游离水,使水泥颗粒表面形成稳定的溶剂水膜[图4-11(c)],这层水膜是很好的润滑层,有利于水泥颗粒的滑动,因而可提高混凝土拌合物的流动性(图4-8中拌合物B)。

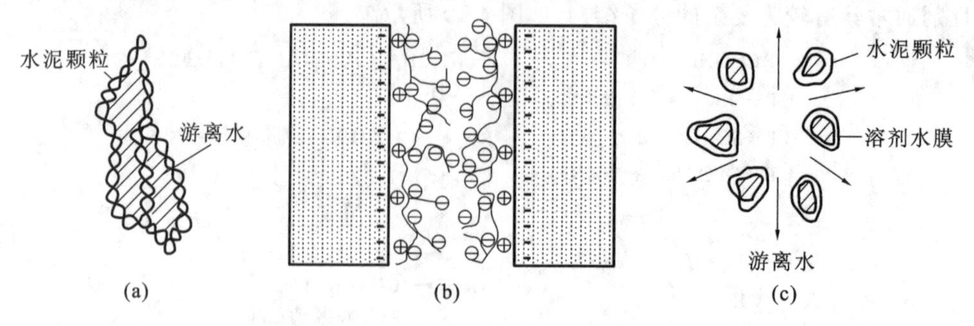

图4-11 减水剂的作用机理示意图

(a)水泥浆体中的絮凝结构;(b)减水剂分子在水泥表面吸附产生斥力;(c)絮凝结构解体,释放游离水,形成溶剂水膜

在混凝土中加入减水剂后,可取得以下技术经济效果:

①保持用水量不变时,混凝土拌合物流动性显著增大,坍落度可增大50~150mm。

②保持混凝土拌合物坍落度和水泥用量不变时,可减少用水量5%~30%,混凝土强度可提高5%~25%,特别是早期强度会显著提高。

③保持混凝土拌合物坍落度和强度不变时,可节约水泥用量5%~25%。

④改善混凝土其他性能,如缓凝型减水剂可使水泥水化放热速度减慢,减少混凝土拌合物在运输过程中的坍落度损失;引气型减水剂可提高混凝土抗渗性和抗冻性等。

(3)减水剂的种类

减水剂品种繁多。根据其减水效果不同,可分为普通减水剂(减水率大于或等于8%)和高效减水剂(减水率大于或等于15%);根据其对混凝土凝结时间的影响不同,可分为标准型、早强型和缓凝型;根据是否在混凝土中引入较多气泡,可分为引气型(含气量大于或等于3.0%)和非引气型(含气量小于3.0%);根据其化学成分不同,可分为木质素系、萘系、三聚氰胺树脂系、氨基磺酸盐系、脂肪族系、聚羧酸系等。减水剂的质量应满足《混凝土外加剂》(GB 8076—2008)的规定。

①木质素系减水剂。

木质素系减水剂是由生产纸浆或纤维浆的木质废液经发酵、脱糖、磺化、中和、浓缩、喷雾干燥处理而成的一类普通减水剂,主要品种是木质素磺酸钙,简称木钙,属于阴离子型表面活性剂。

木钙的掺量一般为水泥用量的0.2%~0.3%,在保持混凝土拌合物流动性和水泥用量不变的情况下,可减少用水量10%~15%,硬化混凝土28d强度提高10%~20%;用水量不变时,可提高混凝土拌合物坍落度50~100mm;混凝土拌合物流动性和混凝土强度要求不变时,可节省水泥用量10%~15%。

木钙除具有减水作用外,还具有缓凝和引气作用。其缓凝作用是由于其中仍存在部分糖分,可使混凝土凝结时间延缓1.0~3.0h,因而使用时应严格控制掺量,若掺量过多,将会导致缓凝严重,甚至很多天也不硬化,导致硬化混凝土强度下降;其引气作用可使混凝土拌合物含气量增加1%~2%,因而可改善混凝土拌合物的和易性,防止泌水,并可明显提高硬化混凝土的抗冻性、抗渗性等。

木钙成本低,可用于一般混凝土工程,特别是有缓凝要求的混凝土(如大体积混凝土、夏季施工混凝土、滑模施工混凝土等),但不宜用于低温季节(低于5℃)施工或蒸汽养护的混凝土工程中。

对普通木质素系减水剂进行分子结构改性后,可得到改性木质素系减水剂,其减水率可达15%以上,属于高效减水剂。

②萘系减水剂。

萘系减水剂是萘或萘的同系物经磺化后，与甲醛缩合而成的，属阴离子型表面活性剂。萘系减水剂的减水、增强效果优于木钙，属高效减水剂。萘系减水剂通常为非引气型，且对混凝土凝结时间影响很小。

萘系减水剂适宜掺量为水泥质量的0.5%～1.0%，可减水12%～25%，混凝土28d强度可提高20%以上；在保持混凝土拌合物和易性要求和强度要求不变的条件下，可节省水泥12%～20%。掺加萘系减水剂后，混凝土的其他力学性能以及抗渗性、抗冻性等均有所改善，且对钢筋无锈蚀作用。若掺引气型萘系减水剂，混凝土含气量可达3%～6%。

萘系减水剂主要适用于配制高强混凝土、流态混凝土、泵送混凝土、早强混凝土、冬季施工混凝土、蒸汽养护混凝土、抗渗混凝土等。

部分萘系减水剂常含有高达5%～25%的硫酸钠，这对提高混凝土早期强度有利，但可能会导致混凝土产生碱骨料反应，使用时应予以注意。

③三聚氰胺树脂系减水剂。

三聚氰胺树脂系减水剂，又称密胺树脂系减水剂，是将三聚氰胺与甲醛反应生成三羟甲基三聚氰胺，然后用亚硫酸氢钠磺化而成。这类减水剂属于非引气型早强高效减水剂，为阴离子型表面活性剂。

三聚氰胺树脂系减水剂多以液体供应，适宜掺量为水泥质量的0.5%～2.0%，减水率可达20%～27%，可明显减小泌水率，但可能使拌合物黏度明显增大，坍落度损失也较快；掺加三聚氰胺树脂系减水剂的混凝土硬化后，其1d强度可提高60%～100%，3d强度可提高50%～70%，7d强度可提高30%～70%(可达基准28d强度)，28d强度可提高30%～60%；抗折、抗拉、弹性模量、抗冻、抗渗等性能均有显著提高，对钢筋无锈蚀作用。

三聚氰胺树脂系减水剂的分散、减水、早强、增强效果比萘系减水剂好，但价格较高，一般仅用于特殊混凝土，如高强混凝土、早强混凝土、流态混凝土等。

④聚羧酸系减水剂。

聚羧酸系减水剂是近年发展起来的以羧酸类接枝聚合物为主体的一种高效减水剂，因其减水率通常比常用高效减水剂更高，故有时又称之为高性能减水剂。聚羧酸系减水剂分缓凝型(HN)和非缓凝型(FHN)两种，其适宜掺量为0.5%～3.0%，减水率可高达25%～30%；混凝土拌合物坍落度经时损失小，90min坍落度基本不损失，且几乎不受温度变化的影响；抗离析性能好，低泌水，泵送阻力小，特别适合泵送混凝土、高性能混凝土等；混凝土表面无泌水线、无大气泡、色差小，特别适合于外观质量要求高的混凝土。混凝土拌合物和易性要求和水泥用量不变时，掺聚羧酸系高性能减水剂的混凝土3d抗压强度可提高150%～200%，28d抗压强度可提高40%～70%，90d抗压强度可提高30%～50%。其缺点是价格昂贵，掺量较大时引气量较大。

目前，聚羧酸系高性能减水剂已广泛用于高速铁路工程、道路与桥梁工程、海港码头工程、离岸混凝土工程、水利水电工程、市政及工业民用建筑等领域。

(4)高效减水剂与水泥的适应性

同一种高效减水剂用于不同品种水泥或不同生产厂的水泥时，其效果可能相差很大，即高效减水剂与水泥之间存在一定的适应性问题。

研究表明，经过按国家标准检验合格的高效减水剂，在某些水泥系统中，掺该高效减水剂的低水灰比混凝土不同程度地存在坍落度损失较快的问题，而在另一些水泥系统中，水泥和水接触后在初始60～90min内，其坍落度损失小，无离析和泌水现象，则在前一种情况下，高效减水剂与水泥之间适应性差，而在后一种情况下，两者适应性好。

掺加高效减水剂的水泥浆体，其高效减水剂掺量有一个临界掺量，超过这一掺量继续掺加时，水泥浆体的流动性和混凝土的初始坍落度不再增加，这一临界掺量称为饱和掺量。在有些情况下，在饱和掺量基础上继续增加高效减水剂掺量，可以使混凝土拌合物在长时间内保持坍落度不变，此时高效减水剂和水泥是适应的；而在另外一些情况下，在饱和掺量基础上继续增加高效减水剂掺量，会导致混凝土离析和泌水，此时高效减水剂和水泥是不适应的。

水泥和高效减水剂的适应性可以用初始流动度、是否有明确的饱和掺量以及流动性损失三方面来衡量。研究表明,采用水泥净浆流动度试验、水泥砂浆跳桌流动度试验和混凝土坍落度损失试验等方法,所得到的饱和掺量、流动度损失速度与程度的规律是一致的,净浆流动度试验结果的稳定性和再现性比砂浆跳桌流动度要好,因此,目前普遍采用净浆流动度反映混凝土中水泥与高效减水剂的适应性。

对于同一种高效减水剂,饱和掺量因水泥不同而异;对同一水泥,饱和掺量也会因高效减水剂不同而异。饱和掺量不仅受高效减水剂的质量、水泥细度、石膏类型与含量等因素影响,还受搅拌机类型和运行参数的影响。在配制高性能混凝土时,高效减水剂的掺量通常要接近或等于其饱和掺量,特别是配制坍落度大于200mm以上的高流动性混凝土时,继续增大掺量,不仅不会改善工作性能或增大减水率,还容易出现明显的泌水和离析现象。

影响高效减水剂和水泥适应性的因素主要包括以下几方面。

①水泥熟料的矿物组成。

研究表明,水泥熟料的主要矿物组成C_3S、C_2S、C_3A、C_4AF对高效减水剂的吸附能力不同,其吸附能力的大小顺序为$C_3A>C_4AF>C_3S>C_2S$,即铝酸盐矿物对高效减水剂的吸附能力大于硅酸盐矿物,因此,在高效减水剂掺量相同的情况下,C_3A和C_4AF含量较高的水泥与高效减水剂的适应性较差。

②混合材料的种类。

水泥中大多掺有不同种类和数量的混合材料。混合材料的品种、性质、掺量等对高效减水剂作用效果的影响较大。一般高效减水剂与矿渣水泥、粉煤灰水泥的适应性较好,而与掺火山灰、烧煤矸石等混合材料的水泥适应性较差。

③水泥的细度。

水泥细度明显影响高效减水剂的分散效果,水泥比表面积越大,对高效减水剂的吸附量就越多。如果水泥细度过大,为了达到同样的效果,需要适当增加高效减水剂的掺量。

④水泥的存放时间。

水泥存放时间越短,水泥越新鲜,高效减水剂对其塑化作用越差。使用刚出磨的水泥和出磨后温度还较高的水泥,会出现减水率低、坍落度损失快的现象。

⑤水泥的碱含量。

随着水泥碱含量的增大,高效减水剂对水泥的塑化效果变差。碱含量的增大,还会导致混凝土的凝结时间缩短和坍落度经时损失变大。

(5)减水剂的掺加方法

减水剂的掺加方法对其减水效果影响很大。一般采用同掺法,即将液体减水剂直接加入水中,与拌和水同时加入,或将粉状减水剂与水泥、砂、石等同时加入搅拌机进行搅拌,然后再加入水进行搅拌。该方法搅拌程序简单,但在运输过程中混凝土拌合物坍落度损失较大。为减少混凝土拌合物坍落度损失,常与缓凝剂复配使用。后掺法是在搅拌混凝土时,先不加入减水剂,而是在混凝土拌和一段时间,或在混凝土拌和完成后加入(如在运输过程中或在浇筑地点),并进行二次搅拌,此时减水剂的效果将有很大改善,但该方法需进行二次搅拌,实际使用时不方便,且得到的混凝土拌合物易发生离析和泌水现象,故实际工程很少采用。

4.2.4.2 早强剂

早强剂(early-strength accelerator)是指能加速混凝土早期强度发展的外加剂。早强剂能促进水泥的水化和硬化,提高早期强度,缩短养护周期,提高模板和场地周转率,加快施工速度,可用于蒸汽养护的混凝土及常温、低温和最低温度不低于−5℃环境中施工有早强要求的混凝土工程。常用的早强剂有硫酸盐类、氯盐类、有机胺类以及它们的复合物。

①硫酸盐类早强剂。主要有硫酸钠、硫代硫酸钠、硫酸钙、硫酸铝、硫酸钾铝等,应用最多的是硫酸钠。其早强机理是Na_2SO_4与水泥水化生成的$Ca(OH)_2$反应生成$CaSO_4 \cdot 2H_2O$,生成的$CaSO_4 \cdot 2H_2O$高度分散在混凝土中,它与C_3AH_6的反应比生产水泥时外掺的石膏与C_3AH_6的反应快得多,能迅速生成钙矾石针棒状晶体,形成骨架。同时,水化体系中$Ca(OH)_2$浓度下降,也可促进C_3S水化,因此,混凝土早期强

度得以提高。

硫酸钠为白色粉末，适宜掺量为水泥质量的0.5%～2.0%，达到混凝土强度70%的时间可缩短一半，对矿渣水泥混凝土效果更好。

掺加硫酸钠早强剂时，由于引入了碱金属离子，应注意防止混凝土发生碱骨料反应，导致混凝土结构破坏。

②氯盐类早强剂。主要有氯化钙、氯化钠、氯化钾、氯化铝、三氯化铁等，其中氯化钙应用最广。一般认为，氯化钙的早强机理与硫酸盐类早强剂的早强机理基本相同，即 $CaCl_2$ 能与水泥的水化产物 C_3AH_6 作用，生成几乎不溶于水的水化氯铝酸钙($3CaO \cdot Al_2O_3 \cdot 3CaCl_2 \cdot 32H_2O$)，还能与 $Ca(OH)_2$ 反应生成溶解度极小的氧氯化钙[$CaCl_2 \cdot 3Ca(OH)_2 \cdot 12H_2O$]。水化氯铝酸钙和氧氯化钙固相早期析出，形成骨架，加速水泥浆体结构的形成。同时，水泥浆中 $Ca(OH)_2$ 浓度下降，有利于 C_3S 水化反应的进行，使混凝土早期强度得以提高。然而，国外有研究认为，其早强机理可能是由于掺加氯化钙后，包覆于熟料颗粒表面的水泥水化产物 C—S—H 凝胶的渗透性有所提高，加快了水分子向熟料颗粒内部的渗透，从而促进了 C_3S 的水化。

无水氯化钙为白色粉末，有很强的吸水性，其适宜掺量为水泥质量的0.5%～1.0%，能使混凝土3d强度提高50%～100%，7d强度提高20%～40%。同时，能降低混凝土中水的冰点，防止混凝土早期受冻。

由于氯离子会引起钢筋锈蚀，因此《混凝土外加剂应用技术规范》(GB 50119—2013)规定，下列结构中严禁采用含有氯盐配制的早强剂及早强减水剂：预应力混凝土结构；相对湿度大于80%环境中使用的结构，处于水位变化部分的结构，露天结构及经常受水淋、受水流冲刷的结构；大体积混凝土；直接接触酸、碱或其他侵蚀性介质的结构；经常处于温度为60℃以上环境的结构，需经蒸养的钢筋混凝土预制构件；有装饰要求的混凝土，特别是要求色彩一致的或表面有金属装饰的混凝土；薄壁混凝土结构，中级和重级工作制吊车的梁、屋架、落锤及锻锤混凝土基础等结构；使用冷拉钢筋或冷拔低碳钢丝的结构。

③有机胺类早强剂。主要有三乙醇胺、三异丙醇胺等，其中三乙醇胺最为常用。三乙醇胺是一种络合剂，在水泥水化的碱性溶液中，能与 Fe^{3+}、Al^{3+} 等形成较稳定的络合离子，这种络合离子与水泥的水化产物作用生成溶解度很小的络合盐并析出，有利于早期骨架的形成，从而使混凝土早期强度提高。三乙醇胺一般不单独使用，常与其他早强剂复合使用，掺量为水泥用量的0.02%～0.05%，使混凝土早期强度提高50%左右，28d强度不变或略有提高，对普通水泥的早强作用大于矿渣水泥。三乙醇胺对水泥有缓凝作用，能使水泥凝结时间延缓1～3h，故掺量不宜过多，否则易导致混凝土长时间不凝结、不硬化，影响混凝土后期强度。

④复合早强剂。采用两种或两种以上的早强剂复合，可以弥补单一早强剂的不足，取长补短。通常用三乙醇胺、硫酸钠、氯化钠、亚硝酸钠、石膏等组成二元、三元或四元复合早强剂。复合早强剂一般可使混凝土3d强度提高70%～80%，28d强度可提高20%左右。

4.2.4.3 缓凝剂

缓凝剂(setting retarder)是指能延缓混凝土凝结时间，但不显著影响混凝土后期强度的外加剂，分为无机和有机两大类。有机缓凝剂多为表面活性剂，包括木质素磺酸盐、羟基羧酸及其盐、糖类及碳水化合物、多元醇及其衍生物等；无机缓凝剂主要为无机盐类，包括硼砂、锌盐、铜盐、镉盐、磷酸盐、偏磷酸盐等。有机缓凝剂的缓凝机理主要是这些含羟基的有机物强烈吸附于水泥熟料颗粒表面，阻碍了水分子向熟料颗粒内部的渗透，从而导致缓凝；无机缓凝剂则是因为这些无机盐与水泥水化产物 $Ca(OH)_2$ 反应，生成难溶产物覆盖在水泥熟料颗粒表面，对水泥的正常水化起阻碍作用，从而导致缓凝。

常用缓凝剂的掺量及缓凝效果如表4-15所示。

缓凝剂、缓凝减水剂及缓凝高效减水剂可用于大体积混凝土、碾压混凝土、炎热气候条件下施工的混凝土、大面积浇筑的混凝土、避免冷缝产生的混凝土、需较长时间停放或长距离运输的混凝土、自流平免振混凝土、滑模施工或拉模施工的混凝土及其他需要延缓凝结时间的混凝土。宜用于在最低气温5℃以上环境中施工的混凝土，不宜单独用于有早强要求的混凝土及蒸养混凝土。

表 4-15　　常用缓凝剂的掺量及缓凝效果

类别	掺量(占水泥质量)/%	缓凝效果/h
糖类	0.2～0.5(水剂),0.1～0.3(粉剂)	2～4
木质素磺酸盐类	0.2～0.3	2～3
羟基羧酸盐类	0.03～0.1	4～10
无机盐类	0.1～0.2	不稳定

4.2.4.4　速凝剂

速凝剂(setting accelerator)是一种可使砂浆或混凝土迅速凝结硬化的化学外加剂。大部分速凝剂的主要成分为铝酸钠(铝氧熟料),此外还有碳酸钠、铝酸钙、氟硅酸锌、氟硅酸镁、氯化亚铁、硫酸铝、三氯化铝等盐类。速凝剂产生速凝的原因是其中的铝酸钠、碳酸钠在碱溶液中迅速与水泥中的石膏反应生成硫酸钠,使石膏丧失缓凝作用。常用速凝剂的组成、适宜掺量和效果如表 4-16 所示。

表 4-16　　常用速凝剂的组成、适宜掺量和效果

组成及配合比	铝氧熟料∶碳酸钠∶生石灰＝1∶1∶0.5	铝氧烧结块∶无水石膏 ＝3∶1	矾泥∶铝氧熟料∶生石灰 ＝74.5∶14.5∶11
适宜掺量(占水泥质量)/%	2.5～4.0	2.5～5.0	5.0～8.0
初凝时间/min	≤5		
终凝时间/min	≤10		
混凝土强度	1h 产生强度,1d 强度提高 2～3 倍,28d 强度损失 15%～40%		

研究表明,含羟基的缓凝剂如蔗糖等,当掺量较大时也具有促凝效果,其促凝机理同样与在水泥水化初期大量形成钙矾石有关。然而,由于蔗糖等对水泥熟料中的硅酸盐矿物组成 C_3S、C_2S 等具有很强的缓凝作用,当掺量较大时,会导致混凝土的强度发展受到影响,因此,工程中一般将含羟基的有机物作为缓凝剂使用。

速凝剂主要用于喷射混凝土和喷射砂浆,亦可用于需要速凝的其他混凝土,如堵漏的混凝土。

4.2.4.5　引气剂

引气剂(air-entraining admixture)是指在混凝土搅拌过程中能引入大量均匀分布、稳定而封闭微小气泡(直径 10～100μm)的外加剂,主要有松香树脂类、烷基苯磺酸盐类、脂肪醇磺酸盐类、蛋白盐及石油磺酸盐类等,其中以松香树脂类应用最为广泛,主要品种有松香热聚物和松香皂,其掺量一般为水泥用量的 0.005%～0.01%。由于引气剂掺量较小,因此,在实际工程中,通常以溶液形式掺入引气剂,此时在混凝土配合比中应扣除因掺加引气剂溶液而引入的用水量。

混凝土中掺入引气剂后,对混凝土性能的影响主要有以下几方面:

①改善混凝土拌合物的和易性。搅拌过程中形成的封闭小气泡在混凝土拌合物中如同滚珠,减小了骨料间的摩擦阻力,因而可提高混凝土拌合物的流动性,同时,微小气泡的形成减少了游离水含量,因而可提高混凝土拌合物的保水性。

②提高硬化混凝土的抗渗性和抗冻性。引入的封闭气泡能有效隔断毛细孔通道,并能减少由于泌水而形成的渗水通道,因而可提高混凝土的抗渗性。另外,引入的封闭气泡可在邻近开口孔隙中的水结冰形成膨胀张力时首先发生破坏,使开口孔隙中的水进入破坏的闭口孔隙中,从而可缓冲水结冰产生的膨胀张力,即掺加引气剂可有效提高硬化混凝土的抗冻性。在严寒地区,为提高混凝土的抗冻性,通常在混凝土中掺加适量引气剂。

③硬化混凝土强度下降。气泡的存在,使混凝土孔隙率增大,有效受力面积减少,因而硬化混凝土强度将下降。一般混凝土的含气量每增加 1%,其抗压强度将下降 4%～6%,抗折强度将下降 2%～3%,因此引气剂的掺量必须适当,其含气量须满足《混凝土外加剂应用技术规范》(GB 50119—2013)的规定,见表 4-17。

表 4-17 混凝土最小含气量限值

粗骨料最大公称粒径/mm	混凝土最小含气量/%	
	潮湿或水位变动的寒冷和严寒环境	盐冻环境
40.0	4.5	5.0
25.0	5.0	5.5
20.0	5.5	6.0

注:含气量为气体体积占混凝土体积的百分比。

引气剂及引气型减水剂可用于抗冻混凝土、抗渗混凝土、抗硫酸盐混凝土、泌水严重的混凝土、贫混凝土、轻骨料混凝土、人工骨料配制的普通混凝土、高性能混凝土以及有饰面要求的混凝土;不宜用于蒸养混凝土及预应力混凝土,必要时,应经试验确定。

4.2.4.6 防冻剂

防冻剂(frost-resisting admixture)是指能使混凝土在负温下硬化,并在规定时间内达到足够防冻强度的外加剂。防冻剂通常由多组分复合而成,主要组分的常用物质及其作用如下。

①防冻组分。防冻剂中复合的防冻组分通常为可溶性盐类,如氯盐、亚硝酸盐、硝酸盐、碳酸盐和硫代硫酸盐等,也可采用尿素作为防冻组分,其作用是降低混凝土中液相的冰点,使负温下的混凝土内部仍有液相存在,水泥能继续水化。

②引气组分。如松香热聚物、木钙、木钠等,其作用是在混凝土中引入适量的封闭微小气泡,减轻冰胀应力。

③早强组分。如氯盐、硫酸盐、硫代硫酸盐等,其作用是提高混凝土早期强度,增强混凝土抵抗冰冻破坏的能力。

④减水组分。如木钙、木钠、萘系减水剂等,其作用是减少混凝土拌和用水量,以减少混凝土内的成冰量,并使冰晶粒度细小且均匀分散,减小对混凝土的膨胀应力。

防冻剂包括强电解质无机盐类、水溶性有机化合物类、有机化合物与无机盐复合类和复合型四类。目前应用最广泛的是强电解质无机盐类,它又分为氯盐类(以氯盐为防冻组分)、氯盐阻锈类(以氯盐与阻锈组分为防冻组分)和无氯盐类(以亚硝酸钠、硝酸钠等无机盐为防冻组分)三类。

防冻剂主要应用于负温条件下施工的混凝土。《混凝土外加剂应用技术规范》(GB 50119—2013)对负温条件下的规定:含强电解质无机盐类防冻剂,其严禁使用的范围与氯盐类、强电解质无机盐类早强剂的相同;含亚硝酸盐、碳酸盐的防冻剂严禁用于预应力混凝土结构;含有六价铬盐、亚硝酸盐等有害成分的防冻剂,严禁用于饮水工程及与食品相接触的工程;含有硝铵、尿素等产生刺激性气味的防冻剂,严禁用于办公、居住等建筑工程;有机化合物防冻剂、有机化合物与无机盐复合防冻剂、复合防冻剂可用于素混凝土、钢筋混凝土及预应力混凝土工程。

4.2.4.7 阻锈剂

阻锈剂(corrosion inhibitor)是指能减轻或抑制混凝土中钢筋或其他预埋金属锈蚀的外加剂。阻锈剂分无机和有机两大类。无机阻锈剂主要为含氧化性离子的盐类,如亚硝酸钠、亚硝酸钙、硫代硫酸钠、铁盐等。工程上主要使用亚硝酸钙,适宜掺量为胶凝材料用量的1.0%～8.0%。然而亚硝酸钙具有较强的致癌毒性,很多国家已禁止使用。

有机阻锈剂主要是含各种胺(amines)、醇胺(alkynolamines)及其盐与其他有机和无机化合物的复合阻锈剂,具有在混凝土孔隙中通过气相和液相扩散到钢筋表面形成吸附膜,从而产生阻锈作用的特点,故该类阻锈剂又称为迁移型阻锈剂(MCI),可直接涂覆于混凝土表面,通过自身的渗透过程到达钢筋表面成膜,实现对钢筋的保护。由于迁移型钢筋阻锈剂可通过渗透进入混凝土内部从而对钢筋起保护作用,故广泛用于结构修复领域。目前也已开发成功可直接掺加的有机阻锈剂。

4.2.4.8 膨胀剂

膨胀剂(expansive agent)是指能使混凝土产生一定膨胀的外加剂。掺入膨胀剂的目的是补偿混凝土自身收缩、干缩和温度变形，防止混凝土开裂，并提高混凝土的密实度和防水性能。混凝土中常用的膨胀剂有硫铝酸钙类、氧化钙类和氧化镁类三类。

硫铝酸钙类膨胀剂的作用机理是，无水硫铝酸钙水化或参与水泥矿物的水化或与水泥水化产物反应，生成大量钙矾石，反应后固相体积增大，导致混凝土膨胀。氧化钙类膨胀剂的作用机理是，在水化早期，CaO水化生成$Ca(OH)_2$，反应后固相体积增大；随后$Ca(OH)_2$发生重结晶，固相体积再次增大，从而导致混凝土膨胀。氧化镁类膨胀剂的作用机理是，在早期不发生水化反应，在混凝土水化硬化后才发生水化反应，生成氢氧化镁，从而导致混凝土膨胀。

膨胀剂的膨胀源(钙矾石或氢氧化钙)不仅使混凝土产生适度的膨胀，减少混凝土的收缩，而且能填充、堵塞和隔断混凝土中的毛细孔及其他孔隙，从而改善混凝土的孔结构，提高混凝土的密实度、抗渗性和抗裂性。因此膨胀剂常用于补偿收缩混凝土、填充用膨胀混凝土、灌浆用膨胀砂浆和自应力混凝土，适用范围见表4-18。此外，对于含硫铝酸钙类膨胀剂的混凝土，因钙矾石在80℃以上分解，导致混凝土强度下降，所以不得用于长期环境温度为80℃以上的工程；掺加膨胀剂的大体积混凝土，其内部最高温度应符合有关标准的规定；对于氧化钙类膨胀剂配制的混凝土，因$Ca(OH)_2$化学稳定性、胶凝性较差，它与Cl^-、SO_4^{2-}、Na^+、Mg^{2+}等进行置换反应，形成膨胀结晶体或被溶出，会降低混凝土的耐久性，故不得用于海水或有侵蚀性水的工程。

表4-18 **膨胀剂的适用范围**

用途	适用范围
补偿收缩混凝土	地下、水中、海水中、隧道等构筑物，大体积混凝土(除大坝外)，配筋路面和板、屋面与厕浴间防水、构件补强、渗漏修补、预应力混凝土、回填槽等
填充用膨胀混凝土	结构后浇带、隧洞堵头、钢管与隧道之间的填充等
灌浆用膨胀砂浆	机械设备的底座灌浆、地脚螺栓的固定、梁柱接头、构件补强、加固等
自应力混凝土	仅用于常温下使用的自应力钢筋混凝土压力管

为了保证掺膨胀剂混凝土的质量，混凝土中的胶凝材料(水泥和矿物掺合料)用量不能过少，膨胀剂的掺量也应合适。补偿收缩混凝土、填充用膨胀混凝土和自应力混凝土的胶凝材料最少用量分别为300kg/m³(有抗渗要求时为320kg/m³)、350kg/m³和500kg/m³，膨胀剂适合掺量分别为6%～12%、10%～15%和15%～25%。

由于膨胀剂只有水分足够时才能充分发挥作用，因此，掺膨胀剂混凝土比普通混凝土更需要加强养护，可通过浇水、覆盖等，使其表面始终处于潮湿条件。一般在终凝后2h即可开始浇水养护，养护期为7～14d，养护条件较好时最少也要7d，即使混凝土强度已达拆模条件，也必须保水养护足够时间。

4.3 混凝土拌合物的和易性

4.3.1 和易性的概念

混凝土拌合物的和易性又称工作性，是指混凝土拌合物易于施工操作(拌和、运输、浇筑和振捣)，不易发生分层、离析、泌水等现象，以获得质量均匀、密实混凝土的性能。和易性不良将导致工程结构出现明显缺陷，影响工程质量，如图4-12所示。

和易性是反映混凝土拌合物易于流动但组分间又不易分离的一种综合技术性能，包括流动性、黏聚性和保水性三个方面的含义。

①流动性是指混凝土拌合物在自重或机械振动作用下，易于流动、充满模板的性能。一定的流动性可保证混凝土构件或结构的密实性。流动性过小，不利于施工，并难以达到密实成型，易在混凝土内部造成孔隙或孔洞，影响混凝土质量。

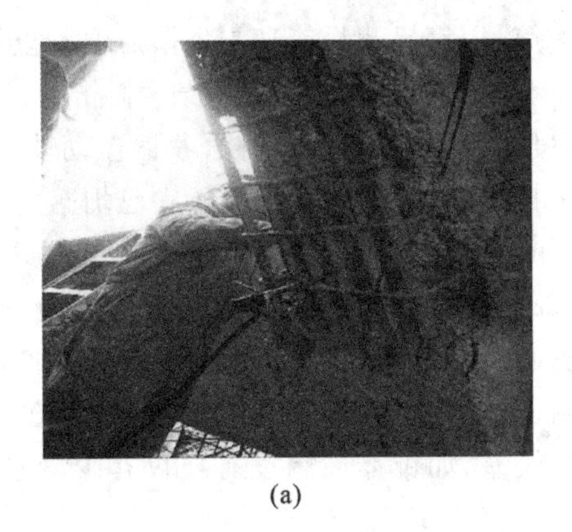

(a)

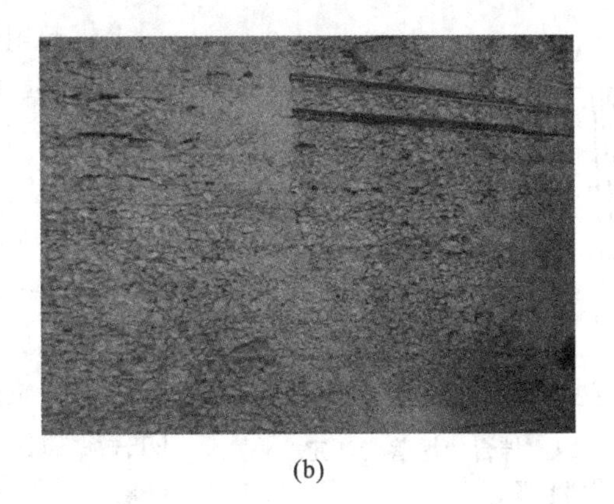

(b)

图 4-12 混凝土拌合物和易性不良引起的缺陷

(a)蜂窝;(b)表面失水

②黏聚性是指混凝土拌合物各组成材料之间具有一定的黏聚力,在施工过程中保持整体均匀一致的能力。混凝土拌合物的黏聚性与拌合物中的砂浆含量和水泥浆的稠度密切相关。当拌合物中砂浆含量很少、水泥浆很稠时,粗骨料之间不易黏聚在一起;当砂浆含量较大,但水泥浆体明显较稀时,混凝土拌合物在运输、浇筑、成型等过程中,易产生分层、离析现象[图 4-13(a)、(b)],造成混凝土内部结构不均匀。

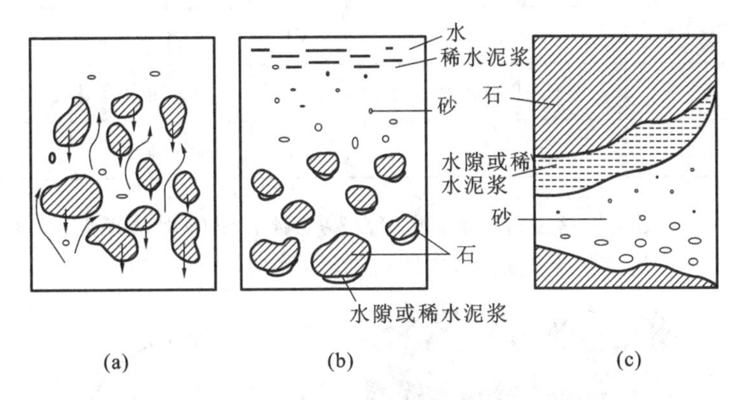

图 4-13 混凝土拌合物的分层、离析现象

(a)分层开始;(b)分层、离析;(c)局部放大

③保水性是指混凝土拌合物在施工和凝结硬化过程中保持水分的能力。保水性差的混凝土拌合物在运输、成型和凝结硬化过程中,会发生严重的泌水现象,导致在混凝土内部产生大量的连通毛细孔隙,成为渗水通道。上浮的水会聚集在钢筋和粗骨料的下部,增大粗骨料和钢筋下部水泥浆的水胶比,形成薄弱层,严重时会在粗骨料和钢筋下部形成水隙或水囊[图 4-13(c)],从而严重影响它们与水泥石之间的界面黏结力。上浮到混凝土表面的水,会大大增加表面层混凝土的水胶比,造成混凝土表面疏松,若继续浇筑混凝土,则会在混凝土内形成薄弱的夹层[图 4-13(c)]。混凝土拌合物的保水性主要与其砂用量有关,并与水泥品种有关。

混凝土拌合物的流动性、黏聚性和保水性,三者既相互联系,又相互矛盾。当混凝土拌合物流动性很差时,其黏聚性往往较差,保水性也可能较差。当混凝土拌合物流动性很好时,其黏聚性和保水性容易变差。因此,混凝土拌合物和易性良好是指三者相互协调,均为良好。

4.3.2 和易性的测定方法

混凝土拌合物的和易性内涵较复杂,测定方法也很多,工程中常用的测定方法是采用坍落度筒或维勃稠度仪测定混凝土拌合物流动性,用肉眼观察混凝土拌合物的黏聚性和保水性。混凝土拌合物的流动性测定方法有坍落度法和维勃稠度法。

4.3.2.1 坍落度法

坍落度法适用于流动性较好的混凝土拌合物。测定时将混凝土拌合物分三层(每层装料约 1/3 筒高)通过专用漏斗装入坍落度筒内(图 4-14),每层用专用捣棒插捣 25 次。取出漏斗并将表面刮平后,垂直平稳地

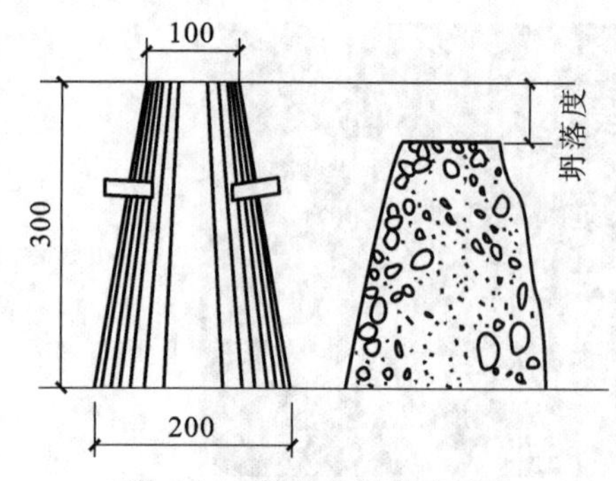

图 4-14 拌合物坍落度测定

向上提起坍落度筒,用钢尺测量筒高与坍落后混凝土拌合物最高点之间的高度差(mm),即为该混凝土拌合物的坍落度值(slump)。坍落度越大,表明混凝土拌合物的流动性越好。

测定混凝土拌合物坍落度后,用捣棒在已坍落的拌合物锥体侧面轻轻击打,如果锥体缓慢均匀下沉,表示拌合物黏聚性良好;如果突然倒坍、部分崩裂或粗骨料离析暴露于表面,表明拌合物黏聚性不良。提起坍落度筒后,观察混凝土拌合物锥体周围是否有较多稀浆流淌、骨料是否因失浆而大量裸露,存在上述现象表明拌合物保水性较差,如锥体周围没有或仅有少量水泥浆析出,则表明保水性良好。

坍落度试验适用于骨料最大粒径不大于40mm的非干硬性混凝土。根据坍落度大小,将混凝土拌合物分为四级,见表4-19。

表4-19 混凝土按坍落度和维勃稠度的分级

级别	名称	坍落度/mm	级别	名称	维勃稠度/s
T1	低塑性混凝土	10～40	V0	超干硬性混凝土	≥31
T2	塑性混凝土	50～90	V1	特干硬性混凝土	21～30
T3	流动性混凝土	100～150	V2	干硬性混凝土	11～20
T4	大流动性混凝土	≥160	V3	半干硬性混凝土	5～10

对于大流动性混凝土,除测定坍落度外,还需测定混凝土拌合物的坍落扩展度,以表征混凝土拌合物的自流平特性,如图4-15所示。坍落扩展度越大,表明流动性越好。

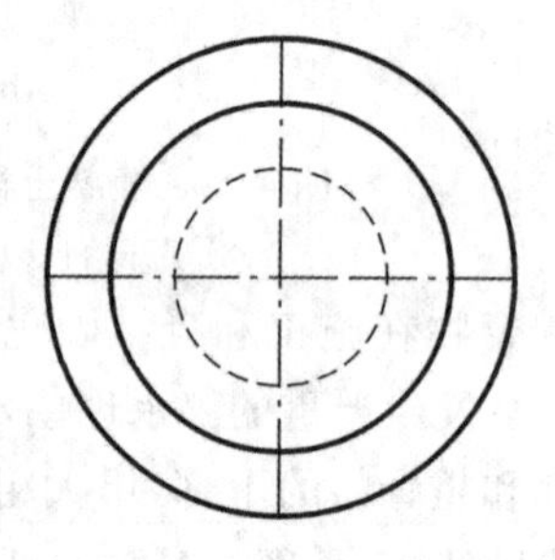
图 4-15 大流动性混凝土拌合物坍落扩展度测定

4.3.2.2 维勃稠度法

对于干硬性混凝土,通常采用维勃稠度仪(图4-16)来测定流动性。试验时先将混凝土拌合物按规定方法装入置于圆桶内的坍落度筒内,装满后在拌合物试体顶面放一透明圆盘,开启振动台,同时用秒表计时,到透明圆盘的下表面完全布满水泥浆时所经历的时间,称为维勃稠度(VB consistency)。维勃稠度值越大,表明拌合物流动性越差。

维勃稠度试验适用于骨料最大粒径不大于40mm,维勃稠度为5～30s的混凝土。根据维勃稠度,将混凝土拌合物分为四级,见表4-20。

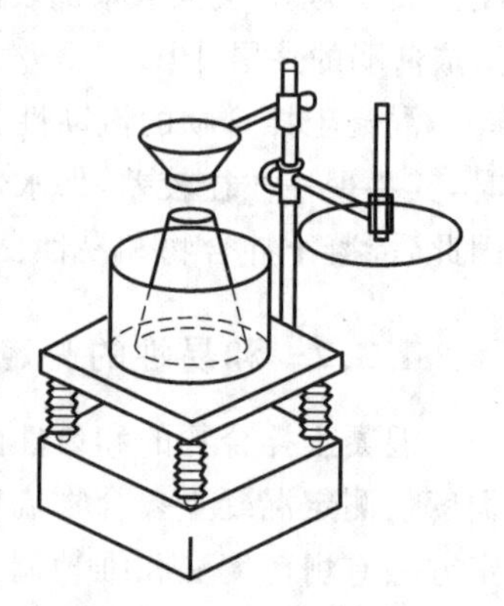
图 4-16 维勃稠度仪

4.3.3 流动性(坍落度)的选择

若施工现场采用传统方法进行施工,应根据钢筋混凝土结构构件的截面尺寸、配筋疏密、捣实方法和环境温度来选择混凝土拌合物的坍落度。当构件截面尺寸较小、钢筋较密或采用人工插捣时，应选择较大的坍落度。若构件截面尺寸较大、钢筋较疏或采用机械振捣时，可选用较小的坍落度。若采用泵送法施工，其坍落度应根据泵送高程来进行选择。

一般情况下，当环境温度小于30℃时，可按表4-20选择混凝土拌合物坍落度值；当环境温度超过30℃时，由于水泥水化和水分蒸发速度加快，随时间延长，混凝土拌合物坍落度损失较大，因此，在进行混凝土配合比设计时，应将混凝土拌合物坍落度提高15～25mm。

表4-20 **混凝土浇筑时的坍落度**

结构种类		坍落度/mm
基础或地面等的垫层、无配筋的大体积结构(挡土墙、基础等)或配筋稀疏的结构		10～30
板、梁或大型及中型截面的柱子等		35～50
配筋密列的结构(薄壁、斗仓、筒仓、细柱等)		55～70
配筋特密的结构		75～90
泵送混凝土泵送高度/m	＜30	100～135
	30～60	140～155
	＞60～100	160～175
	＞100	180～195

注：1. 本表是指采用机械振捣时的坍落度，当采用人工振捣时可适当增大。
2. 对轻骨料混凝土拌合物，坍落度宜较表中数值减少10～20mm。

4.3.4 影响拌合物和易性的因素

4.3.4.1 水泥浆数量和水胶比

混凝土拌合物要产生流动必须克服拌合物内颗粒间的摩擦阻力，包括两方面，一是水泥浆中胶凝材料颗粒间的摩擦阻力，二是骨料颗粒间的摩擦阻力。

水泥浆中胶凝材料颗粒间的摩擦阻力主要取决于水胶比(水与胶凝材料的质量之比，water to binder ratio，简写为W/B)。在胶凝材料用量、骨料用量均不变的情况下，随水胶比增大，混凝土拌合物的用水量增大，胶凝材料颗粒表面被水润湿，形成一层水膜，可减小水泥颗粒之间的摩擦阻力，拌合物流动性增大；反之则减小。然而，水胶比过大，会造成拌合物黏聚性和保水性不良；水胶比过小，会使拌合物流动性较差。

骨料间摩擦阻力的大小主要取决于骨料颗粒表面水泥浆的厚度，即水泥浆数量的多少。在水胶比不变的情况下，单位体积拌合物内，水泥浆数量愈多，拌合物的流动性愈大。但若水泥浆过多，将会出现流浆现象；若水泥浆过少，则骨料之间缺少黏结物质，易使拌合物干涩，不易密实。

无论是水泥浆数量的影响还是水胶比的影响，实际上都是用水量的影响。因此，影响混凝土和易性的决定性因素主要是混凝土单位体积用水量。实践证明，在配制混凝土时，当所用粗、细骨料的种类及比例一定时，如果单位体积用水量一定，即使胶凝材料用量有一定程度变动($1m^3$混凝土胶凝材料用量增减50～100kg)，混凝土的流动性也大体保持不变，这一规律称为“恒定用水量法则”。这一法则意味着如果其他条件不变，即使胶凝材料用量有某种程度的变化，对混凝土拌合物的流动性影响也不大。在混凝土配合比设计时，根据恒定用水量法则，可固定单位用水量，改变水胶比，得到既满足拌合物和易性要求，又满足硬化混凝土强度要求的混凝土配合比。

混凝土的用水量可按照施工要求的流动性及骨料的品种与规格，根据经验或通过试验来确定。缺乏经验时，可按《普通混凝土配合比设计规程》(JGJ 55—2011)推荐的混凝土拌合物单位体积用水量表进行选择，见表4-21。

表4-21 塑性混凝土和干硬性混凝土的单位体积用水量(JGJ 55—2011) (单位:kg/m³)

拌合物稠度		卵石最大粒径/mm				碎石最大粒径/mm			
		10	20	31.5	40	16	20	31.5	40
坍落度/mm	10～30	190	170	160	150	200	185	175	165
	35～50	200	180	170	160	210	195	185	175
	55～70	210	190	180	170	220	205	195	185
	75～90	215	195	185	175	230	215	205	195
维勃稠度/s	16～20	175	160	—	145	180	170	—	155
	11～15	180	165	—	150	185	175	—	160
	5～10	185	170	—	155	190	180	—	165

注:1. 本表适用于水胶比为0.4～0.8的混凝土。水胶比小于0.4的混凝土以及采用特殊成型工艺的混凝土应通过试验确定。
2. 本表用水量是采用中砂时的平均取值。采用细砂时,每立方米混凝土用水量可增加5～10kg;采用粗砂时,则可减少5～10kg。
3. 对坍落度大于90mm的混凝土,以表中坍落度为90mm的用水量为基准,按坍落度每增大20mm用水量增加5kg,计算混凝土用水量。
4. 掺用各种化学外加剂或矿物外加剂时,用水量应相应调整。

4.3.4.2 砂率

砂率是指混凝土中砂的用量占砂、石总用量的百分比,即

$$\beta_s = \frac{m_s}{m_s + m_g} \times 100\% \tag{4-7}$$

式中 β_s——砂率,%;

m_s,m_g——砂和粗骨料的用量,kg。

砂率对粗、细骨料总的表面积和空隙率有很大影响。砂率大,则粗、细骨料总的表面积大,在水泥浆数量一定的前提下,减小了起润滑作用的水泥浆层厚度,使混凝土拌合物流动性减小,如图4-17(a)所示。若砂率过小,则混凝土拌合物中砂浆量不足,包裹在粗骨料表面的砂浆层厚度过小,对粗骨料的润滑程度和黏聚力不够,甚至不能填满粗骨料的空隙,因而也会降低混凝土拌合物的流动性[图4-17(a)],特别是使混凝土拌合物的黏聚性及保水性大大下降,易产生分层、离析、流浆、泌水等现象,并对混凝土其他性能产生不利影响。若要保持混凝土拌合物流动性不变,需增加水泥浆用量,即增加胶凝材料用量及用水量[图4-17(b)]。

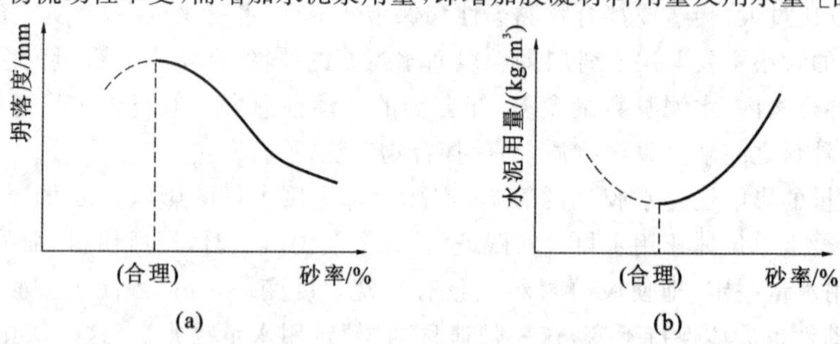

图4-17 砂率对混凝土拌合物坍落度和胶凝材料用量的影响

(a)砂率与坍落度的关系(胶凝材料用量一定);(b)砂率与胶凝材料用量的关系(坍落度相同)

由此可见,混凝土拌合物的砂率既不能过大,也不能过小,即存在一个合理砂率。合理砂率应是细骨料体积填满粗骨料的空隙后略有富余,以起到较好的填充、润滑、保水及黏聚作用。因此,所谓合理砂率,是指在用水量及胶凝材料用量一定的情况下,能使混凝土拌合物获得最好的流动性,且保持黏聚性及保水性良好时的砂率;或在保持混凝土拌合物坍落度基本相同,且能保持黏聚性及保水性良好的情况下,用水量及胶凝材料用量最少时的砂率。

合理砂率与许多因素有关。粗骨料的粒径较大、级配较好时,因粗骨料总表面积和空隙率均较小,故合理砂率较小;细骨料细度模数较大时,由于较粗的细骨料对粗骨料的黏聚力较低,其保水性也较差,故合理砂率较大;碎石的表面粗糙、棱角多,其合理砂率较大;水胶比较小时,水泥浆较黏稠,混凝土拌合物的黏聚

性及保水性易得到保证，故合理砂率较小；混凝土拌合物的流动性较大时，为保证黏聚性及保水性，合理砂率需较大；使用引气剂时，混凝土拌合物黏聚性及保水性易得到保证，故其合理砂率较小。

确定或选择合理砂率时，应在保证混凝土拌合物黏聚性及保水性前提下，尽量选用较小砂率，以节约水泥用量，提高混凝土拌合物的流动性。对于混凝土方量很大的工程，应通过试验确定合理砂率。当混凝土方量较小，或缺乏经验及试验条件时，可根据骨料品种、骨料规格及所采用的水胶比，参考表4-22进行选择。

表4-22 混凝土砂率选用表

水胶比（W/B）	卵石最大粒径/mm			碎石最大粒径/mm		
	10	20	40	16	20	40
0.40	26%～32%	25%～31%	24%～30%	30%～35%	29%～34%	27%～32%
0.50	30%～35%	29%～34%	28%～33%	33%～38%	32%～37%	30%～35%
0.60	33%～38%	32%～37%	31%～36%	36%～41%	35%～40%	33%～38%
0.70	36%～41%	35%～40%	34%～39%	39%～44%	38%～43%	36%～41%

注：1. 本表数值是采用天然中砂时的选用砂率，当采用天然细砂或天然粗砂时，可相应地减少或增大砂率。
2. 只用一个单粒级粗骨料配制混凝土时，砂率应适当增大。
3. 对薄壁构件，砂率应取较大值。
4. 本表适用于坍落度为10～60mm的混凝土。坍落度大于60mm的混凝土砂率，可经试验确定，也可在表4-22的基础上，按坍落度每增大20mm，砂率增大1%的幅度予以调整。坍落度小于10mm的混凝土砂率，应通过试验确定。
5. 混凝土拌合物坍落度要求很高时，为保证混凝土拌合物黏聚性和保水性，砂率可取上限。
6. 采用人工砂时，砂率应根据试验确定。

4.3.4.3 组成材料

(1)胶凝材料的影响

水泥品种和细度对混凝土拌合物和易性有较大影响。其他条件相同情况下，需水量大的水泥比需水量小的水泥配制的混凝土拌合物流动性要小，如采用粉煤灰水泥或火山灰质水泥拌制的混凝土拌合物，其流动性比采用普通水泥时小。水泥颗粒越细，总表面积越大，润湿颗粒表面及吸附在颗粒表面的水越多，其他条件相同情况下，拌合物流动性越小。另外，由于矿渣易磨性较差，磨制得到的矿渣水泥中矿渣颗粒较大，且保水性差，因此，采用矿渣水泥拌制的混凝土易发生泌水现象。

在混凝土中掺加掺合料时，掺合料的品种、质量等级和细度等对混凝土拌合物和易性也有较大影响。一般掺矿渣微粉以及质量等级较高的粉煤灰对改善混凝土拌合物流动性有利，但当矿渣微粉颗粒较粗时，易导致混凝土拌合物保水性不良；掺加低品质粉煤灰时，易导致混凝土拌合物流动性下降。

(2)骨料的影响

骨料对拌合物和易性的影响主要是骨料总表面积、骨料的空隙率和骨料间摩擦力大小的影响，具体地说是骨料级配、颗粒形状、表面特征及粒径的影响。一般说来，采用级配好的骨料，拌合物流动性较大，黏聚性与保水性较好；采用表面光滑的骨料，如河砂、卵石，拌合物流动性较大；采用的骨料粒径增大，总表面积减小，拌合物流动性增大。

(3)外加剂的影响

与未掺减水剂相比，掺加减水剂的混凝土拌合物流动性明显增大。掺加引气剂也可有效改善混凝土拌合物流动性，并可有效改善黏聚性和保水性。

4.3.4.4 温度和时间的影响

由于水分蒸发、骨料吸水以及水泥水化产物增多，混凝土拌合物流动性随时间延长而逐渐下降。温度越高，流动性损失越大，温度每升高10℃，坍落度一般下降20～40mm(图4-18)。掺加减水剂时，流动性的损失较大，施工时应考虑到流动性损失这

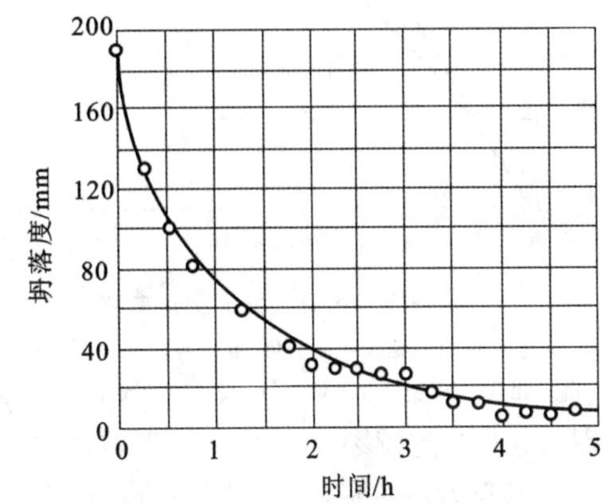

图4-18 坍落度与时间的关系

一因素。对于泵送混凝土，由于从商品混凝土搅拌站运送至施工现场需要一定的时间，其坍落度损失需要进行有效控制，通常采用减水剂与缓凝剂复合的方法，延缓水泥的水化，从而减小拌合物的坍落度损失。

4.3.5　混凝土拌合物和易性的改善措施

调整混凝土拌合物的和易性时，一般应先调整黏聚性和保水性，然后调整流动性，且调整流动性时，需保证黏聚性和保水性不受大的损害，并不得损害混凝土的强度和耐久性。

改善混凝土拌合物黏聚性和保水性的措施主要有：

①选用级配良好的粗、细骨料，并选用连续级配。

②适当限制粗骨料的最大粒径，避免选用过粗的细骨料。

③适当增大砂率。

④掺加优质粉煤灰等矿物掺合料。

⑤掺加具有引气功能的化学外加剂。

改善混凝土拌合物流动性的措施主要有：

①尽可能选用粒径较大的粗、细骨料。

②采用泥、泥块等杂质含量少、级配好的粗、细骨料。

③在保证黏聚性和保水性的前提下尽量选用较小砂率。

④在上述基础上，如流动性太小，保持水胶比不变，适当增加胶凝材料用量和用水量；如流动性太大，则应保持砂率不变，适当增加砂、石用量。

⑤掺加具有减水功能的化学外加剂。

4.4　混凝土的强度

4.4.1　混凝土的受压破坏过程

由于收缩、泌水以及多余游离水分蒸发等原因，混凝土在受到外力作用前就在水泥石中存在微裂纹、开口或闭口孔隙，在骨料和水泥石界面处还存在薄弱的界面过渡区。混凝土受到外力作用时，在微裂纹和孔隙处会产生应力集中现象，当应力集中现象导致混凝土内部拉应力超过混凝土抗拉强度极限时，孔隙处产生新的微裂纹，微裂纹数量不断增多，且随应力增大微裂纹不断扩展，并逐渐汇合连通，最终形成若干条可见的裂缝而使混凝土破坏。

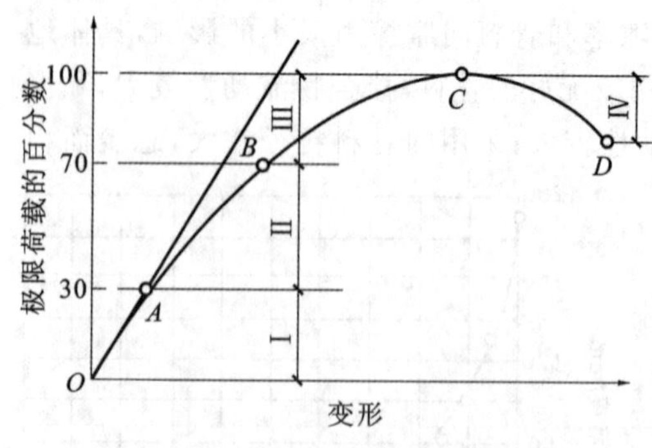

图4-19　混凝土受压变形曲线

Ⅰ—界面裂缝无明显变化；Ⅱ—界面裂缝增长；Ⅲ—出现砂浆裂缝和连续裂缝；Ⅳ—连续裂缝迅速发展

通过显微镜观察混凝土受压破坏过程，混凝土内部的裂缝发展可分为四个阶段，如图4-19所示，每个阶段的裂缝状态示意如图4-20所示。

①Ⅰ阶段。当荷载到达“比例极限”(约为极限荷载的30%)以前，界面裂缝无明显变化，荷载-变形近似呈直线关系，如图4-19中*OA*段。

②Ⅱ阶段。荷载超过“比例极限”后，界面裂缝的数量、长度及宽度不断增大，界面借摩擦阻力继续承担荷载，但无明显的砂浆裂缝，荷载-变形之间不再是线性关系，如图4-19中*AB*段。

③Ⅲ阶段。荷载超过“临界荷载”(极限荷载的70%～90%)以后，界面裂缝继续发展，砂浆中开始出现裂缝，并将邻近的界面裂缝连接成连续裂缝。此时，变形增大的速度进一步加快，曲线明显弯向变形坐标轴，如图4-19中*BC*段。

④Ⅳ阶段。荷载超过极限荷载以后，连续裂缝急速发展，混凝土承载能力下降，而变形迅速增大，以致完全破坏，如图4-19中*CD*段。

由此可见,混凝土受压时荷载与变形的关系是内部微裂纹发展规律的体现。混凝土在外力作用下的变形和破坏过程,是内部微裂纹发生与发展的过程,是一个从量变到质变的过程,当混凝土内部微观破坏发展到一定量级时,混凝土整体会遭受破坏。

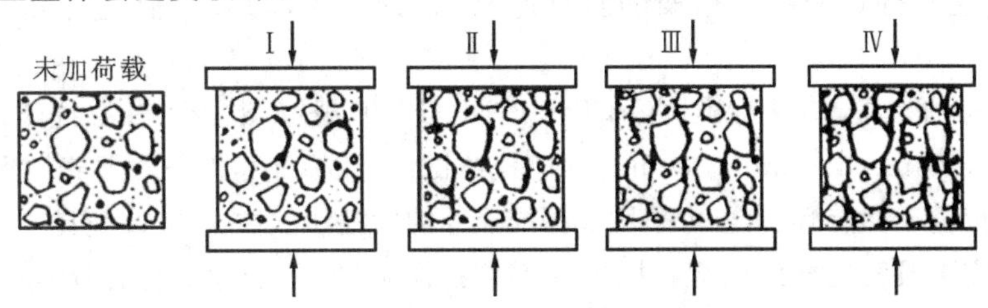

图 4-20 混凝土单轴受压时不同受力阶段裂缝示意图

4.4.2 混凝土的强度指标

在土木工程结构和施工验收中,混凝土强度通常是最被重视的质量指标之一。常见的强度指标包括立方体抗压强度、轴心抗压强度、抗拉强度、抗折强度等。

4.4.2.1 标准立方体抗压强度($f_{cu,c}$)

《混凝土物理力学性能试验方法标准》(GB/T 50081—2019)规定,将混凝土制作成边长为150mm的立方体标准试件,在标准养护条件[温度为(20±2)℃,相对湿度为95%以上或温度为(20±2)℃的不流动的$Ca(OH)_2$饱和溶液]下,养护至28d龄期,测得的抗压强度值称为混凝土的标准立方体抗压强度(cubic compressive strength),用$f_{cu,c}$来表示。

《混凝土物理力学性能试验方法标准》(GB/T 50081—2019)规定,当试件尺寸为100mm×100mm×100mm非标准试件时,由于试件尺寸较小,其强度测定结果偏大,故在换算为标准立方体试件强度测定结果时,应乘换算系数0.95;当试件尺寸为200mm×200mm×200mm非标准试件时,其强度测定结果偏小,故应乘换算系数1.05。

4.4.2.2 立方体抗压强度标准值($f_{cu,k}$)与强度等级

按《混凝土结构设计规范(2015年版)》(GB 50010—2010)的规定,普通混凝土按其立方体抗压强度标准值划分为C15、C20、C25、C30、C35、C40、C45、C50、C55、C60、C65、C70、C75、C80等若干个强度等级,其中"C"代表混凝土,是英文单词concrete的第一个字母,C后面的数字为混凝土的立方体抗压强度标准值(MPa)。混凝土强度等级是混凝土结构设计时强度计算取值、混凝土施工质量控制和工程验收的依据。

所谓混凝土立方体抗压强度标准值,是指按照标准方法制作养护的边长为150mm的某一批立方体试件,在28d龄期用标准试验方法测得的具有95%保证率的抗压强度。在正常生产条件下,影响混凝土强度的因素是随机变化的,对同一种混凝土进行系统的随机抽样,测试结果表明其强度波动规律符合正态分布(图4-21)。图4-22为典型的正态分布曲线,曲线下方的面积为100%,表示强度从0～+∞的可能性为100%。所谓95%的保证率,是指混凝土强度测定值大于$f_{cu,k}$的可能性为95%,即正态分布曲线下阴影部分的面积为95%。

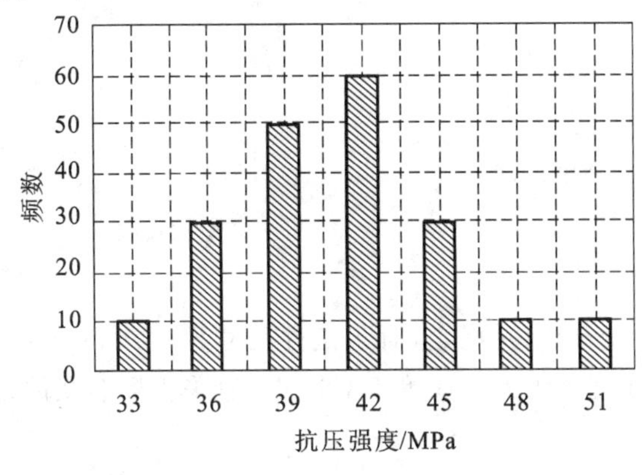

图 4-21 混凝土的强度分布

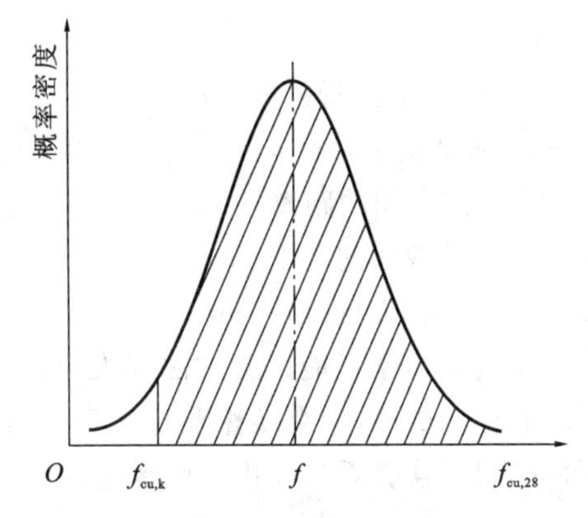

图 4-22 正态分布曲线

4.4.2.3 轴心抗压强度(f_{cp})

在实际结构中,钢筋混凝土受压构件多为棱柱体或圆柱体。为使测得的混凝土强度与实际情况接近,在进行钢筋混凝土受压构件(如柱子、桁架的腹杆等)设计计算时,均采用混凝土轴心抗压强度(uniaxial compressive strength)。

《混凝土物理力学性能试验方法标准》(GB/T 50081—2019)规定,混凝土轴心抗压强度是指按标准方法制作的,标准尺寸为150mm×150mm×300mm的棱柱体试件,在标准养护条件下养护到28d龄期,以标准试验方法测得的抗压强度值。如有必要,也可采用非标准尺寸的棱柱体试件,但其高宽比应在2～3的范围内。

研究表明,轴心抗压强度比截面面积相同的立方体抗压强度小,当标准立方体抗压强度在10～50MPa范围内时,两者之间的比值为0.76～0.82。

4.4.2.4 劈裂抗拉强度(f_{ts})

普通混凝土是准脆性材料,其抗拉强度很低,抗拉强度与抗压强度之比(拉压比)仅为1/20～1/10,且其拉压比随混凝土强度的提高而减小,即混凝土强度越大,脆性越大。在钢筋混凝土结构设计时,通常不考虑混凝土承受拉应力,而仅考虑钢筋承受拉应力,但抗拉强度对提高混凝土抗裂性具有重要意义,是结构设计时确定混凝土抗裂度的重要指标,有时也用它来间接衡量混凝土与钢筋的黏结强度。

混凝土抗拉强度可采用∞形或棱柱体试件,采用轴向直接拉伸的方法来进行测定,但由于夹具的夹持使混凝土试件局部产生应力集中,局部破坏很难避免,且外力作用线与试件轴心方向不易保持一致、偏心加载,导致测定结果离散性大,因此轴向拉伸法较少采用。《混凝土物理力学性能试验方法标准》(GB/T 50081—2019)规定采用劈裂抗拉法间接测定混凝土抗拉强度,即采用边长为150mm的立方体试件,如图4-23所示进行试验,其劈裂抗拉强度(splitting tensile strength)测定结果f_{ts}按式(4-8)计算:

$$f_{ts}=\frac{2F}{\pi A}=0.637\frac{F}{A} \tag{4-8}$$

式中 F——破坏荷载,N;

A——试件受劈面的面积,mm^2。

劈裂抗拉法的原理是在试件两相对表面轴线上,作用均匀分布的压力,可使在此外力作用下的试件在竖向平面内产生均布拉应力,如图4-23所示,该拉应力可根据弹性理论计算得出。该方法可克服轴向拉伸法测试混凝土抗拉强度时出现的一些问题,能较好地反映试件抗拉强度。

与混凝土轴心抗拉强度相比,混凝土劈裂抗拉强度较小,试验表明两者的比值约为0.90。

4.4.2.5 抗折强度(f_f)

道路、机场和桥梁等工程通常以抗折强度(flexural or bending strength)作为混凝土主要的强度设计指标。《混凝土物理力学性能试验方法标准》(GB/T 50081—2019)规定,混凝土抗折强度是按标准方法,制作标准尺寸为150mm×150mm×550mm的棱柱体试件,在标准养护条件下养护至28d龄期,以标准试验(三分点加荷)方法测得的抗折强度值。按三分点加荷,试件的支座一端为铰支,另一端为滚动支座,如图4-24所示。抗折强度计算公式为:

$$f_f=\frac{Fl}{bh^2} \tag{4-9}$$

式中 f_f——混凝土抗折强度,MPa;

F——破坏荷载,N;

l——支座之间的距离,mm;

b——试件截面的宽度,mm;

h——试件截面的高度,mm。

《混凝土物理力学性能试验方法标准》(GB/T 50081—2019)规定,对于试件尺寸为100mm×100mm×400mm的非标准试件,应乘换算系数0.85;当混凝土强度等级大于或等于C60时,宜采用标准试件;使用非标准试件时,尺寸换算系数应由试验确定。

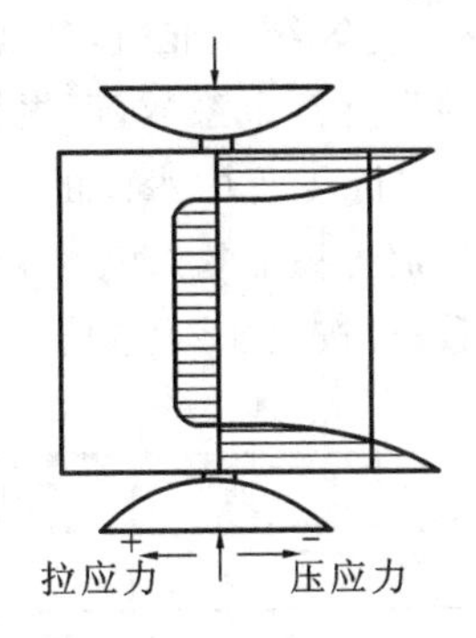

图 4-23 劈裂试验时垂直受力面的应力分布

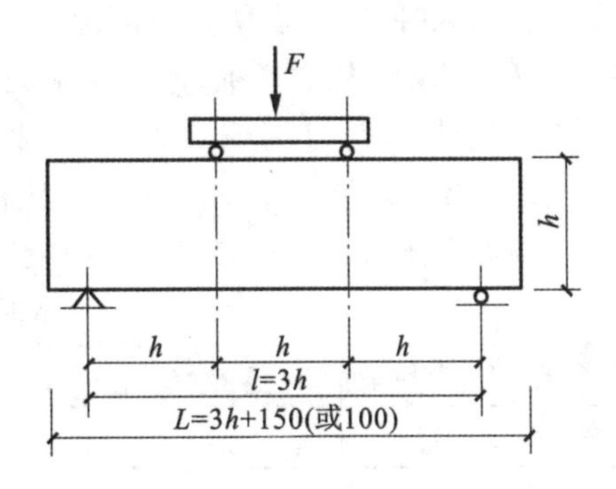

图 4-24 混凝土抗折强度测定示意图

4.4.3 影响混凝土强度的因素

4.4.3.1 胶凝材料的胶砂强度和水胶比

胶凝材料的胶砂强度和水胶比是影响混凝土强度最主要的因素，也是决定性因素。混凝土强度与其水胶比及胶水比的关系如图 4-25 所示。

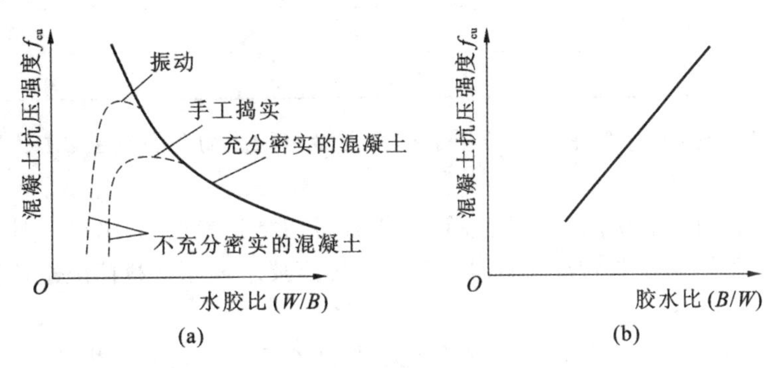

图 4-25 混凝土强度与其水胶比及胶水比的关系

(a)强度与水胶比的关系；(b)强度与胶水比的关系

水泥和矿物掺合料是混凝土中的胶凝组分。水胶比不变时，胶凝材料胶砂强度越高，混凝土中的硬化水泥石强度越高，对骨料的胶结能力越强，配制得到的混凝土强度越高。在胶凝材料胶砂强度相同条件下，混凝土的强度则主要取决于水胶比(W/B)。理论上，水泥水化时所需的结合水仅为水泥质量的 23%左右，但在实际工程中拌制混凝土拌合物时，为获得施工要求的和易性，常需加入较多水，如普通混凝土的 W/B 通常为 0.40～0.70。混凝土硬化后，多余水分残留于混凝土中形成水泡，其中的水分蒸发后则形成气孔，大大减小了混凝土抵抗荷载的有效截面积，并在气孔周围存在应力集中现象，从而影响混凝土强度。因此，在胶凝材料胶砂强度相同情况下，混凝土的水胶比越小，硬化水泥石的强度越高，与骨料的胶结力也越大，混凝土强度就越高。然而，混凝土的水胶比也不宜过小，否则混凝土拌合物过于干稠，在一定施工振捣条件下，混凝土不易被振捣密实，易出现较多蜂窝、孔洞，反而导致混凝土强度下降。

大量试验结果表明，原材料一定条件下，标准养护 28d 龄期的混凝土抗压强度($f_{cu,28}$)与实测的胶凝材料胶砂强度(f_{ce})及胶水比(B/W)之间的关系符合下列经验公式(又称鲍罗米公式)：

$$f_{cu,28} = \alpha_a f_{ce}(B/W - \alpha_b) \tag{4-10}$$

式中 $f_{cu,28}$——标准养护 28d 后的混凝土抗压强度，MPa。

B/W——混凝土的胶水比(胶凝材料与水的质量之比)。

α_a，α_b——与粗骨料有关的回归系数，可通过历史资料统计得到，若无统计资料，可采用《普通混凝土配合比设计规程》(JGJ 55—2011)提供的经验值：采用碎石时，$\alpha_a=0.53$，$\alpha_b=0.20$；采用卵石时，$\alpha_a=0.49$，$\alpha_b=0.13$。

f_{ce}——实测的经标准养护 28d 的胶凝材料胶砂抗压强度，MPa。有实验条件时，应将水泥与掺合料按预定的掺入比例混合均匀后，按水泥胶砂强度测试方法测定胶凝材料的 28d 抗压强度。无实验条件时，可取 $f_{ce}=\gamma_f\gamma_s\gamma_c f_{ce,k}$，其中 $f_{ce,k}$ 为水泥强度等级标准值，如42.5级水泥，$f_{ce,k}$ = 42.5 MPa，依次类推；γ_c 为与水泥强度等级值有关的强度富余系数，可根据《普通混凝土配合比设计规程》(JGJ 55—2011)按表4-23取值，考虑到实际工程中水泥的强度富余系数并非确定数值，故建议在1.0～1.16范围内取值；γ_f 和 γ_s 分别为掺加粉煤灰和粒化高炉矿渣微粉作为混凝土掺合料时，对胶凝材料胶砂强度的影响系数，可按表4-24取值。

表4-23 **水泥的强度富余系数**

水泥强度等级 $f_{ce,k}$/MPa	32.5	42.5	52.5
富余系数 γ_c	1.12	1.16	1.10

表4-24 **粉煤灰影响系数 γ_f 和粒化高炉矿渣微粉影响系数 γ_s**

掺量/%	粉煤灰影响系数 γ_f	粒化高炉矿渣微粉影响系数 γ_s
0	1.00	1.00
10	0.90～0.95	1.00
20	0.80～0.85	0.95～1.00
30	0.70～0.75	0.90～1.00
40	0.60～0.65	0.80～0.90
50	—	0.70～0.85

式(4-10)一般仅适用于强度等级在C60以下的塑性混凝土和流动性混凝土，对于干硬性混凝土、C60以上高强混凝土不适用。

利用强度公式(4-10)，可根据所用水泥强度等级、掺合料种类和掺量、胶水比及骨料品种来估计所配制的混凝土标准养护28d强度，或根据混凝土标准养护28d强度要求和原材料情况来估算所需配制混凝土的胶水比。

【案例分析4-2】 某工程施工单位试验人员成型了两组不同强度等级的混凝土试块，脱模后发现其中一组试块由于流动性很差而未能密实成型，如图4-26所示。将两组试块置于水中养护28d后，送实验室进行强度检验。一般认为，混凝土密实度较差将导致其强度下降，然而，检验发现，该密实度较差的混凝土试块强度反而比密实度很好的混凝土试块强度高，试分析原因。

图4-26 混凝土试块的密实度对比

【原因分析】 这是因为密实度较差的混凝土水胶比很小，硬化水泥石强度很高，而密实度较好的混凝土水胶比较大，其硬化水泥石强度较低。

4.4.3.2 骨料

在普通混凝土中，骨料本身的强度一般大于水泥石强度，因而对混凝土有增强作用。实验表明，在相同水胶比和坍落度条件下，混凝土强度随胶骨比(胶凝材料与骨料用量之比)减小而提高。然而，骨料含量过多，水泥石不足以发挥其胶结作用时，混凝土强度将随胶骨比继续减小而下降。此外，骨料中含泥量、泥块含量和有害杂质含量较多时均影响骨料与水泥石之间的胶结作用，导致混凝土强度下降。级配不良的骨料堆积空隙率较大，要达到相同和易性所需水泥浆量较多，因此，在水泥用量和水胶比相同条件下，骨料级配不良将导致混凝土强度下降。

表面粗糙的骨料与水泥石黏结界面面积和界面黏结力均较大，因此，水胶比相同条件下，采用碎石配制的混凝土强度高于用卵石配制的混凝土强度。试验证明，水胶比小于0.4时，用碎石配制的混凝土比用卵石配制的混凝土强度高30%～40%，但水胶比较大时，水泥石本身强度逐渐成为影响混凝土强度的主要因素，因此，水胶比增大，两者差异逐渐减小。

4.4.3.3 施工方法

采用机械搅拌可使混凝土拌合物的质量更加均匀,特别是水胶比较小的混凝土拌合物。在其他条件相同时,与采用人工搅拌的混凝土相比,采用机械搅拌的混凝土强度可提高10%以上。采用机械振动成型时,机械振动作用可暂时破坏水泥浆的凝聚结构,降低水泥浆的黏度,从而提高混凝土拌合物的流动性,有利于获得致密结构,这对水胶比小的混凝土或流动性小的混凝土作用尤为显著。

此外,计量的准确性、搅拌时的投料次序与搅拌制度、混凝土拌合物的运输与浇灌方式对混凝土的强度也有一定的影响。

4.4.3.4 养护温度及湿度

养护(curing)温度高,水泥的水化反应速度快,硬化混凝土的早期强度高,但其28d及以后的强度与水泥的品种有关。矿渣硅酸盐水泥及其他掺活性混合材料多的硅酸盐水泥混凝土,或掺活性矿物掺合料的混凝土经高温养护后,28d强度可提高10%～40%。普通硅酸盐水泥混凝土与硅酸盐水泥混凝土在高温养护后,再转入常温养护至28d,其强度比一直在常温或标准养护温度下养护至28d的强度反而低10%～15%,这是因为水泥颗粒反应过快,在水泥颗粒表面过早形成大量水化产物,来不及形成致密的水化产物层,导致混凝土致密度下降,其后期强度反而有所下降。

当温度低于0℃时,水泥水化停止,混凝土强度也停止发展,同时还会受到冻胀破坏作用,严重影响混凝土的早期和后期强度。受冻越早,冻胀破坏作用越大,强度损失越大。因此,应特别注意防止混凝土早期受冻。《混凝土质量控制标准》(GB 50164—2011)规定,混凝土在达到具有抗冻能力的临界强度后,方可撤除保温措施,对硅酸盐水泥或普通硅酸盐水泥配制的混凝土,临界强度应大于设计强度等级的30%;对矿渣硅酸盐水泥配制的混凝土,临界强度应大于设计强度等级的40%,且在任何条件下受冻前的强度不得低于5MPa。当平均气温连续5d低于5℃时,应按冬季施工的规定《混凝土结构工程施工质量验收规范》(GB 50204—2015)进行。养护温度对混凝土强度发展的影响见图4-27。

环境湿度对水泥水化的影响很大。环境湿度越大,混凝土的水化程度越高,混凝土的强度越高,故水下混凝土和地下混凝土的强度随使用年限延长而得以持续增长。若环境湿度小,则由于水分大量蒸发,混凝土不能正常水化,严重影响混凝土的强度。由于早期混凝土的强度较低,因此,混凝土受干燥作用的时间越早,造成的干缩开裂越严重,结构越疏松,混凝土的强度损失越大,如图4-28所示。

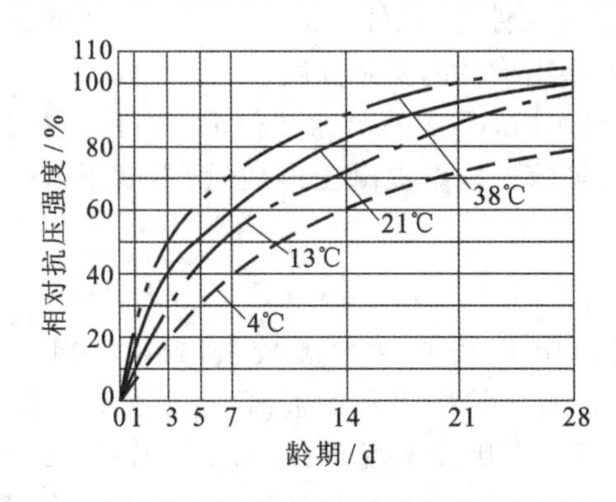

图4-27 养护温度对混凝土强度发展的影响

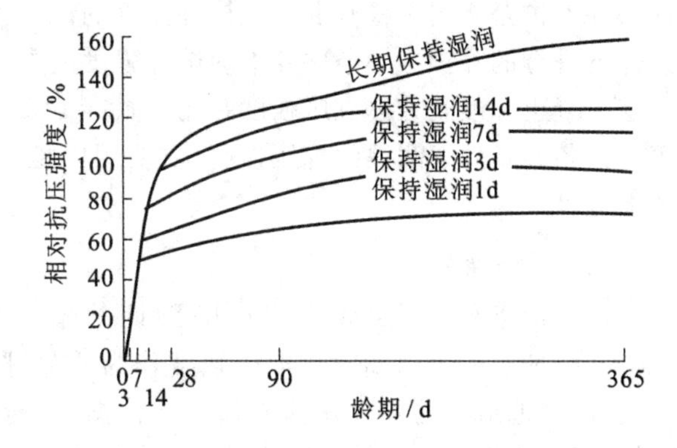

图4-28 混凝土强度与保湿养护时间的关系

为保证混凝土强度正常发展和防止失水过快引起收缩裂缝,混凝土浇筑完毕后,应及时覆盖和浇水养护。气候炎热和空气干燥时,若不及时进行养护,混凝土中水分会蒸发过快,出现脱水现象,混凝土表面出现片状、粉状剥落和干缩裂纹等现象,混凝土强度明显下降。

目前工程中常见的混凝土养护方法有以下几种。

(1)标准养护

标准养护是指将混凝土放在(20±1)℃,相对湿度为95%以上的标准养护室或(20±1)℃不流动的$Ca(OH)_2$饱和溶液中进行的养护。

(2)自然养护

自然养护是指混凝土在自然条件下于一定时间内使混凝土保持湿润状态的养护。养护时间取决于混凝土的特性和水泥品种,非干硬性混凝土浇筑完毕12h以内应加以覆盖并保湿养护,干硬性混凝土应于浇筑完毕后立即进行养护。使用铝酸盐水泥时,养护时间不得少于3d;使用硅酸盐水泥、普通硅酸盐水泥和矿渣硅酸盐水泥时,养护时间不应少于7d;使用火山灰质硅酸盐水泥和粉煤灰硅酸盐水泥或混凝土掺用缓凝型外加剂或有抗渗要求时,养护时间不得少于14d;道路路面水泥混凝土养护时间宜为14～21d。

季节不同,混凝土的养护方法也不同。夏季气温高、湿度低、干燥快,优先采用洒水的方法进行养护,但冬季施工时,混凝土不能采用洒水养护。理论上,日平均气温低于5℃时,不得洒水养护,宜用塑料薄膜或麻袋、草袋覆盖保温。

对于不易洒水的高耸构筑物和大面积混凝土结构,用养护剂养护较为实用和方便。该方法是将过氯乙烯树脂等养护剂溶液用喷枪喷涂在混凝土表面,溶液挥发后在混凝土表面形成一层薄膜,将混凝土与空气隔绝,阻止其中水分的蒸发以保证水泥水化的一种养护方法,具有劳动强度低、对混凝土表面无污染、节约水资源、无须进行后续清理工作等特点。有的薄膜在养护完成后要求能自行老化脱落,否则,不宜用于以后要做粉刷的混凝土表面。在夏季薄膜成型后要防晒,否则易产生裂纹。

(3)蒸汽养护

蒸汽养护(steam curing)是将混凝土在常压蒸汽中进行养护,目的是加快水泥水化,提高混凝土早期强度,以提前拆模,提高模板和场地周转率,提高生产效率,降低成本。蒸汽养护主要适用于生产混凝土预制构件,如预应力混凝土桥梁板、钢筋混凝土管片、预应力管桩等,并主要适合于早期强度发展较慢的水泥,如矿渣硅酸盐水泥、粉煤灰硅酸盐水泥等掺加大量混合材料的水泥,不适合于硅酸盐水泥、普通硅酸盐水泥等早期强度发展较快的水泥。

(4)蒸压养护

蒸压养护(autoclave curing)是将混凝土在175℃及8atm的压蒸釜中进行养护的一种养护方法,其目的是进一步提高混凝土中非晶态成分的反应速度,并促使晶态 SiO_2 与水泥的水化产物 $Ca(OH)_2$ 发生水化反应,形成有利于提高混凝土强度的水化产物。蒸压养护主要用于生产硅酸盐制品,如加气混凝土、蒸压粉煤灰砖和蒸压灰砂砖等。

(5)同条件养护

同条件养护是将用于检查混凝土构件强度的试件置于混凝土构件旁,试件与混凝土构件在相同温度和湿度条件下进行的养护。同条件养护的试件强度能真实反映混凝土构件的实际强度。

测定混凝土标准立方体抗压强度并用以确定混凝土强度等级时,必须采用标准养护。自然养护、蒸汽养护等其他各种条件下测得的抗压强度,主要用以检验和控制实际工程中混凝土的质量,不能用以确定混凝土的强度等级。

4.4.3.5 龄期

在正常养护条件下,混凝土强度随龄期的增长而增大,14d以内强度发展较快,28d后趋于平缓(图4-28)。一般混凝土以28d龄期的强度作为质量评定依据。对于掺粉煤灰的混凝土,因其强度发展较慢,有时也以其他龄期的强度作为质量评定依据。《粉煤灰混凝土应用技术规范》(GB/T 50146—2014)规定,粉煤灰混凝土设计强度等级的龄期,地上、地面工程宜为28d或60d,地下工程宜为60d或90d,大坝混凝土工程宜为90d或180d。

在混凝土施工过程中,经常需根据早期强度预测混凝土后期强度。研究表明,用中等强度等级普通硅酸盐水泥(非早强型)配制的混凝土,在标准养护条件下,其强度与龄期($n\geqslant 3$d)的对数大体上成正比关系,如式(4-11)所示:

$$\frac{f_{cu,28}}{f_{cu,n}}=\frac{\lg 28}{\lg n} \tag{4-11}$$

式中 $f_{cu,n}$——标准养护 nd 的混凝土抗压强度,MPa;

$f_{cu,28}$——标准养护28d的混凝土抗压强度,MPa;

n——龄期,d。

采用式(4-11)可根据混凝土早期强度估计混凝土后期强度。由于影响混凝土强度的因素很多,该结果只能作参考。

4.4.3.6 试验条件

测定混凝土试件强度时,试件尺寸、形状、表面状况等对测试结果均有较大影响。通常,试件尺寸较大、表面涂润滑剂、表面凹凸不平时,试验测得的强度结果偏小。

试件尺寸较大测得的结果偏小,其原因是混凝土试件内部不可避免地存在一些微裂缝和孔隙,在外力作用下易产生应力集中现象,大尺寸试件存在的缺陷数量较多,产生的应力集中现象较严重,因而测定的强度值偏低。

对混凝土进行抗压强度测试时,在表面不光滑的混凝土表面与压力试验机压板之间还存在一种"环箍效应"。当混凝土试件在压力试验机上受压时,沿荷载方向发生纵向变形的同时,在垂直于荷载方向也发生横向变形。然而,由于压力机上、下压板(钢板)的弹性模量比混凝土大 5～15 倍,而泊松比则不大于混凝土的 2 倍,因此,在压力作用下,钢压板的横向变形小于混凝土的横向变形。当试件表面未涂刷润滑剂时,上、下压板与试件接触面之间产生摩擦阻力,对混凝土试件的横向膨胀起约束限制作用,通常称这种效应为"环箍效应",其作用范围为上下对称的截椎体,如图 4-29(a)所示。这种"环箍效应"使混凝土在受到压力作用时,在其作用范围内微裂纹不易扩展,导致强度测定结果偏高。最终受压试件破坏时,其上下部分各呈一个较完整的截锥体,如图 4-29(b)所示。混凝土立方体试件尺寸较大时,"环箍效应"的影响相对较小,因而测得的抗压强度偏低。如果在压板和试件接触面之间涂上润滑剂,则"环箍效应"大大减小,试件出现直裂破坏,如图 4-29(c)所示,其强度测定结果也偏小。

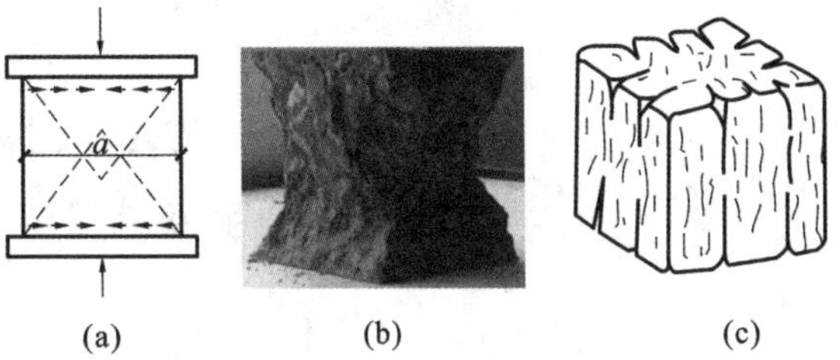

(a) (b) (c)

图 4-29 混凝土受压时的"环箍效应"及其破坏情况

(a)"环箍效应"及其作用范围;(b)有"环箍效应"时破坏后残存的截锥体;(c)无"环箍效应"时直裂破坏

混凝土承压面表面凹凸不平时,由于凹下的表面降低了混凝土实际承压面积,其测定结果偏低;凸起的表面则易在压力作用下发生局部破坏,且同样降低了混凝土实际承压面积,导致混凝土表面更易发生破坏,测定结果偏小。因此,在进行混凝土强度测定时,表面凹凸不平的成型面不能作为承压面。

此外,加荷速度对混凝土强度测定结果也有明显影响。加荷速度越大,强度测定结果越大,其原因是混凝土受压破坏过程是在外力作用下内部裂纹的扩展过程,当混凝土加荷速度较大,裂纹扩展速度低于加荷速度时,混凝土表现为不易破坏,强度测定结果偏大。

由于混凝土各种强度的测定结果均与试件尺寸、表面状况、加荷速度、环境(或试件)的湿度和温度等因素有关,因此,在进行混凝土强度测定时,应按《混凝土物理力学性能试验方法标准》(GB/T 50081—2019)等规定的条件和方法进行检测,以保证检测结果的可比性。

4.4.4 提高混凝土强度的措施

(1)采用高强度等级水泥或快硬早强型水泥

采用高强度等级水泥可提高混凝土 28d 龄期的强度;采用快硬早强型水泥可提高混凝土的早期强度。

(2)采用干硬性混凝土或较小的水胶比

干硬性混凝土的用水量小,即水胶比小,因而硬化后混凝土的密实度高,故可显著提高混凝土的强度。然而,干硬性混凝土在成型时需要较大、较强的振动设备,适合在预制厂使用,或者采用碾压方式进行施工。

(3)采用粒径适宜、级配好、杂质含量低的骨料

级配好,泥、泥块等有害杂质少以及针、片状颗粒含量较少的粗、细骨料,有利于降低水胶比,可提高混凝土的强度。对于中低强度的混凝土,应采用最大粒径较大的粗骨料;对于高强混凝土,则应采用最大粒径较小的粗骨料,同时应采用较粗的细骨料。

(4)采用机械搅拌和机械振动成型

采用机械搅拌和机械振动成型可进一步降低水胶比,并能保证混凝土密实成型。其在低水胶比情况下,效果尤为显著。

(5)加强养护

混凝土在成型后,应及时进行养护以保证水泥能正常水化与凝结硬化。对自然养护的混凝土应保证一定的温度与湿度,同时应特别注意混凝土的早期养护,即在养护初期必须保证有较高的湿度,并应防止混凝土早期受冻。采用湿热处理,可提高混凝土的早期强度,可根据水泥品种对高温养护的适应性和对早期强度的不同要求选择适宜的养护温度。

(6)掺加化学外加剂

掺加减水剂,特别是高效、高性能减水剂,可大幅度降低单位用水量和水胶比,使混凝土的强度显著提高。掺加早强剂可显著提高混凝土的早期强度。

(7)掺加矿物掺合料

掺加细度大的活性矿物掺合料,如硅灰、磨细粉煤灰、沸石粉等可提高混凝土的强度,特别是硅灰可大幅度提高混凝土的强度。近年来,有研究尝试在混凝土中掺加纳米 SiO_2 等纳米材料来提高硬化混凝土的早期强度。

苦练本领　重视质量
——江西丰城发电站坍塌事故带给我们的启示

事故介绍

2016年11月24日,江西丰城发电站三期扩建工程发生冷却塔施工平台坍塌特别重大事故(图4-30),造成73人死亡、2人受伤,直接经济损失10197.2万元。

7号冷却塔于2016年4月11日开工建设,事故发生时已浇筑完成第52节混凝土,高度76.7m,浇筑混凝土时,第53节钢筋在绑扎。

图4-30　事发时现场监控

7时33分,7号冷却塔第50～52节混凝土从后期浇筑完成部位开始坍塌,沿圆周方向,向两侧连续倾塌坠落,作业人员随同筒壁混凝土及模架体系一同坠落。在此过程中,液压顶升平桥晃动倾斜后,整体向东倒塌,事故持续时间24s,如图4-31所示。

经调查认定,事故的直接原因是施工单位在7号冷却塔第50节筒壁混凝土强度不足的情况下,违规拆除第50节模板,致使第50节筒壁混凝土失去模板支护,不足以承受上部荷载,从底部最薄弱处开始坍塌,造成第50节及以上筒壁混凝土和模架体系连续倾塌坠落。坠落物冲击与筒壁内侧连接的平桥附着拉索,导致平桥也整体倒塌。

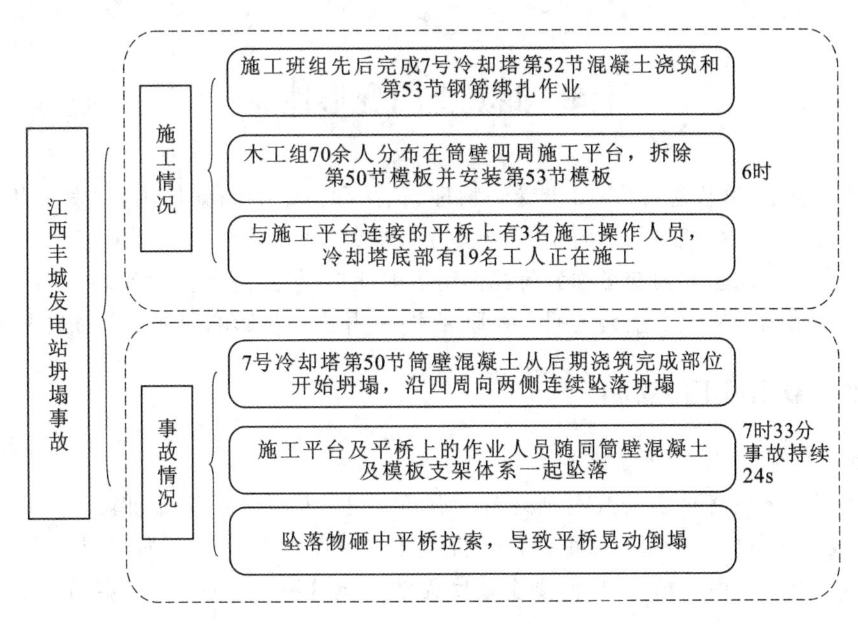

图 4-31 事故经过(包括施工情况和事故情况)

(1)工程进度加快，混凝土养护时间短

同比工程工期有 212d，压缩至 110d，同时，施工进度逐渐加快，导致拆模前混凝土养护时间缩短。

(2)气温骤降，混凝土强度增加慢

11 月 21 日至 24 日，当地气温骤降，施工单位没有采取相应技术措施应对混凝土强度增长变慢，经模拟试验，在上述两种情况下，事故发生时第 50 节混凝土抗压强度为 0.89～2.35MPa，第 51 节混凝土抗压强度小于 0.29MPa，而按照国家标准中强制性条款要求：拆除第 50 节模板，第 51 节混凝土强度应达到 6MPa 以上。

(3)施工单位违规拆模

在拆除第 50 节模板前，项目部试验员检测发现，第 50 节、51 节混凝土同条件养护试块未完全凝固，无法脱模，试块强度不足，但项目部管理人员在得到报告后没有采取相应有效措施，而任由劳务作业队伍违规拆模导致事故发生。

启示

江西丰城发电站冷却塔发生坍塌事故，对你有什么启示？

(1)混凝土的性能受多种因素影响

我们知道混凝土的性能(凝结时间、强度)会受温度的影响，该工程正处于冬季低温时期，此时混凝土应该需要更长的养护时间才能达到标准设计强度。当混凝土浇筑完成并且达到相应的标准强度后，下面的第一个模板先拆除，然后把它安装到第二个模板的上方，重新进行一次浇筑。但如果在第一个模板拆除的过程中，第二个模板还未达到其标准设计强度，就不足以支撑整个作业平台的荷载，自然会导致整个平台的坍塌。但在此次施工过程中管理人员并没有注意到这些情况，直接导致了事故的发生。

(2)施工过程管理体系问题

在拆除第 50 节模板前，项目部试验员发现第 50 节、51 节混凝土试块在同条件养护下未完全凝固、强度不足的质量问题后，没有得到管理人员的重视，同时施工监理单位也没有发挥其作用，现场监理人员对拆模工序等风险控制点失管失控，未纠正施工单位不按施工技术标准施工、在拆模前不进行混凝土试块强度检测的违规行为，任由劳务人员违规拆模导致了事故的发生。

(3)采用智能检测体系

如果在施工过程中采用智能预警设备，对施工过程中的环境情况与混凝土强度的关联作出风险预警，则可以进一步保护工作人员的生命安全，同时提高工程质量。

4.5 混凝土的变形性能

混凝土在水化、硬化和服役过程中，由于受到物理、化学和力学等因素作用，常发生各种变形，由物理、化学因素引起的变形称为非荷载作用下的变形，包括塑性收缩、化学收缩、自(干燥)收缩、干湿变形、碳化收缩、温度变形等；由荷载作用引起的变形称为荷载作用下的变形，包括短期荷载作用下的变形和长期荷载作用下的变形。这些变形是混凝土产生裂纹的主要原因之一，并进一步影响混凝土的强度和耐久性。

4.5.1 在非荷载作用下的变形

4.5.1.1 塑性收缩

塑性收缩是指混凝土在终凝之前或刚刚终凝而强度很小，表面因受高温或较大风力的影响失水较快时，毛细管中产生较大的负压而出现的收缩。由于混凝土在终凝前几乎没有强度或强度很小，刚刚终凝时强度也很小，因此，混凝土表面失水过快，混凝土强度无法抵抗这种塑性收缩，很容易在混凝土表面产生龟裂，如图4-32所示。

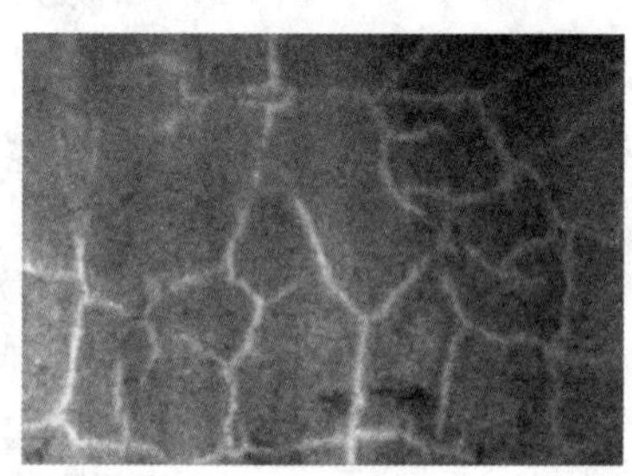

图4-32 混凝土的塑性收缩开裂

塑性收缩裂缝一般在干热或大风天气出现，裂缝多呈中间宽、两端细且长短不一，互不连贯状态。较短的裂缝一般长20～30cm，较长的裂缝可达2～3m，宽1～5mm。

影响混凝土塑性收缩开裂的主要因素有新拌混凝土的工作性、凝结时间、环境温度、风速、相对湿度等。

预防塑性收缩的主要措施：①选用干缩较小，早期强度较高的硅酸盐或普通硅酸盐水泥；②严格控制水胶比，掺加高效减水剂来增加混凝土的坍落度和和易性，减少水泥及水用量，不能有泌水现象；③浇筑混凝土之前，将基层和模板浇水使其均匀湿透；④及时覆盖塑料薄膜或者潮湿的草垫、麻片等，保持混凝土终凝前表面湿润，或者在混凝土表面喷洒养护剂等进行养护；⑤在高温和大风天气要设置遮阳和挡风设施，及时养护。

4.5.1.2 化学收缩

混凝土在硬化过程中，水泥水化产物体积小于反应物(水泥与水)的体积，导致混凝土在硬化时产生的收缩，称为化学收缩。混凝土的化学收缩是不可恢复的，收缩量随混凝土硬化龄期的延长而增加，一般在40d内逐渐趋于稳定。普通混凝土化学收缩值很小，一般对混凝土结构无破坏作用，但水泥用量较多时，化学收缩也可能导致在混凝土内部形成微裂纹。需指出的是，虽然水泥水化体系总体积减小，但水泥水化产物体积大于反应物的体积，即随着反应的进行，固相体积增加，混凝土密实度提高(表4-25)。

表4-25 水泥熟料矿物水化反应式及绝对体积的变化

反应式	绝对体积变化量/%	
	固相体积	体系体积
$C_3A+3CSH_2+26H \longrightarrow C_3A \cdot 3CS \cdot H_{32}$	129.55	−6.15
$2C_3S+6H \longrightarrow C_3S_2H_3+3CH$	65.11	−5.31
$2C_2S+4H \longrightarrow C_3S_2H_3+CH$	65.32	−1.97
$C_3A+6H \longrightarrow C_3AH_6$	68.89	−23.79

4.5.1.3 自(干燥)收缩

除搅拌水以外,如果在混凝土成型后不再提供任何附加水,则即使原来的水分不向环境散失,混凝土内部水分也会因水泥水化的消耗而减少。密封的混凝土内部相对湿度随水泥水化的进行而逐渐下降,由此导致混凝土内部产生的干燥收缩称为自(干燥)收缩(autogenous shrinkage)。

对于高强高性能混凝土,由于水胶比很低,早期强度发展迅速,自由水消耗速度很快,孔体系中的相对湿度低于80%,而高强高性能混凝土结构较密实,外界水很难渗入补充,因此,通常高强高性能混凝土的自收缩较大。

研究表明,水胶比为0.40的高性能混凝土水化60d后,其自收缩可达1.0×10^{-4}mm/mm;水胶比为0.30时,其自收缩可达2.0×10^{-4}mm/mm;水胶比为0.17时,其自收缩可达8.0×10^{-4}mm/mm。

高性能混凝土的总收缩中干燥收缩和自收缩几乎相等,水胶比越低,掺合料越细,自收缩所占比例越大。研究表明,水胶比为0.40时,高性能混凝土自收缩占总收缩的40%;水胶比为0.30时,自收缩占总收缩的50%;水胶比为0.17(掺入硅灰10%)时,自收缩占总收缩的100%。

高性能混凝土自收缩过程开始于水化速率处于高潮阶段的头几天,湿度梯度首先引发表面裂缝,随后引发内部微裂缝,若混凝土变形受到约束,则进一步产生收缩裂缝。

4.5.1.4 干湿变形

混凝土随环境湿度变化,会产生干燥收缩(简称干缩,drying shrinkage)和吸湿膨胀(swelling),称为干湿变形。

混凝土在水中硬化时,由于凝胶体中胶体粒子表面吸附水膜增厚,胶体粒子间距离增大,引起混凝土产生均匀的微小膨胀,即湿胀。湿胀对混凝土无害。

混凝土在空气中硬化时,由于环境湿度较小,混凝土首先失去自由水,自由水失去不引起收缩;继续干燥时,毛细管水蒸发,在毛细孔中形成负压产生收缩,该收缩在重新吸附水分后会有所恢复;再继续干燥则引起凝胶体失去吸附水而导致凝胶颗粒之间发生紧缩,这部分收缩是不可恢复的。因此,混凝土的干缩变形在重新吸水后大部分可以恢复,但有30%~50%不能完全恢复,如图4-33所示。干缩变形对混凝土危害较大。一般条件下,混凝土极限收缩可达$(3\sim5)\times10^{-4}$ mm/mm,结构设计中混凝土干缩率取值为$(1.5\sim2.0)\times10^{-4}$mm/mm,即每米混凝土收缩0.15~0.20mm。干缩可使混凝土表面产生较大拉应力而引起开裂,使混凝土抗渗性、抗冻性、抗侵蚀性等下降。

混凝土中水泥石失去水分是干缩的主要原因,骨料则发挥抑制收缩的作用,因此影响混凝土干缩变形的因素主要有以下几个方面。

①水泥用量、细度、品种。水泥用量越多,水泥石含量越多,干燥收缩越大;水泥的细度越大,混凝土的用水量越多,干燥收缩越大;高强度等级水泥的细度往往较大,故使用高强度等级水泥的混凝土干燥收缩较大;使用火山灰质硅酸盐水泥时,混凝土的干燥收缩较大;而使用优质粉煤灰硅酸盐水泥时,混凝土的干燥收缩较小。

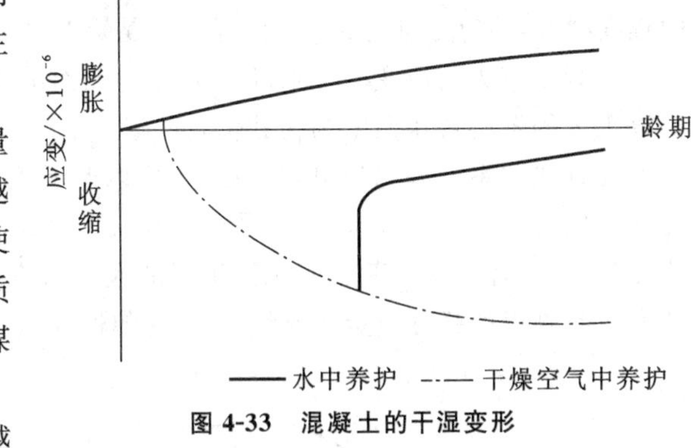

图4-33 混凝土的干湿变形

②水胶比。水胶比越大,混凝土内的毛细孔隙数量越多,混凝土的干燥收缩越大。一般用水量每增加1%,混凝土的干缩率增加2%~3%。

③骨料的规格与质量。骨料的粒径越大、级配越好、含泥量及泥块含量越少,水与水泥用量越少,混凝土干燥收缩越小。

④养护条件。养护湿度高,养护时间长,则有利于推迟混凝土干燥收缩的产生与发展,可避免混凝土在早期产生较多的干缩裂纹,但对混凝土的最终干缩率无显著影响。采用湿热养护可降低混凝土的干缩率。

4.5.1.5 碳化收缩

混凝土的碳化是指混凝土内水泥石中的$Ca(OH)_2$与空气中的CO_2在湿度适宜条件下发生化学反应,

生成 $CaCO_3$ 和 H_2O 的过程,也称为中性化。

混凝土碳化也会引起收缩,其可能是在干燥收缩引起的压应力下,$Ca(OH)_2$ 晶体应力释放和在无应力空间 $CaCO_3$ 沉淀所引起。碳化收缩会在混凝土表面产生拉应力,导致混凝土表面产生微细裂纹。观察碳化混凝土的切割面,可以发现细裂纹深度与碳化层深度相近,但碳化收缩与干燥收缩总是相伴发生,很难准确将其划分开来。

4.5.1.6 温度变形

混凝土同其他材料一样,也会随温度变化而产生热胀冷缩变形。混凝土的温度膨胀系数为(0.6～1.3)×10^{-5}/℃,一般取 1.0×10^{-5}/℃,即温度每改变 1℃,1m 混凝土将产生 0.01mm 膨胀或收缩变形。

由于水泥水化为放热过程,而混凝土是热的不良导体,因此在大体积混凝土(截面最小尺寸大于 $1m^2$ 的混凝土,如大坝、桥墩和大型设备基础等)硬化初期,内部积聚大量热量,导致混凝土内外层温差很大(可达50～80℃),这将使内部混凝土产生较大热膨胀,而外部混凝土与大气接触,温度相对较低,内部热量向外传导散热将导致混凝土表面产生收缩。内部膨胀与外部收缩相互制约,在表面的混凝土中产生很大拉应力,严重时将使混凝土表面产生裂缝,影响大体积混凝土的耐久性。因此,大体积混凝土施工时,需采取一些措施来减小混凝土内外层温差,以防止混凝土产生温度裂缝,目前常用的方法有以下几种。

①采用低热水泥(如粉煤灰水泥等),掺加减水剂和掺合料,尽量减少水泥用量,以减少水泥水化热。

②预先冷却原材料,以抵消部分水化热。

③在混凝土中预埋冷却水管,冷却水流经预埋管道后,将混凝土内部水化热带出。

④在结构安全许可条件下,将大体积混凝土分阶段施工,减轻约束和扩大散热面积。

⑤表面绝热,调节混凝土表面温度下降速率。

对于纵长和大面积混凝土工程(如混凝土路面、广场、地面、屋面等),由于环境温度上升或下降引起的膨胀或收缩会导致混凝土表面膨起或开裂,因此,纵长混凝土路面等常每隔一段距离设置一道伸缩缝或留设后浇带,大面积混凝土则设置分仓缝,以防止混凝土表面膨起或开裂。

4.5.2 荷载作用下的变形

4.5.2.1 短期荷载作用下的变形——弹塑性变形

混凝土是一种非均质材料,属于弹塑性体,在外力作用下,既产生弹性变形,又产生塑性变形,即混凝土应力与应变的关系不是直线而是曲线,如图 4-34 所示。应力越高,混凝土的塑性变形越大,应力与应变曲线的弯曲程度越大,即应力与应变的比值越小。混凝土的塑性变形是内部微裂纹产生、增多、扩展与会合等的结果。

混凝土应力与应变的比值随应力的增大而减小,即弹性模量随应力增大而下降。实验结果表明,混凝土以 1/3 的轴心抗压强度为荷载值,即 $f_a = f_{cp}/3$,经 3 次以上循环加荷、卸荷的重复作用后,应力与应变基本上为直线关系。因此为测定方便、准确以及所测弹性模量具有实用性,《混凝土物理力学性能试验方法标准》(GB/T 50081—2019)规定,采用 150mm×150mm×300mm 的棱柱试件,用 1/3 轴心抗压强度值作为荷载控制值,循环 3 次加荷、卸荷后,测得的应力与应变的比值,即为混凝土的弹性模量,如图 4-35 所示。严格来说由此测得的弹性模量为割线 $A'C'$ 的弹性模量,故又称割线弹性模量。

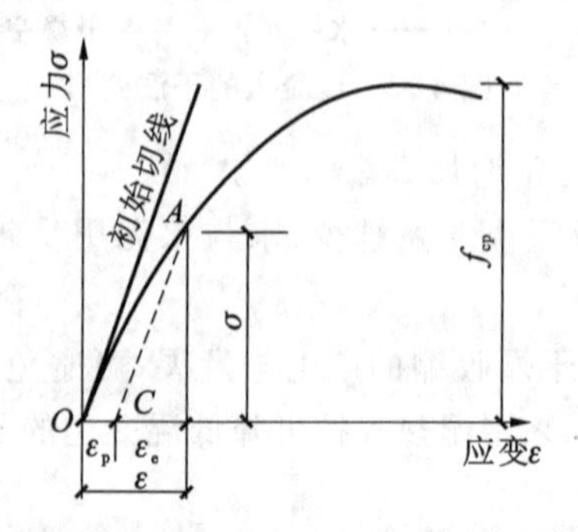

图 4-34 混凝土在压力作用下的 σ-ε 曲线

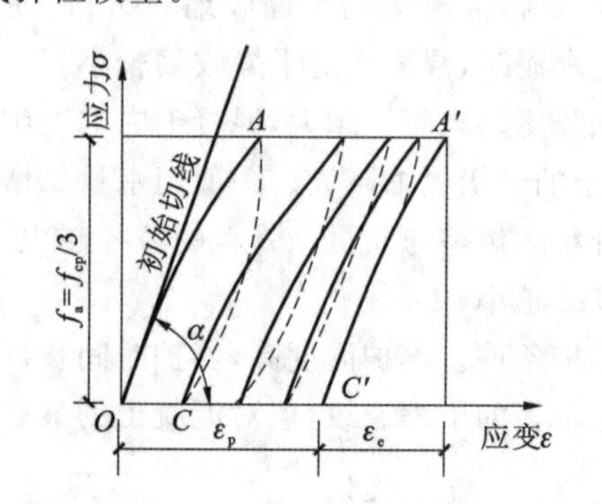

图 4-35 低应力水平下反复加卸荷载时的 σ-ε 曲线

混凝土的弹性模量与混凝土的强度、骨料的弹性模量、骨料用量和早期养护温度等因素有关。混凝土强度越高、骨料弹性模量越大、骨料用量越多、早期养护温度较低，混凝土的弹性模量越大。C10～C60 的混凝土弹性模量为(1.75～4.90)$\times 10^4$ MPa。

4.5.2.2 长期荷载作用下的变形——徐变

混凝土在长期荷载作用下会发生徐变。所谓徐变，是指混凝土在长期恒载作用下，随时间延长，沿作用力方向缓慢发展的变形。

混凝土的徐变在加荷早期增长较快，然后逐渐减慢，2～3 年后才趋于稳定。徐变可达瞬时变形的2～4倍。普通混凝土的最终徐变为(3～15)$\times 10^{-4}$。当混凝土卸载后，一部分变形瞬时恢复，一部分要过一段时间才能恢复，称为徐变恢复，剩余的变形是不可恢复的，称作残余变形，如图 4-36 所示。

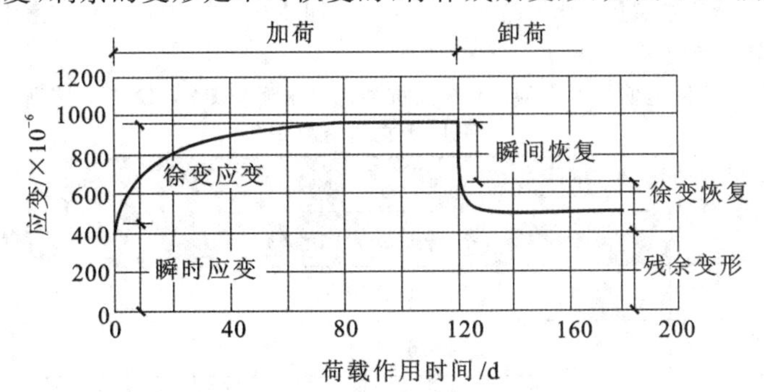

图 4-36 混凝土的应变与荷载作用时间的关系

混凝土产生徐变，一般认为是由于在长期荷载作用下，水泥石中的凝胶体产生黏性流动，向毛细孔中迁移，或者凝胶体中的吸附水向内部毛细孔迁移渗透所致。因此，影响混凝土徐变的主要因素是水泥用量和水胶比。水泥用量越多，混凝土中凝胶体含量越大；水胶比越大，混凝土中的毛细孔越多；这两个方面均会使混凝土的徐变增大。此外，加载龄期和荷载大小对混凝土徐变也有明显影响，加荷龄期越短，所加荷载越大，混凝土徐变越大。

混凝土的徐变对混凝土及钢筋混凝土结构物的影响有有利的一面，也有不利的一面。徐变有利于削弱由温度、干缩等引起的约束变形，防止裂缝的产生，但在预应力钢筋混凝土结构中，徐变将产生应力松弛，引起预应力损失。

积累磨砺 突破创新

——北京大兴国际机场高抗裂优化水泥的使用

工程介绍

北京大兴国际机场的建设，要达到百年工程的要求，就要使用具备百年耐久性的混凝土，才能确保整体工程质量达到新水平、新高度。

2016 年 9 月，在北京大兴新机场建设指挥部、监理、试验和施工等单位的技术人员与专家共同监督下，在北京大兴新机场一条长约 6km 的临时道路上，采用琉璃河水泥厂生产的 P·O42.5 级普通水泥，与 P·O42.5 级高抗裂优化水泥进行道路破坏的比较试验。在采用相同配合比和施工工艺下，进行混凝土路面的同步浇筑；养护完成后，历经 8 个月的重车(200t)反复碾压，再进行道路路面的状态对比，试验结果充分显示出了 P·O42.5 级高抗裂优化水泥的优越性，试验后的路面效果见图 4-37、图 4-38。

由于机场跑道对裂缝控制要求很高，成型后只要发现有裂缝(行业内部叫作“断板”)，就必须砸掉重做，过去主要依靠加强施工作业来进行控制，“断板”出现率约为每万块中出现 3～4 块。而北京大兴国际机场的机场道面采用 P·O42.5 级高抗裂优化水泥，并对施工工艺进行严格把控，在相同条件下，共成型约 50 万块板，断板只有 13 块，断板率非常低。表 4-26 为大兴国际机场跑道使用 P·O42.5 级高抗裂优化水泥与 P·O42.5 级普通水泥对比。

图 4-37 P·O42.5 级高抗裂优化水泥路面破坏试验结果

图 4-38 P·O42.5 级普通水泥路面破坏试验结果

表 4-26 大兴国际机场跑道使用 P·O42.5 级高抗裂优化水泥与 P·O42.5 级普通水泥对比(引用杨文科资料)

检验项目		检验结果	
		P·O42.5 级高抗裂优化水泥	P·O42.5 级普通水泥
烧失量/%		1.31	2.82
MgO/%		4.16	2.71
K_2O/%		0.61	0.78
Na_2O/%		0.12	0.17
SO_3/%		2.27	2.35
水化热/(kJ/kg)	3d	222	272
	7d	243	326
干缩率/%		0.064	0.112
比表面积/%		332	386
标准稠度用水量/%		24.60	28.90
凝结时间/min	初凝	187	143
	终凝	258	215
抗折强度/MPa	3d	4.5	6.1
	28d	8.6	8.5
	90d	9.0	8.8
抗压强度/MPa	3d	19.4	28.6
	28d	47.6	54.2
	90d	56.4	54.8

在现代混凝土结构中,从结构设计、原材料加工、配合比选用、施工过程到施工现场的环境,都存在产生裂缝的因素。施工现场要保证施工质量,必须对进场的砂石料、配合比、施工和养护流程进行严格的把控,最终才能让裂缝在可控范围内并且保证工程质量。

启示

针对北京大兴国际机场使用的水泥,对你有什么启示?

(1)材料的使用与工程质量有着密切联系

如果大兴国际机场使用 P·O42.5 级普通水泥,机场跑道将会很快出现裂缝,断板率较高,路面极易破坏,对机场的后期维护也产生诸多不便,长此以往机场跑道也会存在一定安全隐患。而使用经过优化的

P·O42.5级抗裂水泥,机场跑道几乎不出现裂缝与破坏,施工完成后性能、强度等各项技术指标远超使用P·O42.5级普通水泥建造的机场跑道。由此可见,材料的使用与施工质量联系非常密切。

(2)只有将材料应用到工程中并有良好效果才可以突出材料的价值

新型材料各种各样,但是只有材料在工程上得以运用才可以突出其价值,各种新型材料被研制出来也必须去寻找各种各样匹配的工程实践,去找寻材料能够运用并发挥其价值的地方,不然新型材料便没有其真正的用武之地。

(3)对新型材料的应用与实践需要长期在一线积累工程经验

杨文科老师在工程实践中积累了众多的经验,在此基础上不断研究创新得到优化的新型抗裂P·O42.5级水泥,成功地在大兴机场的建设中应用,如今新型抗裂水泥也已在其他工程中得到广泛应用。与此同时,我们也要学习杨老师等专业技术人员长期在工程现场不断研究的"一线精神",没有在一线工作研究的过程就不能真正了解施工上的各种问题与不足,也很难做到将新型材料灵活地应用到工程中去。

4.6 混凝土的耐久性

一般认为,混凝土是经久耐用的。在干燥环境下,由于缺乏水作为介质,混凝土材料及钢筋混凝土结构一般均具有优异的耐久性。在有水环境中服役的混凝土耐久性问题不容忽视。由于早期对钢筋混凝土结构耐久性重视不够,国内外沿海、水工及海工钢筋混凝土结构的耐久性问题引起的损失巨大。据调查,美国目前每年由钢筋混凝土结构各种腐蚀引起的损失达2500亿美元以上,瑞士每年仅用于桥面检测及维护的费用就高达8000万瑞士法郎,我国每年由于钢筋混凝土结构各种腐蚀造成的损失也高达1800亿元以上。

钢筋混凝土结构的耐久性包括混凝土材料本身的耐久性及其对钢筋保护作用的耐久性两方面。本节混凝土的耐久性不仅是指混凝土本身能抵抗环境介质的长期作用,保持其正常使用性能和外观完整性的能力,还包括混凝土对钢筋保护作用的持久性。

4.6.1 混凝土材料本身的耐久性问题

4.6.1.1 混凝土的抗物理损伤性能

(1)混凝土的抗渗性

混凝土的抗渗性是指混凝土抵抗压力液体在混凝土中渗透的能力。外界环境中的侵蚀性介质只有通过渗透才能进入混凝土内部产生破坏作用,因此,混凝土的抗渗性是决定混凝土耐久性最主要的因素。

压力液体在混凝土中产生渗透的主要原因,是混凝土内部存在与外界相通的开口连通孔隙,这些开口连通孔隙来源于水泥浆中多余水分蒸发留下的毛细孔道、混凝土浇筑过程中泌水产生的通道、混凝土拌合物振捣不密实形成的孔洞、混凝土收缩产生拉应力形成的裂缝等。

可见,提高混凝土抗渗性的关键是提高混凝土密实度。混凝土的密实度主要与水胶比有关。实验表明,水胶比大于0.60时,混凝土的渗透系数急剧增加(图4-39),即抗渗性急剧下降,因此,配制有抗渗要求的混凝土时,水胶比需小于0.60。

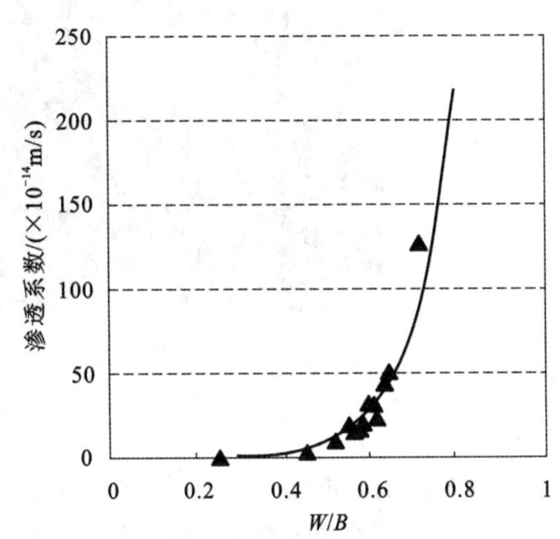

图4-39 水泥石的渗透系数与水胶比的关系

提高混凝土抗渗性的主要措施有:

①降低水胶比,以减少泌水和毛细孔;

②掺加引气型外加剂,将开口孔隙转变成闭口孔隙,切断渗水通道;

③减小骨料最大粒径,骨料干净、级配良好;

④加强振捣,充分养护等。

混凝土抗渗性用抗渗等级来表示。《普通混凝土长期性能和耐久性能试验方法标准》(GB/T 50082—2009)规定,测定混凝土抗渗等级时,采用顶面直径为175mm、底面直径为185mm、高度为150mm的圆台体标准试件,在规定试验条件下,以6个试件中4个试件未出现渗水时的最大水压力来表示混凝土的抗渗等级。试验时从0.1MPa开始加水压,每次增加水压0.1MPa,每级水压加压8h,至6个试件中有3个试件表面渗水时为止。混凝土抗渗等级按式(4-12)计算:

$$P = 10H - 1 \tag{4-12}$$

式中 P——混凝土的抗渗等级;

H——6个试件中3个试件表面渗水时的水压,MPa。

《混凝土耐久性检验评定标准》(JGJ/T 193—2009)规定,混凝土抗渗等级分为P4、P6、P8、P10、P12和大于P12六级,分别表示混凝土能抵抗0.4MPa、0.6 MPa、0.8MPa、1.0MPa、1.2MPa和大于1.2MPa的水压不渗漏。受液体压力作用的工程,如地下建筑、水池、水塔、压力水管、水坝、油罐等钢筋混凝土结构工程,要求混凝土需具有一定的抗渗性。

(2)混凝土的抗冻性

混凝土的抗冻性是指混凝土在水饱和状态下,经受多次冻融循环作用,强度未严重下降,外观能保持完整的性能。

水结冰时体积增大约9%,如果混凝土毛细孔充水程度超过某一临界值(91.7%),则结冰产生很大的压力。此压力的大小取决于毛细孔的充水程度、冻结速度及尚未结冰的水向周围能容纳水的孔隙流动的阻力大小。除了水的冻结膨胀引起的压力之外,当毛细孔水结冰时,凝胶孔水处于过冷的状态,过冷水的蒸气压比同温度下冰的蒸气压高,将发生凝胶水向毛细孔中冰的界面迁移渗透,并产生渗透压力。因此,混凝土受冻融破坏是其内部的孔隙和毛细孔中的水结冰使体积增大和过冷水迁移产生张力所致。当两种应力超过混凝土的抗拉强度时,混凝土产生微细裂缝。在反复冻融作用下,混凝土内部的微细裂缝逐渐增多和扩大,导致混凝土强度降低甚至被破坏。

对于道路工程还存在盐冻破坏问题。为防止冰雪冻滑影响车辆行驶和引发交通事故,常常在冰雪路面撒除冰盐($NaCl$、$CaCl_2$等),因盐能降低水的冰点,可达到自动融化冰雪的目的。然而,除冰盐会使混凝土的饱水程度、膨胀压力、渗透压力提高,加大冰冻的破坏力,且干燥时盐会在孔中结晶,产生结晶压力,两方面共同作用,使混凝土路面剥蚀(图4-40),因此,盐冻的破坏力更大。盐冻破坏已成为广泛采用除冰盐的北美、北欧等国家和地区以及我国北方地区混凝土路桥和车库钢筋混凝土面板破坏的最主要原因之一。

(a)

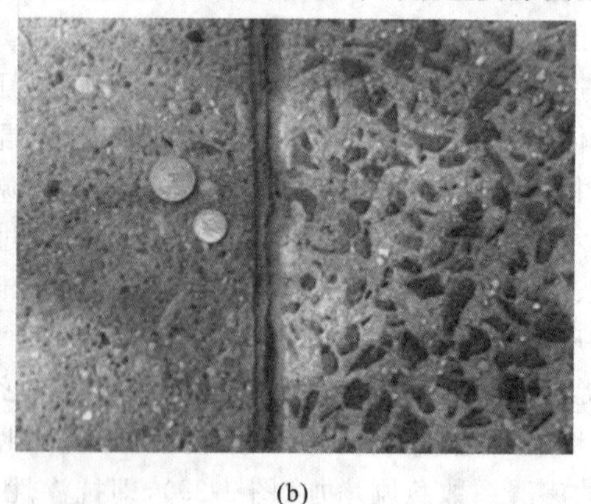

(b)

图4-40 混凝土破坏的形式

(a)混凝土受冻破坏;(b)表面盐冻剥蚀破坏

混凝土的抗冻性与混凝土的密实度、孔隙充水程度、孔隙特征、孔隙间距、冰冻速度、反复冻融的次数等有关。对于寒冷地区经常与水接触的结构物,如水位变化区的海工、水工混凝土结构物,水池,发电站冷却塔及与水接触的道路、建筑物勒脚等,以及寒冷环境中的建筑物,如冷库等,要求混凝土必须有一定的抗冻性。

提高混凝土抗冻性的主要措施有:①降低水胶比,加强振捣,提高混凝土的密实度;②掺引气型外加剂,将开口孔隙转变成闭口孔隙,使水不易进入孔隙内部,同时细小闭口孔隙可减缓冰胀压力;③保持骨料干净和级配良好;④充分的保温养护。

按《普通混凝土长期性能和耐久性能试验方法标准》(GB/T 50082—2009)规定,混凝土抗冻性能的测定有两种方法:一是快冻法,采用标准养护28d龄期的100mm×100mm×400mm棱柱体试件,在水饱和后,于试件中心温度在−18~5℃情况下进行冻融循环,以混凝土快速冻融循环后相对动弹性模量不小于60%、质量损失率不超过5%时的最大冻融循环次数表示,分为F50、F100、F150、F200、F250、F300、F350、F400和大于F400九个抗冻等级;二是慢冻法,采用标准养护28d龄期的立方体试件,在水饱和后,于−18~20℃情况下进行冻融循环,以混凝土慢速冻融循环后抗压强度下降率不超过25%、质量损失率不超过5%时,混凝土所能承受的最大冻融循环次数来表示,分为D50、D100、D150、D200和大于D200五个抗冻标号。

对于混凝土桥面、路面抗盐冻破坏性能,《普通混凝土长期性能和耐久性能试验方法标准》(GB/T 50082—2009)规定采用单面冻融法(或称盐冻法)进行测定。采用150mm×150mm×150mm立方体试模,中间垂直插入一片聚四氟乙烯片,或两边各插入一片聚四氟乙烯片,成型混凝土试件,标准养护7d后将成型面切去,切割加工成150mm×110mm×70mm试件,以接触聚四氟乙烯片的150mm×110mm面作为测试面,浸入深度为(15±2)mm的含3%NaCl的盐溶液中,在−20~20℃情况下进行冻融循环,以混凝土试件单位表面面积剥落物总质量不大于1500g或试件超声波相对动弹性模量不小于80%时的最大冻融循环次数来表示。

(3)混凝土的抗盐结晶破坏性

在含盐环境中,含盐溶液渗透进入混凝土,随溶液蒸发,盐分结晶析出,经反复渗透、蒸发、结晶后,在混凝土内部产生结晶压力而导致的破坏称为盐结晶破坏(图4-41)。

在一定温度条件下,溶液中溶质发生结晶的基本条件是其浓度必须达到一定过饱和度。在混凝土中,孔隙溶液达到过饱和的主要原因是外界环境温度的变化,包括温度下降导致的溶质溶解度下降和温度升高导致的溶剂蒸发,前者如 $Na_2SO_4 \cdot 10H_2O$ 在0℃、10℃、20℃和30℃的溶解度分别为5.0g/L、9.0g/L、19.4g/L和40.5g/L,若在30℃时混凝土孔隙液 $Na_2SO_4 \cdot 10H_2O$ 浓度为40.5g/L,则当温度分别下降至20℃、10℃和0℃时,其过饱和度(C/Cs)分别可达2.1、4.5和8.1;后者如位于海水环境中浪溅区的混凝土,海水渗透进入混凝土内部后,当温度升高水分蒸发后,就很容易结晶出NaCl等盐类物质。

图4-41 混凝土的盐结晶破坏

盐类在混凝土毛细孔中产生结晶时,并非立即产生结晶压力,而是首先填充毛细孔,使混凝土结构致密,甚至使强度增加。若因干湿循环而导致盐结晶继续生成和积聚,则结晶压力将逐渐增大。当结晶压力超过混凝土的抗拉强度时,混凝土结构开始破坏。

知识拓展

Winkler测定了一些岩石、石材和混凝土孔隙中通常存在的一些盐类的结晶压力,当过饱和度 $C/Cs=2$ 时,从密度、分子量和摩尔体积计算得到的一些盐类结晶压力如表4-27所示。

表4-27 盐类的结晶压力

结晶盐	化学式	密度/(g/cm^3)	分子量/(g/mol)	摩尔体积/(cm^3/mol)	结晶压力/atm	
					8℃	50℃
无水石膏	$CaSO_4$	2.96	136	46	335	398

续表

结晶盐	化学式	密度/(g/cm³)	分子量/(g/mol)	摩尔体积/(cm³/mol)	结晶压力/atm	
					8℃	50℃
二水石膏	$CaSO_4 \cdot 2H_2O$	2.32	172	55	282	334
一水硫酸镁(水镁矾)	$MgSO_4 \cdot H_2O$	2.45	138	57	272	324
六水硫酸镁	$MgSO_4 \cdot 6H_2O$	1.75	228	130	118	141
七水硫酸镁	$MgSO_4 \cdot 7H_2O$	1.68	246	147	105	125
十二水硫酸镁	$MgSO_4 \cdot 12H_2O$	1.45	336	232	67	80
硫酸钠	Na_2SO_4	2.68	142	53	292	345
十水硫酸钠(芒硝)	$Na_2SO_4 \cdot 10H_2O$	1.46	322	220	72	83
水碱(含水碳酸钠)	$Na_2CO_3 \cdot H_2O$	2.25	124	55	280	333
七水碳酸钠	$Na_2CO_3 \cdot 7H_2O$	1.51	232	154	100	119
十水碳酸钠	$Na_2CO_3 \cdot 10H_2O$	1.44	286	199	78	92
岩盐	NaCl	2.17	59	28	554	654
水氯镁石	$MgCl_2 \cdot 6H_2O$	1.57	203	129	119	142
溢晶石	$2MgCl_2 \cdot CaCl_2 \cdot 12H_2O$	1.66	514	310	50	59

由表4-27可以看出,盐类结晶压力最大的是NaCl,当过饱和度 $C/Cs=2$ 时,8℃时的结晶压力高达554atm(约56MPa),最小的为溢晶石,为50atm(约5.1MPa)。若以混凝土抗拉强度为抗压强度的1/10计,后者产生的结晶压力即可导致抗压强度为51MPa的混凝土破坏。

影响盐类结晶压力的主要因素为盐的密度和环境温度,同时还有溶液的过饱和度。由表4-27可以看出,同一类盐在相同温度和过饱和度下,随结晶水的增加,结晶压力下降,这可能是密度降低的缘故。例如,无水石膏和二水石膏的密度分别为2.96g/cm³和2.32g/cm³,它们在8℃时的结晶压力分别为335atm和282atm;一水硫酸镁、六水硫酸镁、七水硫酸镁、十二水硫酸镁的密度分别为2.45g/cm³、1.75g/cm³、1.68g/cm³和1.45g/cm³,它们在8℃时的结晶压力分别为272atm、118atm、105atm和67atm。值得注意的是,不同种类的结晶盐,除岩盐外,只要密度相近,其结晶压力相近。例如,十水碳酸钠、十二水硫酸镁和十水硫酸钠的密度分别为1.44g/cm³、1.45g/cm³和1.46g/cm³,它们在8℃时的结晶压力分别为78atm、67atm和72atm,而在50℃时的结晶压力分别为92atm、80atm和83atm,相当接近。同样,二水石膏、水镁矾的密度分别为2.32g/cm³、2.45g/cm³,它们在8℃时的结晶压力分别为282atm、272atm,在50℃时的结晶压力分别为334atm、324atm。石膏的密度为2.32g/cm³,而钙矾石的密度仅为1.73g/cm³,据此可以推论,对硫酸盐腐蚀来说,石膏的结晶压力远大于钙矾石,其破坏性也远大于钙矾石。另外,钙矾石的密度(1.73g/cm³)与六水硫酸镁的密度(1.75g/cm³)相近,粗略估计,在过饱和度 $C/Cs=2$ 的情况下,钙矾石在8℃和50℃时的结晶压力也应与六水硫酸镁的结晶压力118atm和141atm相近,它足可使抗压强度为120MPa和143MPa的混凝土破坏。混凝土中的硫酸盐腐蚀,其实质是钙矾石和石膏结晶压力的破坏,属于盐类结晶破坏范畴。

此外,同一种结晶盐,在相同过饱和度的情况下,环境温度升高,结晶压力增大;在相同温度下,溶液过饱和度越大,结晶压力越大。例如,岩盐在过饱和度 $C/Cs=2$ 时,在8℃、25℃和50℃时的结晶压力分别为554atm、605atm和654atm;二水石膏在过饱和度 $C/Cs=2$ 时,在8℃环境下的结晶压力为282atm,而在50℃的结晶压力为334atm。岩盐在过饱和度 $C/Cs=2$ 时,在8℃和50℃的结晶压力分别为554atm和654atm,而在 $C/Cs=10$ 时,在8℃和50℃的结晶压力分别为1835atm和2190atm。

混凝土抗盐结晶破坏性与混凝土所用水泥品种以及混凝土密实度等有关。洪灿然等人经过研究发现,在盐湖地区埋设的各种水泥配制的水灰比为0.65的混凝土,经3～6月之后,地表上干湿变化部位已出现盐类结晶破坏,即使是C_3A含量低的抗硫酸盐水泥混凝土,对干旱地区抗盐类结晶破坏也没有改善,甚至比普通硅酸盐水泥还差。水灰比为0.50的抗硫酸盐水泥混凝土，在察尔汗超盐渍土地区埋设6年之后，处于干湿变化地区的混凝土已破坏，而同一条件下的普通水泥混凝土则只出现严重露石子现象。在非抗硫酸盐水泥中掺入矿渣、火山灰质等混合材料，抗化学腐蚀性能好而抗盐结晶破坏性能差。降低水灰比、提高混凝土密实度对抗盐结晶破坏有决定性作用。洪灿然等人多次现场埋设试件观察，发现掺引气剂对于提高混凝土抗盐结晶破坏性能并不明显。众所周知，引气剂可大大提高混凝土的抗冻性，为什么不能明显提高抗盐结晶破坏的性能呢？研究认为，这可能是盐类结晶压力远大于水结冰压力，而引气剂传统的掺量偏少，不足以抵抗盐结晶压力的缘故。水结冰时体积增加9%，相当于线膨胀3%，以冰的弹性模量200MPa计，所产生的结晶压力只有6MPa，比表4-27中大多数盐的结晶压力都要小。因此，对于盐结晶压力大特别是盐含量高的察尔汗超盐渍土地区，混凝土可能要掺更多引气剂，产生更多均匀小气泡，才能抵消盐的结晶压力，但含气量过大，混凝土强度会严重下降，对抗盐结晶破坏亦不利。

【案例分析4-3】 对挪威海岸20～50年历史的混凝土结构的调查表明，在潮汛线下限以下及上限以上的混凝土支承桩，全都处于良好状态，而潮汛区只有约50%的桩处于良好状态。试分析原因。

【原因分析】 在海工混凝土中，在潮汐区，受毛细管力的作用，海水沿混凝土内毛细管上升，并不断蒸发，于是盐类在混凝土中不断结晶和聚集，使混凝土开裂。干湿循环加剧这种破坏作用，因此在高低潮位之间(潮汛区)的混凝土破坏特别严重，而完全浸在海水中，特别是在没有水压差情况下的混凝土，侵蚀却很小。

【案例分析4-4】 北方严寒地区冬季经常撒除冰盐的立交桥混凝土桥面和路面通常会发生所谓的盐冻破坏，试分析出现这种破坏形式的主要原因。

【原因分析】 这种所谓盐冻破坏实际上与冻融循环无关，其破坏实质属于盐结晶破坏。根据黄士元教授的报道，这种"破坏"的特征是：①破坏从表面开始，逐步向内部发展，表面砂浆剥落，集料暴露；②剥露层内部的混凝土保持坚硬完好，强度比建造时还高；③剥蚀表面及裂纹内可见白色粉末，为NaCl晶体。用盐类结晶理论可很好地进行解释。冬季撒除冰盐时，NaCl从桥面或路面向混凝土内部渗透，表面浓度高而内部浓度低；而在天气暖和后，特别是在夏季，混凝土表面水分蒸发，表层NaCl浓度逐渐增大至饱和或过饱和时，NaCl开始结晶，而混凝土内部的NaCl会随表面水分的蒸发沿毛细管不断迁移到混凝土表层，并不断在表层结晶和聚集，从而呈层状剥蚀。由于水分蒸发且NaCl结晶总是由表面向内部推进，因此破坏总是由表及里，而未产生NaCl结晶的内部混凝土仍保持坚硬完好。至于剥蚀表面和裂纹内的NaCl晶体的存在，更是产生盐结晶破坏的有力证据。

(4)混凝土的耐磨性

混凝土的耐磨性(abrasion resistance)是指混凝土材料表面抵抗磨损的能力。《混凝土及其制品耐磨性试验方法(滚珠轴承法)》(GB/T 16925—1997)规定，混凝土的耐磨性可采用滚珠轴承法进行测定，以滚珠轴承为磨头，滚珠在额定负荷下回转滚动摩擦湿试件表面，在受磨面上磨成环形磨槽，通过测量磨槽的深度和磨头的研磨转数，计算混凝土的耐磨度。在土木工程中，用作踏步、台阶、地面、路面等部位的材料，应具有较高的耐磨性。

一般而言，混凝土强度越高，表面越密实，其耐磨性越好，因此，混凝土的耐磨性主要与其所用胶凝材料的种类和水胶比有关，并与粗骨料本身的耐磨性有关。采用硅酸盐水泥配制的混凝土耐磨性好，掺入硅粉有助于提高混凝土的耐磨性，掺入矿渣对混凝土耐磨性影响不大，但掺加粉煤灰将导致混凝土耐磨性下降。水胶比越小，混凝土耐磨性越好。采用花岗岩骨料配制的混凝土比采用石灰石骨料配制的混凝土耐磨性好。

4.6.1.2 混凝土的抗化学侵蚀性能

混凝土结构所处的环境含有侵蚀性介质时，所用混凝土必须具有抗化学侵蚀性能。混凝土的抗化学侵蚀性能主要取决于胶凝材料品种(熟料的矿物组成、水泥混合材料或混凝土掺合料的种类等)、骨料的化学组成以及混凝土的密实度等。关于水泥熟料矿物组成、水泥混合材料或混凝土掺合料种类等对混凝土抗化学侵蚀性能的影响在前一章中已有简单介绍。本小节在前述简单介绍的基础上，进一步针对工程中常见的抗化学侵蚀问题进行详细介绍。

(1)硫酸盐侵蚀(sulfate attack)

①内源性硫酸盐侵蚀(Internal Sulfate Attack，ISA)。内源性硫酸盐侵蚀主要是指在水泥生产时，若石膏掺量过大，则未反应完全的石膏在水泥石硬化后，继续与水泥水化产物 C_3AH_6 反应，生成钙矾石，体积增大，从而导致硬化水泥石破坏的一种侵蚀反应。内源性硫酸盐侵蚀实际上属于水泥体积安定性不良所导致的破坏反应，主要通过控制水泥和混合材料中 SO_3 的含量来防止混凝土发生这种侵蚀破坏。此外，一些化学外加剂如硫酸盐类的早强剂、硫酸盐类的膨胀剂等的不恰当使用，也是混凝土内源性硫酸盐侵蚀的原因之一。

②外源性硫酸盐侵蚀(External Sulfate Attack，ESA)。外源性硫酸盐侵蚀属于真正意义上的硫酸盐侵蚀破坏，是指环境中的 SO_4^{2-} 渗透进入混凝土内部，与水泥水化产物 CH 发生反应，生成石膏，然后继续与水泥水化产物反应生成钙矾石，反应过程体积增大，从而导致破坏的一种侵蚀反应。外源性硫酸盐侵蚀破坏过程及影响因素与控制策略如表 4-28 所示，其中除第一步外，其他两个过程均可能导致混凝土的破坏。首先，SO_4^{2-} 渗透进入混凝土内部，与水泥水化产物 CH 反应生成石膏的过程本身即为体积增大过程，因此，当环境中 SO_4^{2-} 含量较高时，该过程本身即可导致混凝土破坏。其次，生成的石膏进一步与水泥水化产物 C_3AH_6 或 AFm 反应，形成钙矾石，其体积增大更明显，因此，即使环境中 SO_4^{2-} 浓度较小，其进一步反应形成钙矾石的过程仍可导致混凝土破坏。

表 4-28 外源性硫酸盐侵蚀的反应过程及影响因素与控制策略

反应步骤	化学反应	影响因素	控制策略
1	SO_4^{2-}(外)$\longrightarrow SO_4^{2-}$(内)	渗透性	低水灰比、掺加活性混合材料
2	$CH+SO_4^{2-}\longrightarrow CaSO_4\cdot 2H_2O+2OH^-$	CH 含量	掺加活性混合材料
3	$CaSO_4\cdot 2H_2O+AFm\longrightarrow AFt$	C_3A 含量	C_3A 含量低的水泥

由此可见，外源性硫酸盐侵蚀破坏主要与混凝土的密实度以及水泥水化产物中的 CH 含量和 C_3A 含量有关，因此，一方面通过尽量减小混凝土水灰比，提高混凝土密实度，另一方面通过在水泥生产时掺加适量活性混合材料或在配制混凝土时掺加适量活性矿物掺合料，均可有效防止混凝土发生外源性硫酸盐侵蚀破坏。

③钙矾石延迟生成(Delayed Ettringite Formation，DEF)。在大体积混凝土中，还可能会发生一种钙矾石延迟生成所导致的硫酸盐侵蚀破坏，其原因是在大体积混凝土中，水泥水化放热导致混凝土内部温度较高，甚至可高达 70～80℃以上，在较高温度下，已经形成的钙矾石会发生分解。随着大体积混凝土表面热量的逐步散失，内部温度逐渐下降，此时钙矾石重新生成，该生成过程同样伴随着体积增大，从而易导致大体积混凝土破坏。因此，对大体积混凝土，应注意控制混凝土内部的水化放热温升。此外，对于高温养护混凝土，也可能发生因钙矾石延迟生成而导致的破坏。

(2)酸性侵蚀(acid attack)

混凝土属于碱性物质。当混凝土直接与盐酸、硝酸等强酸性物质以及与醋酸、苯酚等有机弱酸性物质接触时，水泥的水化产物 CH 与酸性物质会发生中和反应，其反应产物易溶于水，因而会导致混凝土发生酸性侵蚀破坏。当混凝土与硫酸直接接触时，除发生酸性侵蚀破坏之外，还可能发生硫酸盐侵蚀破坏。

除与酸性物质直接接触可能发生混凝土的酸性侵蚀破坏外，混凝土还可能受到一种由于生物代谢形成有机酸而引起的酸性侵蚀破坏，工程中通常将这种酸性侵蚀破坏称为生物腐蚀，用于污水处理的混凝土工程常会发生这种生物腐蚀作用。

混凝土与酸性物质接触时，必然会发生混凝土的酸性侵蚀破坏，但采取适当措施尽可能提高混凝土密实度可以有效延缓混凝土的侵蚀破坏过程。此外，若中和反应生成的产物不溶于水或微溶于水，其在混凝土表面孔隙中沉积，亦可能对混凝土产生一定保护作用，如 CH 与硫酸的反应产物二水石膏微溶于水，该反应产物在混凝土表面形成致密保护层，可防止混凝土发生进一步侵蚀破坏。

【案例分析 4-5】 某铜矿企业在铜矿开采和冶炼过程中，会产生大量矿山酸性废水，其主要的酸性物质为硫酸，若直接排放会严重污染环境。通常需采用氢氧化钙等碱性物质进行中和、沉降、压滤后再进行排放处理。中和处理前的矿山酸性废水储存在混凝土水池中。现场观察发现，虽然池壁混凝土受到一定程度的酸性侵蚀作用，但其长期使用性能尚可，已使用10年以上仍未见进一步的侵蚀破坏，试分析原因。

【原因分析】 原因可能是CH与硫酸的反应产物二水石膏微溶于水，该反应产物在混凝土表面形成致密保护层，防止了混凝土发生进一步侵蚀破坏。

(3)碱骨料反应

碱骨料反应是指混凝土中的碱与具有碱活性的骨料之间发生反应，反应产物吸水膨胀或反应导致骨料膨胀，造成混凝土开裂破坏的现象。根据骨料中活性成分的不同，碱-骨料反应分为三种类型：碱-硅酸反应(Alkali-Silica Reaction，ASR)、碱-碳酸盐反应(Alkali-Carbonate Reaction，ACR)和碱-硅酸盐反应(Alkali-Silicate Reaction)。

碱-硅酸反应是分布最广、研究最多的碱骨料反应，该反应是指混凝土内的碱与骨料中的活性SiO_2反应，在骨料与水泥石黏结界面生成碱-硅酸凝胶，并从周围介质中吸收水分而膨胀，导致混凝土开裂破坏的现象。其化学反应如下：

$$2ROH + nSiO_2 + mH_2O \longrightarrow R_2O \cdot nSiO_2 \cdot (m+1)H_2O$$

其中，R代表Na或K。

碱骨料反应必须同时具备以下三个条件：

①混凝土中含有过量的碱(Na_2O+K_2O)。混凝土中的碱主要来自水泥，外加剂、掺合料、拌和水等组分也可能带入部分碱。水泥中的碱($Na_2O+0.658K_2O$)含量大于0.6%的水泥称为高碱水泥，我国许多水泥碱含量在1%左右，如果加上其他组分引入的碱，混凝土中的碱含量较高。

②碱活性骨料占骨料总量的比例大于1%。碱活性骨料包括含活性SiO_2的骨料(引起ASR)、黏土质白云石质石灰石(引起ACR)和层状硅酸盐骨料(引起碱-硅酸盐反应)。含活性SiO_2的碱活性骨料分布最广，目前已被确定的有安山石、蛋白石、玉髓、鳞石英、方石英等。美国、日本、英国等发达国家已建立了区域性碱活性骨料分布图，我国已开始绘制这种图，第一个分布图是京津唐地区碱活性骨料分布图。

③潮湿环境。只有在空气相对湿度大于80%，或直接与水接触的环境，ASR或ACR破坏才会发生。

碱骨料反应速度很慢，引起的破坏往往经过若干年后才会出现。然而，一旦出现，破坏性很大，难以进行加固处理，故应加强防范，特别是对于大型水利、港口、海工和桥梁工程等，可采取以下措施来预防：

①尽量采用非活性骨料。

②当确认为碱活性骨料又非用不可时，应严格控制混凝土中碱含量，如采用碱含量小于0.6%的水泥，降低水泥用量，选用碱含量低的外加剂等。

③掺加混凝土掺合料，如粉煤灰、硅灰、矿渣、偏高岭土和稻壳灰等。这是因为混凝土掺合料反应活性远大于碱活性骨料中活性组分的反应活性，在水泥水化硬化过程中能吸收溶液中的Na^+和K^+，在早期即形成水化产物均匀分布于混凝土中，而不致集中于骨料颗粒周围，从而减轻或消除由于碱骨料反应引起的膨胀破坏。此外，锂盐(如LiOH、$LiNO_3$等)也是很好的碱骨料反应抑制剂。

④掺加引气剂或引气减水剂，可在混凝土内部骨料-水泥石界面形成分散的封闭气泡，当发生碱骨料反应时，形成的胶体可渗入或被挤入这些气泡内，降低膨胀破坏应力。

⑤尽量减小水胶比，提高混凝土密实度，防止外界水分渗入参与碱骨料反应和引起反应产物吸水膨胀破坏。

【案例分析4-6】 日本某大坝工程，服役若干年后，发现坝体混凝土表面出现如图4-42所示的大面积裂纹。试分析其原因。

【原因分析】 经分析研究发现，这主要是因为碱骨料反应引起的膨胀破坏。由于碱骨料反应引起的膨胀破坏不仅仅局限于表面，其破坏性非常大，往往导致结构整体破坏，因此，其修复难度很大，通常需要进行整体凿除和更换处理，如图4-43所示。

图 4-42 日本某大坝工程出现的碱骨料反应破坏

图 4-43 挪威某大桥桥墩出现碱骨料反应破坏后的修复过程

4.6.2 与钢筋锈蚀相关的耐久性问题

4.6.2.1 混凝土的抗碳化性能

在钢筋混凝土结构中，混凝土对钢筋具有一定的保护作用。这是因为在水泥水化过程中生成大量的 $Ca(OH)_2$，使混凝土孔隙中充满饱和的 $Ca(OH)_2$ 溶液，其 pH 值大于 12，而钢筋在强碱性介质中，表面能生成一层稳定致密的氧化物钝化膜，使钢筋难以锈蚀。研究表明，当 pH< 9.88 时，钢筋表面的氧化物保护膜不稳定，对钢筋没有保护作用；当 pH 值为 9.88～11.5 时，钢筋表面的氧化物保护膜不完整，即不能完全保护钢筋免受腐蚀；只有当 pH>11.5 时，钢筋才能完全处于钝化状态，因此，通常将 pH=11.5 作为钢筋混凝土结构中防止钢筋锈蚀的临界值。

图 4-44 钢筋混凝土结构的顺筋开裂现象

混凝土在空气中易发生碳化。所谓混凝土碳化，是指混凝土内水泥石中的 $Ca(OH)_2$ 与空气中的 CO_2 在一定湿度条件下发生化学反应，生成 $CaCO_3$ 和 H_2O 的过程。混凝土的碳化对钢筋混凝土结构而言弊多利少，其主要的不利影响是碳化过程使混凝土碱度下降，混凝土中钢筋表面的碱性保护膜被破坏而导致钢筋锈蚀速度加快，钢筋锈蚀后体积增大，引起混凝土产生顺筋开裂现象(图 4-44)。在实际工程中，碳化引起的钢筋锈蚀是钢筋混凝土结构耐久性的主要问题之一。碳化引起的收缩则可能导致混凝土表面产生微细裂纹，使混凝土强度降低。然而，碳化时生成的碳酸钙填充在水泥石的孔隙中，使混凝土密实度和抗压强度有所提高，对防止有害杂质的侵入有一定的缓冲作用，这是混凝土碳化的有利方面。

影响混凝土碳化速度的因素主要有：

①水胶比。水胶比越小，混凝土越密实，二氧化碳和水越不易渗入，碳化速度越慢。

②水泥品种。普通水泥、硅酸盐水泥水化产物碱度高，其抗碳化能力优于矿渣水泥、火山灰水泥和粉煤灰水泥，且随混合材料掺量增多，混凝土碳化速度加快。

③外加剂。混凝土中掺入减水剂、引气剂或引气型减水剂时，可降低水胶比或引入封闭小气泡，使混凝土碳化速度明显减慢。

④环境湿度。环境相对湿度为 50%～75%时，混凝土碳化速度最快，此时既有一定量水分存在，空气中的二氧化碳也可渗透进入混凝土内部发生碳化反应。当相对湿度小于 25%或达 100%时，碳化停止，这是因

为环境水分太少时碳化不能发生，而混凝土孔隙中充满水时，二氧化碳不能渗入扩散。

⑤环境中二氧化碳的浓度。二氧化碳浓度越大，混凝土碳化越快。

由此可见，通过掺加减水剂，尽量减小水胶比，或掺加引气剂，使开口气孔转变为闭口气孔，并加强振捣和养护等措施提高混凝土密实度，是提高混凝土抗碳化能力的根本措施。

混凝土碳化深度的检测通常采用酚酞酒精溶液法，检测时在混凝土表面凿洞，立即滴上浓度为1%的酚酞酒精溶液，已碳化部位呈无色，未碳化部位呈粉红色，根据颜色变化即可测量碳化深度。

4.6.2.2 混凝土的抗 Cl^- 渗透性能

研究表明，当混凝土中存在 Cl^- 且 Cl^- 与 OH^- 的摩尔比大于0.6时，即使 pH>11.5，钢筋表面的氧化物钝化膜仍可能被破坏而使钢筋锈蚀。这是因为 Cl^- 的存在可造成钢筋表面的局部酸化，使钢筋表面的氧化物钝化膜发生破坏；Cl^- 还可以穿透或活化钢筋表面的氧化物保护膜，使钢筋各部位的电极电位不同而形成局部原电池，促进钢筋的电化学锈蚀反应。因此，生产混凝土时应控制原材料中的 Cl^- 含量，同时需通过合理的原材料选择和配合比设计，使硬化后的混凝土具有良好的抗 Cl^- 渗透性能，防止 Cl^- 渗透至钢筋表面。

所谓混凝土的抗 Cl^- 渗透性能，是指混凝土抵抗 Cl^- 在压力、化学势或者电场力作用下，在混凝土中渗透、扩散或迁移的能力，其中渗透是指含 Cl^- 的液体在压力作用下的运动，扩散是指气体或液体中的 Cl^- 在化学势作用下的运动，迁移则指带电 Cl^- 在电场力作用下的运动。

含 Cl^- 溶液在压力作用下渗透进入混凝土的主要原因，是混凝土内部存在连通孔隙，这些孔隙来源于水泥浆中多余水分蒸发留下的毛细孔道、混凝土浇筑过程中泌水产生的通道、混凝土拌合物振捣不密实形成的孔洞、混凝土收缩产生拉应力形成的裂缝等。此外，除上述大量毛细孔外，水泥的水化产物 C—S—H 凝胶内部还存在凝胶孔，而 Cl^- 半径很小，因此，含 Cl^- 溶液渗透进入混凝土内部后，在化学势或电场力作用下，Cl^- 还会在水泥水化产物 C—S—H 凝胶内部进一步扩散和迁移。

然而，Cl^- 渗透、扩散、迁移进入混凝土内部后，胶凝材料的水化产物对 Cl^- 会产生物理吸附和化学吸附作用，其中物理吸附作用主要是指水泥水化产物 C—S—H 凝胶对 Cl^- 的物理吸附，而化学吸附作用则是指水泥的水化产物 C_3AH_6 可与渗透进入的 Cl^- 以及 CH 等发生化合反应，生成与 AFm 结构相似的 Friedel 盐（FS，$3CaO \cdot Al_2O_3 \cdot CaCl_2 \cdot 10H_2O$），从而对渗透、扩散或迁移进入的 Cl^- 有一定的化学固定作用。研究表明，以化合形式存在的 Cl^- 对钢筋锈蚀无促进作用，因此，水泥水化产物对 Cl^- 的化学固定作用对阻止 Cl^- 渗透、扩散或迁移到达钢筋表面具有一定的积极作用。

由此可见，混凝土的抗 Cl^- 渗透性能主要与混凝土的水胶比和胶凝材料种类有关。减小水胶比可提高混凝土密实度；掺引气型外加剂可将开口孔隙转变成闭口孔隙，从而割断渗水通道，减少 Cl^- 渗透；采用 C_3A 含量较高的水泥可提高对 Cl^- 的化学固定作用。研究表明，在混凝土中掺加大量矿渣、粉煤灰等矿物掺合料可大幅度提高混凝土的抗 Cl^- 渗透性能。

《普通混凝土长期性能和耐久性能试验方法标准》（GB/T 50082—2009）规定，混凝土抗 Cl^- 渗透性能的测定方法可采用电通量法，其测试装置如图4-45所示。测试前先将混凝土试件养护至测试龄期，取出并切成厚度为50mm、直径为100mm的圆柱体试件，并在真空条件下进行真空饱水处理。然后将试件固定在分别盛有浓度为3.0% NaCl 溶液和0.3mol/L NaOH 溶液的两个溶液池之间，在60V的外加电场下，每隔30min记录一次电流，持续6h。最后由电流-时间函数曲线计算出通过试件的总通电量，用以定性评价混凝土的抗 Cl^- 渗透能力。表4-29为混凝土抗 Cl^- 渗透性能的等级划分以及对应的典型混凝土类型。由于电通量法试验时间短，在实验室内具有可重复性，已成为当前国际上最有影响力的混凝土渗透性试验标准，普遍被北美、欧洲和东南亚国家和地区所采用。在 Cl^- 环境下的钢筋混凝土结构要求混凝土必须具有一定的抗 Cl^- 渗透性能。

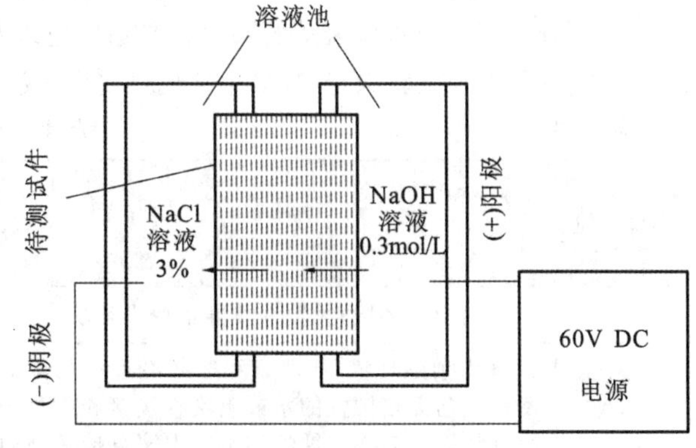

图4-45 混凝土抗 Cl^- 渗透能力测定示意图

表 4-29 **混凝土抗 Cl^- 渗透性能的等级划分以及对应的典型混凝土类型**

等级	6h 电通量 Q/C	Cl^- 渗透性	混凝土类型
Q-Ⅰ	>4000	高	高水胶比(>0.6),PCC
Q-Ⅱ	2000～4000	中	一般水胶比(0.4～0.5),PCC
Q-Ⅲ	1000～2000	低	低水胶比(<0.4),PCC
Q-Ⅳ	500～1000	很低	聚合物水泥混凝土、硅灰混凝土
Q-Ⅴ	<500	忽略	聚合物浸渍混凝土、聚合物混凝土

4.6.3 提高混凝土耐久性的措施

尽管引起混凝土抗冻性、抗渗性、抗化学侵蚀性能、抗碳化性能等耐久性下降的因素或破坏介质不同,但却均与生产混凝土时所用水泥品种、原材料质量以及混凝土的孔隙率,特别是开口孔隙率等有关,因而采取以下措施可有效提高混凝土的耐久性。

①选择适宜的水泥品种和水泥强度等级,并根据使用环境条件,掺加适量的活性矿物掺合料。

②采用较小水胶比,并限制最大水胶比和最小水泥用量,以保证混凝土的孔隙率较小。

③采用杂质少、级配好、粒径适中的粗骨料,适当增大砂率,以减少泌水、离析、分层,防止形成相互连通的沉降水隙。

④掺加减水剂和引气剂。减水剂和引气剂可显著提高混凝土的耐久性。因此,长期处于潮湿、严寒、腐蚀环境中的混凝土,必须掺加减水剂、引气剂或引气减水剂等。引气剂的掺入量应根据混凝土的含气量要求经试验确定。

⑤加强养护,特别是早期养护。

⑥在混凝土表面涂覆防护涂层。

《混凝土结构设计规范(2015年版)》(GB 50010—2010)规定,设计使用年限为50年的钢筋混凝土结构,其混凝土材料应符合表4-30的规定。一类环境中,设计使用年限为100年的钢筋混凝土结构,其混凝土材料最低强度等级为C30,预应力钢筋混凝土结构的最低强度等级为C40;混凝土中的最大 Cl^- 含量为0.06%,宜采用非碱活性骨料;当使用碱活性骨料时,混凝土中的最大碱含量为3.0kg/m³。二、三类环境中,设计使用年限100年的混凝土结构应采取专门的有效措施。耐久性环境类别为四类和五类的混凝土结构,其耐久性要求应符合有关标准的规定。

除配制C15及以下强度等级的混凝土外,混凝土的最小胶凝材料用量应满足表4-31的要求,掺合料最大掺量应满足表4-32的要求。对于大体积混凝土工程,掺合料用量可在表4-31的基础上增加5%。

长期处于潮湿或水位变动的寒冷和严寒环境以及盐冻环境的混凝土应掺加引气剂,引气剂掺量应根据混凝土含气量要求经试验确定,其最小含气量要求应满足表4-17的规定,但最大不宜超过表中数值的7.0%。

表 4-30 **混凝土的最大水胶比要求**

<table>
<tr><th>环境类别</th><th>条件</th><th>最大
水胶比</th><th>最低
强度
等级</th><th>最大
Cl^-
含量/%</th><th>最大
碱含量/
(kg/m³)</th></tr>
<tr><td>一</td><td>室内干燥环境;无侵蚀性静水浸没环境</td><td>0.60</td><td>C20</td><td>0.30</td><td>无限制</td></tr>
<tr><td>二 a</td><td>室内潮湿环境;非严寒和非寒冷地区的露天环境;非严寒和非寒冷地区与无侵蚀性的水或土壤直接接触的环境;严寒和寒冷地区的冰冻线以下与无侵蚀性的水或土壤直接接触的环境</td><td>0.55</td><td>C25</td><td>0.20</td><td rowspan="4">3.0</td></tr>
<tr><td>二 b</td><td>干湿交替环境;水位频繁变动环境;严寒和寒冷地区的露天环境;严寒和寒冷地区冰冻线以上与无侵蚀性的水或土壤直接接触的环境</td><td>0.50
(0.55)</td><td>C30
(C25)</td><td>0.15</td></tr>
<tr><td>三 a</td><td>严寒和寒冷地区冬季水位变动区环境;受除冰盐影响环境;海风环境</td><td>0.45
(0.50)</td><td>C35
(C30)</td><td>0.15</td></tr>
<tr><td>三 b</td><td>盐渍土环境;受除冰盐作用环境;海岸环境</td><td>0.40</td><td>C40</td><td>0.10</td></tr>
</table>

续表

环境类别	条件	最大水胶比	最低强度等级	最大 Cl^- 含量/%	最大碱含量/(kg/m^3)
四	海水环境	应符合有关标准规定			
五	受人为或自然的侵蚀性物质影响的环境				

注：1. 室内潮湿环境是指构件表面经常处于结露或湿润状态的环境。
2. 严寒和寒冷地区的划分应符合《民用建筑热工设计规范》(GB 50176—2016)的有关规定。
3. 海岸环境和海风环境宜根据当地情况，考虑主导风向及结构所处迎风、背风部位等因素的影响，由调查研究和工程经验确定。
4. 受除冰盐影响环境是指受到除冰盐盐雾影响的环境；受除冰盐作用环境是指被除冰盐溶液溅射的环境以及使用除冰盐地区的洗车房、停车楼等建筑。
5. Cl^- 含量是指 Cl^- 占胶凝材料总量的百分比。
6. 预应力构件混凝土中最大 Cl^- 含量为 0.06%，最低混凝土强度等级宜按表中规定提高两个等级。
7. 素混凝土构件的水胶比及最低强度等级的要求可适当放松。
8. 有可靠工程经验时，二类环境中的混凝土最低强度等级可降低一个等级。
9. 处于严寒和寒冷地区二 b、三 a 类环境中的混凝土应使用引气剂，并可采用括号内的有关参数。
10. 当使用非碱活性骨料时，对混凝土中的碱含量可不作限制。

表 4-31 **混凝土的最小胶凝材料用量** （单位：kg/m^3）

最大水胶比	素混凝土	钢筋混凝土	预应力混凝土
0.60	250	280	300
0.55	280	300	300
0.50	320		
≤0.45	330		

表 4-32 **混凝土中矿物掺合料最大掺量**

矿物掺合料种类	水胶比	钢筋混凝土结构		预应力钢筋混凝土结构	
		硅酸盐水泥	普通硅酸盐水泥	硅酸盐水泥	普通硅酸盐水泥
粉煤灰	≤0.40	45%	35%	35%	30%
	>0.40	40%	30%	25%	20%
粒化高炉矿渣粉	≤0.40	65%	55%	55%	45%
	>0.40	55%	45%	45%	35%
钢渣粉	—	30%	20%	20%	10%
磷渣粉	—	30%	20%	20%	10%
硅灰	—	10%	10%	10%	10%
复合掺合料	≤0.40	65%	55%	55%	45%
	>0.40	55%	45%	45%	35%

注：1. 采用其他通用硅酸盐水泥时，宜将水泥混合材料掺量达 20%以上的混合材料计入矿物掺合料。
2. 复合掺合料各组分的掺量不宜超过单掺时的最大掺量。
3. 在混合使用两种或两种以上矿物掺合料时，矿物掺合料总掺量应符合表中复合掺合料的规定。

厚积薄发 日益精细
——港珠澳大桥工程海工混凝土的使用

工程介绍

港珠澳大桥(图 4-46)是粤港澳三地首次合作共建的超大型跨海通道，全长约 55km，建设寿命 120 年，位于广东珠江出海口,将香港、珠海和澳门连在一起。作为世界上最长的跨海大桥,港珠澳大桥是技术难度最高、环保要求最高、建设标准最高的"三高"工程。

图 4-46 港珠澳大桥鸟瞰图

港珠澳大桥工程总投资超过1200亿元人民币,位于珠江口岸横跨伶仃洋海域,东接香港,西接珠海和澳门,是由4岛1隧1桥多种复杂结构形式组成的超大型跨海交通工程。钢筋混凝土是桥梁结构的重要组成部分,而混凝土结构在建造过程中容易出现一些缺陷。当处于有害侵蚀介质条件下,在服役期间混凝土结构破坏进程会加速,这在一定程度上影响了桥梁结构的设计使用寿命。而港珠澳大桥地处华南地区高温、高湿、高盐海洋腐蚀环境,要确保其120年使用寿命极具挑战。港珠澳大桥所用混凝土配制的基本原则是:在满足混凝土强度、耐久性的前提下,同时满足施工性、抗裂性要求,尽可能兼顾经济环保。

港珠澳大桥是国家工程、国之重器,其建设创下多项世界之最,体现了中华民族逢山开路、遇水架桥的奋斗精神,体现了我国综合国力、自主创新能力,以及我国人民无穷的智慧与力量。

启示

了解了港珠澳大桥建设与使用的海工混凝土,对你有什么启示?

(1)工程的建设离不开材料的研究与应用,前期需要众多经验的积累

在华夏五千年文明历史中,我国古代在建造拱桥和索桥等桥梁方面曾取得辉煌成就,如610年修建的赵州桥和1705年修建的泸定桥。改革开放以后,我国陆陆续续建造了一些小跨度的桥梁。进入21世纪后,国内外桥梁建设技术大幅度提高,我国采用新技术、新方法、新工艺建设了一批PC连续刚构桥、大跨度混凝土悬索桥和斜拉桥,在其过程中我国不断积累工程经验,逐步使我国桥梁建设水平跻身于国际先进行列。

海工混凝土作为港珠澳大桥建设最为关键的材料,其配合比经过不断研究试验、分析论证,通过现场多尺度模型试验研究,通过科研人员的不懈努力,最终让港珠澳大桥混凝土结构耐久性设计得以实现。海工混凝土配合比设计过程如图4-47所示。

(2)大型工程项目需要完善的管理制度作为保障

港珠澳大桥主体工程建设项目管理制度由总纲要、管理纲要、管理办法、管理局内部管理制度等四级文件组成。其中,总纲要提出了项目的愿景和目标、实施策略,阐明了组织结构和原则、保证机制、检查和考核等内容;管理纲要有6个文件,按照质量、计划进度、投资控制、HSE、信息系统、创新六个核心要素,分别提出管理目标、实施策略和保障手段;管理办法共48个文件,包括为明晰管理局与参建单位之间具体业务流程需要的办法46个,以及质量管理体系、HSE管理体系导则2个;管理局内部管理制度则用于规范管理局内部员工的行为。这一系列举措,都为港珠澳大桥主体工程的顺利开展以及后续服务的质量提供了保障。

(3)解决工程建设面临的困难离不开多学科的发展融合

港珠澳大桥作为一项世界性工程,在施工过程中面临诸多困难,诸如非常差的岩土条件、接近6km的超长沉管隧道长度、隧道沉放深度很大(以便将来通航30万吨油轮,吃水深度近30m)、双向三车道(横断面大跨度)、较高的地基载荷(隧道上部回淤大于20m)、每个管节重达7.6万吨(世界上最重的管节)、施工过程中

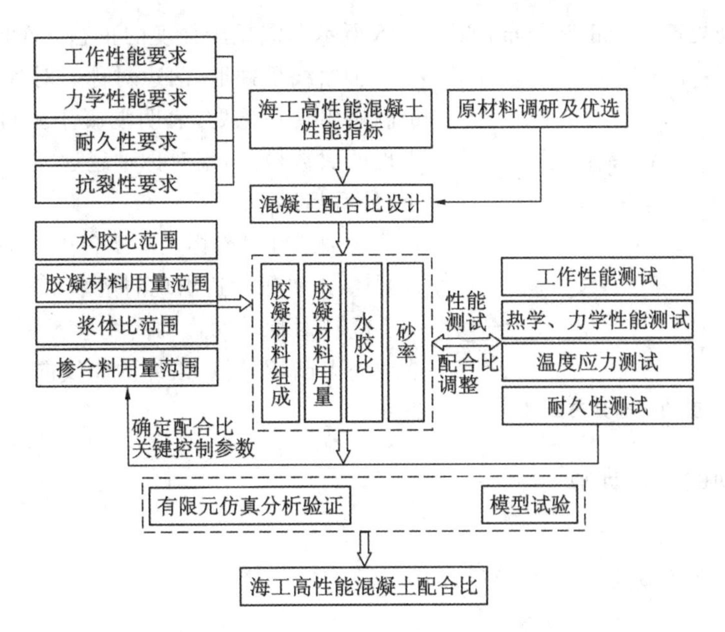

图 4-47 海工高性能混凝土配合比设计过程

所遇到的变化多端的恶劣气候和波浪条件、恶劣的强腐蚀性的海洋环境(耐久性),这些困难的解决离不开多学科的融合,只有依靠多学科的融合创新才能突破,其中面临的挑战,才能得以克服。

4.7 混凝土的质量控制与评定

4.7.1 混凝土的质量波动

在混凝土生产过程中,由于受到许多因素的影响,其质量不可避免地会波动。引起混凝土质量波动的因素主要有原材料质量的波动,组成材料的计量误差,搅拌时间、振捣条件与时间、养护条件等的波动与变化以及试验条件等的变化。

为减小混凝土质量的波动程度,即将其控制在小范围内波动,应采取以下措施:

①严格控制各组成材料的质量。

各组成材料的质量均需满足相应的技术规定与要求,且各组成材料的质量与规格应满足工程设计与施工等的要求。

②严格计量。

各组成材料的计量误差需满足《混凝土质量控制标准》(GB 50164—2011)的规定,即水泥、矿物外加剂、水、化学外加剂的误差不得超过 2%,粗细骨料的误差不得超过 3%,且不得随意改变配合比,并应随时测定砂、石骨料的含水率,以保证混凝土配合比的准确性。

③加强施工过程的管理。

采用正确的搅拌与振捣方式,并严格控制搅拌与振捣时间;按规定的方式运输与浇筑混凝土;加强对混凝土的养护,严格控制养护温度与湿度。

④绘制混凝土的质量管理图。

可通过绘制质量管理图来掌握混凝土质量的波动情况。利用质量管理图分析混凝土质量波动的原因,并采取相应的对策,达到控制混凝土质量的目的。

4.7.2 混凝土强度的波动规律——正态分布

在正常生产条件下,影响混凝土强度的因素是随机变化的,对同一种混凝土进行系统的随机抽样,结果表明混凝土强度的波动规律符合正态分布,如图4-48所示。混凝土强度的正态分布曲线有以下特点。

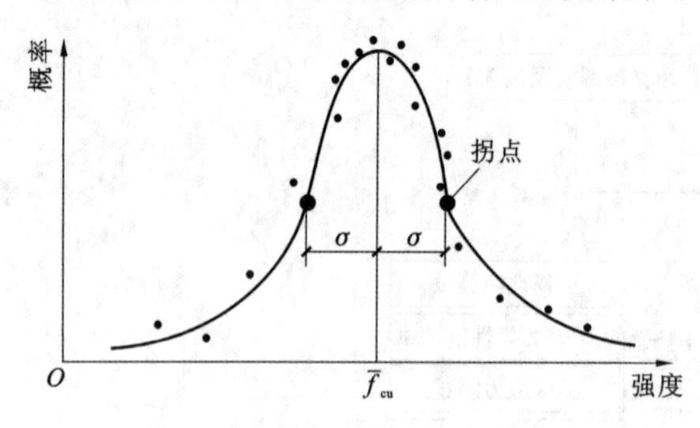

图4-48 混凝土强度的正态分布曲线

①曲线呈钟形,两边对称。对称轴为平均强度,曲线的最高峰出现在该处,表明混凝土强度接近其平均强度值处出现的次数最多,离对称轴越远,强度测定值出现的概率越小,最后趋近0。

②曲线和横坐标之间所包围的面积为概率的总和,等于100%。对称轴两边出现的概率相等,各为50%。

③在对称轴两边的曲线上各有一个拐点。两拐点间的曲线向上凸弯,拐点以外的曲线向下凹弯,并以横坐标为渐近线。

4.7.3 强度波动的统计计算

(1)强度平均值 $\overline{f}$

混凝土强度的平均值 $\overline{f}$ 按式(4-13)计算:

$$\overline{f}=\frac{1}{n}\sum_{i=1}^{n}f_i \tag{4-13}$$

式中 n——混凝土强度试件的组数;

f_i——第 i 组混凝土试件的强度值,MPa。

强度平均值只能反映混凝土总体强度水平,即强度数值集中的位置,而不能说明强度波动的大小。

(2)强度标准差 σ

混凝土强度标准差按式(4-14)计算:

$$\sigma=\sqrt{\frac{\sum_{i=1}^{n}(f_i-\overline{f})^2}{n}}=\sqrt{\frac{\sum_{i=1}^{n}f_i^2-n\overline{f}^2}{n}} \tag{4-14}$$

标准差的几何意义是正态分布曲线上拐点至对称轴的垂直距离,如图4-48所示。图4-49是强度平均值相同而标准差不同的两条正态分布曲线。由图可以看出,σ 值小者曲线高而窄,说明混凝土质量控制较稳定,生产管理水平较高。而 σ 值大者曲线矮而宽,表明强度值离散性大,施工质量控制差。因此,σ 值是评定混凝土质量均匀性的一种指标。但是,并不是 σ 值越小越好,σ 值过小,则意味着不经济。工程上影响混凝土质量的因素多,因此 σ 值一般不会过小。

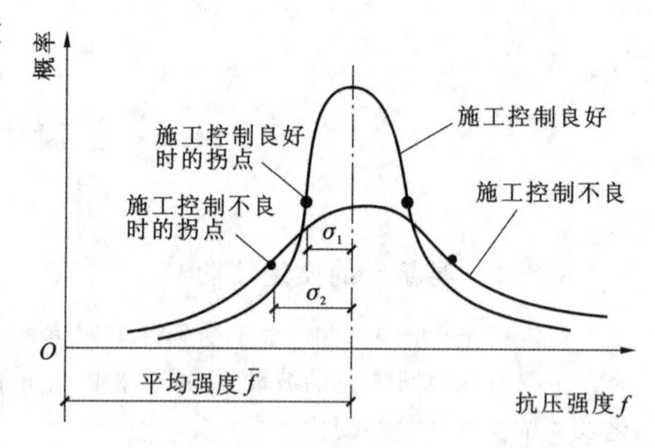

图4-49 混凝土强度离散性不同的正态分布曲线

(3)变异系数 C_v

由于混凝土强度的标准差随强度等级的提高而增大,故也可采用变异系数作为评定混凝土质量均匀性的指标。变异系数按式(4-15)计算:

$$C_v=\frac{\sigma}{\overline{f}} \tag{4-15}$$

C_v 值越小,表明混凝土质量越稳定;C_v 值越大,则表示混凝土质量稳定性越差。

(4)强度保证率 P

混凝土强度保证率 P(%)是指在混凝土强度整体分布中,大于设计强度等级值 $f_{cu,k}$ 的概率,即图4-22中阴影部分的面积。低于强度等级的概率,即不合格率,为图4-22中阴影部分以外的面积。

计算强度保证率 P 时,首先计算出概率度系数 t(又称保证率系数),计算式为:

$$t=\frac{f_{cu,k}-\overline{f}}{\sigma}\text{ 或 }t=\frac{f_{cu,k}-\overline{f}}{C_v\overline{f}} \tag{4-16}$$

混凝土强度保证率 P 由式(4-17)计算：

$$P=\frac{1}{\sqrt{2\pi}}\int_{t}^{+\infty}\mathrm{e}^{-\frac{t^2}{2}}\mathrm{d}t \tag{4-17}$$

实际应用中，当已知概率度系数 t 值时，可从数理统计书中查得保证率 P。部分概率度系数 t 值对应的保证率 P 见表 4-33。

表 4-33 **不同 t 值对应的保证率 P**

t	0	−0.50	−0.80	−0.84	−1.00	−1.04	−1.20	−1.28	−1.40	−1.50	−1.60
P/%	50.0	69.2	78.8	80.0	84.1	85.1	88.5	90.0	91.9	93.3	94.5
t	−1.645	−1.70	−1.75	−1.81	−1.88	−1.96	−2.00	−2.05	−2.33	−2.50	−3.00
P/%	95.0	95.5	96.0	96.5	97.0	97.5	97.7	98.0	99.0	99.4	99.87

4.7.4 混凝土强度合格评定

根据《混凝土强度检验评定标准》(GB/T 50107—2010)的规定，混凝土强度应分批进行检验评定，一个检验批应由强度等级相同、配合比与生产工艺基本相同的混凝土组成。

混凝土强度等级的评定方法可分为统计方法和非统计方法，详见表 4-34。

表 4-34 **混凝土强度质量合格评定方法**

<table>
<tr><th>合格评定方法</th><th>合格判定条件</th><th>备注</th></tr>
<tr><td>统计方法(一)
(σ 已知)

适用范围：商品混凝土搅拌站和混凝土预制品构件厂，其原材料和生产条件连续稳定，强度变异水平基本一致</td><td>$m_{f,cu}\geqslant f_{cu,k}+0.7\sigma_0$
$f_{cu,min}\geqslant f_{cu,k}-0.7\sigma_0$
且
$\begin{cases}f_{cu,min}\geqslant 0.85f_{cu,k}，当\ f_{cu,k}\leqslant 20\text{MPa}\ 时\\ f_{cu,min}\geqslant 0.90f_{cu,k}，当\ f_{cu,k}>20\text{MPa}\ 时\end{cases}$
式中 $m_{f,cu}$——同批试件抗压强度平均值，MPa；
$f_{cu,min}$——同批试件抗压强度的最小值，MPa；
$f_{cu,k}$——混凝土强度等级；
σ_0——检验批的混凝土强度标准差，MPa，应依据前一个检验期同类混凝土数据确定</td><td>检验批混凝土强度标准差按下式确定：
$\sigma_0=\sqrt{\frac{1}{n-1}\sum_{i=1}^{n}(f_{cu,i}-m_{f,cu})^2}$
式中 $f_{cu,i}$——前一检验期内第 i 组混凝土试件的立方体抗压强度代表值，MPa；
n——前一检验期内的样本容量；
$m_{f,cu}$——前一检验期内混凝土强度的平均值。
注：在确定混凝土强度标准差时，其检验期不应少于 60d，也不宜超过 90d，且在该期间内样本容量不应小于 45。当前一检验期强度标准差 σ_0 计算值小于 2.5MPa 时，应取 2.5MPa</td></tr>
<tr><td>统计方法(二)
(σ 未知)

适用范围：工程现场，通常混凝土原材料与生产条件无法保持连续稳定，试件组数在 10 组以上</td><td>$\begin{cases}m_{f,cu}\geqslant f_{cu,k}+\lambda_1 S_{f,cu}\\ f_{cu,min}\geqslant \lambda_2 f_{cu,k}\end{cases}$
式中 $m_{f,cu}$——n 组混凝土试件抗压强度平均值，MPa；
$f_{cu,min}$——n 组混凝土试件抗压强度最小值，MPa；
λ_1，λ_2——合格判断系数，按右表取用；
$S_{f,cu}$——n 组混凝土试件强度标准差，MPa</td><td>一个检验批混凝土试件组数 $n\geqslant10$，其强度标准差按下式计算：
$S_{f,cu}=\sqrt{\frac{1}{n-1}\sum_{i=1}^{n}(f_{cu,i}-m_{f,cu})^2}$
式中 $f_{cu,i}$——第 i 组混凝土试件强度。
注：当检验批强度标准差 $S_{f,cu}$ 计算值小于 2.5MPa时，应取 2.5MPa。
混凝土强度合格判定系数表<table><tr><td>试件组数</td><td>10～14</td><td>15～19</td><td>≥20</td></tr><tr><td>λ_1</td><td>1.15</td><td>1.05</td><td>0.95</td></tr><tr><td>λ_2</td><td>0.90</td><td colspan="2">0.85</td></tr></table></td></tr>
</table>

续表

<table>
<tr><th>合格评定方法</th><th>合格判定条件</th><th>备注</th></tr>
<tr><td>非统计方法

适用范围：工程现场，试件组数少于10组</td><td>$\begin{cases} m_{f_{cu}} \geqslant \lambda_3 f_{cu,k} \\ f_{cu,min} \geqslant \lambda_4 f_{cu,k} \end{cases}$</td><td>一个检验批的试件组数 $n=3\sim9$ 组。
<table><tr><td>混凝土强度等级</td><td><C60</td><td>≥C60</td></tr><tr><td>λ_3</td><td>1.15</td><td>1.10</td></tr><tr><td>λ_4</td><td colspan="2">0.95</td></tr></table></td></tr>
</table>

4.8 普通混凝土的配合比设计

混凝土的配合比设计，实质上就是确定水泥、掺合料、外加剂、水、细骨料、粗骨料等组成材料用量之间的比例关系。通常采用的方法是计算-试配法，即通过计算、试配、和易性调整和强度校核得到混凝土配合比，一般以1m^{3}混凝土各组成材料的质量表示，如水泥320kg、粉煤灰80kg、水200kg、砂720kg、粗骨料1080kg、减水剂4.0kg，或以胶凝材料总量为基准，用各组成材料间的比例来表示，如水泥：粉煤灰：水：砂：石：减水剂=0.80：0.20：0.50：1.80：2.70：0.01。

4.8.1 混凝土配合比设计的基本要求

设计的混凝土应满足以下四方面的基本要求：

①满足混凝土施工所要求的和易性；

②达到混凝土结构设计要求的混凝土强度等级；

③满足与工程所处环境条件相适应的耐久性；

④符合经济原则，在满足上述技术要求的前提下节约水泥，降低成本。

4.8.2 混凝土配合比设计前的资料准备

在混凝土配合比设计前，应预先掌握下列基本资料：

①工程设计要求的混凝土强度等级、工程所处的环境条件与工程设计所要求的耐久性，混凝土结构构件的断面尺寸和配筋情况，混凝土的施工方法与施工管理水平。

②原材料的性能指标，包括水泥和掺合料的品种、强度等级、密度等参数，粗、细骨料的种类、粗细程度或最大粒径、级配、表观密度、含水率，外加剂的品种、性能、适宜掺量等。

4.8.3 混凝土配合比设计中的三个基本参数

混凝土配合比设计主要确定胶凝材料、水、细骨料和粗骨料四种基本组成材料之间的比例关系，即：

①水与胶凝材料之间的比例关系，用水胶比表示，通常根据混凝土设计强度等级要求和混凝土耐久性要求综合确定，其确定原则是在满足混凝土强度和耐久性的基础上，尽可能选用较大的水胶比。

②水泥浆与骨料之间的比例关系，常用单位用水量来反映，一般根据混凝土拌合物的流动性要求来确定，其确定原则是在满足混凝土拌合物流动性要求的基础上，尽可能选用较小的用水量。

③细骨料和粗骨料之间的比例关系，常用砂率表示，一般根据混凝土拌合物的黏聚性和保水性要求来确定，其确定原则是在满足混凝土拌合物黏聚性和保水性基础上，尽可能选用较小的砂率。

水胶比、单位用水量和砂率是混凝土配合比设计的三个重要参数，其确定原则是在满足混凝土拌合物性能的基础上，尽可能节约水泥，降低成本。

4.8.4 混凝土配合比设计步骤

4.8.4.1 计算初步配合比

(1)计算混凝土配制强度 $f_{cu,0}$

为保证混凝土强度具有《混凝土强度检验评定标准》(GB/T 50107—2010)所要求的95%保证率，混凝土的配制强度 $f_{cu,0}$ 必须大于设计要求的强度等级。当混凝土的设计强度等级小于C60时，根据式(4-18)，令 $\overline{f} = f_{cu,0}$，代入式(4-16)，可得：

$$t = \frac{f_{cu,k} - f_{cu,0}}{\sigma} \tag{4-18}$$

由此可得，混凝土配制强度 $f_{cu,0}$ 为：

$$f_{cu,0} = f_{cu,k} - t\sigma \tag{4-19}$$

查表4-33，当强度保证率 $P = 95\%$ 时，对应的概率度系数 $t = -1.645$，故：

$$f_{cu,0} = f_{cu,k} + 1.645\sigma \tag{4-20}$$

式(4-20)中 σ 可根据混凝土生产单位的历史统计资料，由式(4-14)进行计算，但当强度等级小于或等于C25时，σ 不应小于2.5 MPa；当强度等级大于或等于C30时，σ 不应小于3.0 MPa。

无统计资料和经验时，可参考表4-35取值。

表4-35 **混凝土的 σ 取值表**

混凝土强度等级	≤C20	C25～C45	C50～C55
标准差 σ/MPa	4.0	5.0	6.0

当设计强度等级大于或等于C60时，配制强度应按下式计算：

$$f_{cu,0} = 1.15 f_{cu,k}$$

(2)初步计算水胶比 $(W/B)_0$

当混凝土强度等级小于C60时，混凝土水胶比可按式(4-21)计算：

$$(W/B)_{计} = \frac{\alpha_a f_{ce}}{f_{cu,0} + \alpha_a \alpha_b f_{ce}} \tag{4-21}$$

同时，根据表4-30，不同环境条件下的混凝土水胶比不宜大于满足耐久性要求的水胶比最高限值 $(W/B)_{max}$。由此可初步确定混凝土的水胶比为：

$$(W/B)_0 = \min[(W/B)_{计}, (W/B)_{max}] \tag{4-22}$$

(3)选取 $1m^3$ 混凝土的用水量 m_{w0}

当混凝土坍落度要求低于90mm时，混凝土单位体积用水量 m_{w0} 可直接根据粗骨料的品种、粒径及施工要求的混凝土拌合物坍落度或维勃稠度，按表4-21选取。

对于坍落度要求低于90mm的塑性混凝土，也可掺加适量减水剂，以减少水泥用量。此时，混凝土单位体积用水量 m_{w0} 按以下步骤确定。

①根据粗骨料的品种、粒径及施工要求的混凝土拌合物坍落度，按表4-21选取低流动性混凝土(low fluidity concrete)的单位体积用水量 m_{wL}。

②根据减水剂在合理掺量条件下的减水率确定掺加减水剂时混凝土的单位体积用水量：

$$m_{w0} = m_{wL}(1 - \beta) \tag{4-23}$$

式中 m_{w0}——掺减水剂的混凝土单位体积用水量，kg；

m_{wL}——未掺减水剂的混凝土单位体积用水量，kg；

β——减水剂的减水率，%。

减水剂的减水率应经试验确定。

当混凝土拌合物坍落度要求高于90mm时，一般通过掺加减水剂来满足混凝土拌合物的和易性要求。具体步骤如下。

①根据粗骨料的品种和粒径,以表4-21中坍落度90mm的用水量m_{wb}为基础,按坍落度每增大20mm用水量增加5kg,计算出未掺减水剂时大流动性混凝土(high fluidity concrete)单位体积用水量m_{wH}。

②根据减水剂在合理掺量条件下的减水率确定掺加减水剂时混凝土的单位体积用水量:

$$m_{w0}=m_{wH}(1-\beta) \tag{4-24}$$

式中 m_{w0}——掺减水剂的混凝土单位体积用水量,kg;

m_{wH}——未掺减水剂的大流动性混凝土单位体积用水量,kg;

β——减水剂的减水率,%。

(4)计算1m³混凝土的胶凝材料用量m_{b0}、水泥用量m_{c0}和掺合料用量m_{a0}

根据已初步确定的水胶比和选用的单位体积用水量,按式(4-25)可计算得到1m³混凝土的胶凝材料用量$m_{b0,计}$:

$$m_{b0,计}=\frac{m_{w0}}{(W/B)_0} \tag{4-25}$$

同时,根据表4-30,为满足耐久性要求,不同环境条件下的混凝土,其胶凝材料用量应不低于满足耐久性要求的胶凝材料用量最低限值$m_{b,min}$,由此可确定混凝土单位胶凝材料用量为:

$$m_{b0}=\max(m_{b0,计},m_{b,min}) \tag{4-26}$$

然后根据掺合料掺量要求(β_a)分别计算掺合料用量m_{a0}和水泥用量m_{c0}。

$$m_{a0}=m_{b0}\cdot\beta_a \tag{4-27}$$

$$m_{c0}=m_{b0}-m_{a0} \tag{4-28}$$

(5)计算减水剂掺量m_J

减水剂掺量按混凝土胶凝材料用量的百分数进行计算:

$$m_J=m_{b0}\cdot J \tag{4-29}$$

式中 m_{b0}——混凝土中的单位胶凝材料用量,kg;

J——减水剂的掺量百分数,%。

(6)选取合理的砂率

工程量较大或工程质量要求较高时,应根据混凝土拌合物的和易性要求,通过试验来选择合理的砂率。当无试验资料时,砂率可根据骨料品种、规格和水胶比,参考表4-22选取。当计算得到的水胶比与表中所列水胶比不同时,可按线性插入法进行选取。当计算得到的水胶比低于表中所列水胶比时,按表中最低水胶比所对应的合理砂率范围取值。

对于坍落度要求大于55~70mm的混凝土拌合物,可经试验确定,也可在表4-22的基础上,按坍落度每增加20mm,砂率增大1%的幅度予以调整。

(7)计算粗骨料用量m_{g0}和细骨料用量m_{s0}

粗骨料、细骨料的用量可用体积法或质量法计算得到。

①体积法。

假定混凝土各组成材料的体积(指各材料排开水的体积,其中胶凝材料与水以密度计算体积,砂、石以表观密度或体积密度计算体积)与拌合物所含少量空气的体积之和等于混凝土拌合物的体积,由此可得以下方程组:

$$\begin{cases}\dfrac{m_{c0}}{\rho_c}+\dfrac{m_{a0}}{\rho_a}+\dfrac{m_{g0}}{\rho_{0g}}+\dfrac{m_{s0}}{\rho_{0s}}+\dfrac{m_{w0}}{\rho_w}+1.\alpha\%=1\\ \beta_s=\dfrac{m_{s0}}{m_{s0}+m_{g0}}\times100\%\end{cases} \tag{4-30}$$

式中 m_{c0},m_{a0},m_{g0},m_{s0},m_{w0}——每1m³混凝土的水泥用量、掺合料用量、粗骨料用量、细骨料用量和用水量,kg;

ρ_c——水泥密度,kg/m³;

ρ_a——掺合料的密度,kg/m³;

ρ_{0g}——粗骨料的表观密度，kg/m³；

ρ_{0s}——细骨料的表观密度，kg/m³；

ρ_w——水的密度，kg/m³；

α——混凝土的含气量百分数，在不使用引气型化学外加剂时，α 可取为1。

掺加除膨胀剂以外的外加剂时，一般外加剂掺量均较小，故外加剂体积可不计算在内。若掺加膨胀剂，则还需要将膨胀剂的体积计算在内。

解上述方程组，即可计算得到粗骨料用量 m_{g0} 和细骨料用量 m_{s0}。

②质量法。

试验发现，当混凝土所用原材料性能相对稳定时，即使各组成材料用量有所波动，混凝土拌合物的湿表观密度 ρ_{0c} 也基本不变，接近于一恒定数值，一般为2350～2450kg/m³。当混凝土强度等级较低时，可取较低值；强度等级较高时，宜取较高值。质量法即假定混凝土各组成材料的质量之和等于混凝土拌合物的质量，由此可得以下方程组：

$$\begin{cases} m_{c0} + m_{a0} + m_{g0} + m_{s0} + m_{w0} = \rho_{0c} \cdot 1 \\ \beta_s = \dfrac{m_{s0}}{m_{g0} + m_{s0}} \times 100\% \end{cases} \tag{4-31}$$

式中 ρ_{0c}——假定的混凝土拌合物湿表观密度，可在2350～2450之间选取，kg/m³。

解上述方程组，即可计算得到粗骨料用量 m_{g0} 和细骨料用量 m_{s0}。

通过以上步骤，可求得水泥、掺合料、水、细骨料、粗骨料和减水剂的用量，得到混凝土的初步计算配合比，作为检验混凝土拌合物和易性的配合比。

以上混凝土配合比计算公式和表格，均以干燥状态骨料为基准，当以饱和面干状态的骨料为基准进行计算时，应进行相应修正。

4.8.4.2 混凝土拌合物和易性调整与基准配合比确定

上述初步配合比是根据一些经验公式或表格通过计算得到的，或是直接选取的，不一定符合实际情况，故需进行试配检验与和易性调整，直到混凝土拌合物的和易性符合要求为止，然后提出供检验强度用的基准配合比。

试拌时，混凝土的最小搅拌量应满足表4-36的要求。

表4-36 **混凝土试配的最小搅拌量**

粗骨料最大公称粒径/mm	拌合物数量/L
≤31.5	20
40.0	25

测定试拌后得到的混凝土拌合物坍落度，观察拌合物黏聚性和保水性。若测得的流动性大于设计要求，可保持砂率不变，适当增加砂、石用量；若流动性小于设计要求，可保持胶水比不变，适当增加胶凝材料用量和用水量；若观察发现黏聚性或保水性不合格，应适当增加砂用量。和易性合格后，测定混凝土拌合物的湿表观密度 $\rho_{0c,实}$，并计算出各组成材料的拌和用量：水泥 $m_{c0,拌}$、掺合料 $m_{a0,拌}$、水 $m_{w0,拌}$、细骨料 $m_{s0,拌}$、粗骨料 $m_{g0,拌}$，则拌合物的材料总用量 $Q_{总}$ 为：

$$Q_{总} = m_{c0,拌} + m_{a0,拌} + m_{w0,拌} + m_{s0,拌} + m_{g0,拌} \tag{4-32}$$

由此可计算出满足和易性要求时的配合比，即混凝土的基准配合比：

$$m_{c0,基} = \frac{m_{c0,拌}}{Q_{总}} \cdot \rho_{0c,实} \tag{4-33}$$

$$m_{a0,基} = \frac{m_{a0,拌}}{Q_{总}} \cdot \rho_{0c,实} \tag{4-34}$$

$$m_{w0,基} = \frac{m_{w0,拌}}{Q_{总}} \cdot \rho_{0c,实} \tag{4-35}$$

$$m_{s0,基} = \frac{m_{s0,拌}}{Q_{总}} \cdot \rho_{0c,实} \tag{4-36}$$

$$m_{g0,基} = \frac{m_{g0,拌}}{Q_{总}} \cdot \rho_{0c,实} \tag{4-37}$$

需要说明的是,即使混凝土拌合物的和易性不需调整,也必须用实测的湿表观密度 $\rho_{0c,实}$ 按式(4-33)~式(4-37)校正配合比。

4.8.4.3 混凝土强度检验与实验室配合比确定

经过和易性调整后得到的基准配合比,初步确定的水胶比不一定能够满足混凝土的强度要求,因此,应检验混凝土的强度。混凝土强度检验时应采用不少于三组的配合比,其中一组为基准配合比,另两组的水胶比分别比基准配合比减少或增加 0.05,而用水量、砂用量、石用量与基准配合比相同。必要时,也可适当调整砂率,在基准配合比基础上分别增减1%。

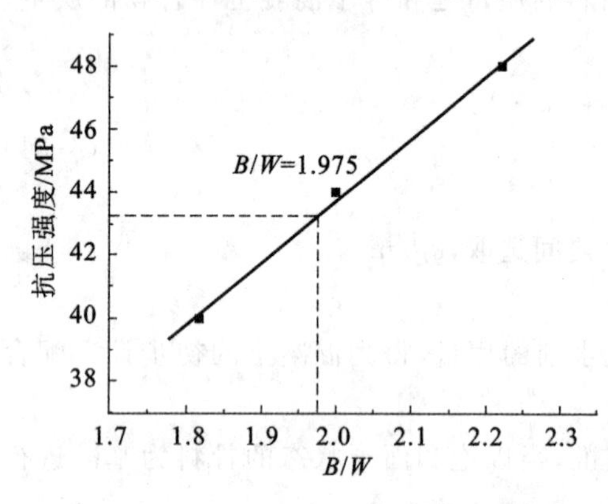

图 4-50 抗压强度与胶水比的关系

三组配合比分别成型、标准养护 28d 后,测定抗压强度。由三组配合比的胶水比和抗压强度,可绘制混凝土抗压强度-胶水比关系图(图 4-50)。

由图 4-50 可得满足配制强度 $f_{cu,0}$ 的胶水比 B/W。若满足强度要求的混凝土胶水比与基准配合比的胶水比相同,则基准配合比即为实验室配合比。若满足强度要求的混凝土胶水比与基准配合比的胶水比不同,则可根据基准配合比中的混凝土用水量和满足强度要求的混凝土胶水比计算得到水泥和掺合料用量,并再次采用质量法或体积法计算得到混凝土的实验室配合比(m_{c1}、m_{a1}、m_{w1}、m_{s1}、m_{g1})。

根据计算得到的实验室配合比重新试拌混凝土,并测得混凝土湿表观密度实测值 $\rho_{0c,实}$,根据混凝土实测配合比中各材料用量计算表观密度 $\rho_{0c,计}$:

$$\rho_{0c,计} = m_{c1} + m_{a1} + m_{w1} + m_{s1} + m_{g1} \tag{4-38}$$

计算得到混凝土配合比校正系数 δ:

$$\delta = \frac{\rho_{0c,实}}{\rho_{0c,计}} \tag{4-39}$$

当混凝土湿表观密度实测值 $\rho_{0c,实}$ 与计算表观密度 $\rho_{0c,计}$ 之差的绝对值不超过计算值的2%时,可不进行校正;若二者之差的绝对值超过计算值的2%时,应将配合比中各种材料用量均乘校正系数 δ,即为确定的混凝土实验室配合比($m_c=\delta \cdot m_{c1}$、$m_a=\delta \cdot m_{a1}$、$m_w=\delta \cdot m_{w1}$、$m_s=\delta \cdot m_{s1}$、$m_g=\delta \cdot m_{g1}$)。

4.8.4.4 施工配合比换算

工程中实际使用的粗、细骨料通常均含有一定数量的水分,为保证混凝土配合比的准确性,应根据实测的细骨料含水率 a 和粗骨料含水率 b,将实验室配合比换算为施工配合比,即:

$$m'_c = m_c \tag{4-40}$$

$$m'_a = m_a \tag{4-41}$$

$$m'_w = m_w - m_s \cdot a - m_g \cdot b \tag{4-42}$$

$$m'_s = m_s + m_s \cdot a \tag{4-43}$$

$$m'_g = m_g + m_g \cdot b \tag{4-44}$$

工程现场或混凝土搅拌站应根据骨料含水率的变化,随时做相应的调整。

【例 4-2】 某处于严寒地区露天部位的普通钢筋混凝土,其设计强度等级为 C35,施工要求的坍落度为 55~70mm,采用机械搅拌和机械振动成型。原材料条件为:强度等级为 42.5 的普通硅酸盐水泥,密度为 3.1g/cm³;级配合格的中砂(细度模数为 2.3),表观密度为 2.65g/cm³,含水率为3%;级配合格的碎石,最大粒径为 31.5mm,表观密度为 2.70g/cm³,含水率为1%,饮用水。试确定混凝土的配合比。

【解】 (1)计算初步配合比

①计算配制强度 $f_{cu,0}$。

根据题意，查表 4-35，$\sigma=5.0\text{MPa}$，因而混凝土配制强度 $f_{cu,0}$ 为：

$$f_{cu,0}=f_{cu,k}-t\sigma=f_{cu,k}+1.645\sigma=35+1.645\times5.0=43.2(\text{MPa})$$

②计算水胶比 $(W/B)_0$。

采用碎石，$\alpha_a=0.53$，$\alpha_b=0.20$；查表 4-23，42.5 级普通硅酸盐水泥，强度富余系数 $\gamma_c=1.16$；无掺合料，查表 4-24，$\gamma_f=\gamma_s=1.0$，则

$$(W/B)_{计}=\frac{\alpha_a\gamma_c f_{ce,k}}{f_{cu,0}+\alpha_a\alpha_b\gamma_c f_{ce,k}}=\frac{0.53\times1.16\times42.5}{43.2+0.53\times0.20\times1.16\times42.5}=0.54$$

查表 4-30，严寒地区的露天环境，其 $(W/B)_{max}=0.50$，故取 $(W/B)_0=\min(0.54,0.50)=0.50$。

③选用单位体积用水量 m_{w0}。

由题意知坍落度要求为 55～70mm，所用粗骨料为碎石且最大粒径为 31.5mm，所用细骨料为中砂，查表 4-21，并考虑砂为中砂偏细，选取混凝土的单位体积用水量 $m_{w0}=195+5=200(\text{kg})$。

④计算胶凝材料用量 m_{b0}、水泥用量 m_{c0} 和掺合料用量 m_{a0}。

$$m_{b0,计}=\frac{m_{w0}}{(W/B)_0}=\frac{200}{0.50}=400(\text{kg})$$

查表 4-31，$(W/B)_{max}=0.50$ 时，$m_{b,min}=320\text{kg}$，故取 $m_{b0}=\max(400,320)=400\text{kg}$。

因胶凝材料中未掺掺合料，故 $m_{c0}=m_{b0}=400\text{kg}$。

⑤选取合理砂率 β_s。

根据水胶比 $W/B=0.50$、碎石最大粒径为 31.5mm、中砂等条件，查表 4-22，并考虑砂为中砂偏细，故选取混凝土的砂率 $\beta_s=33.5\%$。

⑥计算砂用量 m_{s0} 和石用量 m_{g0}。

用体积法计算：

$$\begin{cases}\dfrac{m_{c0}}{\rho_c}+\dfrac{m_{g0}}{\rho_{0g}}+\dfrac{m_{s0}}{\rho_{0s}}+\dfrac{m_{w0}}{\rho_w}+1.\alpha\%=1\\ \beta_s=\dfrac{m_{s0}}{m_{s0}+m_{g0}}\times100\%\end{cases}$$

因未掺引气剂，故 α 取 1。

$$\begin{cases}\dfrac{400}{3100}+\dfrac{200}{1000}+\dfrac{m_{s0}}{2650}+\dfrac{m_{g0}}{2700}+0.01\times1=1\\ \beta_s=\dfrac{m_{s0}}{m_{s0}+m_{g0}}\times100\%=33.5\%\end{cases}$$

求解该方程组，即得 $m_{s0}=588\text{kg}$，$m_{g0}=1185\text{kg}$。

用质量法计算，假定混凝土湿表观密度为 2400kg/m^3，则有：

$$\begin{cases}400+200+m_{s0}+m_{g0}=2400\\ \beta_s=\dfrac{m_{s0}}{m_{s0}+m_{g0}}\times100\%=33.5\%\end{cases}$$

求解该方程组，即得 $m_{s0}=600\text{kg}$，$m_{g0}=1200\text{kg}$。

(2)混凝土拌合物和易性调整及基准配合比确定

按质量法计算得到的初步配合比试拌 20L 混凝土拌合物，各材料用量为：水泥 8.0kg、水 4.0kg、砂 12.0kg、石 24.0kg。搅拌均匀后，检验和易性，测得坍落度为 45mm，黏聚性和保水性良好。由于坍落度偏小，故需增加水泥浆用量，即保持水胶比不变，同时适当增大水泥用量和用水量。水泥用量和用水量分别增加 5%，经搅拌后再次测得混凝土拌合物坍落度为 60mm，且黏聚性和保水性良好，满足混凝土拌合物的和易性要求。并测得混凝土拌合物的湿表观密度为 2410kg/m^3。此时，混凝土拌合物的各材料用量：水泥 $m_{c0,拌}=8.0\times(1+5\%)=8.4(\text{kg})$，水 $m_{w0,拌}=4.0\times(1+5\%)=4.2(\text{kg})$，砂 $m_{s0,拌}=12.0\text{kg}$，石 $m_{g0,拌}=24.0\text{kg}$，则混凝土拌合物的材料总用量 $Q_{总}$ 为：

$$Q_{总} = m_{c0,拌} + m_{w0,拌} + m_{s0,拌} + m_{g0,拌} = 8.4 + 4.2 + 12.0 + 24.0 = 48.6(\text{kg})$$

由此可计算出满足和易性要求时的配合比，即混凝土的基准配合比：

$$m_{c0,基} = \frac{m_{c0,拌}}{Q_{总}} \cdot \rho_{0c,实} = \frac{8.4}{48.6} \times 2410 = 416(\text{kg})$$

$$m_{w0,基} = \frac{m_{w0,拌}}{Q_{总}} \cdot \rho_{0c,实} = \frac{4.2}{48.6} \times 2410 = 208(\text{kg})$$

$$m_{s0,基} = \frac{m_{s0,拌}}{Q_{总}} \cdot \rho_{0c,实} = \frac{12.0}{48.6} \times 2410 = 595(\text{kg})$$

$$m_{g0,基} = \frac{m_{g0,拌}}{Q_{总}} \cdot \rho_{0c,实} = \frac{24.0}{48.6} \times 2410 = 1190(\text{kg})$$

(3)混凝土强度校核及实验室配合比确定

分别拌制三组混凝土，其水胶比分别取为0.45、0.50、0.55。根据《普通混凝土配合比设计规程》(JGJ 55—2011)，当W/B增减0.05时，砂率增减1%，而用水量不变，并假定混凝土拌合物湿表观密度均为2410kg/m³，则可计算得到对应的水胶比、单位体积水泥用量、单位用水量、单位砂用量及单位粗骨料用量，如表4-37所示。

表4-37　**强度校核用混凝土配合比**

组别	水胶比	水泥用量/kg	水用量/kg	砂用量/kg	石用量/kg
第Ⅰ组	0.45	462	208	562	1178
第Ⅱ组	0.50	416	208	595	1190
第Ⅲ组	0.55	378	208	626	1198

则可计算得到试拌20L混凝土拌合物需要的各种原材料的用量，如表4-38所示。

表4-38　**试拌20L混凝土拌合物的原材料用量**

组别	水胶比	水泥用量/kg	水用量/kg	砂用量/kg	石用量/kg
第Ⅰ组	0.45	9.24	4.16	11.24	23.56
第Ⅱ组	0.50	8.32	4.16	11.9	23.8
第Ⅲ组	0.55	7.56	4.16	12.52	23.96

试拌得到的混凝土拌合物成型并养护至28d后，测得的抗压强度分别为：$f_{c,Ⅰ}=48.0$ MPa、$f_{c,Ⅱ}=44.0$MPa、$f_{c,Ⅲ}=40.0$MPa。绘制胶水比与抗压强度线性关系图(图4-51)。由图4-51可得配制强度$f_{cu,0}=43.2$MPa所对应的胶水比$B/W=1.975$，则可得满足混凝土强度要求的水胶比为0.51。由此可计算满足混凝土拌合物和易性要求和强度要求的各材料用量分别为：水泥用量408kg、用水量208kg、砂用量597kg、石用量1197kg。计算时仍取砂率为33.3%，混凝土湿表观密度为2410kg/m³。按上述配合比重新试拌15L混凝土拌合物，测得混凝土拌合物和易性满足要求，混凝土拌合物的表观密度$\rho_{0h,实}=2420$kg/m³。由此可计算得到混凝土配合比校正系数δ：

$$\delta = \frac{\rho_{0c,实}}{\rho_{0c,计}} = \frac{2420}{2410} = 1.004$$

混凝土湿表观密度实测值($\rho_{0c,实}$)与计算表观密度($\rho_{0c,计}$)之差的绝对值不超过计算值的2%，可不进行校正，则可得混凝土实验室配合比为C∶W∶S∶G=408∶208∶597∶1197=1∶0.51∶1.46∶2.93。

(4)计算施工配合比

$$m'_c = m_c = 408\text{kg}$$

$$m'_w = m_w - m_s \cdot W_s\% - m_g \cdot W_g\% = 208 - 597 \times 3\% - 1197 \times 1\% = 178(\text{kg})$$

$$m'_s = m_s + m_s \cdot W_s\% = 597 \times (1 + 3\%) = 615(\text{kg})$$

$$m'_g = m_g + m_g \cdot W_g\% = 1197 \times (1 + 1\%) = 1209(\text{kg})$$

【例4-3】 某室内框架结构普通钢筋混凝土梁，混凝土设计强度等级为C35，采用泵送法施工，施工要求的坍落度为135～150mm，采用机械搅拌和机械振动成型。原材料条件为：强度等级为42.5的普通硅酸盐水泥；级配合格的中砂（细度模数为2.3）；级配合格的碎石，最大粒径为20mm；饮用水；所用减水剂为树脂系高效减水剂，减水剂溶液浓度为30%，最佳掺量为1.5%，减水率为20%。试计算混凝土的初步配合比。

【解】 (1)计算配制强度 $f_{cu,0}$

根据题意，查表4-35，得 σ=5.0 MPa，因而混凝土配制强度 $f_{cu,0}$ 为：

$$f_{cu,0}=f_{cu,k}-t\sigma=f_{cu,k}+1.645\sigma=35+1.645\times5.0=43.2(\mathrm{MPa})$$

(2)计算初步水胶比 $(W/B)_0$

采用碎石，$\alpha_a=0.53$，$\alpha_b=0.20$；查表4-23，42.5级普通硅酸盐水泥，强度富余系数 $\gamma_c=1.16$；无掺合料，查表4-24，$\gamma_f=\gamma_s=1.0$，则

$$(W/B)_{计}=\frac{\alpha_a\gamma_c f_{ce,k}}{f_{cu,0}+\alpha_a\alpha_b\gamma_c f_{ce,k}}=\frac{0.53\times1.16\times42.5}{43.2+0.53\times0.20\times1.16\times42.5}=0.54$$

室内框架结构钢筋混凝土梁，属于室内干燥环境。查表4-30，$(W/B)_{max}=0.60$，故取 $(W/B)_0=\min(0.54,0.60)=0.54$。

(3)计算单位体积用水量 m_{w0}

由题意知坍落度要求为135～150mm，所用粗骨料为碎石且最大粒径为20mm，所用细骨料为中砂。查表4-21可知，混凝土拌合物单位体积用水量无法直接得到。此时，以表4-21中坍落度75～90mm的用水量 m_{wb} 为基础，按坍落度每增大20mm用水量增加5kg，计算未掺减水剂时的流动性混凝土单位用水量 $m_{wH}=215+(150-90)\times5/20=230(\mathrm{kg})$。

根据减水剂在合理掺量条件下的减水率，可确定掺加减水剂时混凝土的单位体积用水量为：

$$m_{w0}=m_{wH}(1-\beta)=230\times(1-20\%)=184(\mathrm{kg})$$

(4)计算水泥用量 m_{c0}

$$m_{c0}=m_{b0}=\frac{m_{w0}}{(W/B)_0}=\frac{184}{0.54}=341(\mathrm{kg})$$

查表4-31，$(W/B)_{max}=0.60$ 时，$m_{b,min}=280$kg，故取 $m_{c0}=m_{b,0}=\max(341,280)=341$kg。

(5)计算减水剂用量 m_J

$$m_J=m_{b0}\cdot J=341\times1.5\%=5.12(\mathrm{kg})$$

(6)计算掺减水剂后的用水量 m_{wJ}

$$m_{wJ}=m_{w0}-m_J\times(1-30\%)=184-5.12\times(1-30\%)=180(\mathrm{kg})$$

(7)选取砂率 β_s

根据水胶比 $W/B=0.54$、碎石最大粒径为20mm、中砂等条件，查表4-22，并考虑砂为中砂偏细，故选取混凝土的砂率 $\beta_s=[(32+37)/2+4\times0.3]\times1\%=35.7\%$。

由于混凝土拌合物坍落度要求为135～150mm，大于60mm，故在表4-22基础上，按坍落度每增大20mm，砂率增大1%的幅度予以调整，即 $\beta_s=35.7\%+(150-60)/20\times1\%=40.2\%$，实际计算时可取 $\beta_s=40\%$。

(8)计算砂用量 m_{s0} 和石用量 m_{g0}

用质量法计算，假定混凝土湿表观密度为2400kg/m^3，则有：

$$\begin{cases}341+180+5.12+m_{s0}+m_{g0}=2400\\ \beta_s=\dfrac{m_{s0}}{m_{s0}+m_{g0}}\times100\%=40\%\end{cases}$$

求解该方程组，即得 $m_{s0}=750$kg，$m_{g0}=1124$kg。

由此得混凝土初步配合比为C∶W∶S∶G∶J＝341∶180∶750∶1124∶5.12＝1∶0.53∶2.20∶3.30∶0.015。

【例4-4】 某受海风影响的现浇钢筋混凝土结构，配筋密列，该结构截面最小尺寸为250mm^2，钢筋净距最小尺寸为30mm，混凝土设计强度等级为C40。拟采用泵送施工，设计坍落度要求为175～190mm。生产

混凝土时,拟采用强度等级为42.5的普通硅酸盐水泥,并考虑在混凝土中复合掺加20%矿渣和15%粉煤灰;拟采用细度模数为2.70的中砂;粗骨料用的是碎石;采用聚羧酸高性能减水剂,其含固率为30%,适宜掺量为1.5%,减水率为20%。假设该混凝土的表观密度为2350kg/m³,试求该混凝土初步配合比。

【解】 (1)确定配制强度

$$f_{cu,0}=f_{cu,k}+1.645\sigma=40+1.645\times 5.0=48.2\ (\text{MPa})$$

(2)确定水胶比

采用碎石,$\alpha_a=0.53$,$\alpha_b=0.20$;查表4-23得,42.5级普通硅酸盐水泥,强度富余系数$\gamma_c=1.16$;查表4-24,掺粉煤灰15%时:

$$\gamma_f=\left(\frac{0.90+0.95}{2}+\frac{0.80+0.85}{2}\right)\times\frac{1}{2}=0.875$$

掺矿渣20%时:

$$\gamma_{sl}=\frac{0.95+1.00}{2}=0.975$$

则:

$$(W/B)_{计}=\frac{\alpha_a\gamma_f\gamma_{sl}\gamma_c f_{ce,k}}{f_{cu,0}+\alpha_a\alpha_b\gamma_f\gamma_{sl}\gamma_c f_{ce,k}}=\frac{0.53\times 0.875\times 0.975\times 1.16\times 42.5}{48.2+0.53\times 0.20\times 0.875\times 0.975\times 1.16\times 42.5}=0.42$$

结构受海风环境影响,查表4-30,$(W/B)_{max}=0.45$,故取$(W/B)_0=\min(0.42,0.45)=0.42$。

(3)确定碎石级配

所用碎石最大粒径应同时小于1/4×250=62.5(mm),3/4×30=22.5(mm),故取碎石级配为5~20mm。

(4)确定用水量(m_{w0})

查表4-21得,1m³混凝土的用水量为:

$$m_{wH}=215+(190-90)\times\frac{5}{20}=240\ (\text{kg})$$

$$m_{w0}=m_{wH}(1-\beta)=240\times(1-0.20)=192\ (\text{kg})$$

(5)计算胶凝材料用量

$$m_{b0}=\frac{m_{w0}}{(W/B)_0}=\frac{192}{0.42}=457\ (\text{kg})$$

查表4-31,$(W/B)_{max}\leqslant 0.45$时,$m_{b,min}=330$kg,故取$m_{b,0}=\max(457,\ 330)=457$kg。

(6)确定各种胶凝材料用量

$$m_{f0}=\beta_f m_{b0}=15\%\times 457=69\ (\text{kg})$$

$$m_{sl0}=\beta_{sl}m_{b0}=20\%\times 457=91\ (\text{kg})$$

$$m_{c0}=m_{b0}-m_{f0}-m_{sl0}=457-69-91=297(\text{kg})$$

(7)计算减水剂用量

$$m_J=m_{b0}\cdot J=457\times 1.5\%=6.86(\text{kg})$$

(8)计算掺减水剂后的用水量

$$m_{wJ}=m_{w0}-m_J\times(1-30\%)=192-6.86\times(1-30\%)=187(\text{kg})$$

(9)选取砂率β_s

根据水胶比$W/B=0.42$、碎石最大粒径为20mm、中砂等条件,查表4-22,可选取混凝土的砂率$\beta_s=[(29+34)/2+2\times 0.3]\times 1\%=32.1\%$。考虑混凝土拌合物坍落度要求很高,为保证混凝土拌合物黏聚性和保水性,砂率可取上限,即$\beta_s=(34+2\times 0.3)\times 1\%=34.6\%$。

由于混凝土拌合物坍落度要求为175~190mm,大于60mm,故在表4-22基础上,按坍落度每增大20mm,砂率增大1%的幅度予以调整,即$\beta_s=34.6\%+(190-60)/20\times 1\%=41.1\%$,实际计算时可取$\beta_s=41.0\%$。

(10)计算砂用量m_{s0}和石用量m_{g0}

用质量法计算,假定混凝土湿表观密度为2350kg/m³,则有:

$$\begin{cases}457+187+6.86+m_{s0}+m_{g0}=2350\\ \beta_s=\dfrac{m_{s0}}{m_{s0}+m_{g0}}\times 100\%=41.0\%\end{cases}$$

求解该方程组，得 $m_{s0}=697\text{kg}$，$m_{g0}=1002\text{kg}$。

由此得混凝土初步配合比为 C∶F∶SL∶W∶S∶G∶J＝297∶69∶91∶192∶697∶1002∶6.86＝0.65∶0.15∶0.20∶0.42∶1.53∶2.19∶0.015。

4.9 有特殊要求的混凝土及其配合比设计

4.9.1 预拌(泵送)混凝土

预拌混凝土是指由水泥、骨料、水以及根据需要掺入的外加剂和掺合料等组分按一定比例，在集中搅拌站(厂)经计量、拌制后出售，并采用运输车在规定时间内运至使用地点的混凝土拌合物。预拌混凝土生产将分散的小生产方式的混凝土生产变成集中的工业化生产，以商品形式向用户供应混凝土，并采用泵送法进行施工，可一次连续完成垂直和水平运输以及浇筑过程，给混凝土工程施工带来了一些根本性的变革，其优越性主要包括：①提高设备利用率，降低生产能耗，节约原材料用量；②提高了生产效率，可节约劳动力；③可改善施工现场生产环境；④有利于质量控制，预拌混凝土强度的变异系数一般为 0.07～0.15，远低于现场搅拌混凝土强度的变异系数(0.27～0.32)；⑤有利于新技术的推广。

配制泵送混凝土时，除必须满足混凝土设计强度和耐久性的要求外，还应使混凝土满足可泵性要求，其最佳坍落度范围为 100～180mm。混凝土坍落度太小，泵送阻力增大，易造成管道阻塞。随着泵送高度的增加，应适当增加混凝土坍落度，但混凝土坍落度较大(如超过 220mm)，混凝土拌合物容易产生泌水或离析，对可泵性反而不利。根据泵送的垂直高度不同，泵送混凝土入泵坍落度可按表 4-20 选用。泵送混凝土试配时应考虑混凝土的经时坍落度损失。

泵送混凝土所用粗骨料最大粒径与输送管径之比，当泵送高度在 50m 以下时，对碎石不宜大于 1∶3.0，对卵石不宜大于 1∶2.5；泵送高度在 50～100m 时，对碎石不宜大于 1∶4.0，对卵石不宜大于 1∶3.0；泵送高度在 100m 以上时，对碎石不宜大于 1∶5.0，对卵石不宜大于 1∶4.0。粗骨料应采用连续级配，且针、片状颗粒含量不宜大于 10%。细骨料宜采用中砂，其通过 0.315mm 筛孔的颗粒含量不应小于 15%。

泵送混凝土通常均掺用泵送剂或减水剂，并且掺用粉煤灰或其他活性掺和料。配合比设计时，水胶比不宜大于 0.60，水泥用量不宜小于 300kg/m^3，砂率宜为 35%～45%，掺用引气型外加剂时，其含气量不宜大于 4%。

4.9.2 高强混凝土

高强混凝土是相对于当前混凝土技术的一般水平而言的。不同的国家，对高强混凝土的定义不同。美国混凝土学会将设计强度大于或等于 41MPa(试件尺寸为 ϕ150mm×300mm)的混凝土称为高强混凝土，与我国 C50 混凝土相当。我国《高强混凝土应用技术规程》(JGJ/T 281—2012)将强度等级为 C60 及以上的混凝土称为高强混凝土。

混凝土高强化的主要技术途径有：胶凝材料本身高强化、选择合适的骨料、强化界面过渡区。这些技术途径可通过合理选择原材料、混凝土配合比设计参数及施工工艺等措施来实现。

水泥应选用硅酸盐水泥或普通硅酸盐水泥，强度等级不宜低于 42.5。配制高强混凝土的水泥用量较多，70～80MPa 混凝土中普通水泥用量为 $450\sim550\text{kg/m}^3$，但水泥用量也不宜过多，过多的水泥用量会引起水化热、收缩和徐变增大等突出问题，且成本也大幅提高。通过掺加高效减水剂和矿物掺合料可减少水泥用量。宜选用非引气、坍落度损失小、减水率不低于 25% 的高性能减水剂。采用高性能减水剂是实现混凝土低水胶比，且能满足良好施工和易性要求最有效的措施。在混凝土中掺入硅灰、磨细矿渣微粉或优质粉煤灰等矿物掺合料，既可减少水泥用量，强化水泥石与骨料界面，又可减少孔隙和细化孔径，是配制 C70 及以上等级高强混凝土的有效措施。所掺粉煤灰等级不应低于Ⅱ级;对强度等级不低于C80的高强混凝土宜掺用硅灰。

细骨料宜采用偏粗的中砂,细度模数宜为2.6~3.0,含泥量不应超过2%,泥块含量不应大于0.5%。粗骨料的性能对高强混凝土的强度及弹性模量起制约作用,应选用强度较高的硬质骨料,且颗粒级配良好,针、片状颗粒含量不宜超过5%,含泥量不应超过0.5%,泥块含量不应超过0.2%。粗骨料的最大粒径需随混凝土配制强度的提高而减小,一般不宜超过25mm。

高强混凝土配合比应经试验确定,在缺乏试验依据的情况下,配合比设计过程宜符合下列规定。

①高强混凝土配制强度应按下式确定:

$$f_{cu,0} = 1.15 f_{cu,k} \tag{4-45}$$

式中 $f_{cu,0}$——混凝土配制强度,MPa;

$f_{cu,k}$——混凝土立方体抗压强度标准值,MPa。

②水胶比、胶凝材料用量和砂率可按表4-39选取,并应经试配确定。其设计计算方法和步骤与普通混凝土基本相同,但混凝土强度公式——鲍罗米公式对高强混凝土不再适用。目前尚无统一的计算公式,一般按经验确定水胶比。

表4-39 高强混凝土水胶比、胶凝材料用量和砂率

强度等级	水胶比	胶凝材料用量/(kg/m³)	砂率/%
C60~C80	0.28~0.34	480~560	35~42
C80~C100	0.26~0.28	520~580	
>C100	0.24~0.26	550~600	

③外加剂和矿物掺合料的品种、掺量,应通过试配确定;矿物掺合料掺量宜为25%~40%;硅灰掺量不宜大于10%。

④试配时应采用三个不同的配合比进行混凝土强度试验,其中一个可为依据表4-39计算后调整拌合物的试拌配合比,另两个配合比,宜较试拌配合比分别增加和减少0.02。

⑤通过试验确定高强混凝土配合比后,还应对该配合比进行不少于三盘混凝土的重复试验,每盘混凝土应至少成型一组试件,每组混凝土的抗压强度不应低于配制强度。

⑥高强混凝土抗压强度测定宜采用标准尺寸试件,使用非标准尺寸试件时,尺寸折算系数应经试验确定。

高强混凝土具有抗压强度高、抗变形能力强、徐变小、密度大、孔隙率低等特性,目前在高层建筑、大跨度桥梁以及某些特种结构中已得到广泛应用。

4.9.3 抗渗混凝土

抗渗混凝土是通过各种方法提高混凝土抗渗性能,以达到防水目的(抗渗等级大于或等于P6级)的一种混凝土。

普通混凝土渗水的主要原因是其内部存在着许多连通孔隙,为此,可以采用改善骨料级配、降低水胶比、适当增加砂率和水泥用量、掺用外加剂以及采用特种水泥等方法来提高混凝土内部的密实性或堵塞混凝土内部的毛细管通道,使混凝土具有较高的抗渗性能。

抗渗混凝土的配合比设计应按《普通混凝土配合比设计规程》(JGJ 55—2011)中抗渗混凝土的配合比设计规定进行,其最大水胶比应符合表4-40的规定,每立方米混凝土中胶凝材料总用量不宜小于320kg,砂率宜为35%~45%。

表 4-40 抗渗混凝土最大水胶比

设计抗渗等级	最大水胶比	
	C20～C30	C30 以上
P6	0.60	0.55
P8～P12	0.55	0.50
>P12	0.50	0.45

配合比设计时，其抗渗水压值应比设计值提高 0.2MPa，抗渗试验结果应满足下式要求：

$$P_t \geqslant \frac{P}{10} + 0.2 \tag{4-46}$$

式中 P_t——6 个试件中第 3 个试件开始出现渗水时的最大水压力，MPa；

P——设计要求的抗渗等级值，MPa。

抗渗混凝土按其配制方法不同，可分为普通抗渗混凝土、掺外加剂的抗渗混凝土和采用特种水泥的抗渗混凝土。

4.9.3.1 普通抗渗混凝土

普通抗渗混凝土主要通过调整混凝土配合比来提高自身密实性和抗渗性。通过采用较小的水胶比，以减少毛细孔的数量和减小孔径；通过适当提高胶凝材料用量、砂率和灰砂比，在粗骨料周围形成品质良好和足够数量的砂浆包裹层，使粗骨料彼此隔离，以隔断沿粗骨料与砂浆界面互相连通的渗水孔网；通过采用较小的骨料粒径，以减少沉降孔隙；通过加强搅拌、浇筑、振捣和养护施工质量控制，以减少或防止施工孔隙，从而达到防水目的。

在配制普通抗渗混凝土时，水泥宜采用普通硅酸盐水泥，粗骨料宜采用连续级配，其最大公称粒径不宜大于 40.0mm，含泥量不得大于 1.0%，泥块含量不得大于 0.5%；细骨料宜采用中砂，含泥量不得大于 3.0%，泥块含量不得大于 1.0%；宜掺用外加剂和矿物掺合料，粉煤灰等级应为Ⅱ级以上。

4.9.3.2 掺外加剂的抗渗混凝土

这种方法除掺加适当品种和数量的外加剂外，对原材料没有特殊要求，也不需要增加水泥用量，比较经济，效果良好，因而使用很广泛。常用的掺外加剂的抗渗混凝土主要有以下几种。

(1)掺引气剂的抗渗混凝土

引气剂是一种表面活性剂，可显著降低混凝土拌和用水的表面张力，在混凝土搅拌过程中可产生大量稳定、微小、均匀、密闭的气泡，这些气泡可发挥类似于滚珠的作用，有助于改善混凝土拌合物的和易性，使混凝土更易于密实；同时这些气泡可阻断混凝土中毛细管通道，使外界水分不易渗入混凝土内部；此外，引气剂分子在毛细管壁上，会形成一层憎水性薄膜，削弱毛细管的引水作用，因而可提高混凝土的抗渗能力。

引气剂的掺量要严格控制，应保证混凝土既能满足抗渗要求，又能满足强度要求。通常混凝土的含气量宜控制在 3.0%～5.0%。此外，搅拌是生成气泡的必要条件，搅拌时间对混凝土含气量有明显影响。搅拌时间过短，不能形成均匀、分散的微小气泡；搅拌时间过长，则气泡壁愈来愈薄，易使微小气泡破坏而产生大气泡。搅拌时间过短或过长，都会降低混凝土抗渗性，一般搅拌时间以 2～3min 为宜。

(2)掺密实剂的抗渗混凝土

掺密实剂的抗渗混凝土是在混凝土拌合物中加入一定数量的密实剂(如氯化铁、氯化铝溶液)拌制而成的。氯化铁、氯化铝与混凝土中的氢氧化钙反应会生成氢氧化铁或氢氧化铝胶体，沉淀于毛细孔中，使毛细孔的孔径变小或阻塞毛细孔，因而可提高混凝土的密实度和抗渗性。掺密实剂的抗渗混凝土不但大量用于水池、水塔、地下室以及一些水下工程，且广泛用于地下防水工程的砂浆抹面和大面积堵漏。掺密实剂的抗渗混凝土还可代替金属制作煤气管和油罐等。

4.9.3.3 采用特种水泥的抗渗混凝土

采用膨胀水泥、收缩补偿水泥、硫铝酸盐水泥等特种水泥来配制抗渗混凝土，其原理是在早期形成大量钙矾石、氢氧化钙等晶体以及大量凝胶,填充孔隙,形成致密结构,并补偿收缩,从而提高混凝土的抗裂和抗渗性能。

由于特种水泥生产量小、价格高,目前直接采用特种水泥配制抗渗混凝土的方法尚不普遍。施工现场常采用普通水泥加膨胀剂的方法来制备抗渗混凝土。掺膨胀剂的混凝土需适当延长搅拌时间,并加强混凝土14d内的湿养护。

4.9.4 抗冻混凝土

在北方严寒地带,水工和海工建筑物极易发生冻融破坏现象。对全国32座大型混凝土坝工程和40余座中小型水工构筑物工程的耐久性调查资料显示,全国约22%的大坝工程和21%的中小型水工建筑物均存在不同程度的冻融破坏问题,其中大坝混凝土的冻融破坏主要集中在东北、华北和西北地区。尤其在东北严寒地区兴建的水工混凝土建筑物,几乎100%发生了不同程度的局部或大面积冻融破坏现象。

混凝土在施工养护早期极易发生冻胀破坏。其原因是在施工养护初期,混凝土内部孔隙率大、含水率高,其中的水分在冻害作用下发生膨胀,而此时混凝土的强度较低,其抵抗冻胀破坏的能力很差。这种冻胀破坏对混凝土强度的影响极大,在施工养护期间应采取有效措施严格防止发生混凝土的早期受冻破坏。

硬化后的混凝土在冻融循环作用下也易发生损伤,其损伤包括两种情况:一是由冻融循环引起的混凝土表面损伤,即表面发生剥落脱皮;二是在混凝土内部产生的损伤,导致混凝土动弹性模量下降。其发生冻融循环破坏的主要原因是混凝土内部存在开口毛细孔隙。因此,一方面通过掺加减水剂,尽量减小水胶比,提高混凝土密实度;另一方面通过掺加引气剂,在混凝土内部形成封闭的毛细孔隙,缓解开口孔隙内部毛细水冻胀产生的膨胀张应力是提高混凝土抗冻性能的有效措施。抗冻混凝土配合比设计时,混凝土的最大水胶比和胶凝材料最小用量应满足表4-41的要求,复合矿物掺合料最大掺量应满足表4-42的要求,掺用引气剂的混凝土,其最小含气量应满足表4-17的要求。

此外,若骨料吸水率大,则骨料内部水分发生冻胀同样会导致混凝土发生破坏,因此,在配制抗冻混凝土时,应尽量避免选用高吸水率骨料,并尽量减小骨料粒径,防止骨料本身发生冻胀破坏。

表4-41 抗冻混凝土最大水胶比和最小胶凝材料用量

设计抗冻等级	最大水胶比		胶凝材料最小用量/(kg/m^3)
	无引气剂	掺引气剂	
F50	0.55	0.60	300
F100	0.50	0.55	320
≥F150	—	0.50	350

表4-42 抗冻混凝土复合矿物掺合料最大掺量

水胶比	最大掺量/%	
	使用硅酸盐水泥时	使用普通硅酸盐水泥时
≤0.40	60	50
>0.40	50	40

注:采用其他通用硅酸盐水泥时,可将其中20%以上的混合掺量计入矿物掺合料的掺量。

4.9.5 自密实混凝土

自密实混凝土(Self-compacted Concrete or Self-consolidated Concrete, SCC)是20世纪80年代后期,由日本东京大学教授村甫开发成功的一种高技术混凝土。自密实混凝土的拌合物除具有高流动性外,还必须具有良好的抗材料分离性(抗离析性)、间隙通过性(通过较小钢筋间隙和狭窄通道的能力)和抗堵塞性(填充能力),其性能指标测试和分级方法如表4-43所示。

表 4-43 **混凝土拌合物自密实性能指标测试方法与性能分级**

检测性能	性能指标测试方法	测试值	性能等级	性能指标
抗堵塞性	坍落扩展度	坍落扩展度	SF1	550～650mm
			SF2	660～750mm
			SF3	760～850mm
	T_{50}	扩展时间	VS	$2s \leqslant T_{50} \leqslant 5s$
间隙通过性	J 环扩展度	坍落扩展度与有环条件下的扩展度差值	PA1	25mm＜PA1≤50mm
			PA2	0≤PA2≤25mm
抗离析性	筛析法	浮浆百分比	SR1	≤20%
			SR2	≤15%
	跳桌法	离析率	f_m	≤10%

自密实混凝土抗堵塞性一般用混凝土拌合物的坍落扩展度(即坍落后拌合物铺展的直径)和扩展时间 T_{50}(即扩展度达 500mm 的时间)来表示,其测试方法见图 4-51。自密实混凝土的坍落扩展度一般为 550～850mm。超过 850mm 时,拌合物易产生离析;不到 550mm 时,则可能发生充填障碍。

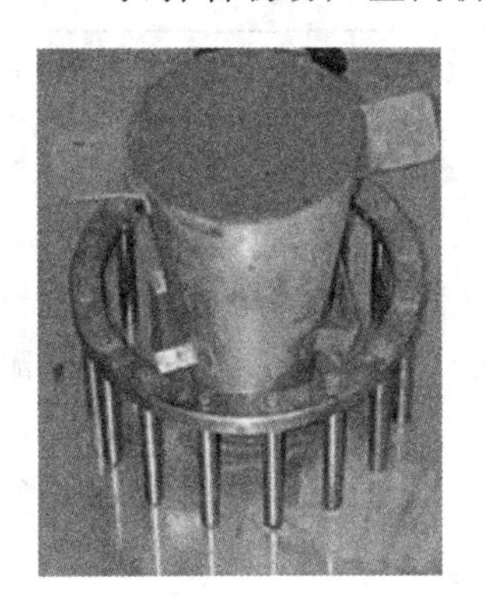

图 4-51 自密实混凝土 J 环扩展度测试方法

自密实混凝土的间隙通过性通常用坍落扩展度与 J 环扩展度的差值 PA 来表示。J 环扩展度的测试方法如图 4-51 所示。测试时将坍落度筒倒置在底板中心,并与 J 环同心。然后,将混凝土不分层一次填充至满。用抹刀刮除坍落度筒顶部的余料,使其与坍落度筒的上缘齐平后,刮除底板上坍落度筒周围的多余混凝土,以防止影响到自密实混凝土流动。随即将坍落度筒沿垂直方向向上提起(229±76)mm,提起时间控制在 2～4s。自开始入料至提起坍落度筒应在 2.5min 内完成。待混凝土的流动停止后,测量展开圆形的最大直径(d_1),以及与最大直径呈垂直方向的直径(d_2),J 环扩展度按下式计算:

$$\text{J 环扩展度} = \frac{d_1 + d_2}{2} \tag{4-47}$$

由此可计算得到自密实混凝土间隙通过性性能指标(PA):

$$PA = \text{坍落扩展度} - \text{J 环扩展度} \tag{4-48}$$

自密实混凝土拌合物抗离析性可用筛析法得到的浮浆百分比和采用跳桌法得到的离析率来表示。

自密实性能指标分为必控指标和可选指标,实际工程施工时,应根据结构形状、尺寸、配筋状态、施工方式等特点,按表 4-44 选择自密实性能指标。

为满足混凝土的自密实性能,在进行混凝土配合比设计时,需采用较高的用水量和粉料用量,同时采用高效减水剂,其中粉料除水泥和活性矿物掺合料外,还可掺加适量非活性矿物掺合料。为防止自密实混凝土分层离析,可掺加适量无机或有机增稠剂(Viscocity Modifying Agent, VMA),如硅溶胶、纤维素醚等。

表 4-44 混凝土自密实性能指标应用范围

性能指标	等级	应用范围	说明
抗堵塞性	SF1	1. 从顶部浇筑的无配筋或配筋较少的混凝土结构物(如平板)。 2. 泵送浇筑施工的工程。 3. 截面较小、无须水平长距离流动的竖向结构物(如桩和一些深基础)	必控指标
	SF2	适合大多数普通钢筋混凝土结构	
	SF3	适用于结构紧密的竖向构件、形状复杂的结构等(粗骨料最大公称粒径宜小于16mm)	
	VS	对于配筋较多的结构或较高外观性能要求混凝土,应严格控制	
间隙通过性	PA1	适用于钢筋净距为80～100mm的混凝土结构	可选指标
	PA2	适用于钢筋净距为60～80mm的混凝土结构	
抗离析性	SR1	适用于流动距离小于5m、钢筋净距大于80mm的薄板结构和竖向结构	可选指标
	SR2	适用于流动距离超过5m、钢筋净距大于80mm的竖向结构。也适用于流动距离小于5m、钢筋净距小于80mm的竖向结构,但流动距离超过5m,SR值宜小于10%	

注:1. 只有在少量或没有加筋的情况下,间隙通过性可不必作为自密实混凝土的性能指标;对于钢筋净距小于60mm的混凝土结构,宜进行模拟试验确定;对于钢筋净距大于80mm的薄板结构或钢筋净距大于100mm的其他结构,可不作此项要求。

2. 要求高抗堵塞性(坍落扩展度指标为SF2或SF3)的自密实混凝土,应作此项要求。

确定自密实混凝土配合比时,应根据所应用结构形式的特点、施工工艺以及环境因素对自密实混凝土的技术要求进行设计,在综合考虑混凝土自密实性能、强度、耐久性以及其他必要的性能要求基础上,提出初步配合比,经实验室试配调整得出满足工作性要求的基准配合比,并进一步经强度和耐久性校核得到施工配合比。

自密实混凝土的配合比设计方法与普通混凝土配合比设计方法有所不同,通常采用绝对体积法进行设计,其初步配合比设计步骤如下。

①确定粗骨料体积(V_g)及质量(m_g)。

a. 每立方米混凝土中粗骨料绝对体积用量(V_g)可按表4-45选用。

表 4-45 每立方米混凝土中粗骨料绝对体积用量

流动性指标	SF1	SF2	SF3
每立方米混凝土中粗骨料绝对体积用量/m³	0.32～0.35	0.30～0.33	0.28～0.32

b. 每立方米自密实混凝土中粗骨料的质量(m_g)根据粗骨料绝对体积(V_g)和表观密度(ρ_g),并按下式计算:

$$m_g = V_g \rho_g \tag{4-49}$$

②砂浆体积(V_m),可按下式计算:

$$V_m = 1 - V_g \tag{4-50}$$

③砂浆中砂的体积分数(Φ_s),可取0.42～0.45。

④每立方米自密实混凝土中砂用量(m_s)可根据砂浆体积(V_m)及砂浆中砂的体积分数(Φ_s)、砂的表观密度(ρ_s),按下列公式计算:

$$V_s = V_m \Phi_s \tag{4-51}$$

$$m_s = V_s \rho_s \tag{4-52}$$

式中 V_s——每立方米自密实混凝土中砂的密实体积,m³;

m_s——每立方米自密实混凝土中砂质量,kg。

⑤浆体体积(V_p),可按下式计算:

$$V_p = V_m - V_s \tag{4-53}$$

⑥胶凝材料表观密度(ρ_b)可根据矿物掺合料和水泥的相对含量及各自的表观密度,按下式计算:

$$\rho_b = \frac{1}{\frac{\beta}{\rho_m} + \frac{1-\beta}{\rho_c}} \tag{4-54}$$

式中 ρ_b——胶凝材料表观密度,kg/m^3;

β——自密实混凝土中矿物掺合料占胶凝材料的质量分数,%;

ρ_m——矿物掺合料表观密度,kg/m^3;

ρ_c——水泥表观密度,kg/m^3。

⑦自密实混凝土配制强度 $f_{cu,0}$ 按《普通混凝土配合比设计规程》(JGJ 55—2011)相关规定进行计算。

⑧确定水胶比。

a. 根据工程所使用的原材料,通过建立的水胶比与自密实混凝土抗压强度关系式来计算得到水胶比。

b. 当不具备上述试验统计资料时,可按下式计算:

$$m_w / m_b = \frac{0.42 f_{ce}(1-\beta+\beta \cdot \gamma)}{f_{cu,0}+1.2} \tag{4-55}$$

式中 f_{ce}——水泥的 28d 实测抗压强度,MPa;当水泥 28d 抗压强度未能进行实测时,可采用水泥强度等级对应值乘 1.1 得到的数值作为水泥强度值代入上式。

β——自密实混凝土中矿物掺合料占胶凝材料的质量分数,当采用两种或两种以上矿物掺合料时,可以 β_1、β_2、β_3 表示,并进行相应计算(根据自密实混凝土工作性、耐久性、温升控制等要求,合理选择胶凝材料中水泥、矿物掺合料类型,β 不宜小于 0.2)。

γ——矿物掺合料的胶凝系数,对于石灰石粉($\beta \leqslant 0.2$)、Ⅰ级或Ⅱ级粉煤灰($\beta \leqslant 0.3$)、S95 或 S105 级矿渣粉($\beta \leqslant 0.4$),分别可取 0.2、0.4 和 0.9。

m_b——每立方米自密实混凝土中胶凝材料的质量,kg。

m_w——每立方米自密实混凝土中用水量,kg。

⑨每立方米自密实混凝土中胶凝材料的质量(m_b)可根据自密实混凝土中的浆体体积(V_p),由胶凝材料的表观密度(ρ_b)、水胶比(W/B)等参数,按下式计算:

$$m_b = \frac{V_p - V_a}{\frac{1}{\rho_b} + \frac{W/B}{\rho_w}} \tag{4-56}$$

式中 V_a——引入空气的体积,对于非引气型的自密实混凝土,V_a 一般可取 10L;

ρ_w——拌和水的表观密度,取 $1000kg/m^3$。

⑩每立方米自密实混凝土中用水量(m_w)可根据每立方米自密实混凝土中胶凝材料用量(m_b)以及水胶比(W/B),按下式计算:

$$m_w = m_b \cdot \frac{W}{B} \tag{4-57}$$

⑪每立方米自密实混凝土中水泥的质量(m_c)和矿物掺合料的质量(m_m)可根据每立方米自密实混凝土中胶凝材料的质量(m_b)和胶凝材料中矿物掺合料的质量分数(β),按下列公式计算:

$$m_m = m_b \cdot \beta \tag{4-58}$$

$$m_c = m_b - m_m \tag{4-59}$$

⑫根据试验,选择外加剂的品种和用量,外加剂用量按下式计算:

$$m_{ca} = m_b \cdot \alpha \tag{4-60}$$

式中 m_{ca}——每立方米自密实混凝土中外加剂用量,kg;

α——外加剂掺量,以占胶凝材料总量的质量百分数表示,应由试验确定,%。

⑬试拌、调整与确定。

混凝土试配时应采用工程实际使用的原材料,每盘混凝土的最小搅拌量不宜小于25L。试配时,首先应进行试拌,然后检查拌合物自密实性能必控指标,再检查拌合物自密实性能可选指标。当试拌得出的拌合物自密实性能不能满足要求时,应在水胶比不变、胶凝材料用量和外加剂用量合理的原则下调整胶凝材料用量、外加剂用量或砂的体积分数等,直到符合要求为止。然后提出供混凝土强度试验用的基准配合比。

进行混凝土强度试验时至少应采用三个不同的配合比。当采用不同的配合比时,其中一个应为按照上述步骤确定的基准配合比,另外两个配合比的水胶比宜较基准配合比分别增加和减少0.02;用水量与基准配合比相同,砂的体积分数可分别增加或减少1%。制作混凝土强度试验试件时,应验证拌合物自密实性能是否达到设计要求,并以结果作为代表相应配合比的混凝土拌合物的性能。进行混凝土强度试验时,每种配合比至少应制作一组(3块)试件,标准养护到28d或设计强度要求的龄期时试压,也可同时多制作几组试件,按《早期推定混凝土强度试验方法标准》(JGJ/T 15—2021)早期推定混凝土强度,用于配合比调整,但最终应满足标准养护28d或设计规定龄期的强度要求。如有耐久性要求,还应检测相应的耐久性指标。然后根据试配结果对基准配合比进行调整,直至拌合物自密实性能和硬化后混凝土性能都满足相应规定为止,得到施工配合比。

对于应用条件特殊的工程,可对确定的配合比进行模拟试验,以检验所设计的配合比是否满足工程应用条件。

由于自密实混凝土拌合物具有很好的施工性能,能保证混凝土在不利的浇筑条件下密实成型;因水胶比很低,混凝土密实度高,故其抗碳化能力强;因掺加大量矿物掺合料,可大幅降低混凝土的水化温升,具有很好的抗化学侵蚀和抗碱骨料反应的能力,可大幅提高混凝土的耐久性,因此,自密实混凝土属于高性能混凝土。

自密实混凝土的强度可有很宽的范围,可从C25到C60以上。我国目前大量使用的是C30～C40。为了保证及时拆模,成型后在标准条件下24h抗压强度应大于或等于5MPa。在施工计划允许、着重长期强度、使用低热水泥等情况下,可放宽上述要求。

由于粗骨料用量较少,自密实混凝土比使用同一品种骨料的普通混凝土弹性模量稍低,干燥收缩较大,易产生有害裂缝。掺粉煤灰和少量膨胀剂有利于减小收缩。掺合成纤维不仅可减小收缩,也可提高抗裂性能。

目前,发达国家已普遍使用自密实混凝土,如美国西雅图65层的双联广场钢管混凝土柱,28d抗压强度为115MPa。混凝土从底层逐层泵送,无振捣。在我国,北京、深圳、济南等城市也开始使用自密实混凝土,从1995年至今,浇筑量已超过40000m^3。其主要用于地下暗挖、密筋、形状复杂等无法浇筑或浇筑困难的部位,可解决扰民问题、缩短工期等。

4.10 轻混凝土

表观密度不大于1950kg/m^3的混凝土称为轻混凝土。轻混凝土按其所用材料及配制方法的不同可分为轻骨料混凝土、多孔混凝土和大孔混凝土三类。

4.10.1 轻骨料混凝土

轻骨料混凝土是用轻粗骨料、轻细骨料或普通细骨料、水泥、水、外加剂和掺合料配制而成的混凝土,其表观密度不大于1950kg/m^3。常以所用轻骨料的种类命名,如浮石混凝土、粉煤灰陶粒混凝土、黏土陶粒混凝土、页岩陶粒混凝土、膨胀珍珠岩混凝土等。

轻骨料混凝土按其所用细骨料种类分为全轻混凝土和砂轻混凝土。全部粗、细骨料均采用轻骨料的混凝土称为全轻混凝土;粗骨料为轻骨料,而细骨料部分或全部采用普通砂者称为砂轻混凝土。轻骨料混凝土按其用途分为保温轻骨料混凝土、结构保温轻骨料混凝土和结构轻骨料混凝土三类(表4-46)。

表 4-46 轻骨料混凝土按用途分类

类别名称	混凝土强度等级的合理范围	混凝土密度等级的合理范围/(kg/m³)	用途
保温轻骨料混凝土	CL5.0	800	用于保温的围护结构或热工构筑物
结构保温轻骨料混凝土	CL5.0～CL15	800～1400	用于既承重又保温的围护结构
结构轻骨料混凝土	CL15～CL50	1400～1900	用于承重构件或构筑物

轻骨料混凝土按其表观密度在 800～1900kg/m³ 范围内共分为 11 个密度等级。其强度等级与普通混凝土的强度等级相对应，按立方体抗压强度标准值划分为 CL5.0、CL7.5、CL10、CL15、CL20、CL25、CL30、CL35、CL40、CL45、CL50。

轻骨料混凝土受力后，由于轻骨料与水泥石的界面黏结十分牢固，水泥石填充于轻骨料表面孔隙中且紧密地包裹在骨料周围，使得轻骨料在混凝土中处于三向受力状态。坚固的水泥石外壳约束了骨料粒子的横向变形，故轻骨料混凝土的强度随水泥石的强度和水泥用量的增加而提高，其最高强度可以超过轻骨料本身强度的好几倍。当水泥用量和水泥石强度一定时，轻骨料混凝土的强度又随骨料本身强度的增高而提高。如果用轻砂代替普通砂，混凝土强度将显著下降。

轻骨料混凝土的拉压比与普通混凝土比较接近，轴心抗压强度(f_c)与立方体抗压强度(f_{cu})的比值比普通混凝土高。在结构设计时，考虑轻骨料混凝土本身的匀质性较差，为保证使用可靠，仍按 $f_c=0.76f_{cu}$ 取值。

轻骨料混凝土的弹性模量一般比同等级普通混凝土低 30%～50%。轻骨料混凝土弹性模量低，也并不完全是一个不利因素。如弹性模量低，极限应变较大，有利于控制结构因温差应力引起的裂缝发展，同时有利于改善建筑物的抗震性能或抵抗动荷载的作用。

与普通混凝土相比，轻骨料混凝土的收缩和徐变较大。在干燥空气中，结构轻骨料混凝土最终收缩值为 0.4～1.0mm/m，为同强度普通混凝土最终收缩值的 1～1.5 倍。轻骨料混凝土的徐变比普通混凝土大 30%～60%，热膨胀系数比普通混凝土低 20%左右。

轻骨料混凝土具有良好的保温隔热性能。当其表观密度为 1000～1800kg/m³ 时，导热系数为 0.28～0.87W/(m·K)，比热容为 0.75～0.84kJ/(kg·K)。此外，轻骨料混凝土还具有较好的抗冻性和抗渗性，其抗震、耐热、耐火等性能也比普通混凝土好。

由于轻骨料混凝土具有以上特点，因此适用于高层和多层建筑、大跨度结构、地基不良的结构、抗震结构和漂浮结构等。

轻骨料混凝土配合比设计时，除强度、和易性、经济性和耐久性外，还应考虑表观密度的要求。同时，骨料的强度和用量对轻骨料混凝土强度影响很大，故在轻骨料混凝土配合比设计中，必须考虑骨料性质这个重要影响因素。目前尚无像普通混凝土那样的强度计算公式，故轻骨料混凝土的配合比，大多参考有关经验数据和图表来确定，再经试配与调整，找出最优配合比。

由于轻骨料具有较大的吸水性能，加入混凝土拌合物中的水，有一部分会被轻骨料吸收，余下的部分供水泥水化以及起润滑作用。因此，将总用水量中被骨料吸收的部分称为“附加水量”，而余下的部分则称为“净用水量”。附加水量按轻骨料 1h 吸水率计算。净用水量应根据施工条件确定。

轻骨料混凝土施工方法基本与普通混凝土相同，但需注意几个特殊事项：

①轻骨料吸水率大，故在拌和前应对骨料进行预湿处理。若采用干燥骨料，则需考虑骨料的附加水量，并随时测定骨料的实际含水率以调整加水量。

②外加剂最好在有效拌和水中兑匀。先加附加水使骨料吸水，再加入含有外加剂的有效拌和水，以免外加剂被吸入骨料中失去作用。

③为防止轻骨料上浮，最好选择强制式搅拌机及加压振动。

4.10.2 多孔混凝土

多孔混凝土是指内部均匀分布着大量微小封闭的气泡而无骨料或无粗骨料的轻质混凝土。由于其孔隙率极高,达52%～85%,故质量轻,表观密度一般为300～1200kg/m³,导热系数低,通常为0.08～0.29W/(m·K),因此,多孔混凝土是一种轻质多孔材料,具有保温、隔热功能,容易切割且可钉性好。多孔混凝土可制作屋面板、内外墙板、砌块和保温制品,广泛用于工业与民用建筑和保温工程。

根据成孔方式的不同,多孔混凝土可分为加气混凝土和泡沫混凝土两大类。

(1)加气混凝土

加气混凝土是由含钙材料(如水泥、石灰)和含硅材料(如石英砂、粉煤灰、尾矿粉、粒化高炉矿渣、页岩等)加水和适量的加气剂、稳泡剂后,经混合搅拌、浇筑、切割和蒸压养护(811kPa或1520kPa)而成的。

加气剂多采用磨细铝粉。铝粉与氢氧化钙反应放出氢气而形成气泡,其反应式为:

$$2Al+3Ca(OH)_2+6H_2O \Longrightarrow 3CaO\cdot Al_2O_3\cdot 6H_2O+3H_2\uparrow$$

除铝粉外,还可采用过氧化氢、碳化钙等作为加气剂。

(2)泡沫混凝土

泡沫混凝土是将泡沫剂水溶液以机械方法制备成泡沫,加至由含硅材料(砂、粉煤灰)、含钙材料(石灰、水泥)、水及附加剂所组成的料浆中,经混合搅拌、浇筑、养护而成的轻质多孔材料。常用泡沫剂有松香胶泡沫剂和水解牲血泡沫剂。松香胶泡沫剂是用烧碱加水溶入松香粉生成松香皂,再加入少量骨胶或皮胶溶液熬制而成的。使用时,用温水稀释,用力搅拌即可形成稳定的泡沫。水解牲血泡沫剂是用尚未凝结的动物血加苛性钠、硫酸亚铁和氯化铵等制成的。

泡沫混凝土的生产成本较低,但其抗裂性较差,比加气混凝土低50%～90%,同时料浆的稳定性不够好,初凝硬化时间较长,故其生产与应用的发展不如加气混凝土。

4.10.3 大孔混凝土

大孔混凝土是由单粒级粗骨料、水泥和水配制而成的一种轻混凝土,又称无砂大孔混凝土。为了提高大孔混凝土的强度,有时也加入少量细骨料(砂),称为少砂混凝土。

大孔混凝土按所用骨料分为普通大孔混凝土和轻骨料大孔混凝土两类。普通大孔混凝土用天然碎石、卵石制成,表观密度为1500～1950kg/m³,抗压强度可在3.5～20MPa变化,主要用于承重和保温结构。轻骨料大孔混凝土用陶粒、浮石等轻骨料制成,表观密度为800～1500kg/m³,抗压强度可为1.5～7.5MPa,主要用于自承重的保温结构。

大孔混凝土具有导热系数小、保温性好、吸湿性较小、透水性好等特点。因此,大孔混凝土可用于现浇墙板,用于制作小型空心砌块和各种板材,也可制成滤水管、滤水板以及透水地坪等,广泛用于市政工程。

4.11 其他混凝土

4.11.1 道路混凝土

道路路面或机场路面所用的水泥混凝土,一般称为道路混凝土。道路混凝土必须具备下列性质:①抗折强度高;②表面致密,有良好的耐磨性;③有良好的耐久性;④在温度和湿度的影响下体积变化不大;⑤表面易于整修。

道路混凝土在原材料及其对混凝土技术性能的影响规律等方面与普通混凝土基本一致,但由于受力特点及使用环境不同,在组成材料选用、配合比设计、施工等方面与普通混凝土又不尽相同。

配制道路混凝土所用水泥应优先选用道路硅酸盐水泥,也可使用普通硅酸盐水泥和硅酸盐水泥。水泥强度等级不宜低于32.5,水泥用量应不少于300kg/m³。必须选用具有较高抗压强度和耐磨性好的粗骨料,最大粒径不宜大于40mm,随道路路面板的设计厚度而定。细骨料宜选用级配良好的中、粗砂,砂的质量要求应符合C30以上普通混凝土用砂要求。配合比设计主要以抗折强度(抗弯拉强度)为设计指标,设计方法及步骤应遵循相应技术规程要求。

除抗折强度要求外，为保证路面混凝土的耐久性、耐磨性、抗冻性等要求，路面混凝土抗压强度不应低于30MPa。道路混凝土抗折强度与抗压强度的比值，一般为1∶7.0～1∶5.5。

4.11.2 喷射混凝土

喷射混凝土(shotcrete)是用压缩空气将混凝土喷射到施工面上的混凝土。根据喷射工艺不同，分为干法喷射和湿法喷射。干法喷射是将预先配好的水泥、砂、粗骨料和速凝剂装入喷射机，借助高压气流使物料输送到喷头处与水混合，以很高的速度喷射至施工面，如图4-52所示。湿法喷射则是将混凝土的所有原材料预搅拌好后，通过管道输送到喷头处，在压缩空气的吹动下将混凝土高速喷射到施工面。这种混凝土一般不用模板，能与施工面紧密地黏结在一起，形成完整而稳定的衬砌层，具有施工简便、强度增长快、密实性好、适应性强的特点。干法喷射的优点是输送距离长，可随时停止喷射作业，但施工时用水量不易控制，且粉尘大、混凝土回弹率高、施工环境差。湿法喷射的优点是质量易于控制、混凝土回弹率相对较低，但易于堵管、不能随时停止作业、不适宜小量施工等。

图4-52 喷射混凝土施工

喷射混凝土要求所用的水泥凝结硬化快，早期强度高，故宜选用硅酸盐水泥或普通硅酸盐水泥。所用粗骨料最大粒径应不大于25mm或20mm，其中粒径大于15mm的粗骨料应控制在20%以内，细骨料以中砂或粗砂为宜。为保证喷射混凝土迅速凝结，并获得较高的早期强度，降低回弹率，需掺速凝剂。有些重要工程(如地铁)的喷射混凝土中还掺加硅灰以提高混凝土的抗渗性，或者掺加1%(体积率)左右的钢纤维以提高抗裂性等。

喷射混凝土的强度和密实度均较高，抗压强度为25～40MPa，抗拉强度为2～2.5MPa，与岩石的黏结力为1～1.5MPa，抗渗标号在P8以上。喷射混凝土常用于隧道衬砌施工，还广泛用于基坑支护和矿井支护工程、护坡以及混凝土结构物的修补等。

4.11.3 水下混凝土

水下混凝土是指在地面拌制而在水下环境(如淡水、海水、泥浆水)中灌注和硬化的混凝土。由于在水环境中灌注混凝土会受到水的浸渍、扰动和稀释的影响，施工时需采用特殊的施工方法，混凝土拌合物的和易性也有较高要求，即要求具有良好的流动性，黏聚性和保水性要好，泌水率要小。坍落度以150～180mm为宜，且应具有良好的保持流动性的能力。宜选用颗粒较细、泌水率小、收缩性小的水泥，如普通水泥等。水泥强度等级不宜低于32.5，水泥用量应在370kg/m^3以上。为防止骨料离析，粗骨料不宜过大，最大粒径应结合输送混凝土导管口径及钢筋净距选用，一般不宜大于40mm。砂率应较大，为40%～47%，且砂中应含有一定数量细颗粒，必要时可以掺入一定量粉煤灰，以提高拌合物的黏聚性。近年来，采用高分子材料作为水下不分散剂掺至混凝土中，取得了良好的技术效果。对于重要工程的水下混凝土，应模拟验证混凝土在水中的不分散性能。

4.11.4 纤维增强混凝土

纤维增强混凝土以混凝土为基材，外掺纤维材料配制而成。其通过适当搅拌把短纤维均匀分散在拌合物中，可提高混凝土抗拉强度、抗弯强度、冲击韧性等力学性能，从而降低其脆性，是一种新型的多相复合材料。

纤维按其变形性能,可分为高弹性模量纤维(如钢纤维、碳纤维等)和低弹性模量纤维(如聚丙烯纤维、尼龙纤维等)两类。纤维增强混凝土因所用纤维不同,其性能也不一样。采用高弹性模量纤维时,由于纤维约束开裂能力大,故可全面提高混凝土的抗拉、抗弯、抗冲击强度和韧性。如用钢纤维制成的混凝土,必须是钢纤维被拔出才有可能发生破坏,因此其韧性显著增大。采用弹性模量低的合成纤维时,对混凝土强度的影响较小,但可有效减少新拌混凝土的塑性收缩裂缝,显著改善韧性、抗冲击性能和抗疲劳性能,同时对提高混凝土的抗裂性能有利。

对于纤维增强混凝土,纤维的体积含量、纤维的几何形状以及纤维的分布情况,对其性能有着重要影响。以短钢纤维为例,为了满足构件性能要求且便于搅拌和保证混凝土拌合物的均匀性,通常的掺量在0.5%～2%(体积比)范围内,考虑到经济性,尤以1.0%～1.5%范围内较多,长径比以40～100为宜,尽可能选用直径小、形状非圆形的变截面钢纤维,其效果最佳。此外,研究表明,纤维混杂掺加可进一步提高混凝土的强度和韧性。

自20世纪90年代以来,密西根大学Victor Li教授团队研究成功了一种超高韧性水泥基复合材料(ECC),其主要原材料包括硅酸盐水泥、粉煤灰、磨细石英砂、水、高效减水剂,并掺加了体积率为2%的聚乙烯醇(PVA)纤维。ECC的极限拉伸应变高达3%～5%,已经在日本的抗震建筑、美国的桥梁等工程中成功应用。

纤维混凝土目前已应用于飞机跑道、隧道衬砌、路面及桥面、水工建筑、铁路轨枕、压力管道等领域中。随着对不同纤维混凝土的深入研究,纤维混凝土在建筑工程中必将得到更为广泛的应用。

4.11.5 聚合物混凝土

聚合物混凝土是一种有机、无机材料复合的新型混凝土。按其组成和制作工艺可分为聚合物水泥混凝土、聚合物浸渍混凝土和聚合物胶结混凝土三种。

4.11.5.1 聚合物水泥混凝土(PCC)

聚合物水泥混凝土是在普通水泥混凝土基础上,掺入聚合物乳液制备而成。在硬化过程中,聚合物与水泥之间不发生化学反应,而是在水泥水化形成水泥石的同时,聚合物在混凝土内脱水固化形成薄膜,填充水泥水化产物和骨料之间的孔隙,从而提高硬化水泥浆与骨料及各水泥颗粒之间的黏结力。目前常用聚合物有橡胶胶乳、各种树脂胶和水溶性聚合物等。通常聚合物的掺用量为水泥质量的5%～30%。聚合物水泥混凝土具有抗拉、抗折强度高,抗冻性、耐蚀性和耐磨性高等特点,主要用于路面、机场跑道及防水层等。

4.11.5.2 聚合物浸渍混凝土(PIC)

聚合物浸渍混凝土是用有机单体浸渍已硬化的普通混凝土,然后用加热或辐射的方法使渗入混凝土孔隙内的单体产生聚合作用,使混凝土和聚合物结合成一体的新型混凝土。按浸渍方法不同,可分为完全浸渍和部分浸渍。所用浸渍液有各种聚合物单体和液态树脂,如甲基丙烯酸甲酯(MMA)、苯乙烯(S)、丙烯腈(AN)等。目前使用较广泛的是MMA和S。

为了保证聚合物浸渍混凝土的质量,应控制浸渍前的干燥情况、真空程度、浸渍压力及浸渍时间。干燥的目的是为浸渍液体让出空间,同时也可避免凝固后水分所引起的不良影响。浸渍前施加真空可加快浸渍液的渗透速度及浸渍深度。控制浸渍时间则有利于提高浸渍效果,而在高压下浸渍则能增加总的浸渍率。

由于聚合物填充了混凝土的内部孔隙和微裂缝,形成连续的空间网络,并与硬化水泥混凝土结构相互穿插,因此聚合物浸渍混凝土具有极密实结构,具有高强、耐蚀、抗渗、耐磨等优良物理力学性能。其主要用于路面、桥面、输送管道、隧道支撑系统及水下结构等。

4.11.5.3 聚合物胶结混凝土(PC)

聚合物胶结混凝土是一种完全不用水泥,而以合成树脂作胶结材料所制成的混凝土,又称为树脂混凝土。用树脂作黏结剂,不但黏结剂本身的强度比较高,且与骨料之间的黏结力也显著提高,故树脂混凝土的破坏,不像水泥混凝土那样发生于黏结剂与骨料的界面处,而主要是由骨料本身破坏所致。在很多情况下,树脂混凝土的强度取决于骨料强度。

树脂混凝土具有很多优点，例如可在很大范围内调节硬化时间；硬化后强度高，特别是早强效果显著，通常 1d 龄期的抗压强度达 50～100MPa，抗拉强度达 10MPa 以上；抗渗性高，几乎不透水；耐磨性、抗冲击性及耐蚀性高；掺入彩色填料后可具有很好的装饰性。其不足之处是硬化初期收缩大，可达 0.2%～0.4%；徐变亦较大；易燃；在高温下热稳定性差，当温度为 100℃时，其强度仅为常温下的 1/5～1/3。目前树脂混凝土成本还比较高，只能用于有特殊要求的工程。

4.11.6 防辐射混凝土

用来防护 γ 射线和中子辐射作用、使用重骨料和水泥配制的混凝土，称为防辐射混凝土（又称重混凝土）。

配制防辐射混凝土所用的胶凝材料以胶凝性能好、水化热低、水化结合水量高的水泥为宜，一般可采用硅酸盐水泥，最好采用高铝水泥或其他特种水泥（如钡水泥）。重骨料可以抵抗 γ 射线，而较轻的含氢骨料则可以减弱中子射线的强度。常用的重骨料有重晶石 $BaSO_4$（表观密度为 4000～4500kg/m^3）、赤铁矿 Fe_2O_3、磁铁矿 $Fe_3O_4 \cdot H_2O$（表观密度为 4500kg/m^3 或更大）、金属碎块（如圆钢）、扁钢、角铁等碎料或铸铁块等。为了提高防御中子射线的性能，可以在其中掺入附加剂或者增加氢化合物的成分（即含水物质），或者增加含原子量较轻元素的成分，例如硼酸、硼盐及锂盐等。

4.11.7 再生骨料混凝土

在天然骨料中掺加部分再生骨料或全部采用再生骨料的混凝土，称为再生骨料混凝土。所谓再生骨料，是指将建筑工业中的块状废弃物，如废混凝土、废砖、废陶瓷、废玻璃等，经过破碎、筛分、除铁等处理得到的可循环再利用的骨料。在混凝土中采用再生骨料的主要目的是节省天然骨料资源、保护天然骨料产地的生态环境、减少建筑废弃物大量排放引起的环境污染问题等。

智能混凝土
知识拓展

以建筑废弃物为原料生产得到的再生骨料通常为混合再生骨料，其中的块状废弃物未经分类处理。主要有两类，一类以废弃混凝土为主，另一类以废弃烧结砖为主，取决于建筑废弃物的来源。由于废弃混凝土再生骨料表面通常附着旧砂浆，而废弃烧结砖本身强度较低，远低于天然石材强度，因此，与采用天然石材破碎得到的天然骨料相比，再生骨料的体积密度、强度和弹性模量通常较小，而吸水率较大；在用于配制再生骨料混凝土时，与天然骨料混凝土相比，新拌再生骨料混凝土拌合物的和易性、硬化再生骨料混凝土的物理力学性能和长期耐久性普遍较差，而收缩和徐变较大，其性能差异与用于生产再生骨料的原生混凝土或烧结砖强度、再生骨料破碎工艺、再生骨料替代率等密切相关。因此，再生骨料混凝土配合比设计时，需考虑再生骨料吸水率对新拌混凝土拌合物和易性、再生骨料压碎指标对硬化混凝土强度以及再生骨料低弹性模量对硬化混凝土干缩、徐变等的影响。当再生骨料中含有废玻璃时，由于废玻璃具有碱活性，还应注意防止再生骨料混凝土发生碱骨料反应破坏。

学生范文 1：
建筑结构胶的
性能及应用

针对废弃混凝土再生骨料，虽然国内外发展了多种高品质再生骨料生产工艺，如研磨整形法、热-机械力分离法、酸液预浸法、表面浸渍增强法等，可得到性能与天然骨料接近的再生骨料，但目前研磨整形法与热-机械力分离法的工艺复杂、设备庞大、动力消耗与设备磨损均比较大，与天然骨料生产成本相比，再生骨料生产成本大幅度增加，限制了其产业化推广应用价值；酸浸工艺增加了酸洗和水洗两个步骤，成本也有所增加，适合于附近有废酸需要处理的场合；表面浸渍增强处理亦增加了再生骨料生产过程中的工艺流程，其成本也大大增加，因此，目前工程实际应用中仍以掺加普通的再生骨料为主。

学生范文 2：
超声波检测技术
在混凝土结构
检测中的应用

再生骨料的研究与应用在欧美和日本等发达国家和地区的建筑工业中早已得到广泛重视。美国通常将再生骨料混凝土应用在非结构混凝土和道路基础上，且其掺量通常不超过混凝土粗骨料的 20%。德国、日本等由于资源缺乏，再生骨料混凝土在结构工程中也有应用。我国近年来对建筑废弃物的循环利用和再生骨料混凝土的工程应用研究日益广泛，在道路基础、非结构混凝土和结构混凝土以及混凝土路面砖等方面均有相关研究与工程应用实例。

知识归纳

独立思考

4-1 某干砂(500g)筛析结果如表4-47所示,试求其细度模数和粗细程度,并判别该干砂试样级配是否合格。

表4-47 干砂(500g)筛析结果

公称尺寸/mm	10	5	2.5	1.25	0.63	0.315	0.16	0.08
筛余量/g	0	0	0	125	375	0	0	0
分计筛余百分数/%								
累计筛余百分数/%								

4-2 一组尺寸为100mm×100mm×100 mm的混凝土试块,标准养护9d龄期,做抗压强度试验,其破坏荷载为355kN、405kN、505kN。试求该混凝土28d龄期的抗压强度。

4-3 今有按C20配合比浇筑的混凝土10组,其强度分别为18.5MPa、20.0MPa、20.5MPa、21.0MPa、21.5MPa、22.0MPa、22.5MPa、23.0MPa、23.5MPa、24.0MPa。试对该混凝土强度进行强度检验合格评定。

4-4 某混凝土预制构件厂,生产用于严寒地区的钢筋混凝土桥梁板,需用设计强度等级为C40的混凝土,现场拟用原材料情况如下:42.5级普通硅酸盐水泥,密度为3.10g/cm^3;级配合格的细砂,表观密度为2.63g/cm^3,含水率为3%;公称粒级为5~20mm的碎石,级配合格,表观密度为2.70g/cm^3,含水率为1%。已知混凝土要求的坍落度为35~50mm。试计算:

①混凝土的初步配合比。

②假定按初步配合比进行试拌调整后,混凝土拌合物和易性已能满足要求,且强度校核后计算得到的水灰比能够满足混凝土强度设计要求,试计算混凝土施工配合比。

③计算每拌两包水泥时混凝土各材料的用量(1包水泥重50kg)。

④如在上述混凝土中掺入0.5%的非引气型高效减水剂,减水10%,减水泥5%,求此时每立方米混凝土中各材料的用量。

4-5 实验室试配混凝土,经试拌调整达到设计要求后,各材料用量为:实测强度为48.5MPa的强度等级为42.5的普通硅酸盐水泥4.5kg,水2.7kg,中砂10kg,碎石20kg,并测得混凝土拌合物表观密度为2420kg/m^3。

①试估计混凝土的配制强度等级。

②若施工现场实测砂的含水率为3.0%,碎石的含水率为1.5%,求施工配合比。

③若把实验室配合比直接用于现场施工,试估算混凝土的实际强度等级。

4-6 某工程需配制坍落度为155~170mm的C40大流动性混凝土,采用强度等级为42.5(富余系数为1.08)的普通水泥、Ⅱ级粉煤灰(掺量10%,强度影响系数0.90)、S95级矿渣微粉(掺量20%,强度影响系数0.95)、天然中砂和5~20mm碎石进行配制,所用聚羧酸高性能减水剂的最佳掺量为1.0%,减水率为20%。已知混凝土拌合物坍落度要求为75~90mm、碎石最大粒径为20mm时,国家标准推荐的单位体积用水量为215kg。另已知合理砂率为45%时配制的混凝土拌合物黏聚性和保水性能满足要求,试求该混凝土的初步配合比(假定混凝土强度标准差σ为5MPa,满足混凝土耐久性要求的最大水灰比为0.50,最小水泥用量为320kg/m^3)。

思考题答案

4-7 在海洋工程结构中,与其他部位相比,浪溅区钢筋混凝土结构耐久性明显较差,试分析原因。

参考文献

[1] 叶青，丁铸. 土木工程材料. 2 版. 北京：中国质检出版社，2013.

[2] 钱晓倩. 土木工程材料. 杭州：浙江大学出版社，2003.

[3] MEHTA P K，PAULO J M MONTEIRO. Concrete：microstructure，properties，and materials. third edition. New York：The McGraw-Hill Companies，Inc，2006.

[4] V JENSEN. Alkali-silica reaction damage to Elgeseter Bridge，Trondheim，Norway：a review of construction，research and repair up to 2003. Materials Characterization，2004，53(2)：155-170.

[5] G W SCHERER. Stress from crystallization of salt. Cement Concrete Research，2004，34(9)：1613-1624.

[6] 王善拔. 混凝土盐类结晶破坏的理论与实践. 水泥，2008(5)：3-6.

[7] P LAPLANTE，P AITCIN，D VEZINA. Abrasion resistance of concrete. Journal of Materials in Civil Engineering，1991，3(1)：19-28.

[8] Shi Caijun，Mo Yilung. High-performance construction materials：science and applications. Vol. 1. World Scientific Publishing Co. Ltd，2008.

[9] 肖建庄. 再生混凝土. 北京：中国建筑工业出版社，2008.

5

建筑砂浆

课前导读

内容提要

本章主要介绍砌筑砂浆的组成材料、技术性能以及配合比的设计方法，并简要介绍抹面砂浆、预拌砂浆和其他种类的砂浆。本章的教学重点为砌筑砂浆的主要技术性能和配合比。

能力要求

通过本章的学习，学生应掌握砌筑砂浆的组成材料、技术性能及配合比设计方法；了解抹面砂浆、预拌砂浆和其他砂浆的主要品种、性能要求及其配制方法。

数字资源

重难点

建筑砂浆(mortar)是由胶凝材料、细骨料、掺加料(矿物掺合料、石灰膏、电石膏等)、外加剂和溶液(水、水溶液或有机溶剂)等按适当比例配制而成的一种建筑工程材料。其主要用于砌筑、抹面、装饰、修补和保温等工程。砂浆与混凝土的区别在于不含粗骨料。

砂浆品种繁多,按所用胶结材料的不同可分为水泥砂浆、石灰砂浆、水泥石灰混合砂浆、石膏砂浆、沥青砂浆、聚合物砂浆等。按用途的不同可分为普通砂浆(砌筑砂浆、抹面砂浆)和特种砂浆(防水砂浆、装饰砂浆、保温隔热砂浆、防腐砂浆、吸声砂浆和加气砌块专用砂浆等)。按砂浆的生产工艺不同可分为工地现场搅拌砂浆和预拌砂浆(又分为湿拌砂浆和干混砂浆)。

5.1 砌筑砂浆

砂浆原料图

5.1.1 砌筑砂浆的组成材料

5.1.1.1 胶凝材料

砂浆制品和应用图

建筑砂浆所用的胶凝材料主要包括水硬性胶凝材料(通用硅酸盐水泥和砌筑水泥等)、气硬性胶凝材料(石灰、石膏和水玻璃等)和有机胶凝材料(聚合物、聚合物乳液和聚合物乳胶粉等)。其中,最常用的是通用硅酸盐水泥和石膏等。配制特殊用途的砂浆时,常采用聚合物作为胶凝材料。

胶凝材料应根据使用环境、部位和用途等合理选用。在潮湿环境或水中使用的砂浆则必须选用水硬性的水泥基胶凝材料;在干燥环境中使用的砂浆既可选用气硬性的石膏基胶凝材料,也可选用水硬性的水泥基胶凝材料。

对于砌筑砂浆,水泥宜采用通用硅酸盐水泥或砌筑水泥,水泥强度等级应根据砂浆品种及强度等级的要求进行选择。M15 及以下强度等级的砌筑砂浆宜选用32.5通用硅酸盐水泥或砌筑水泥;M15 以上强度等级的砌筑砂浆宜选用 42.5 通用硅酸盐水泥。为合理利用资源、节约材料,可掺加矿物掺合料。

5.1.1.2 细骨料

采用中砂拌制砂浆,既可以满足和易性要求,又能节约胶凝材料。在一般情况下,当砂浆铺设层较薄时,应对砂的最大粒径加以限制,砂的最大粒径应小于砂浆层厚度的 1/5～1/4。用于抹面和勾缝的砂浆,砂应选用细砂。

如果砂的含泥量过大,不但会增加砂浆的水泥用量,还会导致砂浆的收缩值增大、耐水性降低和耐久性降低。对于 M5 及以上强度等级的水泥基胶凝材料砂浆,砂的含泥量应不大于 5%。一般人工砂、山砂及特细砂中的含泥量较大,在经试验能满足砂浆技术要求后方可使用。

对于砌筑砂浆,砂宜选用中砂,并应符合《普通混凝土用砂、石质量及检验方法标准》(JGJ 52—2006)的规定,且应全部通过 4.75mm 的筛孔。

5.1.1.3 砌筑砂浆用石灰膏和电石膏

采用生石灰熟化成石灰膏时,应用孔径不大于 3mm×3mm 的网过滤,熟化和陈伏时间不得少于 7d。磨细生石灰粉的熟化时间不得少于 2d。沉淀池中储存的石灰膏,应采取防干燥、冻结和污染的措施。严禁使用脱水硬化的石灰膏。

制作电石膏的电石渣应用孔径不大于 3mm×3mm 的网过滤,检验时应加热至 70℃后至少保持 20min,并应待乙炔挥发完后再使用。

消石灰粉不得直接用于砌筑砂浆中。消石灰粉是未充分熟化的石灰,颗粒太粗,起不到改善和易性的作用,还会大幅度降低砂浆强度,因此规定不得使用。磨细生石灰粉必须熟化成石灰膏才可使用。

石灰膏、电石膏试配时的稠度,应为(120±5)mm。

【案例分析5-1】 在(砌筑用)水泥混合砂浆中,为了提高和易性,掺加了较多的石灰膏,其结果是和易性很好,而且还节约了大量水泥,但强度大幅度下降。试分析原因。

【原因分析】 石灰膏能改善砂浆的和易性;只用石灰膏作为胶凝材料的石灰砂浆28d抗压强度只有0.5MPa左右;石灰膏多用了,而水泥少加了,会导致砂浆强度大幅度下降;石灰膏不能替代水泥;石灰或石灰膏由石灰石经煅烧且放出二氧化碳后得到,有大量碳排放。因此,当今预拌砂浆中一般不使用石灰膏。

5.1.1.4 矿物掺合料

粉煤灰、矿渣粉、硅灰、天然沸石粉,其品质均应符合国家现行标准的规定,粉煤灰不宜采用Ⅲ级粉煤灰。使用高钙粉煤灰时,必须检验安定性指标是否合格,合格后方可使用。

当采用其他品种矿物掺合料时,应有充分的技术依据,并应在使用前进行试验验证。

5.1.1.5 保水增稠材料

保水增稠材料是一种主要用于干粉砂浆中改善砂浆可操作性及保水性的非石灰型粉状材料。可用作保水增稠的物质主要有纤维素醚类物质(甲基纤维素和羟乙基纤维素等)、水溶性高分子聚合物(聚丙烯酰胺和聚乙烯醇等)和无机材料(沸石粉、膨润土、凹凸棒土和硅藻土等)。其中,膨润土主要成分为层状铝硅酸盐,在砂浆中合理使用时,能增加砂浆拌合物的稳定性,同时提高砂浆的流动性和可泵性。凹凸棒土是一种层链状结构的含水富镁铝硅酸盐黏土矿物,加入凹凸棒土的砂浆黏度增加,保水性能提高,触变性能变好。

采用保水增稠材料时,应在使用前进行试验验证。

5.1.1.6 添加剂和填料

根据某些砂浆特性的要求,需要掺加添加剂,如水溶性聚合物、聚合物乳液、可再分散胶粉、颜料、纤维等。还需要掺加填料,如重质碳酸钙、轻质碳酸钙、石英粉、滑石粉等。添加剂和填料应符合相关标准的要求或有充足的技术依据,并应在使用前进行试验验证。

5.1.1.7 外加剂

在拌制砂浆时掺入适量外加剂,可以提高砂浆的某些性能。可用于混凝土的常用外加剂包括减水剂、引气剂、缓凝剂和早强剂等,均可通过试验确认适用后应用于砂浆中。根据功能和用途,还可以选用其他外加剂,如消泡剂、憎水剂、膨胀剂、触变剂和阻锈剂等。

外加剂应符合国家现行标准的规定,且进厂应具有质量证明文件。对进厂外加剂应按批进行复验,复验项目应符合相应标准的规定,复验合格后方可使用。

【案例分析5-2】 在(砌筑用)水泥混合砂浆中,为了提高和易性,掺加了占水泥用量万分之一的“石灰精”(一种引气剂,实际掺量过多了)。其结果是和易性很好,还节约了大量石灰膏和水泥,但强度大幅度下降。试分析原因。

【原因分析】 引气剂能改善砂浆的和易性,但掺量必须严格控制,过量时会导致强度大幅度下降;“石灰精”曾在砂浆中大量应用;引气剂能替代石灰膏使用,但不能替代水泥使用。由于上述原因,当今已不提倡甚至禁止引气剂在砂浆中使用。

5.1.1.8 拌和用水

拌制砂浆用水应符合《混凝土用水标准》(JGJ 63—2006)的规定。

5.1.2 砌筑砂浆的技术性能

将砖、石和砌块等黏结成为砌体的砂浆,称为砌筑砂浆。砌筑砂浆在砌筑工程中起黏结砌体材料和传递应力的作用。砌筑砂浆除应有良好的和易性外,硬化后还应有一定的强度、黏结力和耐久性。

5.1.2.1 和易性

砂浆的和易性是指砂浆拌合物能便于施工操作,并能保证硬化后砂浆的质量均匀以及砂浆与基层材料间质量要求的性能,包括流动性和保水性两个方面。

(1)流动性(稠度)

砂浆的流动性是指砂浆拌合物在自重或外力作用下产生流动的性能,又称稠度。按照《建筑砂浆基本性能试验方法标准》(JGJ/T 70—2009)的规定采用砂浆稠度仪测定,以圆锥体沉入砂浆内的深度(稠度值)表示。圆锥体沉入越深,砂浆的流动性就越大。砂浆流动性与胶凝材料种类及用量、用水量、掺合料种类及用量、砂的形状与粗细及级配、外加剂种类及掺量以及搅拌时间等有关。流动性过大,砂浆易分层、泌水;流动性过小,则不便于施工操作,灰缝不易填充,所以新拌砂浆应具有适宜的流动性。

砌筑砂浆的施工稠度值可参考表5-1选用。砂浆稠度值与砌体材料的种类、施工条件及气候条件等有关。对于吸水性强的砌体材料和高温或干燥的天气,所用砂浆稠度值要大些;对于密实不吸水的砌体材料和湿冷天气,砂浆稠度值则可小些。

表5-1 **砌筑砂浆的施工稠度值**

砌体种类	施工稠度值/mm
烧结普通砖砌体、粉煤灰砖砌体	70～90
混凝土砖砌体、普通混凝土小型空心砌块砌体、灰砂砖砌体	50～70
烧结多孔砖砌体、烧结空心砖砌体、轻集料混凝土小型空心砌块砌体、蒸压加气混凝土砌块砌体	60～80
石砌体	30～50

(2)保水性(保水率)

保水性是指砂浆拌合物保持水分及整体均匀一致的能力。砂浆在运输、静置或使用过程中,如果水分从砂浆中离析,则不能使水泥正常水化,降低硬化砂浆的性能。保水性良好的砂浆在与块材或基层接触时能保持住大部分水分,提高与块材或基层的黏结性能。现行规范规定砂浆的保水性用保水率来衡量。常用砂浆的保水率要求见表5-2。

表5-2 **砌筑砂浆拌合物的保水率、体积密度和砂浆的材料用量**

砂浆种类	保水率/%	体积密度/(kg/m^3)	材料用量/(kg/m^3)
水泥砂浆	≥80	≥1900	≥200
水泥混合砂浆	≥84	≥1800	≥350
预拌砂浆	≥88	≥1800	≥200

注:1. 水泥砂浆中的材料用量是指水泥用量。
2. 水泥混合砂浆中的材料用量是指水泥和石灰膏、电石膏材料的总用量。
3. 预拌砂浆中的材料用量是指胶凝材料用量,包括水泥和替代水泥的粉煤灰等活性矿物掺合料的用量。

砂浆保水率是指在规定被吸水的情况下砂浆的拌和水的保持率。也即用规定流动度范围的新拌砂浆,按规定的方法进行吸水处理,测量吸水2min时15片规定的滤纸从砂浆中吸取的水分,保水率就等于在吸水处理后砂浆中保留的水的质量除以砂浆中原始用水量的质量,用百分数来表示。

实践表明,材料组成中有足够数量的胶凝材料,可保证砂浆的保水性。还可以采用在水泥砂浆中掺入粉煤灰、矿渣、石灰膏、保水增稠材料、细砂和引气剂等措施来提高保水性。

(3)保水性(分层度)

砂浆的保水性也可用分层度(以mm计)表示。分层度的测定方法是在砂浆拌合物测定其稠度后,再装入分层度测定仪中,静置30min后取底部1/3砂浆再测其稠度值,两次稠度值之差即为分层度。砂浆的保水性与胶凝材料种类及用量、掺合料种类及用量、砂的级配、用水量,以及外加剂等因素有关。

砂浆的分层度一般应为10～20mm,如果分层度过大(如大于30mm),砂浆容易泌水、分层或水分流失过快,不便于施工。分层度过小(如小于10mm),砂浆过于干稠,不易操作,影响施工质量。

5.1.2.2 体积密度

砌筑砂浆拌合物的体积密度(或表观密度)应符合表5-2的规定。控制砂浆拌合物的体积密度值,目的在于控制砌筑砂浆中轻物质的加入和含气量的增加。

5.1.2.3 砂浆的材料用量

砌筑砂浆中的水泥和石灰膏、电石膏等材料的用量可按表5-2选用。控制砂浆的材料用量,目的在于保证砂浆拌合物的和易性以及强度。

5.1.2.4 凝结时间

砂浆的凝结时间是指在规定条件下,自加水拌和起,直至砂浆凝结时间测定仪的贯入阻力为0.5MPa时所需的时间。在(20±2)℃的试验条件下,将制备好的砂浆[砂浆稠度值为(100±10)mm]装入砂浆容器中,抹平,从成型后2h开始测定砂浆的贯入阻力(贯入试针压入砂浆内部25mm时所受的阻力),直到贯入阻力达到0.7MPa时为止。并根据记录时间和相应的贯入阻力值绘图,从而得到砂浆的凝结时间。砂浆的凝结时间决定砂浆拌合物允许运输及停放的时间以及工程施工的速度。对于水泥砂浆,其凝结时间一般不宜超过8h;对于混合砂浆,其凝结时间不宜超过10h。影响砂浆凝结时间的因素主要有胶凝材料的种类及用量、用水量和气候条件等,必要时可加入调凝剂进行调节。

5.1.2.5 强度与强度等级

砂浆强度是指在标准养护条件下,用标准试验方法测得的边长为70.7mm的立方体试件在28d龄期时的抗压强度值(MPa),其标准养护温度条件为(20±3)℃,标准养护湿度条件对于水泥砂浆要求相对湿度大于90%,对于混合砂浆要求相对湿度为60%~80%。由于砂浆强度测定时所用试模为带底试模,属于不吸水基层,而当砂浆用于吸水基层时,基层会吸收一部分水分,导致砂浆的实际水灰比减小,硬化后的砂浆强度将有所提高,故在评定用于吸水基层的砂浆强度测定结果时,需在采用带底试模测得的砂浆强度测定结果基础上乘系数1.35。

【例5-1】 一组水泥混合砂浆试块,标准养护28d,做抗压强度试验,其破坏荷载为45.0kN、50.0kN、70.0kN。试求该砂浆的抗压强度。(提示:数据处理方法同混凝土抗压强度)

【解】 计算结果见表5-3。

表5-3 **砂浆的抗压强度**

F/kN	45.0	50.0	70.0
f_c/MPa	12.2	13.5	18.9
数据处理	最大值与中间值的差值大于中间值的15% 18.9−13.5=5.4 > 13.5×15%=2.0 > 13.5−12.2=1.3		
砂浆抗压强度 f_m/MPa	13.5(取中间值)		

注:$f_c=1.35F/A$,$A=70.7\text{mm}\times70.7\text{mm}=4998.49\text{mm}^2$。

根据砂浆强度,水泥砂浆及预拌砂浆的强度等级可分为M5、M7.5、M10、M15、M20、M25、M30七个等级;水泥混合砂浆的强度等级可分为M5、M7.5、M10、M15四个等级。对于重要的砌体和黏结性要求较高的工程,砂浆的强度等级宜高于M10。

影响砂浆强度的因素很多,如组成材料、配合比、施工工艺等,砌体材料的吸水率也会对砂浆强度产生影响。在实际工程中,对于具体的组成材料,大多根据经验或通过试配,经试验确定砂浆的配合比。

当砂浆用于不吸水或吸水率很小的基层材料表面,如密实石材、瓷砖等[图5-1(a)]时,砂浆强度与其组成材料之间的关系与混凝土相似,其主要取决于水泥或胶凝材料的强度和水灰(胶)比。计算公式如下:

$$f_{m,28}=\alpha f_b\left(\frac{B}{W}-\beta\right) \tag{5-1}$$

式中 $f_{m,28}$——砂浆28d抗压强度,MPa;

f_b——胶凝材料的实测强度,确定方法与混凝土相同,MPa;

B/W——胶水比(胶凝材料与水的质量比);

α,β——经验系数,根据试验资料统计确定,$\alpha=0.29$,$\beta=0.40$。

当砂浆用于吸水基层材料表面,如砖或其他多孔材料[图5-1(b)]时,由于基层材料具有较高的吸水率,砂浆中的部分水分会被吸走，但同时由于砂浆具有一定的保水性，即使砂浆用水量不同，通常经基底吸水后保留在砂浆中的水分也大致相同。此时，砌筑砂浆的强度主要取决于水泥的强度及水泥用量，而与拌和用水量无关。其强度计算公式如下：

$$f_{m,0}=\frac{\alpha \cdot f_{ce} \cdot Q_c}{1000}+\beta \tag{5-2}$$

式中 Q_c——砂浆中的水泥用量，kg/m^3；

$f_{m,0}$——砂浆的28d配制抗压强度，MPa；

f_{ce}——水泥的28d实测抗压强度，MPa；

α,β——砂浆的特征系数，$\alpha=3.03$，$\beta=-15.09$。

(a)

(b)

图5-1 砂浆用于不同基层材料表面时的状态

(a)不吸水基层；(b)吸水基层

【案例分析5-3】 在砌筑普通烧结砖砌体时，上午拌好的水泥石灰混合砂浆，午后用时发现稠度下降，但未达到初凝。后经加水拌和，达到要求稠度后再用。问：是否可以？答：可以。

【原因分析】 因为砂浆还未达到初凝，砌筑普通烧结砖所用砂浆的强度与水泥用量有关而与水胶比无关。

【案例分析5-4】 在砌筑石材砌体时，上午拌好的水泥砂浆，午后用时发现稠度下降，但未达到初凝。后经加水拌和，达到要求稠度后再用。问：是否可以？答：不可以。

【原因分析】 因为砌筑石材（不吸水底面）砌体所用砂浆的强度与水泥用量和水胶比均有关，多加了水，水胶比增大，强度降低。

【案例分析5-5】 在砂浆强度和砖强度合格以及水平砂浆饱满度大于80%的基础上，某砌体的原位检测抗压强度不合格。试分析原因。

【原因分析】 原因可能是砖未被浇水润湿。在砌筑前应提前1～2d浇水润湿砖，这些已吸入砖的水，在以后会部分贡献出来养护砌体内的砂浆，从而使砂浆强度发展得到保证。如果砖不被预先润湿，干砖会吸走砌体内砂浆的部分水，从而影响水泥的水化，影响砂浆的强度，进而导致砌体强度下降。

5.1.2.6 黏结性

砂浆硬化后要将基材黏结起来，因此要求砂浆具有足够的黏结力。例如，砖、石、砌块等材料是靠砂浆黏结成一个坚固整体（砌体）并传递荷载的。砂浆的黏结力是影响砌体抗剪强度、耐久性和稳定性，乃至建筑物抗裂和抗震能力的基本因素之一。

砂浆的抗压强度越高，与基材的黏结强度也越高。此外，影响砂浆黏结强度的因素还有基层材料的表面状态、清洁程度、湿润状况、施工养护以及胶凝材料种类等。通常，掺加聚合物可提高砂浆的黏结性。

对砌体而言，砂浆的黏结性比砂浆的抗压强度更为重要，但由于抗压强度相对容易测定，通常将砂浆抗压强度作为必检项目和配合比设计的依据。

5.1.2.7 变形性(收缩性)

硬化砂浆体在承受荷载或在物理化学作用下产生体积缩小的现象称为变形性(也称收缩性)。例如,由于水分散失和湿度下降而引起的干缩、由于内部热量的散失和温度下降而引起的冷缩、由于水泥水化而引起的减缩和由于砂颗粒沉降而引起的沉缩等。

如果变形过大或不均匀,将会降低建筑物的质量。对于砌体来说,变形过大容易使砌体的整体性下降,产生沉陷或裂缝。对于抹面砂浆,变形过大也会使面层产生裂纹或剥离等质量问题。因此硬化砂浆要具有较好的体积稳定性。影响砂浆硬化体变形性的因素很多,主要包括胶凝材料的种类及用量、用水量、细骨料的种类与级配及质量,以及外部环境条件等。

5.1.2.8 耐久性

砂浆应具备良好的耐久性。砂浆与基底材料间具有的良好黏结力和较小收缩变形都会提高砂浆的耐久性。

有抗冻性要求的砌体工程,砌筑砂浆应进行冻融试验。砌筑砂浆的抗冻性应符合表5-4的规定,且当设计对抗冻性有明确要求时,还应符合设计规定。

表5-4 砌筑砂浆的抗冻性

使用条件	夏热冬暖地区	夏热冬冷地区	寒冷地区	严寒地区
抗冻指标	F15	F25	F35	F50
要求	质量损失率不大于5%,强度损失率不大于25%			

5.1.3 砌筑砂浆的配合比

依据《砌筑砂浆配合比设计规程》(JGJ/T 98—2010),砌筑砂浆应满足施工和易性要求、强度要求、耐久性要求和降低成本要求。砌筑砂浆要根据工程类别和砌体部位等设计要求来选择砂浆的强度等级,再按要求的强度等级确定其配合比。

砂浆的强度等级一般按如下原则选取:一般的砖混多层住宅采用M5~M10砂浆;办公楼、教学楼及多层商店常采用M5~M10砂浆;平房宿舍、商店常采用M5砂浆;食堂、仓库、锅炉房、变电站、地下室及工业厂房常采用M5砂浆;检查井、雨水井、化粪池等可用M5砂浆;特别重要的砌体,可采用M15~M20砂浆。高层混凝土空心砌块建筑,应采用M20及以上强度等级的砂浆。

确定砂浆配合比时,水泥混合砂浆可按下面介绍的方法进行计算,水泥砂浆配合比根据经验选用,再经试配、调整后确定。

5.1.3.1 现场水泥混合砂浆配合比计算

(1)确定砂浆试配强度 $f_{m,0}$

砂浆的试配强度:

$$f_{m,0} = k \cdot f_2 \tag{5-3}$$

式中 $f_{m,0}$——砂浆的试配强度,精确至0.1MPa。

f_2——砂浆强度等级值,精确至0.1MPa。

k——系数,按表5-5取值,其中施工水平根据施工单位的历史统计资料进行确定。当有统计资料时,砂浆强度标准差 σ 可按式(5-4)计算:

$$\sigma = \sqrt{\frac{\sum_{i=1}^{n} f_{m,i}^2 - n\mu_{f_m}^2}{n-1}} \tag{5-4}$$

式中 $f_{m,i}$——统计周期内同一品种砂浆第 i 组试件的强度,MPa;

μ_{f_m}——统计周期内同一品种砂浆 n 组试件强度的平均值,MPa;

n——统计周期内同一品种砂浆试件的总组数,$n \geqslant 25$。

当无统计资料时，按施工水平为“较差”或“一般”进行取值。

表 5-5　砂浆的强度标准差 σ 及 k 值

施工水平	强度标准差 σ/MPa							系数 k
	M5	M7.5	M10	M15	M20	M25	M30	
优良	≤1.00	≤1.50	≤2.00	≤3.00	≤4.00	≤5.00	≤6.00	1.15
一般	≤1.25	≤1.88	≤2.50	≤3.75	≤5.00	≤6.25	≤7.50	1.20
较差	≤1.50	≤2.25	≤3.00	≤4.50	≤6.00	≤7.50	≤9.00	1.25

(2)计算每立方米砂浆中的水泥用量 Q_c

对于用于吸水基层的砂浆，水泥的强度和用量是影响砂浆强度的主要因素，每立方米砂浆中的水泥用量按下式计算：

$$Q_c = \frac{1000(f_{m,0} - \beta)}{\alpha \cdot f_{ce}} \tag{5-5}$$

式中　Q_c——砂浆中的水泥用量，kg/m^3；

$f_{m,0}$——砂浆的 28d 配制抗压强度，MPa；

f_{ce}——水泥的 28d 实测抗压强度，MPa；

α,β——砂浆的特征系数，$\alpha=3.03$，$\beta=-15.09$。

在无法取得水泥的实测抗压强度值时，可按下式计算：

$$f_{ce} = \gamma_c \cdot f_{ce,k} \tag{5-6}$$

式中　$f_{ce,k}$——水泥强度等级值，MPa；

γ_c——水泥强度等级值的富余系数，无统计资料时，γ_c 可取 1.0。

(3)计算每立方米砂浆中的石灰膏用量 Q_D

当每立方米砂浆中水泥与石灰膏总量不小于 350kg 时，基本上可满足砂浆的和易性要求。因而，石灰膏用量应按下式计算：

$$Q_D = Q_A - Q_c \tag{5-7}$$

式中　Q_D——每立方米砂浆的石灰膏用量，精确至 $1kg/m^3$，使用时，石灰膏的稠度值宜为(120±5)mm；

Q_c——每立方米砂浆的水泥用量，精确至 $1kg/m^3$；

Q_A——每立方米砂浆中水泥和石灰膏总量，精确至 $1kg/m^3$，可为 $350kg/m^3$。

当石灰膏稠度不在(120±5)mm 范围时，其用量应根据石灰膏稠度值大小乘换算系数 k，即：

$$Q_D' = k \cdot Q_D \tag{5-8}$$

式中　Q_D'——不同石灰膏稠度值时的石灰膏用量。

不同石灰膏稠度值时的换算系数 k 见表 5-6。

表 5-6　不同石灰膏稠度值时的换算系数 k

石灰膏的稠度值/mm	120	110	100	90	80	70	60	50	40	30
换算系数 k	1.00	0.99	0.97	0.95	0.93	0.92	0.90	0.88	0.87	0.86

(4)确定每立方米砂浆中的砂用量 Q_s

砂浆中的水、胶结料和掺合料等是用来填充细骨料空隙的，故 $1m^3$ 砂浆中的砂用量，以干燥状态(含水率小于 0.5%)砂的堆积密度值作为计算值，即：

$$Q_s = \rho_s' \tag{5-9}$$

式中　ρ_s'——砂的堆积密度，kg/m^3。

在干燥状态下砂的堆积密度变化不大；当砂含水率为 5%～7%时，其堆积密度最大可增大 30%左右；当砂含水处于饱和状态时，其堆积密度比干燥状态要减少 10%左右。工程上用湿砂配制砂浆时，砂用量应予以调整。

(5)每立方米砂浆中的用水量 Q_w

对于用于砌筑吸水底面的砂浆，砂浆中用水量对其强度影响不大，只要满足施工所需稠度即可。每立方米砂浆中的用水量，根据砂浆稠度等要求可选用 210～310kg/m³。

混合砂浆用水量选取时应注意：混合砂浆中的用水量，不包括石灰膏中的水，一般小于水泥砂浆的用水量；当采用细砂或粗砂时，用水量分别取上限或下限；稠度值小于 70mm 时，用水量可小于下限；施工现场气候炎热或干燥季节，可酌情增加用水量。

【例 5-2】 某工程需要砌筑烧结普通黏土砖用的水泥混合砂浆，要求砂浆的强度等级为 M10，现有 32.5 和 42.5 复合硅酸盐水泥(强度富余系数为 1.08)可供选用。已知所用中砂的含水率为 2.0%，干燥后堆积密度为 1500kg/m³，石灰膏的稠度值为 100mm，施工水平一般。试求砂浆的配合比。

【解】 已知施工水平一般，则系数 $k=1.20$。

选 32.5 复合硅酸盐水泥。如果选 42.5 复合硅酸盐水泥，则水泥用量较少。

$$f_{m,0}=kf_2=1.20\times10.0=12.0(\text{MPa})$$

$$Q_c=\frac{1000(f_{m,0}-\beta)}{\alpha f_{ce}}=\frac{1000\times(12.0+15.09)}{3.03\times32.5\times1.08}=255(\text{kg/m}^3)$$

$$Q_D=Q_a-Q_c=350-255=95(\text{kg/m}^3),\quad Q_{D(100)}=95\times0.97=92(\text{kg/m}^3)$$

$$Q_s=\rho_0{}'=1500(\text{kg/m}^3),\quad Q_{s(2\%)}=1500\times(1+2.0\%)=1530(\text{kg/m}^3)$$

$$Q_w=210\sim310\text{kg/m}^3,\text{取 }Q_w=300\text{kg/m}^3$$

则配合比为

水泥：石灰膏：砂：水＝255：92：1530：300＝1：0.36：6.00：1.18

5.1.3.2 现场水泥砂浆配合比选用

水泥砂浆如按水泥混合砂浆那样计算水泥用量，则水泥用量普遍偏少。因此，水泥砂浆材料用量可按表 5-7 选用，每立方米砂浆用水量范围仅供参考，不必加以限制，仍以达到稠度要求为根据。

表 5-7 **水泥砂浆配合比(水泥用量不小于 200kg/m³)**

强度等级	每立方米水泥砂浆的原材料用量		
	水泥用量/kg	砂用量(砂的堆积密度值)/(kg/m³)	用水量/kg
M5	200～230	1350～1550	270～330
M7.5	230～260		
M10	260～290		
M15	290～330		
M20	340～400		
M25	360～410		
M30	430～480		

注：1. M15 及以下强度等级水泥砂浆，水泥强度等级为 32.5；M15 以上强度等级水泥砂浆，水泥强度等级为 42.5。

2. 当采用细砂或粗砂时，用水量分别取上限或下限。稠度值小于 70mm 时，用水量可小于下限；施工现场气候炎热或干燥季节，可酌量增加用水量。

3. 试配强度的确定与水泥混合砂浆相同。

5.1.3.3 现场水泥粉煤灰砂浆配合比选用

水泥粉煤灰砂浆材料用量可按表 5-8 选用。

表 5-8 **水泥粉煤灰砂浆配合比**

强度等级	每立方米水泥粉煤灰砂浆的原材料用量/kg			
	水泥和粉煤灰总量	粉煤灰用量	砂用量	用水量
M5	210～240	粉煤灰掺量可占胶凝材料总量的15%～25%	按砂的堆积密度值计算	270～330
M7.5	240～270			
M10	270～300			
M15	300～330			

注:水泥强度等级为32.5。当采用细砂或粗砂时,用水量分别取上限或下限。稠度值小于70mm时,用水量可小于下限;施工现场气候炎热或干燥季节,可酌量增加用水量;施工用配合比必须经过试配。

5.1.3.4 预拌砌筑砂浆的试配要求

预拌砌筑砂浆应满足下列规定:①在确定湿拌砂浆稠度时应考虑砂浆在运输和储存过程中的稠度损失;②湿拌砂浆应根据凝结时间要求确定外加剂掺量;③干混砂浆应明确拌制时的加水量范围;④预拌砂浆的搅拌、运输、储存等应符合《预拌砂浆》(GB/T 25181—2019)的规定;⑤预拌砂浆性能应符合《预拌砂浆》(GB/T 25181—2019)的规定。

预拌砌筑砂浆的试配应满足下列规定:①预拌砂浆生产前应进行试配,试配时稠度值取70～80mm;②预拌砂浆中可掺入保水增稠材料、外加剂等,掺量应经试配后确定。干混砌筑砂浆系列配合比可参见表5-9。

表 5-9 **干混砂浆厂的干混砌筑砂浆系列配合比**

砌筑砂浆	每吨干混砂浆中各材料用量/kg				湿拌砂浆表观密度/(kg/m³)	稠度值/mm
	水泥	粉煤灰	稠化粉	砂		
M15	150	90	25	735	1970	75
M10	125	90	25	760	1970	75
M7.5	112	90	25	773	1970	75
M5	100	90	25	785	1980	75
42.5普通水泥,Ⅱ级粉煤灰						

5.1.3.5 砌筑砂浆配合比试配、调整与确定

砌筑砂浆试配时应考虑工程实际要求,应符合稠度、保水率、强度和耐久性等的要求。

(1)砂浆基准配合比

按计算或查表所得配合比进行试拌时,应按《建筑砂浆基本性能试验方法标准》(JGJ/T 70—2009)测定砌筑砂浆拌合物的稠度值和保水率。当稠度值和保水率不能满足要求时,应调整材料用量,直到符合要求为止,然后确定为试配时的砂浆基准配合比。

因此,基准配合比可定义为在计算配合比的基础上,经试拌、调整,满足稠度值和保水率要求的配合比。

(2)砂浆试配配合比

试配时至少应采用三个不同的配合比,其中一个配合比应为基准配合比,其余两个配合比的水泥用量应按基准配合比分别增加及减少10%。

砂浆试配时稠度应满足施工要求,并应按《建筑砂浆基本性能试验方法标准》(JGJ/T 70—2009)分别测定不同配合比砂浆的表观密度及强度,并应选定符合试配强度及和易性要求、水泥用量最低的配合比作为砂浆的试配配合比。

因此,试配配合比可定义为在基准配合比的基础上,经增减水泥用量、试拌和调整,满足和易性、强度、(耐久性)和低成本要求的配合比。

(3)试配配合比校正

砂浆试配配合比还应按下列步骤进行校正:

①应根据确定的砂浆配合比材料用量,按下式计算砂浆的理论表观密度值:

$$\rho_t = Q_c + Q_D + Q_s + Q_w \tag{5-10}$$

式中 ρ_t——砂浆的理论表观密度值,应精确至 $10kg/m^3$。

②应按下式计算砂浆配合比校正系数 δ:

$$\delta = \frac{\rho_c}{\rho_t} \tag{5-11}$$

式中 ρ_c——砂浆的实测表观密度值,应精确至 $10kg/m^3$。

③当砂浆的实测表观密度值与理论表观密度值之差的绝对值不超过理论值的 2%时,可将得到的试配配合比确定为砂浆设计配合比;当超过 2%时,应将试配配合比中每项材料用量均乘校正系数 δ 后,确定为砂浆设计配合比。

(4)预拌砂浆试配、调整与确定

预拌砂浆生产前应进行试配、调整与确定,并应符合《预拌砂浆》(GB/T 25181—2019)的规定。

5.2 抹面砂浆

凡是涂抹在建筑物(或墙体)表面的砂浆,统称为抹面(或灰)砂浆。抹面砂浆是兼有保护基层和增加美观作用的砂浆。根据功能不同,抹面砂浆一般可分为普通抹面砂浆和特殊用途砂浆(例如,具有防水、耐腐蚀、绝热、吸声及装饰等用途的砂浆)。常用的普通抹面砂浆有水泥砂浆、石灰砂浆、水泥石灰混合砂浆、麻刀石灰砂浆(简称麻刀灰)、纸筋石灰砂浆(简称纸筋灰)等。

与砌筑砂浆相比,抹面砂浆具有以下特点:抹面层不承受荷载;抹面层与基底层要有足够的黏结强度,使其在施工中或长期自重和环境作用下不脱落、不开裂;抹面层多为薄层,并分层涂抹;面层要求平整、光洁、细致、美观;多数用于干燥环境,大面积暴露在空气中。

5.2.1 普通抹面砂浆

普通抹面砂浆在建筑物(或墙体)表面起保护作用,它直接抵抗风、霜、雨、雪和阳光、温差、湿差等自然环境对建筑物的侵蚀,可提高建筑物(主体)的耐久性,同时可使建筑物达到表面平整、光洁和美观的效果。

抹面砂浆应有良好的和易性及较高的黏结力,以便与基底层牢固地黏合。抹面砂浆常有两层或三层。底层起黏结作用,中层起找平作用,面层起装饰作用。

用于砖墙的底层抹灰(面),多为石灰砂浆或水泥混合砂浆;有防水、防潮要求时应采用水泥砂浆。用于混凝土基层的底层抹灰,多为水泥混合砂浆。中层抹灰(面)多用水泥混合砂浆或石灰砂浆。面层抹灰(面)多用水泥混合砂浆、麻刀灰或纸筋灰。水泥砂浆不得涂抹在石灰砂浆层上。

对于墙裙、踢脚板、地面、雨篷、窗台及水井、水池等部位和容易碰撞或者经常接触水的部位,应采用水泥砂浆。在硅酸盐砌块墙面上做砂浆抹面或粘贴饰面材料时,应在砂浆层内夹一层事先固定好的钢丝网,以免脱落。

传统的普通抹面砂浆的配合比,可参照表 5-10 选用。当今干混抹面砂浆也按强度等级来分级,表 5-11 为某干混抹面砂浆系列配合比。

表 5-10 普通抹面砂浆参考配合比

材料	体积配合比	材料	体积配合比
水泥:砂	1:2～1:3	石灰:石膏:砂	1:0.4:2～1:2:4
石灰:砂	1:2～1:4	石灰:黏土:砂	1:1:4～1:1:8
水泥:石灰:砂	1:1:6～1:2:9	石灰膏:麻刀灰	100:1.3～100:2.5(质量比)

表 5-11 干混砂浆厂的干混抹面砂浆系列配合比

抹面砂浆	每吨干混砂浆中各材料用量/kg				湿拌砂浆表观密度/(kg/m³)	稠度值/mm
	水泥	粉煤灰	稠化粉	砂		
M20	165	30	10	795	2010	95
M15	155	35	12	798	2010	95
M10	125	55	12	808	2010	95
M5	110	65	12	813	2015	95
42.5 普通水泥，Ⅱ级粉煤灰						

【案例分析 5-6】 在抹面水泥砂浆中，为了防裂，掺加了占水泥用量 20%的建筑石膏。理由是可以用石膏水化后的膨胀来补偿水泥水化后的收缩。其结果是在半年到一年内，抹面砂浆层脱落。试分析原因。

【原因分析】 这是因为大量的二水石膏会与水泥中的铝酸盐反应，特别是在潮湿环境下，形成钙矾石膨胀而破坏。

【案例分析 5-7】 某普通烧结砖墙面砂浆抹面出现大量的空鼓现象。试分析原因。

【原因分析】 可能原因是墙面未浇水，或未经界面处理。抹面前墙面应浇水，砖墙基层一般两边浇水；抹上层砂浆时，应将底层浇水润湿，不然易产生空鼓。

5.2.2 防水砂浆

制作刚性防水层所采用的砂浆叫作防水砂浆。砂浆防水层仅用于不受震动和具有一定刚度的混凝土工程或砖砌体工程，对于变形较大或可能发生不均匀沉陷的建筑物，都不宜采用刚性防水层。

防水砂浆可以采用普通水泥砂浆，也可以在水泥砂浆中加入防水剂和掺合料等来提高砂浆的抗渗能力，或采用专用于防水的聚合物水泥砂浆。

常用防水剂有氯化物金属盐类、金属皂类、硅酸钠、无机铝酸盐等。当使用钢筋时，应采用不含氯化物的防水剂。

聚合物防水剂主要有天然橡胶胶乳、合成橡胶胶乳(氯丁橡胶、丁苯橡胶、丁腈橡胶等)、热塑性树脂乳液(聚丙烯酸酯、聚醋酸乙烯酯等)、热固性树脂乳液(环氧树脂、不饱和聚酯树脂等)、水溶性聚合物(聚乙烯醇、甲基纤维素等)和有机硅等。

为了提高水泥砂浆层的防水能力，用于混凝土或砌体结构基层上的水泥砂浆防水层，应采用多层抹压的施工工艺。普通水泥砂浆防水层是采用不同配合比的水泥浆和水泥砂浆，通过分层抹压构成防水层。此方法适宜在防水要求较低的工程中使用，其配合比设计可参考表 5-12 选用。

表 5-12 普通水泥砂浆防水层的配合比

名称	配合比(质量比)		水灰比	适用范围
	水泥	砂		
水泥浆	1	—	0.55～0.60	水泥砂浆防水层的第一层
水泥浆	1	—	0.37～0.40	水泥砂浆防水层的第三、五层
水泥砂浆	1	1.5～2.0	0.40～0.50	水泥砂浆防水层的第二、四层

5.2.3 装饰砂浆

装饰砂浆是指专门用于建筑物室内外表面装饰，以增加建筑物美观为主的砂浆。装饰砂浆的底层和中层抹灰(面)与普通抹灰砂浆基本相同，不同的是装饰砂浆的面层，要选用具有一定颜色的胶凝材料和骨料以及采用某种特殊的操作工艺，使表面呈现出各种不同的色彩、线条与花纹等装饰效果。可采用普通水泥、白水泥和彩色水泥等作为装饰砂浆的胶凝材料。掺加的彩色颜料应为耐碱耐风化的矿物颜料。骨料常采用色彩鲜艳的大理石、花岗石细石碴或玻璃、陶瓷碎片等。

装饰砂浆获得装饰效果的具体做法可分为两类:一类是通过水泥砂浆的着色或水泥砂浆表面形态的艺术加工,获得一定色彩、线条、纹理、质感,达到装饰目的的,称为灰浆类饰面。其优点是材料来源广,施工方便,造价低廉。另一类是在水泥浆中掺入各种彩色石碴作骨料,制得水泥石碴浆抹于墙体基层表面,然后用水洗、斧剁、水磨等工艺除去表面水泥浆皮,露出石碴的颜色、质感的饰面做法,称为石碴类饰面。

石碴类饰面与灰浆类饰面的主要区别在于:石碴类饰面主要靠石碴的颜色、颗粒形状来达到装饰目的;而灰浆类饰面则主要靠掺入颜料,以及砂浆本身所能形成的质感来达到装饰目的。与灰浆类饰面相比,石碴类饰面的色泽比较明亮,质感更为丰富,并且不易褪色。但石碴类饰面工效低而且造价高。

外墙面的装饰砂浆主要有如下常用做法:

①拉毛。先用水泥砂浆做底层,再用水泥石灰砂浆做面层,在砂浆尚未凝结时,用刀将表面拍拉成凹凸不平的形状。

②扫毛灰。用竹丝扫帚把按设计组合分格的面层砂浆扫出不同方向的条纹,或做成仿岩石的装饰抹灰(面)。扫毛灰做成假石以代替天然石饰面。

此法工序简单,施工方便,造价低廉,适用于影剧院、宾馆的内墙和庭院的外墙饰面。

③水刷石。用颗粒细小的石碴所拌成的砂浆做面层,在水泥初凝时,喷水冲刷表面,使其石碴半露而不脱落。水刷石多用于建筑物的外墙装饰,具有一定的质感,经久耐用。

④水磨石。用普通水泥、白色水泥或彩色水泥拌和各种色彩的大理石碴做面层,硬化后用机械磨平并抛光表面。水磨石多用于地面装饰,可事先设计图案和色彩,抛光后更具艺术效果。除地面外,还可预制做成楼梯踏步、窗台板、柱面、台面、踢脚板和地面板等多种建筑构件。

⑤干黏石。在水泥砂浆面层的整个表面上,黏结粒径 5mm 以下的彩色石碴、小石子、彩色玻璃粒,要求石碴黏结牢固不脱落。干黏石的装饰效果与水刷石相同,而且避免了湿作业,施工效率高,也节约材料。

⑥斩假石。其又称为剁假石。制作情况与水刷石基本相同。它是在水泥浆硬化后,用斧刃将表面剁毛并露出石碴。斩假石表面具有粗面花岗岩的效果。

⑦假面砖。将普通砂浆用木条在水平方向压出砖缝印痕,用钢片在竖直方向压出砖印,再涂刷涂料。亦可在平面上画出清水砖墙图案。

装饰砂浆还可采取喷涂、弹涂、辊压等新工艺,可做成多种多样的装饰面层,操作方便,施工效率较高。

5.3 预拌砂浆

5.3.1 预拌砂浆所用原材料

①水泥。宜采用硅酸盐水泥、普通硅酸盐水泥,且应符合相应标准的规定。采用其他水泥亦应符合相应标准的规定。

②细集料。应符合《普通混凝土用砂、石质量及检验方法标准》(JGJ 52—2006)及其他国家现行标准的规定,且不应含有公称粒径大于 5mm 的颗粒。轻集料应符合相关标准的要求或有充足的技术依据,并应在使用前进行试验验证。

③矿物掺合料。粉煤灰、粒化高炉矿渣粉、天然沸石粉、硅灰应分别符合现行国家和行业标准或规范的规定。当采用其他品种矿物掺合料时,应有充足的技术依据,并应在使用前进行试验验证。

④外加剂。减水剂、早强剂和缓凝剂等应符合国家现行标准的规定。外加剂进厂应具有质量证明文件。对进厂外加剂应按批进行复验,复验合格后方可使用。

⑤保水增稠材料。必须有充足的技术依据,并应在使用前进行试验验证。用于砌筑砂浆的保水增稠材料应符合《砌筑砂浆增塑剂》(JG/T 164—2004)的规定。

⑥添加剂。可再分散胶粉、颜料、纤维等应符合相关标准的要求或有充足的技术依据，并应在使用前进行试验验证。

⑦填料。重质碳酸钙、轻质碳酸钙、石英粉、滑石粉等应符合相关标准的要求或有充足的技术依据，并应在使用前进行试验验证。

⑧拌和用水。拌制砂浆用水应符合《混凝土用水标准》(JGJ 63—2006)的规定。

5.3.2 湿拌砂浆

预拌砂浆(或商品砂浆)是由专业生产厂生产的湿拌砂浆和干混砂浆的总称。

湿拌砂浆是由水泥、粉煤灰、保水增稠材料、细集料和水以及根据性能要求确定的其他组分，按一定比例，在搅拌站经计量、拌制后，采用运输车运至使用地点，放入专用容器储存，并在规定时间内使用完毕的湿拌拌和料。其又可分为湿拌砌筑砂浆、湿拌抹灰(面)砂浆、湿拌地面砂浆(用于建筑地面及屋面找平层的湿拌砂浆)和湿拌防水砂浆(用于抗渗防水部位的湿拌砂浆)等。

普通砂浆，如用于砌筑工程的砌筑砂浆、用于抹灰(面)工程的抹灰(面)砂浆、用于建筑地面及屋面的面层或找平层的砂浆，因其用量大，常以预拌湿砂浆的形式出现。

湿拌砌筑砂浆的砌体力学性能应符合《砌体结构设计规范》(GB 50003—2011)的规定，湿拌砌筑砂浆拌合物的密度不应小于1800kg/m³。湿拌砂浆性能应符合表5-13的要求。

表5-13 湿拌砂浆性能指标

项目	湿拌砌筑砂浆 WM	湿拌抹灰(面)砂浆 WP		湿拌地面砂浆 WS	湿拌防水砂浆 WW
强度等级	M5,M7.5,M10,M15,M20,M25,M30	M5	M10,M15,M20	M15,M20,M25	M10,M15,M20
稠度值/mm	50，70，90	50，70，90		50	50，70，90
凝结时间/h	≥8，≥12，≥24	≥8，≥12，≥24		≥4，≥8	≥8，≥12，≥24
保水率/%	≥88	≥88		≥88	≥88
14d拉伸黏结强度/MPa	—	≥0.15	≥0.20	—	≥0.20
抗渗强度	—	—		—	P6，P8，P10

湿拌砂浆稠度实测值与合同规定的稠度值之差应符合表5-14的规定。

表5-14 湿拌砂浆稠度值允许偏差

规定稠度值/mm	允许偏差/mm
50、70、90	±10
110	−10 ～ +5

5.3.3 干混砂浆

干混砂浆是由专业厂家生产，经干燥筛分处理的细集料与无机胶结料、保水增稠材料、矿物掺合料和添加剂等按一定比例混合而成的一种颗粒状混合物，它既可由专用罐车运输至工地加水拌和使用，也可用包装形式运到工地拆包加水拌和使用。其又可分为普通干混砂浆、干混砌筑砂浆、干混抹灰(面)砂浆、干混地面砂浆、干混普通防水砂浆和特种干混砂浆(瓷砖黏结砂浆、耐磨地坪砂浆、界面处理砂浆、特种防水砂浆、自流平砂浆、灌浆砂浆、外保温黏结砂浆、外保温抹面砂浆、玻化微珠无机保温砂浆等)。

干混砌筑砂浆的力学性能应符合《砌体结构设计规范》(GB 50003—2011)的规定，干混砌筑砂浆拌合物的密度不应小于1800kg/m³。普通干混砂浆性能应符合表5-15的要求。

表 5-15　　　　普通干混砂浆性能指标

<table>
<tr><th>项目</th><th>干混砌筑砂浆 DM</th><th colspan="2">干混抹灰(面)砂浆 DP</th><th>干混地面砂浆 DS</th><th>干混普通防水砂浆 DW</th></tr>
<tr><td>强度等级</td><td>M5，M7.5，M10，M15，M20，M25，M30</td><td>M5</td><td>M10，M15，M20</td><td>M15，M20，M25</td><td>M10，M15，M20</td></tr>
<tr><td>凝结时间/h</td><td>3～8</td><td colspan="2">3～8</td><td>3～8</td><td>3～8</td></tr>
<tr><td>保水率/%</td><td>≥88</td><td colspan="2">≥88</td><td>≥88</td><td>≥88</td></tr>
<tr><td>14d 拉伸黏结强度/MPa</td><td>—</td><td>≥0.15</td><td>≥0.20</td><td>—</td><td>≥0.20</td></tr>
<tr><td>抗渗强度</td><td>—</td><td colspan="2">—</td><td>—</td><td>P6，P8，P10</td></tr>
</table>

总之，与传统砂浆相比，预拌砂浆的特点是：①品种多、备料快、施工快、和易性好和耐久性好；②可做到文明施工，原料占用场地少；③有利于环境保护。现场拌制传统砂浆粉尘量大，污染环境；而用预拌砂浆可避免粉尘飞扬，从而减少环境污染，保护市容，达到文明生产。如同混凝土进行预拌化生产一样，砂浆的商品化是建筑业发展到一定水平的必然结果。

5.4 特种砂浆

5.4.1 绝热砂浆

绝热砂浆是由水泥基或石膏胶凝材料、聚合物、轻质多孔骨料(常用玻化微珠、膨胀珍珠岩、膨胀蛭石或陶砂和聚苯颗粒等)、外加剂和水等按比例配制而成的。绝热砂浆具有轻质和良好的保温及隔热性能，导热系数为 0.07～0.10W/(m·K)，绝热砂浆的干体积密度可在 600kg/m^3 以下，可用于屋面绝热层、绝热墙壁以及供热管道绝热层等处。

玻化微珠无机保温砂浆是以玻化微珠作为轻骨料，加入水泥基胶凝材料、聚合物和多种外加剂，经干混成预拌干砂浆，再加入水，经拌和制成的无机保温砂浆。其中，玻化微珠是一种玻璃质无机材料，内部为多孔结构，表面玻化封闭，理化性能稳定，具有质轻、绝热、防火、吸水率小等优异特性。可替代粉煤灰漂珠、膨胀珍珠岩、聚苯颗粒等诸多传统轻质骨料应用于不同制品中，是一种环保型高性能新型无机轻质绝热材料。这类砂浆目前应用较多，其性能要求见表 5-16。

表 5-16　　　　无机保温砂浆硬化后的性能指标

<table>
<tr><th colspan="2" rowspan="2">项目</th><th colspan="4">指标</th></tr>
<tr><th>A 型</th><th>B 型</th><th>C 型</th><th>D 型</th></tr>
<tr><td colspan="2">干表观密度/(kg/m^3)</td><td>≤350</td><td>≤450</td><td>≤550</td><td>≤650</td></tr>
<tr><td colspan="2">导热系数/[W/(m·K)]</td><td>≤0.070</td><td>≤0.08</td><td>≤0.10</td><td>≤0.12</td></tr>
<tr><td colspan="2">抗压强度(28d)/MPa</td><td>≥0.4</td><td>≥0.8</td><td>≥1.2</td><td>≥2.5</td></tr>
<tr><td colspan="2">拉伸黏结强度(28d)/MPa</td><td>≥0.10</td><td>≥0.15</td><td>≥0.20</td><td>≥0.25</td></tr>
<tr><td colspan="2">耐水拉伸黏结强度(浸水 7d)/MPa</td><td>≥0.08</td><td>≥0.10</td><td>≥0.15</td><td>≥0.20</td></tr>
<tr><td colspan="2">线性收缩率/%</td><td colspan="4">≤0.25</td></tr>
<tr><td colspan="2">体积吸水率/%</td><td colspan="4">≤20</td></tr>
<tr><td colspan="2">软化系数(28d)</td><td colspan="4">≥0.6</td></tr>
<tr><td colspan="2">燃烧性能级别</td><td colspan="4">A 级</td></tr>
<tr><td rowspan="2">放射性</td><td>Ir</td><td colspan="4">≤1.0</td></tr>
<tr><td>IRa</td><td colspan="4">≤1.0</td></tr>
<tr><td colspan="2">抗冻性(15 次冻融循环)</td><td colspan="4">质量损失不大于 5%，强度损失不大于 20%</td></tr>
</table>

5.4.2 吸声砂浆

吸声砂浆是由轻质多孔骨料制成的砂浆，除了具有一定的绝热性能外，还具有吸声性能。吸声砂浆常用水泥或石膏、砂或锯末等，或在石灰、石膏砂浆中掺入玻璃纤维、矿物棉等松软纤维材料配制而成。吸声砂浆常用于室内墙面和顶棚的吸声。

5.4.3 耐酸砂浆

耐酸砂浆以水玻璃和氟硅酸钠为胶结材料，掺入石英岩、花岗岩和铸石等耐酸粉料及细骨料拌制并硬化而成。水玻璃硬化后具有很好的耐酸性能。耐酸砂浆多用作耐酸底面、耐酸容器的内壁防护层或衬砌材料。某些酸雨比较严重的地区，重要建筑物的外墙装修时也可考虑使用耐酸砂浆。

5.4.4 防射线砂浆

在水泥中掺入重晶石粉、重晶石砂可配制具有抗 X 射线和 γ 射线穿透能力的砂浆。其配合比为水泥：重晶石粉：重晶石砂＝1： 0.25：(4～5)。如在水泥浆中掺加硼砂和硼酸等可配制具有抗中子穿透能力的砂浆。防射线砂浆可应用于射线防护工程，也可阻止地基中土壤或岩石里的氡(具有放射性的惰性气体)向室内扩散。

5.4.5 膨胀砂浆

在水泥砂浆中掺入膨胀剂，或使用膨胀水泥可配制膨胀砂浆。膨胀砂浆的膨胀特性，可以补偿其硬化后的收缩，防止开裂。膨胀砂浆可在修补工程中及大板装配工程中填充缝隙，以达到密实无缝的目的。

5.4.6 自流平砂浆

自流平砂浆是指在自重作用下能流平的砂浆。自流平砂浆施工方便，地坪或地面常用自流平砂浆。良好的自流平砂浆施工后平整光洁、强度高、耐磨性好、不开裂。其制备的关键技术包括：采用外加剂、严格控制砂的级配和颗粒形态、选择具有适当级配的水泥或其他胶凝材料。

5.4.7 聚合物砂浆

聚合物砂浆包括聚合物浸渍砂浆(PIM)、聚合物改性砂浆(PCM 或称为聚合物水泥砂浆)和树脂砂浆(PM)三大类。下面对聚合物改性砂浆作重点介绍。

聚合物改性砂浆由水泥砂浆与聚合物乳胶复合而成。聚合物乳胶是聚合物砂浆的黏结材料，其用量为水泥用量的 10%～20%(以固含量计算)。常用的聚合物乳胶有丁苯乳胶、丙烯酸酯乳胶、氯丁乳胶和 EVA(乙烯-醋酸乙烯共聚物)乳胶等。由于各种高分子聚合物有各自的特性，所以对水泥砂浆的改性效果也各不相同，丁苯乳胶价格较为便宜，因此应用最为广泛。丙烯酸酯乳胶主要用于需着色、耐紫外线的建筑部位。氯丁乳胶属于人工合成橡胶乳液，乳液在水泥水化产物的表面形成的膜，具有橡胶的特性，弹性好。使用这种乳胶配制而成的聚合物水泥砂浆的抗拉强度和抗折强度都有较大的提高。EVA 乳胶具有表面张力较低的特点，易于对物体表面进行浸润，故黏结性较好。这种乳胶配制成的聚合物水泥砂浆能够与多种基体(普通混凝土、砂浆、瓷砖、砖、钢材和木材)较好地黏结。因此，应根据不同的使用要求，选用不同的聚合物乳胶进行水泥砂浆的改性。

聚合物改性砂浆已经广泛应用于混凝土结构加固。选用聚合物改性砂浆作为混凝土结构的修补材料主要有以下理由：①聚合物水泥砂浆具有良好的黏结性和耐水性；②聚合物水泥砂浆不需要潮湿养护，尽管最初两天保持潮湿会更好；③聚合物改性砂浆的收缩性能与普通混凝土相同或略低；④聚合物改性砂浆的抗折强度、抗拉强度、耐磨性、抗冲击能力比普通混凝土高，而弹性模量更低；⑤聚合物改性砂浆的抗冻融性能较好。

聚合物改性砂浆在防腐领域的应用也很广。聚合物改性砂浆比普通混凝土的抗渗性、耐介质性能好得多,能阻止介质渗入,从而提高砂浆结构的耐腐蚀性能。应用场合主要有防腐蚀地面(如化工厂地面、化学实验室地面等)、钢筋混凝土结构的防腐涂层、温泉浴池和污水管等。

5.4.8　水泥乳化沥青砂浆

水泥乳化沥青砂浆是一种在高速铁路板式无砟轨道结构中用作弹性调整层的灌浆材料。图5-2为高速铁路板式无砟轨道结构示意图,其结构特点是在路基上铺设混凝土底座,底座上放置预制轨道板,其间预留30～50mm空隙,中间灌注水泥沥青砂浆(Cement Asphalt Mortar,CA砂浆),固化后形成兼具一定刚性和弹性的填充垫层,发挥支撑预制轨道板,缓冲高速列车振动荷载,为轨道提供必要强度和弹性的重要作用。

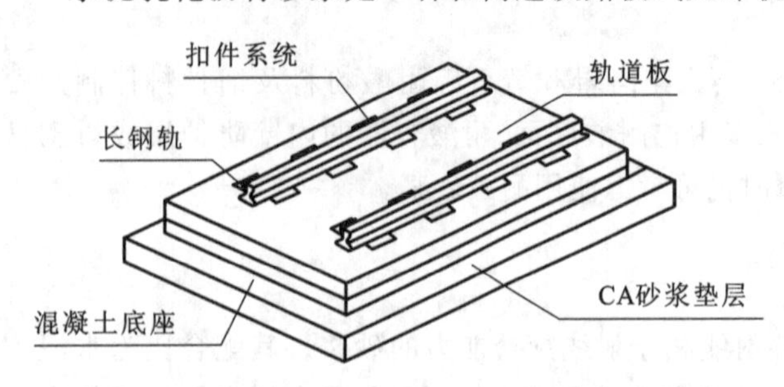

图5-2　高速铁路板式无砟轨道结构示意图

CA砂浆主要由水泥、乳化沥青、聚合物乳液、砂及各种外加剂混合而成。在此砂浆中主要存在水化硅酸钙凝胶和沥青凝胶的互混网络,沥青中酸性树脂又能与水化产物中的钙离子产生化学吸附,水泥提供强度,而沥青提供柔性。通常使用高早强水泥以获得较好的早期强度和对环境的适应性。一般采用强度等级42.5R的普通硅酸盐水泥或快硬硫铝酸盐水泥。

目前国际上CA砂浆主要有高强型和低强型两大类。德国板式无砟轨道使用的CA砂浆具有相对较高的抗压强度和弹性模量,其28d抗压强度大于15MPa,28d弹性模量为7～10GPa,是高强型CA砂浆;日本板式无砟轨道使用的CA砂浆具有相对较低的抗压强度和弹性模量,其28d抗压强度为1.8～2.5MPa,28d弹性模量为200～600MPa,是低强型CA砂浆。尽管两类CA砂浆的强度和弹性模量相差较大,但由于其施工方法都是灌注施工,因此两类砂浆都要求具有良好的工作性能,即具有大流动性和良好的黏聚性(不离析、不泌水),属于自流平聚合物砂浆。

知识归纳

独立思考

5-1　在水胶比恒定的情况下,水泥砂浆与水泥混凝土两者的强度是否相等?为什么?(W/B=0.50、0.40、0.30,适量减水剂,42.5级普通水泥,用多种观点解答)

5-2　通过什么方法可以得到强度大于或远大于水泥混凝土的水泥砂浆?

5-3　现场预拌砂浆拌合物存放2h后,发现稠度下降明显,有人提出加适量水拌和以后再用,你认为这是否可行?为什么?

5-4　某工程需要砌筑烧结普通黏土砖用的水泥混合砂浆,要求砂浆的强度等级为M7.5。采用32.5复合硅酸盐水泥(强度富余系数为1.08)、中砂(含水率为4.0%,干燥堆积密度为1400kg/m^3)和石灰膏(稠度值为100mm),施工水平一般。试求砂浆的配合比。

思考题答案

参考文献

[1] 中华人民共和国住房和城乡建设部．建筑材料术语标准:JGJ/T 191—2009. 北京:中国建筑工业出版社,2010.

[2] 中华人民共和国住房和城乡建设部．砌筑砂浆配合比设计规程:JGJ/T 98—2010. 北京:中国建筑工业出版社,2011.

[3] 中华人民共和国住房和城乡建设部．建筑砂浆基本性能试验方法标准:JGJ/T 70—2009. 北京:中国建筑工业出版社,2009.

[4] 国家发展和改革委员会．混凝土小型空心砌块和混凝土砖砌筑砂浆:JC/T 860—2008. 北京:中国建材工业出版社,2008.

[5] 中华人民共和国国家质量监督检验检疫总局,中国国家标准化管理委员会. 预拌砂浆:GB/T 25181—2019. 北京:中国标准出版社,2011.

[6] 叶青,丁铸. 土木工程材料. 2版. 北京:中国质检出版社,2013.

6

沥青与沥青混合料

课前导读

内容提要

本章主要内容包括沥青混合料用石油沥青的基本组成和性质，沥青混合料的组成、结构、技术性能及技术标准，矿质混合料以及沥青混合料的配合比设计等。本章的教学重点和难点是矿质混合料和沥青混合料的配合比设计。

能力要求

通过本章的学习，学生应掌握沥青材料的基本组成、工程性质及测试方法，沥青混合料的组成、结构、技术性能、技术标准，矿质混合料及沥青混合料的配合比设计方法；了解沥青的改性和掺配、其他沥青和新型沥青混合料。

数字资源

重难点

沥青(asphalt)是一种有机胶凝材料,是由一些极其复杂的高分子碳氢化合物及其非金属(如氧、氮、硫等)衍生物所组成的混合物。在常温下,沥青呈褐色或黑褐色的固体、半固体或黏稠液体状态。

在建筑工程中,沥青可用于生产防水材料,并可作为防腐材料使用;在土木工程中,沥青作为有机胶凝材料,具有把砂、石等矿质材料胶结成为一个整体的能力,可形成具有一定强度的沥青混凝土,是一种常用的路面结构材料。

沥青与砂、石等矿质材料形成的复合材料称为沥青混合料。沥青混合料主要应用于道路路面和水工结构物,不同的用途对它的性能要求不同。用于道路路面的沥青混合料在车辆荷载作用下,应具有较好的抗弯拉强度、耐磨性和防滑能力;有较好的承受冲击荷载和耐疲劳的性能;有较好的耐久性,以保证在长期荷载作用下路面完好。在水工结构物中,沥青混合料主要用于防水、防渗及排水层材料,故要求具有较高的防水性能,表面比较光滑,连续性好,不容易开裂。

本章主要讲述石油沥青和沥青混合料。

6.1 石油沥青

地壳中的石油,在各种自然因素的作用下,经过轻质油分蒸发、氧化和缩聚作用,最后形成的天然产物,称为天然沥青(natural asphalt);石油经各种炼制工艺加工而得到的沥青产品,称为石油沥青(petroleum asphalt)。

6.1.1 石油沥青的组分

沥青原料图

沥青制品和应用图

石油沥青是由许多高分子碳氢化合物及其非金属(主要为氧、硫、氮等)衍生物组成的复杂混合物。沥青的化学组成复杂,对其化学组成进行分析很困难,同时化学组成并不能反映沥青物理性质的差异,因此,工程中一般不作沥青的化学分析,只从使用角度将沥青中化学成分及性质相近,且与物理力学性质有一定关系的成分,划分为若干个组,这些组即称为组分。在沥青中各组分含量与沥青的技术性质有直接关系。沥青中各组分的主要特性简述如下。

6.1.1.1 油分

油分(oil)为淡黄色至红褐色的油状液体,是沥青中分子量和密度最小的组分,密度为0.7~1.0g/cm^3。在170℃经较长时间加热,油分可以挥发。油分能溶于石油醚、二硫化碳、三氯甲烷、苯、四氯化碳和丙酮等有机溶剂中,但不溶于酒精。油分使沥青具有流动性。

6.1.1.2 树脂

树脂(resin)为黄色至黑褐色黏稠状物质(半固体),分子量(600~1000)比油分大,密度为1.0~1.11g/cm^3。树脂中绝大部分属于中性树脂。中性树脂能溶于三氯甲烷、汽油和苯等有机溶剂,但在酒精和丙酮中难溶解或溶解度很低,它使沥青具有良好的黏结性、塑性和可流动性。中性树脂含量愈高,石油沥青的延度和黏结力等品质愈好。另外,沥青树脂中还含有少量的酸性树脂,即地沥青酸和地沥青酸酐,颜色较中性树脂深,是油分氧化后的产物,具有酸性。它易溶于酒精、氯仿而难溶于石油醚和苯,能被碱皂化,是沥青中的表面活性物质。它改善了石油沥青对矿物材料的浸润性,特别是提高了对碳酸盐类碱性岩石的黏附性,并有利于石油沥青的可乳化性。树脂使石油沥青具有良好的塑性和黏结性。

6.1.1.3 地沥青质(沥青质)

地沥青质(asphaltine)为深褐色至黑色固态无定形物质(固体粉末),分子量(1000以上)比树脂更大,密度大于1.0g/cm^3,不溶于酒精、正戊烷,但溶于三氯甲烷和二硫化碳。地沥青质是决定石油沥青温度敏感性、黏性的重要组成成分,其含量愈多,石油沥青软化点愈高,黏性愈大,即愈硬脆。

另外,石油沥青中还含2%~3%的沥青碳和似碳物,为无定形的黑色固体粉末,是在高温裂化、过度加热或深度氧化过程中脱氢生成的,是石油沥青中分子量最大的。沥青碳和似碳物能降低石油沥青的黏结力。

石油沥青中还含有蜡,它会降低石油沥青的黏结性和塑性,同时对温度特别敏感(即温度稳定性差),还会降低沥青路面的抗滑性,所以蜡是石油沥青的有害成分。蜡存在于石油沥青的油分中,它们都是烷烃,油和蜡的区别在于其物理状态不同,一般来讲,油是液体烷烃,蜡为固体烷烃(片状、带状或针状晶体)。采用氯盐(如 $AlCl_3$、$FeCl_3$、$ZnCl_2$ 等)处理法、高温吹氧法、减压蒸提法和溶剂脱蜡法等处理多蜡石油沥青,其性质可以得到改善,如多蜡沥青经高温吹氧处理后,其中的蜡被氧化和蒸发,其软化点得以升高,针入度得以减小。

6.1.2 石油沥青的结构

在石油沥青中,油分、树脂和地沥青质是三大主要组分,其中油分和树脂可以互相溶解,树脂能浸润地沥青质,而在地沥青质的超细颗粒表面形成树脂薄膜。因而,石油沥青是以地沥青质为核心,周围吸附部分树脂和油分,构成胶团,无数胶团分散在油分中而形成的胶体结构。在这个分散体系中,从地沥青质到油分是均匀、逐步递变的,并无明显界面。

6.1.2.1 溶胶型

石油沥青的性质随各组分数量比例的不同而变化。当油分和树脂较多时,胶团外膜较厚,胶团之间相对运动较自由,这种胶体结构的石油沥青,称为溶胶型(sol-like)石油沥青。溶胶型石油沥青的特点是流动性和塑性较好,开裂后自行愈合能力较强,而对温度的敏感性大,即对温度的稳定性较差,温度过高会流淌。

6.1.2.2 凝胶型

当油分和树脂含量较少时,胶团外膜较薄,胶团靠近聚集,相互吸引力增大,胶团间相互移动比较困难。这种胶体结构的石油沥青称为凝胶型(gel-like)石油沥青。凝胶型石油沥青的特点是,弹性和黏性较高,温度敏感性较小,开裂后自行愈合能力较差,流动性和塑性较低。

6.1.2.3 溶胶-凝胶型

当地沥青质不如凝胶型石油沥青中的多,而胶团间靠得又较近,相互间有一定的吸引力,形成一种介于溶胶型和凝胶型之间的结构,称为溶胶-凝胶型结构(sol-gel-like)。溶胶-凝胶型石油沥青的性质也介于溶胶型石油沥青和凝胶型石油沥青之间。

溶胶型、溶胶-凝胶型及凝胶型胶体结构的石油沥青示意图如图 6-1 所示。

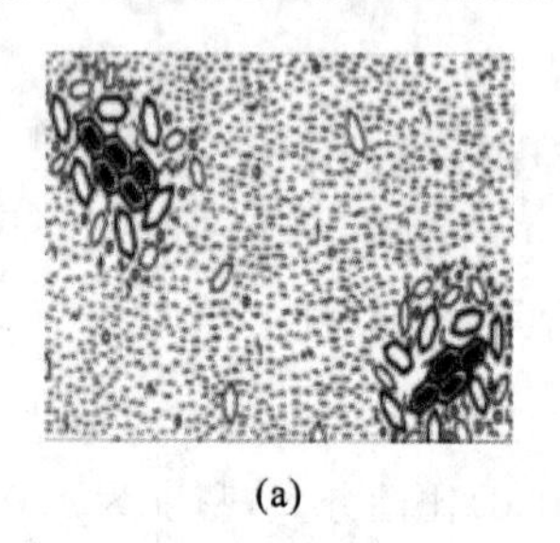

(a)

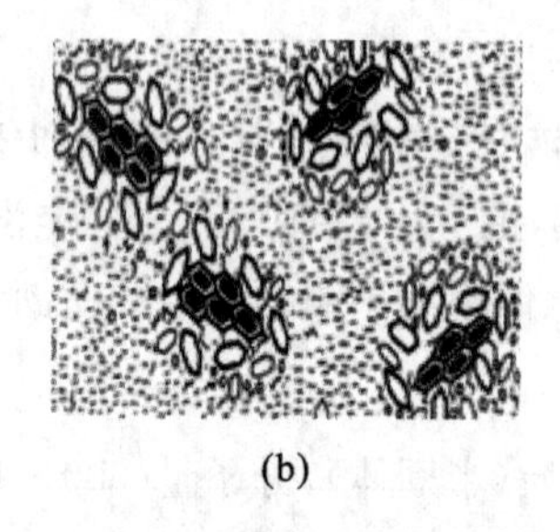

(b)

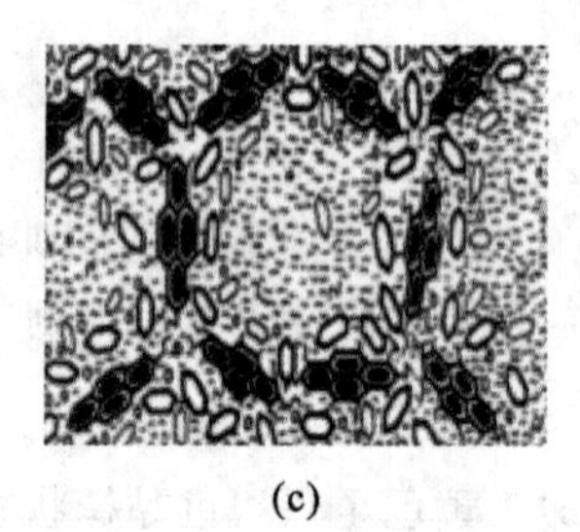

(c)

图 6-1 沥青的胶体结构示意图

(a)溶胶型结构;(b)溶胶-凝胶型结构;(c)凝胶型结构

随着对石油沥青研究的深入,有些学者已开始摈弃石油沥青胶体结构观点,而认为它是一种高分子溶液。在石油沥青高分子溶液里,分散相地沥青质与分散介质地沥青脂(树脂和油分)具有很强的亲和力,而且在每个地沥青质分子的表面上紧紧地保持着一层地沥青脂的溶剂分子,而形成高分子溶液。石油沥青高分子溶液对电解质具有较好的稳定性,即加入电解质不能破坏高分子溶液。高分子溶液具有可逆性,即随地沥青质与地沥青脂相对含量的变化,高分子溶液可以较浓,也可以较稀。较浓的高分子溶液,地沥青质含量多,相当于凝胶型石油沥青;较稀的高分子溶液,地沥青质含量少,地沥青脂含量多,相当于溶胶型石油沥青;稠度介于两者之间的为溶胶-凝胶型石油沥青。

6.1.3 石油沥青的技术性质

6.1.3.1 黏滞性(黏性)

石油沥青的黏滞性是反映沥青材料内部阻碍其相对流动的一种特性,以绝对黏度表示,是沥青性质的重要指标之一。

各种石油沥青的黏滞性变化范围很大，黏滞性的大小与组成及温度有关。地沥青质含量较高，同时又有适量树脂，而油分含量较少时，则黏滞性较大。在一定温度范围内，当温度升高时，沥青黏滞性下降。

绝对黏度的测定方法较为复杂，故工程上常用相对黏度（条件黏度）来表示沥青黏滞性。测定相对黏度的方法主要有针入度法和标准黏度计法。

对于黏稠石油沥青，其相对黏度用针入度仪测定的针入度（penetration，$P_{25℃,100g,5s}$）来表示，它反映石油沥青抵抗剪切变形的能力。针入度试验是国际上经常用来测定黏稠（固体、半固体）沥青稠度的一种方法。该法是沥青材料在规定温度条件下，以规定质量的标准针经过规定时间贯入沥青试样的深度（以1/10mm为单位计）。《公路工程沥青及沥青混合料试验规程》（JTG E20—2011）规定常用的试验条件为25℃、100g、5s。此外，确定针入度指数（penetration index，PI）时，针入度试验常用条件为5℃、15℃、25℃和35℃等，但标准针质量和贯入时间均为100g和5s。

按上述方法测定的针入度值愈大，表示沥青愈软，黏稠度愈小。

对于液体石油沥青或较稀的石油沥青，其相对黏度可用标准黏度计测定的标准黏度表示。标准黏度是在规定温度（20℃、25℃、30℃或60℃）、通过规定直径（3mm、5mm或10mm）的孔口流出50cm^3沥青所需的时间（以s计），常用符号“$C_{T,D}$”表示，其中C为黏度，T为试样温度，D为流孔直径。

6.1.3.2 塑性

塑性是指石油沥青在外力作用时产生变形而不破坏，除去外力后，仍能保持变形后的形状的性质。它是沥青性质的重要指标之一。

石油沥青的塑性与其组分有关。石油沥青中树脂含量较多，且其他组分含量又适当时，则塑性较大。影响沥青塑性的因素有温度和沥青膜层厚度，温度升高，则塑性增大，膜层愈厚则塑性愈高。反之，膜层越薄，则塑性越差，当膜层薄至1μm时，塑性近于消失，即接近于弹性。在常温下，塑性较好的沥青在产生裂缝时，也可能由于特有的黏塑性而自行愈合。故塑性还反映了沥青开裂后的自愈合能力。沥青之所以能制造出性能良好的柔性防水材料，很大程度上取决于沥青的塑性。沥青的塑性对冲击振动荷载有一定的吸收能力，并能减少摩擦时的噪声，故沥青是一种优良的道路路面材料。

石油沥青的塑性用延度（ductility，$D_{T,V}$）表示。延度愈大，塑性愈好。

沥青延度是把沥青用“∞”形标准试模制成标准试样（中间最小截面积为1cm^2），在规定温度（25℃）下，以规定速度（5cm/min）进行拉伸，拉断时试样的伸长长度，以cm为单位表示。

6.1.3.3 温度敏感性

温度敏感性是指石油沥青的黏滞性和塑性随温度升降而变化的性能。因沥青是一种高分子非晶态热塑性物质，故没有一定的熔点。当温度升高时，沥青由固态或半固态逐渐软化，使沥青分子之间发生相对滑动，此时沥青就像液体一样发生了黏性流动，称为黏流态。与此相反，当温度降低时又逐渐由黏流态凝固为固态（或称高弹态），甚至变硬变脆（像玻璃一样硬脆称作玻璃态）。在此过程中，反映了随温度升降沥青黏滞性和塑性的变化。在相同的温度变化间隔里，各种沥青黏滞性及塑性变化幅度不会相同，工程要求沥青随温度变化而产生的黏滞性及塑性变化幅度应较小，即温度敏感性应较小。建筑工程宜选用温度敏感性较小的沥青。温度敏感性是沥青性质的重要指标之一。

通常石油沥青中地沥青质含量较多时，在一定程度上能够减小其温度敏感性。在工程使用时往往加入滑石粉、石灰石粉或其他矿物填料来减小石油沥青的温度敏感性。沥青中含蜡量较多时，会增大温度敏感性。多蜡沥青不能用于建筑工程就是因为其温度敏感性大，温度不太高（60℃左右）时就发生流淌；在温度较低时又易变硬开裂。

沥青软化点（softening point，$T_{R\&B}$）是反映沥青温度敏感性的指标。它表示沥青在某一固定重力作用下，随温度升高逐渐软化，最后流淌垂下至一定距离时的温度。软化点值越高，沥青的温度稳定性越好，即表示沥青的性质随温度的波动性越小。

沥青软化点测定方法很多,国内外一般采用环球法软化点仪测定。它是把沥青试样装入规定尺寸的铜环内,试样上放置一标准钢球,浸入水(估计软化点不高于80℃)或甘油(估计软化点高于80℃)中,以规定的升温速度(5℃/min)加热,使沥青软化下垂,当下垂到规定距离(25.4mm)时的温度,以摄氏度(℃)为单位表示。

6.1.3.4 大气稳定性

大气稳定性是指石油沥青在光、热、空气等因素长期综合作用下抵抗老化的性能。

在光、热、空气的综合作用下,沥青各组分会不断递变。低分子化合物将逐步转变成高分子物质,即油分和树脂逐渐减少,而地沥青质逐渐增多。实验发现,树脂转变为地沥青质比油分转变为树脂的速度快很多(约50%)。因此,随着时间的推移,石油沥青的流动性和塑性逐渐减小,硬脆性逐渐增大,直至脆裂,这个过程称为石油沥青的"老化"。石油沥青的大气稳定性可以用抗老化性能来表征。

石油沥青的大气稳定性常以蒸发损失和蒸发后针入度比来评定。其测定方法是:先测定沥青试样的质量及针入度,然后将试样置于加热损失试验专用的烘箱中,在160℃下蒸发5h,待冷却后再测定其质量及针入度。计算蒸发损失质量占原质量的百分数,称为蒸发损失;计算蒸发后针入度占原针入度的百分数,称为蒸发后针入度比。蒸发损失百分数愈小和蒸发后针入度比愈大,表示大气稳定性愈高,老化愈慢。

此外,为评定沥青的品质和保证施工安全,还应当了解石油沥青的溶解度、闪点和燃点。

溶解度(solubility)是指石油沥青在三氯乙烯、四氯化碳或苯中溶解的百分数,表示石油沥青中有效物质的含量。其中不溶解的物质会降低沥青的性能(如黏性等),应把不溶物视为有害物质(如沥青碳或似碳物)而加以限制。

闪点(flash point,也称闪火点)是指加热沥青至挥发出的可燃气体和空气的混合物在规定条件下与火焰接触,初次闪火(有蓝色闪光)时的沥青温度(℃)。

燃点(或称着火点,fire point)是指加热沥青产生的气体和空气的混合物与火焰接触能持续燃烧5s以上时沥青的温度(℃)。燃点比闪点约高10℃,地沥青质含量越多的沥青,两者相差越大。液体沥青由于轻质成分较多,闪点和燃点相差很小。

闪点和燃点的高低表明沥青引起火灾或爆炸可能性的大小,它关系到沥青运输、贮存和加热使用等方面的安全,例如建筑石油沥青闪点约为230℃,在熬制时一般温度为185～200℃。安全起见,沥青还应与火焰隔离。

6.1.4 石油沥青的技术标准与选用

石油沥青按用途不同分为建筑石油沥青和道路石油沥青。目前,我国对两种石油沥青分别制定了不同的技术标准,对建筑石油沥青执行《建筑石油沥青》(GB/T 494—2010),对道路石油沥青执行《公路沥青路面施工技术规范》(JTG F40—2004)。

6.1.4.1 建筑石油沥青

对建筑石油沥青,按沥青针入度值划分为40号、30号和10号三个标号。建筑石油沥青针入度较小(黏性较大),软化点较高(耐热性较好),但延度较小(塑性较小)。建筑石油沥青的技术性能应符合《建筑石油沥青》(GB/T 494—2010)的规定,见表6-1。

建筑石油沥青主要用于制造油纸、油毡、防水涂料和沥青胶,它们绝大部分用于屋面及地下防水,沟槽防水防腐蚀及管道防腐等工程。使用时若沥青胶膜层较厚,其对温度的敏感性将较大;同时,黑色沥青表面又是很好的吸热体,导致同一地区沥青屋面的表面温度普遍比其他材料屋面的表面温度高。高温季节测试沥青屋面达到的表面温度比当地最高气温高25～30℃。夏季为避免流淌,一般屋面用沥青材料的软化点应比本地区屋面最高温度高20℃以上,例如武汉、长沙地区沥青屋面温度约达68℃,选用沥青的软化点应在90℃左右,低了夏季易流淌,过高冬季低温易硬脆甚至开裂,因此,选用建筑石油沥青时应根据使用地区、工程环境及质量要求而定。

表 6-1 建筑石油沥青技术标准(GB/T 494—2010)

项目	建筑石油沥青		
	10号	30号	40号
针入度(25℃,100g,5s)/(1/10mm)	10～25	26～35	36～50
针入度(46℃,100g,5s)/(1/10mm)	报告①	报告①	报告①
针入度(0℃,200g,5s)/(1/10mm)	≥3	≥6	≥6
延度(25℃,5cm/min)/ cm	≥1.5	≥2.5	≥3.5
软化点(环球法)/℃	≥95	≥75	≥60
溶解度(三氯乙烯)/%	≥99.0		
蒸发后质量变化(163℃,5h)/%	≤1		
蒸发后25℃针入度比②/%	≥65		
闪点(开口杯法)/℃	≥260		

注:①报告应为实测值。

②测定蒸发损失后样品的25℃针入度与原25℃针入度之比乘100%后所得的百分比,称为蒸发后25℃针入度比。

6.1.4.2 道路石油沥青

(1)黏稠石油沥青

《公路沥青路面施工技术规范》(JTG F40—2004)按针入度值将黏稠石油沥青分为160号、130号、110号、90号、70号、50号、30号7个标号,如表6-2所示;并根据沥青的性能指标,再将其分为A、B、C三个等级。不同标号等级的沥青宜按照不同的气候条件、公路等级、交通条件、路面类型、在结构层中的层位、施工方法等,结合当地的使用经验进行选取。但是,一般来说,A、B、C三个等级沥青的适用范围如表6-3所示。

表 6-2 道路石油沥青技术要求(JTG F40—2004)

指标①	单位	等级	沥青标号																
			160号④	130号④	110号			90号					70号③					50号	30号④
针入度(25℃,100g,5s)	0.1 mm		140～200	120～140	100～120			80～100					60～80					40～60	20～40
适用的气候分区			注④	注④	2-1	2-2	3-2	1-1	1-2	1-3	2-2	2-3	1-3	1-4	2-2	2-3	2-4	1-4	注④
针入度指数PI②		A	−1.5～+1.0																
		B	−1.8～+1.0																
软化点(R&B)	℃	A	≥38	≥40	≥43			≥45			≥44		≥46		≥45			≥49	≥55
		B	≥36	≥39	≥42			≥43			≥42		≥44		≥43			≥46	≥53
		C	≥35	≥37	≥41			≥42					≥43					≥45	≥50
60℃动力黏度②	Pa·s	A	—	≥60	≥120			≥160			≥140		≥180		≥160			≥200	≥260
10℃延度②	cm	A	≥50	≥50	≥40			≥45	≥30	≥20	≥30	≥20	≥20	≥15	≥25	≥20	≥15	≥15	≥10
		B	≥30	≥30	≥30			≥30	≥20	≥15	≥20	≥15	≥15	≥10	≥20	≥15	≥10	≥10	≥8
15℃延度	cm	A、B	≥100															≥80	≥50
		C	≥80	≥80	≥60			≥50					≥40					≥30	≥20

续表

指标①	单位	等级	沥青标号						
			160号④	130号④	110号	90号	70号③	50号	30号④
蜡含量(蒸馏法)	%	A	≤2.2						
		B	≤3.0						
		C	≤4.5						
闪点	℃		≥230			≥245	≥260		
溶解度	%		≥99.5						
密度(15℃)	g/cm³		实测记录						
TFOT(或RTFOT)后⑤									
质量变化	%		±0.8						
残留针入度比	%	A	≥48	≥54	≥55	≥57	≥61	≥63	≥65
		B	≥45	≥50	≥52	≥54	≥58	≥60	≥62
		C	≥40	≥45	≥48	≥50	≥54	≥58	≥60
残留延度(10℃)	cm	A	≥12	≥12	≥10	≥8	≥6	≥4	—
		B	≥10	≥10	≥8	≥6	≥4	≥2	—
残留延度(15℃)	cm	C	≥40	≥35	≥30	≥20	≥15	≥10	—

注:①试验方法按照《公路工程沥青及沥青混合料试验规程》(JTG E20—2011)规定的方法执行。用于仲裁试验求取PI时的5个温度针入度关系的相关系数不得小于0.997。

②经建设单位同意,表中PI值、60℃动力黏度、10℃延度可作为选择性指标,可不作为施工质量检验指标。

③70号沥青可根据需要要求供应商提供针入度范围为60~70或70~80的沥青,50号沥青可要求提供针入度范围为40~50或50~60的沥青。

④30号沥青仅适用于沥青稳定基层。130号和160号沥青除在寒冷地区可直接用于中低级公路上外,通常用作乳化沥青、稀释沥青、改性沥青的基质沥青。

⑤老化试验以TFOT为准,也可用RTFOT代替。

表6-3　**道路石油沥青的适用范围(JTG F40—2004)**

沥青等级	适用范围
A级沥青	各个等级的公路,适用于任何场合和层次
B级沥青	1.高速公路、一级公路沥青下面层及以下的层次,二级及以下公路的各个层次; 2.用作改性沥青、乳化沥青、改性乳化沥青、稀释沥青的基质沥青
C级沥青	三级及以下公路的各个层次

气候条件是决定沥青使用性能的最关键因素。采用工程所在地最近30年内最热月的平均日最高气温的平均值作为反映高温和重载条件下出现车辙等流动变形的气候因子,并作为气候区划的一级指标。按照设计高温指标,一级区划分为3个区。采用工程所在地最近30年内的极端最低气温作为反映路面温缩裂缝的气候因子,并作为气候区划的二级指标。按照设计低温指标,二级区划分为4个区,如表6-4所示。沥青路面温度分区由高温和低温组合而成,第一个数字代表高温分区,第二个数字代表低温分区,数字越小表示气候越严苛。分属不同气候分区的地域,对相同标号与等级沥青的性能指标的要求不同。

表6-4　**沥青路面使用性能气候分区(JTG F40—2004)**

气候分区指标		气候分区		
按高温指标	高温气候区	1	2	3
	气候区名称	夏炎热区	夏热区	夏凉区
	最热月平均最高气温/℃	>30	20~30	<20

续表

气候分区指标		气候分区			
按低温指标	低温气候区	1	2	3	4
	气候区名称	冬严寒区	冬寒区	冬冷区	冬温区
	极端最低气温/℃	<−37.0	−37.0～−21.5	−21.5～−9.0	>−9.0

(2)液体石油沥青

液体石油沥青是指在常温下呈液体状态的沥青，它可以是油分含量较高的直馏沥青，也可以是黏稠沥青经稀释剂稀释后的液体沥青。稀释剂挥发速度不同，沥青的凝结速度也不同。《公路沥青路面施工技术规范》(JTG F40—2004)规定，依据凝结速度的快慢，液体石油沥青可分为快凝 AL(R)-1 和AL(R)-2两个标号，中凝 AL(M)-1～AL(M)-6 和慢凝 AL(S)-1～AL(S)-6 六个标号，其技术性能如表 6-5 所示。

表 6-5 **道路用液体石油沥青技术要求(JTG F40—2004)**

试验项目		单位	快凝		中凝						慢凝					
			AL(R)-1	AL(R)-2	AL(M)-1	AL(M)-2	AL(M)-3	AL(M)-4	AL(M)-5	AL(M)-6	AL(S)-1	AL(S)-2	AL(S)-3	AL(S)-4	AL(S)-5	AL(S)-6
黏度	$C_{25.5}$	s	<20		<20						<20					
	$C_{60.5}$	s		5～15		5～15	16～25	26～40	41～100	101～200		5～15	16～25	26～40	41～100	101～200
蒸馏体积	225℃前	%	>20	>15	<10	<7	<3	<2	0	0						
	315℃前	%	>35	>30	<35	<25	<17	<14	<8	<5						
	360℃前	%	>45	>35	<50	<35	<30	<25	<20	<15	<40	<35	<25	<20	<15	<5
蒸馏后残留物	针入度(25℃)	dm	60～200	60～200	100～300	100～300	100～300	100～300	100～300	100～300						
	延度(25℃)	cm	>60	>60	>60	>60	>60	>60	>60	>60						
	浮漂度(5℃)	s									<20	<20	<30	<40	<45	<50
闪点(TOC 法)		℃	>30	>30	>65	>65	>65	>65	>65	>65	>70	>70	>100	>100	>120	>120
含水量		%	≤0.2	≤0.2	≤0.2	≤0.2	≤0.2	≤0.2	≤0.2	≤0.2	≤2.0	≤2.0	≤2.0	≤2.0	≤2.0	≤2.0

6.1.5 沥青的掺配

在工程中仅采用某一种标号的石油沥青时往往不能满足工程技术要求，因此需要对不同标号的沥青进行掺配。

在进行掺配时，为了不破坏掺配后的沥青胶体结构，应选用表面张力相近和化学性质相似的沥青。试验证明同产源的沥青容易保证掺配后沥青胶体结构的均匀性。所谓同产源，是指同属石油沥青或同属煤沥青(或煤焦油)。

两种沥青掺配的比例可用下式估算：

$$\begin{cases} Q_1 = \dfrac{T_2 - T}{T_2 - T_1} \times 100\% \\ Q_2 = 100\% - Q_1 \end{cases} \tag{6-1}$$

式中 Q_1——较软沥青用量，%；

Q_2——较硬沥青用量，%；

T——掺配后的沥青软化点，℃；

T_1——较软沥青软化点,℃;

T_2——较硬沥青软化点,℃。

沥青也可采用针入度指标按上述方法进行用量估算及试配。

【例6-1】 某工程需要用软化点为85℃的石油沥青,现有10号及60号两种,应如何掺配以满足工程需要?

【解】 由试验测得,10号石油沥青软化点为95℃,60号石油沥青软化点为45℃。

估算掺配用量:

$$60\text{号石油沥青用量}=\frac{95℃-85℃}{95℃-45℃}\times 100\%=20\%$$

$$10\text{号石油沥青用量}=100\%-20\%=80\%$$

根据估算的掺配比例和在其邻近的比例[±(5%~10%)]进行试配(混合熬制均匀),测定掺配后沥青的软化点,然后绘制"掺配比-软化点"曲线,即可从曲线上确定所要求的掺配比例。

变废为宝　造福人类

——从石油废弃物到极佳的道路材料

介绍

沥青是由不同分子量的碳氢化合物及其非金属衍生物组成的黑褐色复杂混合物,是高黏度有机液体的一种,多以液体或半固体的石油形态存在,表面呈黑色,可溶于二硫化碳、四氯化碳。

石油沥青原本是原油蒸馏后的残渣,属于工业固体废弃物,人们无从处理。机缘巧合下,人们发现将沥青运用到工程建设中作为路面材料有很好的效果(图6-2)。沥青材料从难以处理的炼油废弃物转化为高价值的重要建筑材料。

图6-2　沥青路面

启示

了解了沥青变废为宝的故事,对你有什么启示?

(1)要从不同角度去看待材料的价值,材料价值需要不断去挖掘发现

沥青材料从炼油废弃物变为性能优异的材料以及诸如此类的其他众多工业废弃物变为生活中常见的重要材料,是人们经过不断探索与实验发现的。

(2)人类对材料的不断发现与合理应用促进人类社会的发展

沥青路面在我国公路中占有很大比例,并且沥青路面的施工质量对整个项目的建设成果有着决定性影响。沥青路面主要具有强度高、平整度高和噪声小等特点。随着材料的不断发现与合理应用,在我国经济水平快速

增长的进程中，社会大众的收入水平和生活质量也有了质的飞跃，公路运营过程中的车辆通行数量大幅度提升，人们生活的幸福指数也在细微的变化中不断提升。

(3)永远没有完美的材料，材料的发展依然会面临新的问题，需要不断去解决

经过长时间的研究发现，沥青路面在使用过程中常常会出现老化、原材料离析、路面渗水等问题。为了解决这些问题，无数科研人员不断深入研究沥青材料以及如何对沥青材料进行改性让其拥有更好的性能。

6.2 矿质混合料

6.2.1 矿质混合料的品种及分类

矿质混合料是用于沥青混合料的集料和矿粉的总称。

集料包括岩石、自然风化而成的砾石(卵石)、砂以及岩石经人工轧制的各种尺寸的碎石。集料大都取自当地天然岩石矿藏。砾石是由天然岩石碎裂后经水力搬运、磨耗而形成的，其颗粒表面平滑，通常为圆形或扁圆形。砾石用在沥青混合料中时，通常要求对其进行破碎。

岩石的化学成分主要为氧化硅、氧化钙、氧化铁、三氧化二铝、氧化镁以及少量的氧化锰、三氧化硫等。岩石中的化学成分含量不同，表现出的物理、化学性质也不同。不同石料有不同的化学组成，相同的矿质石料因产地不同等而在化学组成上也可能有差别。通常根据 SiO_2 的相对含量，将石料分为酸性石料(含量大于65%)、中性石料(含量为52%～65%)和碱性石料(含量小于52%)。其中，碱性石料与沥青的黏附性强，而酸性石料与沥青的黏附性差。

集料在混合料中起骨架和填充作用，不同粒径的集料在沥青混合料中所起的作用不同，为此将集料分为粗集料和细集料两种。

6.2.1.1 粗集料

按《公路沥青路面施工技术规范》(JTG F40—2004)规定，沥青混合料中的粗集料包括碎石、破碎砾石、筛选砾石、钢渣、矿渣等，但高速公路和一级公路不得使用筛选砾石和矿渣。粗集料必须由具有生产许可证的采石场生产或施工单位自行加工。

粗集料应该洁净、干燥、表面粗糙，质量应符合表6-6的规定。当单一规格集料的质量指标达不到表中要求，而按照集料配合比计算的质量指标符合要求时，工程上允许使用。对受热易变质的集料，宜采用经拌和机烘干后的集料进行检验。

表6-6 **沥青混合料用粗集料质量技术要求(JTG F40—2004)**

指标		单位	高速公路及一级公路		其他等级公路	
			表面层	其他层	表面层	其他层
石料压碎值		%	≤26	≤28	≤30	
洛杉矶磨耗损失		%	≤28	≤30	≤35	
表观相对密度		t/m³	≥2.60	≥2.50	≥2.45	
吸水率		%	≤2.0	≤3.0	≤3.0	
坚固性		%	≤12	≤12	—	
针、片状颗粒含量	混合料	%	≤15	≤18	≤20	
	粒径大于9.5mm	%	≤12	≤15	—	
	粒径小于9.5mm	%	≤18	≤20	—	

续表

指标		单位	高速公路及一级公路		其他等级公路	
			表面层	其他层	表面层	其他层
水洗法粒径小于0.075mm颗粒含量		%	≤1	≤1	≤1	
软石含量		%	≤3	≤5	≤5	
破碎面颗粒含量	1个破碎面	%	≥100	≥90	≥80	≥70
	2个或2个以上破碎面	%	≥90	≥80	≥60	≥50

注:1.试验方法按照《公路工程集料试验规程》(JTG E42—2005)规定的方法执行。

2.坚固性试验可根据需要进行。

3.用于高速公路、一级公路时,多孔玄武岩的视密度可放宽至2450kg/m³,吸水率可放宽至3%,但必须得到建设单位的批准,且不得用于沥青玛瑞脂碎石(SMA)路面。

4.对S14即3~5规格的粗集料,针、片状颗粒含量可不予要求,粒径小于0.075mm的颗粒含量可放宽到3%。

粗集料的粒径规格应按表6-7的规定生产和使用。

表6-7 **沥青混合料用粗集料规格(JTG F40—2004)**

规格名称	公称粒径/mm	通过下列筛孔(mm)的质量百分率/%												
		106	75	63	53	37.5	31.5	26.5	19.0	13.2	9.5	4.75	2.36	0.6
S1	40~75	100	90~100	—	—	0~15	—	0~5						
S2	40~60		100	90~100	—	0~15	—	0~5						
S3	30~60		100	90~100	—	—	0~15	—	0~5					
S4	25~50			100	90~100	—	—	0~15	—	0~5				
S5	20~40				100	90~100	—	—	0~15	—	0~5			
S6	15~30					100	90~100	—	—	0~15	—	0~5		
S7	10~30					100	90~100	—	—	—	0~15	0~5		
S8	10~25						100	90~100	—	0~15	—	0~5		
S9	10~20							100	90~100	—	0~15	0~5		
S10	10~15								100	90~100	0~15	0~5		
S11	5~15								100	90~100	40~70	0~15	0~5	
S12	5~10									100	90~100	0~15	0~5	
S13	3~10									100	90~100	40~70	0~20	0~5
S14	3~5										100	90~100	0~15	0~3

采石场在生产过程中必须彻底清除覆盖层及泥土夹层。生产碎石用的原石不得含有土块、杂物,集料成品不得堆放在泥地上。

破碎砾石应采用粒径大于50mm、含泥量不大于1%的砾石轧制,并应符合相关规范中粗集料的技术要求(表6-6)。筛选砾石仅适用于三级及三级以下公路的沥青表面处治路面。经过破碎且存放期超过6个月的钢渣可作为粗集料使用。除吸水率允许适当放宽外,各项质量指标应符合表6-6的要求。钢渣在使用前应进行活性检验,要求钢渣中的游离氧化钙含量不大于3%,浸水膨胀率不大于2%。

高速公路、一级公路沥青路面的表面层(或磨耗层)的粗集料磨光值应符合表6-8的要求。除沥青玛瑞脂碎石(SMA)、开级配磨耗层沥青混合料(OGFC)路面外,允许在硬质粗集料中掺加部分较小粒径的磨光值达不到要求的粗集料,其最大掺加比例由磨光值试验确定。

粗集料与沥青的黏附性应符合表6-8的要求。经检验属于酸性岩石的石料,如花岗岩、石英岩等,与沥青的黏附性差,当用于高速公路、一级公路、城市快速路、主干路时,宜使用针入度较小的沥青,并采取下列抗剥离措施提高集料与沥青的黏附性,使集料对沥青的黏附性符合要求。

①用干燥的磨细生石灰或生石灰粉、水泥作为填料的一部分，其用量宜为矿料总量的1%～2%。

②在沥青中掺入抗剥离剂。

③将粗集料用石灰浆处理后使用。

表6-8 粗集料与沥青的黏附性、磨光值的技术要求(JTG F40—2004)

雨量气候区		1（潮湿区）	2(湿润区)	3(半干区)	4(干旱区)
年降雨量/mm		＞1000	500～1000	250～500	＜250
高速公路、一级公路表面层粗集料的磨光值① PSV		≥42	≥40	≥38	≥36
粗集料与沥青的黏附性②	高速公路、一级公路表面层	≥5	≥4	≥4	≥3
	高速公路、一级公路的其他层及其他等级公路的各个层	≥4	≥4	≥3	≥3

注：①试验方法按照《公路工程集料试验规程》(JTG E42—2005)规定的方法执行；

②试验方法按照《公路工程沥青及沥青混合料试验规程》(JTG E20—2011)规定的方法执行。

6.2.1.2 细集料

沥青混合料的细集料，可以采用天然形成或经过轧碎、筛分等加工而成的粒径大于2.36mm的天然砂、机制砂及石屑等集料。细集料应洁净、干燥、无风化、无杂质，并有适当的颗粒级配范围。细集料的质量应符合表6-9的要求。细集料的洁净程度，天然砂以粒径小于0.075mm颗粒含量的百分数表示，石屑和机制砂以砂当量(适用于0～4.75mm)或亚甲蓝值(适用于0～2.36mm或0～0.15mm)表示。

表6-9 沥青混合料用细集料质量要求(JTG F40—2004)

项目	单位	高速公路、一级公路	其他等级公路
表观相对密度	kg/m^3	≥2500	≥2450
坚固性(粒径大于0.3mm部分的含量)	%	≥12	—
含泥量(粒径小于0.075mm部分的含量)	%	≤3	≤5
砂当量	%	≥60	≥50
亚甲蓝值	g/kg	≤25	—
棱角性(流动时间)	s	≥30	—

注：1. 试验方法按照《公路工程集料试验规程》(JTG E42—2005)规定的方法执行。

2. 坚固性试验根据需要进行。

3. 当进行砂当量试验有困难时，也可用水洗法测定粒径小于0.075mm部分含量(仅适用于天然砂)，对高速公路、一级公路、城市快速路、主干路要求不大于3%，对其他公路与城市道路要求不大于5%。

热拌沥青混合料的细集料宜采用优质的天然砂或机制砂。天然砂可采用河砂或海砂，通常宜采用粗、中砂，其规格应符合表6-10的要求。砂的含泥量超过规定时应水洗后使用，海砂中的贝壳类材料必须筛除。热拌密级配沥青混合料中天然砂的用量通常不宜超过集料总量的20%，沥青玛琋脂碎石(SMA)、开级配沥青磨耗层(OGFC)混合料不宜使用天然砂。

表6-10 沥青混合料用天然砂规格 (JTG F40—2004)

筛孔尺寸/mm	通过各筛孔的质量百分数/%		
	粗砂	中砂	细砂
9.5	100	100	100
4.75	90～100	90～100	90～100
2.36	65～95	75～90	85～100
1.18	35～65	50～90	75～100
0.6	15～30	30～60	60～84
0.3	5～20	8～30	15～45

续表

筛孔尺寸/mm	通过各筛孔的质量百分数/%		
	粗砂	中砂	细砂
0.15	0～10	0～10	0～10
0.075	0～5	0～5	0～5

石屑是采石场破碎石料时通过4.75mm或2.36mm筛孔的筛下部分,其规格应符合表6-11的要求。采石场在生产石屑的过程中应具备抽吸设备,高速公路和一级公路的沥青混合料,宜将S14与S16组合使用,S15可在沥青稳定碎石基层或其他等级公路中使用。机制砂宜采用专用的制砂机制造,并选用优质石料生产,其级配应符合S16的要求。

表6-11　　沥青混合料用机制砂或石屑规格(JTG F40—2004)

规格	公称粒径/mm	水洗法通过各筛孔的质量百分数/%							
		9.5mm	4.75mm	2.36mm	1.18mm	0.6mm	0.3mm	0.15mm	0.075mm
S15	0～5	100	90～100	60～90	40～75	20～55	7～40	2～20	0～10
S16	0～3		100	80～100	50～80	25～60	8～45	0～25	0～15

注:当生产石屑采用喷水抑制扬尘工艺时,应特别注意含粉量不得超过表中要求。

细集料应与沥青具有良好的黏结能力。与沥青黏结性差的天然砂及花岗岩、花岗斑岩、砂岩、片麻岩、角闪岩、石英岩等酸性石料经轧碎制成的机制砂及石屑不宜用于高速公路、一级公路、城市快速路、主干路沥青面层。当需要使用时,应采取前述粗集料的抗剥离措施。当一种细集料不能满足级配要求时,可采用两种或两种以上的细集料掺配使用。

6.2.1.3　填料

沥青混合料的填料宜采用石灰岩或岩浆岩中的憎水性石料,经磨细可用作起填充作用的矿粉。原石料中的泥土杂质应除净。矿粉要求干燥、洁净,能自由地从矿粉仓流出,其质量应符合表6-12的要求。当采用水泥、石灰、粉煤灰作填料时,其用量不宜超过矿料总量的2%。

表6-12　　沥青混合料用矿粉质量要求(JTG F40—2004)

项目		单位	高速公路、一级公路	其他等级公路
表观相对密度		kg/m³	≥2500	≥2450
含水量		%	≤1	≤1
矿粉颗粒含量	粒径小于0.6mm	%	100	100
	粒径小于0.15mm	%	90～100	90～100
	粒径小于0.075mm	%	75～100	70～100
外观			无团粒结块	
亲水系数			<1	
塑性指数			<4	
加热安定性			实测记录	

注:试验方法按照《公路工程集料试验规程》(JTG E42—2005)规定的方法执行。

粉煤灰作为填料使用时,烧失量应小于12%,塑性指数应小于4%,其余质量要求与矿粉相同。粉煤灰的用量不宜超过填料总量的50%,并需经试验确认与沥青具有良好的黏结力,沥青混合料的水稳定性能应满足要求。高速公路和一级公路的面层不宜用粉煤灰作填料。

采用干法除尘措施回收的粉尘,可作为矿粉的一部分使用。采用湿法除尘措施回收的粉尘,使用时应经干燥处理,且不得含有杂质。回收粉尘的用量不得超过填料总量的50%,掺有粉尘的填料塑性指数不得大于4%。回收粉尘其他质量要求与矿粉相同。

6.2.2 矿质混合料的级配理论

关于级配理论的研究，实质上起源于我国的垛积理论，但是这一理论在级配应用上并没有得到发展。目前常用的级配理论，主要有最大密度曲线理论和粒子干涉理论。前一理论主要描述了连续级配的粒径分配，可用于计算连续级配。后一理论不仅可用于计算连续级配，而且也可用于计算间断级配。

矿质混合料是沥青混合料的主要组成部分，其质量占整个混合料质量的90%以上，因此，沥青混合料配合比设计中的一个重要内容就是合理地确定矿质混合料的级配组成。所谓矿质混合料的级配组成，就是指矿质混合料中不同粒径的粒料之间的比例关系，通常称之为矿质混合料级配或简称为级配。级配通常以不同粒径粒料的质量百分数来表示。

一种良好的矿质混合料级配组成，应该使其空隙率在热稳定性容许的条件下为最小，同时应具有充分的矿料比表面积，以形成足够的结构沥青裹覆矿料颗粒，从而保证矿料颗粒之间处于最紧密的状态并为矿质混合料与沥青之间的相互作用创造良好条件，使沥青混合料最大限度地发挥其结构强度效应，获得最佳的使用品质。通常，密实的沥青混合料具有较高的强度和较好的抗疲劳特性，且渗透性小、耐老化、使用寿命长。因此，对于用作面层的沥青混合料，国内外趋向于采用密实型级配。

从混合料的密实度出发，传统的矿料级配多采用连续级配。所谓连续级配，是指矿质混合料中各级粒径的粒料，由大到小逐级按一定的质量比例组成的一种矿质混合料，其级配曲线平顺圆滑，具有连续的（不间断的）性质，其级配曲线如图6-3中曲线a所示。连续密级配矿质混合料虽然具有较大的密实度，但由于其中粗集料含量较少，且由于各级粒料都有一定的数量，造成各级较大的颗粒都被较小的颗粒推挤开，因此矿质混合料无法形成骨架结构，粗集料悬浮于较小的颗粒之中。这种矿料级配属于一种典型的悬浮-密实结构，由其形成的沥青混合料可以获得较高的密实度和较大的黏聚力，但内摩阻角较小，其强度特性取决于黏聚力，高温重载条件下容易出现热稳性不足引起的路面病害。

连续开级配、半开级配沥青混合料中，粗集料含量相对于密级配沥青混合料有所增加，其粗集料可以形成骨架结构，但由于细集料含量很少甚至没有（图6-3中曲线b），无法充分填充粗集料之间的空隙，因而形成一种骨架-空隙结构，使沥青混合料具有较大的内摩阻力，混合料的热稳定性明显提高，但其黏聚力较低，且由于空隙率较大而使路面的耐久性受到不利影响。

间断级配可以解决上述两种级配类型存在的问题。所谓间断级配，是指在矿质混合料组成中颗粒大小不是连续存在，而在某一个或某几个粒径范围内没有或有很少矿料颗粒所组成的一种矿质混合料，其级配曲线如图6-3中曲线c所示。由于这种矿质混合料断去了中间尺寸的集料，即有较多数量的粗集料可形成空间骨架，同时又有足够数量的细集料填充骨架空隙，从而形成一种骨架-密实结构，由其形成的沥青混合料黏聚力和内摩阻力都较大。

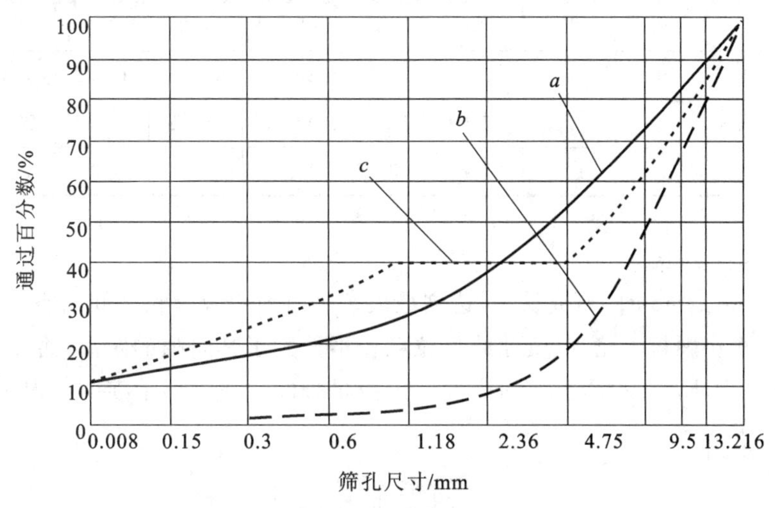

图6-3 三种类型矿料级配曲线

a—密级配；b—开级配；c—间断级配

6.2.2.1 最大密度曲线理论

最大密度曲线是通过实验提出的一种理想曲线。W. B. Fuller和他的同事研究认为:固体颗粒按粒度大小有规则地组合排列,粗细搭配,可以得到密度最大、空隙最小的混合料。初期研究的理想曲线是:细集料以下的颗粒级配为椭圆形曲线,粗集料为与椭圆形曲线相切的直线,由这两部分曲线组成的级配曲线可以达到最大密度。这种曲线计算比较复杂,后来经过许多研究改进,提出简化的“抛物线最大密度理想曲线”。该理论认为,矿质混合料的颗粒曲线越接近抛物线,密度越大。

(1)最大密度理想曲线公式

根据上述理论,当矿质混合料的级配曲线为抛物线时,最大密度理想曲线集料各级粒径(d_i)与通过百分数(p_i)的关系式如下:

$$p_i = 100\left(\frac{d_i}{D_{\max}}\right)^{0.5} \tag{6-2}$$

式中 d_i——集料各级粒径,mm;

p_i——集料各级粒径的通过百分数,%;

$D_{\max}$——矿质混合料的最大粒径,mm。

(2)最大密度曲线n幂公式

Talbol将最大密度理想曲线指数0.5改成n,认为该指数不应该是一个常数,而是一个变量。研究认为,沥青混合料中$n=0.45$时,密度最大;水泥混凝土中$n=0.25\sim0.45$时,施工和易性较好。通常使用的矿质混合料的级配范围(包括密级配和开级配)n在0.3~0.7之间。因此,在实际应用时,矿质混合料的级配曲线应该允许在一定范围内波动,可以假定n分别为0.3和0.7,用下式计算混合料的级配上限和下限,即

$$p_i = 100\left(\frac{d_i}{D_{\max}}\right)^{n} \tag{6-3}$$

式中 n——试验指数;

其他符号意义同前。

【例6-2】 已知矿质混合料的最大粒径为40mm,试用最大密度理想曲线公式计算其最大密度曲线的各级粒径的通过百分数,并按$n=0.3\sim0.7$计算级配范围曲线的各级粒径的通过百分数。

【解】 具体计算结果见表6-13。

表6-13 **最大密度理想曲线和级配范围曲线的各级粒径通过百分数**

分级顺序		1	2	3	4	5	6	7	8	9	10
粒径 d_i/mm		40	20	10	5	2.5	1.2	0.6	0.3	0.15	0.075
最大密度理想曲线	$n=0.5$	100	70.10	50.00	35.36	25.00	17.32	12.22	8.66	6.12	4.30
级配范围	$n=0.3$	100	81.23	65.98	53.59	43.53	34.92	28.37	23.04	18.72	15.14
	$n=0.7$	100	61.56	37.89	23.33	14.36	8.59	5.29	3.25	2.00	1.22

6.2.2.2 粒子干涉理论

魏矛斯(C. A. G. Weymouth)研究认为,达到最大密度时前一级颗粒之间的空隙,应由次一级颗粒填充;其所余空隙又由再次小颗粒填充,但填隙的颗粒粒径不得大于其间隙的距离,否则大、小颗粒之间势必发生干涉现象。为避免干涉,大、小颗粒之间应按一定数量分配。在临界干涉的情况下可导出前一级颗粒的距离应为

$$t = \left[\left(\frac{\Psi_0}{\Psi_s}\right)^{\frac{1}{3}} - 1\right]D \tag{6-4a}$$

当处于临界干涉状态时$t=d$,则式(6-4a)可写成式(6-4b):

$$\Psi_s = \frac{\Psi_0}{\left(\frac{d}{D}+1\right)^3} \tag{6-4b}$$

式中 t——前粒级的间隙(即等于次粒级的粒径 d);

D——前粒级的粒径;

Ψ_0——次粒级的理论实积率(实积率即堆积密度与表观密度之比);

Ψ_s——次粒级的实积率。

式(6-4b)即为粒子干涉理论公式。应用时如已知集料的堆积密度和表观密度,即可求得集料理论实积率(Ψ_0)。连续级配时 $d/D=1/2$,则可按式(6-4b)求得实积率(Ψ_s)。由实积率可计算出各级集料的配量(即各级分计筛余),据此计算的级配曲线与富勒最大密度曲线相似。后来,瓦利特(R. Vallete)又发展了粒子干涉理论,提出了间断级配矿质混合料的计算方法。

6.2.3 矿质混合料的组成设计方法

矿质混合料组成设计的目的,是选配一个具有足够密实度,并且具有较高内摩阻力的矿质混合料。可以根据级配理论,计算出需要的矿质混合料的级配范围,但实际应用存在一定的困难。为了应用已有研究成果和实践经验,通常采用规范推荐的矿质混合料级配范围来确定。

天然或人工轧制的一种集料的级配往往很难完全符合某一种级配范围的要求,因此必须采用两种或两种以上的集料配合起来才能符合级配范围的要求。矿质混合料设计的任务就是确定组成混合料各集料的比例。确定混合料配合比的方法很多,但是归纳起来主要可分为数解法与图解法两大类。

6.2.3.1 数解法

用数解法解矿质混合料组成的方法很多,最常用的为"试算法"和"正规方程法"(或称"线性规划法")。试算法一般用于 3～4 种矿料组成;正规方程法可用于多种矿料组成,所得结果准确,但计算较为繁杂,可编制计算机程序用计算机计算。

试算法比较简便,以下简要说明其基本原理和计算步骤。

试算法的基本原理是:设有几种矿质集料,欲配制某一种一定级配要求的混合料。在计算各组成集料在混合料中的比例时,先根据各种集料的级配,找出某种集料在分计筛余百分数上占优势的粒径大小,并假定混合料中该种粒径的颗粒由该种对该粒径占优势的集料所组成,而其他集料不含这种粒径颗粒。如此根据各个主要粒径去试算各种集料在混合料中的大致比例。如果比例不合适,则进行适当的调整,这样循序渐进,最终确定出符合矿质混合料级配要求的各种集料的用量。

例如有 A、B、C 共三种集料,欲配制成 M 级配的矿质混合料,假设

①A、B、C 三种集料在混合料 M 中的用量比例分别为 X、Y、Z,则有:

$$X + Y + Z = 100\% \tag{6-5}$$

②混合料 M 中某一级粒径要求的含量为 $\alpha_{M(i)}$,A、B、C 三种集料在该粒径的含量分别为 $\alpha_{A(i)}$、$\alpha_{B(i)}$、$\alpha_{C(i)}$,则有:

$$\alpha_{A(i)} \cdot X + \alpha_{B(i)} \cdot Y + \alpha_{C(i)} \cdot Z = \alpha_{M(i)} \tag{6-6}$$

在计算 A 集料在矿质混合料中的用量时,按 A 集料在其优势含量所在的粒径进行计算,而忽略其他集料在此粒径的含量。

假定 A 集料优势含量粒径为 i(mm),则可忽略 B 集料和 C 集料在该粒径的含量,即 $\alpha_{B(i)}$ 和 $\alpha_{C(i)}$ 均等于 0,则由式(6-6)可得:

$$\alpha_{A(i)} \cdot X = \alpha_{M(i)}$$

则 A 集料在混合料中的用量比例为:

$$X = \frac{a_{M(i)}}{a_{A(i)}} \times 100\% \tag{6-7}$$

同理,在计算 C 集料在混合料中的用量时,按 C 集料占优势的某一粒径计算,而忽略其他集料在此粒级的含量。

设按C集料粒径尺寸为j(mm)的粒径来进行计算,则A集料和B集料在该粒径的含量$\alpha_{A(j)}$和$\alpha_{B(j)}$均等于0,则由式(6-6)可得:

$$\alpha_{C(j)} \cdot Z = \alpha_{M(j)}$$

则C集料在混合料中的用量比例为:

$$Z = \frac{\alpha_{M(j)}}{\alpha_{A(j)}} \times 100\% \tag{6-8}$$

由式(6-7)和式(6-8)求得A集料和C集料在混合料中的用量X和Z后,即可按式(6-9)算出B集料的用量:

$$Y = 100\% - (X + Z) \tag{6-9}$$

按以上步骤计算得到的配合比,必须进行校核,当得到的级配不在要求的级配范围内时,应调整配合比,并重新计算和复核。经几次调整,直到符合要求为止。如果经计算确实不能满足规定级配要求,可掺加某些单粒级集料,或调换其他原始集料,并重新计算和复核。

【例6-3】 试计算用于某大桥桥面铺装的细粒式沥青混凝土的矿料配合比。已知:

①现有碎石、石屑和矿粉三种矿质材料,筛分结果按分计筛余列于表6-14。

②细粒式沥青混凝土的级配范围,根据《公路沥青路面施工技术规范》(JTG F40—2004)的规定,细粒式混凝土AC-13的要求级配范围按通过量列于表6-14。

a. 按试算法确定碎石、石屑和矿粉在混合料中所占的比例。

b. 按现行规范要求,校核矿质混合料计算结果,确定其是否符合级配范围要求。

表6-14 **原有集料的分计筛余和混合料要求的级配范围**

筛孔尺寸 d_i/mm	原材料筛分试验结果			混合料要求级配范围
	碎石分计筛余 $\alpha_{A(i)}$	石屑分计筛余 $\alpha_{B(i)}$	矿粉分计筛余 $\alpha_{C(i)}$	通过百分数 p_i
16.0	—	—	—	100
13.2	5.2	—	—	90~100
9.5	41.7	—	—	68~85
4.75	50.5	1.6	—	38~68
2.36	2.6	24.0	—	24~50
1.18	—	22.5	—	15~38
0.6	—	16.0	—	10~28
0.3	—	12.4	—	7~20
0.15	—	11.5	—	5~15
0.075	—	10.8	13.2	4~8
<0.075	—	1.2	86.8	—

【解】 ①按混合料要求级配范围计算混合料各筛孔分计筛余。先将表6-14中混合料要求级配范围的通过百分数换算为累计筛余百分数,再换算为各筛号的分计筛余百分数,计算结果列于表6-15。

表6-15 **混合料分计筛余百分数的计算结果**

筛孔尺寸 d_i/mm	混合料要求级配范围		级配范围中值	
	通过百分数 p_i	累计筛余百分数 β_i	按累计筛余计 $\beta_{M(i)}$	按分计筛余计 $\alpha_{M(i)}$
16.0	100	0	0	0
13.2	90~100	0~10	5	5.0
9.5	68~85	15~32	23.5	18.5
4.75	38~68	32~62	47.0	23.5
2.36	24~50	50~76	63.0	16.0
1.18	15~38	62~85	73.5	10.5

续表

筛孔尺寸 d_i/mm	混合料要求级配范围		级配范围中值	
	通过百分数 p_i	累计筛余百分数 β_i	按累计筛余计 $\beta_{M(i)}$	按分计筛余计 $\alpha_{M(i)}$
0.6	10～28	72～90	81.0	7.5
0.3	7～20	80～93	86.5	5.5
0.15	5～15	85～95	90.0	3.5
0.075	4～8	92～96	94.0	4.0
＜0.075	—	—	100	6.0
合计				100

②计算碎石在矿料中含量。

由表6-14可知，碎石中占优势的粒径为4.75mm，故当计算碎石的配合组成时，假设混合料中粒径为4.75mm的集料全部由碎石组成。$\alpha_{B(4.75)}$和$\alpha_{C(4.75)}$均等于0。由式(6-7)可得：

$$\alpha_{A(4.75)} \cdot X = \alpha_{M(4.75)} \times 100\%$$

由表6-14和表6-15可知$\alpha_{M(4.75)}=23.5\%$，$\alpha_{A(4.75)}=50.5\%$，代入上式得：

$$X=\frac{23.5}{50.5}\times 100\%=46.5\%$$

③计算矿粉在矿料中的用量。

同理，计算矿粉在混合料中的配合比时，按矿粉占优势的小于0.075mm粒径计算，即假设$\alpha_{A(<0.075)}$和$\alpha_{B(<0.075)}$均为0。则由式(6-9)得：

$$Z=\frac{6.0}{86.8}\times 100\%=6.9\%$$

④计算石屑在混合料中的用量。

由式(6-10)得：

$$Y=100\%-(X+Z)=100\%-(46.5\%+6.9\%)=46.6\%$$

⑤校核。

经计算校核，结果符合《公路沥青路面施工技术规范》(JTG F40—2004)中AC-13的级配范围要求(表6-16)。

表6-16 **矿质混合料组成计算与校核表**

筛孔尺寸 d_i/mm	原材料筛分结果			对混合料分计筛余的贡献			合成的矿质混合料			
	碎石分计筛余 $\alpha_{A(i)}$	石屑分计筛余 $\alpha_{B(i)}$	矿粉分计筛余 $\alpha_{C(i)}$	碎石 $\alpha_{A(i)}\cdot X$	石屑 $\alpha_{B(i)}\cdot Y$	矿粉 $\alpha_{C(i)}\cdot Z$	分计筛余 $\alpha_{M(i)}$/%	累计筛余 $\beta_{M(i)}$/%	通过百分数 $p_{M(i)}$/%	级配范围 $p_{M(i)}$/%
16.0	—	—	—	—	—	—	—	—	—	100
13.2	5.2	—	—	2.42	—	—	2.42	2.4	97.6	90～100
9.5	41.7	—	—	19.39	—	—	19.39	21.8	78.2	68～85
4.75	50.5	1.6	—	23.48	0.75	—	24.23	46.0	54.0	38～68
2.36	2.6	24.0	—	1.21	11.18	—	12.39	58.4	41.6	24～50
1.18	—	22.5	—	—	10.49	—	10.49	68.9	31.1	15～38
0.6	—	16.0	—	—	7.46	—	7.46	76.4	23.6	10～28
0.3	—	12.4	—	—	5.78	—	5.78	82.1	17.9	7～20
0.15	—	11.5	—	—	5.36	—	5.36	87.5	12.5	5～15
0.075	—	10.8	13.2	—	5.03	0.91	5.94	93.5	6.5	4～8

6.2.3.2 图解法

图解法采用作图的方法来确定矿质混合料中各种集料的用量,常用的有两种集料组成的“矩形法”和三种集料组成的“三角形法”等。对于由多种集料组成的混合料,可采用“平衡面积法”,该法是采用一条直线来代替集料的级配曲线,这条直线是使曲线左右两边的面积相等(即达到平衡),削弱了曲线的复杂性。这个方法又经过许多研究者的修正,故现行的图解法称为“修正平衡面积法”。

(1)基本原理

①绘制级配曲线的坐标图。

通常级配曲线图是采用半对数坐标图,即以纵坐标的通过百分数(p)为算术坐标,以横坐标的粒径(d)为对数坐标。在此坐标系下,按 $p=100(d/D)^n$ 所绘出的级配曲线为图 6-4(a)。为方便采用图解法进行级配设计,仍取纵坐标的通过百分数(p)为算术坐标,而横坐标转换为 $x=(d/D)^n$,则 $p=100(d/D)^n$ 可转换为 $p=100x$,此时所得级配曲线在该坐标下为直线[图 6-4(b)]。

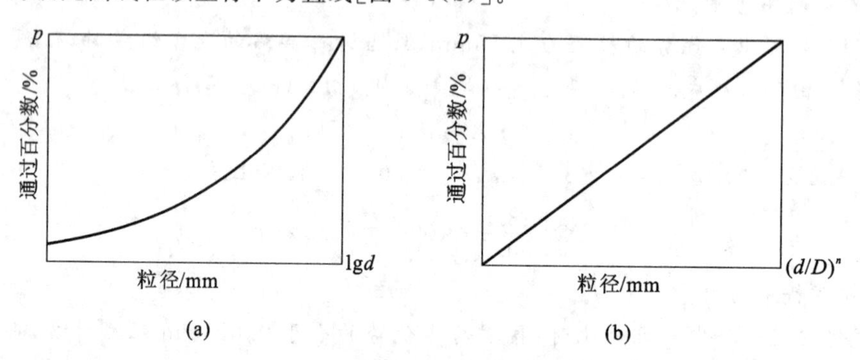

图 6-4 图解法级配曲线坐标图

(a) p-lg$d$;(b) p-$(d/D)^n$

②各种集料用量的确定方法。

将筛分得到的各种集料级配曲线绘于坐标图上。为便于理解,作下列假设和简化:a. 各集料为单一粒径;b. 相邻两曲线相接,即在同一筛孔上,前一集料的通过量为 0 时,后一集料的通过量为 100%。因此,各集料级配曲线和设计混合料级配中值均可绘成直线,如图 6-5 所示。

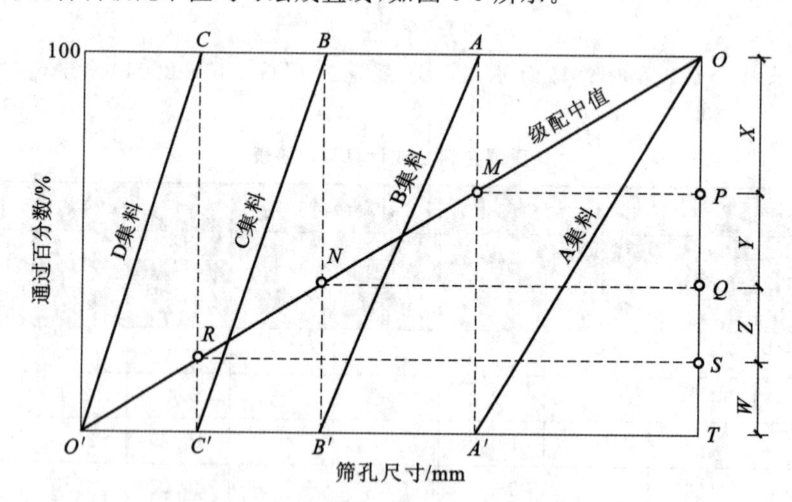

图 6-5 确定各集料配合比的原理图

很明显,若将 A、B、C、D 各集料的级配直线首尾相连,即作垂线 AA'、BB'、CC',则各垂线与级配中值对角线 OO' 分别相交于 M、N、R,由 M、N、R 作水平线与纵坐标分别交于 P、Q、S,则 OP、PQ、QS、ST 即为 A 集料、B 集料、C 集料、D 集料在混合相中的用量,比例表示为 $X:Y:Z:W$。

(2)图解法计算步骤

①绘制级配曲线坐标图。

在设计说明书上按规定尺寸绘一方形图框。通常纵坐标为通过百分数,取 10cm;横坐标为筛孔尺寸(或粒径),取15cm。连对角线OO'作为要求级配曲线中值,如图6-6所示。纵坐标按算术标尺,标出通过量百分数(0～100%)。根据要求将级配中值(表6-17)的各筛孔通过百分数标于纵坐标上,由纵坐标引水平线与对角线相交,再从交点作垂线与横坐标相交,其交点即为各相应筛孔尺寸。

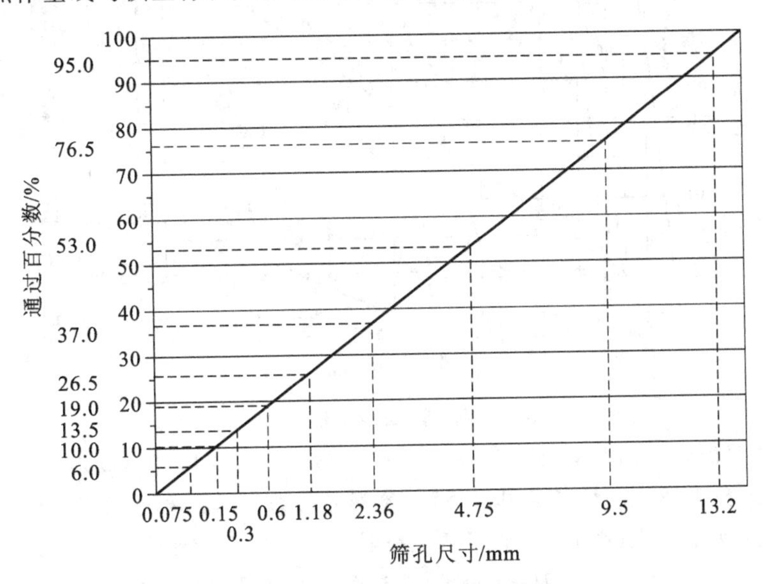

图6-6 图解法横坐标确定示意图

表6-17

矿质混合料级配要求范围和中值表

级配名称	筛孔尺寸(方孔筛)/mm									
	16.0	13.2	9.5	4.75	2.36	1.18	0.6	0.3	0.15	0.075
	通过百分数/%									
级配范围	100	90～100	68～85	38～68	24～50	15～38	10～28	7～20	5～15	4～8
级配中值	100	95.0	76.5	53.0	37.0	26.5	19.0	13.5	10.0	6.0

②确定各种集料用量。

将各种集料的通过量绘于级配曲线坐标图上,如图6-7所示。实际集料的相邻级配曲线可能有下列三种情况,根据各集料之间的关系,按下述方法即可确定各种集料用量。

a. 两相邻级配曲线重叠。

如集料A级配曲线的下部与集料B级配曲线上部搭接,在两级配曲线之间引一根垂直于横坐标的直线AA'(使$a=a'$)与对角线OO'交于点M,通过点M作一水平线与纵坐标交于点P,OP即为集料A的用量。

b. 两相邻级配曲线相接。

如集料B的级配曲线末端与集料C的级配曲线首端正好在同一垂直线上,将前一集料曲线末端与后一集料曲线首端作垂线相连,垂线BB'与对角线OO'相交于点N。通过点N作一水平线与纵坐标交于点Q,PQ即为集料B的用量。

c. 两相邻级配曲线相离。

如集料C的级配曲线末端与集料D的级配曲线首端在水平方向彼此离开一段距离,作一垂直线平分首尾相离的距离(即$b=b'$),垂线CC'与对角线OO'相交于点R,作一水平线与纵坐标交于点S,QS即为集料C的用量。剩余ST即为集料D的用量。

(3)校核

按图解所得的各种集料用量,校核计算所得合成级配是否符合要求。如不符合要求(超出级配范围),应调整各集料的用量,并重新校核,直至符合要求为止。

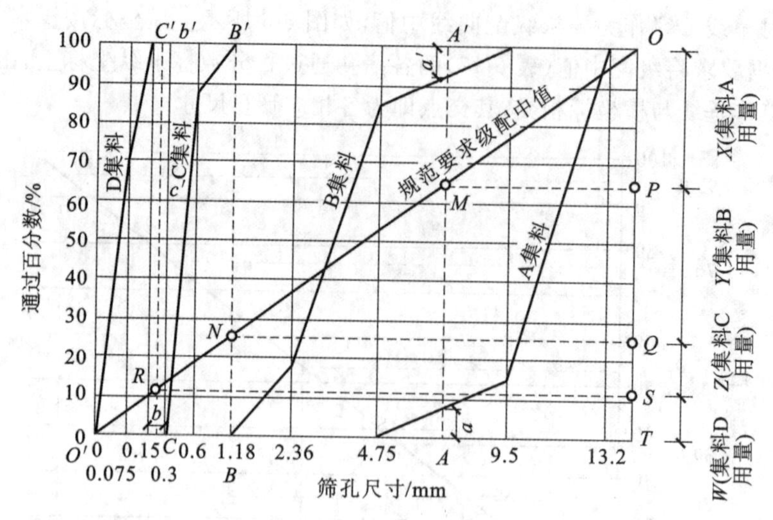

图 6-7 组成集料级配曲线和要求合成级配曲线

【例 6-4】 试用图解法设计细粒式沥青混凝土用矿质混合料配合比。①已知碎石、石屑、砂和矿料四种原材料的通过百分数见表 6-18。②级配范围依据《公路沥青路面施工技术规范》(JTG F40—2004)细粒式沥青混凝土混合料 AC-13 级配要求(表 6-18)的矿质混合料。

表 6-18 已知四种原材料的通过百分数和解题过程

材料名称	筛孔尺寸/mm										
	16.0	13.2	9.5	4.75	2.36	1.18	0.6	0.3	0.15	0.075	＜0.075
已知四种原材料的通过百分数/%											
碎石	100	93	16	0	0	0	0	0	0	0	—
石屑	100	100	100	84	0	0	0	0	0	0	—
砂	100	100	100	100	100	89	11	0	0	0	—
矿粉	100	100	100	100	100	100	100	100	100	54	—
由图解法得到各材料在混合料中的用量比例:碎石∶石屑∶砂∶矿粉=35.2%∶27.8%∶25.0%∶12.0%											
校核。通过百分数/%(求得的四种原材料在混合料中的用量乘它们的已知通过百分数)											
碎石	35.2	32.7	5.6	0.0	0.0	0.0	0.0	0.0	0.0	0.0	—
石屑	27.8	27.8	27.8	23.4	0.0	0.0	0.0	0.0	0.0	0.0	—
砂	25.0	25.0	25.0	25.0	25.0	22.3	2.8	0.0	0.0	0.0	—
矿粉	12.0	12.0	12.0	12.0	12.0	12.0	12.0	12.0	12.0	6.5	—
合计	100	97.5	70.4	60.4	37.0	34.3	14.8	12.0	12.0	6.5	—
校核结论	达到 AC-13 用矿质混合料要求的级配范围要求,多数接近级配中值										
细粒式沥青混凝土混合料 AC-13 用矿质混合料要求的级配范围/%											
级配范围	100	90～100	68～85	38～68	24～50	15～38	10～28	7～20	5～15	4～8	—
级配中值	100	95.0	76.5	53.0	37.0	26.5	19.0	13.5	10.0	6.0	—

【解】 ①绘制级配曲线图(图 6-8),在纵坐标上按算术坐标绘出通过百分数。

②连接对角线 OO',表示规范要求的级配中值。在纵坐标上标出《公路沥青路面施工技术规范》(JTG F40—2004)规定的细粒式混合料(AC-13)各筛孔的要求通过百分数,作水平线与对角线 OO' 相交,再由各交

点作垂线交于横坐标上，确定各筛孔在横坐标上的位置。

③将碎石、石屑、砂和矿粉的级配曲线绘于图6-8上。

④碎石和石屑级配曲线相重叠，在碎石和石屑级配曲线相重叠部分作一垂线AA'，使垂线截取两级配曲线的纵坐标值相等($a=a'$)。自垂线AA'与对角线交点M引一水平线，与纵坐标交于点P，OP的长度$X=35.2\%$，即为碎石的用量。

⑤石屑和砂级配曲线首尾相接，在石屑和砂级配曲线首尾相接处作一垂线BB'，自垂线BB'与对角线交点N引一水平线，与纵坐标交于点Q，PQ的长度$Y=27.8\%$，即为石屑的用量。

⑥砂和矿粉在水平方向相离，作一垂直线平分相离的距离(即$c=c'$)，垂线CC'与对角线OO'相交于点R，作一水平线与纵坐标交于点S，得到砂的用量$Z=25.0\%$，剩余的为矿粉用量$W=12.0\%$。

⑦根据图解法求得的各集料用量百分数，列表进行校核计算，见表6-18。由表6-18计算得到的合成级配通过百分数可知，合成级配完全在规范要求的级配范围内，并且多数接近级配中值。最后确定的矿质混合料配合比(质量比)为碎石：石屑：砂：矿粉=35.2%：27.8%：25.0%：12.0%。

⑧如不在要求的级配范围内，应调整配合比，重新计算和复核。

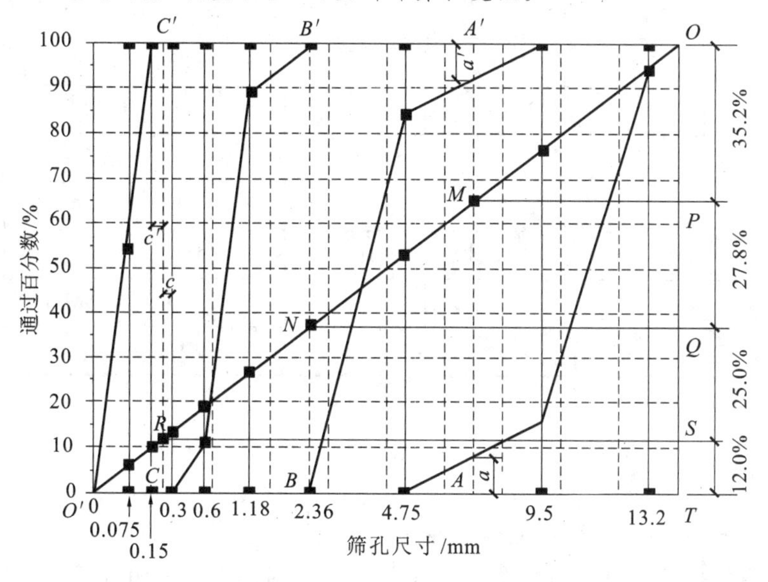

图6-8 图解法计算结果

6.3 沥青混合料

沥青混合料是一种较好的黏性和弹塑性材料，具有一定的高温稳定性和低温抗裂性，作为路面不需设置施工缝和伸缩缝，施工方便、速度快、能及时开放交通，路面平整，行车比较舒适，因此，沥青混合料是高等级公路最主要的路面材料。

6.3.1 沥青混合料的定义与分类

6.3.1.1 定义

沥青混合料是将粗集料(粒径大于2.36mm)、细集料(粒径为0.075～2.36mm)和填料(粒径小于0.075mm)经人工合理选择级配组成的矿质混合料与适量的沥青材料经拌和所组成的混合物。将沥青混合料经摊铺后碾压成型，即成为各种类型的沥青混合料路面。

6.3.1.2 分类

沥青混合料是由矿料与沥青结合料拌和而成的混合料总称。按级配构成分为连续级配和间断级配两种。按矿料级配组成及空隙率分为密级配(空隙率为3%～6%)、半开级配(空隙率为6%～12%)、开级配混合料(空隙率大于18%)。按公称最大粒径可分为特粗式(公称最大粒径大于或等于37.5mm)、粗粒式(公称最大粒径为26.5mm或31.5mm)、中粒式(公称最大粒径为16mm或19mm)、细粒式(公称最大粒径为9.5mm或13.2mm)、砂粒式(公称最大粒径小于9.5mm)沥青混合料。按制造工艺分为热拌沥青混合料、冷拌沥青混合料、再生沥青混合料等。

热拌沥青混合料适用于各种等级公路的沥青路面。其种类按骨料公称最大粒径、矿料级配、空隙率划分,汇总于表6-19。

表6-19 **热拌沥青混合料类型**

混合料类型	密级配			开级配		半开级配	公称最大粒径/mm	最大粒径/mm
	连续级配		间断级配	间断级配				
	沥青混凝土	沥青稳定碎石	沥青玛琋脂碎石	排水式沥青磨耗层	排水式沥青碎石基层	沥青稳定碎石		
特粗式	—	ATB-40	—	—	ATPB-40	—	37.5	53.0
粗粒式	—	ATB-30	—	—	ATPB-30	—	31.5	37.5
	AC-25	ATB-25	—	—	ATPB-25	—	26.5	31.5
中粒式	AC-20	—	SMA-20	—	—	AM-20	19.0	26.5
	AC-16	—	SMA-16	OGFC-16	—	AM-16	16.0	19.0
细粒式	AC-13	—	SMA-13	OGFC-13	—	AM-13	13.2	16.0
	AC-10	—	SMA-10	OGFC-10	—	AM-10	9.5	13.2
砂粒式	AC-5	—	—	—	—	AM-5	4.75	9.5
设计空隙率/%	3~5	3~6	3~4	>18	>18	6~12	—	—

注:空隙率可按配合比设计要求适当调整。

6.3.2 沥青混合料的组成结构

6.3.2.1 沥青混合料组成结构的现代理论

随着对沥青混合料组成结构研究的深入,目前对沥青混合料的组成结构有下列两种理论。

(1)表面理论

按传统的理解,沥青混合料是由粗集料、细集料和填料经人工组配成密实的级配矿质骨架,在其表面分布着沥青结合料,将它们胶结成为一个具有强度的整体。这种理论如图6-9所示。

沥青混合料{矿质骨架{粗集料、细集料、填料}; 沥青}

图6-9 表面理论

(2)胶浆理论

近代某些研究认为沥青混合料是一种多级空间网状结构的分散系。它是以粗集料为分散相,分散在沥青砂浆介质中的一种粗分散系;同样,沥青砂浆是以细集料为分散相,分散在沥青胶浆介质中的一种细分散系;沥青胶浆是以填料为分散相,分散在沥青介质中的一种微分散系。这种理论如图6-10所示。

沥青混合料(粗分散系){分散相——粗集料; 分散介质——沥青砂浆(细分散系){分散相——细集料; 分散介质——沥青胶浆(微分散系){分散相——填料; 分散介质——沥青}}}

图6-10 胶浆理论

以上三级分散系以沥青胶浆最为重要,它的组成结构决定沥青混合料的高温稳定性和低温变形能力。目前胶浆理论比较集中于研究填料(矿粉)的矿物成分、填料的级配(以0.075mm为最大粒径)以及沥青与填料的交互作用等因素对沥青混合料性能的影响等。同时,这一理论的研究比较强调采用高稠度的沥青和大的沥青用量,以及采用间断级配的矿料。

6.3.2.2　沥青混合料的组成结构类型

通常沥青混合料按其组成结构可分为下列三类。

(1)悬浮-密实结构

当采用图 6-3 中曲线 a 所示连续型密级配矿料与沥青组成沥青混合料时，按粒子干涉理论，为避免次级集料对前级集料密排的干涉，前级集料之间必须留出比次级集料粒径稍大的空隙供次级集料排布。按此组成的沥青混合料，经过多级密垛虽然可以获得很大的密实度，但是各级集料均为次级集料所隔开，不能直接靠拢而形成骨架，有如悬浮于次级集料及沥青胶浆之间，其结构组成如图 6-11(a)所示，称为悬浮-密实结构。这种结构的沥青混合料，虽然具有较高的黏聚力 c，但内摩擦角 φ 较小，因此高温稳定性较差。

(2)骨架-空隙结构

当采用图 6-3 中曲线 b 所示连续型开级配矿料与沥青组成沥青混合料时，这种矿料递减系数较大，粗集料所占的比例较高，而细集料很少，甚至没有。按此组成的沥青混合料，粗集料可以互相靠拢形成骨架，但由于细集料数量过少，不足以填满粗集料之间的空隙，因此形成骨架-空隙结构，如图 6-11(b)所示。这种结构的沥青混合料，虽然具有较大的内摩擦角 φ，但黏聚力 c 较低。

(3)密实-骨架结构

当采用图 6-3 中曲线 c 所示间断型密级配矿料与沥青组成沥青混合料时，由于这种矿料没有中间尺寸粒径的集料，即较多数量的粗集料可形成空间骨架，同时有相当数量的细集料可填充骨架的空隙，因此形成密实-骨架结构，如图 6-11(c)所示。这种结构的沥青混合料，不仅具有较高的黏聚力 c，而且具有较大的内摩擦角 φ。

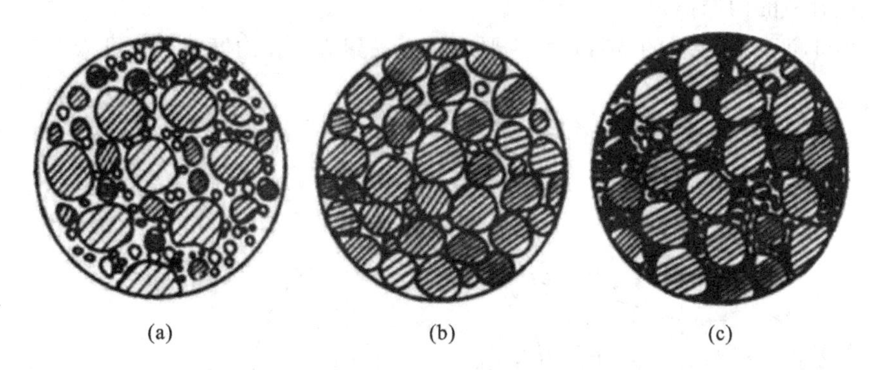

图 6-11　三种典型沥青混合料结构组成示意图

(a)悬浮-密实结构；(b)骨架-空隙结构；(c)密实-骨架结构

表 6-20 所示为几种不同组成结构类型的沥青混合料的结构常数和温度稳定性指标。由表 6-20 可见，不同结构类型的沥青混合料在稳定性指标上有显著差异。

表 6-20　**不同结构沥青混合料的结构常数和温度稳定性指标**

混合料名称	组成结构类型	结构常数①				温度稳定性指标(155℃)②
		密度 ρ/(g/cm³)	空隙率 VV/%	矿料间隙率 VMA/%	黏聚力 c/kPa	内摩擦角 φ/rad
连续型密级配沥青混合料	悬浮-密实结构	2.40	1.3	17.9	318	0.600
连续型开级配沥青混合料	骨架-空隙结构	2.37	6.1	16.2	240	0.653
间断型密级配沥青混合料	密实-骨架结构	2.43	2.7	14.8	338	0.658

注：①沥青混合料的结构常数参见本章沥青混合料的组成设计。

②沥青混合料的温度稳定性指标参见本章沥青混合料的强度形成原理。

6.3.3 沥青混合料的强度形成原理

沥青混合料在路面结构中被破坏，主要是在高温时由于抗剪强度不足或塑性变形过剩而产生推挤，以及在低温时由于抗拉强度不足或变形能力较差而产生裂缝。目前沥青混合料的强度和稳定性理论，主要是要求沥青混合料在高温时必须具有一定的抗剪强度，在低温时具有一定抵抗变形的能力。

工程设计时为了防止沥青混合料路面产生高温剪切破坏，在验算沥青混合料路面抗剪强度时，要求沥青混合料破裂面上可能发生的剪应力 τ_a 应小于或等于沥青混合料的许用剪应力 τ_R。即：

$$\tau_a \leqslant \tau_R \tag{6-10}$$

而沥青混合料的许用剪应力 τ_R 取决于沥青混合料的抗剪强度 τ，即：

$$\tau_R = \frac{\tau}{K_2} \tag{6-11}$$

式中 K_2——系数，即沥青混合料实际强度与许用剪应力的比值。

沥青混合料的抗剪强度 τ，可通过三轴试验方法应用莫尔-库仑包络线进行计算。沥青混合料的莫尔-库仑包络线如图 6-12 所示，其抗剪强度按式(6-12a)求得：

$$\tau = c + \sigma\tan\varphi \tag{6-12a}$$

式中 τ——沥青混合料的抗剪强度，MPa；

σ——正应力，MPa；

c——沥青混合料的黏聚力，MPa；

φ——沥青混合料的内摩擦角。

由式(6-12a)可知，沥青混合料的抗剪强度主要取决于黏聚力 c 和内摩擦角 φ 两个参数，即：

$$\tau = f(c,\varphi) \tag{6-12b}$$

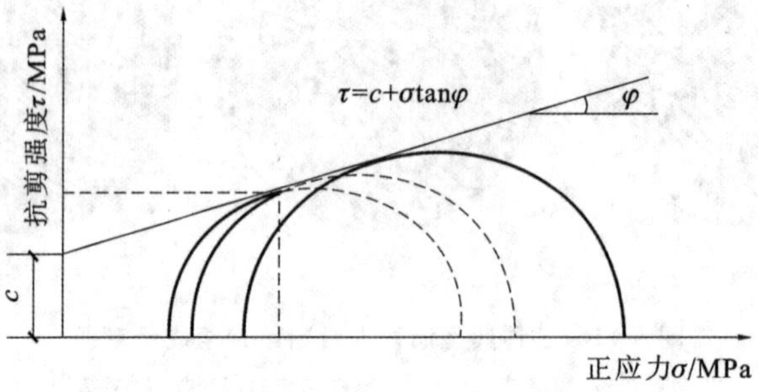

图 6-12 沥青混合料莫尔-库仑包络图

在三轴试验时，采用不同的垂直压应力 σ_v 和侧向压应力 σ_l，即可求得 σ_v-σ_l 关系的斜率 S 和截距 I。根据 S 和 I 即可计算得沥青混合料的黏聚力 c 和内摩擦角 φ。

6.3.4 影响沥青混合料抗剪强度的因素

6.3.4.1 内因

(1)沥青黏度的影响

沥青混合料是一个具有多级空间网络结构的分散系。从最细一级网络结构来看，它是各种矿质集料分散在沥青中的分散系，因此它的抗剪强度与分散相浓度和分散介质黏度有着密切的关系。在其他因素固定的条件下，沥青混合料的黏聚力 c 是随着沥青黏度的提高而增加的。受沥青黏度影响，沥青内部沥青胶团相互移位时，其分散介质具有抵抗剪切的作用，所以沥青混合料受到剪切作用，特别是受到短暂的瞬时荷载时，具有高黏度的沥青能赋予沥青混合料较大的黏滞阻力，因而具有较高的抗剪强度。沥青黏度对沥青混合料的黏聚力和内摩擦角的影响如图 6-13 所示。

(2)沥青与矿料化学性质的影响

在沥青混合料中，沥青与矿料之间存在交互作用。对沥青与矿料交互作用的物理-化学过程，许多学者

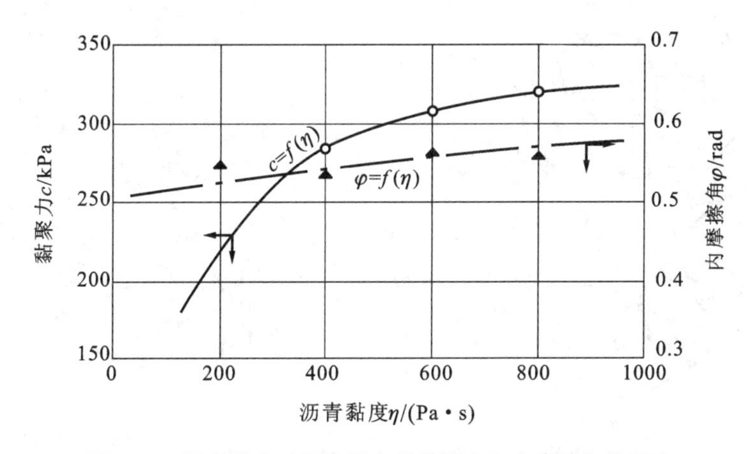

图 6-13 沥青黏度对沥青混合料黏聚力和内摩擦角的影响

曾开展大量研究工作。П. A. 列宾捷尔等研究认为，沥青与矿粉产生交互作用后，沥青在矿粉表面产生化学组分的重新排列，在矿粉表面形成一层厚度为 δ_0 的扩散溶剂化膜，如图 6-14(a)所示，在此膜厚度以内的沥青称为结构沥青，在此膜厚度以外的沥青称为自由沥青。

如果矿粉颗粒之间接触处是由结构沥青所联结，如图 6-14(b)所示，这样促成沥青具有更高的黏度和更大的扩散溶剂化膜接触面积，因而可以获得更大的黏聚力。反之，如果颗粒之间接触处是由自由沥青所联结，如图 6-14(c)所示，则沥青具有较小的黏聚力。

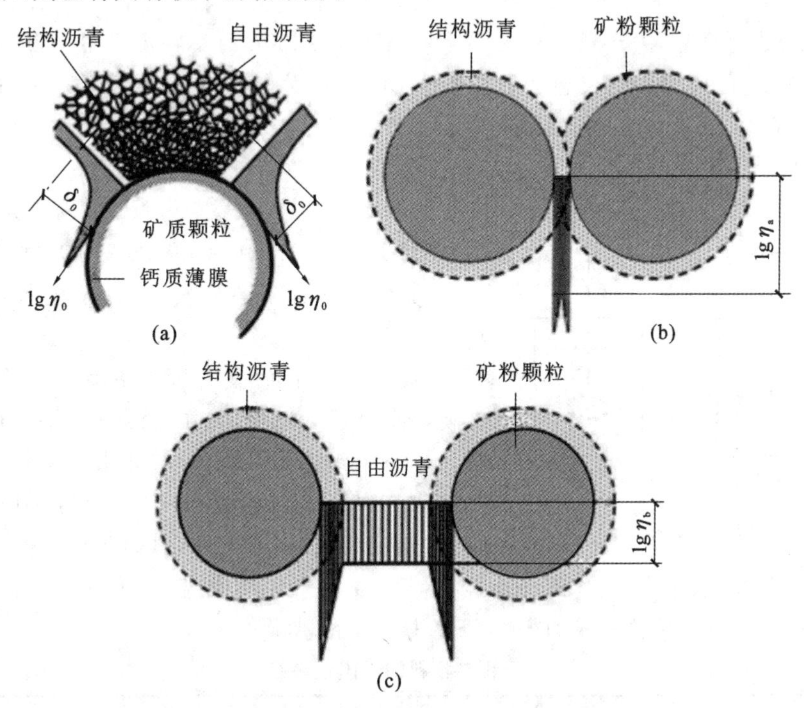

图 6-14 沥青与矿粉交互作用的结构图式

(a)沥青与矿粉交互作用形成结构；(b)矿粉颗粒之间由结构沥青联结，其黏聚力为 $\lg\eta_a$；(c)矿粉颗粒之间由自由沥青联结，其黏聚力为 $\lg\eta_b$ ($\lg\eta_b < \lg\eta_a$)

沥青与矿粉之间的交互作用不仅与沥青的化学性质有关，还与矿粉表面的物理化学性质有关。H. M. 鲍尔雪曾采用紫外分析法对石灰石粉和石英石粉这两种最典型的矿粉进行研究，发现在石灰石粉和石英石粉表面形成的吸附溶剂化膜的结构和厚度明显不同，如图 6-15 所示。研究认为，由于沥青中含有沥青酸和沥青酸酐等酸性物质，因而，沥青与表面呈碱性的石灰石粉之间存在较强的化学交互作用，在石灰石填料颗粒表面形成了发育较好的吸附溶化膜；而酸性石英石填料颗粒与沥青之间仅存在物理交互作用，因而在石英石填料颗粒表面形成发育较差的吸附溶化膜。在沥青混合料中，当采用石灰石矿粉时，颗粒之间更有可能通过结构沥青来联结，因而得到的沥青混合料具有较高的黏聚力。

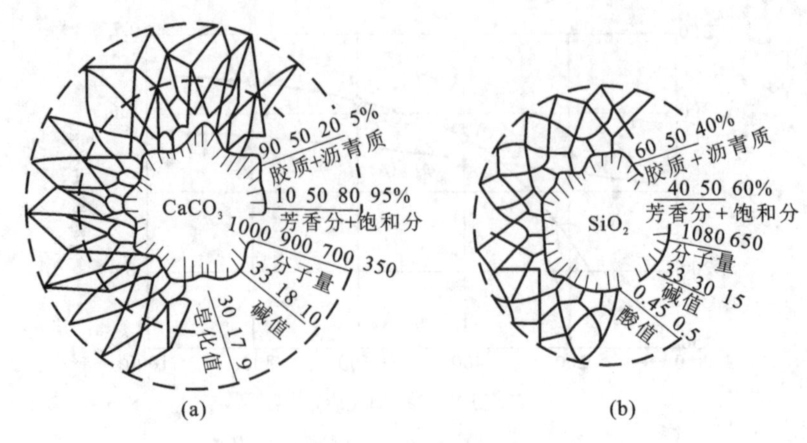

图 6-15 不同矿粉的吸附溶化膜结构示意图

(a)石灰石粉;(b)石英石粉

知识拓展

沥青与石料黏附性测试方法

目前通常采用水煮法和水浸法两种方法检测沥青与石料之间的黏附性。对于最大粒径大于13.2mm的集料应采用水煮法进行试验,对于最大粒径小于或等于13.2mm的集料应采用水浸法进行试验。当同一种料源最大粒径既有大于13.2mm,又有小于或等于13.2mm的集料时,以大于13.2mm水煮法试验结果为准,对细粒式沥青混合料应以水浸法试验结果为准。

①水煮法。

将集料逐个用细线在中部系牢,再置于(105±5)℃烘箱内1h。按《公路工程沥青及沥青混合料试验规程》(JTG E20—2011)中的T 0602方法准备沥青试样。然后逐个用线提起加热的矿料颗粒,浸入预先加热的沥青(石油沥青130～150℃)中45s后,轻轻拿出,使集料颗粒完全为沥青膜所裹覆。将裹覆沥青的集料颗粒悬挂于试验架上,下面垫一张纸,使多余的沥青流掉,并在室温下冷却15min。待集料颗粒冷却后,逐个用线提起,浸入盛有煮沸水的大烧杯中央,调整加热炉,使烧杯中的水保持微沸状态,如图6-16(b)、(c)所示,但不允许有沸开的泡沫,如图6-16(a)所示。

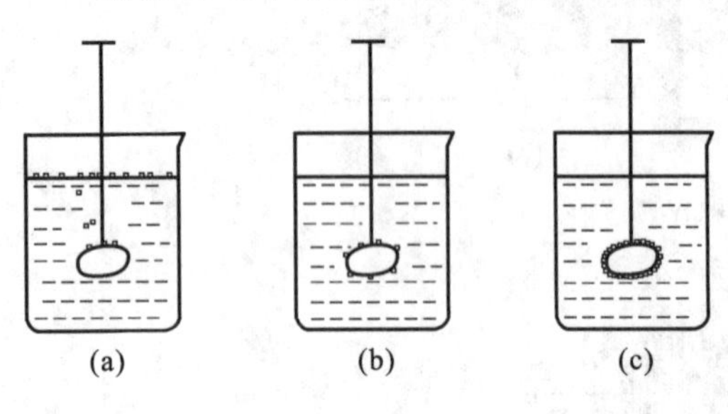

图 6-16 水煮法试验

浸煮3min后,将集料从水中取出,适当冷却,然后放入一个盛有常温水的纸杯等容器中,在水中观察矿料颗粒上沥青膜的剥落程度,并按表6-21评定沥青与集料的黏附性等级。

表 6-21 **沥青与集料的黏附性等级**

试验后集料表面上沥青膜剥落情况	黏附性等级
沥青膜完全保存,剥离面积百分数接近于0	5
沥青膜少部分为水所移动,厚度不均匀,剥离面积百分数小于10%	4
沥青膜局部明显地为水所移动,基本保留在集料表面上,剥离面积百分数小于30%	3
沥青膜大部分为水所移动,局部保留在集料表面上,剥离面积百分数大于30%	2
沥青膜完全为水所移动,集料基本裸露,沥青全浮于水面上	1

同一试样应平行试验5个集料颗粒,并由两名以上经验丰富的试验人员分别评定后,取平均等级作为试验结果。

②水浸法。

用四分法称取集料颗粒(粒径为9.5～13.2mm)100g置于搪瓷盘中,连同搪瓷盘一起放入已升温至沥青拌和温度以上5℃的烘箱中持续加热1h。按每100g集料加入沥青(5.5±0.2)g的比例称取沥青,精确至0.1g,放入小型拌和容器中,一起置入同一烘箱中加热15min。将搪瓷盘中的集料倒入拌和容器的沥青中后,从烘箱中取出拌和容器,立即用金属铲均匀拌和1~1.5min,使集料完全被沥青薄膜裹覆;然后立即取裹有沥青的集料20个,用小铲移至玻璃板上摊开,并置于室温下冷却1h。将放有集料的玻璃板浸入温度为(80±1)℃的恒温水槽中,保持30min,并将剥离及浮于水面的沥青用纸片捞出。由水中小心取出玻璃板,浸入水槽内的冷水中,仔细观察裹覆集料的沥青薄膜的剥落情况。由两名以上经验丰富的试验人员分别目测,评定剥离面积的百分数,评定后取平均值,并按表6-21评定沥青与集料的黏附性等级。

(3)矿料比表面积的影响

由前述沥青与矿粉交互作用的原理可知,结构沥青的形成主要是矿料与沥青的交互作用,引起沥青化学组分在矿料表面重分布,所以在相同的沥青用量条件下,与沥青产生交互作用的矿料表面积愈大,形成的沥青膜愈薄,在沥青中结构沥青所占的比率愈大,沥青混合料的黏聚力也愈高。在沥青混合料中矿粉用量虽只占7%左右,但其表面积却占矿料总表面积的80%以上,所以矿粉的性质和用量对沥青混合料的抗剪强度影响很大。为增加沥青与矿料物理-化学作用的表面积,在沥青混合料配料时,必须有适量的矿粉;提高矿粉细度可增加矿粉比表面积,所以对矿粉细度也有一定的要求,要求粒径小于0.075mm的矿粉含量不宜过少;但粒径小于0.005mm的矿粉含量亦不宜过多,否则沥青混合料易结成团块,不易施工。

(4)沥青用量的影响

在沥青和矿料选定的条件下,沥青与矿料的比例(即沥青用量)是影响沥青混合料抗剪强度的重要因素,不同沥青用量时的沥青混合料结构如图6-17所示。

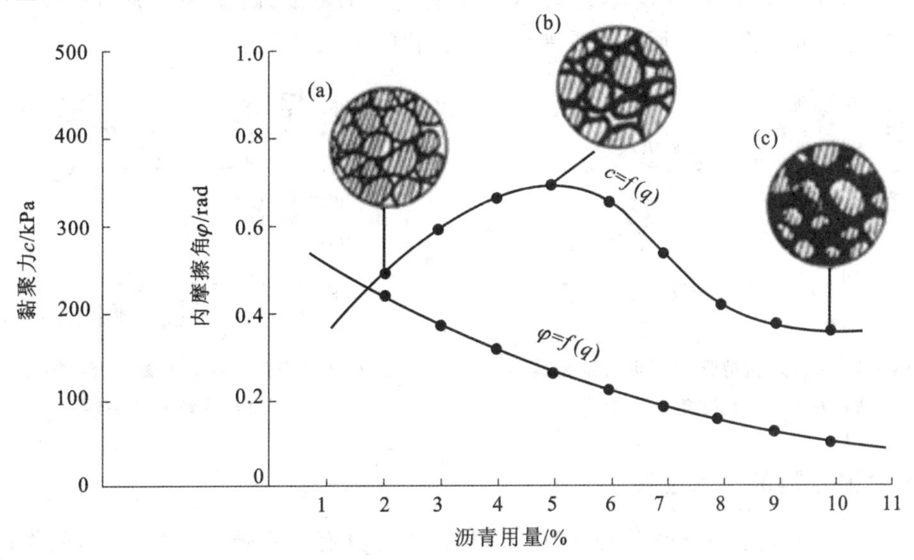

图6-17 不同沥青用量时的沥青混合料结构和c、φ值变化示意图

(a)沥青用量不足;(b)沥青用量适中;(c)沥青用量过度

当沥青用量很少时,沥青不足以形成结构沥青薄膜来黏结矿料颗粒。随着沥青用量的增加,包裹在矿料表面的结构沥青逐渐增多,沥青与矿料间的黏附力增大。当沥青用量足以形成薄膜并充分黏附矿料颗粒表面时,沥青胶浆具有最优的黏聚力。随后如果沥青用量继续增加,则由于沥青用量过多而逐渐将矿料颗粒推开,在颗粒间形成未与矿料产生交互作用的自由沥青,所以沥青胶浆的黏聚力随着自由沥青的增加而降低。当沥青用量超过某一用量后,沥青混合料的黏聚力主要取决于自由沥青,所以抗剪强度几乎不变。随着沥青用量的增加,沥青不仅起着黏结剂的作用,还起着润滑剂的作用,降低了粗集料的相互密排作用,因而降低了沥青混合料的内摩擦角。

总之,沥青用量不仅影响沥青混合料的黏聚力,还影响沥青混合料的内摩擦角。通常当沥青薄膜达到最佳厚度(亦即主要以结构沥青黏结)时,具有最大黏聚力;随着沥青用量的增加,沥青混合料的内摩擦角逐渐减小。

(5)矿质集料的级配类型、粒度、表面性质的影响

沥青混合料的抗剪强度与矿质集料在沥青混合料中的分布情况有密切关系。沥青混合料所用矿质材料有密级配、开级配和间断级配等不同级配类型,所形成的沥青混合料结构类型和结构常数均有所不同,因此,矿料级配是影响沥青混合料抗剪强度的重要因素之一。

此外,沥青混合料中,矿质集料的粒度、形状和表面粗糙度对沥青混合料的抗剪强度也具有极为明显的影响。矿质集料的颗粒形状及粗糙度,在很大程度上将决定混合料压实后颗粒间的相互位置特性和有效接触面积的大小。通常具有显著的面和棱角,各方向尺寸相差不大,近似正方体,以及具有明显粗糙表面的矿质集料,在碾压后能相互嵌挤锁结而具有很大的内摩擦角。在其他条件相同的情况下,这种矿料所组成的沥青混合料较之形状圆且表面平滑的颗粒组成的沥青混合料具有更高的抗剪强度。

许多试验证明,要想获得具有较大内摩擦角的矿质混合料,必须采用粗大、均匀的颗粒。在其他条件相同的情况下,矿质集料颗粒愈粗,所配制的沥青混合料内摩擦角愈大。

6.3.4.2 外因

(1)温度的影响

沥青混合料是一种热塑性材料,它的抗剪强度 τ 随着温度 T 的升高而降低。在材料参数中,黏聚力 c 值随温度升高而显著降低,但是内摩擦角 φ 受温度变化的影响较小(图 6-18)。

(2)变形速率的影响

沥青混合料是一种黏弹性材料,它的抗剪强度 τ 与变形速率有密切关系。在其他条件相同的情况下,变形速率对沥青混合料的内摩擦角 φ 影响较小,而对沥青混合料的黏聚力 c 影响则较为显著。试验资料表明,c 值随变形速率的增大而显著提高,而 φ 值受变形速率变化的影响很小(图 6-19)。

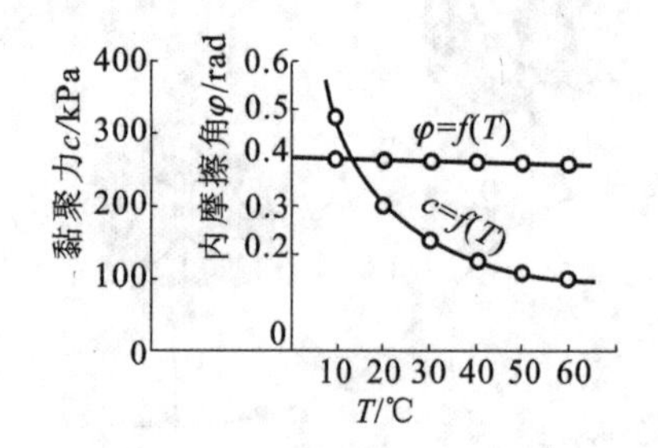

图 6-18 温度对抗剪强度 τ、沥青混合料黏聚力 c 与内摩擦角 φ 的影响

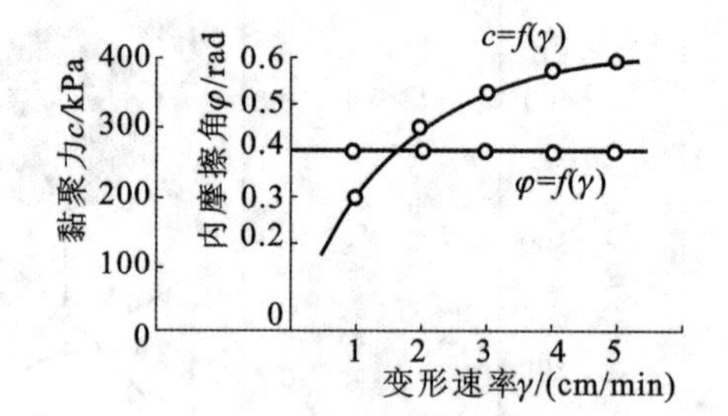

图 6-19 变形速率对沥青混合料黏聚力 c 与内摩擦角 φ 的影响

6.3.5 沥青混合料的技术性质

沥青混合料在路面上,直接承受车辆荷载的作用,首先应具有一定强度;除了交通的作用外,还受到各种自然因素的影响,因此还必须具有抵抗自然因素作用的耐久性;为保证行车安全、舒适,需要具有特殊表面特性(即抗滑性);为便于施工还应具有施工和易性。

6.3.5.1 高温稳定性

沥青混合料的高温稳定性是指高温条件下,沥青混合料在荷载作用下抵抗永久变形的能力。在低温条件下,沥青混合料的强度可以超过水泥混凝土,但在高温下其强度却不足水泥混凝土的 1/10。工程中沥青路面存在的主要问题包括疲劳破坏、温度开裂、平整度不足、车辙等,沥青混合料的高温性能是其他许多性能的综合反映,评价指标相对完善。

(1)沥青混合料高温稳定性不良的主要表现

①泛油。

泛油是由于交通荷载作用使沥青混合料内的集料不断挤紧,空隙率减小,最终将沥青挤压到道路表面的现象,主要出现在高温季节。工程中控制沥青的软化点与 60℃动力黏度可以减少泛油现象的发生。

②推移、拥包、搓板。

这三类破坏主要是由沥青路面在水平荷载作用下抗剪强度不足所引起的，大量发生在沥青表面处治、沥青贯入式、路拌沥青混合料等次高级沥青路面的交叉口和边坡路段。

③车辙。

对于沥青路面而言，沥青混合料的高温稳定性不良主要表现为车辙。交通量大(包括重型车辆和高压轮胎)和渠化交通是车辙的诱因。车辙的存在会使路表变形、平整度下降，从而降低行车舒适性。此外，车槽中的积水会引起水飘，使方向盘难以控制等，危害行车安全。

(2)沥青混合料高温稳定性的评价方法

《公路沥青路面施工技术规范》(JTG F40—2004)规定，采用马歇尔稳定度试验来评价沥青混合料高温稳定性；对高速公路、一级公路、城市快速路、主干路所用沥青混合料，还应通过动稳定度试验检验其抗车辙能力。

①马歇尔稳定度。

马歇尔稳定度试验方法由B. 马歇尔(Marshall)提出，迄今已半个多世纪，经过许多研究者的改进，目前普遍用于测定马歇尔稳定度(Marshall Stability, MS)、流值(Flow Value, FL)和马歇尔模数(T)三项指标。马歇尔稳定度是标准尺寸试件在规定温度和加荷速度下，在马歇尔稳定度仪中最大的破坏荷载(kN)；流值是达到最大破坏荷载时试件的垂直变形(以0.1mm计)；马歇尔模数为稳定度除以流值的商，即：

$$T=\frac{\mathrm{MS}\times 10}{\mathrm{FL}} \tag{6-13}$$

式中 T——马歇尔模数，kN/mm；

MS——马歇尔稳定度，kN；

FL——流值，以0.1mm计。

②车辙试验。

车辙试验的方法：用标准成型方法，制作300mm×300mm×50mm的沥青混合料试件，在60℃的条件下，以一定荷载的轮子在同一轨迹上作一定时间的反复行走，形成一定的车辙深度，然后计算试件变形1mm时车轮行走的次数，即为动稳定度(Dynamic Stability,DS)：

$$\mathrm{DS}=\frac{(t_2-t_1)\times 42}{d_2-d_1}\cdot c_1\cdot c_2 \tag{6-14}$$

式中 DS——沥青混合料动稳定度，次/mm；

d_1，d_2——时间 t_1 和 t_2 的变形量，mm；

42——每分钟行走次数，次/min；

c_1，c_2——试验机或试样修正系数。

《公路沥青路面施工技术规范》(JTG F40—2004)规定：用于上面层、中面层沥青混凝土混合料在60℃时的动稳定度，对高速公路和城市快车路应不小于800次/mm，对一级公路、城市主干道应不小于600次/mm。

【案例分析6-1】 南方某高速公路在通车一年后，仅经过一个炎热的夏季，部分路段的沥青路面即开始出现较严重车辙，并在轮迹带上出现明显较大面积的泛油，表面构造深度迅速下降，局部行车标志线出现明显推移。路面取芯试样的分析表明，部分路段沥青用量超出设计用量的0.3%以上，且矿料级配偏细，4.75mm以下颗粒含量过多。工程选用混合料类型为AC-13F型，沥青采用A-70沥青，沥青回收试验结果显示，沥青质量没有问题。试分析该公路出现高温损坏的原因并提出防治措施。

【原因分析】 从病害现象上看，这是由沥青路面的高温稳定性不足引起的。路面出现高温稳定性不足的原因是多方面的，材料原因、设计原因、施工原因均有可能。从本案例上看，原设计AC-13F型混合料矿料级配偏细，粗集料较少，骨架结构难以形成，严重影响混合料的抗剪强度。同一配合比，但是仅部分路段出现上述损坏，说明在施工中，质量控制不到位。部分路段沥青用量出现较大偏差，而沥青用量偏大将明显降低路面抵抗永久变形的能力，矿料4.75mm通过百分数比原设计的通过百分数大，进一步为路面高温稳定性带来隐患。

【防治措施】 该地区夏季炎热，高温稳定性破坏是路面的主要损坏形式之一，因此，在混合料设计上可选用 AC-13C 或 AC-16F,即使选用 AC-13F,在设计上可采用相对较粗的级配,这样一方面可提高高温稳定性,另一方面又可以增大表面构造深度,提高抗滑性能。在施工中加强质量控制,保证路面质量的均匀稳定,最大限度地实现设计配合比。最后,该地区炎热、交通量大、重载车多,可考虑使用改性沥青。

6.3.5.2 低温抗裂性

沥青混合料不仅应具备高温稳定性,还应具有低温抗裂性,以保证路面在冬季低温时不产生裂缝。

沥青混合料低温抗裂性的指标,目前尚处于研究阶段,尚未列入技术标准。许多研究者曾提出过不同的指标,但是多数人所采纳的方法是测定混合料在低温时的纯拉劲度和温度收缩系数,用这两个参数作为沥青混合料在低温时的特征参数。用温度应力与抗拉强度对比的方法,预估沥青混合料的断裂温度。

有研究认为,沥青路面在低温时的开裂与沥青混合料的抗疲劳性能有关。建议采用沥青混合料在一定变形条件下达到试件破坏时所需的荷载作用次数来表征沥青混合料的疲劳寿命。破坏时的作用次数称为柔度。研究认为,柔度与沥青混合料纯拉试验的延伸度有明显关系。

【案例分析 6-2】 东北地区某二级公路为沥青混凝土路面,使用3年后沥青路面出现一些裂缝,裂缝大多是横向的,且几乎为等间距的,在冬天裂缝尤其明显。这条路平时很少有重型车辆、自载过大的车辆经过,而且路面没有明显塌陷。况且因强度不足而引起的裂缝应大多是网裂和龟裂,而此裂缝大多横向,有少许龟裂。由此可知不是路面强度不足,负载过大所致。试分析裂缝产生的原因。

【原因分析】 研究表明,因沥青老化,同时由于低温脆裂引起的路面裂缝大多为横向,且裂缝几乎为等间距,这与该路面破损情况吻合。该路已修筑多年,沥青老化后变硬、变脆,延伸性下降,低温稳定性变差,容易产生裂缝、松散。冬天气温下降,沥青混合料受基层的约束而不能收缩,产生了应力,应力超过沥青混合料的极限抗拉强度,路面便产生开裂。冬天裂缝尤为明显。

6.3.5.3 耐久性

沥青混合料在路面中,长期受自然因素的作用。为保证路面具有较长的使用年限,沥青混合料必须具有良好的耐久性。

影响沥青混合料耐久性的因素很多,诸如沥青的化学性质、矿料的矿物成分和沥青混合料的组成结构(残留空隙、沥青填隙率)等。

沥青的化学性质和矿料的矿物成分对耐久性的影响如前述。就沥青混合料的组成结构而言,首先是沥青混合料的空隙率。空隙率的大小与矿质集料的级配、沥青材料的用量以及压实程度等有关。从耐久性角度出发,希望沥青混合料空隙率尽量减少,以防止水的渗入和日光中紫外线对沥青的老化作用等,但是一般沥青混合料中均应残留3%～6%空隙,以备夏季沥青材料膨胀。

沥青混合料水稳定性与空隙率有关。空隙率大,且沥青与矿料黏附性差的混合料,在饱水后矿料与沥青黏附力降低,易发生剥落,同时颗粒相互推移产生膨胀以及强度显著降低等,引起路面早期破坏。

此外,沥青路面的使用寿命还与混合料中的沥青含量有很大的关系。当沥青用量较正常的用量减少时,沥青膜变薄,混合料的延伸能力降低,脆性增加;如沥青用量过少,混合料的空隙率增大,沥青膜暴露较多,加速老化作用,同时增加了渗水率,增大了水对沥青的剥落作用。研究认为,沥青用量较最佳沥青用量少0.5%的混合料能使路面使用寿命减少一半以上。

我国现行规范采用空隙率、沥青饱和度(即沥青填隙率)和残留稳定度等指标来表征沥青混合料的耐久性。

6.3.5.4 抗滑性

现代高速公路的发展,对沥青混合料路面的抗滑性提出更高的要求。沥青混合料路面的抗滑性与矿质集料的表面性质、混合料的级配组成以及沥青用量等因素有关。为保证长期高速行车的安全,配料时要特别注意粗集料的耐磨性,应选择硬质有棱角的集料。硬质集料往往属于酸性集料,与沥青的黏附性差,为此,在沥青混合料施工时,必须在当地产的软质集料中掺加外运来的硬质集料组成复合集料,并采取掺加抗剥离剂等措施。

沥青用量对抗滑性非常敏感,沥青用量超过最佳用量的0.5%即可使抗滑系数明显降低。

含蜡量对沥青混合料抗滑性有明显的影响,我国现行交通行业标准规定,重交通量道路用石油沥青的含蜡量应不大于3%。沥青来源确有困难时,路面下面层含蜡量可加大至4%～5%。

6.3.5.5 施工和易性

为了保证在现场条件下顺利施工，沥青混合料除了应具备前述的技术要求外，还应具备适宜的施工和易性。影响沥青混合料施工和易性的因素很多，诸如当地气温、施工条件及混合料性质等。

单纯从混合料性质而言，首先影响沥青混合料施工和易性的是混合料的级配情况。粗细集料的颗粒大小相差过大，缺乏中间尺寸，混合料容易分层层积（粗粒集中在表面，细粒集中在底部）；细集料过少，沥青层就不容易均匀地分布在粗颗粒表面；细集料过多，拌和困难。此外，当沥青用量过少，或矿粉用量过多时，混合料容易疏松，不易压实。反之，若沥青用量过多，或矿粉质量不好，则容易使混合料黏结成团块，不易摊铺。

生产上对沥青混合料的工艺性能，大都凭目测鉴定。有的研究者曾以流变学理论为基础，提出过一些沥青混合料施工和易性的测定方法，但这些方法仍处于试验研究阶段，并没有在生产上普遍采纳。

6.3.6 热拌沥青混合料的技术标准

《公路沥青路面施工技术规范》(JTG F40—2004)对热拌沥青混合料马歇尔试验技术标准的规定如表 6-22 所示。

表 6-22 密级配沥青混凝土混合料马歇尔试验技术标准

（本表适用于公称最大粒径小于或等于 26.5mm 的密级配沥青混凝土混合料）

试验指标		单位	高速公路、一级公路				其他等级公路	行人道路
			夏炎热区（1-1、1-2、1-3、1-4 区）		夏热区及夏凉区（2-1、2-2、2-3、2-4、3-2 区）			
			中轻交通	重载交通	中轻交通	重载交通		
击实次数（双面）		次	75				50	50
试件尺寸		mm	φ101.6×63.5					
空隙率 VV	深约 90mm 以上	%	3～5	4～6	2～4	3～5	3～6	2～4
	深约 90mm 以下	%	3～6		2～4	3～6	3～6	—
稳定度 MS		kN	≥8				≥5	≥3
流值 FL		0.1mm	20～40	15～40	20～45	20～40	20～45	20～50

矿料间隙率 VMA/%	设计空隙率 VV/%	相应于以下公称最大粒径的最小 VMA 及 VFA 技术要求					
		26.5mm	19mm	16mm	13.2mm	9.5mm	4.75mm
	≥2	≥10	≥11	≥11.5	≥12	≥13	≥15
	≥3	≥11	≥12	≥12.5	≥13	≥14	≥16
	≥4	≥12	≥13	≥13.5	≥14	≥15	≥17
	≥5	≥13	≥14	≥14.5	≥15	≥16	≥18
	≥6	≥14	≥15	≥15.5	≥16	≥17	≥19
沥青饱和度 VFA/%		55～70	65～75			70～85	

注：1. 对空隙率大于 5%的夏炎热区重载交通路段，施工时应至少提高 1%压实度。

2. 当设计的空隙率不是整数时，由内插确定要求的 VMA 最小值。

3. 对改性沥青混合料，马歇尔试验的流值可适当放宽。

对用于高速公路、一级公路和城市快速路、主干路沥青路面上面层和中面层的沥青混合料进行配合比设计时，应进行车辙试验检验。

沥青混合料的动稳定度应符合表 6-23 的要求。对于交通量特别大，超载车辆特别多的运煤专线、厂矿道路，可以通过提高气候分区等级来提高对动稳定性的要求。以轻型交通为主的旅游区道路，可以根据情况适当降低要求。

表 6-23 沥青混合料车辙试验动稳定度技术要求

气候条件与技术指标	相应于下列气候分区所要求的动稳定度								
七月平均最高气温及气候分区	＞30℃				20～30℃				＜20℃
	夏炎热区				夏热区				夏凉区
	1-1	1-2	1-3	1-4	2-1	2-2	2-3	2-4	3-2
普通沥青混合料/(次/mm)	≥800		≥1000		≥600	≥800			≥600
改性沥青混合料/(次/mm)	≥2400		≥2800		≥2000	≥2400			≥1800

为了提高沥青路面的低温抗裂性,应对沥青混合料进行低温弯曲试验,试验温度为－10℃,加载速度为50mm/min。沥青混合料的破坏应变满足表 6-24 的要求。

表 6-24 沥青混合料低温弯曲试验破坏应变技术要求

气候条件与技术指标	相应于下列气候分区所要求的破坏应变								
年极端最低气温及气候分区	＜－37.0℃		－37.0～－21.5℃			－21.5～－9.0℃		＞－9.0℃	
	冬严寒区		冬寒区			冬冷区		冬温区	
	1-1	2-1	1-2	2-2	3-2	1-3	2-3	1-4	2-4
普通沥青混合料/$\mu\varepsilon$	≥2600		≥2300			≥2000			
改性沥青混合料/$\mu\varepsilon$	≥3000		≥2800			≥2500			

沥青混合料应具有良好的水稳定性,在进行沥青混合料配合比设计及性能评价时,除了对沥青与石料的黏附性等级进行检验外,还应在规定条件下进行沥青混合料的浸水马歇尔试验和冻融劈裂试验。残留稳定度和冻融劈裂残留强度比应满足表 6-25 的要求。

表 6-25 沥青混合料水稳定性检验技术要求

气候条件与技术指标		相应于下列气候分区的技术要求			
年降雨量及气候分区		＞1000mm	500～1000mm	250～500mm	＜250mm
		潮湿区	湿润区	半干区	干旱区
浸水马歇尔试验残留稳定度/%	普通沥青混合料	≥80		≥75	
	改性沥青混合料	≥85		≥80	
冻融劈裂试验的残留强度比/%	普通沥青混合料	≥75		≥70	
	改性沥青混合料	≥80		≥75	

6.3.7 热拌沥青混合料配合比设计

沥青混合料配合比设计包括目标配合比设计、生产配合比设计和生产配合比验证。通过配合比设计决定沥青混合料的材料品种、矿料级配及沥青用量。本节着重介绍目标配合比设计。

目标配合比设计可分为矿料配合比设计和确定沥青混合料最佳沥青用量两部分。

6.3.7.1 *矿料配合比设计*

矿料配合比设计的目的是选配一个具有足够密实度、有较高内摩擦阻力的矿料。可以根据级配理论,计算出需要的矿料级配范围。通常采用规范推荐的矿料级配范围来确定矿料配合比设计。

(1)确定沥青混合料类型

根据道路等级、路面类型、所处的结构层以及具体要求来确定沥青混合料类型。

(2)确定矿料级配范围

沥青混合料必须在对同类公路配合比设计和使用情况调查研究的基础上,充分借鉴成功的经验,选用符合要求的材料，进行配合比设计。

沥青混合料的矿料级配应符合工程规定的设计级配范围。密级配沥青混合料宜根据公路等级、气候及交通条件按表 6-26 选择采用粗型（C 型）或细型（F 型）混合料。对夏季温度高、高温持续时间长，或重载交通多的路段，宜选用粗型密级配沥青混合料（AC-C 型），并取较高的设计空隙率。对冬季温度低且低温持续时间长的地区，或者重载交通较少的路段，宜选用细型密级配沥青混合料（AC-F 型），并取较低的设计空隙率，并在表 6-27 范围内确定工程设计级配范围，通常情况下工程设计级配范围不宜超出表 6-27 的要求。其他类型的混合料宜直接按表 6-27 选择工程设计级配范围。

表 6-26 **粗型和细型密级配沥青混凝土的关键性筛孔通过率**

混合料类型	公称最大粒径/mm	用以分类的关键性筛孔/mm	粗型密级配		细型密级配	
			名称	关键性筛孔通过率/%	名称	关键性筛孔通过率/%
AC-25	26.5	4.75	AC-25C	＜40	AC-25F	＞40
AC-20	19.0	4.75	AC-20C	＜45	AC-20F	＞45
AC-16	16.0	2.36	AC-16C	＜38	AC-16F	＞38
AC-13	13.2	2.36	AC-13C	＜40	AC-13F	＞40
AC-10	9.5	2.36	AC-10C	＜45	AC-10F	＞45

表 6-27 **沥青混合料矿料级配范围**

材料种类	级配类型		通过下列筛孔（mm）的质量百分数/%														
			53	37.5	31.5	26.5	19	16	13.2	9.5	4.75	2.36	1.18	0.6	0.3	0.15	0.075
密级配沥青混凝土	粗粒式	AC-25			100	90～100	75～90	65～83	57～76	45～65	24～52	16～42	12～33	8～24	5～17	4～13	3～7
	中粒式	AC-20				100	90～100	78～92	62～80	50～72	26～56	16～44	12～33	8～24	5～17	4～13	3～7
		AC-16					100	90～100	76～92	60～80	34～62	20～48	13～36	9～26	7～18	5～14	4～8
	细粒式	AC-13						100	90～100	68～85	38～68	24～50	15～38	10～28	7～20	5～15	4～8
		AC-10							100	90～100	45～75	30～58	20～44	13～32	9～23	6～16	4～8
	砂粒式	AC-5								100	90～100	55～75	35～55	20～40	12～28	7～18	5～10
沥青玛琦脂碎石	中粒式	SMA-20				100	90～100	72～92	62～82	40～55	18～30	13～22	12～20	10～16	9～14	8～13	8～12
		SMA-16					100	90～100	65～85	45～65	20～32	15～24	14～22	12～18	10～15	9～14	8～12
	细粒式	SMA-13						100	90～100	50～75	20～34	15～26	14～24	12～20	10～16	9～15	8～12
		SMA-10							100	90～100	28～60	20～32	14～26	12～22	10～18	9～16	8～13
开级配排水式磨耗层	中粒式	OGFC-16					100	90～100	70～90	45～70	12～30	10～22	6～18	4～15	3～12	3～8	2～6
		OGFC-13						100	90～100	60～80	12～30	10～22	6～18	4～15	3～12	3～8	2～6
	细粒式	OGFC-10							100	90～100	50～70	10～22	6～18	4～15	3～12	3～8	2～6
密级配沥青稳定碎石	特粗式	ATB-40	100	90～100	75～92	65～85	49～71	43～63	37～57	30～50	20～40	15～32	10～25	8～18	5～14	3～10	2～6
		ATB-30		100	90～100	70～90	53～72	44～66	39～60	31～51	20～40	15～32	10～25	8～18	5～14	3～10	2～6
	粗粒式	ATB-25			100	90～100	60～80	48～68	42～62	32～52	20～40	15～32	10～25	8～18	5～14	3～10	2～6
半开级配沥青碎石	中粒式	AM-20				100	90～100	60～85	50～75	40～65	15～40	5～22	2～16	1～12	0～10	0～8	0～5
		AM-16					100	90～100	60～85	45～68	18～40	6～25	3～18	1～14	0～10	0～8	0～5
	细粒式	AM-13						100	90～100	50～80	20～45	8～28	4～20	2～16	0～10	0～8	0～6
		AM-10							100	90～100	35～65	10～35	5～22	2～16	0～12	0～9	0～6
开级配沥青稳定碎石	特粗式	ATPB-40	100	70～100	65～90	55～85	43～75	32～70	20～65	12～50	0～3	0～3	0～3	0～3	0～3	0～3	0～3
		ATPB-30		100	80～100	70～95	53～85	36～80	26～75	14～60	0～3	0～3	0～3	0～3	0～3	0～3	0～3
	粗粒式	ATPB-25			100	80～100	60～100	45～90	30～82	16～70	0～3	0～3	0～3	0～3	0～3	0～3	0～3

(3)矿料配合比计算

①组成材料的原始数据测定。

根据现场取样,对粗集料、细集料和矿粉进行筛分试验,按筛分结果分别绘出各组成材料的筛分曲线。同时测出各组成材料的相对密度,以便计算物理常数。

②计算组成材料的配合比。

根据各组成材料的筛分析试验资料,采用图解法或试算(电算)法,计算符合要求级配范围的各组成材料用量比例。

③调整配合比。

通常情况下,合成级配曲线宜尽量接近设计级配中限,尤其应使0.075mm、2.36mm和4.75mm筛孔的通过量尽量接近设计级配范围的中限。对高速公路、一级公路、城市快速路、主干路等交通量大、载重量大的道路,宜偏向级配范围的下(粗)限。对一般道路、中小交通量或人行道路等宜偏向级配范围的上(细)限。合成级配曲线应接近连续级配或合理的间断级配,但不应过多地交错。当经过反复调整,仍有两个以上的筛孔超出级配范围时,必须对原材料进行调整或更换原材料,重新试验。

6.3.7.2 确定沥青混合料的最佳沥青用量

沥青混合料的最佳沥青用量(Optimum Asphalt Content,OAC),可以通过各种理论计算求得。但是由于实际材料性质存在差异,按理论公式计算得到的最佳沥青用量,仍然要通过实验修正,因此理论法只能为实验提供参考数据。采用实验方法确定最佳沥青用量,目前最常用的有F.N.维姆(Heveem)煤油当量法和马歇尔法。

《公路沥青路面施工技术规范》(JTG F40—2004)规定的方法,是在马歇尔法和美国沥青学会方法的基础上,结合我国多年研究成果和生产实践发展起来的更为完善的方法,该法按下列步骤确定最佳沥青用量。

(1)制备试样

①按确定的矿料配合比计算各种矿料的用量。

②根据经验确定沥青用量范围,估计适宜的沥青用量(或油石比)。

③在估计的沥青用量为中值,按0.5%间隔变化,取5个不同的沥青用量,用小型拌合机与矿料拌和,按规定的击实次数制备马歇尔试件,在此基础上测定沥青混合料的物理指标和力学指标。

(2)测定物理指标

为确定沥青混合料的最佳沥青用量,需测定沥青混合料的下列物理指标。

①毛体积密度。

根据不同种类的沥青混合料,沥青混合料压实试件的体积密度可分别采用水中重法、表干法、体积法或封蜡法等方法测定。对于密级配沥青混合料,通常可采用水中重法,按式(6-15)计算。

$$\rho_0 = \frac{m_a}{m_a - m_w} \cdot \rho_w \tag{6-15}$$

式中 ρ_0——试件的体积密度,g/cm³;

m_a——干燥试件的空气中质量,g;

m_w——试件的水中质量,g;

ρ_w——常温下水的密度,约等于1g/cm³。

②理论密度。

沥青混合料试件的理论密度,是指全部由矿料(包括矿料内部孔隙)和沥青所组成的其空隙率为零时的沥青混合料最大密度,可按式(6-16a)或式(6-16b)计算。

a.按油石比(沥青与矿料的质量比)计算时:

$$\rho_t = \frac{100 + p_a}{\frac{p_1}{\gamma_1} + \frac{p_2}{\gamma_2} + \cdots + \frac{p_n}{\gamma_n} + \frac{p_a}{\gamma_a}} \cdot \rho_w \tag{6-16a}$$

b.按沥青含量(沥青质量占沥青混合料总质量的百分数)计算时:

$$\rho_t=\frac{100}{\frac{p'_1}{\gamma_1}+\frac{p'_2}{\gamma_2}+\cdots+\frac{p'_n}{\gamma_n}+\frac{p_b}{\gamma_b}}\cdot\rho_w \tag{6-16b}$$

式中 ρ_t——理论密度,g/cm^3;

$p_1,p_2,\cdots,p_{n-1},p_n$——各种矿料的配合比(矿料配合比总和为 $\sum_i^n p_i=100$),%;

$p'_1,p'_2,\cdots,p'_{n-1},p'_n$——各种矿料的配合比(矿料与沥青配合比之和为 $\sum_i^n p'_i+p_i=100$),%;

$\gamma_1,\gamma_2,\cdots,\gamma_{n-1},\gamma_n$——各种矿料的相对密度;

p_a——油石比(沥青与矿料的质量比),%;

p_b——沥青含量(沥青质量占沥青混合料总质量的百分数),%;

γ_a,γ_b——沥青的相对密度。

③空隙率。

压实沥青混合料试件的空隙率(The Volume of Voids,VV),根据其体积密度和理论密度,按式(6-17)计算:

$$VV=\left(1-\frac{\rho_0}{\rho_t}\right)\times 100\% \tag{6-17}$$

式中 VV——试件空隙率,%;

ρ_0——试件体积密度,g/cm^3;

ρ_t——试件理论密度,g/cm^3。

④沥青体积百分数。

压实沥青混合料试件中,沥青体积占试件总体积的百分数称为沥青体积百分数(The Volume of Asphalt,VA),按式(6-18a)或式(6-18b)计算:

$$VA=\frac{p_b\cdot\rho_0}{\gamma_b\cdot\rho_w} \tag{6-18a}$$

或

$$VA=\frac{p_a\cdot\rho_0}{(100+p_a)\gamma_b\cdot\rho_w}\times 100\% \tag{6-18b}$$

式中 VA——沥青混合料试件的沥青体积百分数,%;

其他参数意义同前。

⑤矿料间隙率。

压实沥青混合料试件内,矿料以外的体积占试件总体积的百分数,称为矿料间隙率(Voids in Mineral Aggregate,VMA),亦即试件空隙率与沥青体积百分数之和,按式(6-19)计算:

$$VMA=VA+VV \tag{6-19}$$

式中 VMA——矿料间隙率,%;

其他参数意义同前。

⑥沥青饱和度。

压实沥青混合料中,沥青体积占矿料以外空隙体积的百分数,称为沥青饱和度,亦称沥青填隙率(Voids Filled with Asphalt,VFA),按式(6-20a)或式(6-20b)计算:

$$VFA=\frac{VA}{VA+VV}\times 100\% \tag{6-20a}$$

或

$$VFA=\frac{VA}{VMA}\times 100\% \tag{6-20b}$$

式中 VFA——沥青混合料中的沥青饱和度,%;

其他参数意义同前。

(3)测定力学指标

为确定沥青混合料的最佳沥青用量,应测定沥青混合料的下列力学指标。

①马歇尔稳定度。

按标准方法制备的试件,在60℃的条件下,保温45min,然后将试件放置于马歇尔稳定度仪上,以(50±5)mm/min的变形速率加荷,直至试件破坏时的最大荷载(以kN计)称为马歇尔稳定度(MS)。

②流值。

在测定稳定度的同时,测定试件的流动变形,达到最大荷载的瞬间,试件所产生的垂直流动变形值(以0.1mm计)称为流值(FL)。在有X-Y记录仪的马歇尔稳定度仪上,可自动绘出荷载(P)与变形(F)的关系曲线,如图6-20所示。

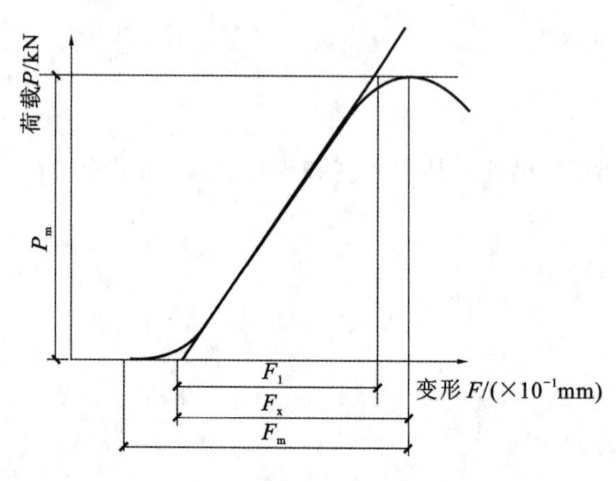

图6-20 马歇尔稳定度试验荷载与变形关系曲线

在图6-20中,曲线的峰值(P_m)即为马歇尔稳定度MS,而流值可以有三种不同的计算方法,如图6-20中所示的:F_1表示直线流值;F_x表示中间流值;F_m表示总流值。通常采用F_x作为测定流值。

③马歇尔模数。

通常用马歇尔稳定度(MS)与流值(FL)的比值表示沥青混合料的视劲度,称为马歇尔模数。

(4)马歇尔试验结果分析

①绘制沥青用量与物理-力学指标关系图。

以沥青用量为横坐标,以体积密度、空隙率、饱和度、稳定度和流值为纵坐标,将试验结果绘制成沥青用量与各项指标的关系曲线,如图6-21所示。

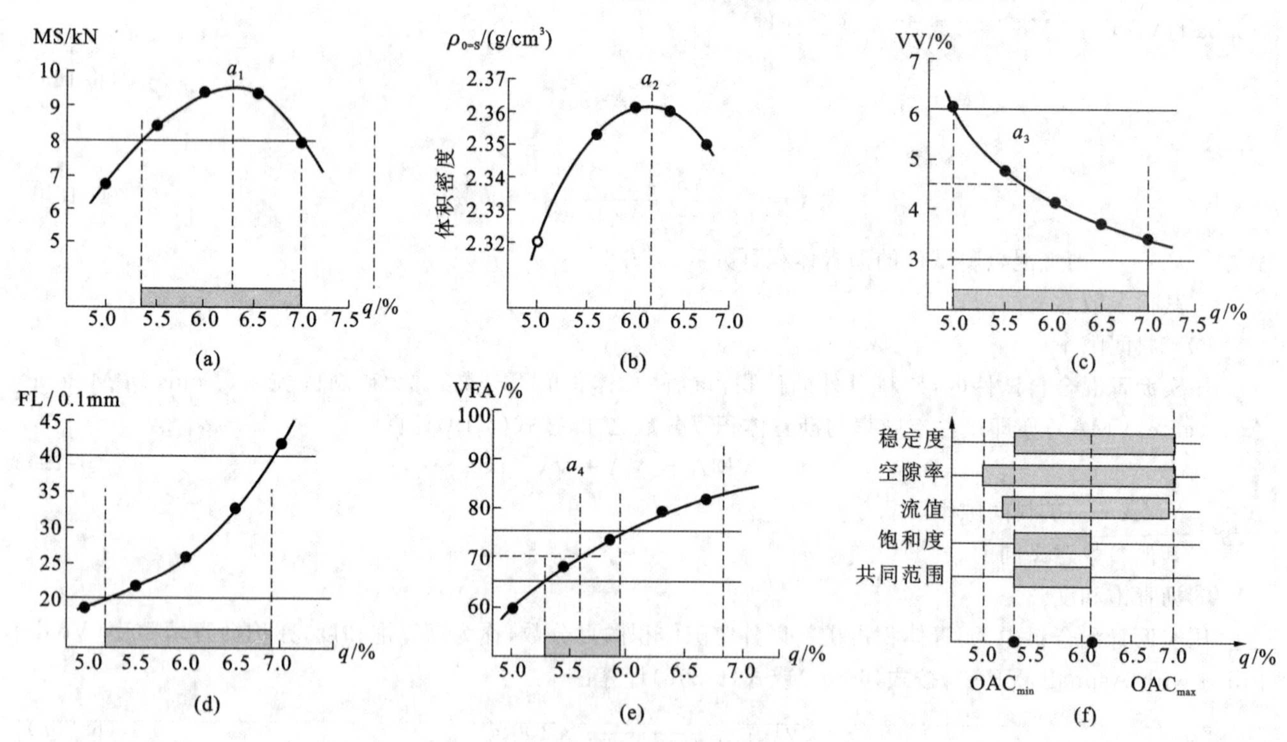

图6-21 沥青用量与马歇尔稳定度试验物理-力学指标关系曲线图

②根据稳定度、体积密度及空隙率,确定最佳沥青用量初始值(OAC_1)。

从图6-21中取相应于马歇尔稳定度最大值的沥青用量a_1,相应于体积密度最大值的沥青用量a_2,相应于规定空隙率范围中值(或要求的目标空隙率)的沥青用量a_3,相应于沥青饱和度范围中值的沥青用量a_4,求取四者的平均值作为最佳沥青用量的初始值OAC_1。即:

$$OAC_1 = \frac{a_1 + a_2 + a_3 + a_4}{4} \tag{6-21}$$

如果所选择的沥青用量范围未能涵盖沥青饱和度的要求范围，按式(6-22)求取三者平均值作为初始值OAC_1，即

$$OAC_1 = \frac{a_1 + a_2 + a_3}{3} \tag{6-22}$$

在所选择的试验沥青用量范围内，体积密度或马歇尔稳定度没有出现峰值时，可直接以目标空隙率所对应的沥青用量a_3作为OAC_1，但OAC_1必须介于$OAC_{min} \sim OAC_{max}$的范围内，否则应重新进行配合比设计。

③根据符合各项技术指标的沥青用量范围确定最佳沥青用量初始值(OAC_2)。

按图6-20求出各指标符合沥青混合料技术标准(表6-22)的沥青用量范围$OAC_{min} \sim OAC_{max}$的中值OAC_2，即

$$OAC_2 = \frac{OAC_{min} + OAC_{max}}{2} \tag{6-23}$$

④根据OAC_1和OAC_2综合确定最佳沥青用量(OAC)。

按最佳沥青用量的初始值OAC_1在图中求出相应的各项指标值，检查其是否符合表6-22规定的马歇尔设计配合比技术标准。同时检验VMA是否符合要求，如符合，由OAC_1及OAC_2综合决定最佳沥青用量OAC。如不符合，应调整级配，重新进行配合比设计，直至各项指标均能符合要求。

⑤根据气候条件和交通特性调整最佳沥青用量。

由OAC_1和OAC_2综合决定最佳沥青用量OAC时，宜根据实践经验和道路等级、气候条件，考虑下列情况进行调整：

a. 一般可将OAC_1及OAC_2的中值作为最佳沥青用量(OAC)。

b. 对热区道路以及车辆渠化交通的高速公路、一级公路、城市快速路、主干路，预计有可能造成较大车辙时，可在OAC_2与下限OAC_{min}范围内决定，但不宜小于OAC_2的0.5%。

c. 对寒区道路以及其他等级公路与城市道路，最佳沥青用量可以在OAC_2与上限值OAC_{max}范围内决定，但不宜大于OAC_2的0.3%。

(5)沥青混合料使用性能检测

①水稳定性检验。

按最佳沥青用量OAC制作马歇尔试件，进行浸水马歇尔试验或冻融劈裂试验，检验其残留稳定度或冻融劈裂残留强度比是否满足表6-25的要求。当最佳沥青用量OAC与两个初始值OAC_1、OAC_2相差甚大时，宜将OAC与OAC_1或OAC_2分别制作试件，进行残留稳定度试验。如不符合要求，应重新进行配合比设计或按规定采取抗剥离措施重新试验，直至符合要求。

②车辙试验。

按最佳沥青用量OAC制作车辙试验试件，采用规定的方法进行车辙试验，检验设计的沥青混合料的高温抗车辙能力是否达到规定的动稳定度指标(表6-23)。

当最佳沥青用量OAC与两个初始值OAC_1和OAC_2相差甚大时，宜将OAC与OAC_1和OAC_2分别制作试件进行车辙试验。根据试验结果对OAC作适当调整，如不符合要求，应重新进行配合比设计，以此决定最终的最佳沥青用量。

③低温抗裂性检验。

沥青混合料应进行低温抗裂性检验，其低温抗裂能力应符合表6-24的要求，否则应重新进行配合比设计。

经反复调整及综合以上试验结果，并参考以往工程实践经验，最终决定矿料配合比和最佳沥青用量。

【例6-5】 试设计某高速公路沥青混凝土路面用沥青混合料的配合组成。

【原始资料】

①该高速公路沥青路面为三层式结构的上面层。

②气候条件:最高月平均气温为31℃,最低月平均气温为-8℃,年降水量为500mm。

③材料性能。

a. 沥青材料。

可供应50号、70号和90号的道路石油沥青,经检验技术性能均符合要求。

b. 矿质材料。

碎石和石屑:石灰石轧制碎石,饱水抗压强度120MPa、洛杉矶磨耗率12%、黏附性(水煮法)5级、视密度2.70g/cm³。砂:洁净海砂,中砂,含泥量及泥块量均小于1%,表观密度2.65g/cm³。矿粉:石灰石磨细石粉,粒度范围符合技术要求,无团粒结块,视密度2.58g/cm³。

【设计要求】

①根据道路等级、路面类型和结构层位确定沥青混凝土的矿质混合料级配范围。根据现有各种矿质材料的筛分结果,用图解法确定各种矿质材料的配合比。

②根据选定的矿质混合料类型相符的沥青用量范围,通过马歇尔试验,确定最佳沥青用量。

③根据高速公路用沥青混合料要求,对矿质混合料的级配进行调整,沥青用量按水稳定性和抗车辙能力校核。

【解】 (1)矿质混合料配合组成设计

①确定沥青混合料类型。

由题已知道路等级为高速公路,路面类型为沥青混凝土,路面结构为三层式沥青混凝土上面层,为使上面层具有较好的抗滑性,选用细粒式密级配(AC-13)沥青混凝土混合料。

②确定矿质混合料级配范围。

细粒式密级配沥青混凝土的矿质混合料级配范围见表6-28。

表6-28 矿质混合料要求级配范围

级配类型	筛孔尺寸(方孔筛)/mm									
	16.0	13.2	9.5	4.75	2.36	1.18	0.6	0.3	0.15	0.075
细粒式沥青混凝土(AC-13)	100%	90%~100%	68%~85%	38%~68%	24%~50%	15%~38%	10%~28%	7%~20%	5%~15%	4%~8%
中值	100%	95%	76.5%	53%	37%	26.5%	19%	13.5%	10%	6%

③矿质混合料配合比计算。

a. 组成材料筛分试验。根据现场取样,碎石、石屑、砂和矿粉等原料的筛分结果见表6-29。

表6-29 组成材料筛分试验结果

材料名称	筛孔尺寸(方孔筛)/mm									
	16.0	13.2	9.5	4.75	2.36	1.18	0.6	0.3	0.15	0.075
	通过百分数/%									
碎石	100	94	26	0	0	0	0	0	0	0
石屑	100	100	100	80	40	17	0	0	0	0
砂	100	100	100	100	94	90	76	38	17	0
矿粉	100	100	100	100	100	100	100	100	100	86

b. 组成材料配合比计算。用图解法计算组成材料配合比,如图6-22所示。由图解法确定各种材料用量比例为碎石∶石屑∶砂∶矿粉=37%∶38%∶17%∶8%。各种材料组成配合比计算见表6-30。将表6-30计算得到的合成级配绘于矿质混合料级配范围(图6-22)中。从图6-22可以看出,计算结果的合成级配曲线接近级配范围中值。

c. 调整配合比。由于高速公路交通量大,轴载重,为使沥青混合料具有较高的高温稳定性,合成级配曲线应偏向级配曲线范围的下限，为此应调整配合比。

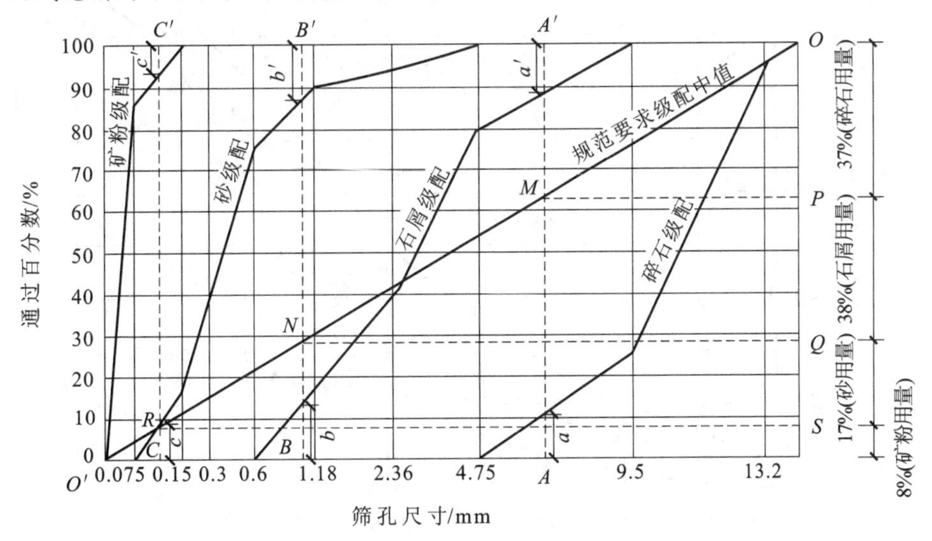

图 6-22 矿质混合料配合比计算图

经过组成配合比的调整，各种材料用量比例为碎石∶石屑∶砂∶矿粉＝43％∶35％∶15％∶7％。此计算结果见表 6-30 中括号内数字，并将合成级配绘于图 6-23 中，由图 6-23 可以看出，调整后的合成级配曲线为一光滑平顺接近级配曲线下限的曲线。

表 6-30 **矿质混合料组成配合比计算表**

材料组成		筛孔尺寸(方孔筛)/mm									
		16.0	13.2	9.5	4.75	2.36	1.18	0.6	0.3	0.15	0.075
		通过百分数/％									
原材料级配	碎石	100	94	26	0	0	0	0	0	0	0
	石屑	100	100	100	82	40	17	0	0	0	0
	砂	100	100	100	100	94	90	76	38	17	0
	矿粉	100	100	100	100	100	100	100	100	100	86
各矿质材料在混合料中的级配	碎石 37％ (43％)	37 (43)	34.8 (40.4)	9.6 (11.2)	0 (0)	0 (0)	0 (0)	0 (0)	0 (0)	0 (0)	0 (0)
	石屑 38％ (35％)	38 (35)	38 (35)	38 (35)	30.4 (28)	15.2 (14)	6.5 (5.9)	0 (0)	0 (0)	0 (0)	0 (0)
	砂 17％ (15％)	17 (15)	17 (15)	17 (15)	17 (15)	15.9 (14.1)	15.3 (13.5)	12.9 (11.4)	6.5 (5.7)	2.9 (2.6)	0 (0)
	矿粉 8％ (7％)	8 (7)	8 (7)	8 (7)	8 (7)	8 (7)	8 (7)	8 (7)	8 (7)	8 (7)	6.9 (6.0)
合成级配		100 (100)	97.8 (97.4)	72.6 (68.2)	55.4 (50)	39.1 (35.1)	29.8 (26.4)	20.9 (18.4)	14.5 (12.7)	10.9 (9.6)	6.9 (6.0)
级配范围	(AC-13)	100	90～100	68～85	38～68	24～50	15～38	10～28	7～20	5～15	4～8
级配中值		100	95	76.5	53	37	26.5	19	13.5	10	6

注：括号内的数值为级配调整后的各项相应数值。

(2)最佳沥青用量确定

①试件成型。

根据当地气候条件属于 1-4 夏炎热冬温区，采用 70 号沥青。

以预估沥青用量为中值，采用 0.5％间隔变化，采用经级配设计与调整得到的矿质混合料作为集料，拌制沥青混合料，制备 5 组试件。按表 6-22 规定每面各击实 75 次的方法成型。

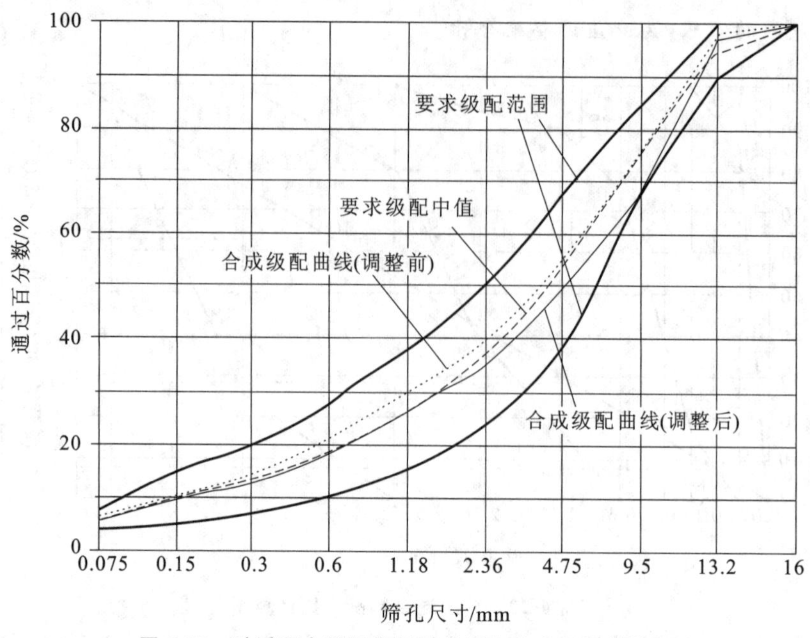

图 6-23 矿质混合料要求级配范围和合成级配曲线图

②马歇尔试验。

a. 物理指标测定。按上述方法成型的试件,经24h后测定其体积密度、空隙率、矿料间隙率、沥青饱和度等物理指标。

b. 力学指标测定。测定物理指标后的试件,在60℃温度测定其马歇尔稳定度和流值。马歇尔试验结果按表6-22规定,将规范要求的高速公路用细粒式热拌沥青混合料的各项指标技术标准列于表6-31供对照评定。

表 6-31 **马歇尔试验物理-力学指标测定结果汇总表**

试件组号	沥青用量/%	技术性质					
		体积密度 ρ_0/(g/cm³)	空隙率 VV/%	矿料间隙率 VMA/%	沥青饱和度 VFA/%	马歇尔稳定度 MS/kN	流值 FL/0.1mm
01	4.5	2.353	6.4	16.7	61.7	7.8	21
02	5.0	2.378	4.7	16.3	71.2	8.6	25
03	5.5	2.392	3.4	16.2	79.0	8.7	32
04	6.0	2.401	2.3	16.4	85.8	8.1	37
05	6.5	2.396	1.8	17.0	89.4	7.0	44
技术标准(JTG F40—2004)		—	3~6	≥15	65~75	≥8	15~40

③马歇尔试验结果分析。

a. 绘制沥青用量与物理-力学指标关系图。根据表6-31马歇尔试验结果汇总表,绘制沥青用量与体积密度、空隙率、饱和度、矿料间隙率、稳定度、流值的关系图,如图6-24所示。

b. 确定沥青用量初始值 OAC_1。从图6-24得,相应于马歇尔稳定度最大值的沥青用量 $a_1=5.4\%$,相应于体积密度最大值的沥青用量 $a_2=6.0\%$,相应于规定空隙率范围中值的沥青用量 $a_3=5.1\%$,相应于沥青饱和度范围中值的沥青用量 $a_4=4.9\%$。

$$OAC_1=\frac{a_1+a_2+a_3+a_4}{4}=\frac{5.4\%+6.0\%+5.1\%+4.9\%}{4}=5.35\%$$

c. 确定沥青用量初始值 OAC_2。由图6-24得,各指标符合沥青混合料技术指标的沥青用量范围为:

$$OAC_{min}=4.7\%,\quad OAC_{max}=5.3\%$$

$$OAC_2=\frac{OAC_{min}+OAC_{max}}{2}=\frac{4.7\%+5.3\%}{2}=5.0\%$$

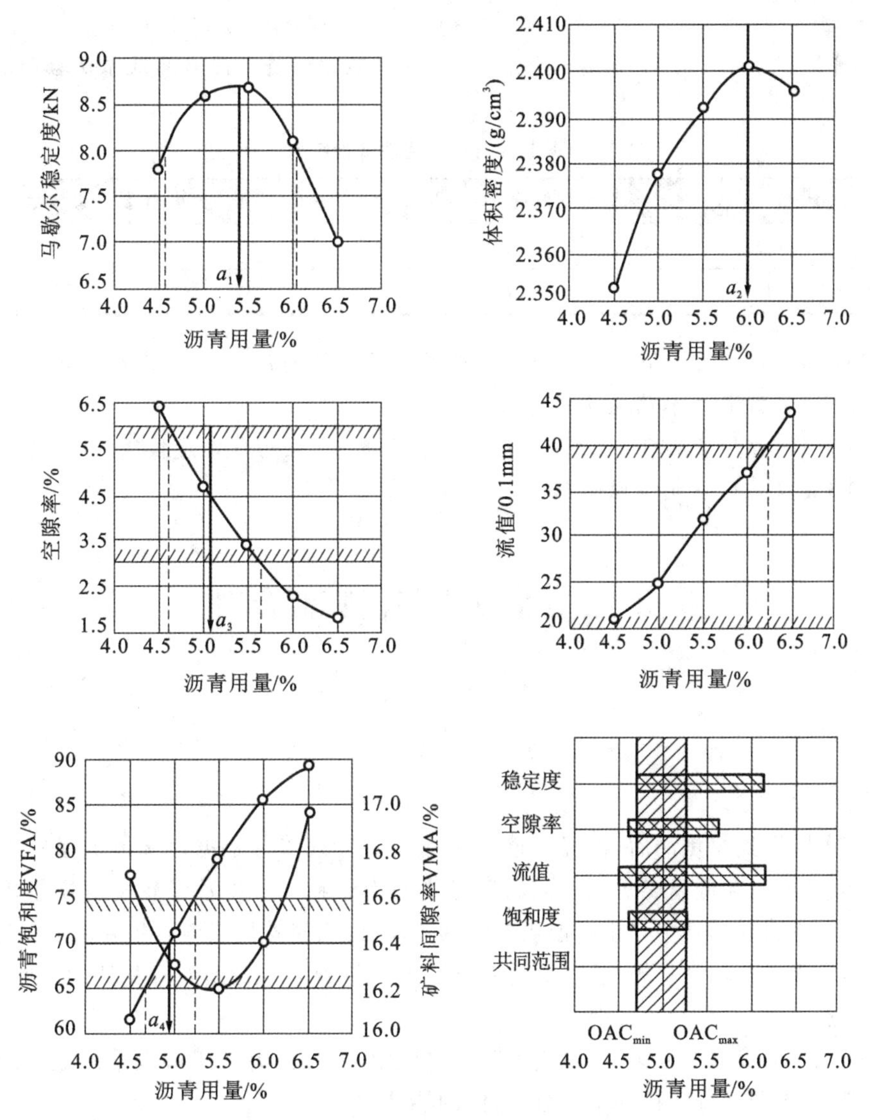

图 6-24 沥青用量与马歇尔试验物理-力学指标关系图

d. 通常情况下取 OAC_1 及 OAC_2 的中值作为计算的最佳沥青用量 OAC。

$$OAC=\frac{OAC_1+OAC_2}{2}=\frac{5.35\%+5.0\%}{2}=5.2\%$$

e. 计算得到最佳沥青用量 OAC，从图 6-21 中得出所对应的空隙率和 VMA 值，满足表 6-22 关于最小 VMA 值的要求。

f. 调整确定最佳沥青用量 OAC。

当地属于炎热地区的高速公路的重载交通路段，宜在空隙率符合要求的范围内将计算的最佳沥青用量减小 0.1%～0.5%作为设计沥青用量，则调整后的最佳沥青用量为 OAC′=5.0%。

④抗车辙能力校核。

以沥青用量 5.2%和 5.0%制备试件，进行车辙试验，试验结果列于表 6-32 中。

表 6-32 沥青混合料抗车辙试验结果

沥青用量/%	试验温度 T/℃	试验轮压 P/MPa	试验条件	动稳定度 DS/(次/mm)
OAC=5.2	60	0.7	不浸水	1130
OAC′=5.0	60	0.7	不浸水	1380

从表 6-32 试验结果可知，OAC=5.2%和 OAC′=5.0%两种沥青用量的动稳定度均大于 1000 次/mm (1-4 区要求值)，符合高速公路抗车辙的要求。

⑤水稳定性检验。

同样,以沥青用量5.2%和5.0%制备试件,按规定的试验方法进行浸水马歇尔试验和冻融劈裂试验,试验结果列于表6-33中。

表6-33 沥青混合料水稳定性试验结果

沥青用量/%	浸水残留稳定度 MS_0/%	冻融劈裂残留强度比 TSR/%
OAC=5.2	89	82
OAC′=5.0	82	75

从表6-33可知,OAC=5.2%和OAC′=5.0%两种沥青用量的浸水残留稳定度均大于80%,冻融劈裂残留强度比均不小于75%,符合水稳定性的要求。

由以上结果得出,沥青用量为5.0%时,水稳定性符合要求,且动稳定度较高,抗车辙能力较强,所以沥青用量比例为5.0%是最佳沥青用量比例。

6.4 其他沥青与沥青混合料

6.4.1 其他沥青

6.4.1.1 煤沥青

煤沥青是将煤干馏得到煤焦油后,再经分馏加工而得到的残渣。根据煤干馏的温度不同,煤焦油可分为高温煤焦油、中温煤焦油和低温煤焦油。以高温煤焦油为原料可获得数量较多且质量较佳的煤沥青,而低温煤焦油则相反。路用煤沥青主要由高温煤焦油加工而得,而建筑用煤沥青主要由低温煤焦油加工而得。

煤沥青的化学元素与石油沥青类似,主要为C、H、O、S和N。与石油沥青相比,煤沥青的碳氢比大,这是其元素组成的特点。

由于煤沥青的化学组成非常复杂,所以实际工程应用中,对煤沥青的组成也采用划分组分的分析方法。煤沥青含有游离碳、树脂和油分3种基本组分,它们的特性如下:

①游离碳又称自由碳,是高分子有机化合物的固态碳质微粒,不溶于苯。加热时不会熔化,但在高温下会发生分解。当游离碳含量增加时,煤沥青的黏度和温度稳定性提高,但低温脆性亦增大。

②树脂为环形含氧碳氢化合物,分为硬树脂和软树脂两种。硬树脂类似石油沥青中的沥青质,而软树脂为赤褐色黏-塑性物质,可溶于氯仿,类似石油沥青中的树脂。

③油分是液态碳氢化合物。与其他组分相比,其结构最为简单。煤沥青的油分中还含有萘、蒽和酚等成分。萘和蒽能溶解于油分中,在含量较高或低温时能呈固态晶状析出,会影响煤沥青的低温变形能力。酚为苯环中含羟物质,能溶于水,且易被氧化。因此煤沥青中的酚、萘和蒽均为有害物质,对其含量必须加以限制。

煤沥青的技术性质与石油沥青相比,存在下列差异:

①由于煤沥青是一种较粗的胶体体系,且树脂的可溶性较高,所以其温度稳定性较低。

②煤沥青含有较多数量的极性物质,使得煤沥青的表面活性较高,因此它与矿质集料的黏附性比石油沥青好。

③煤沥青含有较高含量的不饱和芳香烃,这些化合物有相当大的化学潜能,在环境因素(如空气中的氧、日光的温度和紫外线以及大气降水)的作用下,老化进程较石油沥青快。

④煤沥青耐腐蚀性强,可用于木材等的表面防腐处理。

由于煤沥青的主要技术性质都比石油沥青差,所以在建筑工程中很少使用。但它的耐腐蚀性能好,故适用于地下防水层或作防腐材料等。

6.4.1.2 改性沥青

工程中使用的沥青材料必须具有其特定的性能，而加工厂制备的沥青一般不能很好地满足此要求，所以对沥青的流变性能、沥青与集料的黏附性及沥青的耐久性等性能进行改善就显得非常必要。

(1)高聚物类改性剂

在沥青中掺加同石油沥青具有较好相溶性的树脂类高聚物、橡胶类高聚物和树脂-橡胶合金共聚物等改性剂，可赋予石油沥青某些橡胶的特性，从而可以改善沥青在高温使用时的抗流动性、低温时的脆性、抗滑性和耐久性等性能。

用于沥青改性的聚合物很多，目前使用最普遍的是 SBS 橡胶和 APP 树脂。

①SBS 改性沥青。

SBS 是丁苯橡胶的一种。将丁二烯与苯乙烯嵌段共聚，形成具有苯乙烯(S)-丁二烯(B)-苯乙烯(S)的结构，则得到一种热塑性的弹性体，简称 SBS，其在常温下具有橡胶的弹性，高温下又能像橡胶那样熔融流动，称为可塑性材料。

SBS 能够大大提高沥青的性能，主要表现在：低温柔性大大改善，冷脆点降至－40℃；热稳定性提高，耐热度达 90～100℃；弹性好、延伸率大，延度可达 2000%；耐候性好。

SBS 改性沥青是目前最成功和用量最大的一种改性沥青，在国内外已得到普遍应用，主要用于制作 SBS 改性沥青防水卷材。

②APP 改性沥青。

APP 是聚丙烯的一种，根据甲基的不同排列，聚丙烯可分为无规聚丙烯、等规聚丙烯和间规聚丙烯三种。APP 即无规聚丙烯，其甲基无规则地分布在主链两侧。

无规聚丙烯为黄白色塑料，无明显熔点，加热到 150℃后才开始变软。它在 250℃左右熔化，并可以与石油沥青均匀混合。APP 改性石油沥青与石油沥青相比，其软化点高、延性大、冷脆点降低、黏度增大，具有优异的耐热性和抗老化性，尤其适用于气温较高的地区，主要用于制造防水卷材。

高聚物类改性沥青除了用于建筑工程，作为防水卷材或防水材料外，还被广泛应用于道路工程中沥青路面的铺筑，可以有效防止高温出现车辙、低温产生裂缝，并具有高的抗滑性，可以延长路面使用年限。

(2)微填料类改性剂

沥青混合料的性状与微填料的颗粒级配、表面性质和孔隙状态等密切相关。如果采用的微填料经过预处理(例如活化、芳化等)，则能有效改善沥青的性能，如提高沥青的黏结能力和耐热性，降低沥青的温度敏感性，否则反而会劣化沥青性能。炭黑、高钙粉煤灰、火山灰、页岩粉、滑石粉、石灰石粉和石棉等都已用作沥青微填料。

(3)纤维类改性剂

常用的纤维物质有聚乙烯纤维、聚树脂纤维等各种人工合成纤维和矿质石棉纤维等。向沥青中加入纤维类物质，可显著提高沥青的高温稳定性，同时可增加低温抗拉强度。纤维改性的效果主要取决于纤维的性能和掺配工艺。

6.4.1.3 乳化沥青

乳化沥青是将黏稠沥青加热至流态，经机械力的作用而形成微滴(粒径为 2～5μm)分散在有乳化剂-稳定剂的水中形成稳定的乳状液，亦称沥青乳液，简称乳液。它主要用于修筑道路路面。

(1)组分

乳化沥青主要组分是沥青、乳化剂、稳定剂和水等。

①沥青。

沥青是组成乳化沥青的主要材料，沥青的质量直接决定乳化沥青的性能。

在选择作为乳化沥青用的沥青时，首先要考虑它的易乳化性。沥青的易乳化性与其化学结构有密切关系。以工程适用为目的，可认为易乳化性与沥青中的沥青酸含量有关。通常认为沥青酸总量大于 1%的沥青，采用通用乳化剂和一般工艺即易于形成乳化沥青。另外，相同油源和工艺的沥青，针入度较大者易于形成乳液,但是针入度的选择应根据乳化沥青在路面工程中的用途而决定。

②乳化剂。

乳化剂是组成乳化沥青的关键材料,从化学结构上看,它是表面活性剂的一种。其分子结构中含有一种“两亲性”分子,分子的一部分具有亲水性质,而另一部分具有亲油性质。亲油部分一般由碳氢原子团,特别是由长链烷基构成,结构差别较小;亲水部分原子团则种类繁多,结构差异较大。因此乳化剂的分类以亲水基的结构为依据,按其亲水基在水中是否电离而分为离子型和非离子型两大类。离子型乳化剂按其离子电性,又分为阴离子型乳化剂、阳离子型乳化剂和两性离子型乳化剂。另外,随着乳化剂的发展,为满足各种特殊要求,衍生出了许多化学结构更为复杂的复合乳化剂。

③稳定剂。

为使乳液具有良好的贮存稳定性及施工稳定性,必要时可加入适量的稳定剂。一般稳定剂可分为有机稳定剂和无机稳定剂两类。常用的有机稳定剂包括聚乙烯醇、聚丙烯酰铵、甲基纤维素钠、糊精、MF废液等。这类稳定剂可提高乳液的贮存稳定性和施工稳定性。常用的无机稳定剂包括氯化钙、氯化镁、氯化铵和氯化铬等。

(2)优越性

乳化沥青具有许多优越性,主要有以下几点。

①常温施工、节约能源。

乳化沥青可以在常温下施工,施工现场不需要加热设备。扣除制备乳化沥青所消耗的能源后,仍然可以节约大量能源。

②方便施工、节约沥青。

乳化沥青流动性好,施工方便,可节约人力成本。另外,乳化沥青在集料表面形成的沥青膜较薄,在提高沥青与集料黏附性的同时,可以节约沥青用量。

③保护环境、保障健康。

乳化沥青在常温下施工,无须加热,且不污染环境。另外亦可以避免操作人员受热沥青产生的挥发性物质的毒害。

6.4.2 其他沥青混合料

6.4.2.1 沥青玛琋脂碎石混合料

沥青玛琋脂碎石混合料(Stone Mastic Asphalt,SMA),是由沥青结合料与少量的纤维稳定剂、细集料以及大量的填料(矿粉)组成的沥青玛琋脂,填充于间断级配的粗集料骨架间隙中而形成的沥青混合料。它具有优良的路用性能,广泛地应用于世界各地。我国也在广佛高速公路、首都机场高速公路等处使用,效果良好。

(1)SMA的基本性质

①抗车辙能力高。较高百分数的破碎粗集料组成一个紧密嵌锁的骨架结构,帮助消散对下层的冲击力,有效防止车辙。90%的SMA项目测试车辙深度小于4mm,约25%的项目未出现车辙。

②优良的抗裂性能。SMA路面很少发现温度裂缝和反射裂缝,这主要是因为采用了优良性质的沥青结合料和较厚的沥青膜。

③良好的耐久性。较厚的沥青膜能减少氧化、水分渗透、沥青剥落和集料破碎,从而使面层有较长的使用寿命。

④较好的抗滑性能。缺少中等尺寸集料可以产生一个较深的表面构造深度,增加抗滑性能和吸音性,减少雨天水漂现象。

⑤摊铺和压实性能好。传统沥青混凝土中碎石较少,沥青砂浆也较少,不足以填充全部孔隙。SMA是由较多沥青砂浆将碎石骨架结构胶结成整体,所以容易摊铺和压实。

⑥能见度好。SMA路面能减少车灯反射,减少水雾,提高路面能见度。

⑦降低噪声。机动车在SMA路面行车时的噪声低。

(2)SMA 的组成材料

①沥青。SMA 混合料采用的沥青较黏稠,以适应其高沥青含量的低流淌性。一般使用针入度等级为90 以下的道路石油沥青。在寒冷地区,采用此范围内较大针入度的沥青时,还应考虑其沥青改性。在其他地区,应使用较黏稠的沥青。SMA 的沥青用量比沥青混凝土的用量要高,这主要是由混合料中的矿粉用量较多引起的。在实际设计和铺筑中,聚合物改性沥青在 SMA 中的用量范围为 5.0%~6.5%。而当有机物或矿质纤维作为稳定剂时,沥青用量一般可达 5.5%~7.0%,甚至更高。

②集料。用于 SMA 混合料的粗集料应是高质量的轧制碎石,为不吸水的硬质石料,表面粗糙以便于更好地发挥其骨架间的锁结摩擦作用及增强沥青与集料的黏结作用。严格限制软石含量,形状接近正立方体,针、片状颗粒含量尽可能低。集料的力学性质如耐磨耗性、压碎性、耐磨光性等要高于沥青混凝土的要求,还要尽量选择碱性集料,若不能满足要求,必须采取有效的抗剥落措施。

细集料最好选用机制砂。当采用普通石屑作为细集料时,宜采用石灰石碎屑,且不得含有泥土类杂物。当与天然砂混用时,天然砂的含量不宜超过机制砂或石屑的比例。另外,细集料的棱角性最好大于 45s。粗、细集料的技术要求还要符合表 6-6、表 6-9 的规定。

填料必须采用石灰石等碱性岩石磨细的矿粉。矿粉的质量应满足普通热拌沥青混合料对矿粉的要求。粉煤灰不得作为 SMA 混合料的填料使用。回收粉尘的比例不得超过填料总量的 25%。

③稳定剂。稳定剂在 SMA 中的作用有两类:一是稳定沥青,二是增加沥青混合料的抗拉强度和抗滑能力。

沥青玛瑞脂碎石混合料在没有纤维、沥青含量多、矿粉用量大的情况下,沥青矿粉胶浆在运输、摊铺过程中会产生流淌离析,或在成型后由于沥青膜厚而引起路面抗滑性差等现象。所以,有必要加入纤维聚合物作为稳定剂。稳定剂包括纤维和聚合物两类,也有用橡胶粉的。有机纤维目前主要采用木质纤维素,纤维的用量一般为集料质量的 0.3%~0.6%。

(3)SMA 的应用

目前,SMA 被广泛地用于高速公路、城市快速路、干线道路的抗滑表层、公路重交通路段、重载及超载车多的路段、城市道路的公交汽车专用道、城市道路交叉口、公共汽车站、停车场、城镇地区需要降低噪声路段的铺装,特别是钢桥面铺装。

在我国,自 20 世纪 90 年代初引入 SMA 后,许多省份都采用这种路面结构来修筑高速公路,如北京长安街、机场高速、二环改造,深圳世纪大道,山东同三、竹曲高速等。随着我国国民经济的不断发展,以前所修建的许多高速公路已经不堪重负,亟待修复。国外成功的经验表明,用 SMA 在原有路面上进行加铺是非常经济有效的一种方法。

6.4.2.2 冷铺沥青混合料

冷铺沥青混合料也称常温沥青混合料,是指矿料与乳化沥青或稀释沥青在常温状态下拌和、铺筑的沥青混合料。这种混合料一般比较松散,存放时间达三个月以上,可随时取料施工,但其一般只能适用于低等级公路的面层和其他等级公路沥青路面的联结层或整平层。

(1)冷铺沥青混合料的组成材料

冷铺沥青混合料中对矿料的要求与热拌热铺沥青混合料大致相同,对矿质混合料的级配同样要求符合表 6-23的要求。冷铺沥青混合料中的沥青可采用液体石油沥青、乳化沥青、煤沥青等,但考虑制备液体石油沥青要耗费大量轻质油,且在铺筑后由于轻质油的挥发造成环境污染,而煤沥青中含有致癌物质,且在路面使用中易老化、寿命短,故我国普遍采用乳化沥青。乳化沥青的用量应根据当地实践经验以及交通量、气候、石料情况、沥青标号、施工机械等条件确定,也可以按热拌沥青碎石混合料的沥青用量折算,一般情况较热拌沥青碎石混合料的沥青用量减少 15%~20%。

(2)冷铺沥青混合料的强度形成

冷铺沥青混合料强度的形成有三方面因素。其一,采用合理的配合比,使矿质集料的级配和沥青的用量均达到最佳值,从而使沥青混合料具有更大的黏聚力和内摩阻力。其二,在摊铺后,随着轻质油的挥发

(液体沥青)或乳液的破乳、排水、蒸发(乳化沥青),沥青变得越来越稠,沥青混合料间的黏聚力随之提高。其三,随着碾压的进行,矿料颗粒之间排列更加紧密有序,其内摩阻力逐渐增大,冷铺沥青混合料的强度由此而形成。

6.4.2.3 桥面铺装材料

桥面铺装又称车道铺装。其作用是保护桥面板,防止车轮或履带直接磨耗桥面,并可以分散车轮集中荷载。通常有水泥混凝土桥面铺装和沥青混凝土桥面铺装,这里主要介绍沥青混凝土桥面铺装。

(1)桥面铺装的基本要求

①钢筋混凝土桥。大中型钢筋混凝土桥面(包括高架桥、跨线桥、立交桥)用沥青混凝土铺装层,应与混凝土良好黏结,并具有抗渗、抗滑及抵抗振动变形的能力等。小桥涵桥面沥青混凝土铺装的各项要求应与相接路段的车行道面层相同。

②钢桥。钢桥的沥青混凝土面层除前述要求外,还应具有承受较大变形、抵抗永久性流动变形的能力及良好的疲劳耐久性。可采用新型材料,如高聚合物改性混合料等,以适应更高的要求。

(2)桥面铺装的构造

钢筋混凝土桥或钢桥的桥面铺装构造可分为下列层次。

①垫层。铺筑防水层前应撒布黏层沥青,加强桥面与防水层黏结。

②防水层。桥面防水层的厚度定为1.0~1.5mm,可采用下列形式之一:

a. 沥青涂胶类防水层。采用沥青或改性沥青,分两次撒布,总用量为0.4~0.5kg/m^2,然后撒布一层洁净中砂,经碾压形成沥青涂胶类下封层。

b. 高聚物涂胶类防水层。采用聚氨酯胶泥、环氧树脂、阳离子乳化沥青、氯丁胶乳等高分子聚合物涂胶防水层。

c. 沥青卷材防水层。胎基采用各种化纤材料的沥青或改性沥青防水卷材和浸渗沥青的无纺布(土工布)防水层,也可以用油毛毡或其他防水卷材。

③保护层。为了保护防水层免扭破坏,在其上应加上保护层。保护层宜采用AC-10(或AC-5)型沥青混凝土(或单层式沥青表面处治),其厚度宜为1.0cm。

④面层。桥面铺装沥青面层宜采用单层或双层高温稳定性好的AC-16或AC-20型中粒式热拌沥青混凝土混合料铺筑,厚度宜为4~10cm,双层式面层的表面层厚度不宜小于2.5cm。沥青面层也可采用与相接道路的中面层、上面层或抗滑表层相同的结构和材料,并应与相接道路一同施工。

6.4.2.4 多孔隙沥青混凝土层

多孔隙沥青混凝土表面层或多孔隙沥青混凝土磨耗层(PAWC)在一些国家又称开级配磨耗层(OGFC)或排水沥青混凝土磨耗层或透水沥青混凝土磨耗层。多孔隙沥青混凝土经压实后其孔隙率为15%~30%,从而在层内形成一个水道网。

(1)技术性能

①降低噪声。PAWC可显著降低汽车行驶过程中产生的噪声,其主要原因是层内孔隙具有吸声作用,且PAWC可消除轮胎与路面接触时的吸气作用。此外,PAWC具有良好的平整度,这在一定程度上也可减小噪声,与一般沥青路面相比,采用PAWC的路面,其噪声甚至可降低35dB以上。

②改善抗滑能力。多孔隙沥青混凝土主要优点在于改善潮湿气候(即降雨时)条件下和高速行驶时的抗滑能力。

③减少行车引起的水雾。多孔隙沥青路面可以在相当程度上减少由交通引起的水雾现象,40mm厚的多孔隙沥青路面足以吸收8mm的雨量才使内部孔隙趋于饱和状态。

④耐久性较差。多孔隙沥青混凝土的缺点是易剥落。如掺加改性剂改善沥青性质则可以延长寿命。

⑤多孔隙沥青混凝土沥青含量允许范围较小。如果沥青含量过低,则集料裹覆不够或是沥青膜太薄而很快被氧化,导致路面提早破坏;沥青含量过多又会导致沥青从集料中析出,摊铺时材料沥青含量不均匀。

(2)混合料组成和设计

多孔隙沥青混凝土组成设计目标:保证混合料压实后具有较大空隙率;结合料不被氧化,具有较高耐久性;易于拌和、摊铺和压实;与普通沥青混凝土有同样要求的强度、稳定性、表面抗滑性等指标。

①组成材料的选择。应采用坚固、耐久、高强度(集料压碎值不大于20%)、低扁平指数和高磨光值的碎石。结合料应耐久,与填料和细料混合后应有足够的黏度,以防施工中流失。采用聚合物、废橡胶粉或纤维可加强耐久性,提高抗变形和抗疲劳能力,且能预防沥青流失。净料用熟石灰比用石灰石粉更好。

②合适级配的选择。选定的矿料级配应使混合料的空隙率大于20%。通常采用2.36~9.5mm之间的间断级配矿料。为达到目标空隙率,级配中应含高比例的粗集料,大于4.75mm的矿料含量宜超过75%,填料含量为2%~5%,并取决于所用结合料。

(3)应用

PAWC既有利于环境,又有利于安全,所以从20世纪70年代末以来,在国外高等级公路上得到较多的应用,如要求低噪声的高速公路,都尽可能地使用PAWC。

知识归纳

独立思考

6-1 组分变化对沥青的性质将产生什么样的影响?

6-2 怎样划分道路石油沥青的牌号?牌号大小与沥青主要性质间的关系如何?在施工中选用沥青时,是不是牌号越高的沥青质量越好?

6-3 目前沥青混合料强度稳定性理论主要要求沥青混合料在高温时需具备何种性质?

6-4 说明沥青用量对沥青混合料黏聚力 c 的影响。

6-5 试设计某高速公路沥青混凝土路面用沥青混合料AC-16的配合组成。

[原始资料]

该高速公路沥青路面为两层式结构的上面层(中轻交通),气候条件为夏炎热-冬温-湿润(1-4-2)。

[材料性能]

①沥青材料。可供应70号的道路石油沥青,经检验技术性能均符合要求。

②矿质材料。碎石和石屑:石灰石轧制碎石,饱水抗压强度140MPa,洛杉矶磨耗率11%,黏附性(水煮法)5级,表观密度2650kg/m³;砂:洁净海砂,中砂,含泥量及泥块量均小于1%,表观密度2600kg/m³;矿粉:石灰石磨细石粉,粒度范围符合技术要求,无团粒结块,表观密度2550kg/m³。粗、细集料和矿粉级配组成经筛分试验结果列于表6-34中。

[设计要求]

思考题答案

①根据道路等级、路面类型和结构层位确定沥青混凝土的矿质混合料的级配范围。根据现有各种矿质材料的筛分结果,用图解法确定各种矿质材料的配合比。

②根据选定的矿质混合料类型相符的沥青用量范围,通过马歇尔试验确定最佳沥青用量。马歇尔试验结果汇总于表6-35,供学生分析评定参考用。

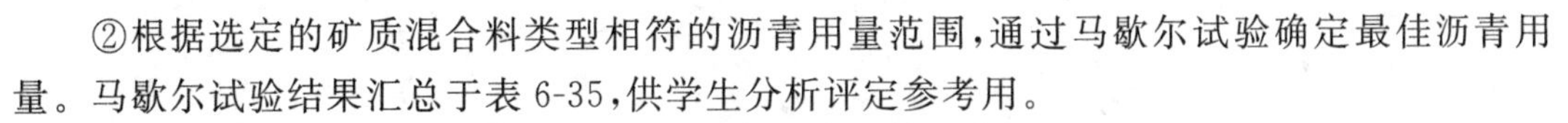

表6-34 组成材料筛分试验结果

材料名称	筛孔尺寸(方孔筛)/mm										
	19.0	16.0	13.2	9.5	4.75	2.36	1.18	0.6	0.3	0.15	0.075
	通过百分数/%										
碎石	100	98	85	26	0	0	0	0	0	0	0
石屑	100	100	100	100	80	40	17	0	0	0	0
砂	100	100	100	100	100	94	90	76	38	17	0
矿粉	100	100	100	100	100	100	100	100	100	100	86

表 6-35 马歇尔试验物理-力学指标测定结果汇总

试件组号	沥青用量/%	技术性质					
		体积密度 ρ_0/(g/cm³)	空隙率 VV/%	矿料间隙率 VMA/%	沥青饱和度 VFA/%	马歇尔稳定度 MS/kN	流值 FL/(×10^{-1}mm)
01	4.0	2.350	6.5	16.7	60.1	7.2	19
02	4.5	2.361	6.0	16.5	61.6	7.9	23
03	5.0	2.379	4.8	16.3	71.0	8.7	28
04	5.5	2.385	3.3	16.2	77.8	8.8	34
05	6.0	2.375	2.4	16.8	84.0	8.3	39

参考文献

[1] 郝培文. 沥青与沥青混合料. 北京:人民交通出版社,2009.
[2] 钱晓倩,詹树林,金南国. 建筑材料. 北京:中国建筑工业出版社,2009.
[3] 钱晓倩. 建筑工程材料. 杭州:浙江大学出版社,2009.
[4] 张君,阎培渝,覃维祖. 建筑材料. 北京:清华大学出版社,2008.
[5] 吴科如,张雄. 土木工程材料. 2版. 上海:同济大学出版社,2008.
[6] 苏达根. 土木工程材料. 2版. 北京:高等教育出版社,2008.

7 建筑钢材

课前导读

内容提要

本章主要内容包括钢材的冶炼与分类、钢材的性能（力学性能、工艺性能）、钢材的冷加工与热处理、钢材组织和化学成分对钢材性能的影响、土木工程常用钢材及其技术要求、钢材的锈蚀与防锈措施等。

能力要求

通过本章的学习，学生应了解钢材的三种冶炼方法，钢材的锈蚀及其防护；掌握钢材的分类，钢材的冷加工和热处理，土木工程常用的钢材及其技术要求；熟练掌握钢材的抗拉性能、冲击韧性、硬度、疲劳强度、冷弯性能和焊接性能，钢材组织和化学成分对钢材性能的影响。

数字资源

重难点

7.1 钢材的冶炼与分类

7.1.1 钢材的冶炼

钢材原料图

钢材制品和应用图

钢是由生铁冶炼而成的。生铁由铁矿石、焦炭(燃料)和石灰石(溶剂)等在高炉中经高温熔炼,从铁矿石中还原出铁而得。生铁的主要成分是铁,但含有较多的碳以及硫、磷、硅、锰等杂质,杂质使得生铁的性质硬而脆,塑性很差,抗拉强度低,使用受到很大限制。炼钢的过程是把熔融的生铁进行氧化,使碳的含量降低到预定的范围,其他杂质降低到允许范围。在炼钢过程中,由于采用的炼钢方法不同,除掉碳及磷、硫、氧、氮等杂质的程度也不同,所得钢的质量也有差别。目前国内主要有转炉炼钢法、平炉炼钢法和电炉炼钢法三种炼钢方法。

(1)转炉炼钢法

转炉炼钢法分为空气转炉法和氧气转炉法。以熔融的铁水为原料,不需燃料,而是由转炉底部或侧面吹入高压空气进行冶炼,称为空气转炉法。若采用纯氧气代替空气冶炼,称为氧气转炉法。铁水中的杂质通过氧化作用除去,达到规定的限度。空气转炉法的缺点是吹炼时容易混入空气中的氮、氢等杂质,同时熔炼时间短,化学成分难以精确控制,杂质含量较高,质量差。氧气转炉法弥补了空气转炉法的不足,使钢的质量显著提高,可达到平炉钢的质量水平,和空气转炉法比成本略高。

(2)平炉炼钢法

和转炉炼钢法不同,平炉炼钢法是以固体或液体生铁、铁矿或废钢为原料,用煤油或重油作燃料,杂质靠铁矿石、废钢中的氧或吹入的氧气氧化作用除去。由于冶炼时间长(4~12h),清除杂质较彻底,化学成分可以精确控制,故含杂质少,钢材质量好,成本较转炉钢高。

(3)电炉炼钢法

电炉炼钢法的原料主要是废钢及生铁,用电热进行高温冶炼。热源是高压电弧,熔炼温度高,且温度可自由调节,清除杂质容易。因此,电炉钢的钢材质量最好,但成本也最高。

钢的冶炼过程是杂质成分的热氧化过程,炉内为氧化气氛,故炼成的钢水中会含有一定的氧化铁,这对钢的质量不利。为消除这种不利影响,在炼钢结束时应加入一定量的脱氧剂(常用的有锰铁、硅铁和铝锭),使之与氧化铁作用而将其还原成铁,此称脱氧。脱氧减少了钢材中的气泡并克服了元素分布不均的缺点,故能明显改善钢的技术性质。

在铸锭冷却过程中,由于钢内某些元素在铁的液相中的溶解度大于在固相中的固溶度,这些元素便向凝固较迟的钢锭中心集中,导致化学成分在钢锭中分布不均匀,这种现象称为化学偏析,其中尤以硫、磷最为严重。偏析现象对钢的质量有很大影响。

7.1.2 钢材的分类

钢的分类方法很多,通常有以下几种。

7.1.2.1 按冶炼时脱氧程度分类

(1)沸腾钢

炼钢时仅加入锰铁进行脱氧,脱氧不完全。这种钢液铸锭时,有大量的一氧化碳气体逸出,钢液呈沸腾状,故称为沸腾钢,代号为“F”。

沸腾钢组织不够致密,成分不太均匀,硫、磷等杂质偏析较严重,故质量较差。由图7-1(a)可以看出沸腾钢有明显的气眼,但因其成本低、产量高,故仍被广泛用于一般工程。

(2)镇静钢

炼钢时采用锰铁、硅铁和铝锭等作为脱氧剂,脱氧完全。这种钢液铸锭时基本没有气体逸出,能平静地充满锭模并冷却,故称为镇静钢,代号为“Z”。在表示钢材牌号时,镇静钢的代号“Z”可省略。

镇静钢虽成本较高,但其组织致密,成分均匀,含硫量较少,性能稳定,故质量好,如图7-1(b)所示,适用于预应力钢筋混凝土等重要结构工程。

(3)半镇静钢

脱氧程度介于沸腾钢和镇静钢之间的钢称为半镇静钢,代号为“b”。半镇静钢的质量介于沸腾钢和镇静钢之间。

(4)特殊镇静钢

比镇静钢脱氧程度更充分彻底的钢,称为特殊镇静钢,代号为“TZ”。

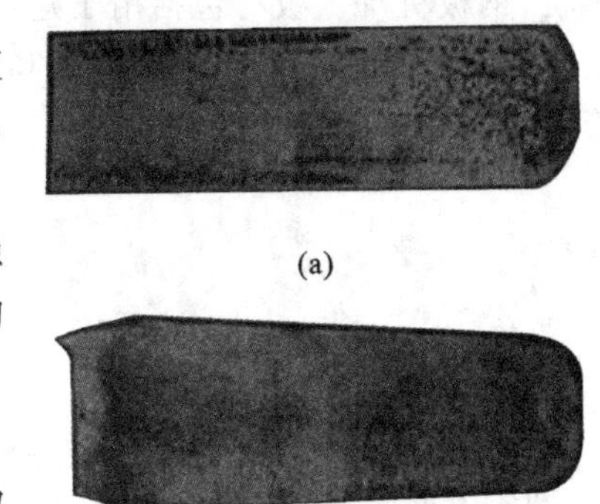

(a)

(b)

图 7-1 沸腾钢和镇静钢
(a)沸腾钢;(b)镇静钢

特殊镇静钢的质量最好,适用于特别重要的结构工程。与机械制造、国防工业及工具等用钢相比,建筑用钢对其质量和性能要求相对较低,用量较大,所以,建筑钢材中多采用镇静钢或半镇静钢。

7.1.2.2 按化学成分分类

(1)碳素钢

碳素钢的主要化学成分是铁,其次是碳,故也称碳钢或铁碳合金,其含碳量为0.02%~2.06%。碳素钢除了含有铁、碳外,还含有极少量的硅、锰和微量的硫、磷等元素。碳素钢按含碳量多少又分为:

①低碳钢,含碳量小于0.25%;

②中碳钢,含碳量为0.25%~0.6%;

③高碳钢,含碳量大于0.6%。

(2)合金钢

合金钢是在炼钢过程中,为改善钢材的性能,特意加入某些合金元素而制得的一种钢。常用合金元素有硅、锰、钛、钒、铌、铬等。按合金元素总含量多少,合金钢又分为:

①低合金钢,合金元素总含量小于5%;

②中合金钢,合金元素总含量为5%~10%;

③高合金钢,合金元素总含量大于10%。

7.1.2.3 按有害杂质含量分类

根据钢中有害杂质磷(P)和硫(S)含量的多少,钢材可分为以下四类:

①普通钢,磷含量不大于0.045%,硫含量不大于0.050%;

②优质钢,磷含量不大于0.035%,硫含量不大于0.035%;

③高级优质钢,磷含量不大于0.025%,硫含量不大于0.025%;

④特级优质钢,磷含量不大于0.025%,硫含量不大于0.015%。

7.1.2.4 按用途分类

根据钢的用途,钢材可分为以下四类:

①结构钢,主要用于建筑结构,如钢结构用钢、钢筋混凝土结构用钢等。一般为低碳钢、中碳钢、低合金钢。

②工具钢,主要用于各种刀具、量具及模具的钢,一般为高碳钢。

③特殊钢,具有特殊的物理、化学及机械性能的钢,如不锈钢、耐热钢、耐酸钢、耐磨钢、磁性钢等,一般为合金钢。

④专用钢,具有专门用途的钢,如铁道用钢、压力容器用钢、船舶用钢、桥梁用钢、建筑装饰用钢等。

钢材的产品一般分为型材、板材、线材和管材等。型材包括钢结构用的角钢、工字钢、槽钢、方钢、吊车轨、钢板桩等。板材包括用于建造房屋、桥梁及建筑机械的中、厚钢板,用于屋面、墙面、楼板等的薄钢板。线材包括钢筋混凝土用钢筋和预应力混凝土用钢丝、钢绞线等。管材包括钢桁架和供水、供气(汽)管线等。

7.2 钢材的性能

钢材的性能主要包括力学性能(抗拉性能、冲击韧性、硬度、疲劳强度等)和工艺性能(冷弯性能、焊接性能)两个方面。

7.2.1 力学性能

7.2.1.1 抗拉性能

抗拉性能是钢材最重要的技术性质。根据低碳钢受拉时的应力-应变曲线(图7-2),可了解抗拉性能的下列特征阶段和特征指标:

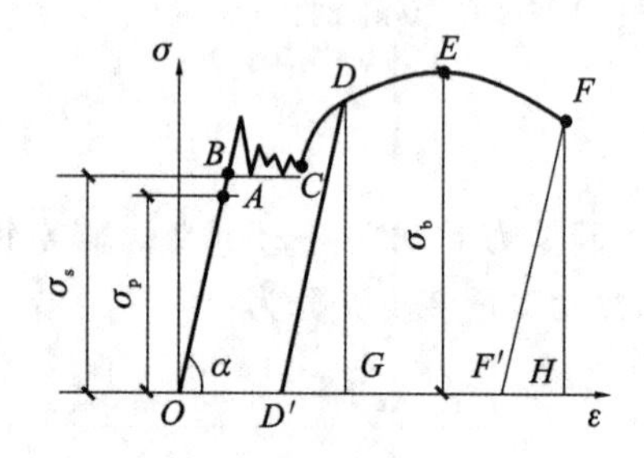

图7-2 低碳钢受拉时应力-应变曲线

①弹性阶段——*OB*阶段。在此阶段加载时,如卸去荷载,试件将恢复原状,表现为弹性变形。与*A*点相对应的应力为弹性极限,用σ_p表示。此阶段应力σ与应变ε成正比,比值为常数,即弹性模量,用*E*表示。弹性模量反映了钢材抵抗变形的能力,它是钢材在受力条件下计算结构变形的重要指标。土木工程中常用低碳钢的弹性模量*E*为$20\times10^4\sim21\times10^4$ MPa,σ_p为180～200 MPa。

②屈服阶段——*BC*阶段。当荷载增大,试件应力超过σ_p时,应变增加很快,而应力基本不变,这种现象称为屈服。此时,应力与应变不再成比例,开始产生塑性变形。图中最高点所对应的应力为屈服上限,最低点*B*所对应的应力为屈服下限。屈服上限与试验过程中的许多因素有关。屈服下限比较稳定,容易测试,所以规范规定以屈服下限的应力值作为钢材的屈服强度,用σ_s表示。屈服强度是钢材开始丧失对变形的抵抗能力,并开始产生大量塑性变形时所对应的应力。

中碳钢和高碳钢没有明显的屈服现象,规范规定以0.2%残余变形所对应的应力值作为名义屈服强度,用$\sigma_{0.2}$表示。

屈服强度对钢材使用意义重大,一方面,当钢材的实际应力超过屈服强度时,变形即迅速发展,将产生不可恢复的永久变形,尽管尚未破坏但已不能满足使用要求;另一方面,当应力超过屈服强度时,受力较大部位的应力不再提高,而自动将荷载重新分配给某些应力较低部位。因此,屈服强度是设计中确定钢材容许应力及强度取值的主要依据。

③强化阶段——*CE*阶段。当荷载超过屈服点以后,由于试件内部组织结构发生变化,抵抗变形能力又重新提高,故称为强化阶段。对应于最高点*E*点的应力为强度极限或抗拉强度,用σ_b表示。抗拉强度是钢材所能承受的最大拉应力,即当拉应力达到强度极限时,钢材会完全丧失对变形的抵抗能力而断裂。

通常,钢材是在弹性范围内使用的,但在应力集中处,其应力可能超过屈服强度,此时产生一定的塑性变形,使结构中的应力重分布,从而使结构免遭破坏。

抗拉强度虽然不能直接作为计算依据,但屈服强度与抗拉强度的比值,即"屈强比"(σ_s/σ_b)对工程应用有较大意义。工程使用的钢材不仅希望具有高的屈服强度,还希望具有一定的屈强比。屈强比愈小,钢材在应力超过屈服强度工作时的可靠性愈大,即延缓结构损坏过程的潜力愈大,因而结构的安全储备愈大,结构愈安全;但屈强比过小,钢材强度的有效利用率低,造成浪费。建筑钢材的合理屈强比应在0.60～0.75之间。常用碳素钢的屈强比为0.58～0.63,合金钢的屈强比为0.65～0.75。

④颈缩阶段——*EF*阶段。当钢材强化达到最高点后,试件薄弱处的截面显著缩小,产生"颈缩现象"。由于试件断面急剧缩小,塑性变形迅速增加,拉力也随着下降,最后试件被拉断。试件拉断后的标距增量与

原始标距之比的百分率为断后伸长率，按式(7-1)计算：

$$A_k = \frac{L_1 - L_0}{L_0} \times 100\% \tag{7-1}$$

式中 A_k——断后伸长率，%；

L_1——试件拉断后的标距，mm；

L_0——试件试验前的原始标距，mm；

k——长或短试件的标志，长标距试件 $k=11.3$，短标距试件 $k=5.65$。

[注：比例试样是按公式 $L_0=k\sqrt{S_0}$（S_0 为试样原始横截面面积）计算得到试样原始标距 L_0。式中系数 k 通常为 5.65 或 11.3，前者为短试样，$L_0=5d$；后者为长试样，$L_0=10d$。当 $k=5.65$ 时，钢材的断后伸长率可直接用 A 表示；当 $k=11.3$ 时，则用 $A_{11.3}$ 表示。对于冷轧带肋钢筋等冷加工钢材，其性能测试时，通常采用非比例标距（或定标距），当定标距取为 $x$mm 时，其断后伸长率用 A_x 来表示。如标距 L_0 取 100mm 时，断后伸长率用 A_{100} 表示。]

拉断前后的试件如图 7-3 所示。

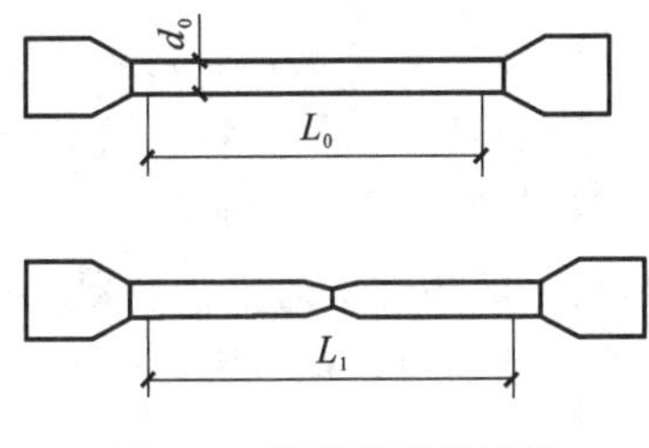

图 7-3 拉断前后的试件

伸长率反映钢材拉伸断裂时所能承受的塑性变形能力，是衡量钢材塑性的重要技术指标。钢材拉伸时塑性变形在试件标距内的分布是不均匀的，颈缩处的伸长较大，故试件原始标距（L_0）与直径（d_0）之比愈大，颈缩处的伸长值在总伸长值中所占比例愈小，计算所得伸长率也愈小。通常钢材拉伸试件取 $L_0=5d$ 或 $L_0=10d$，其伸长率以 A 或 $A_{11.3}$ 表示。对于同一钢材，$A>A_{11.3}$。

传统的伸长率（断后伸长率）只反映颈缩断口区域的残余变形，不反映颈缩出现之前整体的平均变形，也不反映弹性变形，这与钢材拉断时刻应变状态下的变形相差较大。而且各类钢材的颈缩特征也有差异，再加上断口拼接误差，较难真实反映钢材的拉伸变形特性。为此，以钢材在最大力时的总伸长率作为钢材的拉伸性能指标更为合理。钢材的最大力总伸长率，可按式(7-2)计算：

$$A_{gt} = \frac{L - L_0}{L_0} + \frac{\sigma_b}{E} \times 100\% \tag{7-2}$$

式中 A_{gt}——最大力总伸长率，%；

L——试样拉断后测量区标记间的距离，mm；

L_0——试验前测量区标记间的距离，mm；

σ_b——抗拉强度，MPa；

E——钢材的弹性模量，MPa。

通过拉伸试验还可以测得另一个表明钢材塑性的指标——断面收缩率 Z，对于圆形横截面试样，它是试样被拉断后，在颈缩最小处相互垂直方向测量直径，取其算术平均值计算最小横截面面积，原始横截面面积 S_0 与断后最小横截面面积 S_u 之差除以原始横截面面积得到的百分率，可按式(7-3)计算：

$$Z = \frac{S_0 - S_u}{S_0} \times 100\% \tag{7-3}$$

式中 S_0——试样原始横截面面积，mm^2；

S_u——试样拉断后最小横截面面积，mm^2。

断后伸长率 A_k 和断面收缩率 Z 越大，材料的塑性越好，一般认为 $A_k<5\%$ 的材料为脆性材料。

断面收缩率能更真实地反映颈缩处的塑性变形特征，相比伸长率能更好地表示钢材的塑性变形能力，但在实际测定时较为困难，误差较大，所以一般仍用伸长率来表示钢材的塑性。

材料的塑性指标一般不直接用于设计计算，但材料具有一定的塑性，当零件遭受意外过载或冲击时，通过塑性变形和应变硬化的配合可避免发生突然断裂；当零件因存在台阶、沟槽、小孔及表面粗糙不平滑的情况而出现应力集中时，通过塑性变形可削减应力峰、缓和应力集中，从而防止工件出现早期破坏，以免引起建筑结构的局部破坏及其所导致的整个结构垮塌；材料具有一定的塑性可保证某些成型工艺（如冷冲压、轧制、冷弯、校直、冷铆）和修复工艺的顺利进行；对于金属材料，塑性指标还能反映材料冶炼质量，是反映材料生产与加工质量的指标之一。

7.2.1.2 冲击韧性

冲击韧性是钢材抵抗冲击荷载的能力。钢材的冲击韧性用试件冲断时单位面积上所吸收的能量来表示。冲击韧性按式(7-4)计算:

$$\alpha_k = \frac{W}{A} \tag{7-4}$$

式中 α_k——冲击韧性,J/cm²;

W——试件冲断时所吸收的冲击能,J;

A——试件槽口处最小横截面面积,cm²。

影响钢材冲击韧性的主要因素有:

①化学成分。钢材中有害元素磷和硫较多时,α_k下降。

②冶炼质量。脱氧不完全、存在偏析现象的钢,α_k值小。

③冷加工硬化及时效。钢材经冷加工及时效后,α_k降低。

钢材的时效是指随时间的延长,钢材强度逐渐提高而塑性、韧性不断降低的现象。钢材完成时效变化过程,在自然条件下通常需经数十年,但当钢材承受振动或反复荷载作用时则时效迅速发展,从而使其冲击韧性的降低加快。钢材因时效而导致其性能改变的性质称时效敏感性。为了保证使用安全,在设计承受动荷载和反复荷载的重要结构(如吊车梁、桥梁等)时,应选用时效敏感性小的钢材。

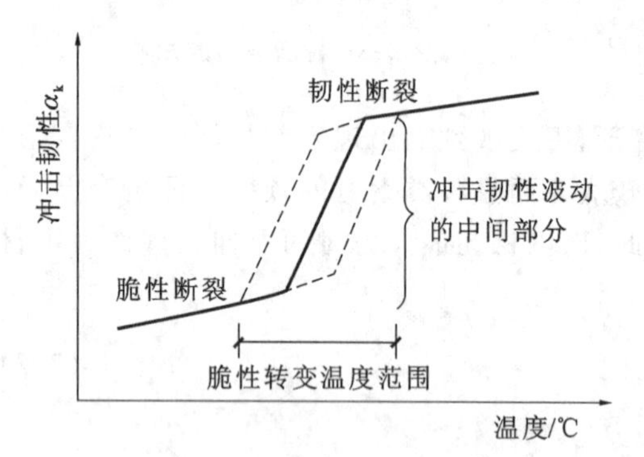

图7-4 钢材的脆性转变温度

④环境温度。钢材的冲击韧性随温度的降低而下降,其规律是:刚开始冲击韧性随温度的降低而缓慢下降,但当温度降至一定范围(狭窄的温度区间)时,钢材的冲击韧性骤然下降很多而呈脆性,即冷脆性,此温度(范围)称为脆性转变温度(范围),见图7-4。脆性转变温度越低,表明钢材的低温冲击韧性越好。为此,在负温下使用的结构,设计时必须考虑钢材的冷脆性,应选用脆性转变温度低于最低使用温度的钢材,并满足规范规定的−20℃或−40℃条件下冲击韧性指标的要求。

【案例分析7-1】 第二次世界大战前夕,比利时先后在阿尔贝特运河(Albert Canal)上建造了约50座空腹桁架桥梁,所用原材料钢材为比利时St42转炉钢,焊接结构。其中,卡里莱(Kauuue)大桥,跨度48.78m,在−14℃时发生脆断坍塌;亥伦脱尔-奥兰(Herentuals-Oolen)大桥,跨度60.98m,于1940年1月19日发生破坏,当时气温为−14℃,其中一条裂缝长达2.1m,宽25mm。据统计,1938—1950年比利时共有14座大桥断裂,其中6座是在负温下因冷脆而断裂的。经检验发现,所用钢材中的碳、磷等元素含量偏高,焊接的撑竿拱架中有众多焊接裂缝,且在较低温度下使用,这是发生事故的主要原因。

1951年1月31日,加拿大魁北克市圣劳伦斯河上的杜佩里西斯(Duplessis)桥梁突然断成两段,摔到冰面上。当时气温为−35℃,钢桥发生的破坏属于典型的低温脆断。该桥建于1947年,为全焊接结构,由6跨54.88m和2跨45.73m组成。使用27个月后,发现桥的东端有裂纹,曾用新钢板焊补。该桥所用钢材的含碳量为0.23%~0.4%,含硫量为0.04%~0.116%,冲击韧性很低,且夹杂物很多。

【原因分析】 上述钢结构事故都与低温冷脆问题有关。钢结构的脆断事故往往发生得很突然,没有明显的塑性变形,构件破坏时的应力一般都低于钢材的屈服应力,有时甚至只有其值的20%左右。试验研究表明,低温下钢材和焊缝的屈服应力不会下降(低温硬化),但在循环荷载作用下,脆性转变温度却显著提高。低温脆断往往与材料的疲劳有关,高应力作用下,裂纹发展很快。随着西部大开发,我国东北、西藏等高寒地区也必将越来越多地应用钢结构,在这些地方应用钢结构除一般好处外,还有施工不受季节限制、运输方便、养护工作量少等优点,其应用前景很好,但钢结构的低温冷脆问题必须引起足够的重视,特别是铁路桥梁。

7.2.1.3 硬度

硬度是指钢材抵抗硬物压入表面的能力。硬度值与钢材力学性能之间有一定的相关性。

我国现行标准测定金属硬度的方法有布氏硬度法、洛氏硬度法和维氏硬度法三种。常用的硬度指标为布氏硬度和洛氏硬度。

(1)布氏硬度

图 7-5 所示为布氏硬度的试验方法，是按规定选择一个直径为 D(mm)的淬硬钢球或硬质合金球，以一定荷载 P(N)将其压入试件表面，持续至规定时间后卸去荷载，测定试件表面上的压痕直径 d(mm)，根据计算或查表确定单位面积上所承受的平均应力值(以 kgf/mm^2 为单位时的应力值)，其值作为硬度指标(无量纲)，称为布氏硬度，用符号 HBW 表示，按式(7-5)计算：

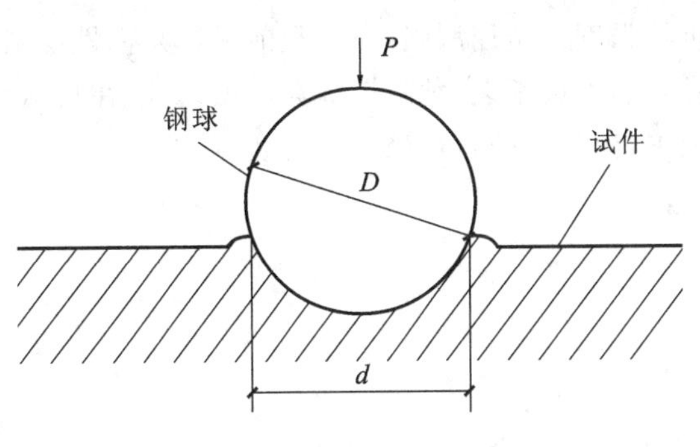

图 7-5 布氏硬度测定示意图

$$HBW = 0.102 \times \frac{P}{S} = 0.102 \times \frac{2P}{\pi D(D - \sqrt{D^2 - d^2})} \tag{7-5}$$

式中 0.102——$1/g$，1N=0.102kgf(千克力)；

P——荷载大小，N；

S——压痕的表面积，mm^2；

D——合金球的直径，mm；

d——压痕的直径，mm。

布氏硬度的表示方法为：硬度值＋HBW＋球直径(mm)＋试验力数字(N)＋与规定时间(10～15s)不同的试验保持时间。例如：350HBW5/750 表示用直径 5mm 的硬质合金球在 7.355kN 试验力作用下保持 10～15s测定的布氏硬度值为 350；600HBW1/30/20 表示直径 1mm 的硬质合金球在 294.2N 试验力作用下保持 20s 测定的布氏硬度值为 600。实际测定可根据测得的 d 按已知的 F、D 值查表求得硬度值。布氏硬度试验上限为 650。

布氏硬度试验应根据材料软硬和工件厚度不同，正确选择荷载 P 和压头直径 D，并使 $0.102F/D^2$ 为常数，以使同一材料在不同的 P、D 下获得相同的 HBW 值。同时为保证测得的 HBW 值的准确性，要求试验力的选择应保证压痕直径 d 与压头直径 D 的比值在 0.24～0.6 之间。布氏硬度试验的优点是因压痕面积大、测量结果误差小，且与强度之间有较好的对应关系，故有代表性和重复性，但同时也因压痕面积大而不适于成品零件和薄而小的工件。此外，因需测量 d 值，被测处要求平整，测试过程相对较烦琐。

(2)洛氏硬度

洛氏硬度试验是将金刚石圆锥体或钢球等压头，按一定试验荷载压入试件表面，以压头压入试件的深度来表示硬度值(无量纲)，称为洛氏硬度，代号为 HR。

洛氏硬度的具体测试方法：使用初始试验力 F_0 将压头垂直压入试样表面，然后施加主试验力，使用总试验力 F_0+F_1 压入并保持一段时间后，撤除主试验力，保持初始试验力。施加主试验力后与施加主试验力前压痕深度的差值与材料的洛氏硬度值有着线性关系，在洛氏硬度标尺上，每 $2\mu m$ 压痕深度差值代表一个洛氏硬度刻度。

为能用同一台硬度计测定硬度高低不同的材料与工件的硬度，常采用材料与形状尺寸不同的压头和荷载组合以获得不同的洛氏标尺，每一种标尺用一个字母在硬度符号 HR 之后标明。实际检测时，HR 值可从硬度计的百分度盘上直接读出，标记时硬度值置于 HR 之前，如 60HRC、75HRA 等。

洛氏硬度试验的优点是操作简便迅速，生产效率高，适用于大量生产中的成品检验；压痕小，几乎不损伤工件表面，可对工件直接进行检验；采用不同标尺，可测定软硬不同和薄厚不一样的各种工件的硬度。其缺点是压痕较小，代表性差；材料中的偏析及组织不均匀等情况，使所测硬度值的重复性差、分散度大；用不同标尺测得的硬度值既不能直接进行比较，又不能彼此互换。

7.2.1.4 *疲劳强度*

钢材在交变荷载作用下发生断裂的现象称为疲劳断裂。交变荷载是指大小、方向随时间发生周期性循环变化的荷载，又称循环荷载。疲劳断裂属于低应力脆断，其特点为：断裂时的应力远低于材料静荷载下的抗拉强度甚至屈服强度;断裂前无论是韧性材料还是脆性材料均无明显的塑性变形,是一种无征兆的、突然发生的脆性断裂,危险性极大。据统计,在机械零件的断裂失效中,80%以上属于疲劳断裂。在土木工程机械中,应注意防止机械零件的疲劳断裂。

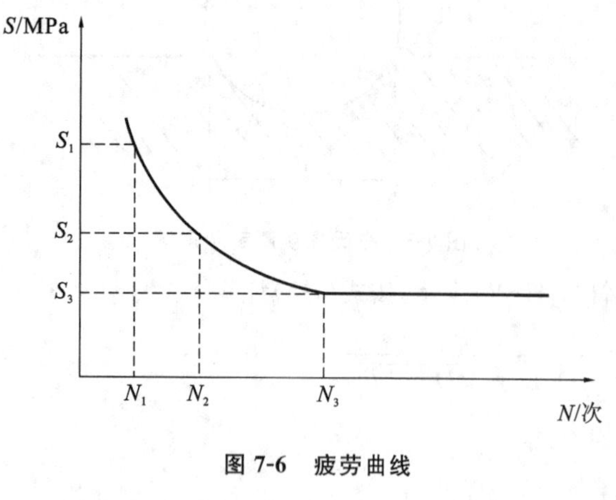

图 7-6　疲劳曲线

评定材料疲劳抗力的常用指标是疲劳强度,即材料经受无限多次循环而不断裂的最大应力,记为 S_r,下标 r 为应力对称循环系数。对于金属材料,通常按《金属材料 疲劳试验 旋转弯曲方法》(GB/T 4337—2015)测定在对称应力循环条件下材料的疲劳极限。试验时用多组试样,在不同的交变应力(S)下测定试样发生断裂的周次(N),绘制疲劳曲线(S-N曲线),如图 7-6 所示。对钢铁材料,当应力降到某值后,S-N 曲线趋于水平直线,此直线对应的应力即为疲劳极限。大多数有色金属及其合金和许多聚合物,其疲劳曲线上没有水平直线,工件上常将$N=10^7$或$N=10^8$ 次时对应的应力作为条件疲劳极限。

影响疲劳强度的因素很多,主要有循环应力特性、温度、材料的成分和组织、表面状态、残余应力等。一般钢材的疲劳强度为其抗拉强度的 40%～50%,有色金属为 25%～50%。因此,改善零件疲劳强度可通过合理选材、改善材料的结构形状、减少材料和零件的缺陷、降低零件表面粗糙度、对零件表面进行强化等方法解决。

7.2.2　工艺性能

7.2.2.1　冷弯性能

冷弯性能是钢材在常温条件下承受弯曲变形的能力,是反映钢材缺陷的一种重要工艺性能。

钢材的冷弯性能以试验时的弯曲角度和弯心直径为指标来表示。

钢材冷弯时弯曲角度愈大,弯心直径愈小,则表示对冷弯性能的要求愈高。试件弯曲处若无裂纹、断裂及起层等现象,则认为其冷弯性能合格。图 7-7 所示为弯曲角度 180°时不同弯心直径的钢材冷弯试验。

钢材的冷弯性能与伸长率一样,也是反映钢材在静荷载作用下的塑性,而且冷弯是在更苛刻的条件下对钢材塑性的严格检验,它能反映钢材内部组织是否均匀、是否存在内应力及夹杂物等缺陷。在工程中,冷弯试验还被用作严格检验钢材焊接质量的一种手段。

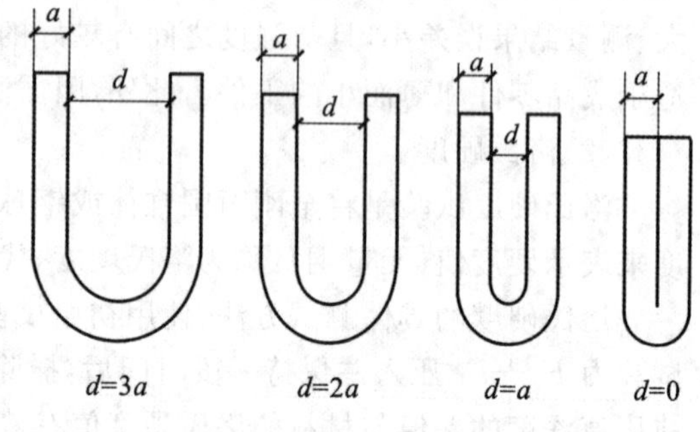

图 7-7　钢材的冷弯试验

a—钢材直径;d—弯心直径

7.2.2.2　焊接性能

建筑工程中,无论是钢结构的组合还是钢筋骨架、接头、预埋件的连接等,绝大多数都是采用焊接工艺加工的。焊接性能是指在一定焊接工艺条件下,在焊缝及附近过热区不产生裂纹及硬脆倾向,焊接后的力学性能,特别是强度不低于原钢材的性质。

焊接性能主要受化学元素及其含量的影响,含碳量高将增加焊接的硬脆性,含碳量小于 0.25%的碳素钢具有良好的可焊性。加入合金元素如硅、锰、钒、钛等也将增大焊接的硬脆性,降低可焊性,特别是硫能使焊接产生热裂纹并增强硬脆性。

焊接结构应选用含碳量较低的镇静钢。为了改善焊接后的硬脆性,对于高碳钢及合金钢,焊接时一般要采用焊前预热及焊后热处理等措施。

评定钢材的焊接性能主要看以下三个方面:

①根据规范要求测定焊接金属对形成裂缝的倾向,此倾向越大,其焊接性能越差。

②测定焊接接缝附件的基体金属(母材)在热作用下产生脆化的倾向,热影响区的脆性倾向越大,说明钢材的可焊性越差。

③测定焊缝金属及整个焊件的各种使用性能是否均已达到规范所规定的指标要求。

7.3 钢材的冷加工与热处理

7.3.1 钢材的冷加工及时效处理

将钢材于常温下进行冷拉、冷拔、冷轧、冷扭等，使之产生一定的塑性变形，强度和硬度明显提高，塑性和韧性有所降低，这个过程称为钢材的冷加工(或冷加工强化)。

(1)冷拉处理

冷拉是将热轧钢筋用冷拉设备进行张拉，当应力超过屈服点(如图7-8中K点)，然后将荷载卸去，σ-ε曲线沿KO'下降至O'点，钢材产生塑性变形OO'。此时对钢材再进行拉伸，形成新的σ-ε曲线$O'KCD$(虚线)，屈服极限在K点附近。由图可见，钢材冷拉后屈服强度提高，抗拉强度基本不变，而塑性、韧性降低。冷拉后钢筋不仅屈服强度提高20%～30%，同时钢筋长度增加4%～10%，因此冷拉也是节约钢材(一般为10%～20%)的一种措施。

实际冷拉时，应通过试验确定冷拉参数。冷拉参数的控制，直接关系到冷拉效果和钢材质量。

钢筋的冷拉可采用控制应力或控制冷拉率的方法。当采用控制应力方法时，在控制应力下的最大冷拉率应满足规定要求，当最大冷拉率超过规定要求时，应进行力学性能检验。当采用控制冷拉率方法时，冷拉率必须由试验确定，测定冷拉率时钢筋的冷拉应力应满足规定要求。对不能分清炉罐号的热轧钢筋，不应采取控制冷拉率的方法。

(2)冷拔处理

将光圆钢筋通过硬质合金拔丝模孔强行拉拔的过程为冷拔处理。钢筋在冷拔过程中，不仅受拉，同时还受到挤压作用。经过一次或多次冷拔后，钢筋的屈服强度可提高40%～60%，但塑性大大降低，具有硬钢的性质。

(3)冷轧处理

热轧圆盘条经冷拉或冷拔后，在其表面冷轧成三面有肋的钢筋的过程为冷轧处理。

冷加工后的钢材，通常需经时效处理后再使用，即需放置一段时间(或进行加热处理)。图7-8显示了钢筋经冷拉和时效处理后的应力-应变变化。如在K点卸载后进行时效处理，然后再拉伸，则σ-ε曲线将成为$O'K'C'D'$，这表明冷拉时效后，屈服强度和抗拉强度均得到提高，但塑性和韧性进一步降低。时效处理分自然时效处理和人工时效处理两种方法。自然时效处理是将冷加工后的Ⅰ级、Ⅱ级钢筋在常温下放置15～20d即可；人工时效处理是将冷加工后的钢材加热至100～200℃保持2～3h即达时效效果。一般土木工程中，应通过试验选择合理的冷拉应力和时效处理措施。强度较低的钢筋可采用自然时效处理，而强度较高的钢筋应采用人工时效处理。

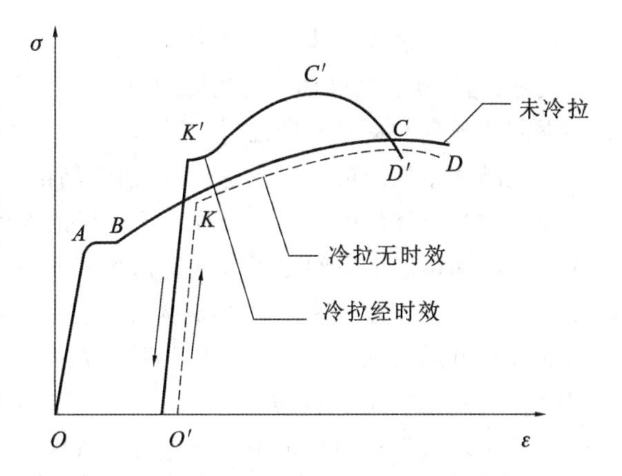

图7-8 钢筋经冷拉和时效处理后应力-应变变化曲线

钢材冷加工强化的原因，一般认为是钢材经冷加工产生塑性变形后，塑性变形区域内的晶粒产生相对滑移，导致滑移面下的晶粒破碎，晶格歪扭畸变，滑移面变得凹凸不平，对晶粒进一步滑移起阻碍作用，亦即提高了抵抗外力的能力，故屈服强度得以提高。同时，冷加工强化后的钢材，由于塑性变形后滑移面减少，从而塑性降低，脆性增大，且变形中产生的内应力使钢的弹性模量降低。

钢材产生时效的主要原因是，溶于α-Fe中的碳、氮原子，向晶格缺陷处移动和集中的速度大为加快，这将使侧移面缺陷处碳、氮原子富集，使晶格畸变加剧，造成其侧移、变形更为困难，因而强度进一步提高，塑性和韧性进一步降低，而弹性模量则基本恢复。

7.3.2 钢材的热处理

(1)退火处理

退火是指将钢材加热至723℃以上某一温度,保持相当时间后,在退火炉中缓慢冷却。退火能消除钢材中的内应力,细化晶粒,使组织均匀、钢材硬度降低、塑性和韧性提高。在钢材冷拔工艺过程中,常需进行退火处理,因为钢材经数次冷拔后,变得很脆,再继续拉拔易被拉断,这时必须对钢材进行退火处理,以提高其塑性和韧性后再次进行冷拔。

(2)正火处理

正火是将钢材加热到723℃以上某一温度,并保持相当长时间,然后在空气中缓慢冷却,可得到均匀细小的显微组织。钢材正火后强度和硬度提高,塑性较退火小。

(3)淬火处理

将钢材加热至723℃(相当温度)以上某一温度范围,并保持一定时间后,迅速置于水中或机油中冷却,这个过程称钢材的淬火处理。钢材经淬火后,强度和硬度提高,脆性增大,塑性和韧性明显降低。

(4)回火处理

将淬火后的钢材重新加热到723℃以上某一温度,保温一定时间后再缓慢或较快地冷却至室温,这一过程称为回火处理。回火可消除钢材淬火时产生的内应力,使其硬度降低,恢复塑性和韧性。按回火温度不同,又可分为高温回火(500～650℃)、中温回火(350～500℃)和低温回火(150～250℃)三种。回火温度愈高,钢材硬度下降愈多,塑性和韧性愈好。若钢材淬火后随即进行高温回火处理,则称为调质处理,其目的是使钢材的强度、塑性、韧性等性能均得以改善。

7.4 钢材组织和化学成分对钢材性能的影响

7.4.1 钢材的基本组织对钢材性能的影响

7.4.1.1 钢材的晶体结构

钢材是铁-碳合金晶体,其晶体结构中,各个原子以金属键相互结合在一起,这种结合方式就决定了钢材具有很高的强度和良好的塑性。

描述晶体结构的最小单元是晶格,钢的晶格有两种构架,即体心立方晶格和面心立方晶格,前者是原子排列在一个立方体的中心及各个顶点而构成的空间格子,后者是原子排列在一个正六面体的各个顶点及六个面的中心而构成的空间格子。碳素钢从液态变成固态晶体结构时,随着温度的降低,其晶格要发生两次转变,在1390℃以上的高温时,形成体心立方晶格,称为δ-Fe;温度由1390℃降至910℃的中温范围时,则转变为面心立方晶格,称为γ-Fe,此时伴随体积减小;温度继续降至910℃以下的低温时,又转变成体心立方晶格,称为α-Fe,这时体积将增大。

借助于现代先进的测试手段对金属的微观结构进行深入研究,可以发现钢材的晶格并不是完好无缺的规则排列,而是存在许多缺陷,它们将显著地影响钢材的性能,这也是钢材的实际强度远比其理论强度小的根本原因。其主要的缺陷有三种:

①点缺陷——空位、间隙原子,如图7-9(a)所示。空位减弱了原子间的结合力,使钢材强度降低;间隙原子使钢材强度有所提高,但塑性降低。

②线缺陷——刃型位错,如图7-9(b)所示。刃型位错是金属晶体成为不完全弹性体的主要原因之一,它使杂质易于扩散。

③面缺陷——晶界面上原子排列紊乱,如图7-9(c)所示。它使钢材强度提高而塑性降低。

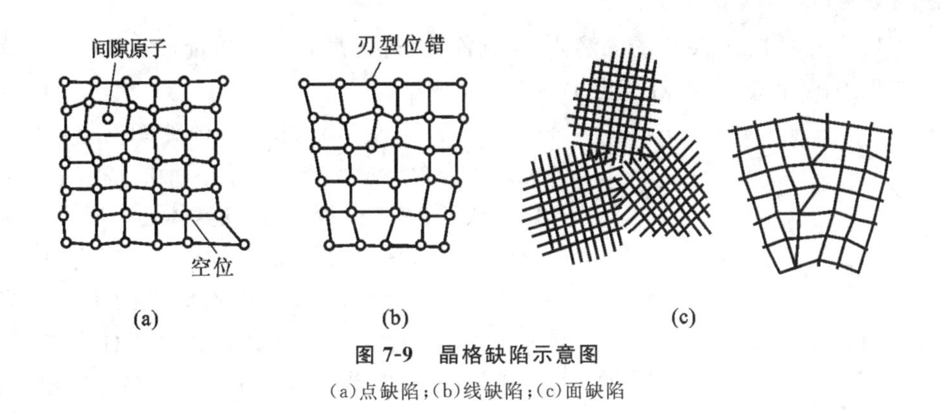

图 7-9 晶格缺陷示意图

(a)点缺陷；(b)线缺陷；(c)面缺陷

知识拓展

超细晶粒钢

超细晶粒钢是指通过特殊的冶炼和轧制方法得到的晶粒尺寸在微米级或亚微米级的新一代超强结构钢。它是当前汽车用钢铁材料的研究热点，是21世纪先进高性能结构材料的代表。

传统钢中，晶粒尺寸在100μm以下就称为细晶粒钢，即传统细晶粒钢。随着冶金技术和生产工艺的不断进步，细晶的尺寸不断缩小，甚至达到了微米、亚微米级。超细晶粒钢的强化思路具有明显的特点，即通过晶粒的超细化同时实现强韧化，完全不同于传统的以合金元素添加及热处理为主要方式的强化思路。与目前相同成分的普通钢材相比，其强度至少要高出一倍。

工业上的超细晶粒钢是指微米级的超细晶粒钢。与同等强度的传统钢相比，超细晶粒钢具有低碳和低碳当量以及低的杂质含量，不仅有益于其焊接性，同时也有利于改善钢的其他性能，如接头中HAZ和母材的韧性以及对氢致裂纹(HIC)、硫化物应力腐蚀裂纹(SSCC)抗力等。超细晶粒钢中也含有少量的Nb、V、Ti等微合金元素，其主要目的是形成碳、氮化合物，从而有效防止晶粒长大。由于超细晶粒钢中S、P、N等元素含量较低且加入了微合金元素，因此自由氮含量降低，时效影响较小，韧性较好。

由于超细晶粒钢具有优良的抗疲劳性能、良好的焊接性、较高的强度以及良好的低温韧性等优点，其在加工领域得到了广泛应用。为获得超细晶粒钢，已开发出多种工艺方法：同一快速加热条件下的热处理反复多次作用、金属粉末机械研磨、控轧、控冷、TMCP(控制轧制和控制冷却技术)、复合TMCP法等。利用生产工艺技术是获得超细晶粒的主要手段，是超细晶粒钢具有优良强韧综合性能的决定因素，因此超细晶粒钢与传统钢所不同的是其化学成分不能用于预测钢种的强度。东风汽车公司从2002年开始超细晶粒钢的推广应用工作，主要应用攀钢生产的SP52的超细晶粒钢。我国的宝钢、武钢等生产的400MPa超细晶粒钢也在中国一汽、东风汽车等厂家批量使用，用于制造卡车横梁或汽车底盘加强梁。

7.4.1.2 钢材的基本组织

要得到含铁100%纯度的钢是不可能的，实际上，钢是以铁为主的铁碳合金，虽然其中碳含量很少，但对钢材性能影响非常大。碳素钢冶炼时钢水冷却过程中，其铁和碳有以下三种结合形式：固溶体、化合物(Fe_3C)和机械混合物。这三种形式的Fe-C，于一定条件下能形成具有一定形态的聚合体，称为钢的组织。钢的基本组织主要有以下几种。

①铁素体。钢材中的铁素体是C在α-Fe中的固溶体，由于α-Fe体心立方晶格的原子空隙小，溶碳能力较差，故铁素体含碳量很少(小于0.02%)，因此其塑性、韧性很好，但强度、硬度很低。

②渗碳体。渗碳体为铁和碳的化合物Fe_3C，其含碳量最高(达6.67%)，晶体结构复杂，塑性差，性硬脆，抗拉强度低。

③珠光体。珠光体为铁素体和渗碳体的机械混合物，含碳量较低(0.8%)，层状结构，塑性和韧性较好，强度较高。

④奥氏体。奥氏体为C在γ-Fe中的固溶体,溶碳能力较强,高温时含碳量可达2.06%,低温时下降至0.8%。其强度、硬度不高,但塑性好,在高温下易于轧制成型。

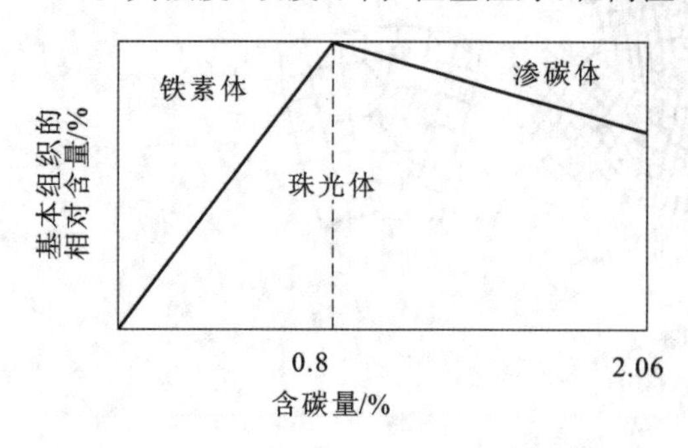

图7-10 碳素钢中基本组织的相对含量与含碳量的关系

图7-10显示了碳素钢中基本组织的相对含量与其含碳量的关系。当含碳量小于0.8%时,钢的基本组织由铁素体和珠光体组成,随着含碳量增加,铁素体逐渐减少而珠光体逐渐增大,钢材塑性、韧性则随强度、硬度逐渐提高而降低。

当含碳量为0.8%时,钢的基本组织仅为珠光体。当含碳量大于0.8%时,钢的基本组织由珠光体和渗碳体组成,此后随含碳量的增加,珠光体逐渐减少而渗碳体相对增加,从而使钢的硬度逐渐增大,塑性和韧性减小,且强度下降。

建筑工程中所用钢材的含碳量均在0.8%以下,所以建筑钢材的基本组织由铁素体和珠光体组成,因此建筑钢材既具有较高的强度,同时塑性、韧性也较好,从而能很好地满足所需的技术性能要求。

【例7-1】 含碳量与碳素钢内部组织以及性能有何关系?

【解】 当含碳量为0.8%时,钢材的晶体组织为珠光体;当含碳量小于0.8%时,内部组织为铁素体和珠光体;当含碳量大于0.8%时,内部组织为珠光体和渗碳体。

碳是影响钢材性能的主要元素之一,当含碳量小于0.8%时,随含碳量增加,其强度和硬度提高,塑性和韧性降低。当含碳量大于1%后,除硬度继续增加外,其强度、塑性和韧性均明显下降。含碳量大于0.3%时钢的可焊性显著降低。此外,含碳量增加,钢的冷脆性和时效敏感性增强,耐锈蚀性降低。

7.4.2 钢材的化学成分对钢材性能的影响

钢材中除了主要化学成分铁(Fe)以外,还含有少量的碳(C)、硅(Si)、锰(Mn)、磷(P)、硫(S)、氧(O)、氮(N)、钛(Ti)、钒(V)等元素,这些元素虽然含量少,但对钢材性能有很大影响。

(1)碳

碳是决定钢材性能最重要的元素。碳对钢材性能的影响如图7-11所示。当钢中含碳量小于0.8%时,随着含碳量的增加,强度和硬度提高,而塑性和韧性降低;含碳量在0.8%~1.0%时,随着含碳量的增加,强度和硬度提高,而塑性降低,钢材为脆性,含碳量在1.0%左右时,钢材的强度达到最高;当含碳量大于1.0%时,随着含碳量的增加,钢材的硬度提高,脆性增大,而强度和塑性降低。当含碳量大于0.3%时,随着含碳量的增加,钢材的可焊性显著降低,焊接性能变差,冷脆性和时效敏感性增大,耐大气锈蚀性降低。

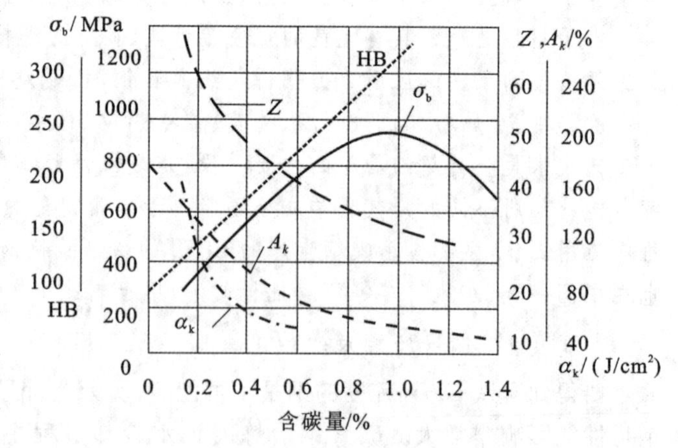

图7-11 含碳量对碳素钢性能的影响

δ_b—抗拉强度;A_k—伸长率;α_k—冲击韧性;Z—断面收缩率;HB—硬度

一般工程所用的碳素钢为低碳钢,即含碳量小于0.25%;工程所用的低合金钢,其含碳量小于0.52%。

(2)硅

硅作为脱氧剂而存在于钢中,是钢中有益的主要合金元素。硅含量较低(小于1.0%)时,随着硅含量的增加,钢材的强度、抗疲劳性、耐腐蚀性及抗氧化性提高,而对塑性和韧性无明显影响,但对可焊性和冷加工性能有所影响。通常,碳素钢的硅含量小于0.3%,低合金钢的硅含量小于1.8%。

(3)锰

锰是炼钢时用来脱氧去硫而存在于钢中的,是钢中有益的主要合金元素。锰具有很强的脱氧去硫能力,能减轻或消除氧、硫所引起的热脆性。随着锰含量的增加,钢材的热加工性能大大改善,钢材的强度、硬度及耐磨性提高。当锰含量小于1.0%时,对钢材的塑性和韧性无明显影响。一般低合金钢的锰含量为1.0%~2.0%。

(4)磷

磷是钢中很有害的元素。随着磷含量的增加,钢材的强度、屈强比、硬度提高,而塑性和韧性显著降低。温度愈低,对塑性和韧性的影响愈大,显著加大钢材的冷脆性。通常,磷含量要小于0.045%。

磷也使钢材的可焊性显著降低,但磷可提高钢材的耐磨性和耐蚀性,故在低合金钢中可配合其他元素作为合金元素使用。

(5)硫

硫也是钢中很有害的元素。随着硫含量的增加,钢材的热脆性加大,各种机械性能降低,也使钢材的可焊性、冲击韧性、耐疲劳性和抗腐蚀性等均降低。通常,硫含量要小于0.045%。

(6)氧

氧是钢中的有害元素。随着氧含量的增加,钢材的强度有所降低,塑性特别是韧性显著降低,可焊性变差。氧的存在会造成钢材的热脆性。通常,氧含量要小于0.03%。

(7)氮

氮对钢材性能的影响与碳、磷相似。随着氮含量的增加,钢材的强度提高,但塑性特别是韧性显著降低,可焊性变差,冷脆性加剧。氮在铝、铌、钒等元素的配合下可以减少其不利影响,改善钢材性能,可作为低合金钢的合金元素使用。通常,氮含量要小于0.008%。

(8)钛

钛是强脱氧剂。随着钛含量的增加,钢材强度显著提高,韧性、可焊性改善,但塑性稍降低。钛是常用的微量合金元素。

(9)钒

钒是弱脱氧剂。钒加入钢中可减弱碳和氮的不利影响。随着钒含量的增加,钢材强度有效提高,但有时也会增加焊接淬硬倾向。钒也是常用的微量合金元素。

7.5 土木工程常用钢材及其技术要求

7.5.1 土木工程中主要钢种

7.5.1.1 碳素结构钢

(1)碳素结构钢的牌号及其表示方法

根据《碳素结构钢》(GB/T 700—2006)规定,碳素结构钢牌号分为Q195、Q215、Q235和Q275。

碳素结构钢的牌号由屈服强度的字母Q、屈服强度特征值、质量等级符号(A、B、C、D)、脱氧程度符号(F、b、Z、TZ)四个部分按顺序组成。镇静钢(Z)脱氧程度符号在钢的牌号中可省略。按硫、磷杂质含量由多到少的顺序,质量等级分为A、B、C、D四等。如Q235-A·F,表示此碳素结构钢是屈服强度为235MPa以上的A级沸腾钢;Q235-C,表示此碳素结构钢是屈服强度为235MPa以上的C级镇静钢。

Q195及Q215的强度比较低,而Q275的含碳量都超出低碳钢的范围,所以建筑结构在碳素结构这一钢种中主要应用Q235这一钢号。

钢号中质量等级由A到D,表示质量由低到高。质量高低主要是以对冲击韧性(夏比V形缺口试验)的要求区分的,对冷弯试验的要求也有区别。对A级钢,冲击韧性不作为必要条件,对冷弯试验只在需求方有要求时才进行,而B、C、D各级则都要求A_{KV}值不小于27J;不过三者的试验温度有所不同,B级要求常温(20±5)℃冲击值,C级和D级则分别要求0℃和-20℃冲击值。B、C、D级也都要求冷弯试验合格。为了满足以上性能要求,不同等级的Q235钢的化学元素含量有区别。对C级和D级钢要提高其锰含量以增强韧性,同时降低其含碳量的上限以保证可焊性,此外,还要降低它们的硫、磷含量以保证质量。

(2)碳素结构钢的技术要求

按照《碳素结构钢》(GB/T 700—2006)规定,碳素结构钢的技术要求有以下几个方面:

①化学成分。各牌号碳素结构钢的化学成分应符合表7-1的规定。

②力学性能。碳素结构钢的强度、冲击韧性等指标应符合表7-2的规定，冷弯性能应符合表7-3的要求。

表7-1 **碳素结构钢的化学成分**

牌号	统一数字代号①	质量等级	厚度(或直径)/mm	化学成分(质量分数)/%，不大于					脱氧方法
				C	Mn	Si	S	P	
Q195	U11952	—	—	0.12	0.50	0.30	0.040	0.035	F、Z
Q215	U12152	A	—	0.15	1.20	0.35	0.050	0.045	F、Z
	U12155	B					0.045		
Q235	U12352	A	—	0.22	1.40	0.35	0.050	0.045	F、Z
	U12355	B		0.20②			0.045		
	U12358	C		0.17			0.040	0.040	Z
	U12359	D					0.035	0.035	TZ
Q275	U12752	A	—	0.24	1.50	0.35	0.050	0.045	F、Z
	U12755	B	≤40	0.21			0.045		Z
			>40	0.22					
	U12758	C	—	0.20			0.040	0.040	
	U12759	D					0.035	0.035	TZ

注：①表中为镇静钢(Z)、特殊镇静钢(TZ)牌号的统一数字代号，沸腾钢牌号的统一数字代号如下：

Q195F——U11950；

Q215AF——U12150，Q215BF——U12153；

Q235AF——U12350，Q235BF——U12353；

Q275AF——U12750。

②经需方同意，Q235B的含碳量可不大于0.22%。

表7-2 **碳素结构钢的力学性能**

牌号	质量等级	拉伸试验												冲击试验(V形)	
		屈服强度① σ_s/MPa，不小于						抗拉强度② σ_b/MPa	断后伸长率 A_k/%，不小于					温度/℃	冲击功(纵向)/J，不小于
		钢材厚度(或直径)/mm							钢材厚度(或直径)/mm						
		≤16	>16~40	>40~60	>60~100	>100~150	>150~200		≤40	>40~60	>60~100	>100~150	>150~200		
Q195	—	195	185	—	—	—	—	315~430	33	—	—	—	—	—	—
Q215	A	215	205	195	185	175	165	335~450	31	30	29	27	26	—	—
	B													20	27
Q235	A	235	225	215	215	195	185	370~500	26	25	24	22	21	—	—
	B③													20	27[c]
	C													0	
	D													−20	
Q275	A	275	265	255	245	225	215	410~540	22	21	20	18	17	—	—
	B													20	27
	C													0	
	D													−20	

注：①Q195的屈服强度值仅供参考，不作交货条件。

②厚度大于100mm的钢材，抗拉强度下限允许降低20MPa。宽带钢(包括剪切钢板)抗拉强度上限不作交货条件。

③厚度小于25mm的Q235B级钢材，如供方能保证冲击吸收功合格，经需方同意，可不作检验。

表 7-3 碳素结构钢的冷弯性能

牌号	试样方向	弯曲试验($B=2a$①,180°)	
		钢材厚度(或直径)②/mm	
		≤60	>60~100
		弯心直径 d/mm	
Q195	纵	0	—
	横	0.5a	
Q215	纵	0.5a	1.5a
	横	a	2a
Q235	纵	a	2a
	横	1.5a	2.5a
Q275	纵	1.5a	2.5a
	横	2a	3a

注:①B 为试样宽度,a 为试样厚度(或直径)。

②钢材厚度(或直径)大于 100mm 时,弯曲试验由双方协商确定。

从表 7-1~表 7-3 可以看出,碳素结构钢随着牌号的增大,其碳含量和锰含量增加,强度和硬度提高,而塑性和韧性降低,冷弯性能逐渐变差。

(3)碳素结构钢的应用

选用碳素结构钢时,应综合考虑结构的工作环境条件、承受荷载类型(动载或静载等)、承受荷载方式(直接或间接等)、连接方式(焊接或非焊接等)等。碳素结构钢由于其综合性能较好,且成本较低,目前在土木工程中应用广泛。应用最广泛的碳素结构钢是 Q235,由于其具有较高的强度,良好的塑性、韧性及可焊性,综合性能好,故能较好地满足一般钢结构和钢筋混凝土结构的用钢要求。Q235 大量用于轧制各种型钢、钢板及钢筋,其中 Q235-A 一般仅适用于承受静荷载作用的结构,Q235-C 和 Q235-D 可用于重要的焊接结构。

Q195 和 Q215 强度低,塑性和韧性较好,具有良好的可焊性,易于冷加工,常用作钢钉、铆钉、螺栓及钢丝等,也可作轧材用料。Q215 经冷加工后可代替 Q235 使用。

Q275 强度较高,但塑性、韧性和可焊性较差,不易焊接和冷弯加工,可用于轧制钢筋、制作螺栓配件等,但更多用于制造机械零件和工具等。

7.5.1.2 低合金高强度结构钢

低合金高强度结构钢是在碳素结构钢的基础上,加入总量小于 5%的合金元素制成的结构钢。所加入的合金元素主要有锰、硅、钒、钛、铌、铬、镍等。

(1)低合金高强度结构钢的牌号及其表示方法

根据《低合金高强度结构钢》(GB/T 1591—2018)规定,低合金高强度结构钢共有八个牌号,即 Q345、Q390、Q420、Q460、Q500、Q550、Q620、Q690。

低合金高强度结构钢的牌号由屈服强度字母 Q、规定的最小上屈服强度数值、交货状态代号、质量等级符号(B、C、D、E、F)四个部分组成。

(2)低合金高强度结构钢的技术要求及应用

按照《低合金高强度结构钢》(GB/T 1591—2018)规定,低合金高强度结构钢的化学成分与力学性能应符合表 7-4 和表 7-5 的要求。

表 7-4(1)　　　**热轧钢的牌号及化学成分**

牌号		化学成分(质量分数)/%														
钢级	质量等级	C①		Si	Mn	P③	S③	Nb④	V⑤	Ti⑤	Cr	Ni	Cu	Mo	N⑥	B
		以下公称厚度或直径/mm		不大于												
		≤40②	>40													
		不大于														
Q355	B	0.24		0.55	1.60	0.035	0.035	—	—	—	0.30	0.30	0.40	—	0.012	—
	C	0.20	0.22			0.030	0.030									
	D	0.20	0.22			0.025	0.025								—	
Q390	B	0.20		0.55	1.70	0.035	0.035	0.05	0.13	0.05	0.30	0.50	0.40	0.10	0.015	—
	C					0.030	0.030									
	D					0.025	0.025									
Q420⑦	B	0.20		0.55	1.70	0.035	0.035	0.05	0.13	0.05	0.30	0.80	0.40	0.20	0.015	—
	C					0.030	0.030									
Q460⑦	C	0.20		0.55	1.80	0.030	0.030	0.05	0.13	0.05	0.30	0.80	0.40	0.20	0.015	0.004

注:①公称厚度大于100mm的型钢,碳含量可由供需双方协调确定。

②公称厚度大于30mm的钢材,碳含量不大于0.22%。

③对于型钢和棒材,其磷和硫含量上限值可提高0.005%。

④Q390、Q420最高可到0.07%,Q460最高可到0.11%。

⑤最高可到0.20%。

⑥如果钢中酸溶铝Als含量不小于0.015%或全铝Alt含量不小于0.020%,或添加了其他固氮合金元素,氮元素含量不做限制,孤单元素应在质量证书中注明。

⑦仅适用于型钢和棒材。

表 7-4(2)　　　**正火、正火轧制钢的牌号及化学成分**

牌号		化学成分(质量分数)/%													
钢级	质量等级	C	Si	Mn	P①	S①	Nb	V	Ti③	Cr	Ni	Cu	Mo	N	Als④
		不大于			不大于					不大于					不小于
Q355N	B	0.20	0.50	0.90~1.65	0.035	0.035	0.005~0.05	0.01~0.12	0.006~0.05	0.30	0.50	0.40	0.10	0.015	0.015
	C				0.030	0.030									
	D				0.030	0.025									
	E	0.18			0.025	0.020									
	F	0.16			0.020	0.010									
Q390N	B	0.20	0.50	0.90~1.70	0.035	0.035	0.01~0.05	0.01~0.20	0.006~0.05	0.30	0.50	0.40	0.10	0.015	0.015
	C				0.030	0.030									
	D				0.030	0.025									
	E				0.025	0.020									
Q420N	B	0.20	0.60	1.00~1.70	0.035	0.035	0.01~0.05	0.01~0.20	0.006~0.05	0.30	0.80	0.40	0.10	0.015	0.015
	C				0.030	0.030									
	D				0.030	0.025								0.025	
	E				0.025	0.020									

续表

牌号		化学成分(质量分数)/%													
钢级	质量等级	C	Si	Mn	P[1]	S[1]	Nb	V	Ti[3]	Cr	Ni	Cu	Mo	N	Als[4]
		不大于			不大于					不大于					不小于
Q460N[2]	C				0.030	0.030								0.015	
	D	0.20	0.60	1.00~1.70	0.030	0.025	0.01~0.05	0.01~0.20	0.006~0.05	0.30	0.80	0.40	0.10	0.025	0.015
	E				0.025	0.020									

注:①对于型钢和棒材,硫和磷含量上限值可提高0.005%。

②V+Nb+Ti≤0.22%,Mo+Cr≤0.30%。

③最高可到0.20%。

④用全铝Alt替代,此时全铝最小含量为0.020%。当钢中添加了铌、钒、钛等细化晶粒元素且含量不小于表中规定含量的下限时,铝含量下限值不限。

表7-4(3) **热机械轧制钢的牌号及化学成分**

牌号		化学成分(质量分数)/%														
钢级	质量等级	C	Si	Mn	P[1]	S[1]	Nb	V	Ti[2]	Cr	Ni	Cu	Mo	N	B	Als[3]
		不大于														不小于
Q355M	B				0.035	0.035										
	C				0.030	0.030										
	D	0.14[4]	0.50	1.60	0.030	0.025	0.01~0.05	0.01~0.10	0.006~0.05	0.30	0.50	0.40	0.10	0.015	—	0.015
	E				0.025	0.020										
	F				0.020	0.010										
Q390M	B				0.035	0.035										
	C	0.15[4]	0.50	1.70	0.030	0.030	0.01~0.05	0.01~0.12	0.006~0.05	0.30	0.50	0.40	0.10	0.015	—	0.015
	D				0.030	0.025										
	E				0.025	0.020										
Q420M	B				0.035	0.035								0.015		
	C	0.16[4]	0.50	1.70	0.030	0.030	0.01~0.05	0.01~0.12	0.006~0.05	0.30	0.80	0.40	0.20		—	0.015
	D				0.030	0.025								0.025		
	E				0.025	0.020										
Q460M	C				0.030	0.030								0.015		
	D	0.16[4]	0.60	1.70	0.030	0.025	0.01~0.05	0.01~0.12	0.006~0.05	0.30	0.80	0.40	0.20	0.025	—	0.015
	E				0.025	0.020										
Q500M	C				0.030	0.030								0.015		
	D	0.18	0.60	1.80	0.030	0.025	0.01~0.11	0.01~0.12	0.006~0.05	0.60	0.80	0.55	0.20	0.025	0.004	0.015
	E				0.025	0.020										
Q550M	C				0.030	0.030								0.015		
	D	0.18	0.60	2.00	0.030	0.025	0.01~0.11	0.01~0.12	0.006~0.05	0.80	0.80	0.80	0.30	0.025	0.004	0.015
	E				0.025	0.020										

续表

牌号		化学成分(质量分数)/%														
钢级	质量等级	C	Si	Mn	P①	S①	Nb	V	Ti②	Cr	Ni	Cu	Mo	N	B	Als③
		不大于														不小于
Q620M	C	0.18	0.60	2.60	0.030	0.030	0.01~0.11	0.01~0.12	0.006~0.05	0.10	0.80	0.80	0.30	0.015	0.004	0.015
	D				0.030	0.025								0.025		
	E				0.025	0.020										
Q690M	C	0.18	0.60	2.00	0.030	0.030	0.01~0.11	0.01~0.12	0.006~0.05	0.10	0.80	0.80	0.30	0.015	0.004	0.015
	D				0.030	0.025								0.025		
	E				0.025	0.020										

注:①对于型钢和棒材,硫和磷含量可提高0.005%。

②最高可到0.20%。

③可用全铝Alt替代,此时全铝最小含量为0.020%。当钢中添加了铌、钒、钛等细化晶粒元素且含量不小于表中规定含量的下限时,铝含量下限值不限。

④对于型钢和棒材,Q355M、Q390M、Q420M、Q460M的最大碳含量可提高0.02%。

表7-5(1) **热轧钢材的拉伸性能**

牌号		上屈服强度 R_{eH}①/MPa,不小于									拉伸强度 R_m/MPa			
		公称厚度或直径/mm												
钢级	质量等级	≤16	>16~40	>40~63	>63~80	>80~100	>100~150	>150~200	>200~250	>250~400	≤100	>100~150	>150~250	>250~400
Q355	B、C	355	345	335	325	315	295	285	275	—	470~630	450~600	450~600	—
	D									265②				450~600②
Q390	B、C、D	390	380	360	340	340	320	—	—	—	490~650	470~620	—	—
Q420③	B、C	420	410	390	370	370	350	—	—	—	520~680	500~650	—	—
Q460③	C	460	450	430	410	410	390	—	—	—	550~720	530~700	—	—

注:①当屈服不明显时,可用规定塑性延伸强度Rp0.2替代上屈服强度。

②只适用于质量等级为D的钢板。

③只适用于型钢和棒材。

表7-5(2) **热轧钢材的伸长率**

牌号		断后伸长率 A_k/%,不小于						
钢级	质量等级	试样方向	公称厚度或直径/mm					
			≤40	>40~63	>63~100	>100~150	>150~250	>250~400
Q355	B、C、D	纵向	22	21	20	18	17	17①
		横向	20	19	18	18	17	17①
Q390	B、C、D	纵向	21	20	20	19	—	—
		横向	20	19	19	18	—	—
Q420②	B、C	纵向	20	19	19	19	—	—
Q460②	C	纵向	18	17	17	17	—	—

注:①只适用于质量等级为D的钢板。

②只适用于型钢和棒材。

表 7-5(3) **正火、正火轧制钢材的拉伸性能**

牌号		上屈服强度 R_{eH}①/MPa，不小于								抗拉强度 R_m/MPa			断后伸长率 A_k/%，不小于					
钢级	质量等级	公称厚度或直径/mm																
		≤16	>16~40	>40~63	>63~80	>80~100	>100~150	>150~200	>200~250	≤100	>100~200	>200~250	≤16	>16~40	>40~63	>63~80	>80~200	>200~250
Q355N	B、C、D、E、F	355	345	335	325	315	295	285	275	470~630	450~600	450~600	22	22	22	21	21	21
Q390N	B、C、D、E	390	380	360	340	340	320	310	300	490~650	470~620	470~620	20	20	20	19	19	19
Q420N	B、C、D、E	420	400	390	370	360	340	330	320	520~680	500~650	500~650	19	19	19	18	18	18
Q460N	C、D、E	460	440	430	410	400	380	370	370	540~720	530~710	530~690	17	17	17	17	17	16

注：①当屈服不明显时，可用规定塑性延伸强度 Rp0.2 替代上屈服强度。

表 7-5(4) **热机械轧制(TMCP)钢材的拉伸性能**

牌号		上屈服强度 R_{eH}①/MPa，不小于						抗拉强度 R_m/MPa					断后伸长率 A_k/%，不小于
钢级	质量等级	公称厚度或直径/mm											
		≤16	>16~40	>40~63	>63~80	>80~100	>100~120	≤40	>40~63	>63~80	>80~100	>100~120②	
355M	B、C、D、E、F	355	345	335	325	325	320	470~630	450~610	440~600	440~600	430~590	22
Q390M	B、C、D、E	390	380	360	340	340	335	490~650	480~640	470~630	460~620	450~610	20
Q420M	B、C、D、E	420	400	390	380	370	365	520~680	500~660	480~640	470~630	460~620	19
Q460M	C、D、E	460	440	430	410	400	385	540~720	530~710	510~690	500~680	490~660	17
Q500M	C、D、E	500	490	480	460	450	—	610~770	600~760	590~750	540~730	—	17
Q550M	C、D、E	550	540	530	510	500	—	670~830	620~810	600~790	590~780	—	16
Q620M	C、D、E	620	610	600	580	—	—	710~880	690~880	670~860	—	—	15
Q690M	C、D、E	690	680	670	650	—	—	770~940	750~920	730~900	—	—	14

注：①当屈服不明显时，可用规定塑性延伸强度 Rp0.2 替代上屈服强度。

②对于型钢和棒材，厚度或直径不大于 150mm。

表 7-5(5) **低合金高强度结构钢的冷弯性能**

试样方向	冷弯试验(180°) D——弯曲压头直径，a——试样厚度或直径	
	公称厚度或直径/mm	
	≤16	>16~100
对于公称宽度不小于 600mm 的钢板及钢带，拉伸试验取横向试样；其他钢材的拉伸试验取纵向试样	$D=2a$	$D=3a$

低合金高强度结构钢与碳素结构钢相比，具有较高的强度，综合性能好，所以在相同使用条件下，可比碳素结构钢节省用钢20%～30%，对减轻结构自重有利。同时低合金高强度结构钢还具有良好的塑性、韧性、可焊性、耐磨性、耐蚀性、耐低温性等性能，有利于延长结构的使用寿命，延长结构的使用寿命。

低合金高强度结构钢主要用于轧制各种型钢、钢板、钢管及钢筋，广泛用于钢结构和钢筋混凝土结构中，特别适用于各种重型结构、高层结构、大跨度结构及大柱网结构等。

(3)钢材的选用

选择钢材的目的是保证结构安全可靠，同时用材经济合理。为此，在选择钢材时应考虑下列各因素：

①结构或构件的重要性；

②荷载性质(静载或动载)；

③连接方法(焊接、铆接或螺栓连接)；

④工作条件(温度及腐蚀介质)。

对于重要结构、直接承受动载的结构、处于低温条件下的结构及焊接结构，应选用质量较高的钢材。

Q235-A钢的保证项目中，含碳量、冷弯试验合格性和冲击韧性值并未作为必要的保证条件，所以只宜用于不直接承受动力作用的结构中。当用于焊接结构时，其质量证明书应注明含碳量不超过0.2%。对于需要验算疲劳的焊接结构，应采用具有常温冲击韧性合格保证的B级钢。当这类结构冬季处于温度较低的环境时，若工作温度在－20～0℃，Q235和Q345应选用具有0℃冲击韧性合格的C级钢，Q390和Q420则应选用－20℃冲击韧性合格的D级钢。若工作温度小于或等于－20℃，则钢材的质量级别还要提高一级，Q235和Q345选用D级钢而Q390和Q420选用E级钢。非焊接的构件发生脆性断裂的危险性比焊接结构小些，对材质的要求可比焊接结构适当放宽，但需要验算疲劳的构件仍应选用有常温冲击韧性保证的B级钢。当工作温度小于或等于－20℃时，Q235和Q345应选用C级钢，Q390和Q420则应选用D级钢。

当选用Q235-A、Q345-B级钢时，还需要选定钢材的脱氧方法。在采用钢模浇铸的年代，镇静钢的价格高于沸腾钢，凡是沸腾钢能胜任的场合就不用镇静钢。目前大量采用连续浇铸，镇静钢价格高的问题不再存在。因此，可以在一般情况下都用镇静钢。由于沸腾钢的性能不如镇静钢，《钢结构设计标准》(GB 50017—2017)对它的应用提出一些限制，包括不能用于需要验算疲劳的焊接结构、处于低温的焊接结构和需要验算疲劳并且处于低温的非焊接结构。连接所用钢材，如焊条、自动或半自动焊的焊丝及螺栓的钢材应与主体金属的强度相适应。

7.5.2 钢筋混凝土结构用钢

7.5.2.1 热轧钢筋

钢筋混凝土用钢筋，根据其表面形状分为光圆钢筋和带肋钢筋两类。带肋钢筋有月牙肋钢筋和等高肋钢筋等。图7-12显示了带肋钢筋的表面形态。

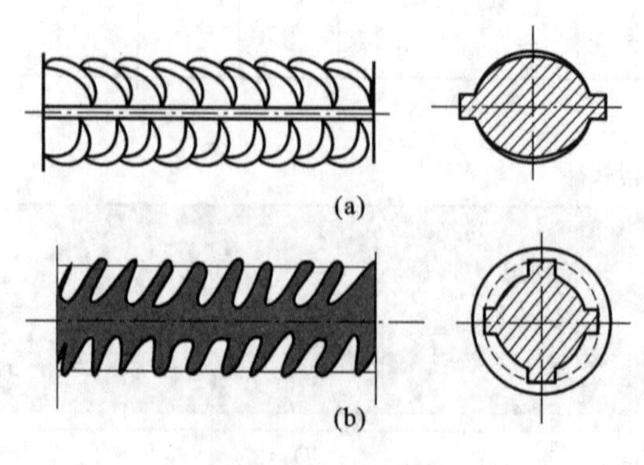

图7-12 带肋钢筋
(a)月牙肋；(b)等高肋

按标准规定，钢筋拉伸、冷弯试验时，试样不允许进行车削加工。计算钢筋强度时钢筋截面面积应采用其公称横截面面积。

(1)钢筋混凝土用热轧光圆钢筋

根据《钢筋混凝土用钢　第1部分：热轧光圆钢筋》(GB/T 1499.1—2017)的规定，热轧光圆钢筋的公称截面面积与理论质量列于表7-6，牌号和化学成分应符合表7-7的规定，力学性能和冷弯性能应符合表7-8的规定。

热轧光圆钢筋的牌号由HPB和屈服强度特征值组成，其中H、P、B分别为热轧(hot rolled)、光圆(plain)、钢筋(bars)三个词的英文首字母。

(2)钢筋混凝土用热轧带肋钢筋

根据《钢筋混凝土用钢 第2部分:热轧带肋钢筋》(GB/T 1499.2—2018)的规定,热轧带肋钢筋的公称截面面积与理论质量列于表7-6,牌号和化学成分应符合表7-7的规定,力学性能和冷弯性能应符合表7-8的规定。

普通热轧带肋钢筋的牌号由HRB和屈服强度特征值组成,其中H、R、B分别为热轧(hot rolled)、带肋(ribbed)、钢筋(bars)三个词的英文首字母。

细晶粒热轧带肋钢筋的牌号由HRBF和屈服强度特征组成,其中F为细(fine)的英文首字母。其他字母含义同前。

表7-6 热轧光圆钢筋、热轧带肋钢筋的公称直径与理论质量允许偏差

表面形状	公称直径及允许偏差/mm		公称截面面积/mm²	理论质量/(kg/m)及允许偏差/%	
光圆钢筋	6	±0.3	28.27	0.222	±6
	8		50.27	0.395	
	10		78.54	0.617	
	12	±0.4	113.1	0.888	±5
	14		153.9	1.21	
	16		201.1	1.58	
	18		254.5	2.00	
	20		314.2	2.47	
	22		380.1	2.98	
带肋钢筋	6	±0.3	28.27	0.222	±7
	8	±0.4	50.27	0.395	
	10		78.54	0.617	
	12		113.1	0.888	±5
	14		153.9	1.21	
	16		201.1	1.58	
	18	±0.5	254.5	2.00	±4
	20		314.2	2.47	
	22		380.1	2.98	
	25	±0.6	490.9	3.85	
	28		615.8	4.83	
	32		804.2	6.31	
	36	±0.7	1 018	7.99	
	40	±0.8	1 257	9.87	
	50		1 964	15.42	

注:表中理论质量按密度为7.85g/cm³计算。

表7-7 热轧光圆钢筋、热轧带肋钢筋的牌号、化学成分

表面形状	牌号	化学成分(质量分数)/%,不大于					
		C	Si	Mn	P	S	Ceq
光圆钢筋	HPB300	0.25	0.55	1.50	0.045	0.045	—
带肋钢筋	HRB400 HRBF400 HRB400E HRBF400E	0.25	0.80	1.60	0.045	0.045	0.54
	HRB500 HRBF500 HRB500E HRBF500E						0.55
	HRB600	0.28					0.58

表 7-8 热轧光圆钢筋、热轧带肋钢筋的牌号、力学性能、冷弯性能

表面形状	牌号	设计符号	公称直径 a/mm	下屈服强度 R_{eL}/ MPa①	抗拉强度 R_m/MPa	断后伸长率 A_k/%②	最大力总延伸率 A_{gt}/%③	R_m^o/R_{eL}^o	R_{eL}^o/R_{eL}	冷弯试验(180°)弯心直径 d、钢筋公称直径 a
				不大于					不小于	
光圆钢筋	HPB300	A	6～22	300	420	25	10.0	—	—	$d=a$
带肋钢筋	HRB400 HRBF400	B B^F	6～25 28～40 >40～50	400	540	16	7.5	—	—	4a 5a 6a
	HRB400E HRBF400E	C C^F		400	540	—	9.0	1.25	1.30	
	HRB500 HRBF500	D D^F	6～25 28～40 >40～50	500	630	15	7.5	—	—	6a 7a 8a
	HRB500E HRBF500E			500	630	—	9.0	1.25	1.30	
	HRB600		6～25 28～40 >40～50	600	730	14	7.5	—	—	6a 7a 8a

注:①对于没有明显屈服强度的钢,下屈服强度特征值 R_{eL}应采用规定塑性延伸强度 $Rp0.2$。

②公称直径 28～40mm 各牌号钢筋的断后伸长率 A_k 可降低 1%;公称直径大于 40mm 各牌号钢筋的断后伸长率 A_k 可降低 2%。

③根据供需双方协议,伸长率类型可从 A_k 或 A_{gt}中选定。仲裁检验时采用 A_{gt}。

根据需要,应使用满足下列条件的钢筋:

①钢筋实测抗拉强度与实测屈服强度之比不小于 1.25;

②钢筋实测屈服强度与表 7-8 规定的屈服强度之比不大于 1.30;

③钢筋的最大力总伸长率 A_{gt}不小于 9.0%。

热轧光圆钢筋强度较低,塑性及焊接性能好,伸长率高,便于弯折成型和进行各种冷加工,广泛用于普通钢筋混凝土构件中,作为中小型钢筋混凝土结构的主要受力钢筋和各种钢筋混凝土结构的箍筋等。

热轧带肋钢筋是用低合金镇静钢和半镇静钢轧制成的钢筋,其强度较高,塑性和焊接性能较好,因表面带肋,加强了钢筋与混凝土之间的黏结力,广泛用作大、中型钢筋混凝土结构的受力钢筋,经过冷拉后可用作预应力钢筋。

7.5.2.2 冷轧带肋钢筋

冷轧带肋钢筋是以热轧光圆钢筋为母材,经冷轧减径后在其表面冷轧成二面或三面横肋(月牙肋)的钢筋。图 7-13 显示了横截面上月牙肋的分布情况。

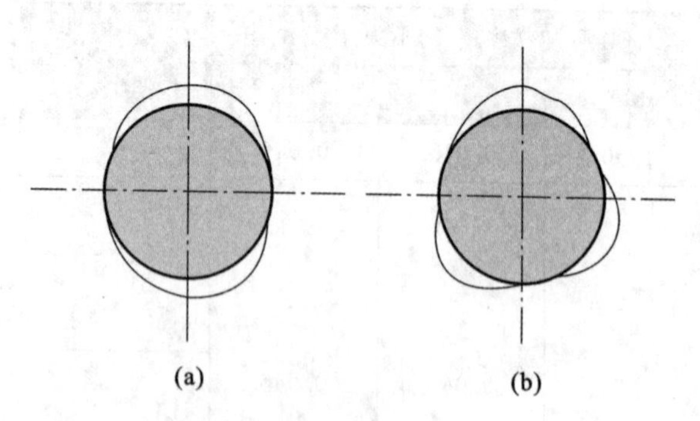

图 7-13 冷轧带肋钢筋横截面上月牙肋分布情况

(a)二面有肋;(b)三面有肋

(1)牌号

根据《冷轧带肋钢筋》(GB/T 13788—2017)的规定,冷轧带肋钢筋的牌号由 CRB 和钢筋的抗拉强度特征值组成,分为 CRB550、CRB650、CRB800、CRB600H、CRB680H、CRB800H 六个牌号,其中 C、R、B、H 分别为冷轧(cold rolled)、带肋(ribbed)、钢筋(bars)、高延性(high elongation)的英文首字母。

(2)技术性能

冷轧带肋钢筋的化学成分、力学性能和工艺性能应符合《冷轧带肋钢筋》(GB/T 13788—2017)的有关规定。力学性能和工艺性能要求见表 7-9。

表 7-9 冷轧带肋钢筋的力学性能

分类	牌号	规定塑性延伸长度Rp0.2/MPa,不小于	抗拉强度R_m/MPa,不小于	R_m/Rp0.2,不小于	断后伸长率/%,不小于	最大力总延伸率/%,不小于	弯曲试验,180°	反复弯曲次数	应力松弛初始应力应相当于公称抗压强度的70%
普通钢筋混凝土用	CRB550	500	550	1.05	11.0	2.5	$D=3d$	—	—
	CRB600H	540	600	1.05	14.0	5.0	$D=3d$	—	—
	CRB680H[b]	600	680	1.05	14.0	5.0	$D=3d$	4	5
预应力钢筋混凝土用	CRB650	585	650	1.05	4.0	2.5	—	3	8
	CRB800	720	800	1.05	4.0	2.5	—	3	8
	CRB800H	720	800	1.05	7.0	4.0	—	4	5

注:①D为弯心直径,d为钢筋公称直径。

②普通钢筋混凝土用冷轧带肋钢筋的断后伸长率为A,预应力钢筋混凝土用冷轧带肋钢筋的断后伸长率为A_{100mm}。

[b]该牌号钢筋作为普通钢筋混凝土用钢筋使用时,对反复弯曲次数和应力松弛不做要求;该牌号钢筋作为预应力钢筋混凝土用钢筋使用时,应进行反复弯曲试验代替180°弯曲试验,并检测松弛率。

冷轧带肋钢筋的肋高、肋宽和肋距是其外形尺寸的主要控制参数,其质量偏差则是重要的指标之一。由于二面或三面有肋的钢筋无法测定其内径,故控制其质量偏差即相当于控制了平均直径。冷轧带肋钢筋为冷加工状态交货,允许冷轧后进行低温回火处理。钢筋通常按盘卷交货,CRB550也可按直条交货;直条钢筋每米弯曲度不大于4mm,总弯曲度不大于钢筋全长的0.4%;盘卷钢筋质量不小于100kg,每盘由一根组成,CRB650及以上牌号钢筋不得有焊接接头。钢筋表面不得有裂纹、折叠、结疤、油污及其他影响使用的缺陷,不得有锈皮及肉眼可见的麻坑等腐蚀现象。钢筋应扎上明显的级别标志。

冷轧带肋钢筋具有以下优点:

①强度高、塑性好。综合力学性能优良,抗拉强度大于550MPa,伸长率可大于4%。

②握裹力强。冷轧带肋钢筋的握裹力为同直径冷拔钢丝的3～6倍,同时由于塑性较好,大大提高了构件的整体强度和抗震能力。

③节约钢材用量,降低成本。以冷轧带肋钢筋代替Ⅰ级钢筋用于普通钢筋混凝土构件(如现浇板),可节约钢材用量30%以上。

④提高构件整体质量,增强构件的延性,避免"抽丝"现象。用冷轧带肋钢筋制作的预应力空心楼板,其强度、抗裂度均明显优于用冷拔低碳钢丝制作的构件。

根据《冷轧带肋钢筋混凝土结构技术规程》(JGJ 95—2011),钢筋混凝土结构及预应力混凝土结构中的冷轧带肋钢筋,可按下列规定选用:CRB550钢筋宜用作钢筋混凝土结构构件的受力钢筋、钢筋焊接网、箍筋、构造钢筋以及预应力混凝土结构中的非预应力钢筋。CRB650以上牌号钢筋宜用作预应力混凝土结构构件中的预应力主筋。

7.5.2.3 预应力混凝土用钢丝和钢绞线

悬索结构和斜张拉结构的钢索、桅杆结构的钢丝绳等通常都采用由高强钢丝组成的平行钢丝束、钢绞线和钢丝绳。高强钢丝由优质碳素钢经过多次冷拔而成,分为光面钢丝和镀锌钢丝两种类型。钢丝强度的主要指标是抗拉强度,其值为1570～1700N/mm^2,而屈服强度通常不作要求。根据国家有关标准,对钢丝的化学成分有严格要求,硫、磷的含量不得超过0.03%,但高强钢丝(和钢索)却有一个不同于一般结构钢材的特点——松弛,即在保持长度不变的情况下所承受拉力随时间延长而略有降低。

平行钢丝束由7根、19根、37根或61根钢丝组成,其截面见图7-14(a)、(b)、(c)。钢丝束内各钢丝受力均匀,弹性模量接近一般受力钢材。用来组成钢丝束的钢丝除圆形截面外,还有梯形和异形截面[图7-14(d)]。

钢绞线亦称单股钢丝绳,以多根钢丝线为核心,外层的6股钢绞线沿同一方向缠绕。绳中每股钢绞线的捻向通常与股中钢丝捻向相反,这是因为此种捻法外层钢丝与绳的纵轴平行,受力时不易松开。钢丝绳的核心钢绞线也可用天然或合成纤维芯代替,如采用浸透防腐剂的麻绳。麻芯钢丝绳柔性较好,适合于需要弯曲的场合。钢芯绳承载力较高,适合于土建结构。钢丝绳的强度和弹性模量相比钢绞线又有不同程度降低,其中纤维芯绳又略逊于钢芯绳。

预应力混凝土用钢丝具有强度高、柔性好、无接头等优点,施工方便,不需冷拉、焊接接头等加工,而且质量稳定、安全可靠,主要用于大跨度预应力混凝土屋架及薄腹梁、大跨度吊车梁、桥梁、电杆、轨枕等的预应力钢筋。

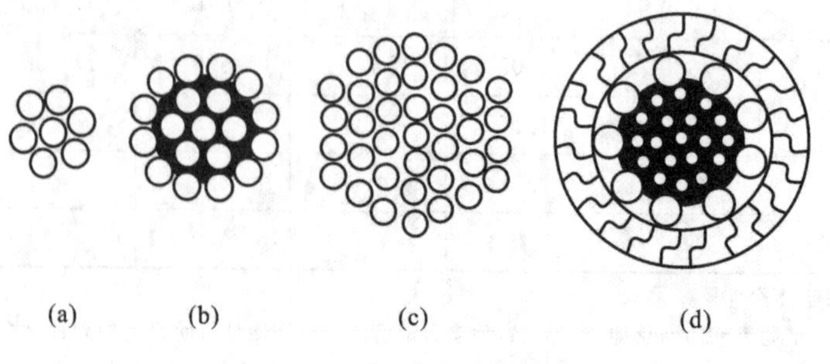

图 7-14 平行钢丝束的截面

7.5.3 钢结构用钢

在钢结构中一般可直接选用各种规格与型号的型钢,构件之间可直接连接或用附加板进行连接。连接方式有铆接、螺栓连接和焊接。因此,钢结构所用钢材主要是型钢和钢板。型钢和钢板的成型有热轧和冷轧。

(1)热轧型钢

热轧型钢主要采用碳素结构钢 Q235-A 以及低合金高强度结构钢 Q345 和 Q390 热轧成型。

常用的热轧型钢有角钢、工字钢、槽钢、T 型钢、H 型钢、Z 型钢等。热轧型钢的标记方式为一组符号,其中需要标出型钢名称、横断面主要尺寸、型钢标准号及钢牌号与钢种标准。例如,用碳素结构钢 Q235-A 轧制,尺寸为 160mm×160mm×16mm 的等边角钢,应标示为:

$$\text{热轧等边角钢}\frac{160\times160\times16\text{—GB/T 706—2008}}{\text{Q235-A—GB/T 700—2006}}$$

碳素结构钢 Q235-A 制成的热轧型钢,强度适中,塑性和可焊性较好,冶炼容易,成本低,适用于土木工程中的各种钢结构。低合金高强度结构钢 Q345 和 Q390 制成的热轧型钢,性能较前者好,适用于大跨度、承受动荷载的钢结构。

(2)冷弯型钢

冷弯型钢是指用钢板或带钢在冷状态下弯曲成的各种断面形状的成品钢材。冷弯型钢是一种经济的截面轻型薄壁钢材,也称为钢制冷弯型材或冷弯型材。冷弯型钢是制作轻型钢结构的主要材料。它具有热轧所不能生产的各种特薄、形状合理而复杂的截面。与热轧型钢相比,在相同截面面积的情况下,回转半径可增大 50%~60%,截面惯性矩可增大 0.5~3.0 倍,因而能较合理地利用材料强度;与普通钢结构(即由传统的工字钢、槽钢、角钢和钢板制作的钢结构)相比,可节约钢材 30%~50%。

(3)压型钢板

压型钢板是用薄板经冷压或冷轧成波形、双曲线、V 形等形状的钢材。压型钢板有涂层、镀锌、防腐等薄板,具有单位质量轻、强度高、抗震性能好、施工快、外形美观等优点,主要用于围护结构、楼板、屋面等。

7.6 钢材的锈蚀及防护

7.6.1 钢材的锈蚀

钢材的锈蚀是指其表面与周围介质发生化学作用或电化学作用而遭到的破坏。

钢材的锈蚀可使钢材的有效截面积减小，产生锈坑导致应力集中，锈蚀膨胀导致混凝土胀裂，削弱混凝土对钢筋的握裹力等，使结构性能降低或加速结构破坏（图7-15），尤其在冲击荷载、循环交变荷载作用下，将产生锈蚀疲劳现象，使钢材的疲劳强度大为降低，甚至出现脆性断裂。

图7-15　钢材锈蚀

根据锈蚀作用机理，钢材的锈蚀可分为化学锈蚀和电化学锈蚀两种。

（1）化学锈蚀

化学锈蚀是指钢材直接与周围介质发生化学反应而产生的锈蚀，这种锈蚀多数是氧化作用，使钢材表面形成疏松的氧化物。在常温下，钢材表面形成薄层氧化保护膜（钝化膜）FeO，可以起一定的防止钢材锈蚀的作用，故在干燥环境中，钢材锈蚀进展缓慢，但在温度或湿度较高的环境中，化学锈蚀进展加快。

（2）电化学锈蚀

电化学锈蚀是指钢材与电解质溶液接触，形成微电池而产生的锈蚀。潮湿环境中钢材表面会被一层电解质水膜所覆盖，而钢材本身含有铁、碳等多种成分，由于这些成分的电极电位不同，形成许多微电池。在阳极区，铁被氧化成为Fe^{2+}进入水膜；在阴极区，溶于水膜中的氧被还原为OH^-。随后两者结合生成不溶于水的$Fe(OH)_2$，并进一步氧化成为疏松易剥落的红棕色铁锈$Fe(OH)_3$。

电化学锈蚀是钢材锈蚀的最主要形式。

影响钢材锈蚀的主要因素有：①环境中的湿度、氧；②介质中的酸、碱、盐；③钢材的化学成分及表面状况；④一些卤素离子，特别是Cl^-能破坏氧化膜（钝化膜），促进锈蚀反应的发生，使锈蚀迅速发展。

钢材锈蚀时，伴随着膨胀，一般锈胀1.5～3倍，最严重时可达到原体积的6倍，在钢筋混凝土中会使周围的混凝土胀裂。埋入混凝土中的钢材，由于混凝土具有碱性介质（新浇混凝土的pH值为12左右），在钢材表面形成碱性氧化膜（钝化膜），阻止锈蚀继续发展，故混凝土中的钢材一般不易锈蚀。

（3）钢材的防腐（锈）

钢结构防止锈蚀通常采用表面刷漆的方法。常用的底漆有红丹、环氧富锌漆、铁红环氧底漆等，面漆有调和漆、醇酸磁漆、酚醛磁漆等。薄壁钢材可采用热浸镀锌或镀锌后加涂塑料涂层等措施。

混凝土配筋的防锈措施，根据结构的性质和所处环境等，考虑混凝土的质量要求，主要是选用合适的水泥品种、提高混凝土的密实度、保证足够的钢筋混凝土保护层厚度、限制氯盐外加剂的掺入量等。混凝土中还可掺用阻锈剂。

预应力钢筋一般含碳量较高，又经过变形加工或冷加工，因而对锈蚀破坏很敏感，特别是高强度热处理钢筋，容易产生锈蚀现象，所以，重要的预应力钢筋混凝土结构，除了禁止掺用氯盐外，还应对原材料进行严格检验。

钢材的化学成分对耐锈蚀性影响很大，通过加入某些合金元素，可以提高钢材的耐锈蚀能力。例如，在钢中加入一定量的铬、镍、钛等合金元素，可制成不锈钢。

7.6.2 钢材的防火

在一般建筑结构中,钢材均在常温下工作,但对于长期处于高温条件下的结构物,或在遇到火灾等特殊情况时,则必须考虑温度对钢材性能的影响,而且高温对钢材性能的影响不能简单地用应力-应变关系来评定,还必须加上温度与高温持续时间两个因素。通常钢材的蠕变现象会随温度的升高而愈加显著,蠕变则导致应力松弛。此外,由于在高温下晶界比晶粒强度低,晶界的滑动对微裂纹的扩展起了重要作用,此裂纹在拉应力的作用下会不断扩展而导致断裂。因此,随着温度的升高,钢材的持久强度将显著下降。

因此,在钢材或钢筋混凝土结构遇到火灾时,应考虑高温透过保护层后对钢筋或型钢金相组织及力学性能的影响,尤其是在预应力钢筋混凝土结构中,还必须考虑钢筋在高温条件下的预应力损失所造成的整个结构物应力体系的变化。

鉴于以上原因,在钢结构中应采用预防包覆措施,高层建筑更应如此,其中包括设置防火板或涂刷防火涂料等。在钢筋混凝土结构中,钢筋应有一定厚度的保护层。

【案例分析7-2】 纽约世界贸易中心(简称世贸大厦)原为美国纽约的地标之一,原位于美国纽约州纽约市曼哈顿岛西南端,西临哈德逊河,建于1973年。占地6.5万平方米,由两座110层(另有6层地下室)高411.5m的塔式摩天楼和4幢办公楼及1座旅馆组成。摩天楼平面为正方形,边长63m,每幢摩天楼面积为$4.66\times10^5m^2$。在2001年9月11日的恐怖袭击事件中坍塌。

【原因分析】 世贸大厦两座塔楼都采用框筒结构体系,外圈为密柱深梁筒体,由240根钢柱组成,框距1.02m。内部核心区为47根钢柱形成的框架,用以承担重力荷载。框筒柱采用450mm×450mm方管,从上到下,外形尺寸不变,靠改变壁厚来适应不同的受力条件。总用钢量为19.2×10^5t,为了增强框筒的竖向抗剪强度,减少框筒的剪力滞后效应,利用每隔32层所布置的设备楼层,沿框筒各设置了一道7m高的钢板圈梁。

2001年9月11日,两架客机前后撞上世贸大厦姊妹楼,由于这两架客机起飞不久,客机油箱分别携带着30t和45t左右的燃油。两架客机先后撞向世贸大厦后引起了爆炸,同时燃油向大厦底部流淌,火势向下蔓延,燃烧不久,高温致使大厦承重的钢结构熔化。同时,大火隔断了被撞楼层的上下联系,并使一些地板开始垮塌。由于这些地板都是水泥混凝土地板,非常沉重,所以一旦倒塌砸向另一层时,就发生了"多米诺骨牌效应",层层相砸,直到整个大楼彻底倒塌。

此外,有人认为,世贸大厦型钢构件的防火施工也存在严重的质量问题,大到支撑整个大楼的钢板支架,小至门栓或插销上的防火材料都存在脱落或者喷涂不充分的现象。世贸大厦防火材料中的石棉问题曾引发过一场官司,有关人员在调查取证时发现,支撑大厦的主要构件上的防火材料已消失得无影无踪。1986—2000年,有关人员曾对世贸大厦内部多个楼层进行实地考察,发现一些型钢构件上没有喷涂任何防火材料。可见,世贸大厦在防火处理方面很可能存在问题,但即使没有材料或施工上的问题,飞机所携带的航空燃油,燃烧时温度高达1000℃以上,远远超出防火材料的耐火能力,因此,大厦倒塌也只是时间问题。

世贸大厦倒塌折射出结构的防火设计对于建筑安全的重大意义。由于钢结构自身耐火性能差,发生火灾时很容易导致重大人员伤亡和经济损失,因此,钢结构防火设计与抗震设计一样,是设计人员不容忽视的一个重大问题。

知识归纳

独立思考

7-1 钢材的屈服强度、屈强比和断后伸长率等技术指标对钢结构和钢筋混凝土结构具有哪些技术经济意义?

7-2 表征钢材冷弯性能优劣的参数是什么?钢材冷弯性能必须合格的实际意义何在?

7-3 低碳钢经冷拉处理以及冷拉和时效处理后,其性能变化有何不同?

7-4 试比较Q235-A·F、Q235-B·b、Q235-C和Q235-D在性能和应用上的区别。

7-5 海洋工程钢筋混凝土结构中应采取哪些技术措施提高结构的耐久性?

7-6 重新进一批热轧钢筋中抽样，并截取两根钢筋做拉伸试验，测得如下结果：屈服下限荷载分别为75.3kN、73.2kN；抗拉极限荷载分别为106.5kN、110.5kN，钢筋公称直径为16mm，标距为80mm，拉断时长度分别为96.0mm和94.4mm，试评定其级别，并说明其利用率及使用中的安全可靠程度。

思考题答案

参考文献

[1] 钱晓倩. 建筑工程材料. 杭州：浙江大学出版社，2009.
[2] 符芳. 土木工程材料. 3版. 南京：东南大学出版社，2006.
[3] 刘新佳. 建筑钢材速查手册. 北京：化学工业出版社，2011.
[4] 张永娟，张雄. 土木工程材料重点知识与题库. 上海：同济大学出版社，2008.

8

墙体与屋面材料

课前导读

◸ 内容提要

本章主要内容包括常见墙体与屋面材料的种类、性能、应用以及新型墙体与屋面材料等。本章的教学重点为常用砌墙砖与常用砌块。

◸ 能力要求

通过本章的学习，学生应掌握常用的几种砌墙砖，包括烧结砖和蒸养（压）砖的性能及应用特点，混凝土砌块、加气混凝土砌块的性能及应用特点；理解为何要限制烧结黏土砖的使用；了解新型墙体与屋面材料的性能及应用特点。

◸ 数字资源

重难点

8.1 墙体材料

墙体在建筑中起围护、承重或者分隔作用。可用于墙体的材料品种很多，包括砌墙砖、砌块和板材。它们与建筑物的功能、自重、成本、工期以及建筑能耗等均有着直接的关系。

墙体材料的革新是一个重要而且充满难度的问题。发展新型墙体材料，首先是保护环境，节约资源、能源；其次是满足建筑结构体系的发展，包括抗震以及多功能。另外还给传统建筑行业带来了变革性新工艺，摆脱人海式施工，采用工厂化、现代化、集约化施工。新型墙体材料正朝着大型化、轻质化、节能化、利废化、复合化、装饰化以及集约化等方面发展。

墙体材料图

8.1.1 砌墙砖

砌墙砖是指砌筑用的人造小型块材，外形多为直角六面体，一般其长度不超过365mm，宽度不超过240mm，高度不超过115mm。砌墙砖的种类很多，按照孔洞率（砖面上孔洞总面积占砖面积的百分率）的大小可分为普通砖、多孔砖和空心砖，其中没有孔洞或孔洞率小于15%且尺寸为240mm×115mm×53mm的砌墙砖为普通砖（也称为统一砖或标准砖），孔洞率大于或等于15%用于承重结构的砌墙砖为多孔砖，孔洞率大于或等于35%用于非承重结构的砌墙砖为空心砖。按照生产工艺，可分为烧结砖和非烧结砖，其中经高温焙烧制成的砖为烧结砖，经压制、蒸汽养护或蒸压养护等硬化而成的砖属于非烧结砖。

8.1.1.1 烧结砖

(1)烧结普通砖

①烧结普通砖的生产。

烧结普通砖（Fired Common Bricks，FCB）是以黏土、页岩、煤矸石或粉煤灰为主要原料经焙烧而成的普通砖。

黏土中所含铁的化合物成分，在氧化气氛焙烧时，生成红色的高价氧化铁（Fe_2O_3），烧结得到的砖呈红色，称为红砖；如果坯体在氧化环境中烧成后继续在还原气氛中闷窑，则高价氧化铁还原成青灰色的低价氧化铁（FeO或Fe_3O_4），即制得青砖。青砖比红砖强度高，耐久性好，但价格较昂贵。

根据《烧结普通砖》（GB/T 5101—2017）规定，烧结普通砖按照主要原材料分为黏土砖（N）、页岩砖（Y）、煤矸石砖（M）、粉煤灰砖（F）、建筑渣土砖（Z）、淤泥砖（U）、污泥砖（W）和固体废弃物砖（G）。砖的强度等级分为MU30、MU25、MU20、MU15、MU10五级。砖的产品标记按产品名称的英文缩写、类别、强度等级、标准编号顺序编写。例如，烧结普通砖，强度等级MU15的黏土砖，其标记为：FCB N MU15 GB/T 5101。

②烧结普通砖的主要技术性能指标。

a. 尺寸偏差。

烧结普通砖的公称尺寸是240mm×115mm×53mm，其中240mm×115mm面称为大面，240mm×53mm面称为条面，115mm×53mm面称为顶面（图8-1）。若考虑10mm的灰缝厚度，则4块砖长、8块砖宽和16块砖厚均为1m，按此计算，砌筑1m³砖砌体所需烧结普通砖为512块。为保证砌筑质量，烧结普通砖的尺寸偏差应符合表8-1的规定。

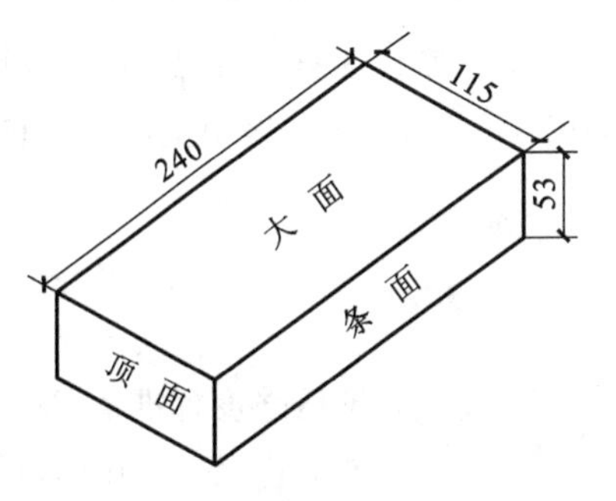

图8-1 砖的尺寸及平面名称

b. 外观质量。

烧结普通砖的外观质量应符合表8-2的规定。

c. 强度。

烧结普通砖根据抗压强度分为MU30、MU25、MU20、MU15、MU10五个强度等级，各强度等级的砖的强度测定结果应符合表8-3的规定。

表 8-1　烧结普通砖的尺寸偏差　(单位:mm)

公称尺寸	指标	
	样品平均差	样品极差
240	±2.0	≤6.0
115	±1.5	≤5.0
53	±1.5	≤4.0

表 8-2　烧结普通砖的外观质量

项目	指标
两条面高度差	≤2mm
弯曲	≤2mm
杂质凸出高度	≤2mm
缺棱掉角的三个破坏尺寸	不得同时大于 5mm
裂纹长度: a. 大面上宽度方向及其延伸至条面的长度 b. 大面上长度方向及其延伸至顶面的长度或条顶面上水平裂纹的长度	 ≤30mm ≤50mm
完整面[a]	不得少于 1 条面和 1 顶面
颜色	基本一致

注:为砌筑挂浆而施加的凹凸纹、槽、压花等不算作缺陷。

[a]凡有下列缺陷之一者,不得称为完整面:

缺损在条面或顶面上造成的破坏面尺寸同时大于 10mm×10mm;

条面或顶面上裂纹宽度大于 1mm,其长度超过 30mm;

压陷、粘底、焦花在条面或顶面上的凹陷或凸出超过 2mm,区域尺寸同时大于 10mm×10mm。

表 8-3　烧结普通砖的强度

强度等级	抗压强度平均值 $\overline{f}$/MPa	抗压强度标准值 f_k/MPa
MU30	≥30.0	≥22.0
MU25	≥25.0	≥18.0
MU20	≥20.0	≥14.0
MU15	≥15.0	≥10.0
MU10	≥10.0	≥6.5

强度等级试验按《砌墙砖试验方法》(GB/T 2542—2012)规定的方法进行。试样数量为 10 块,加荷速度为(5±0.5)kN/s。表中抗压强度标准值按式(8-1)和式(8-2)计算:

$$s=\sqrt{\frac{1}{9}\sum_{i=1}^{10}(f_i-\overline{f})^2} \tag{8-1}$$

$$f_k=\overline{f}-1.83s \tag{8-2}$$

式中　f_k——抗压强度标准值,MPa;

f_i——单块砖试件抗压强度测定值,MPa;

$\overline{f}$——10 块砖试件抗压强度平均值,MPa;

s——10 块砖试件抗压强度标准差,MPa。

d. 抗风化性能。

抗风化性能是烧结普通砖的耐久性指标之一,与砖的使用寿命密切相关,其指标主要包括抗冻性、吸水率和饱和系数。砖的抗风化性能除了与砖本身性质有关外，还与其所处环境的风化指数有关。用于严重风化区中1～5地区的砖必须进行冻融试验(风化区划分见表8-4)，冻融试验后，每块砖样不允许出现裂纹、分层、掉皮、缺棱、掉角等冻坏现象，且质量损失不得大于2%。其他地区砖的抗风化性能符合表8-5规定时可不做冻融试验，否则，必须进行冻融试验。

表8-4 **风化区划分**

严重风化区		非严重风化区		
1. 黑龙江省	8. 青海省	1. 山东省	8. 四川省	14. 广西壮族自治区
2. 吉林省	9. 陕西省	2. 河南省	9. 贵州省	15. 海南省
3. 辽宁省	10. 山西省	3. 安徽省	10. 湖南省	16. 云南省
4. 内蒙古自治区	11. 河北省	4. 江苏省	11. 福建省	17. 上海市
5. 新疆维吾尔自治区	12. 北京市	5. 湖北省	12. 台湾地区	18. 重庆市
6. 宁夏回族自治区	13. 天津市	6. 江西省	13. 广东省	
7. 甘肃省	14. 西藏自治区	7. 浙江省		

表8-5 **抗风化性能**

<table>
<tr><th rowspan="3">砖种类</th><th colspan="4">严重风化区</th><th colspan="4">非严重风化区</th></tr>
<tr><th colspan="2">5h沸煮吸水率/%</th><th colspan="2">饱和系数</th><th colspan="2">5h沸煮吸水率/%</th><th colspan="2">饱和系数</th></tr>
<tr><th>平均值</th><th>单块最大值</th><th>平均值</th><th>单块最大值</th><th>平均值</th><th>单块最大值</th><th>平均值</th><th>单块最大值</th></tr>
<tr><td>黏土砖</td><td>≤18</td><td>≤20</td><td rowspan="2">≤0.85</td><td rowspan="2">≤0.87</td><td>≤19</td><td>≤20</td><td rowspan="2">≤0.88</td><td rowspan="2">≤0.90</td></tr>
<tr><td>粉煤灰砖*</td><td>≤21</td><td>≤23</td><td>≤23</td><td>≤25</td></tr>
<tr><td>页岩砖</td><td rowspan="2">≤16</td><td rowspan="2">≤18</td><td rowspan="2">≤0.74</td><td rowspan="2">≤0.77</td><td rowspan="2">≤18</td><td rowspan="2">≤20</td><td rowspan="2">≤0.78</td><td rowspan="2">≤0.80</td></tr>
<tr><td>煤矸石砖</td></tr>
</table>

* 粉煤灰掺入量(体积比)小于30%时，按黏土砖规定判定。

e. 泛霜和石灰爆裂。

泛霜是指砖内的可溶性盐类(如硫酸钠等)在使用过程中在砖砌体表面析出的一层白色粉状物。石灰爆裂是指砖内夹有石灰，石灰吸水熟化为熟石灰，体积增大而引起砖体膨胀破坏。烧结普通砖的泛霜和石灰爆裂应符合表8-6的规定。

另外，烧结普通砖中，不允许有欠火砖、酥砖和螺旋纹砖。

表8-6 **烧结普通砖的泛霜及石灰爆裂**

项目	优等品	一等品	合格品
泛霜	无泛霜	不允许出现中等泛霜	不允许出现严重泛霜
石灰爆裂	不允许出现最大破坏尺寸大于2mm的爆裂区域	最大破坏尺寸大于2mm且小于或等于10mm的爆裂区域，每组砖样不得多于15块； 不允许出现最大破坏尺寸大于10mm的爆裂区域	最大破坏尺寸大于2mm且小于或等于15mm的爆裂区域，每组砖样不得多于15块，其中大于10mm的不得多于7处； 不允许出现最大破坏尺寸大于15mm的爆裂区域

③烧结普通砖的应用。

优等品可用于清水墙和墙体装饰，一等品、合格品可用于混水墙，中等泛霜的砖不能用于潮湿工程部位。

烧结普通砖具有一定的强度及良好的绝热性、耐久性，且原料广泛，工艺简单，因而可用作墙体材料、砌筑柱、拱、烟囱及基础等。但是，由于烧结普通砖能耗高，烧砖毁田，污染环境，因此我国对于实心黏土砖的生产、使用有所限制。也正因为如此，以多孔砖、工业废渣砖、砌块及轻质板材来替代实心黏土砖是大势所趋。

【案例分析8-1】 某县城于1997年7月6日至11日遭受洪水，某5层半砖砌体承重结构住宅楼底部车库进水,12 日上午倒塌,墙体破坏后部分呈粉末状。在残存北纵墙基础上随机抽取 20 块砖进行试验,自然状态下实测抗压强度平均值为 5.85MPa,低于设计要求的 MU10 砖抗压强度。从砖厂成品堆中随机抽取了砖进行测试,发现其抗压强度十分离散,高的达 21.4MPa,低的仅 5.1MPa,试分析其原因。

【原因分析】 原因有两方面:一是所用砌筑砂浆强度低,黏结力差;二是所用烧结普通砖的质量较差。设计要求使用 MU10 砖,但现场抽样测试发现砖的强度普遍低于 MU7.5。分析发现,该砖厂所用原材料土质不好,烧结得到的普通砖匀质性差,同时含较多欠火砖,其软化系数明显较小,被积水浸泡后,强度大幅度下降,导致部分砖破坏后甚至呈粉末状。

(2)烧结多孔砖与烧结空心砖

烧结多孔砖和烧结空心砖具有块体较大、自重较轻、保温隔热性好等特点,与烧结普通砖相比,烧结多孔砖和烧结空心砖具有节约黏土与燃料、烧成率高、施工效率高等特点。

①烧结多孔砖。

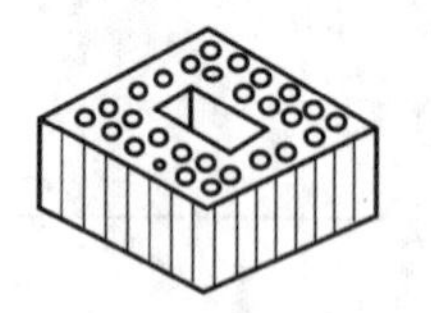
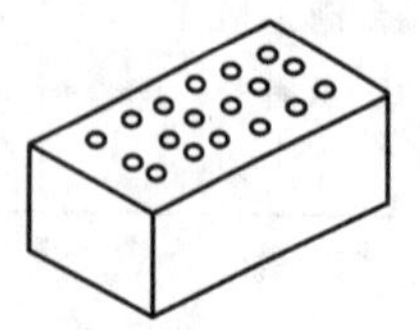

图 8-2 烧结多孔砖的外形

烧结多孔砖(fired preforated bricks)以黏土、页岩、煤矸石、粉煤灰为主要原料经成型焙烧而成,主要用于承重部位的砌墙砖。该砖的孔洞率在 15%以上,表观密度约为 1400kg/m³。孔洞垂直于大面,砌筑时要求孔洞方向垂直于承压面,如图 8-2 所示。虽然多孔砖具有一定的孔洞率,使砖受压时有效受压面积减小,但因为制坯时受较大的压力,使孔壁致密程度提高,且对原材料的要求也较高,补偿了因有效面积减小而造成的强度损失,因而烧结多孔砖的强度仍然很高,可用于砌筑六层以下的承重墙。

按照《烧结多孔砖和多孔砌块》(GB/T 13544—2011),根据抗压强度值,烧结多孔砖分为 MU30、MU25、MU20、MU15、MU10 五个强度等级。

强度和抗风化性能合格的烧结多孔砖根据尺寸偏差、外观质量、孔型及孔洞排列、泛霜和石灰爆裂分为优等品(A)、一等品(B)、合格品(C)三个质量等级。同样,烧结多孔砖也不允许有欠火砖、酥砖和螺旋纹砖。

②烧结空心砖。

烧结空心砖(fried hollow bricks)是以黏土、页岩、煤矸石等为主要原料,经成型焙烧而成的孔洞率大于或等于 40%的砌墙砖。其孔洞垂直于顶面,砌筑时要求孔洞方向与承压面平行。烧结空心砖质量较轻,可减轻墙体自重,改善墙体热工性能,但强度不高,因而主要用于砌筑非承重墙体或框架结构的填充墙。烧结多孔砖与烧结空心砖的区别见表 8-7。烧结空心砖外形见图 8-3。

表 8-7 **烧结多孔砖与烧结空心砖的区别**

特征属性	烧结多孔砖	烧结空心砖
孔洞率	≥15%且<35%	≥40%
孔尺寸	小	大
孔数量	多	少
孔洞所在面	大面	顶面
使用时孔洞与承压面关系	垂直	平行
使用部位	承重部位	非承重部位

根据《烧结空心砖和空心砌块》(GB/T 13545—2014),烧结空心砖按体积密度分为 800、900、1000、1100 四个密度等级。对每个密度等级的烧结空心砖,根据孔洞排列及结构、尺寸偏差、外观质量、强度等级和物理性能(包括冻融、泛霜、石灰爆裂、吸水率)等,分为优等品(A)、一等品(B)和合格品(C)三个质量等级。

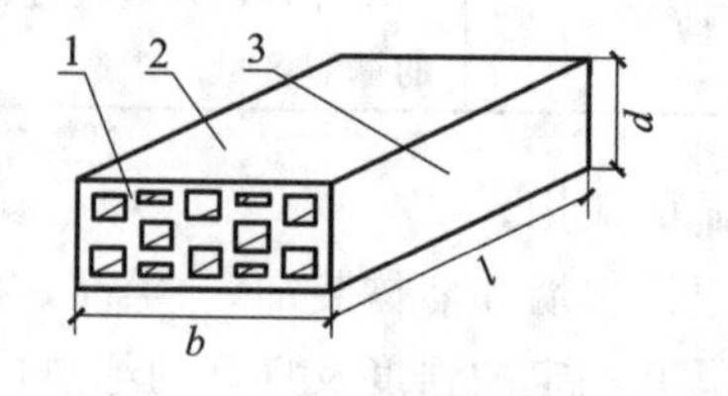

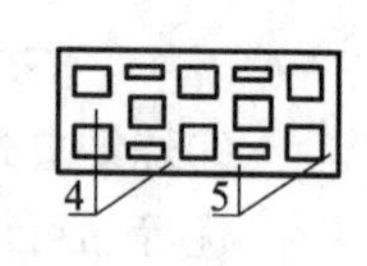

图 8-3 烧结空心砖的外形

1—顶面;2—大面;3—条面;4—肋;5—壁;
l—长度;b—宽度;d—高度

烧结空心砖的强度应符合表 8-8 烧结空心砖强度等级要求。

表 8-8 烧结空心砖强度等级

强度等级	抗压强度/MPa		
	平均值 $\overline{f}$	变异系数 $\delta \leqslant 0.21$	变异系数 $\delta > 0.21$
		标准值 f_k	单块最小值 f_{min}
MU10.0	≥10.0	≥7.0	≥8.0
MU7.5	≥7.5	≥5.0	≥5.8
MU5.0	≥5.0	≥3.5	≥4.0
MU3.5	≥3.5	≥2.5	≥2.8

8.1.1.2 非烧结砖

不经焙烧而制成的砖均为非烧结砖。这类砖的强度是通过在制砖时掺入一定量胶凝材料或在生产工程中形成一定的胶凝物质而得到的。目前应用较广的是蒸养(压)砖，主要品种有灰砂砖、粉煤灰砖等。除蒸养(压)砖外，混凝土多孔砖也是近几年使用较广的非烧结砖。

(1)蒸压灰砂砖

蒸压灰砂砖(autoclaved sand-lime brick)简称灰砂砖，是以石灰和砂为主要原料，允许掺入颜料和外加剂，经坯料制备、压制成型、蒸压养护而成的实心砖。蒸压养护是在 0.8～1.0MPa 的压力和 175℃左右的温度条件下，原来在常温常压下几乎不与 $Ca(OH)_2$ 反应的砂(晶态二氧化硅)经过 6h 左右的湿热养护，产生具有胶凝能力的水化硅酸钙凝胶，水化硅酸钙凝胶与 $Ca(OH)_2$ 晶体共同将未反应的砂粒黏结起来，从而使砖产生强度。

蒸压灰砂砖根据抗压强度和抗折强度分为 MU25、MU20、MU15、MU10 四个等级，MU15、MU20、MU25 的砖可用于基础及其他建筑，MU10 的砖仅可用于防潮层以上的建筑。

由于灰砂砖中的一些组分如水化硅酸钙、氢氧化钙、碳酸钙等不耐酸，也不耐热，若长期受热会发生分解、脱水，甚至还会使石英发生晶型转变，因此灰砂砖不得用于长期受热 200℃以上、受急冷急热和有酸性介质侵蚀的建筑部分。另外，砖中的氢氧化钙等组分会被流水冲失，所以灰砂砖不能用于有流水冲刷的地方。

灰砂砖与其他材料相比，蓄热能力显著。灰砂砖的表观密度大，隔声性能优越，其生产过程能耗较低。

【案例分析 8-2】 某石油基地库房砌筑采用蒸压灰砂砖，由于工期紧，灰砂砖亦紧俏，出厂 4d 的灰砂砖即用于砌筑。8 月完工，后发现墙体有较多垂直裂缝，至 11 月底裂缝基本固定。试分析原因。

【原因分析】 首先是砖从出厂到上墙时间太短。灰砂砖出釜后含水量随时间而减少，二十多天后才基本稳定，出釜时间太短必然导致灰砂砖干缩大。其次是气温影响。砌筑时气温很高，而几个月后气温明显下降，因温度变化导致变形。最后是因为所用灰砂砖表面光滑，砂浆与砖的黏结程度低。需要说明的是，灰砂砖砌体的抗剪强度普遍低于普通黏土烧结砖。

(2)蒸压粉煤灰砖

蒸压粉煤灰砖(autoclaved fly ash brick)是以粉煤灰、生石灰为主要原料，掺加适量石膏等外加剂和其他集料，经坯料制备、压制成型、高压蒸汽养护而制成的。

《蒸压粉煤灰砖》(JC/T 239—2014)规定了尺寸偏差和外观质量的要求，并按抗压强度和抗折强度将蒸压粉煤灰砖分为 MU30、MU25、MU20、MU15、MU10 五个等级。各强度等级的强度指标和抗冻指标应分别符合表 8-9 和表 8-10 的要求。蒸压粉煤灰砖的干燥收缩值应不大于 0.5mm/m。

表 8-9 蒸压粉煤灰砖强度指标

强度等级	抗压强度/MPa		抗折强度/MPa	
	平均值	单块最小值	平均值	单块最小值
MU10	≥10.0	≥8.0	≥2.5	≥2.0
MU15	≥15.0	≥12.0	≥3.7	≥3.0

续表

强度等级	抗压强度/MPa		抗折强度/MPa	
	平均值	单块最小值	平均值	单块最小值
MU20	≥20.0	≥16.0	≥4.0	≥3.2
MU25	≥25.0	≥20.0	≥4.5	≥3.6
MU30	≥30.0	≥24.0	≥4.8	≥3.8

表 8-10 **蒸压粉煤灰砖抗冻指标**

使用地区	抗冻指标	质量损失率	抗压强度损失率
夏热冬暖地区	D15	≤5%	≤25%
夏热冬冷地区	D25		
寒冷地区	D35		
严寒地区	D50		

蒸压粉煤灰砖可用于工业与民用建筑的墙体和基础,但用于基础或易受冻融和干湿交替作用的建筑部位时必须使用 MU15 及以上强度等级的砖。蒸压粉煤灰砖不得用于长期受热(200℃以上)、受急冷急热和有酸性介质侵蚀的建筑部位。

(3)混凝土多孔砖

混凝土多孔砖(concrete perforated bricks)是一种新型墙体材料,是以水泥为胶结材料,以砂、石等为主要集料,加水搅拌、成型、养护制成的一种多排小孔的混凝土砖。混凝土多孔砖外形为直角六面体,其长度一般为 290mm、240mm、190mm、180mm,宽度一般为 240mm、190mm、115mm、90mm,高度为 115mm、90mm,最小外壁厚不应小于 15mm,最小肋厚不应小于 10mm,孔洞率一般大于 30%。

混凝土多孔砖根据尺寸偏差、外观质量分为一等品(B)和合格品(C),根据抗压强度平均值分为 MU10、MU15、MU20、MU25、MU30 五个强度等级,同时要求各强度等级的多孔砖单块抗压强度最小值分别不低于8.0MPa、12.0MPa、16.0MPa、20.0MPa、24.0MPa。

相对含水率是指混凝土多孔砖含水率与混凝土多孔砖吸水率的比值,是影响混凝土多孔砖收缩的主要因素。混凝土多孔砖的收缩会使砌体较易产生裂缝,混凝土多孔砖的干燥收缩率不应大于 0.045%,因此控制相对含水率对防止砌体开裂十分重要。混凝土多孔砖的相对含水率应符合表 8-11 的规定。

表 8-11 **混凝土多孔砖相对含水率**

干燥收缩率/%	相对含水率/%		
	潮湿	中等	干燥
<0.03	45	40	35
0.03~0.045	40	35	30

注:使用地区的湿度条件如下。

潮湿——年平均相对湿度大于 75%的地区;

中等——年平均相对湿度为 50%~75%的地区;

干燥——年平均相对湿度小于 50%的地区。

用于外墙的混凝土多孔砖应满足抗渗要求,以抗渗性试验加水 2h 后 3 块砌块中任一块水面下降高度不大于 10mm 为合格。混凝土多孔砖应符合抗冻性要求,冻融循环后强度损失应不大于 25%,质量损失应不大于 5%。

8.1.2 砌块

砌块(building blocks)是砌筑用的人造块材,形体大于砌墙砖。制作砌块能充分利用地方材料和工业废料,且制作工艺简单。砌块的尺寸比砖大,施工方便,能有效提高劳动生产率,还可改善墙体功能。砌块一般为直角六面体，也可根据需要生产各种异形砌块。砌块系列中主规格的长度、宽度或高度有一项或一项以上分别大于 365mm、240mm 或 115mm，而且高度不大于长度或宽度的 6 倍，长度不超过高度的 3 倍。系列中主规格的高度大于 115mm 而又小于 380mm 的砌块，称为小砌块；系列中主规格的高度为 380～980mm的砌块，称为中砌块；系列中主规格高度大于 980mm 的砌块，称为大砌块。目前，我国以中小型砌块为主。

砌块按其空心率大小分为空心砌块和实心砌块两种。空心率小于 25%或者无孔洞的砌块为实心砌块，空心率大于或等于 25%的砌块为空心砌块。砌块通常又可按其所用主要原料及生产工艺命名，如水泥混凝土砌块、加气混凝土砌块、粉煤灰砌块、石膏砌块、烧结砌块等。

8.1.2.1 普通混凝土小型空心砌块(NHB)

普通混凝土小型空心砌块主要由水泥、细骨料、粗骨料和外加剂经搅拌、成型、养护而成，空心率应不小于 25%。粗、细骨料可用普通碎石或卵石、砂，也可用轻骨料(如陶粒、煤渣、煤矸石、火山渣、浮石等)及轻砂。普通混凝土小型空心砌块的主规格尺寸为 390mm×190mm×190mm，其他规格尺寸可由供需双方协商确定。混凝土小型空心砌块各部位名称如图 8-4 所示。

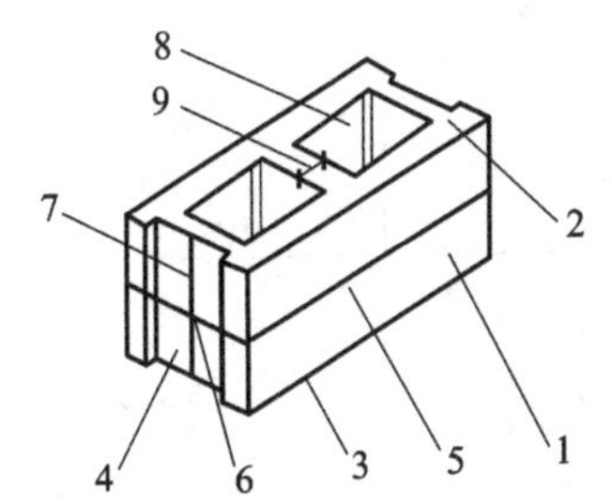

图 8-4 小型空心砌块各部位的名称

1—条面；2—坐浆面(肋厚较小的面)；
3—铺浆面(肋厚较大的面)；
4—顶面；5—长度；6—宽度；
7—高度；8—壁；9—肋

根据《普通混凝土小型砌块》(GB/T 8239—2014)的规定，普通混凝土小型砌块按使用时砌筑墙体的结构和受力情况，分为承重砌块和非承重砌块。承重砌块按抗压强度分为 MU7.5、MU10.0、MU15.0、MU20.0 和 MU25.0 五个强度等级，非承重砌块分为 MU5.0、MU7.5 和 MU10.0 三个强度等级。同时要求各强度等级砌块的单块最小抗压强度不低于要求值的 80%。

与混凝土多孔砖一样，混凝土砌块的收缩也会使砌体产生裂缝，因此普通混凝土小型空心砌块也要求控制相对含水率。对年平均相对湿度大于 75%的潮湿地区，相对含水率要求不大于 45%；对年平均相对湿度为 50%～75%的地区，相对含水率要求不大于 40%；对年平均相对湿度小于 50%的干燥地区，相对含水率要求不大于 35%；用于清水墙或有抗渗要求的砌块应满足抗渗性要求，用于采暖地区的混凝土砌块应符合抗冻性要求。

普通混凝土小型空心砌块的导热系数随混凝土材料及孔型和空心率的不同而有所差异。当砌块的空心率为 50%时，其导热系数约为 0.26W/(m·K)。

普通混凝土小型空心砌块可用于多层建筑的内外墙。这种砌块在砌筑时一般不宜浇水，但在气候特别干燥炎热时，可在砌筑前稍喷水湿润。

8.1.2.2 蒸压加气混凝土砌块(ACB)

蒸压加气混凝土砌块是以钙质材料(水泥、石灰)、硅质材料(石英砂、矿渣、粉煤灰、高炉矿渣等)以及加气剂(铝粉)等，经配料、搅拌、浇筑、发气、切割和蒸压养护而成的轻质多孔硅酸盐块体材料。

蒸压加气混凝土砌块的规格尺寸很多，实际使用时还可根据需要的尺寸生产，长度一般为 600mm，宽度有 100mm、120mm、125mm、150mm、180mm、200mm、240mm、250mm、300mm 九种规格，高度有 200mm、240mm、250mm、300mm 四种规格。

根据《蒸压加气混凝土砌块》(GB/T 11968—2020)的规定，砌块按尺寸偏差分为Ⅰ型和Ⅱ型，Ⅰ型适用于薄灰缝砌筑，Ⅱ型适用于厚灰缝砌筑。按抗压强度分为 A1.5、A2.0、A2.5、A3.5、A5.0 五个级别，强度级别 A1.5、A2.0 适用于建筑保温。按干密度分为 B03、B04、B05、B06、B07 五个级别，干密度级别 B03、B04 适用于建筑保温。砌块抗压强度和干密度要求见表 8-12。

表 8-12 蒸压加气混凝土砌块抗压强度和干密度要求

强度级别	抗压强度/MPa		干密度级别	平均干密度/(kg/m³)
	平均值	最小值		
A1.5	≥1.5	≥1.2	B03	≤350
A2.0	≥2.0	≥1.7	B04	≤450
A2.5	≥2.5	≥2.1	B04	≤450
			B05	≤550
A3.5	≥3.5	≥3.0	B04	≤450
			B05	≤550
			B06	≤650
A5.0	≥5.0	≥4.2	B05	≤550
			B06	≤650
			B07	≤750

蒸压加气混凝土砌块为轻质多孔材料,孔隙率达70%~80%,平均孔径约为1mm,表观密度小,一般约为黏土砖的1/3;属不燃材料,在受热至80~100℃以上时会出现收缩和裂缝,但在700℃以前不会损失强度,具有一定的耐热和良好的耐火性能;导热系数一般为0.14~0.28W/(m·K),具有良好的保温隔热性能;吸声系数为0.2~0.3,有一定的吸声能力,由于本身质量较轻,蒸压加气混凝土砌块的隔声性能较差;干燥收缩,吸湿膨胀,因此为了避免墙体出现裂缝,必须在结构和建筑上采取一定的措施;蒸压加气混凝土砌块的气孔大多为"墨水瓶孔",肚大口小,吸水吸湿速度缓慢,这一特性对砌筑和抹灰影响很大,施工时应尤其注意。

蒸压加气混凝土砌块广泛应用于一般建筑物墙体,还可用于多层建筑物的非承重墙、隔墙及低层建筑的承重墙。体积密度级别低的砌块还可用于屋面保温。

【案例分析8-3】 某工程用蒸压加气混凝土砌块砌筑外墙,该蒸压加气混凝土砌块出釜一周后即砌筑,工程完工一个月后,墙体出现阶梯状裂纹,试分析原因。

【原因分析】 该外墙属于框架结构的非承重墙,所用的蒸压加气混凝土砌块出釜仅一周,其收缩率还较大,在砌筑完工干燥过程中继续收缩,墙体在沿着砌块与砌块交接处就会产生阶梯状裂缝。

8.1.2.3 粉煤灰砌块(FB)

粉煤灰砌块是以粉煤灰、石灰、石膏和骨料(炉渣、矿渣)等为原料,经加水搅拌、振动成型、蒸汽养护而制成的实心砌块。

粉煤灰砌块的主规格尺寸有880mm×380mm×240mm和880mm×430mm×240mm两种。按立方体试件的抗压强度,粉煤灰砌块分为10级和13级两个强度等级,按外观质量、尺寸偏差和干缩性能分为一等品(B)和合格品(C)两个质量等级,一等品的干缩值不大于0.75,合格品的干缩值不大于0.90,其他技术指标见表8-13。

表 8-13 粉煤灰砌块的技术指标

项目	指标	
	10级	13级
抗压强度/MPa	3块试件平均值不小于10.0,单块最小值不小于8.0	3块试件平均值不小于13.0,单块最小值不小于10.5
人工碳化后强度/MPa	不小于6.0	不小于7.5
抗冻性	冻融循环结束后,外观无明显疏松、剥落或裂缝,强度损失不大于20%	
密度	不超过设计密度的10%	

8.1.2.4 轻集料混凝土小型空心砌块(LHB)

轻集料混凝土小型空心砌块是以粉煤灰陶粒、黏土陶粒、天然轻集料、膨胀珍珠岩等轻集料配以水泥、砂制作而成的小型空心块材。轻集料混凝土小型空心砌块主规格尺寸为 390mm×190mm×190mm，其他规格尺寸可由供需双方商定。

根据《轻集料混凝土小型空心砌块》(GB/T 15229—2011)的规定，轻集料混凝土小型空心砌块的排数分为5类：实心(0)、单排孔(1)、双排孔(2)、三排孔(3)、四排孔(4)。按砌块密度等级分为8级，见表8-14；按砌块强度等级分为6级，见表8-14；按砌块尺寸允许偏差和外观质量，分为一等品(B)和合格品(C)两个等级。砌块的吸水率不应大于20%，干缩率、相对含水率、抗冻性应符合有关标准规定。

表8-14 轻集料混凝土小型空心砌块的密度等级及强度等级

密度等级/(kg/m^3)	砌块干燥表观密度的范围/(kg/m^3)	强度等级	砌块抗压强度/MPa		密度等级范围/(kg/m^3)
			平均值	最小值	
500	≤500	1.5	≥1.5	1.2	≤600
600	510～600	2.5	≥2.5	2.0	≤800
700	610～700	3.5	≥3.5	2.8	≤1200
800	710～800	5.0	≥5.0	4.0	
900	810～900	7.5	≥7.5	6.0	≤1400
1000	910～1000	10.0	≥10.0	8.0	
1200	1010～1200				
1400	1210～1400				

8.1.3 墙用板材

墙体材料除传统的砖与砌块外，还有墙用板材。我国目前可用于墙体的板材品种较多，各种板材各有其特色。板的形式分为薄板类、条板类和轻型复合板类三种。

8.1.3.1 薄板类墙用板材

薄板类墙用板材有GRC平板、纸面石膏板、蒸压硅酸钙板、水泥刨花板、水泥木屑板等。

(1)GRC平板

GRC平板(即玻璃纤维增强低碱度水泥轻质板)，由耐碱玻璃纤维、低碳度水泥、轻集料与水为主要原料所制成。

此类板材具有密度低、韧性好、耐水、不燃、易加工等特点，可用作建筑物的内隔墙与吊顶板，经表面压花、被覆涂层后，也可用作外墙的装饰面板。

(2)纸面石膏板

纸面石膏板是以建筑石膏为胶凝材料，并掺入适量添加剂和纤维作为板芯，以特制的护面纸作为面层的一种轻质板材。纸面石膏板按其用途可分为普通纸面石膏板、耐水纸面石膏板、耐火纸面石膏板三类。

普通纸面石膏板可用于一般工程的内隔墙、墙体复合板、天花板和预制石膏板复合隔墙板。在厨房、卫生间以及空气相对湿度经常大于70%的湿环境中使用时，必须采用相应的防潮措施。

耐水纸面石膏板可用于相对湿度大于75%的浴室、卫生间等潮湿环境的吊顶和隔墙，如两面再作防水处理，效果更好。

耐火纸面石膏板主要用于有防火要求的宾馆、酒店、写字楼、会议室、学校、医院、车站、机场等建筑的吊顶与隔墙。

8.1.3.2 条板类墙用板材

条板类墙用板材有轻质陶粒混凝土条板、石膏空心条板、蒸压加气混凝土空心条板等。

轻质陶粒混凝土条板是以普通硅酸盐水泥为胶结料，轻质陶粒为集料，加水搅拌成为料浆，内配钢筋网片制成的实心条形板材。这种板材自重小;可锯、可钉;由于内置钢筋网片,整体性和抗震性好。主要用作住宅和公共建筑的非承重内隔墙。

8.1.3.3 轻质复合板类墙用板材

钢丝网架水泥夹芯板是轻型复合板类墙用板材,是由钢丝网制成的三维空间焊接网,内填泡沫塑料或半硬质岩棉板构成的网架芯板,喷抹水泥砂浆(或施工现场喷抹)后形成的复合墙板。

钢丝网架水泥夹芯板主要用于房屋建筑的内隔墙、自承重外墙、保温复合外墙、楼面、屋面及建筑加层等。

屋面材料图

8.2 屋面材料

屋面材料主要是各类瓦制品,按成分分为黏土瓦、水泥瓦、石棉水泥瓦、钢丝网水泥大波瓦、塑料大波瓦、沥青瓦等;按生产工艺分为压制瓦、挤制瓦和手工光彩脊瓦;按形状分为平瓦、波形瓦、脊瓦。新型屋面材料主要有轻钢彩色屋面板、铝塑复合板等。黏土瓦现已被淘汰,故不再赘述。

8.2.1 钢丝网水泥大波瓦

钢丝网水泥大波瓦是在普通水泥瓦中间设置一层低碳冷拔钢丝,成型后再经养护而成的大波波形瓦。其规格有两种,一种长1700mm,宽830mm,厚14mm,重约50kg;另一种长1700mm,宽830mm,厚12mm,重39～49kg。脊瓦每块重约15～16kg。脊瓦要求瓦的初裂荷载每块不小于2200N。在100mm的静水压力下,24h后瓦背无严重印水现象。

钢丝网水泥大波瓦,适用于工厂散热车间、库仓及临时性建筑的屋面,有时也可以用于这些建筑的围护结构。

8.2.2 玻璃钢波形瓦

玻璃钢波形瓦是以不饱和树脂和无捻玻璃纤维布为原料制成的。其尺寸为长1800mm,宽740mm,厚0.8～2mm。这种瓦质轻、强度大、耐冲击、耐高温、透光、有色泽,适用于建筑遮阳板,车站月台、集贸市场等简易建筑的屋面,但不能用于与明火接触的场合。当应用于有防火要求的建筑物时,应采用难燃树脂。

8.2.3 聚氯乙烯波纹瓦

聚氯乙烯波纹瓦,又称塑料瓦楞板,它是以聚氯乙烯树脂为主体,加入其他助剂,经塑化、压延、压波而制成的波形瓦。它具有轻质、高强、防水、耐腐、透光、色彩鲜艳等优点,适用于凉棚、果棚、遮阳板和简易建筑的屋面。常用规格为1000mm×750mm×(1.5～2)mm。抗拉强度为45MPa,静弯强度为80MPa,热变形特征为60℃时2h不变形。

8.2.4 彩色混凝土平瓦

彩色混凝土平瓦以细石混凝土为基层,面层覆盖各种颜色的水泥砂浆,经压制而成。其具有良好的防水和装饰效果,强度高、耐久性良好,近年来发展较快。

8.2.5 彩色油毡(沥青)瓦

彩色油毡(沥青)瓦是以玻璃纤维毡为胎基,经浸涂石油沥青后,一面覆盖彩色矿物粒料,另一面撒以隔离材料所制成的瓦状屋面防水材料。其主要用于民用住宅,特别是多层住宅、别墅的坡屋面防水工程。由于彩色油毡(沥青)瓦具有色彩鲜艳丰富、形状灵活多样、施工简便无污染、产品质轻性柔、使用寿命长等特点,在坡屋面防水工程中得到广泛应用。

彩色油毡(沥青)瓦在国外已有80多年的使用历史。在一些工业发达国家,特别是美国,彩色油毡(沥青)瓦的使用已占整个住宅屋面市场的80%以上。在国内,近几年来,随着坡屋面的重新崛起,作为坡屋面的主选瓦材之一,彩色油毡(沥青)瓦的发展越来越快。

彩色油毡(沥青)瓦的胎体材料对强度、耐水性、抗裂性和耐久性起主导作用,胎体材料主要有聚酯胎和玻纤毡两种。玻纤毡具有优良的物理化学性能,抗拉强度大,裁切加工性能良好,与聚酯胎相比,玻纤毡在浸涂高温熔融沥青时表现出更好的尺寸稳定性。

石油沥青是生产彩色油毡(沥青)瓦的传统黏结材料,具有黏结性、不透水性、塑性、大气稳定性均较好以及来源广泛、价格相对低廉等优点。宜采用低含蜡量的100号石油沥青和90号高等级道路沥青,并经氧化处理。此外,涂盖料、增黏剂、矿物粉料填充、覆面材料对彩色油毡(沥青)瓦的质量也有直接影响。

8.2.6 琉璃瓦

琉璃瓦是素烧的瓦坯表面涂以琉璃釉料后再经烧制而成的制品。这种瓦表面光滑、质地坚硬、色彩美丽、耐久性好,但成本较高,一般多用于古建筑修复,用作仿古建筑及园林建筑中的亭、台、楼、阁材料。

独立思考

知识归纳

8-1 一组砖的抗压破坏荷载分别为150kN、165kN、178kN、181kN、192kN、203kN、214kN、225kN、236kN、270kN。该组砖受压面积均为120mm×115mm。试确定该组砖的强度等级,并选择该试样所用试验机的吨位。

8-2 与烧结普通砖相比,工程上强制使用烧结多孔砖、烧结空心砖以及各种砌块等有何技术经济意义?

8-3 加气混凝土砌块砌筑的墙抹砂浆层,采用烧结普通砖的办法往墙上浇水后即抹,一般的砂浆往往易被加气混凝土吸去水分而干裂或空鼓,请分析原因。

思考题答案

参考文献

[1] 叶青,丁铸. 土木工程材料. 2版. 北京:中国质检出版社,2013.
[2] 苏达根. 土木工程材料. 2版. 北京:高等教育出版社,2008.
[3] 高琼英. 建筑材料. 4版. 武汉:武汉理工大学出版社,2012.
[4] 张君,阎培渝,覃维祖. 建筑材料. 北京:清华大学出版社,2008.

9

建筑功能材料

课前导读

◥ 内容提要

本章主要内容包括防水材料、保温隔热材料、吸声与隔声材料的分类、作用机理、特性等。

◥ 能力要求

通过本章的学习，学生应熟悉建筑防水材料的种类，常用防水材料的性能及应用，保温隔热材料、吸声与隔声材料的作用机理及主要影响因素。

◥ 数字资源

重难点

随着人们对建筑物质量要求的不断提高，建筑功能材料应运而生。建筑功能材料的出现大大改善了建筑物的使用功能，改善了人们的生活和工作环境。建筑功能材料在建筑物中的主要作用有防水密封、保温隔热、吸声隔声、防火和抗腐蚀等，并对扩展建筑物的功能、延长其使用寿命以及节能具有重要意义。

9.1 防水材料

防水材料是指能够防止雨水、地下水与其他水渗透的重要材料。防水是建筑物的一项重要功能，防水材料是实现这一功能的物质基础。防水材料的主要作用是防潮、防漏、防渗，避免水和盐分对建筑物的侵蚀，保护建筑构件。基础的不均匀沉降、结构的变形、建筑材料的热胀冷缩和施工质量不良等，导致建筑物的外壳会产生许多裂缝，防水材料能否适应这些裂缝的移位、变形是衡量其性能优劣的重要标志。防水材料质量直接影响到人们的居住环境、生活条件及建筑物的寿命。

建筑防水材料品种繁多，按其原材料组成可划分为无机类、有机类和复合类三种；按防水工程或部位可分为屋面防水材料、地下防水材料、室内防水材料及构筑防水材料等；按其生产工艺和使用功能特性可分为防水卷材、防水涂料、密封材料、堵漏材料四类。本节主要介绍防水卷材、防水涂料、胶黏剂、建筑密封材料等材料的组成、性能特点及应用。

9.1.1 防水卷材

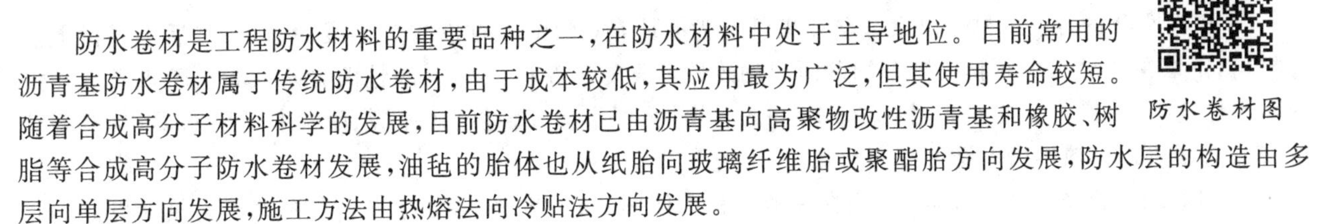

防水卷材图

防水卷材是工程防水材料的重要品种之一，在防水材料中处于主导地位。目前常用的沥青基防水卷材属于传统防水卷材，由于成本较低，其应用最为广泛，但其使用寿命较短。随着合成高分子材料科学的发展，目前防水卷材已由沥青基向高聚物改性沥青基和橡胶、树脂等合成高分子防水卷材发展，油毡的胎体也从纸胎向玻璃纤维胎或聚酯胎方向发展，防水层的构造由多层向单层方向发展，施工方法由热熔法向冷贴法方向发展。

防水卷材要满足建筑防水工程的要求，必须具备以下性能。

①耐水性：在水的作用和被水浸润后性能基本不变，在压力水作用下具有不透水的性能。常用不透水性、吸水性等指标表示。

②温度稳定性：在高温下不流淌、不起泡、不滑动，低温下不脆裂的性能，也即在一定温度变化下保持原有性能的能力。常用耐热度、耐热性等指标表示。

③机械强度、延伸性和抗断裂性：在承受一定荷载、应力或在一定变形的条件下不断裂的性能。常用拉力、拉伸强度和断裂伸长率等指标表示。

④柔韧性：具有较好的黏结能力，在低温条件下不产生裂纹和剥离的性能。柔韧性对防水卷材在低温下的施工和使用性能至关重要。常用柔度、低温弯折性等指标表示。

⑤大气稳定性：在阳光、热、臭氧及其他化学侵蚀介质等因素的长期综合作用下抵抗侵蚀的能力。常用耐老化性、热老化保持率等指标表示。

按照材料的组成，防水卷材一般可分为沥青防水卷材、聚合物改性沥青防水卷材和合成高分子防水卷材三大类。各类防水卷材的选用应充分考虑建(构)筑物的特点、地区环境条件、使用条件等多种因素，结合材料的特性和性能指标来选择。

9.1.1.1 沥青防水卷材

沥青防水卷材分为有胎卷材和无胎卷材。有胎卷材是指用玻璃布、石棉布、棉麻织品、厚纸等作为胎体，浸渍石油沥青，表面撒一层防黏隔离材料而制成的卷材，又称作浸渍卷材；无胎卷材是将橡胶粉、石棉粉等与沥青混炼再压延而成的防水材料，也称为辊压卷材。沥青防水卷材价格低廉、结构致密、防水性能良好、耐腐蚀、黏附性好，是目前建筑工程中最常用的柔性防水材料，广泛用于工业与民用建筑、地下工程、桥梁道路、隧道涵洞及水工建筑等很多领域。由于沥青材料的低温柔性差、温度敏感性强、易老化，故沥青防水卷材属于低档防水卷材。

9.1.1.2 改性沥青防水卷材

沥青防水卷材由于其温度稳定性差、延伸率小等,很难适应基层开裂及伸缩变形的要求。采用高聚物材料对传统的沥青防水卷材进行改性,则可以改善传统沥青防水卷材温度稳定性差、延伸率小的不足。改性沥青防水卷材具有高温不流淌、低温不脆裂、拉伸强度高和延伸率较大等优异性能。主要改性沥青防水卷材有SBS改性沥青防水卷材、APP改性沥青防水卷材、其他改性沥青防水卷材。

(1)SBS改性沥青防水卷材

SBS(苯乙烯-丁二烯-苯乙烯)改性沥青防水卷材是以聚酯毡、玻纤毡等增强材料为胎体,以SBS改性石油沥青为浸渍涂盖层,以塑料薄膜为防黏隔离层,经过选材、配料、共熔、浸渍、复合成型等工序加工而成的一种柔性防水卷材。

SBS改性沥青防水卷材具有优良的耐高低温性能,可形成高强度防水层,耐穿刺、耐硌伤、耐撕裂、耐疲劳,具有优良的延伸性和抗基层变形能力,低温性能优异。

SBS改性沥青防水卷材除用于一般工业与民用建筑防水外,尤其适用于高级和高层建筑物的屋面、地下室、卫生间等的防水防潮,以及桥梁、停车场、屋顶花园、游泳池、蓄水池、隧道等建筑的防水。又由于该卷材具有良好的低温柔韧性和极高的弹性延伸性,更适合于北方寒冷地区和结构易变形的建筑物的防水。

(2)APP改性沥青防水卷材

在石油沥青中加入25%~35%的APP(无规聚丙烯)可以大幅度提高沥青的软化点,并能明显改善其低温柔韧性。

APP改性沥青防水卷材是以聚酯毡或玻纤毡为胎体,以APP改性沥青为预浸涂盖层,然后上层撒上隔离材料,下层覆盖聚乙烯薄膜或撒布细砂而成的改性沥青防水卷材。APP改性沥青防水卷材不仅具有良好的防水性能,还具有优良的耐高温性能和较好的柔韧性,可形成高强度、耐撕裂、耐穿刺的防水层,具有耐紫外线照射、寿命长、热熔法黏结可靠等特点。

与SBS改性沥青防水卷材相比,除在一般工程中使用外,APP改性沥青防水卷材由于耐热度更好而且有着良好的耐紫外线老化性能,更加适用于高温或有太阳辐照地区的建筑物防水。

(3)其他改性沥青防水卷材

氧化沥青防水卷材以氧化沥青或优质氧化沥青(催化氧化沥青或改性氧化沥青)作为浸涂材料,以无纺玻纤毡、加纺玻纤毡、黄麻布、铝箔或玻纤铝箔复合为胎体加工制造而成。该卷材造价低,属于中低档产品。优质氧化沥青油毡具有很好的低温柔韧性,适合于北方寒冷地区建筑物的防水。

丁苯橡胶改性沥青防水卷材是采用低软化点氧化石油沥青浸渍原纸,然后以催化剂和丁苯橡胶改性沥青加填料涂盖两面,再撒以撒布料所制成的防水卷材。该类卷材适用于一般建筑物的防水、防潮,具有施工温度范围广的特点,在−15℃以上均可施工。

再生胶改性沥青防水卷材是由再生橡胶粉掺入适量的石油沥青和化学助剂进行高温高压处理后,再掺入一定量的填料经混炼、压延而制成的无胎体防水卷材。该卷材具有较大的延伸率、较好的低温柔韧性、耐腐蚀性、耐水性及热稳定性,适用于一般建筑物的防水层,尤其适用于有保护层的屋面或基层沉降较大的建筑物变形缝处的防水。

自黏性改性沥青防水卷材是以自黏性改性沥青为涂盖材料,以无纺玻纤毡、加纺玻纤毡、无纺聚酯布为胎体,在浸涂胎体后,下表面用隔离纸覆盖,上表面用具有自支保护功能的隔离材料覆面,使用时只需揭开隔离纸便可铺贴,稍加压力就能粘贴牢固。该卷材具有良好的低温柔韧性和施工方便等特点,除一般工程外更适合于北方寒冷地区建筑物的防水。

9.1.1.3 合成高分子防水卷材

合成高分子防水卷材是以合成橡胶、合成树脂或两者的共混体为基材,加入适量的助剂和填充料等,经过混炼、塑炼、压延或挤出成型、硫化、定型等加工工艺制成的片状可卷曲的防水材料。

合成高分子防水卷材具有强度高、断裂伸长率大、抗撕裂强度高、耐热性能好、低温柔性好、耐腐蚀、抗老化及可以冷施工等一系列优异性能,而且彻底改变了沥青基防水卷材施工条件差、污染环境等缺点,是值得大力推广的新型高档防水卷材。目前多用于高级宾馆、大厦、游泳池、厂房等要求有良好防水性的屋面、地下等防水工程。

根据组成材料的不同,合成高分子防水卷材可分为橡胶型、树脂型和橡塑共混型三大类,各类又分别有若干品种。下面介绍一些常用的合成高分子防水卷材。

(1)三元乙丙(EPDM)橡胶防水卷材

三元乙丙橡胶防水卷材是以三元乙丙橡胶为主要原料,掺入适量的丁基橡胶、硫化剂、促进剂、补强剂、稳定剂、填充剂和软化剂等,经过密炼、塑炼、过滤、拉片、挤出(或压延)成型、硫化等工序制成的高强高弹性防水材料。目前国内按工艺将三元乙丙橡胶防水卷材分为硫化型、非硫化型两种,其中硫化型占主导。

三元乙丙橡胶卷材是目前耐老化性能最好的一种卷材,使用寿命可达30年以上。它具有防水性好、质量轻、耐候性好、耐臭氧性好、弹性和抗拉强度大、抗裂性强、耐酸碱腐蚀等特点,而且耐高低温性能好,并可以冷施工,目前在国内属高档防水材料。三元乙丙橡胶卷材最适用于工业与民用建筑屋面工程的外露防水层,并适用于受震动、易变形建筑工程防水,也适用于刚性保护层或倒置式屋面以及地下室、水渠、贮水池、隧道、地铁等建筑工程防水。

(2)聚氯乙烯(PVC)防水卷材

聚氯乙烯防水卷材是以聚氯乙烯树脂为主要原料,掺加填充料和适量的改性剂、增塑剂、抗氧剂、紫外线吸收剂、其他加工助剂等,经过混合、造粒、挤出或压延、定型、压花、冷却卷曲等工序加工而成的防水卷材。

聚氯乙烯防水卷材的特点是价格便宜,抗拉强度高和断裂伸长率较大;对基层伸缩、开裂、变形的适应性强;低温柔韧性好,可在较低的温度下施工和应用;卷材的搭接除了可用黏合剂外,还可以用热空气焊接的方法,接缝处严密。

与三元乙丙橡胶防水卷材相比,除在一般工程中使用外,聚氯乙烯防水卷材更适用于刚性层下的防水层及旧建筑混凝土构件屋面的修缮工程,以及有一定耐腐蚀要求的室内地面工程的防水、防渗工程等。

(3)氯化聚乙烯防水卷材

氯化聚乙烯防水卷材是以氯化聚乙烯树脂为主要原料,掺入适量的化学助剂和填充料,采用塑料或橡胶的加工工艺,经过捏和、塑炼、压延、卷曲、分卷、包装等工序,加工制成的弹塑性防水材料。

氯化聚乙烯防水卷材具有热塑性弹性体的优良性能,具有耐热、耐老化、耐腐蚀等性能,且原材料来源丰富,价格较低,生产工艺较简单,可冷施工操作,施工方便,故发展迅速,目前在国内属中高档防水卷材。

氯化聚乙烯防水卷材适用于各种工业和民用建筑物屋面,各种地下室,其他地下工程以及浴室、卫生间和蓄水池、排水沟、堤坝等的防水工程。由于氯化聚乙烯耐磨性很强,故还可以作为室内装饰底面的施工材料,兼有防水和装饰作用。

(4)氯化聚乙烯-橡胶共混防水卷材

氯化聚乙烯-橡胶共混防水卷材是以氯化聚乙烯树脂和合成橡胶为主体,掺入适量硫化剂等添加剂及填充料,经混炼、压延或挤出等工艺制成的高弹性防水卷材。

氯化聚乙烯-橡胶共混防水卷材兼有塑料和橡胶的特点,具有高强度、高延伸率和耐臭氧、耐低温性能,良好的耐老化和耐水、耐腐蚀性能。这类卷材属于硫化型橡胶防水卷材,不但强度高,延伸率大,且具有高弹性,受外力时可产生拉伸变形,其变形范围较大,当外力消失后卷材可逐渐回弹到受力前状态,这样当卷材应用于建筑防水工程时,对基层变形有一定的适应能力。

氯化聚乙烯-橡胶共混防水卷材适用于屋面外露、非外露防水工程;地下室外防外贴法或外防内贴法施工的防水工程,以及水池、土木建筑等防水工程。

(5)其他合成高分子防水卷材

合成高分子防水卷材除以上四种典型品种外,还有再生胶、三元丁橡胶、氯磺化聚乙烯、三元乙丙橡胶-聚乙烯共混等防水卷材,这些卷材原则上都是塑料经过改性,或橡胶经过改性,或两者复合或多种复合,制成的能满足建筑防水要求的制品。它们因所用的基材不同而性能差异较大,使用时应根据其性能合理选择。

按照《屋面工程质量验收规范》(GB 50207—2012)的规定,合成高分子防水卷材适用于防水等级为Ⅰ级、Ⅱ级和Ⅲ级的屋面防水工程。在Ⅰ级屋面防水工程中必须至少有三道厚度不小于1.5mm的合成高分子防水卷材;在Ⅱ级屋面防水工程中,可采用一道或两道厚度不小于1.2mm的合成高分子防水卷材;在Ⅲ级屋面防水工程中,可采用一道厚度不小于1.2mm的合成高分子防水卷材。常见合成高分子防水卷材的特点和使用范围见表9-1。

表9-1 常见合成高分子防水卷材的特点和使用范围

卷材名称	特点	使用范围	施工工艺
再生胶防水卷材	有良好的延伸性、耐热性、耐寒性和耐腐蚀性,价格低廉	单层非外露部位及地下防水工程,或加盖保护层的外露防水工程	冷黏法施工
氯化聚乙烯防水卷材	具有良好的耐候、耐臭氧、耐热、耐老化、耐油、耐化学腐蚀及抗撕裂的性能	单层或复合使用于紫外线强的炎热地区	冷黏法或自黏法施工
聚氯乙烯防水卷材	具有较高的抗拉和撕裂强度,伸长率较大,耐老化性能好,原材料丰富,价格便宜,容易黏结	单层或复合使用于外露或有保护层的防水工程	冷黏法或热风焊接法施工
三元乙丙橡胶防水卷材	防水性能优异,耐候性、耐臭氧性、耐化学腐蚀性好,弹性和抗拉强度大,对基层变形开裂的适用性强,质量轻,使用温度范围宽,寿命长,但价格高,黏结材料尚需配套完善	防水要求较高,单层或复合使用于防水层耐用年限长的工业与民用建筑	冷黏法或自黏法施工
三元丁橡胶防水卷材	有较好的耐候性、耐油性、抗拉强度和伸长率,耐低温性能稍低于三元乙丙橡胶防水卷材	单层或复合使用于要求较高的防水工程	冷黏法施工
氯化聚乙烯-橡胶共混防水卷材	不但具有氯化聚乙烯特有的高强度和优异的耐臭氧、耐老化性能,而且具有橡胶所特有的高弹性、高延伸性以及良好的低温柔韧性	单层或复合使用,尤其适用于寒冷地区或变形较大的防水工程	冷黏法施工

【案例分析9-1】 某工程竣工验收时,发现顶层屋面渗水,局部水珠下滴。检查屋面,发现阁楼墙根部卷材SBS上翻部分大部分脱落,下雨天雨水渗入。试分析原因并提出防治措施。

【原因分析】 为了赶工期,在基层未干时就强行施工,由于内部水分较多,太阳暴晒,温度升高,水蒸气将卷材强行顶开。

【防治措施】 做防水层前,基层必须干净、干燥。干燥程度的简易检验方法:将$1m^2$卷材平坦地干铺在找平层上,静置3～4h后掀开检查,找平层覆盖部位与卷材上未见水印,即为干燥程度符合施工要求。

9.1.2 防水涂料

防水涂料是一种流态或半流态物质,可用刷、喷等工艺涂布在基体表面,经溶剂挥发或各组分间的化学反应,形成具有一定弹性和一定厚度的连续薄膜,使基层表面与水隔绝,并能抵抗一定的水压力,从而起到防水和防潮作用。

9.1.2.1 防水涂料的组成、分类和特点

防水涂料实质上是一种特殊涂料,它的特殊性在于当涂料涂布在防水结构表面后,能形成柔软、耐水、抗裂和富有弹性的防水涂膜,隔绝外部的水分向基层渗透。因此,防水涂料在原材料的选择上不同于普通建筑涂料,它主要采用憎水性强、耐水性好的有机高分子材料,常用的主体材料有聚氨酯、氯丁胶、再生胶、SBS橡胶和沥青以及它们的混合物,辅助材料主要包括固化剂、增韧剂、增黏剂、防霉剂、填充料、乳化剂、着色剂等,其生产工艺和成膜机理与普通建筑涂料基本相同。

防水涂料要满足防水工程的要求,必须具备以下性能:

①固体含量,是指防水涂料中所含固体比例。由于涂料涂刷后其中的固体成分形成涂膜,因此固体含量与成膜厚度及涂膜质量密切相关。

②耐热度,是指防水涂料成膜后的防水薄膜在高温下不发生软化变形、不流淌的性能。它反映防水涂膜的耐高温性能。

③柔性，是指防水涂料成膜后的膜层在低温下保持柔韧的性能。它反映防水涂料在低温下的施工和使用性能。

④不透水性，是指防水涂膜在一定水压(静水压或动水压)和一定时间内不出现渗漏的性能。它是防水涂料满足防水功能要求的主要质量指标。

⑤延伸性，是指防水涂膜适应基层变形的能力。防水涂料成膜后必须具有一定的延伸性，以适应由于温差、干湿等因素造成的基层变形，保证防水效果。

防水涂料的使用应考虑建筑物的特点、环境条件和使用条件等因素，结合防水涂料特点和性能指标选择。

防水涂料根据组分的不同可分为单组分防水涂料和双组分防水涂料两类；根据成膜物质的不同可分为沥青基防水涂料、高聚物改性沥青防水涂料和合成高分子防水涂料三类；如按涂料的分散介质不同分类，又可分为溶剂型和水乳型两类，不同介质的防水涂料的性能特点见表 9-2。

表 9-2 溶剂型、水乳型防水涂料的性能特点

项目	溶剂型防水涂料	水乳型防水涂料
成膜机理	通过溶剂的挥发、高分子材料的分子链接触、缠结等过程成膜	通过水分子的蒸发，乳胶颗粒靠近、接触、变形等过程成膜
干燥速度	干燥快，涂膜薄而致密	干燥较慢，一次成膜的致密性较低
贮存稳定性	贮存稳定性较好，应密封贮存	贮存期一般不宜超过半年
安全性	易燃、易爆、有毒，生产、运输和使用过程中应注意安全，注意防火	无毒，不燃，生产、使用比较安全
施工情况	施工时应通风良好，保证人身安全	施工较安全，操作简单，可在较潮湿的找平层上施工，施工温度不宜低于 5℃

一般来说，防水涂料具有以下 6 个特点：

①在常温下呈液态，特别适宜在立面、阴阳角、穿结构层管道、不规则屋面、结点等细部构造处进行防水施工，固化后能在这些复杂表面处形成完整的防水膜。

②涂膜防水层自重轻，特别适宜于轻型薄壳屋面的防水。

③防水涂料施工属于冷施工，可刷涂，也可喷涂，操作简便，施工速度快，环境污染小，同时也减轻了劳动强度。

④温度适应性强，防水涂层在－30～80℃条件下均可使用。

⑤涂膜防水层可通过加贴增强材料来提高抗拉强度。

⑥容易修补，发生渗漏可在原防水涂层的基础上修补。

防水涂料的主要优点是易于维修和施工，特别适用于管道较多的卫生间、特殊结构的屋面以及旧结构的堵漏防渗工程。

9.1.2.2 沥青防水涂料

沥青防水涂料的成膜物质是石油沥青，一般分为溶剂型和水乳型两种。溶剂型沥青防水涂料是将石油沥青直接溶解于汽油等有机溶剂后制得的溶液。沥青溶液施工后所形成的涂膜很薄，一般不单独作防水涂料使用，只用作沥青类油毡施工时的基层处理剂。水乳型沥青防水涂料是将石油沥青分散于水中所形成的稳定的水分散体。目前常用的沥青防水涂料有水乳无机矿物厚质沥青涂料、水性石棉沥青防水涂料、石灰乳化沥青、水性铝粉屋面反光涂料、溶剂型屋面反光隔热涂料、膨润土-石棉乳化沥青防水涂料、阳离子乳化高蜡石油沥青防水涂料等。这类涂料属于中低档防水涂料，具有沥青防水卷材的基本性质，价格低廉，施工简单。

(1)冷底子油

它是用稀释剂(汽油、柴油、煤油、苯等)对沥青进行稀释的产物，多在常温下用于防水工程的底层，故称冷底子油。冷底子油黏度小，具有良好的流动性。其形成的涂膜较薄，一般不单独作防水材料使用，只作某

些防水材料的配套材料。常用来处理基层界面,可封闭基层毛细孔隙,使基层表面变为憎水性具有防水能力,为黏结同类防水材料创造有利条件。在铺贴防水油毡之前涂布于混凝土、砂浆、木材等基层上,能很快渗入基层孔隙中,待溶剂挥发后,便与基面牢固结合。

(2)乳化沥青防水涂料

乳化沥青防水涂料具有一定的防水性和防腐性。受沥青本身性能的限制,乳化沥青防水涂料的使用寿命短,抗裂性、低温柔性和耐热性等性能较差,适用于防水等级为Ⅲ级、Ⅳ级的工业与民用建筑屋面、厕浴间防水层和地下防潮、防腐涂层的施工,是廉价低档的防水涂料。因此,乳化沥青防水涂料的生产及应用正逐渐减少。

(3)石灰乳化沥青防水涂料

石灰乳化沥青防水涂料是指以沥青为基料,配以石灰膏为分散剂,石棉绒为填充料加工而成的一种冷沥青悬乳液。将石灰乳化沥青铺抹在基层以后,由于水分蒸发,悬乳体的内部结构重新分布,分散极细的沥青颗粒、石灰和石棉绒互相挤靠包裹,沥青凝结成膜,石灰在沥青中形成均匀的蜂窝状骨架,而成为一种耐热性高、抗老化性好的防水层。其具有耐候、耐温性能好,能在潮湿基面上施工,与基层黏结性能好,无毒、无污染,施工简单方便等优点,被广泛使用于地下室、卫生间、厨房、屋面、公路、桥梁等防水工程。

9.1.2.3 高聚物改性沥青防水涂料

沥青防水涂料通过适当的高聚物改性可以显著提高其柔韧性、弹性、流动性、气密性、耐化学腐蚀性和耐疲劳等性能。高聚物改性沥青防水涂料一般是用再生橡胶、合成橡胶或SBS等对沥青进行改性而制成的水乳型或溶剂型防水涂料。

(1)氯丁橡胶沥青防水涂料

氯丁橡胶沥青防水涂料的基料是氯丁橡胶和石油沥青。按使用溶剂的不同其可分为溶剂型和水乳型两种。其中水乳型氯丁橡胶沥青防水涂料具有涂膜强度大、延伸性好,能充分适应基层的变化,耐热性和低温柔韧性优良,耐臭氧老化,抗腐蚀,阻燃性好,不透水等特点,是一种安全无毒的防水涂料。其已经成为我国防水涂料的主要品种之一,适用于工业和民用建筑物的屋面防水、墙身防水和楼面防水、地下室和设备管道的防水、旧屋面的维修和补漏,还可用于沼气池、油库等密闭工程混凝土以提高其抗渗性和气密性。

(2)水乳型再生橡胶改性沥青防水涂料

水乳型再生橡胶改性沥青防水涂料是由阴离子型再生乳胶和沥青乳胶均匀混合而成的,其中,再生橡胶和石油沥青的微粒借助于阴离子表面活性剂的作用,稳定分散在水中而形成乳状液。

该涂料以水为分散剂,具有无毒、无味、不燃的优点,可在常温下冷施工作业,并可在稍潮湿无积水的表面施工,涂膜有一定的柔韧性和耐久性,材料来源广,价格低。它属于薄型涂料,一次涂刷涂膜较薄,需多次涂刷才能达到规定厚度。该涂料一般要加衬玻璃纤维布或合成纤维加筋毡构成防水层,施工时再配以嵌缝密封膏,以达到较好的防水效果。该涂料适用于工业与民用建筑混凝土基层屋面防水、以沥青珍珠岩为保温层的保温屋面防水,地下混凝土建筑防潮以及旧油毡屋面翻修和刚性自防水屋面的维修等。

(3)SBS改性沥青防水涂料

SBS改性沥青防水涂料是以沥青、橡胶、合成树脂、SBS及表面活性剂等高分子材料组成的一种水乳型弹性沥青防水涂料。该涂料的优点是低温柔韧性好、抗裂性强、黏结性能优良、耐老化性能好,与玻纤布等增强胎体复合,能用于任何复杂的基层,防水性能好,可冷施工作业,是较为理想的中档防水涂料。SBS改性沥青防水涂料适用于复杂基层的防水防潮施工工程,如厕浴间、地下室、厨房、水池等,特别适用于寒冷地区的防水施工工程。

9.1.2.4 合成高分子防水涂料

合成高分子防水涂料是以合成橡胶或合成树脂为主要成膜物质,加入其他辅料而配制成的单组分或多组分防水涂料。合成高分子防水涂料的品种很多,常见的有硅酮、氯丁橡胶、聚氯乙烯、聚氨酯、丙烯酸酯、丁基橡胶、氯磺化聚乙烯、偏二氯乙烯等防水涂料。防水涂料朝着高性能、多功能化的方向迅速发展,粉末态、反应型、纳米型、快干型等各种功能性涂料逐渐被开发并应用。

(1)聚氨酯防水涂料

聚氨酯防水涂料是以异氰酸酯基与多元醇、多元胺及其他含活泼氢的化合物为原材料经加成聚合而成,生成的产物含氨基甲酸酯基为氨酯键,故称为聚氨酯。聚氨酯防水涂料是防水涂料中最重要的一类,无论是双组分还是单组分,都属于以聚氨酯为成膜物质的反应型防水涂料。

聚氨酯防水涂料涂膜固化时无收缩,具有较大的弹性和延伸率,较好的抗裂性、耐候性、耐酸碱性、耐老化性,适当的强度和硬度,几乎满足作为防水材料的全部特性。当涂膜厚度为1.5～2.0mm时,使用年限可在10年以上,而且对各种基材(如混凝土、石、砖、木材、金属等)均有良好的附着力,属于高档的合成高分子防水涂料。

双组分聚氨酯防水涂料广泛应用于屋面、地下工程、卫生间、游泳池等的防水,也可用于室内隔水层及接缝密封,还可用作金属管道、防腐地坪、防腐池的防腐处理等。单组分聚氨酯防水涂料则多数用于建筑的砖石结构、金属结构部分及聚氨酯屋面防水层的修补。

(2)水性丙烯酸酯防水涂料

水性丙烯酸酯防水涂料是以纯丙烯酸共聚物、改性丙烯酸或纯丙烯酸酯乳液为主要成分,加入适量填料和助剂配制而成的水性单组分防水涂料。这类防水涂料由于其介质为水,不含任何有机溶剂,因此属于良好的环保型涂料。

这类涂料的最大优点是具有优良的防水性、耐候性、耐热性和耐紫外线性。涂膜延伸性好,弹性好,伸长率可达250%,能适应基层一定幅度的变形开裂;温度适应性强,在－30～80℃范围内性能无大的变化;可以调制成各种色彩,兼有装饰和隔热效果。这类涂料适用于各类建筑防水工程,如钢筋混凝土、轻质混凝土、沥青和油毡、金属表面、外墙、卫生间、地下室、冷库等,也可用作防水层的维修和作保护层等。

(3)硅橡胶防水涂料

硅橡胶防水涂料是以硅橡胶胶乳以及其他乳液的复合物为主要基料,掺入无机填料及各种助剂配制而成的乳液型防水涂料。该类涂料兼有涂膜防水材料和渗透防水材料两者的优良特性,具有良好的防水性、抗渗透性、成膜性、弹性、黏结性、延伸性和耐高低温特性,适应基层变形的能力强。可渗入基底,与基底牢固黏结,成膜速度快,可在潮湿底基层上施工,可刷涂、喷涂或滚涂,特别是它可以做到无毒级产品,是其他高分子防水材料所不能及的,因此,硅橡胶防水涂料适用于各类工程尤其是地下工程的防水、防渗和维修工程,对水质不造成污染。

(4)聚氯乙烯防水涂料

聚氯乙烯防水涂料是以聚氯乙烯和煤焦油为基料,加入适量的防老化剂、增塑剂、稳定剂及乳化剂,以水为分散介质所制成的水乳型防水涂料。施工时,一般要铺设玻纤布、聚酯无纺布等胎体进行增强处理。

该类防水涂料弹塑性好,耐寒、耐化学腐蚀、耐老化和成品稳定性好,可在潮湿的基层上冷施工,防水层的总造价低。聚氯乙烯防水涂料可用于各种一般工程的防水、防渗及金属管道的防腐工程。

9.1.2.5 常用新型防水涂料

(1)水泥基渗透结晶型防水涂料

水泥基渗透结晶型防水涂料是由硅酸盐水泥、石英砂、特殊活性物质及添加剂组成的无机粉末状防水涂料。与水作用后,硅酸盐活性离子通过载体向混凝土内部扩散渗透,与混凝土孔隙中的钙离子进行化学反应,生成不溶于水的硅酸盐结晶体填充混凝土毛细孔道,从而使混凝土结构致密,实现防水功能。

与高分子类有机防水涂料相比,这类防水材料具有一些独特的性能:可以与混凝土组成完整、耐久的整体;可以在新鲜或初凝混凝土表面施工;固化快,48h后可以进行后续施工;可以抵抗海水和其他盐分的化学侵蚀,起到保护混凝土和钢筋的作用;无毒,可用于饮水工程。

(2)有机硅防水涂料

有机硅防水涂料是以硅橡胶乳液为主要成膜物质,其他高分子乳液(如丙烯酸酯乳液)为辅助成膜物质,添加助剂、填料而成的乳液型防水涂料。由于有机硅材料品种极其丰富,固化方式也各不相同,有热固化、常温固化、交联剂固化,因此,有机硅防水涂料的成膜过程及机理,目前还不十分清楚,对水在涂膜中的扩散系数、渗透系数及溶解度等也有待深入研究。另外,有机硅的价格一般也高于其他高分子材料,因此目前市场上的有机硅防水涂料品种不多,但是由于硅橡胶具有优良的抗拉强度、延伸率、耐腐蚀及耐老化性,特别是它可以做到无毒级产品,是其他高分子防水材料所不能及的,因此该产品多用于地下防水工程,不对水质造成污染。

(3)高分子合金

高分子合金是由两种或两种以上不同种类的树脂,或树脂与少量橡胶或树脂与少量热塑性弹性体,通过物理或化学方法共混,使部分高分子断链,再接枝或嵌段,或基团与链段交换,从而使不同高分子的特性得到优化组合,形成具有所需性能的高分子混合物新材料。防水材料中常用的SBS热塑性弹性体就是典型的高分子合金。

常用的高分子合金制备有橡胶增韧塑料、塑料增韧橡胶、塑料与塑料共混、橡胶与橡胶共混,最初是以增韧为主要目的,现在已涉及改进高分子性能的各个方面,绝大多数金属合金都是互容的均相体系,大多数高分子合金都是互不相容的非均相体系,而组分的相容性是决定性能的关键,分散相粒径越小,共混物抗冲击强度越大;相容性越好,共混物力学性能越优良。随着高分子合金的拓展,新型高分子防水材料种类和性能必然会越来越丰富。

【案例分析9-2】 某屋面防水材料选用彩色焦油聚氨酯,涂膜厚度2mm。施工时因进货渠道不同,底层与面层涂料分别为两家不同生产厂的产品。施工后发现三个质量问题:一是大面积涂膜呈龟裂状,部分涂膜表面不结膜;二是整个屋面颜色不均,面层厚度普遍不足;三是局部(约3%)涂膜有皱褶、剥离现象。试分析原因并提出防治措施。

【原因分析】

(1)涂膜开裂和表面不结膜

其主要与涂膜厚度不足有关。用针刺法检查,涂膜平均厚度小于0.5mm。由于厚度较小,面层涂料进行初期自然养护时,材料固化时产生的收缩应力大于涂膜的结膜强度,所以容易产生龟裂现象。

另外,如果厚度不足,聚氨酯中的两组分无法充分反应,导致涂膜不固化,表面黏手。

(2)屋面颜色不均匀

其主要是由A、B两组分配制时搅拌不均匀造成的,尤其是B组分中粉状涂料,如果搅拌时间不足,搅拌不充分,涂料结膜后就会产生色泽不均匀现象。另外,本工程因底层与面层涂料来自不同生产厂,所以两种材料之间的覆盖程度、颜色的均匀性与厚度大小、涂刷相隔时间有关。

(3)涂膜皱褶、剥离

其主要与施工时基层潮湿有关。本工程采用水泥膨胀珍珠岩预制块保温层,基层内部水分较多。涂膜施工后,在阳光照射下,多余水分因温度上升会产生巨大蒸汽压力,使涂膜黏结不实的部位出现皱褶或剥离现象。这些部位如果不及时修补,就会丧失防水功能。

【防治措施】

(1)涂膜厚度

在施工时,确保材料用量与分次涂刷,同时还应加强基层平整度的检查,对个别有严重缺陷的地方,应该用同类材料的胶泥嵌补平整。

(2)施工工艺

彩色焦油聚氨酯防水涂料是双组分反应型材料。因此,在施工时应严格按配合比施工,并且加强搅拌。特别是B组分中有粉状填料,更应适当延长搅拌时间,最好采用电动搅拌器搅拌,否则,聚氨酯防水涂料结膜后强度不足将影响它的使用功能。

(3)材料品种

从理论上分析,同一品种的防水材料不应存在相容性的问题。但工程实践证实,焦油聚氨酯防水涂料与水泥类基层的黏结性一般很好,剥离强度较高;而底涂层与面涂层之间剥离强度相对较低。另外,从本工程来看,表面颜色不均匀问题还与采用不同生产厂的材料有关,这种情况在今后类似工程中应该尽量避免。

此外,不同品种的涂料在工程中一般不应混用。即使性能相近的品种,也应进行材料相容性试验,既要试验两种材料的剥离强度,还应测定两种材料涂刷的最佳相隔时间。这种试验主要是为了确保防水涂膜的整体性与水密性,提高工程的使用年限。

9.1.3 胶黏剂

胶接(黏合、黏结、胶结、胶黏)是指同质或异质物体表面用胶黏剂连接在一起的技术,具有应力分布连续,质量轻,或密封,多数工艺温度低等特点,特别适用于不同材质、不同厚度、不同规格和复杂构件的连接。近代胶接的发展很快,应用行业极广,对高新科学技术进步和人们日常生活改善有重大影响。因此,研究、开发和生产各类胶黏剂十分重要。

能将同种或两种及两种以上同质或异质的制件(或材料)连接在一起,固化后具有足够强度的有机或无机的、天然或合成的一类物质,统称为胶黏剂、黏结剂或黏合剂,习惯上简称为胶。

9.1.3.1 胶黏剂的组成材料

合成胶黏剂由主剂和助剂组成,主剂又称为主料、基料或黏料;助剂有固化剂、稀释剂、增塑剂、填料、偶联剂、引发剂、增稠剂、防老剂、阻聚剂、稳定剂、络合剂、乳化剂等,根据要求与用途还可以包括阻燃剂、发泡剂、消泡剂、着色剂和防霉剂等成分。

(1)主剂

主剂是胶黏剂的主要成分,决定胶黏剂的黏结性能,同时也是区别胶黏剂类别的重要标志。主剂一般由一种或两种,甚至三种高聚物构成,要求具有良好的黏附性和润湿性等。可作为黏料的物质有:

①天然高分子。如淀粉、纤维素、单宁、阿拉伯树胶及海藻酸钠等植物类黏料,以及骨胶、鱼胶、血蛋白胶、酪蛋白和紫胶等动物类黏料。

②合成树脂。其分为热固性树脂和热塑性树脂两大类。热固性树脂如环氧、酚醛、不饱和聚酯、聚氨酯、有机硅、聚酰亚胺、双马来酰亚胺、烯丙基树脂、呋喃树脂、氨基树脂、醇酸树脂等;热塑性树脂如聚乙烯、聚丙烯、聚氯乙烯、聚苯乙烯、丙烯酸树脂、尼龙、聚碳酸酯、聚甲醛、热塑性聚酯、聚苯醚、氟树脂、聚苯硫醚、聚砜、聚酮类、聚苯酯、液晶聚合物等,以及其改性树脂或聚合物合金等。合成树脂是用量最大的一类黏料。

③橡胶与弹性体。橡胶主要有氯丁橡胶、丁基腈乙丙橡胶、氟橡胶、聚异丁烯、聚硫橡胶、天然橡胶、氯磺化聚乙烯橡胶等;弹性体主要是热塑性弹性体和聚氨酯弹性体等。

④无机黏料。无机黏料如硅酸盐、磷酸盐和磷酸-氧化铜等。

(2)助剂

为了满足特定的物理化学特性,加入的各种辅助组分称为助剂,例如,为了使主体黏料形成网型或体型结构,增加胶层内聚强度而加入固化剂(它们与主体黏料反应并产生交联作用);为了加速固化、降低反应温度而加入固化促进剂或催化剂;为了提高耐大气老化、热老化、电弧老化、臭氧老化等性能而加入抗老化剂;为了赋予胶黏剂某些特定性质、降低成本而加入填料;为降低胶层刚性、增加韧性而加入增韧剂;为了改善工艺性能降低黏度、延长使用寿命而加入稀释剂等。

①固化剂。固化剂是指促使黏结物质通过化学反应加快固化的组分。有的胶黏剂中的树脂(如环氧树脂)若不加固化剂,其本身不能变成坚硬的固体。固化剂也是胶黏剂的主要组分,其性质和用量对胶黏剂的性能起着重要作用。

②增韧剂。增韧剂是指为了改善黏结层的韧性、提高其抗冲击强度的组分。常用的增韧剂有邻苯二甲酸二丁酯和邻苯二甲酸二辛酯等。

③稀释剂。稀释剂又称溶剂,主要起降低胶黏剂黏度的作用,以便于操作、提高胶黏剂的湿润性和流动性。常用的稀释剂有机溶剂有丙酮、苯和甲苯等。

④填料。填料一般在胶黏剂中不发生化学反应,它能使胶黏剂的稠度增加、热膨胀系数降低、收缩性降低、抗冲击强度和机械强度提高。常用填料有滑石粉、石棉粉和铝粉等。

⑤改性剂。改性剂是为了改善胶黏剂的某一方面性能,以满足特殊要求而加入的一些组分,如为增加胶接强度,可加入偶联剂,还可加入防腐剂、防霉剂、阻燃剂和稳定剂等。

⑥其他助剂。其他助剂包括引发剂、促进剂、增黏剂、阻聚剂、稳定剂、防老剂、络合剂、乳化剂等。

9.1.3.2 胶黏剂的胶黏机理

聚合物之间、聚合物与非金属或金属之间、金属与金属和金属与非金属之间的胶接等都存在聚合物基料与不同材料之间界面胶接问题。被黏物与黏料的界面张力、表面自由能、官能基团性质、界面间反应等都影响胶接效果。胶接是综合性强,影响因素复杂的一类技术,而现有的胶接理论都只从某一方面出发来阐述其原理,至今没有全面唯一的理论。

(1)吸附理论

人们把固体对胶黏剂的吸附看成胶接的主要理论,称为胶接的吸附理论。该理论认为黏结力的主要来源是黏结体系的分子作用力,即范德华引力和氢键力。胶黏剂分子与被黏物表面分子的作用有两个阶段:第一阶段是液体胶黏剂分子借助于布朗运动向被黏物表面扩散,使两界面的极性基团或链节相互靠近,在此过程中,升温、施加接触压力和降低胶黏剂黏度等都有利于布朗运动的加强;第二阶段是吸附力的产生,当胶黏剂与被黏物分子间的距离达到5~10nm时,界面分子之间便产生相互吸引力,使分子间的距离进一步缩短到处于最大稳定状态。

根据计算,受范德华力作用,当两个理想的平面相距10nm时,它们之间的引力强度可达10~1000MPa;当距离为3~4nm时,可达100~1000MPa。这个数值远远超过现代最好的结构胶黏剂所能达到的强度。因此,有人认为只要当两个物体接触很好时,即胶黏剂使黏结界面充分润湿,达到理想状态的情况下,仅色散力的作用,就足以产生很高的胶接强度。可是实际胶接强度值与理论计算值相差很大,这是因为固体的力学强度是一种力学性质,而不是分子性质,其大小取决于材料的每一个局部性质,而不等于分子作用力的总和。计算值是假定两个理想平面紧密接触,并保证界面层上各对分子间的作用同时遭到破坏时,也就不可能保证各对分子之间的作用力同时发生。

胶黏剂的极性太高,有时会严重妨碍湿润过程的进行而降低黏结力。分子间作用力是提供黏结力的因素,但不是唯一因素。在某些特殊情况下,其他因素也能起主导作用。

(2)化学键形成理论

化学键形成理论认为胶黏剂与被黏物分子之间除相互作用力外,有时还有化学键产生,例如硫化橡胶与镀铜金属的胶接界面、偶联剂对胶接的作用、异氰酸酯对金属与橡胶的胶接界面等的研究,均证明有化学键的生成。化学键的强度比范德华作用力高得多;化学键形成不仅可以提高黏附强度,还可以克服脱附使胶接接头破坏的弊病。但化学键的形成并不普通,要形成化学键必须满足一定的量子化条件,所以不可能做到使胶黏剂与被黏物之间的接触点都形成化学键。况且,单位黏附界面上化学键数要比分子间作用的数目少得多,因此黏附强度来自分子间的作用力是不可忽视的。

(3)弱界层理论

当液体胶黏剂不能很好浸润被黏体表面时,空气泡留在空隙中而形成弱区。又如,当所含杂质能溶于熔融态胶黏剂,而不溶于固化后的胶黏剂时,会在固化后的胶黏剂中形成另一相,从而在被黏体与胶黏剂之间产生弱界面层(WBL)。产生WBL的原因,除工艺因素外,在聚合物成网或熔体相互作用的成型过程中,胶黏剂的表面吸附等热力学过程也容易造成界面层结构的不均匀。不均匀性界面层就会有WBL出现。这种WBL的应力松弛和裂纹的发展都会不同,因而极大地影响着材料和制品的整体性能。

(4)扩散理论

两种聚合物在具有相容性的前提下,当它们相互紧密接触时,由于分子的布朗运动或链段的摆产生相互扩散现象。这种扩散作用是穿越胶黏剂、被黏物的界面交织进行的。扩散的结果导致界面的消失和过渡区的产生。黏结体系借助扩散理论不能解释聚合物材料与金属、玻璃或其他硬体胶黏,因为聚合物很难向这类材料扩散。

(5)静电理论

当胶黏剂和被黏物体系是一种电子的接受体-供给体的组合形式时,电子会从供给体(如金属)转移到接受体(如聚合物),在界面区两侧形成了双电层,从而产生了静电引力。

在干燥环境中从金属表面快速剥离黏结胶层时,可用仪器或肉眼观察到放电的光、声现象,证实了静电作用的存在。但静电作用仅存在于能够形成双电层的黏结体系,因此不具有普遍性。此外,有些学者指出:双电层中的电荷密度必须达到 1021 电子/cm^2 时,静电吸引力才能对胶接强度产生较明显的影响。而双电层栖移电荷产生密度的最大值只有 1019 电子/cm^2(有的认为只有 1010~1011 电子/cm^2)。因此,静电力虽然确实存在于某些特殊的黏结体系,但绝不是起主导作用的因素。

(6)机械作用力理论

从物理化学观点看,机械作用并不是产生黏结力的因素,而是增加黏结效果的一种方法。胶黏剂渗透到被黏物表面的缝隙或凹凸之处,固化后在界面区产生了啮合力,这些情况类似钉子与木材的接合或树根植入泥土的作用。机械连接力的本质是摩擦力。在黏合多孔材料、纸张、织物等时,机械连接力是很重要的,但对某些坚实而光滑的表面,这种作用并不显著。

9.1.3.3 胶黏剂的特性

(1)低污染性

随着全球环境的日益恶化,人们逐渐开始使用一些环保产品。胶黏剂虽然算不上一类庞大的化工产品,但对环境的危害也不容忽视。那些非环保型的胶黏剂将逐渐被淘汰。通过改性使非环保型的胶黏剂变为环保型胶黏剂势在必行。日本 DJK 公司已经研究成功一种可代替胶合板制造中不含甲醛的黏合剂。DJK 公司指出,通常的脲甲醛和蜜胺黏合剂含有能引起人体过敏反应的甲醛,此黏合剂的强度、耐水性和成本与蜜胺黏合剂相近。在环保的呼声日益高涨的今天,越来越多的人开始致力于可生物降解胶黏剂的研制。聚合物的生物降解是通过水解和氧化作用来完成的。大部分能降解的聚合物在其主链上含有可降解的基团,例如氨基、羟基、脲基等。Sharak 等用双羟基与醚反应,合成含有羟甲基的聚酯作为基体,生产可生物降解的胶黏剂,他们还用含有羟基的丁酸酯、戊酸酯、纤维素、淀粉酯等作为基体,用蔗糖酯作为增黏剂,生产能生物降解或水解的胶黏剂。另外,Kauffman 等人以淀粉或磺化酯为基体,添加含有极性的蜡质,生产出含有极性的、对水敏感的胶黏剂,能在水的作用下发生水解,在进行废弃处理时可降低或消除对环境的污染。

(2)黏结无破坏性

材料的连接主要有螺栓连接、铆接、焊接和黏结等,使用螺栓连接等技术虽然可实现快速连接,但却因对材料部件打孔或局部加热而对材料有所破坏,并在使用中不能避免应力集中。相比之下,黏结技术是一种非破坏性连接技术,并因黏结界面整体承受负荷而提高负载能力,延长了使用寿命。

(3)轻质性

胶黏剂的密度较小,大多为 0.9~2kg/m^3,是金属或无机材料密度的 20%~25%,因而可以大大减轻被黏物体连接材料的质量。这在航天、航空、导弹,甚至汽车、航海上,都有减轻自重,节省能源的重要应用价值。

9.1.3.4 常用胶黏剂

(1)沥青胶

为了提高沥青的耐热性,降低沥青层的低温脆性,在沥青材料中加入填料进行改性而制成的半固态或液态物质,称为沥青胶。它是以石油沥青为基体的矿物胶黏剂,分为热熔型、溶剂型和乳液型三种。

热熔型由沥青与煤焦油、再生橡胶、废 PVC 塑料等熔融而得;溶剂型由沥青在溶剂中加入环氧树脂、再生橡胶、石棉粉而得;乳液型由沥青加入乳化剂、分散剂形成分散稳定乳液而得。沥青胶耐水性、耐酸碱性及耐久性优良,但耐油性及耐溶剂性较差,目前主要用于建筑工业。

(2)聚乙烯醇胶黏剂

聚乙烯醇胶黏剂俗称"胶水",是将聚乙烯醇树脂溶于水后制成的。外观如白色或微黄色的絮状物,具有芬芳气味,无毒,施涂方便,能在胶合板、水泥砂浆、玻璃等材料表面涂刷。

(3)聚乙烯醇缩甲醛胶

聚乙烯醇缩甲醛胶又称"108 胶",是以聚乙烯醇与甲醛在酸性介质中进行缩合反应而制得的一种透明水溶液。其无臭、无味、无毒,有良好的黏结性能,黏结强度可达 0.9MPa。它在常温下能长期储存,但在低温状态下易发生冻胶。聚乙烯醇缩甲醛胶除了可用于壁纸、墙布的裱糊外,还可用作室内外墙面、地面涂料的配制材料。在普通水泥砂浆内加入 108 胶后,能增加砂浆与基层的黏结力。

(4)聚醋酸乙烯胶黏剂

聚醋酸乙烯胶黏剂又称“白乳胶”,是由醋酸乙烯经乳液聚合而制得的一种乳白色的、带酯类芳香的乳状胶液。它配制方便,常温下固化速度快,胶层的韧性及耐久性好,不易老化,无刺激性臭味,可作为壁纸、墙布、防水涂料和木材的胶结材料,也可作为水泥砂浆的增强剂。

(5)801胶

801胶是由聚乙烯醇与甲醛在酸性介质中经缩聚反应,再经氨基化后而制得的。它是一种微黄色或无色透明的胶体,具有无毒、不燃、无刺激性气味等特点,其耐磨性、剥离强度及其他性能均优于108胶。

(6)墙纸专用胶粉(粉末壁纸胶)

粉末壁纸胶是一种粉末状的固体,能在冷水中溶解,使用前将胶粉与清水以1∶17的比例搅匀混合,搅拌10min后形成糊状时即可使用。这种胶黏剂的黏度适中,无毒、无味、防潮、防霉、干后无色,不污染墙纸,并具有使用方便、便于包装运输等优点。它可用于各类基层的墙纸及墙布的粘贴。

(7)AH-03大理石胶黏剂

AH-03大理石胶黏剂是由环氧树脂等多种高分子合成材料组成的基材,再添加适量的增稠剂、乳化剂、防腐剂、交联剂及填料等配制成的单组分白色膏状胶黏剂。它具有黏结强度高、耐水、耐气候、使用方便等特性,适用于大理石、花岗石、马赛克、陶瓷面砖等与水泥基层的黏结。

(8)TAM型通用瓷砖胶黏剂

TAM型通用瓷砖胶黏剂是以水泥为基材,掺加聚合物改性材料等而成的一种白色或灰色粉末。在使用时只需加水即能获得黏稠的胶浆。它具有耐水、耐久性好,操作方便,价格低廉等特点。TAM型通用瓷砖胶黏剂适用于在混凝土、砂浆基层和石膏板的表面粘贴瓷砖、马赛克、天然和人造石材等块料。用这种胶黏剂可在瓷砖固定5min以后再旋转90°,而不会影响它的黏结强度。

(9)TAG型瓷砖勾缝剂

TAG型瓷砖勾缝剂是一种粉末状的物质,有各种颜色,能与各种类型的瓷砖相适应,是瓷砖胶黏剂的配套材料,能保证勾缝宽度在3mm以下时不开裂。它具有良好的耐水性,在诸如游泳池等有防水要求的瓷砖勾缝中是一种理想的勾缝材料。

(10)TAS型高强度耐水瓷砖胶黏剂

TAS型高强度耐水瓷砖胶黏剂是一种双组分的高强度耐水瓷砖胶黏剂,具有耐水、耐气候以及耐多种化学物质侵蚀等特点,可用于厨房、浴室、卫生间等场所的瓷砖粘贴。它的强度较高,置于室温28d后,其抗剪强度可大于2.0MPa,可在混凝土、钢材、玻璃、木材等材料的表面粘贴墙面砖和地面砖。

(11)AE丙烯酸酯胶

AE丙烯酸酯胶是无色透明黏稠液体,可在室温条件下快速固化,一般在4~8h内即可完成固化。固化后它的透光率和光线的折射系数与有机玻璃材料基本相同。AE丙烯酸酯胶无毒、操作简便、黏结力强,在有机玻璃之间使用这种胶黏剂后,其抗剪强度大于6.2MPa。它有AE-01型和AE-02型两种类型。AE-01型适用于有机玻璃、ABS塑料、丙烯酸酯类共聚物等材料的黏结。AE-02型适用于有机玻璃、无机玻璃和玻璃钢等的黏结。

(12)聚乙烯醇缩丁醛胶黏剂

聚乙烯醇缩丁醛胶黏剂是聚乙烯醇在酸性催化剂存在的情况下与丁醛发生反应形成的。它具有黏结力强、抗水、耐潮和耐腐蚀性良好等特点。其适用于各类玻璃的黏结,玻璃在黏结后的透光率、耐老化性能和耐冲击性能较好。

(13)玻璃胶

玻璃胶是一种透明的或不透明的膏状体,有浓烈的醋酸气味,微溶于酒精,不溶于其他溶剂,抗冲击、耐水、柔韧性好,适用于玻璃门窗、橱窗、幕墙等玻璃黏结及封缝,以及其他防水、防潮场所材料的黏结。施工时应及时清理胶迹,否则玻璃胶干后难以清除。

(14)4115建筑胶黏剂

4115建筑胶黏剂是以溶液聚合的聚醋酸乙烯为基料,配以无机填料经机械作用而制成的一种常温固化的单组分胶黏剂。其固体含量较高，达60%～70%，外观像一种灰色膏状的黏稠物质，收缩率低、挥发快、黏结力强、防水抗冻、无污染、施工方便。4115建筑胶黏剂对多种微孔建筑材料有良好的黏结性能，可用于会议室、商店、工厂、学校，民用住宅中的顶棚、壁板、地板、门窗、灯座、衣钩、挂镜线等的粘贴。常用作木材与木材、木材与玻璃纤维增强水泥板、木材与混凝土、纸面石膏板之间、水泥刨花板之间的黏结。

(15)6202建筑胶黏剂

6202建筑胶黏剂是常温固化的双组分无溶剂触变环氧型胶黏剂。它的黏结力强，固化收缩小、不流淌、黏合面广，常用于水泥砂浆之间、混凝土之间及木材、钢材、塑料之间的黏结。其使用方便、安全、易清洗，可用于建筑五金的安装、电器的安装及不适合打钉的水泥墙面。

(16)SG791建筑胶黏剂

SG791建筑胶黏剂是以聚醋酸乙烯酯和建筑石膏调制而成的，使用方便，黏结强度高，适用于各种无机轻型墙板、天花板的黏结与嵌缝，如纸面石膏板、石膏空心条板、加气混凝土条板、矿棉吸声板、石膏装饰板、菱苦土板等的自身黏结，以及与混凝土墙面、砖墙面、石棉水泥板之间的黏结。

(17)914室温快速固化环氧胶黏剂

914室温快速固化环氧胶黏剂是由新型环氧树脂和新型胺类经固化而成的，分为A、B两组分，具有黏结强度高、耐热、耐水、耐油、耐冷热水冲洗等特点，固化速度较快，25℃时经3h后即可固化。可用于金属、陶瓷、木材、塑料等的黏结。

(18)Y-1压敏胶

Y-1压敏胶是由聚异丁烯橡胶和萜烯树脂所组成的压敏型胶黏剂，将该胶黏剂覆贴或涂布在被黏物上时，用手指的压力即可使被黏物黏在一起，当被黏物被拉开后，仍可用手指压力将压敏胶黏合在被黏物上，并可反复使用。压敏胶可用于黏合聚氯乙烯、聚乙烯、聚丙烯、聚酯薄膜、各种金属箔等，以及金属材料与非金属材料之间的黏合。

9.1.3.5 胶黏剂选用原则

黏结对象有金属、橡胶、塑料、木材、织物、皮革等。陶瓷、玻璃、水泥黏结既可以在同类材料之间进行，也可以在异种材料之间进行，由于异种材料的性能不一致，故在选用胶黏剂时要兼顾两者的特性，这样才能得到较好的黏结质量。

胶黏剂的选用应遵循以下原则：

①考虑胶接材料的种类、性质和硬度；

②考虑胶接材料的形状、结构和工艺条件；

③考虑胶接部位承受的负荷和形式(拉力、剪切力、剥离力等)；

④考虑材料的特殊要求，如导电、导热、耐高温和耐低温。

9.1.4 建筑密封材料

建筑密封材料又称嵌缝材料，主要应用在板缝、接头、裂隙、屋面等部位。通常不仅要求建筑密封材料具有良好的黏结性、抗下垂性，透气不渗水，易于施工，还要求具有良好的弹塑性，能长期经受被黏构件的伸缩和振动，在接缝发生变化时不断裂、剥落，并要有良好的耐老化性能，不受热和紫外线的影响，长期保持密封所需要的黏结性和内聚力等。

9.1.4.1 建筑密封材料的组成和分类

建筑密封材料的基材主要有油基、橡胶、树脂等有机化合物和无机化合物，与防水涂料类似。其生产工艺也相对比较简单，主要包括溶解、混炼、密炼等过程。

建筑密封材料的防水效果主要取决于两个方面：一是油膏本身的密封性、憎水性和耐久性等；二是油膏和基材的黏附力。黏附力的大小与密封材料对基材的浸润性、基材的表面性状(粗糙度、清洁度、温度和物理化学性质等)以及施工工艺密切相关。

建筑密封材料按形态的不同一般可分为不定型密封材料和定型密封材料两大类，见表9-3。不定型密封材料常温下呈膏体状态;定型密封材料是将密封材料按密封工程特殊部位的不同要求制成带、条、方、圆、垫片等形状,按其密封机理的不同可分为遇水膨胀型和非遇水膨胀型两类。

表9-3 建筑密封材料的分类及主要品种

分类	类型		主要品种
不定型密封材料	非弹性密封材料	油性密封材料	普通油膏
		沥青基密封材料	橡胶改性沥青油膏、桐油橡胶改性沥青油膏、桐油改性沥青油膏、石棉沥青腻子、沥青鱼油油膏、苯乙烯焦油油膏
		热塑性密封材料	聚氯乙烯胶泥、改性聚氯乙烯胶泥、塑料油膏、改性塑料油膏
	弹性密封材料	溶剂型弹性密封材料	丁基橡胶密封膏、氯丁橡胶密封膏、氯磺化聚乙烯橡胶密封膏、氯化丁基再生胶密封膏、橡胶改性聚酯密封膏
		水乳型弹性密封材料	水乳丙烯酸密封膏、水乳氯丁橡胶密封膏、改性EVA密封膏、丁苯胶密封膏
		反应型弹性密封材料	聚氨酯密封膏、聚硫密封膏、硅酮密封膏
定型密封材料	密封条带		铝合金门窗橡胶密封条、丁腈胶-PVC门窗密封条、自黏性橡胶、水膨胀橡胶、PVC胶泥墙板防水带
	止水带		橡胶止水带、嵌缝止水密封胶、无机材料基止水带、塑料止水带

9.1.4.2 常用建筑密封材料

(1)橡胶沥青油膏

橡胶沥青油膏具有良好的防水防潮性能,黏结性好,延伸率大,耐高低温性能好,老化缓慢,适用于各种混凝土屋面、墙板及地下工程的接缝密封等,是一种较好的密封材料。

(2)聚氯乙烯胶泥

聚氯乙烯胶泥的主要特点是生产工艺简单,原材料来源广,施工方便,具有良好的耐热性、黏结性、弹塑性、防水性以及较好的耐寒性、耐腐蚀性和耐老化性能。适用于各种工业厂房和民用建筑的屋面防水嵌缝,以及受酸碱腐蚀的屋面防水,也可用于地下管道的密封和卫生间的防水等。

(3)有机硅建筑密封膏

有机硅建筑密封膏具有优良的耐热、耐寒、耐老化及耐紫外线等耐候性能,与各种基材如混凝土、铝合金、不锈钢、塑料等有良好的黏结力,并且具有良好的伸缩耐疲劳性能,防水、防潮、抗震,气密、水密性能好。适用于各类建筑物和地下结构的防水、防潮和接缝处理。

(4)聚硫橡胶密封材料

这类密封材料的特点是弹性特别好,能适应各种变形和振动,黏结强度好(0.63MPa)、抗拉强度高(1~2MPa)、延伸率大(500%以上)、直角撕裂强度大(8kN/m),并且它还具有优异的耐候性,极佳的气密性和水密性,良好的耐油、耐溶剂、耐氧化、耐湿热和耐低温性能,使用温度范围广,对各种基材如混凝土、陶瓷、木材、玻璃、金属等均有良好的黏结性能。

聚硫橡胶密封材料适用于混凝土墙板、屋面板、楼板、地下室等部位的接缝密封以及金属幕墙、金属门窗框四周、中空玻璃的防水、防尘密封等。

(5)聚氨酯弹性密封膏

聚氨酯弹性密封膏对金属、混凝土、玻璃、木材等均有良好的黏结性能,具有弹性大、延伸率大、黏结性好、耐低温、耐水、耐油、耐酸碱、抗疲劳及使用年限长等优点。与聚硫、有机硅等反应型建筑密封膏相比,价格较低。

聚氨酯弹性密封膏广泛应用于墙板、屋面、伸缩缝等勾缝部位的防水密封工程,以及给排水管道、蓄水池、游泳池、道路桥梁、机场跑道等工程的接缝密封与渗漏修补,也可用于玻璃、金属材料的嵌缝。

(6)水乳型丙烯酸密封膏

这类密封材料具有良好的黏结性、弹性和低温柔韧性,无溶剂污染、无毒、不燃,可在潮湿的基层上施工，操作方便，特别是具有优异的耐候性和耐紫外线老化性能，属于中档建筑密封材料，其适用范围广、价格便宜、施工方便，综合性能明显优于非弹性密封膏和热塑性密封膏，但要比聚氨酯、聚硫、有机硅等密封膏差一些。该密封材料中含有约15%的水，故在温度低于0℃时不能使用，而且要考虑其中水分的散发所产生的收缩，比较适用于吸水性较大的材料（如混凝土、石料、石板、木材等多孔材料）构成的接缝的密封。

水乳型丙烯酸密封膏主要用于外墙伸缩缝、屋面板缝、石膏板缝、给排水管道与楼屋面接缝等处的密封。

(7)止水带

止水带也称为封缝带，是处理建筑物或地下构筑物接缝（伸缩缝、施工缝、变形缝）用的一类定型防水密封材料。常用品种有橡胶止水带、嵌缝止水密封胶、无机材料基止水带（BW复合止水带）及塑料止水带等。

①橡胶止水带。它具有良好的弹塑性、耐磨性和抗撕裂性，适应变形能力强，防水性好。但使用温度和使用环境对物理性能有较大的影响，当作用于止水带上的温度超过50℃，以及受强烈的氧化作用或受油类等有机溶剂的侵蚀时不宜采用。橡胶止水带一般用于地下工程、小型水坝、贮水池、地下通道、河底隧道、游泳池等工程的变形缝部位的隔离防水以及水库、输水洞等处闸门的密封止水。

②嵌缝止水密封胶。它能和混凝土、塑料、玻璃、钢材等材料牢固黏合，具有优良的耐气候老化性能及密封止水性能，同时还具有一定的机械强度和较大的伸长率，可在较宽的温度范围内适应基材的热胀冷缩变化，并且施工方便，质量可靠，可大大减少维修费用。它主要用于建筑和水利工程等混凝土建筑物的接缝、电缆接头、汽车风窗玻璃、建筑用中空玻璃及其他用途的止水密封。

③无机材料基止水带。它具有优良的黏结力和延伸率，可以利用自身的黏性直接黏在混凝土施工缝表面。它是静水膨胀材料，遇水可快速膨胀，封闭结构内部的细小裂缝和孔隙，止水效果好。其主体材料为无机类，又包于混凝土中间，故不存在老化问题。这种止水带适用于各种地下工程防水混凝土水平缝和垂直缝，以及地面各种存水设施、给排水管道的接缝防水密封等，主要代替橡胶止水带和钢板止水带使用。

④塑料止水带。塑料止水带的优点是原料来源丰富，价格低廉，耐久性好，物理力学性能能满足使用要求。可用于地下室、隧道、涵洞、溢洪道、沟渠等的隔离防水。

(8)密封条带

根据弹性性能，密封条带可分为非回弹型、半回弹型和回弹型三种。非回弹型密封条带以聚丁烯为基料，并用少量低分子量聚异丁烯或丁基橡胶增强，或以低分子量聚异丁烯为基料，可用于二次密封，装配玻璃、隔热玻璃等；半回弹型密封条带往往以丁基橡胶或较高分子量的聚异丁烯为基料；回弹型密封条带以固化丁基橡胶或氯丁橡胶为基料，两者可用于幕墙和预制构件，也可用于隔热玻璃等。

作为衬垫使用的定型密封材料，由于其必须在压缩作用下工作，故要由高恢复性的材料制成。预制密封垫常用的材料有氯丁橡胶、三元乙丙橡胶、海帕伦、丁基橡胶等。氯丁橡胶由于恢复率优良，故在建筑物及公路上的应用处于领先地位。以三元乙丙橡胶为基料的产品性能更好，但价格更贵。

在我国，目前该类材料的品种和使用量还相对较少，主要品种有丁基密封腻子、铝合金门窗橡胶密封条、丁腈胶-PVC门窗密封条、彩色自黏性密封条、自黏性橡胶、遇水膨胀橡胶以及PVC胶泥墙板防水带等。

①丁基密封腻子。它是以丁基橡胶为基料，并添加增塑剂、增黏剂、防老化剂等辅助材料配成的一种非硫型建筑密封材料（不干性腻子）。它具有寿命长，价格较低，无毒、无味、安全等特点，具有良好的耐水黏结性和耐候性，带水堵漏效果好，使用温度范围宽，能在-40～100℃范围内长期使用，且与混凝土、金属、熟料等多种材料具有良好的黏结力，可冷施工，使用方便。它适用于建筑防水密封，涵洞、隧道、水坝、地下工程的带水堵漏密封，环保工程管道密封等。在建筑密封方面，它可用于外墙板接缝、卫生间防水密封、大型屋面伸缩缝嵌缝、活动房屋嵌缝等。

②丁腈胶-PVC门窗密封条。它具有较高的强度和弹性，适当的硬度和优良的耐老化性能。该产品广泛应用于建筑物门窗、商店橱窗、地柜和铝型材的密封配件，镶嵌在铝合金和玻璃之间，能起固定、密封和轻度避震作用，防止外界灰尘、水分等进入系统内部，还可用于铝合金门窗的装配。

③彩色自黏性密封条。它具有优良的耐久性、气密性、黏结力和伸长率。其通常用于混凝土、塑料、金属构件、玻璃、陶瓷等各种接缝的密封，也广泛用于铝合金屋面接缝、金属门窗框的密封等。

④自黏性橡胶。该类产品具有良好的柔顺性，在一定压力下能填充到各种裂缝及空洞中去，延伸性能良好，能适应较大范围的沉降错位，具有良好的耐化学性和极优良的耐老化性能，能与一般橡胶制成复合

体。可单独作腻子用于接缝的嵌缝防水,或与橡胶复合制成嵌条用于接缝防水,也可用作橡胶密封条的辅助黏结嵌缝材料。该类产品广泛用于工农业给排水工程,公路、铁路工程以及水利和地下工程。

⑤遇水膨胀橡胶。它是一种既具有一般橡胶制品的性能,又能遇水膨胀的新型密封材料。该材料具有优良的弹性和延伸性,在较宽的温度范围内均可发挥优良的防水密封作用。遇水膨胀倍率可在100%~500%之间调节,耐水性、耐化学性和耐老化性良好,可根据需要加工成不同形状的密封嵌条、密封圈、止水带等,也能与其他橡胶复合制成复合防水材料。遇水膨胀橡胶主要用于各种基础工程和地下设施,如隧道、地铁、水电给排水工程中的变形缝、施工缝的防水,混凝土、陶瓷、塑料管、金属等各种管道的接缝防水等。

⑥PVC胶泥墙板防水带。其特点是胶泥条经加热后与混凝土、砂浆、钢材等有良好的黏结性能,防水性能好,弹性较大,高温不流淌,低温不脆裂,因而能适应大型墙板因荷载、温度变化等引起的构件变形。它主要用于混凝土墙板的垂直接缝和水平接缝的防水。胶泥条一般采用热黏操作。

9.1.4.3 密封材料选用要点

为保证建筑物防水、抗渗的施工要求,选用密封材料时应着重考虑以下几个方面的问题。

(1)密封材料的使用部位

密封材料的使用部位不同,对密封材料的要求也不同,如有腐蚀性介质部位的密封,则要求密封材料有较高的耐化学性能;室外墙体等接缝的密封要求密封材料有较好的耐候性和抗老化性能等。

(2)接缝的尺寸、形状和活动量大小

接缝的尺寸、形状和活动量大小是选用具有弹塑性能、自流平性能或抗下垂性能的密封材料的依据。如在填充顶棚缝和垂直缝时,应保证密封材料密封后不下垂、不流淌、不坍落;在填充密封水平接缝时,密封材料应具有自流平和充满的性能。

(3)密封材料的黏结性能

密封材料的黏结性能要与所密封的基层材质和表面状态相适应,以取得理想的密封效果。

9.1.5 刚性防水材料

刚性防水是相对防水卷材、防水涂料等柔性防水材料而言的防水形式。防水层在受到拉伸外力大于防水材料的抗拉强度时,发生脆性开裂(包括沉降变形、温差变形等)而造成渗漏水,称为刚性防水。

刚性防水材料是指以水泥、砂、石为原材料,或其内掺入少量外加剂、高分子聚合物等材料,通过调整配合比,减少或抑制孔隙率,改变孔隙特征,增加各原材料界面间的密实性等方法,配制成的具有一定抗渗透能力的水泥砂浆混凝土类防水材料。

常用的刚性防水材料分类见图9-1。

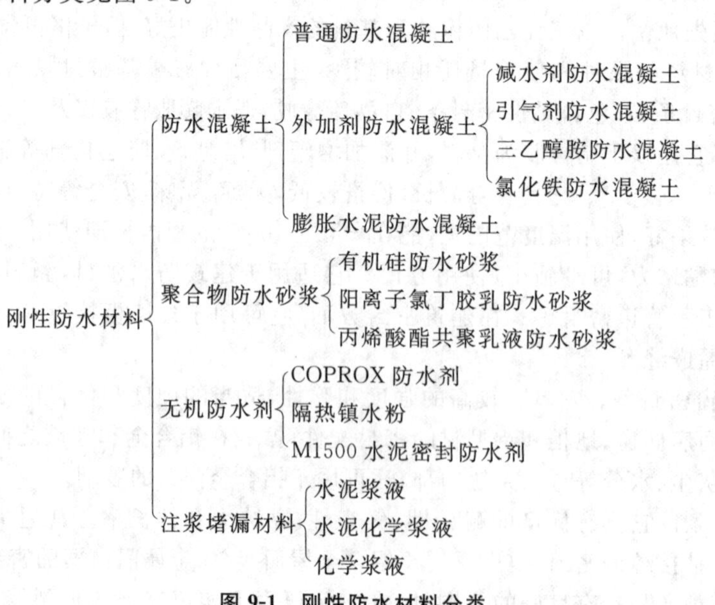

图9-1 刚性防水材料分类

9.1.5.1 防水混凝土

防水混凝土是以调整混凝土配合比、掺外加剂或使用新品种水泥等方法提高自身的密实性、憎水性和抗渗性，使其满足抗渗压力大于0.6MPa的不透水性混凝土。其主要用于工业、民用及公共建筑的地下防水工程、储水构筑物、水工建筑物以及屋面工程等。

防水混凝土一般分为普通防水混凝土、外加剂防水混凝土和膨胀水泥防水混凝土三种。其相应适用范围见表9-4。

普通防水混凝土是通过调整配合比的方法，来达到提高自身密实性和抗渗性要求的一种混凝土；外加剂防水混凝土是依靠掺加少量的有机物或无机物外加剂来改善拌合物工作性、提高密实性和抗渗性的一种混凝土，可分为减水剂防水混凝土、引气剂防水混凝土、氯化铁防水混凝土等；膨胀水泥防水混凝土是以膨胀剂或膨胀水泥为胶结料配制的防水混凝土。

表9-4 防水混凝土的适用范围

种类		特点	适用范围
普通防水混凝土		施工简便、材料来源广泛	适用于一般工业、民用建筑及公共建筑的地下防水工程
外加剂防水混凝土	引气剂防水混凝土	抗冻性好	适用于北方高寒地区、抗冻性要求较高的防水工程及一般防水工程，不适于抗压强度大于20MPa或耐磨性要求较高的防水工程
	减水剂防水混凝土	拌合物流动性好	适用于钢筋密集或捣固困难的薄壁型防水构筑物，也适用于对混凝土凝结时间(促凝或缓凝)和流动性有特殊要求的防水工程(如泵送混凝土工程)
	三乙醇胺防水混凝土	早期强度高、抗渗标号高	适用于工期紧迫，要求早强及抗渗性较高的防水工程及一般防水工程
	氯化铁防水混凝土	密实性好、抗渗标号高	适用于水中结构的无筋、少筋厚大防水混凝土工程及一般地下防水工程、砂浆修补抹面工程。不宜用于接触直流电源或预应力混凝土及重要的薄壁结构
膨胀水泥防水混凝土		密实性好、抗裂性好	适用于地下工程和地上防水构筑物、山洞、非金属油罐和主要工程的后浇缝

9.1.5.2 混凝土防水剂

(1)混凝土防水剂的定义

混凝土防水剂是指能降低混凝土在静水压力下的透水性的外加剂，是用来改善混凝土的抗渗性，提高混凝土耐久性的外加剂。

(2)混凝土防水剂的分类

混凝土防水剂按照其主要成分分为无机防水剂、有机防水剂、复合型防水剂三类。

无机防水剂：氯盐防水剂、氯化铁防水剂、硅酸钠防水剂、无机铝盐防水剂。

有机防水剂：有机硅类防水剂、金属皂类防水剂、聚合物乳液类防水剂。

复合型防水剂：有机组分和无机组分共同组成的防水剂。

按照施工方式，可以将混凝土防水剂分为内掺型和喷刷型两类。

(3)混凝土防水剂的作用机理

影响混凝土透水性能的因素主要有两个方面：一方面是混凝土的内部空隙；另一方面是混凝土的内部裂缝。因此，提高混凝土的防水性，也是从改善内部空隙和减少内部裂缝入手的。防水剂的作用机理大致可以分为以下五类：

①促进水泥的水化反应，生成水泥凝胶，填充水泥的空隙。

②掺入微细物质填充混凝土的空隙。

③掺入疏水性的物质,或与水泥中的成分反应生成疏水性的成分。

④在空隙中形成密封性好的膜。

⑤涂布或渗透可溶性成分,与水泥水化反应过程中产生的可溶性成分结合生成不溶性晶体。

(4)混凝土防水剂的功能

①高效的减水、增强功能。

②高效抗渗功能。掺用混凝土防水剂,能有效改善混凝土毛细孔结构,同时析出凝胶,堵塞混凝土内部毛细孔通道,与未加防水剂相比,抗渗性能可提高5～8倍,具有永久性防水效果。

③改善砂浆的工作性能。能改善新拌砂浆的和易性,泌水率小,可显著改善砂浆的工作性。

④达到缓凝效果。可延缓水泥水化放热速率,能有效防止混凝土开裂。

⑤节省水泥。在保持与基准混凝土等强度、等坍落度的前提下,可节省水泥10%。

⑥达到其他效果。具有替代石灰膏,克服空鼓、起壳、减少落地灰、节省劳动力和提高功效的作用。

(5)混凝土防水剂的应用

混凝土防水剂具有显著提高混凝土抗渗防水的功能,抗渗等级可达P25以上,同时具有缓凝、早强,减水、抗裂等功效,并可改善新拌砂浆的和易性,可替代石灰膏。特别适用于平房房顶用混凝土、大体积防水混凝土、水工混凝土、防水砂浆等。可根治房顶漏水、墙体返潮、地面渗水,是目前国内最为廉价、理想、可靠的优选材料。它常用于建筑的屋面、地下室、隧道、巷道、给水池、水泵站等有防水抗渗要求的混凝土结构。

(6)混凝土防水剂使用时的注意事项

①在水泥变更或新进水泥时,应做混凝土兼容性实验。

②与其他外加剂混用时,应先检验其兼容性。

③按配合比正确配料,浇筑混凝土时严格按施工规范操作。

④与常规混凝土一样,必须按施工规范加强养护。

⑤混凝土防水剂应存放于干燥处,注意防潮,保质期为2年,在保质期内,如遇受潮结块,经磨碎过筛后仍可使用。

⑥处于侵蚀介质中的防水混凝土,当耐腐蚀系数小于0.8时,应采取防腐措施。防水混凝土结构表面温度不应超过100℃,否则必须采取隔断热源的保护措施。

9.2 保温隔热材料

保温隔热材料是防止住宅、生产车间、公共建筑及各种热工设备中热量传递的材料,也称为绝热材料。保温隔热材料亦是一种功能材料。它具有质轻、多孔或纤维状的特点。建筑物采用适当的保温隔热材料,不仅能满足人们对居住和办公环境的舒适性要求,而且有着显著的节能效果。

保温隔热材料图

在土木工程中,保温隔热材料主要用于墙体和屋顶保温隔热,以及热工设备、采暖和空调管道的保温,在冷藏设备中则大量用作隔热。据统计,具有良好绝热功能的建筑,其能源可节省25%～50%。因此,在土木工程中,合理地使用保温隔热材料具有重要意义。

9.2.1 保温隔热材料的作用原理

(1)保温隔热材料的传热机理概述

热量本质上是由组成物质的分子、原子和电子等,在物质内部的移动、转动和振动所产生的能量,即热能。在任何介质中,当两点之间存在温度差时,就会产生热能传递现象,热能将由温度较高点传递至温度较低点。传热的基本形式有热传导、热对流和热辐射三种。

①热传导。

物体内部分子、原子和电子等微观粒子的热运动，使组成物体的物质并不发生宏观的位移，将热量从高温区传到低温区的过程称为热传导。热传导在固体、液体和气体中均可发生，但在地球重力场的作用范围内，单纯的导热过程只会发生于密实的固体中。对于墙体导热主要发生在材料内部。

这种能量或热量的交换，是能量较高的粒子与能量较低的粒子的换能。由于结晶材料的热量传导是通过晶格的振动实现的，而且能量是量子化的，因此把晶格振动的量子称为声子。这样，介电物质的热传导就可以看成声子相互作用和碰撞的结果。传导的显著特征是，热传输中没有明显的物质移动。宏观地看，它是静止物质内的一种传热方式，即纯粹的导热过程中没有物质的宏观位移。根据分子运动理论，温度是分子热运动剧烈程度的指标，当物体内部或两个直接接触的物体之间存在温度差异时，由于各部分分子热运动程度不一，通过分子、原子、电子运动(包括碰撞、振动及移位等)发生能量传递。

热传导现象所遵循的基本规律已经总结为傅立叶定律，其文字叙述是：单位时间内通过单位面积所传递的热流，正比于当地垂直方向上的温度变化率，热流传递的方向与温度升高的方向相反。用热流密度 $q(\mathrm{W/m^2})$ 表示为：

$$q = -\lambda \frac{\partial t}{\partial x} \tag{9-1}$$

傅立叶定律指出，热流量 Q 的大小取决于物体中热传递方向上的温度变化率 $\mathrm{d}t/\mathrm{d}x$ 的大小、热量通过的物体面积 A 及材料导热能力的物性参数(导热系数)。

②热对流。

热对流是依靠流体分子的随机运动和流体整体的宏观运动，从而引起其中一部分物质与另一部分物质混合的过程。它是伴随着流体运动而发生的。它是一种将热量从一处传递到另一处的现象，是通过流体内的导热和流体的混合运动进行热量传递的。能量从空间一点到另一点的传递是借助流体本身的位移来实现的。通常我们不能观察到流体的纯热传导，因为温差加到流体上，就会因密度差异而发生自由对流。热对流主要发生在液体和气体中，但在多孔性的固体绝热材料中，孔隙内的气体也会发生热对流。在传热和绝热工程中，热对流必须与固体壁发生接触才能完成，因此存在流体与固体壁接触的换热现象。当流体经过物体表面时，只要两者存在温度差，即有换热现象出现。在壁面附近，由于流体的速度很低，热量的传递主要通过分子的随机运动来实现，可以将其看作导热和对流同时存在的过程。对于墙体，热对流主要发生在墙内表面与室内空气换热和墙外表面与室外对流换热。

热对流计算的基本公式为：

$$Q = \alpha F(t_{\mathrm{f}} - t_{\mathrm{w}}) \tag{9-2}$$

式中 α——给热系数，$\mathrm{W/(m^2 \cdot ℃)}$；

F——传热面积，$\mathrm{m^2}$；

t_{f}——壁面的温度，℃；

t_{w}——流体的温度，℃。

③热辐射。

热辐射是指依靠物体表面对外发射电磁波而传递热量的现象。热辐射是一种电磁波，这种电磁波向四周辐射，当它碰到其他物体时，可能被反射、吸收和透过。这种传热方式无须传递介质。任何物体，只要其温度大于绝对温度，都会对外辐射能量，并且不需要直接接触和传递介质，当辐射电磁波遇到其他物体时，将有一部分转化成热量。物体的辐射随着温度的升高而增大，当物体存在温差时，由于辐射能力存在差异，高温物体辐射给低温物体的能量大于低温物体辐射给高温物体的能量，其结果为热量从高温物体传递给低温物体。两种辐射物体间将不断进行能量交换，有净能量时，两物质表面存在温差，净能量为 0 时达到平衡，但能量交换仍然进行。

通常情况下，传热过程中同时存在两种或三种传热方式，但因保温隔热性能良好的材料是多孔且封闭的，虽然在材料的孔隙内有空气，起着对流和辐射作用，可与热传导相比，热对流和热辐射所占的比例很小，故在热工计算时通常不予考虑，而主要考虑热传导。

(2)保温隔热材料的绝热作用机理

不同的建筑材料具有不同的热物理性能,衡量其保温隔热性能优劣的指标主要是导热系数[W/(m·K)]。导热系数越小,则通过材料传递的热量越少,其保温隔热性能越好。工程中,通常把导热系数小于0.23W/(m·K)的材料称为保温隔热材料。

在了解了保温隔热材料传热机理的基本知识后,下面分别探讨不同类型保温隔热材料的作用机理。

①多孔型。

多孔型绝热材料起绝热作用的机理可由图9-2来说明。当热量Q从高温面向低温面传递时,包括热量在固相中的传导,孔隙中高温固体表面对气体的辐射与对流,孔隙中气体自身的对流与传导,热气体对低温固体表面的辐射与对流,热固体表面与冷固体表面之间的辐射。常温下,对流和辐射在总的传热中所占比例很小,故以导热为主,而空气的导热系数仅为0.029W/(m·K),远远小于固体的导热系数,故热量通过气孔传递的阻力较大,而且孔隙的存在使热量在固相中的传热路线大大增加,从而使得传热速度大为减缓。这就是多孔型绝热材料能起绝热作用的原因。

②纤维型。

纤维型绝热材料的绝热机理基本上和多孔材料的情况相似(图9-3),也会使热量在固相中的传热路线大大增加,从而降低传热速度。显然,传热方向和纤维方向垂直时的绝热性能比传热方向和纤维方向平行时要好一些。

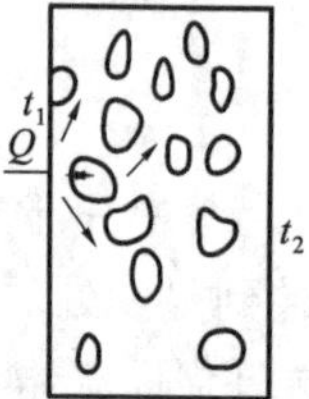

图9-2 多孔材料传热过程

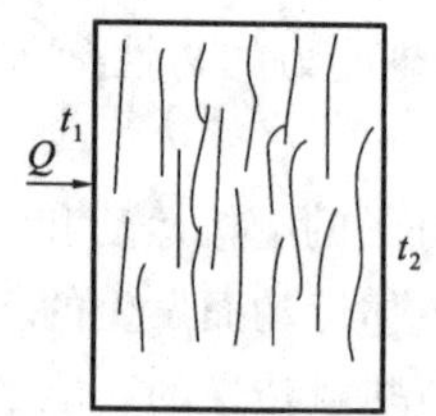

图9-3 纤维材料传热过程

③反射型。

当外来的热辐射能量I_0投射到物体上时,其中一部分能量I_B被反射,另一部分能量I_A被吸收(一般热射线都不能穿透建筑材料,故透射部分忽略不计)。根据能量守恒原理,则

$$I_A + I_B = I_0 \tag{9-3}$$

或

$$\frac{I_A}{I_0} + \frac{I_B}{I_0} = 1 \tag{9-4}$$

由式(9-4)可知,比值I_A/I_0表示材料对热辐射的吸收性能,用吸收率A表示;比值I_B/I_0表示材料的反射性能,用反射率B表示。则

$$A + B = 1 \tag{9-5}$$

由此可以看出,凡是反射能力强的材料,吸收热辐射的能力就小,故利用某些材料对热辐射的反射作用(如铝箔的热反射率为0.95),在需要绝热的部位表面贴上这种材料,就可以将绝大部分外来热辐射(如太阳光)反射掉,从而起到绝热的作用。

9.2.2 影响材料保温隔热性能的主要因素

保温隔热材料的绝热性能就是最大限度地阻止热量的传递,因此,要求保温隔热材料需具有较小的导热系数、换热系数和辐射换热系数,或由保温隔热材料组成的保温层具有较高的热阻值。材料的导热系数主要受下列因素影响。

(1)材料的组成与结构

试验证明,不同的物质构成,它们的导热系数是不同的。一般来说,有机高分子材料的导热系数小于无机材料。无机材料中,非金属的导热系数小于金属材料,气态物质的导热系数小于液态物质,液态物质的导热系数小于固体物质。

(2)表观密度

表观密度是指材料在自然状态下单位体积的质量。其体积既包括固体部分的体积,又包括孔隙体积。在低温状态下,孔隙中的气体可以看作无对流的静止气体,仅有导热,没有对流换热。由于静止空气的导热系数比固体导热系数小,所以随着孔隙率的提高或表观密度的降低,其导热系数变小。对于多孔型绝热材料,假设固体部分的导热系数为 λ_s,气体部分的导热系数为 λ_g,孔隙率为 p,则其总体导热系数一般介于 λ_{min} 和 λ_{max} 之间。

$$\lambda_{max}=\lambda_s-(\lambda_s-\lambda_g)p \tag{9-6}$$

$$\lambda_{min}=\frac{\lambda_s\cdot\lambda_g}{\lambda_g+(\lambda_s-\lambda_g)p} \tag{9-7}$$

由以上公式可以看出,材料的导热系数并不是随着表观密度的减小而无限降低的。当表观密度小于某一个临界值后,由于孔隙率太高,空隙中的空气产生对流,同时由于气体对流辐射的阻抗能力很低,如果孔隙率过高,辐射传热也相应加强,这时材料的总导热系数反而增大。

对于多孔型绝热材料,只有当材料导热系数、对流换热系数和辐射换热系数三者之和最小时,才具有最低的绝热性能。此时材料的表观密度,称为最佳密度。

(3)孔隙的大小和特性

由于固体物质的导热性能比空气大得多,所以在表观密度相同的条件下,孔隙的尺寸越小,导热系数越小。当孔径小至一定尺寸后,空气将完全被气孔壁吸附,孔隙接近于真空状态,导热系数降到最小。当孔隙体积大到一定程度时,孔隙内部空气出现对流,导热系数变大。对于相同孔隙率和孔径尺寸,当孔隙彼此连通时,导热系数较大;当孔隙彼此不相连通时,导热系数较小。例如,堆积密度较小的纤维状材料,其导热系数随着密度减小而减小,而当密度低于某一极限值时,孔隙增大且互相连通的孔隙增多使得对流作用加强,反而会导致导热系数增大。因此,松散状的纤维材料存在一个导热系数最小的最佳密度。至于孔隙结构的影响,具有大量封闭气孔的材料的绝热性能要比具有大量开口气孔的好得多。

(4)材料湿度

材料受潮后,其孔隙中就存在水蒸气和水。水的导热系数约为 0.5815W/(m·K),比静态空气的导热系数大 20 多倍,因此,材料的孔隙吸水后或材料结构改变导致材料平衡含水率提高,导热系数相应增大。孔隙中水分受冻结冰后,由于冰的导热系数为 2.326W/(m·K),相当于水的 4 倍,故受冻后材料导热系数会更大。因此,作为保温材料,材料自身的含水率要尽量低,如果不可避免,要对材料进行憎水处理或用防水材料包裹。

(5)热流方向

导热系数与热流方向的关系,仅存在于各向异性,即在不同方向上具有不同构造的材料中。如果材料是各向异性的,则在不同方向上的导热系数也不同,甚至差别很大。传热方向与纤维方向垂直时的绝热性能,比传热方向与纤维方向平行时要好。所以,为降低材料的导热系数,必须尽可能地减少热流方向的影响。

(6)微观结构

微观结构涉及化学、生物学、物理学等诸多领域,是指物质、生物、细胞在显微镜下的结构,以及分子、原子,甚至亚原子的结构。在相同化学组成的绝热材料中,微观结构不同,其导热系数也不同;结晶结构的导热系数最大,微晶体次之,玻璃体结构最小。

(7)松散材料的粒度

粒度就是颗粒的大小。在常温下,松散材料的导热系数随着粒度的减小而降低,粒度较大时,颗粒间的空隙尺寸增大,空气的导热系数也必然增大。粒度较小时,其导热系数也较小。

(8)填充气体影响

在绝热材料中,大部分热量通过孔隙中的气体传导。因此,绝热材料的导热系数大小,在很大程度上取决于填充气体的种类。低温工程中,如果填充氦气,由于其导热系数大于空气,绝热材料的导热系数会变大;如果填充氮气,由于其导热系数略小于空气,对绝热材料的导热系数不会产生大的影响。

(9)环境温度

温度对各类绝热材料的导热系数均有直接影响。由于温度升高时材料固体分子热运动增强,同时材料孔隙中空气的导热性和孔壁间的辐射作用也有所增强，因此，受辐射传热的影响，材料的导热系数一般随温度的升高而增大，绝热材料在低温下的使用效果更佳。两者的关系如下：

$$\lambda = \lambda_b + bT_{pj} \tag{9-8}$$

式中 λ_b——常温下的导热系数，W/(m·K)；

b——系数；

T_{pj}——内外表面的平均温度，℃。

对于多孔固体材料的辐射传热，可以通过增加孔隙壁的数量来增大热阻，这与孔隙体积较小有利于防止对流传热是一致的。因此，材料的孔隙率越大，尤其是体积小而且封闭的孔隙越多，对降低材料的导热系数越有利。

通过以上分析可知，要提高材料的绝热性可以采用以下方法：

①尽量降低材料的表观密度，使其表观密度符合绝热最佳密度。

②尽量采用有机高分子材料和无定形的无机材料。

③在材料的表观密度尽可能达到绝热最佳密度时，应尽可能增加材料内部的孔隙数量，孔隙细小，呈封闭状态，通过孔隙壁对孔隙内气体分子的吸附作用，孔隙内能自由运动的气体分子数量尽可能少。

④材料中使用纤维时，应尽可能减小纤维的直径，避免对热流方向产生不利影响。

在上述各项因素中，对材料的保温隔热性能影响最大的是材料的表观密度和湿度。因而在测定材料的导热系数时，也必须测定材料的表观密度。至于湿度，通常对多数保温隔热材料取空气相对湿度为80%～85%时，材料的平衡湿度作为参考值，并应尽可能在这种湿度条件下测定材料的导热系数。

9.2.3 常用保温隔热材料

保温隔热材料按化学成分可分为有机和无机两大类，按材料的构造可分为纤维状、松散粒状和多孔状三种。其通常可制成板、片、卷材或管壳等多种形式的制品。一般来说，无机保温隔热材料的表观密度较大，但不易腐朽，不会燃烧，有的能耐高温。有机保温隔热材料质轻，绝热性能好，但耐热性较差。本节主要讲述土木工程中常用的保温隔热材料。

(1)纤维状保温隔热材料

以矿棉、石棉、玻璃棉及植物纤维等为主要原料，制成板、筒、毡等形状的制品，广泛用于住宅建筑和热工设备、管道等的保温隔热。这类保温隔热材料通常也是良好的吸声材料。

①石棉及其制品。石棉是一种天然矿物纤维，主要化学成分是含水硅酸镁，具有耐火、耐热、耐酸碱、绝热、防腐、隔音及绝缘等特性，常制成石棉粉、石棉纸板、石棉毡等制品。由于石棉中的粉尘对人体有害，因此民用建筑中已很少使用石棉，目前石棉主要用于工业建筑的隔热、保温及防火覆盖等。

②矿棉及其制品。矿棉一般包括矿渣棉和岩石棉。矿渣棉所用原料有高炉硬矿渣、铜矿渣等，并加一些调节原料(钙质和硅质原料)；岩石棉的主要原料为天然岩石(白云石、花岗石、玄武岩等)。上述原料经熔融后，用喷吹法或离心法制成细纤维。矿棉具有轻质、不燃、绝热和绝缘等性能，且原料来源广，成本较低，可制成矿棉板、矿棉毡及管壳等。可用作建筑物的墙壁、屋顶、天花板等处的保温隔热和吸声材料，以及热力管道的保温材料。

③玻璃棉及其制品。玻璃棉是用玻璃原料或碎玻璃经熔融后制成的纤维材料，包括短棉和超细棉两种。短棉的表观密度为40～150kg/m^3，导热系数为0.035～0.058W/(m·K)，价格与矿棉相近。它可制成沥青玻璃棉毡、板及酚醛玻璃棉毡、板等制品，广泛用于温度较低的热力设备和房屋建筑中的保温隔热，同时还是良好的吸声材料。超细棉直径在4μm左右，表观密度可小至18kg/m^3，导热系数为0.028～0.037W/(m·K)，绝热性能更为优良。

④植物纤维复合板。植物纤维复合板是以植物纤维为主要材料，加入胶结料和填加料而制成的。其表观密度为200～1200kg/m^3，导热系数为0.058W/(m·K)，可用于墙体、地板、顶棚等，也可用于冷藏库、包装箱等。

木质纤维板是以木材下脚料经机械制成木丝，加入硅酸钠溶液及普通硅酸盐水泥，经搅拌、成型、冷压、养护、干燥而制成的。甘蔗板是以甘蔗渣为原料，经过蒸制、加压、干燥等工序制成的一种轻质、吸声、保温、绝热的材料。

⑤陶瓷纤维绝热制品。陶瓷纤维是以氧化硅、氧化铝为主要原料，经高温熔融、蒸汽（或压缩空气）喷吹或离心喷吹（或溶液纺丝再经烧结）而制成的，表观密度为140～150kg/m^3，导热系数为0.116～0.186W/(m·K)，最高使用温度为1100～1350℃，耐火度大于1770℃，可加工成纸、绳、带、毯、毡等制品，供高温绝热或吸声之用。

(2)散粒状保温隔热材料

①膨胀蛭石及其制品。蛭石是一种天然矿物，经850～1000℃煅烧，急剧膨胀，单颗粒能膨胀约20倍。

膨胀蛭石的主要特性：表观密度为80～900kg/m^3，导热系数为0.046～0.070W/(m·K)，可在1000～1100℃温度下使用，不蛀、不腐，但吸水性较大。膨胀蛭石可以呈松散状铺设于墙壁、楼板、屋面等夹层中，起绝热、隔声的作用。使用时应注意防潮，以免吸水后影响绝热效果。

膨胀蛭石也可与水泥、水玻璃等胶凝材料配合，浇制成板，用于墙、楼板和屋面板等构件的绝热。其水泥制品通常由10%～15%体积的水泥、85%～90%体积的膨胀蛭石和适量的水，经拌和、成型、养护而成。其制品的表观密度为300～550kg/m^3，相应的导热系数为0.08～0.10W/(m·K)，抗压强度为0.2～1.0MPa，耐热温度为600℃。水玻璃膨胀蛭石制品是以膨胀蛭石、水玻璃和适量氟硅酸钠(Na_2SiF_6)配制而成，其表观密度为300～550kg/m^3，相应的导热系数为0.079～0.084W/(m·K)，抗压强度为0.35～0.65MPa，最高耐热温度为900℃。

②膨胀珍珠岩及其制品。膨胀珍珠岩是由天然珍珠岩煅烧而成的，呈蜂窝泡沫状的白色或灰白色颗粒，是一种高效能的保温隔热材料。其堆积密度为40～250kg/m^3，导热系数为0.047～0.070W/(m·K)，最高使用温度可达800℃，最低使用温度为－200℃。具有吸湿小、无毒、不燃、抗菌、耐腐、施工方便等特点。建筑上广泛用作围护结构、低温及超低温保冷设备、热工设备等的绝热保温材料，也可用于制作吸声制品。

膨胀珍珠岩制品是以膨胀珍珠岩为主，配合适量胶结材料（水泥、水玻璃、磷酸盐、沥青等），经拌和、成型、养护（或干燥，或固化）后制成的板、块、管壳等制品。

(3)多孔性板块保温隔热材料

①微孔硅酸钙制品。微孔硅酸钙制品是由粉状二氧化硅材料（硅藻土）、石灰、纤维增强材料及水等经搅拌、成型、蒸压处理和干燥等工序而制成的。以托贝莫来石为主要水化产物的微孔硅酸钙表观密度约为200kg/m^3，导热系数为0.047W/(m·K)，最高使用温度约为650℃。以硬硅钙石为主要水化产物的微孔硅酸钙，其表观密度约为230kg/m^3，导热系数为0.056W/(m·K)，最高使用温度可达1000℃。用于围护结构及管道保温，效果较水泥膨胀珍珠岩和水泥膨胀蛭石好。

②泡沫玻璃。泡沫玻璃由玻璃粉和发泡剂等经配料、烧制而成。气孔率为80%～95%，气孔直径为0.1～5.0mm，且有大量封闭而孤立的小气泡。其表观密度为150～600kg/m^3，导热系数为0.058～0.128W/(m·K)，抗压强度为0.8～15.0MPa。采用普通玻璃粉制成的泡沫玻璃，最高使用温度为300～400℃；用无碱玻璃粉生产时，最高使用温度可达800～1000℃，耐久性好，易加工，可满足多种绝热需要。

③泡沫混凝土。泡沫混凝土是由水泥、水、松香泡沫剂混合后，经搅拌、成型、养护而制成的一种多孔、轻质、保温、绝热、吸声的材料。也可用粉煤灰、石灰、石膏和泡沫剂制成粉煤灰泡沫混凝土。泡沫混凝土的表观密度为300～500kg/m^3，导热系数为0.082～0.186W/(m·K)。

④加气混凝土。加气混凝土由水泥、石灰、粉煤灰和发泡剂（铝粉）配制而成，是一种保温绝热性能良好的轻质材料。由于加气混凝土的表观密度小(500～700kg/m^3)，导热系数[0.093～0.164W/(m·K)]要比烧结普通砖小许多，因而24cm厚的加气混凝土墙体，其保温隔热效果优于37cm厚的砖墙。此外，加气混凝土的耐火性能良好。

⑤硅藻土。硅藻土由水生硅藻类生物的残骸堆积而成。其孔隙率为50%～80%，导热系数为0.060W/(m·K)，具有很好的绝热性能，最高使用温度可达900℃。可用作填充料或制成制品。

⑥泡沫塑料。泡沫塑料是以各种树脂为基料，加入一定剂量的发泡剂、催化剂、稳定剂等辅助材料，经加热发泡而制成的一种具有轻质、保温、绝热、吸声、抗震性能的材料。目前我国生产的有聚苯乙烯泡沫塑料，其表观密度为20～75kg/m^3，导热系数为0.038～0.047W/(m·K)，最高使用温度为70℃；聚氯乙烯泡沫塑料，其表观密度为12～75kg/m^3，导热系数为0.031～0.045W/(m·K)，最高使用温度为70℃，遇火能

自行熄灭;聚氨酯泡沫塑料,其表观密度为30～65kg/m³,导热系数为0.035～0.042W/(m·K),最高使用温度可达120℃,最低使用温度为-60℃。此外,还有脲醛树脂泡沫塑料及其制品等。该类保温隔热材料可用于复合墙板及屋面板的夹芯层,冷藏或包装用品等。由于这类材料造价高,且具有可燃性,因此应用上受到一定限制。随着性能的改善,这类材料将朝着高效、多功能的方向发展。

(4)其他保温隔热材料

①软木板。软木也叫栓木。软木板是以栓皮、栎树皮或黄菠萝树皮为原料,经破碎后与皮胶溶液拌和,再加压成型,在温度为80℃的干燥室中干燥一昼夜而制成的。软木板具有表观密度小,导热性低,抗渗和防腐性能好等特点。常用热沥青错缝粘贴,用于冷藏库隔热。

②蜂窝板。蜂窝板是由两块较薄的面板,牢固地黏结在一层较厚的蜂窝状芯材两面而制成的板材,亦称蜂窝夹层结构。蜂窝状芯材是用浸渍过合成树脂(酚醛、聚酯等)的牛皮纸、玻璃布和铝片等,经过加工黏合成六角形空腹(蜂窝状)的整块芯材。芯材的厚度为15～450mm;空腔的尺寸在10mm以上。常用的面板为浸渍过树脂的牛皮纸、玻璃布或不经树脂浸渍的胶合板、纤维板、石膏板等。面板必须采用合适的胶黏剂与芯材牢固地黏合在一起,才能显示出蜂窝板的优异特性,即具有比强度高、导热性低和抗震性好等多种功能。

③窗用绝热薄膜。这种薄膜以聚酯薄膜经紫外线吸收剂处理后,在真空中进行蒸镀处理,形成金属粒子沉积层,然后与一层有色透明的塑料薄膜压黏而成。厚度为12～50μm,用于建筑物窗玻璃的绝热,效果与热反射玻璃相同。其作用原理是将透过玻璃的大部分阳光反射出去,反射率最高可达80%,从而起到了遮蔽阳光、防止室内陈设物褪色、减少冬季热量损失、节约能源、增加美感等作用,同时还可以避免玻璃片伤人。

9.2.4 保温隔热材料的选用及基本要求

选用保温隔热材料时,应满足的基本要求是:导热系数不宜大于0.23W/(m·K),表观密度不宜大于600kg/m³,抗压强度则应大于0.3MPa。由于保温隔热材料的强度一般都很低,因此,除了能单独承重的少数材料外,在围护结构中,经常把保温隔热材料层与承重结构材料层复合使用。如建筑外墙的保温层通常做在内侧,以免受大气的侵蚀,但应选用不易破碎的材料,如软木板、木丝板等;如果外墙为砖砌空斗墙或混凝土空心制品,则保温材料可填充在墙体的空隙内,此时可采用散粒材料,如矿渣、膨胀珍珠岩等。屋顶保温层则以放在屋面板上为宜,这样可以防止钢筋混凝土屋面板由于冬夏温差引起裂缝,但保温层上必须加做效果良好的防水层。总之,在选用保温隔热材料时,应结合建筑物的用途、围护结构的构造、施工难易程度、材料来源和经济核算等综合考虑。对于一些特殊建筑物,还必须考虑保温隔热材料的使用温度条件、不燃性、化学稳定性及耐久性等。

9.2.5 常用保温隔热材料的技术性能

常用保温隔热材料的技术性能见表9-5。

表9-5 常用保温隔热材料的技术性能

材料名称	表观密度/(kg/m³)	强度/MPa	导热系数/[W/(m·K)]	最高使用温度/℃	用途
超细玻璃棉毡 沥青玻纤制品	30～60 100～150	—	0.035 0.041	300～400 250～300	墙体、屋面、冷藏库等
矿渣棉纤维	110～130	—	0.047～0.082	≤600	填充材料
岩棉纤维	80～150	f_t>0.012	0.044	250～600	填充墙、屋面、管道等
岩棉制品	80～160	—	0.040～0.052	≤600	—
膨胀珍珠岩	40～300	—	常温0.020～0.044 高温0.06～0.17 低温0.020～0.038	≤800 (-200)	高效保温保冷填充材料

续表

材料名称	表观密度/(kg/m^3)	强度/MPa	导热系数/[W/(m·K)]	最高使用温度/℃	用途
水泥膨胀珍珠岩制品	300～400	f_c=0.5～1.0	常温 0.050～0.081 低温 0.081～0.120	≤600	保温隔热
水玻璃膨胀岩制品	200～300	f_c= 0.6～1.7	常温 0.056～0.093	≤650	保温隔热
沥青膨胀珍珠岩制品	400～500	f_c=0.2～1.2	0.093～0.120	—	用于常温及负温
膨胀蛭石	80～900		0.046～0.070	1000～1100	填充材料
水泥膨胀蛭石制品	300～500	f_c=0.2～1.0	0.076～0.105	≤600	保温隔热
微孔硅酸钙制品	250	f_c>0.5 f_c>0.3	0.041～0.056	≤650	围护结构及管道保温
轻质钙塑板	100～150	f_c=0.1～0.3 f_t=0.11～0.7	0.047	≤650	保温隔热兼防水性能，并具有装饰性能
泡沫玻璃	150～600	f_c=0.55～15	0.058～0.128	300～400	砌筑墙体及冷藏库隔热
泡沫混凝土	300～500	f_c≥0.4	0.12～0.19	—	围护结构
加气混凝土	400～700	f_c≥0.4	0.093～0.160	—	围护结构
木丝板	300～600	f_v=0.4～0.5	0.11～0.26	—	顶棚、隔墙板、护墙板
软质纤维板	150～400	—	0.047～0.093	—	同上，表面较光洁
芦苇板	250～400	—	0.093～0.130	—	顶棚、隔墙板
软木板	105～437	f_v=0.15～2.5	0.044～0.079	≤130	吸水率小、不霉腐、不燃烧，用于隔热材料
聚苯乙烯泡沫塑料	20～50	f_v=0.15	0.031～0.047	—	屋面、墙体保温隔热等
硬质聚氨泡沫塑料	30～40	f_c≥0.2	0.037～0.055	≤120 (−60)	屋面、墙体保温，冷藏库隔热
聚氯乙烯泡沫塑料	12～72	—	0.031～0.450	≤70	屋面、墙体保温，冷藏库隔热

9.3 吸声与隔声材料

为了改善声波在室内传播的质量，保持良好的音响效果和减少噪声的危害，在音乐厅、影剧院、大会堂、播音室及噪声大的工厂车间等室内的墙面、地面、顶棚等部位，应选用适当的吸声材料。

9.3.1 吸声材料

吸声与隔声材料图

9.3.1.1 材料的吸声机理

声音起源于物体的振动，声源的振动迫使邻近的空气随着振动而形成声波，并在空气介质中向四周传播。声音沿发射的方向最响，称为声音的方向性。

声音在传播过程中，一部分声能随着距离的增大而扩散，另一部分声能则因空气分子的吸收而减弱。声能的这种减弱现象，在室外空旷处颇为明显，但在室内如果房间的空间并不大，上述的这种声能减弱就不起主要作用，而重要的是室内墙壁、天花板、地板等材料表面对声能的吸收。

当声波遇到材料表面时，一部分被反射，另一部分穿透材料，其余的声能转化为热能而被吸收。被材料吸收的声能 E（包括部分穿透材料的声能在内）与原先传递给材料的全部声能 E_0 之比，是评定材料吸声性能的主要指标，称为吸声系数，用公式表示如下：

$$a = \frac{E}{E_0} \tag{9-9}$$

假如入射声能的60%被吸收,40%被反射,则该材料的吸声系数 a 等于0.6。当入射声能100%被吸收而无反射时,吸声系数等于1。当门窗开启时,吸声系数相当于1。一般材料的吸声系数为0~1。

材料的吸声性能除了与材料本身性质、厚度及材料表面状况(有无空气层及空气层的厚度)有关外,还与声波的入射角及频率有关。因此,吸声系数用声音从各个方向入射的平均值表示,并应指出是对哪一频率的吸收。一般而言,材料内部开放连通的气孔越多,吸声性能越好。同一材料,对于高、中、低不同频率的吸声系数不同。为了全面反映材料的吸声性能,规定取125Hz、250Hz、500Hz、1000Hz、2000Hz、4000Hz 6个频率的吸声系数来表示材料的吸声特性。例如,材料对某一频率的吸声系数为 a,材料的面积为 A,则其吸声总量等于 aA(吸声单位)。任何材料都能吸收声音,只是吸收程度有很大的不同。对上述6个频率的平均吸声系数 $\bar{a}$ 大于0.2的材料,认为是吸声材料。

吸声机理是声波进入材料内部互相贯通的孔隙,受到空气分子及孔壁的摩擦和黏滞阻力,以及使细小纤维做机械振动,从而使声能转化为热能。吸声材料大多为疏松多孔的材料,如矿渣棉、毯子等。多孔性吸声材料的吸声系数,一般从低频到高频逐渐增大,故对高频和中频的吸声效果较好。

土木工程中常用吸声材料及其吸声系数如表9-6所示。

表9-6 土木工程中常用吸声材料及其吸声系数

序号	名称	厚度/cm	表观密度/(kg/m³)	各频率下的吸声系数						装置情况
				125Hz	250Hz	500Hz	1000Hz	2000Hz	4000Hz	
1	石膏砂浆(掺有水泥、玻璃纤维)	2.2	—	0.24	0.12	0.09	0.30	0.32	0.83	粉刷在墙上
*2	石膏砂浆(掺有水泥、石棉纤维)	1.3	—	0.25	0.78	0.97	0.81	0.82	0.85	喷射在钢丝板上,表面滚平,后有15cm空气层
3	水泥膨胀珍珠岩板	2	350	0.16	0.46	0.64	0.48	0.56	0.56	贴实
4	矿渣棉	3.13 8.0	210 240	0.10 0.35	0.21 0.65	0.60 0.65	0.95 0.75	0.85 0.88	0.72 0.92	贴实
5	沥青矿渣棉毡	6.0	200	0.19	0.51	0.67	0.70	0.85	0.86	贴实
6	玻璃棉	5.0	80	0.06	0.08	0.18	0.44	0.72	0.82	贴实
	超细玻璃棉	5.0 5.0 15.0	130 20 20	0.10 0.10 0.50	0.12 0.35 0.85	0.31 0.85 0.85	0.76 0.85 0.85	0.85 0.86 0.86	0.99 0.86 0.80	
7	酚醛玻璃纤维板(去除表面硬皮层)	8.0	100	0.25	0.55	0.80	0.92	0.98	0.95	贴实
8	泡沫玻璃	4.0	1260	0.11	0.32	0.52	0.44	0.52	0.33	贴实
9	脲醛泡沫塑料	5.0	20	0.22	0.29	0.40	0.68	0.95	0.94	贴实
10	软木板	2.5	260	0.05	0.11	0.25	0.63	0.70	0.70	贴实
11	*木丝板	3.0	—	0.10	0.36	0.62	0.53	0.71	0.90	钉在木龙骨上,后留10cm空气层
*12	穿孔纤维板(穿孔率为5%,孔径5mm)	1.6	—	0.13	0.38	0.72	0.89	0.82	0.66	钉在木龙骨上,后留5cm空气层
*13	*胶合板(三夹板)	0.3	—	0.21	0.73	0.21	0.19	0.08	0.12	钉在木龙骨上,后留5cm空气层

续表

序号	名称	厚度/cm	表观密度/(kg/m³)	各频率下的吸声系数						装置情况
				125Hz	250Hz	500Hz	1000Hz	2000Hz	4000Hz	
* 14	* 胶合板(三夹板)	0.3	—	0.60	0.38	0.18	0.05	0.05	0.08	钉在木龙骨上，后留 10cm 空气层
* 15	* 穿孔胶合板(五夹板)(孔径 5mm，孔心距 25mm)	0.5	—	0.01	0.25	0.55	0.30	0.16	0.19	钉在木龙骨上，后留 5cm 空气层
* 16	* 穿孔胶合板(五夹板)(孔径 5mm，孔心距 25mm)	0.5	—	0.23	0.69	0.86	0.47	0.26	0.27	钉在木龙骨上，后留 5cm 空气层，但在空气层内填充矿物棉
* 17	* 穿孔胶合板(五夹板)(孔径 5mm，孔心距 25mm)	0.5	—	0.20	0.95	0.61	0.32	0.23	0.55	钉在木龙骨上，后留 5cm 空气层，填充矿物棉
18	工业毛毡	3	370	0.10	0.28	0.55	0.60	0.60	0.59	张贴在墙上
19	地毯	厚	—	0.20	—	0.30	—	0.50	—	铺于木搁栅楼板上
20	帷幕	厚	—	0.10	—	0.50	—	0.60	—	有折叠，靠墙装置

注：1. 名称前有 * 者表示是由混响室法测得的结果；无 * 者是用驻波管法测得的结果。混响室法测得的数据比驻波管法约大 0.20。
2. 穿孔板吸声结构在穿孔率为 0.5%～5%，板厚为 1.5～10mm，孔径为 2～15mm，后面留腔深度为 100～250mm 时，可获得较好效果。
3. 序号前有 * 者为吸声结构。

9.3.1.2 常用吸声材料的结构与吸声性能的主要影响因素

吸声材料按吸声机理可分为两类：一类是多孔性吸声材料，主要是纤维质和开孔型结构材料；另一类是吸声的柔性材料、膜状材料、板状材料和穿孔板。

(1)多孔吸声结构

多孔性吸声材料是常用的一种吸声材料，它具有良好的中高频吸声性能。多孔性吸声材料具有大量的内外连通微孔，通气性良好。当声波入射到材料表面时，声波很快顺着微孔进入材料内部，引起孔隙内的空气振动，由于摩擦，空气黏滞阻力和材料内部的热传导作用使相当一部分声能转化为热能而被吸收。

影响多孔性材料吸声性能的主要因素有以下几个方面。

①材料的孔隙率与孔隙特征。材料的孔隙率愈大(表观密度愈小)，开口连通孔隙愈多，吸声性能愈好；材料的孔隙率相同时，开口连通孔隙的孔径愈细小、分布愈均匀，吸声性能愈好。当材料吸湿或表面喷涂油漆、孔隙充水或堵塞时，吸声材料的吸声效果会大大降低。

②材料表观密度。多孔材料表观密度增加，意味着微孔减小，能使低频吸声效果有所提高，但高频吸声性能却下降。

③材料厚度。多孔材料的低频吸声系数，一般随着厚度的增加而提高，但厚度对高频影响不显著。材料的厚度增加到一定程度后，吸声效果的变化就不明显。所以为提高材料吸声效果而无限制地增加厚度是不适宜的。

④背后空气层。大部分吸声材料都固定在龙骨上，材料背后空气层的作用相当于增加了材料的厚度，吸声效果一般随着空气层厚度增加而提高。当材料背后空气层厚度等于 1/4 波长的奇数倍时，可获得最大的吸声系数，根据这个原理，调整材料背后空气层厚度，可以提高其吸声效果。

(2)薄板振动吸声结构

薄板振动吸声结构具有低频吸声特性，同时还有助于声波的扩散。建筑中常用胶合板、薄木板、硬质纤维板、石膏板、石棉水泥板或金属板等,把它们固定在墙或顶棚的龙骨上,并在背后留有空气层,即成薄板振动吸声结构。

薄板振动吸声结构是在声波作用下发生振动,薄板振动时由于板内部和龙骨之间出现摩擦损耗,使声能转变为机械振动,而起吸声作用。由于低频声波比高频声波容易激起薄板振动,所以薄板振动吸声结构具有低频声波吸声特性。土木工程中常用的薄板振动吸声结构的共振频率为80～300Hz,在此共振频率附近的吸声系数最大,为0.2～0.5,而在其他共振频率附近的吸声系数较小。

(3)共振吸声结构

共振吸声结构具有密闭的空腔和较小的开口孔隙,很像个瓶子。若瓶腔内空气受到外力激荡,会按一定的频率振动,这就是共振吸声器。每个独立的共振吸声器都有一个共振频率,在其共振频率附近,由于颈部空气分子在声波的作用下像活塞一样进行往复运动,因摩擦而消耗声能。若在腔口蒙一层细布或疏松的棉絮,可以加宽共振频率范围和提高吸声量。为了获得较宽频率带的吸声性能,常采用组合共振吸声结构或穿孔板组合共振吸声结构。

(4)穿孔板组合共振吸声结构

穿孔板组合共振吸声结构具有中频吸声特性。这种吸声结构与单独的共振吸声器相似,可看作多个单独共振吸声器并联而成。穿孔板厚度、穿孔率、孔径、孔距、背后空气层厚度以及是否填充多孔吸声材料等,都直接影响吸声结构的吸声性能。这种吸声结构由穿孔的胶合板、硬质纤维板、石膏板、石棉水泥板、铝合板、薄钢板等,固定在龙骨上,并在背后设置空气层而构成,这种吸声材料在建筑中使用比较普遍。

(5)柔性吸声结构

柔性吸声结构是指具有密闭气孔和一定弹性的材料,如聚氯乙烯泡沫塑料,表面仍为多孔材料,但因其有密闭气孔,声波引起的空气振动不是直接传递至材料内部,只能相应地产生振动,在振动过程中由于克服材料内部的摩擦而消耗声能,引起声波衰减。这种材料的吸声特性是在一定的频率范围内出现一个或多个吸收频率。

(6)悬挂空间吸声结构

悬挂于空间的吸声体,由于声波与吸声材料的两个或两个以上的表面接触,增加了有效的吸声面积,产生边缘效应,加上声波的衍射作用,可大大提高吸声效果。实际应用时,可根据不同的使用部位和要求,设计成各种形式的悬挂空间吸声结构。空间吸声体有平板形、球形、椭圆形和棱锥形等多种形式。

(7)帘幕吸声结构

帘幕吸声结构是用具有通气性能的纺织品,安装在离开墙面或窗洞一段距离处,背后设置空气层。这种吸声体对中、高频都有一定的吸声效果。帘幕的吸声效果还与所用材料种类有关。帘幕吸声体安装拆卸方便,兼具装饰作用,应用价值高。

9.3.2 隔声材料

9.3.2.1 材料的隔声机理

能减弱或隔断声波传递的材料称为隔声材料。必须指出,吸声性能好的材料,不能简单地把它们作为隔声材料来使用。

人们要隔绝的声音,按传播途径有空气声(通过空气传播的声音)和固体声(通过固体的撞击或振动传播的声音)两种,两者隔声的原理不同。

对空气声的隔绝,主要是依据声学中的“质量定律”,即材料的表观密度越大,越不易受声波作用而产生振动,其声波通过材料传递的速度迅速减弱,其隔声效果越好。所以,应选用表观密度大的材料作为隔绝空气声的材料。

对固体声隔绝的最有效措施是隔断其声波的连续传递,即在产生和传递固体声的结构(如梁、框架、楼板与隔墙以及它们的交接处等)层中加入具有一定弹性的衬垫材料,如软木、橡胶、毛毡、地毯或设置空气隔离层等,以减弱或阻止固体声的继续传播。

由上述可知，材料的隔声机理与材料的吸声机理是不同的，因此，吸声效果好的多孔材料的隔声效果不一定好。

材料的隔声能力可通过材料对声波的透射系数(τ)来衡量。

$$\tau = \frac{E_{\tau}}{E_0} \tag{9-10}$$

式中 τ——声波透射系数；

E_{τ}——透过材料的声能；

E_0——入射总声能。

材料的透射系数越小，说明材料的隔声性能越好，但工程上常用构件的隔声量 R(单位:dB)来表示构件对空气的声隔绝能力，它与透射系数的关系是 $R=-10\lg\tau$。同一材料或结构对不同频率的入射声波有不同隔声量。

9.3.2.2 隔声材料的选用

对空气声的隔声而言，墙或板传声的大小主要取决于其单位面积质量，单位面积质量越大，越不易振动，则隔声效果越好。因此，应选择密实、沉重的材料作为隔声材料，如黏土砖、钢筋混凝土等。

对于固体声隔绝最有效的措施是以弹性材料作为楼板面层，直接减弱撞击能量；在楼板基层与面层间加弹性垫层材料形成浮筑层，减弱撞击产生的振动；在楼板基层下设置弹性吊顶，减弱楼板振动向下辐射的声能。

9.3.2.3 常用的隔声材料与隔声结构

对于不同的声波传播途径的隔绝可采取不同的措施，选择适当的隔声材料或结构。常见的空气隔声材料有黏土砖、钢板、钢筋混凝土等。结构隔声主要是以弹性材料作为楼板面层，常用的弹性材料有厚地毯、橡胶板、塑料板、软木地板等；常用弹性垫层材料有矿棉毡、玻璃棉毡、橡胶板等；隔声吊顶材料有板条吊顶、纤维板吊顶和石膏板吊顶等。

隔声结构的分类见表 9-7。

表 9-7 隔声结构的分类

分类		提高隔声的措施
空气声隔绝	单层墙的空气声隔绝	1. 提高墙体的单位面积质量和厚度； 2. 墙与墙接头不存在缝隙； 3. 粘贴或涂抹阻尼材料
	双层墙的空气声隔绝	1. 采用双层分离式隔墙； 2. 提高墙体的单位面积质量； 3. 粘贴或涂抹阻尼材料
	轻型墙的空气声隔绝	1. 轻型材料与多孔或松软吸声材料多层复合； 2. 各层材料质量不等，避免非结构谐振； 3. 加大双层墙间的空气层厚度
	门窗的空气声隔绝	1. 采用多层门窗； 2. 设置铲口，采用密封条等材料填充缝隙
结构声隔绝	撞击声的隔绝	1. 面层增加弹性层； 2. 采用浮筑接面，使面层和结构层之间减振； 3. 增加吊顶

知识归纳

独立思考

9-1 与传统的沥青防水卷材相比，合成高分子防水卷材有哪些优点？

9-2 防水材料除应具有防水功能外,还应具有哪些特性?

思考题答案

9-3 建筑物上使用保温隔热材料的目的是什么?一般在什么部位使用?

9-4 影响材料保温隔热性能的因素主要有哪些?保温隔热材料选用的要点有哪些?

9-5 何谓吸声材料?按吸声机理划分的吸声材料各有何特点?

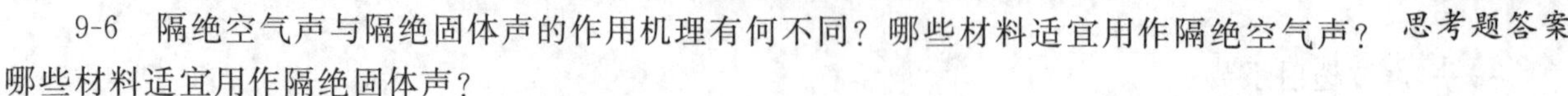

9-6 隔绝空气声与隔绝固体声的作用机理有何不同?哪些材料适宜用作隔绝空气声?哪些材料适宜用作隔绝固体声?

参考文献

[1] 钱晓倩. 建筑工程材料. 杭州:浙江大学出版社,2009.

[2] 湖南大学,天津大学,同济大学,等. 土木工程材料. 2版. 北京:中国建筑工业出版社,2011.

[3] 纪士斌,纪婕. 建筑材料. 北京:清华大学出版社,2012.

[4] 杨学稳. 化学建材概论. 北京:化学工业出版社,2011.

[5] 王立久. 建筑材料学. 3版. 北京:中国电力出版社,2008.

[6] 杨胜,袁大伟,张福中,等. 建筑防水材料. 北京:中国建筑工业出版社,2007.

10 建筑装饰材料

课前导读

内容提要

本章主要介绍装饰石材、木材、建筑玻璃、建筑陶瓷、建筑装饰塑料、建筑装饰涂料、金属装饰材料等常用建筑装饰材料。

能力要求

通过本章的学习，学生应了解常用建筑装饰材料的品种、组成、性能和应用等方面的基础知识，并了解其技术质量要求。

数字资源

重难点

在建筑上,把铺设、粘贴或涂刷在建筑内外表面,主要起装饰作用的材料,称为装饰材料。装饰材料除了起装饰作用,满足人们的美感需要以外,还起着保护建筑物主体结构和改善建筑物使用功能的作用,提高建筑物耐久性,并改善其保温隔热、吸声隔声、采光等居住功能。

10.1 装饰石材

10.1.1 天然石材

天然石材资源丰富,强度高,耐久性好,加工后具有很强的装饰效果,是一种重要的装饰材料。天然岩石种类很多,用作装饰的主要有花岗石和大理石。

装饰石材图

10.1.1.1 花岗石

花岗石是火成岩,是地壳内部熔融的岩浆上升至地壳某一深处冷凝而成的岩石。构成花岗石的主要造岩矿物是长石(结晶铝硅酸盐)、石英(结晶 SiO_2)和少量云母(片状含水铝硅酸盐)。从化学成分看,花岗石主要含 SiO_2(约 70%)和 Al_2O_3,CaO 和 MgO 含量很少,因此属酸性结晶深成岩。

花岗石的特点如下:

①色彩斑斓,呈斑点状晶粒花样。花岗石的颜色由长石颜色和其他深色矿物颜色而定,一般呈灰色、黄色、蔷薇色、淡红色、黑色。由于花岗石形成时冷却缓慢且较均匀,同时覆盖层的压力又相当大,因而形成较明显的晶粒。花岗石按晶粒大小分为伟晶、粗晶、细晶三种。晶粒特别粗大的伟晶花岗石,性质不均匀且易于风化。花岗石花纹的特点是表面呈晶粒花样,并均匀地分布着繁星般的云母亮点与闪闪发亮的石英结晶。

②硬度大,耐磨性好。花岗石为深成岩,质地坚硬密实,非常耐磨。

③耐久性好。花岗石孔隙率小,吸水率小,耐风化。其化学组成主要为酸性的 SiO_2,具有高度抗酸腐蚀性。

④耐火性差。由于花岗石中的石英在 573℃ 和 870℃ 会发生相变膨胀,引起岩石开裂破坏,因而其耐火性不高。

⑤可以打磨抛光。花岗石质感坚实,抛光后熠熠生辉,具有华丽高贵的装饰效果,因此,主要用作高级饰面材料,可以用于室内也可以用于室外,也广泛用作室内和室外的高级地面材料和踏步。

⑥自重大,硬度大,开采和加工困难。某些花岗石含有微量放射性元素,对人体有害。

石材行业通常将具有与花岗石相似性能的各种岩浆和以硅酸盐矿物为主的变质岩统称为花岗石。花岗石的用途根据晶粒大小分:晶粒细小的可加以磨光或雕琢,作为装饰板材或艺术品;中等粒度的常用于修筑桥墩、桥拱、堤坝、海港、勒脚、基础、路面等;晶粒粗大的轧制成碎石,是混凝土的优良集料。由于花岗石耐酸,还可用作化工、冶金生产中的耐酸衬料和容器。花岗石板材的质量应符合《天然花岗石建筑板材》(GB/T 18601—2009)的规定。

按用途和加工方法,花岗岩石板分为以下四种:

①剁斧板材——表面粗糙,具有规则的条状斧纹。

②机刨板材——表面光滑,具有相互平行的刨纹。

③粗磨板材——表面光滑,无光。

④磨光板材——表面光亮,色泽明显,有镜面感。

知识拓展

岩石的成因及分类

岩石按成因可分为三大类:岩浆岩(火成岩)、沉积岩和变质岩。

(1)岩浆岩

岩浆岩又称火成岩,是由地壳下面的岩浆沿地壳薄弱地带上升侵入地壳或喷出地表后冷凝而成的。岩浆是存在于地壳下面高温、高压的熔融状态的硅酸盐物质(它的主要成分是SiO_2,还有其他元素、化合物和挥发成分)。岩浆内部的压力很大,不断向压力低的地方移动,以至冲破地壳深部的岩层,沿着裂缝上升,喷出地表;或者当岩浆内部压力小于上部岩层压力时迫使岩浆停留地下,冷凝成岩。

依冷凝成岩时的地质环境的不同,岩浆岩分为喷出岩、浅成岩、深成岩三类。

①喷出岩(火山岩):岩浆喷出地表后冷凝形成的岩浆岩。在地表条件下,温度下降迅速,矿物来不及结晶或者结晶差,肉眼不易看清楚。如流纹岩、安山岩、玄武岩等。

②浅成岩:岩浆沿地壳裂缝上升至距地表较浅处冷凝形成的岩浆岩。由于岩浆压力小,温度下降较快,矿物结晶较细小。如花岗斑岩、正长斑岩、辉绿岩等。

③深成岩:岩浆侵入地壳深处(距地表约3km)冷凝形成的岩浆岩。由于岩浆压力大,温度下降缓慢,矿物结晶良好。如花岗岩、正长岩、辉长岩等。

深成岩和浅成岩又统称为侵入岩。

岩浆岩的化学成分相当复杂,其中影响最大的是SiO_2。岩石中SiO_2的含量越大,其颜色越浅,比重也越小。

(2)沉积岩

沉积岩是由原岩(即岩浆岩、变质岩和早期形成的沉积岩)经风化剥蚀作用而形成的岩石碎屑、溶液析出物或有机质等,经流水、风、冰川等作用搬运到陆地低洼处或海洋中沉积,在温度不高、压力不大的条件下,经长期压密、胶结、重结晶等复杂的地质过程而形成的。沉积岩在地壳表层分布甚广,约占地表面积的70%。沉积岩由于沉积的自然地理环境不同而有海相、陆相和过渡相沉积之分。

根据物质组成的不同,沉积岩一般分为碎屑岩类、黏土岩类及化学和生物化学岩类三类。

①碎屑岩类:主要是由碎屑物质组成的岩石。其中由原岩风化破坏产生的碎屑物质形成的,称为沉积碎屑岩,如砾岩、砂岩和粉砂岩等;由火山喷出的碎屑物质形成的,称为火山碎屑岩,如火山角砾岩、凝灰岩等。

②黏土岩类:主要由黏土矿物及其他矿物的黏土粒组成的岩石,如泥岩、页岩等。

③化学和生物化学岩类:主要由方解石、白云石等碳酸盐类的矿物及部分有机质组成的岩石,如石灰岩、白云岩等。

(3)变质岩

地壳中的原岩(包括岩浆岩、沉积岩和已经生成的变质岩),由于地壳运动、岩浆活动等所造成的物理和化学条件的变化,即在高温、高压和化学性活泼的物质(水气、各种挥发性气体和热水溶液)渗入的作用下,在固体状态下改变了原来岩石的结构、构造甚至矿物成分,形成一种新的岩石称为变质岩。变质岩不仅具有自身独特的特点,还保存着原来岩石的某些特征。

常见的变质岩可分成片理状岩类和块状岩类两类。

①片理状岩类:有较明显的片理构造,如片麻岩、片岩、千枚岩、板岩等。

②块状岩类:较致密,如大理岩、石英岩等。

10.1.1.2 大理石

大理石是地壳中原有的岩石经过地壳内高温高压作用形成的变质岩。地壳的内力作用促使原来的各类岩石发生结构、构造和矿物成分的改变,经过质变形成的新的岩石类型称为变质岩。大理石的主要造岩矿物为方解石(结晶碳酸钙)或白云石(结晶碳酸钙镁复盐),其化学成分主要是$CaCO_3$(CaO约占50%),酸性氧化物SiO_2很少,属碱性的结晶岩石。

大理石的性质如下:

①颜色绚丽、纹理多姿。纯大理石为白色,我国称之为汉白玉。一般大理石中含有氧化铁、二氧化硅、云母、石墨、蛇纹石等杂质,使大理石呈现出红、黄、黑、绿、灰、褐等各色斑斓纹理,磨光后极为美丽典雅。大

理石结晶程度差,表面不是呈细小的晶粒花样,而是呈云状、枝条状或脉状的花纹。

②耐久性次于花岗岩。天然大理石硬度较低,容易加工和磨光,材质均匀,抗压强度为70～110MPa。如果用大理石铺设地面,磨光面容易损坏,其耐用年限一般为30～80年。

由于大理石为碱性岩石,不耐酸,抗风化能力差,除个别品种(如汉白玉、艾叶青等)外,一般不宜用于室外装饰。大气中的酸雨容易与岩石的碳酸钙作用,生成易溶于水的石膏,使表面很快失去光泽变得粗糙多孔,从而降低装饰效果。

大理石主要用于室内饰面,如墙面、地面、柱面、吧台和服务台立面与台面、高级卫生间的洗漱台面以及造型面等,此外还可用于制作大理石壁画、工艺品、生活用品等。常用规格为厚20mm,宽150～195mm,长300～1220mm。

石材行业通常将具有与大理岩相似性能的各类碳酸盐岩或镁质碳酸盐岩,以及有关的变质岩统称为大理石。

大理石板材的质量应符合《天然大理石建筑板材》(GB/T 19766—2016)的规定。

【案例10-1】 美国耶鲁大学古籍图书馆采用天然大理石板材直接干挂作为建筑的外围护结构,同时,由于选用的大理石板材超薄,形成了半透明的效果,室内效果十分独特,如图10-1所示。

图10-1 耶鲁大学古籍图书馆超薄大理石干挂装饰

知识拓展

如何区分大理石和花岗石?

一般来说,细腻没有颗粒的是大理石,而花岗石以斑点为主,由石英、云母、正长石三种颗粒组成。此外,还可以从以下几方面加以区分:

(1)外观

大理石品种、颜色多样,除蓝色外,黑色等其他6种颜色不同的品种都可见到;花岗石多为灰白色,少量有红、粉红和黄色,一般都通体均匀分布黑白点。大理石一般都有漂亮的多彩花纹,但不均匀,是各种金属矿物质形成的纹路;花岗石一般没有。未打磨封闭处理的大理石易风化,表面总起灰;花岗石耐风化,基本无灰。

(2)成分

大理石的主要成分以$CaCO_3$为主(CaO约占50%);花岗石的主要成分以SiO_2为主,约占70%。

(3)强度

花岗石平均强度是大理石的2～3倍。

(4)硬度

大理石的莫氏硬度为2.5～5,用小刀可在大理石上划出痕迹,而花岗石划不动。

(5)耐酸性

大理石为碱性岩石,花岗石为酸性岩石。取盐酸倒在大理石上,会迅速冒泡,产生气体(CO_2),而花岗石基本无反应。

10.1.1.3 其他天然装饰石材

(1)板石

板石也称板岩，是一种可上溯到奥陶纪(5.5亿年前)的沉积源变质岩。形成板岩的页岩先沉积在泥床上，激烈的变质作用使页岩床折叠、收缩，最后形成板岩。板石主要由石英、绢云母和绿泥石族矿物组成。板石与大理石、花岗石虽同属饰面石材，但又不同于大理石和花岗石，在矿床地质特征、矿床开采方式、加工技术及应用方面都有自己明显的特点。

①板石最重要的标志是劈分性，只有能劈分出具有一定强度和面积的板材才可作为板石；

②板石以手工开采为主，对石材荒料的尺寸要求不高；

③板石的加工工艺较简单，不需磨光，也没有光泽度的要求；

④板石的品种较单调，花色较稳定；

⑤板石的成本及售价比较低廉；

⑥板石在区域分布上受大地构造及区域地层的控制，矿点分布往往呈带状或片状群产出，储量规模较大。

天然板石是天然饰面石材的重要成员，与其他天然板材相比，具有古香古色、朴实典雅、易加工、造价低廉等特点。天然板石种类繁多，装饰效果独特。按颜色可将其分为六个种类：①黑板石，深灰-黑色，各产区产品色调基本一致；②灰板石，灰-浅灰色，有的产区带自生条纹；③青板石，青-浅蓝色，各地产品色调基本一致，少数产区带自生条纹；④绿板石，草绿、黄绿、灰绿色，常带深、浅色相间的平行自生条纹；⑤黄板石，板面呈以黄、黄褐色为主的天然山水或流云晕彩，十分美观；⑥红板石，砖红-棕红色，带条纹。

(2)砂岩

砂岩又称砂粒岩，是由于地球的地壳运动，砂粒与胶结物(硅质物、碳酸钙、黏土、氧化铁、硫酸钙等)经长期巨大压力压缩黏结而形成的一种沉积岩(图10-2)。砂岩由碎屑和填隙物两部分构成。碎屑除石英、长石外还有白云母、重矿物、岩屑等；填隙物包括胶结物和碎屑杂质两种组分。常见胶结物有硅质和碳酸盐质；碎屑杂质主要指与碎屑同时沉积的颗粒更细的黏土或粉砂质物。填隙物的成分和结构反映了砂岩形成的地质构造环境和物理化学条件。

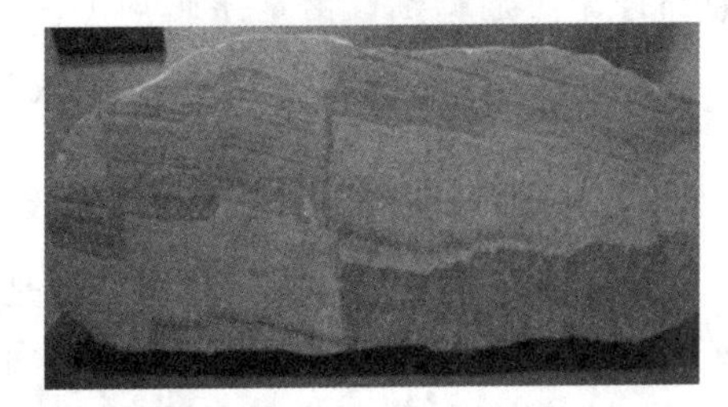

图10-2 各种天然砂岩

砂岩高贵典雅，质地坚硬，是使用最广泛的建筑用石材之一，巴黎圣母院、罗浮宫、英伦皇宫、美国国会等著名建筑都是由砂岩装饰而成。目前世界上已被开采利用的有澳洲砂岩、印度砂岩、西班牙砂岩、中国砂岩等，其中色彩、花纹最受建筑设计师欢迎的是澳洲砂岩。澳洲砂岩是一种生态环保石材，其产品具有无污染、无辐射、无反光、不风化、不变色、吸热、保温、防滑等特点。

(3)石灰石

石灰石是石灰岩的商业名称，色彩花纹美丽者可作装饰石材。石灰岩俗称“灰岩”或“青石”，属于沉积岩，它是露出地表的各种岩石在外力和地质作用下，在地表及地下不太深的地方形成的岩石。石灰岩的矿物组成以方解石为主,化学成分主要是$CaCO_3$。

石灰岩按成因可划分为粒屑石灰岩(流水搬运、沉积形成)、生物骨架石灰岩和化学或生物化学石灰岩;按结构构造可细分为竹叶状灰岩、鲕粒状灰岩、豹皮灰岩、团块状灰岩等。石灰岩的优点是耐水性、耐冻性较好,有一定强度和耐久性,但相对于花岗岩而言,其材质软、易风化。

(4)鹅卵石

鹅卵石作为一种纯天然的石材,取自经历过千万年前的地壳运动后由古老河床隆起产生的砂石山,在数万年沧桑演变过程中,经历着山洪冲击、流水搬运过程中不断的挤压、摩擦,逐渐失去了不规则的棱角。鹅卵石的主要化学成分是二氧化硅,其次是少量的氧化铁和微量的锰、铜、铝、镁等元素及化合物。

鹅卵石(图10-3)产品有天然颜色的机制鹅卵石、河卵石、雨花石、干黏石、喷刷石、造景石、木化石、文化石等建筑装饰材料及室内装饰用的高级染色砂,无毒、无味、不脱色。品质坚硬,色泽鲜明古朴,具有抗压、耐磨、耐腐蚀的天然石特性,是一种理想的绿色建筑材料。

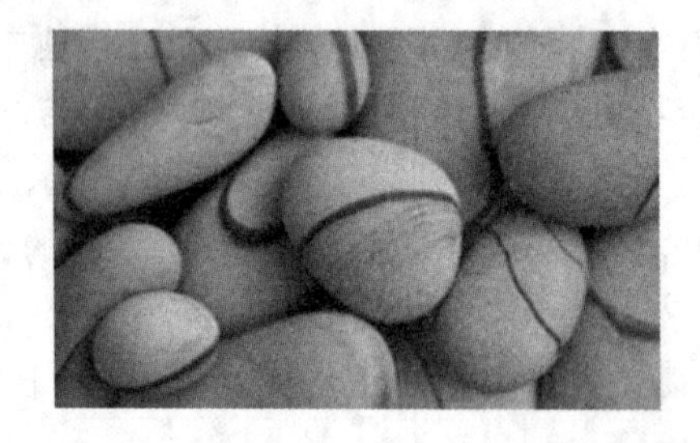

图10-3 鹅卵石

10.1.2 人造石材

人造石材是以不饱和聚酯树脂为黏结剂,配以天然大理石或方解石、白云石、硅砂、玻璃粉等无机物粉料,以及适量的阻燃剂、颜色等,经配料混合、瓷铸、振动压缩、挤压等方法成型固化制成的。与天然石材相比,人造石材具有色彩艳丽、光洁度高、颜色均匀一致,抗压耐磨、韧性好、结构致密、坚固耐用、比重小、不吸水、耐侵蚀风化、色差小、不褪色、放射性低等优点,具有资源综合利用的优势,在环保节能方面具有不可低估的作用,是名副其实的绿色环保建材产品,已成为现代建筑首选的饰面材料。

按照原料的不同,人造石材可分为树脂型、复合型、水泥型、烧结型四类。

(1)树脂型人造石材

树脂型人造石材是以不饱和聚酯树脂为胶结剂,与天然大理石碎石、石英砂、方解石、石粉或其他无机填料按一定的比例配合,再加入催化剂、固化剂、颜料等外加剂,经混合搅拌、固化成型、脱模烘干、表面抛光等工序加工而成的,其成型方法有振动成型、压缩成型和挤压成型三种。由于树脂型人造石材所用胶结剂具有黏度小,易于成型,固化快,硬化后表面光泽度好,物理、化学性能稳定等特点,目前成为装饰工程中使用最广泛的人造石材。

(2)复合型人造石材

复合型人造石材采用的黏结剂中,既有无机材料,又有有机高分子材料。其制作工艺是先用水泥、石粉等制成水泥砂浆的坯体,再将坯体浸于有机单体中,使其在一定条件下聚合而成。对板材而言,底层用性能稳定而价廉的无机材料,面层用聚酯和大理石粉制作。无机胶结材料可用快硬水泥、白水泥、普通硅酸盐水泥、铝酸盐水泥、粉煤灰水泥、矿渣水泥以及熟石膏等。有机单体可用苯乙烯、甲基丙烯酸甲酯、醋酸乙烯、丙烯腈、丁二烯等,这些单体可单独使用,也可组合使用。复合型人造石材制品的造价较低,但受温差影响后聚酯面易产生剥落或开裂。

(3)水泥型人造石材

水泥型人造石材是以各种水泥为胶结材料,以砂、天然碎石为粗细骨料,经配制、搅拌、加压蒸养、磨光和抛光后制成的。配制过程中混入颜料,可制成彩色水泥石。水泥型人造石材的生产取材方便,价格低廉,但其装饰性较差。水磨石和各类花阶砖即属此类。

(4)烧结型人造石材

烧结型人造石材的生产方法与陶瓷工艺相似，是将长石、石英、辉绿石、方解石等粉料和赤铁矿粉，以及一定量的高岭土共同混合，一般配比为石粉60%，黏土40%，采用混浆法制备坯料，用半干压法成型，再在窑炉中以1000℃左右的高温焙烧而成。烧结型人造石材的装饰性好，性能稳定，但需经高温焙烧，因而能耗大，成本高。

10.2 木　　材

木材是人类最先使用的土木工程材料之一，作为建筑材料其有以下独特的优势：

①绿色环保，可再生，可降解。

②施工简易、工期短。

③冬暖夏凉。

④抗震性能优良。

木材图

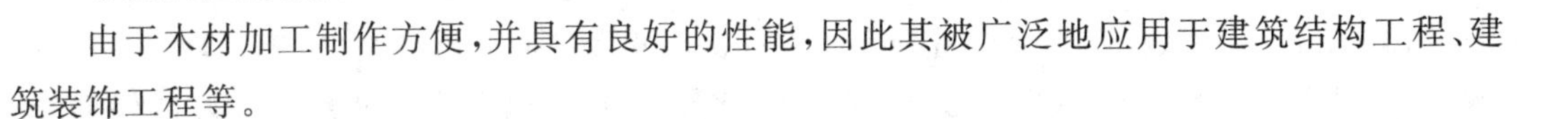

由于木材加工制作方便，并具有良好的性能，因此其被广泛地应用于建筑结构工程、建筑装饰工程等。

木材是一种天然资源，其生长受环境等多种因素的影响，过度采伐树木，会直接破坏生态及环境。因此，应尽量节约木材，并注意综合利用。

10.2.1 木材的分类和构造

10.2.1.1 木材的分类

木材可分为针叶树材和阔叶树材两大类。中国树种很多，因此各地区常用于工程的木材树种亦各异。东北地区主要有红松、落叶松(黄花松)、鱼鳞云杉、红皮云杉、水曲柳；长江流域主要有杉木、马尾松；西南、西北地区主要有冷杉、云杉、铁杉。

①针叶树材。针叶树材一般树干高大，纹理通直，材质均匀，木质较软，易加工，故又称软木材。其易干燥，开裂和变形较小，耐腐蚀性好，适于作结构用材，如梁、柱、桩、屋架、门窗等。杉木及各种松木、云杉和冷杉等是针叶树材。

②阔叶树材。阔叶树材的树干一般通直部分较短，木质较硬，难加工，故又称硬木材。其胀缩变形大，易翘曲，强度高，有美丽的纹理。建筑上其常用作尺寸较小的构件和用于家具及装饰材料。柞木、榆树、水曲柳、香樟、檫木及各种桦木、楠木和杨木等是阔叶树材。

10.2.1.2 木材的构造

树干由树皮、形成层、木质部(即木材)和髓心组成。从树干横截面的木质部上可看到环绕髓心的年轮(图10-4)。每一年轮一般由两部分组成：色浅的部分称早材(春材)，是在季节早期生长，细胞较大，材质较疏；色深的部分称晚材(秋材)，是在季节晚期生长，细胞较小，材质较密。有些木材，在树干的中部，颜色较深，称心材；在边部，颜色较浅，称边材。针叶树材主要由管胞、木射线及轴向薄壁组织等组成，排列规则，材质较均匀。阔叶树材主要由导管、木纤维、轴向薄壁组织、木射线等组成，构造较复杂。由于组成木材的细胞是定向排列的，存在顺纹和横纹的差别。横纹又可分为与木射线一致的径向、与木射线相垂直的弦向。某些阔叶树材，质地坚硬、纹理色泽美观，适于作装修用材。

木材的构造通常考虑宏观结构和微观结构两方面。

(1)宏观构造

宏观构造是用肉眼或放大镜能观察到的木材的组织。由于木材是各向异性的，可通过三个不同的锯切面来进行分析，即横切面(垂直于树轴的切面)、径切面(通过树轴且与树干平行的切面)和弦切面(与树轴有一定距离且平行于树轴的切面)。

从横切面上观察，木材由树皮、木质部和髓心三个部分组成(图10-4、图10-5)。一般树的树皮覆盖在木质部外面，起保护树木的作用。髓心是树木最早形成的部分，贯穿整个树木的干和枝的中心，材性低劣，易于腐朽，不宜作结构材。木质部位于髓心和树皮之间，是木材的主要取材部分。

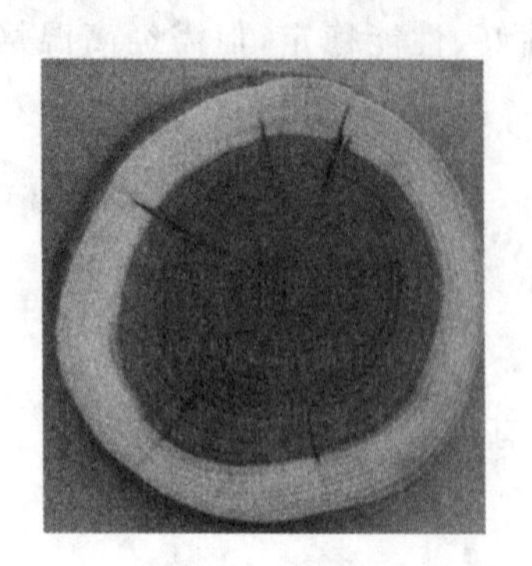

图10-4 木材横截面

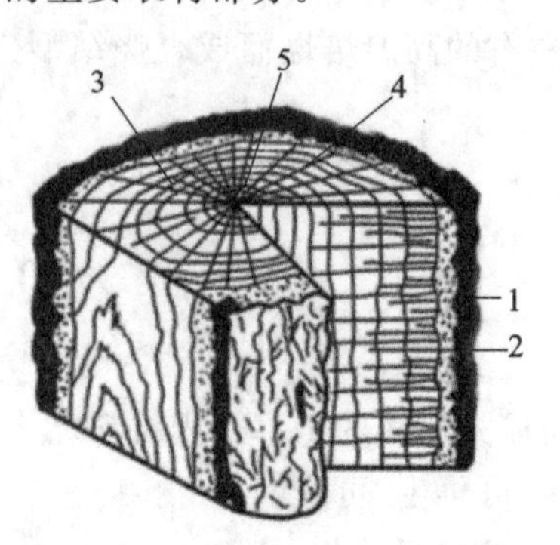

图10-5 由横切面观察木材的组成

1—树皮；2—木质部；3—年轮；4—髓线；5—髓心

①年轮(annual growth ring)。从横切面上可看到木质部有深浅相间的同心圆，称为年轮，即树木一年中生长的部分。年轮是围绕髓心的、深浅相同的同心环，年轮愈密而均匀，材质愈好。从髓心向外的辐射线，称为髓线，它与周围联结差，干燥时易沿此开裂。年轮和髓线组成木材美丽的天然纹理。

②早材(early wood)和晚材(late wood)。在同一年轮中，春季生长的部分由于细胞分裂速度快，细胞腔大、壁薄，所以材质较软，色较浅，称为春材(或早材)。夏秋季生长的部分由于细胞分裂速度慢，细胞腔小、壁厚，所以木质较致密，色较深，称为夏材(或晚材)。晚材部分愈多，木材的强度愈高。热带地区，树木一年四季均可以生长，故无早材、晚材之分。

③边材(sapwood)和心材(heartwood)。材色可以分为内、外两大部分，靠近树皮的色浅部分为边材，靠近髓心的色深部分为心材。在树木生长季节，边材具有生理功能，能运输和贮藏水分、矿物质和营养，边材逐渐老化而转变成心材。心材无生理活性，仅起支撑作用。与边材相比，心材中有机物积累多，含水量少，不易翘曲变形，耐腐蚀性好。

(2)微观构造

微观构造是指在显微镜下观察到的木材组织，如图10-6和图10-7所示。

用显微镜观察，木材是由无数的管状细胞紧密结合而成的，细胞之间大多数为纵向排列，少数为横向排列(如髓线)。细胞由细胞壁和细胞腔两部分组成。细胞壁由纤维素(约占50%)、半纤维素(约占25%)和木质素(约占25%)组成，细胞壁的厚薄对木材的表观密度、强度、变形都有影响。细胞壁越厚，腔越小，木材越密实、强度越高，但湿胀干缩变形也越大。一般来说，阔叶树细胞壁比针叶树厚，夏材比春材细胞壁厚。

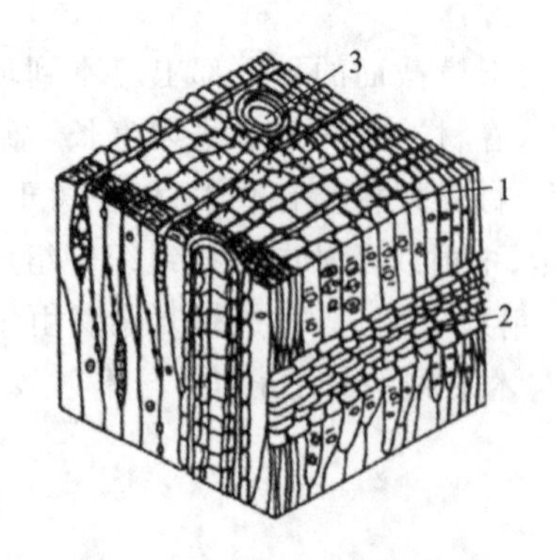

图10-6 针叶树马尾松微观构造

1—管胞；2—髓线；3—树脂道

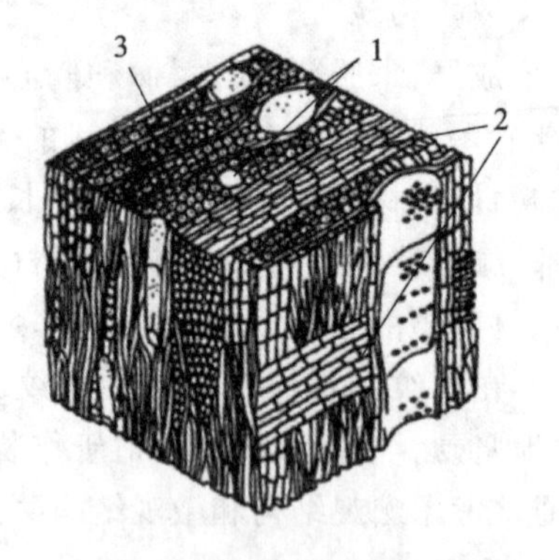

图10-7 阔叶树柞木微观构造

1—导管；2—髓线；3—木纤维

木材细胞因功能不同可分为管胞、导管、髓线、木纤维等。针叶树(图10-6)主要由管胞组成，它占木材总体积的90%以上，管胞为纵向细胞，在树木中起支承和输送养分的作用，还有少量的纵行和横行的薄壁细胞起横向传递和储存养分作用。阔叶树(图 10-7)主要由导管、木纤维及髓线组成,导管是壁薄而腔大的细胞,主要起输送养分的作用,木纤维壁厚腔小,主要起支撑作用,其体积占木材体积的 50%以上。

10.2.2 木材的主要性质

10.2.2.1 木材的主要物理性质

(1)密度与表观密度

各树种木材的分子构造基本相同,因而木材的密度基本相同,平均为 1.50～1.56g/cm³。表观密度与木材种类及含水率有关。木材表观密度愈大,其湿胀干缩率也愈大。

(2)含水率

含水率是指木材中水的质量占烘干木材质量的百分数。木材中的水分可分为自由水、吸附水和化合水三种。吸附水存在于木材细胞壁内,由于细胞壁基体相具有较强的亲水性,能吸附和渗透水分,所以水分进入木材后首先被吸入细胞壁。吸附水是影响木材强度和变形的主要因素。存在于细胞腔和细胞间隙之间的水,称为自由水(游离水)。吸附水达到饱和而尚无自由水时的木材含水率,称为木材的纤维饱和点。木材的纤维饱和点因树种而有差异,为 23%～33%。当含水率大于纤维饱和点时,水分对木材性质的影响很小。当含水率自纤维饱和点降低时,木材的物理和力学性质随之而变化。木材在大气中能吸收或蒸发水分,与周围空气的相对湿度和温度相适应而达到恒定的含水率,称为平衡含水率。木材平衡含水率随地区、季节及气候等因素而变化,为 10%～18%,平衡含水率是选用木材的一个重要指标。化合水是指木材化学成分结合的水,它在常温下不变且含量极少,故常温下对木材物理和力学性质无影响。

(3)干湿变形

木材的细胞壁吸收或蒸发水分使木材产生湿胀或干缩。从微观上讲,木材的胀缩实际上是细胞壁的胀缩。当木材中的含水率大于纤维饱和点、只是自由水增减变化时,木材的体积无变化;当含水率小于纤维饱和点时,随含水率的增减,木材膨胀或收缩。木材自纤维饱和点到绝干状态时的干缩率,顺纹方向为 0.1%～0.3%,径向为 3%～6%,弦向为 6%～12%。径向和弦向干缩率的不同是木材产生裂缝和翘曲的主要原因。

由于木材构造不均匀,其纵、径、弦三个方向的胀缩值不同(图 10-8),纵向胀缩最小,弦向最大,径向约为弦向的 1/2。木材弦向变形最大是因管胞横向排列而成的髓线与周围联结较差所致;径向因受髓线制约而变形较小。木材干燥时,截面不同位置的变形情况如图 10-9 所示。

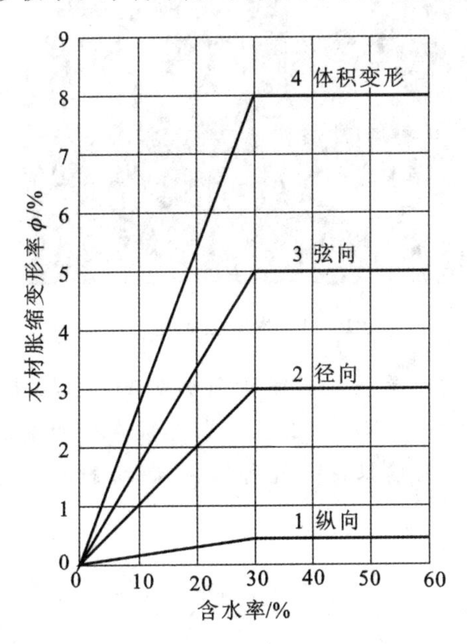

图 10-8 胀缩变形率与木材含水率的关系图

图 10-9 木材干燥引起的几种截面形状变化

(4)热膨胀

温度升高,木材也会产生热膨胀。在木材加工时,通常较多考虑木材的干缩变形,而很少注意木材的热膨胀,这是因为木材的干缩比热膨胀大得多。然而,在日常生活中,有时我们也需要注意热膨胀对木材使用的影响,如夏季铺设木地板需铺设紧密,否则冬季板缝会过大;冬季铺设木地板需铺设宽松,防止夏季因热膨胀而引起木地板拱起破坏。

木材的热胀系数很小,要用精密的石英膨胀计才能测定。全干木材纵向热胀系数 $a_{0L}=3\times10^{-8}\sim4.5\times10^{-8}$/℃,纵向、径向和弦向热胀系数大小顺序为 $a_T\geqslant a_R\geqslant a_L$,三者比例为(8～10)∶(6～7)∶1。

由于木材细胞壁中纤维素结晶部分的长宽比约为10∶1,垂直于纤维素分子链方向的分子振动为链长度方向的10倍,横向热胀系数明显大于其他方向。实验表明,纵向热胀系数与木材密度无关;而横向热胀系数随密度的增加而增加。由于径向热膨胀受木射线的制约,通常弦向热胀系数大于径向热胀系数。

木材的热胀系数在常温范围内常显示一稳定值,但到达某一温度以上的高温区域时,可看到木材组织的热软化,全干木材横纹软化点为80～110℃。热软化是木材塑性的重要性质,在热软化温度以上,木材的热胀系数会增加。

【案例分析10-2】

木地板的隆起和板缝过大

地板的隆起和板缝过大(图10-10、图10-11),是地板的湿胀干缩或热胀冷缩所致。板缝过大常常是由于地板的面层板含水率偏大,铺设后趋于正常;或者原木地板喷油漆前保护不好,受阳光曝晒木材产生收缩使得板缝间隙变大,板边翘起;或夏季铺设地板时板缝设置宽度偏大,冬季时温度下降,地板收缩所致。另外,木地板质量不好,板条宽度不一致,也会造成局部板缝偏大。当铺装时没有在木地板和墙根的结合处留够缝隙,地板雨季受潮后膨胀却没有足够的弹性伸缩空间而导致地板隆起;或者冬季铺设地板时板缝过小,夏季温度较高时,地板膨胀所致。另外,垫层受潮、遭水泡都会造成地板起拱,而家中饮水机、花盆或小动物等留下的少量的水长期积聚在木地板表面也会引起木地板出现小鼓泡。

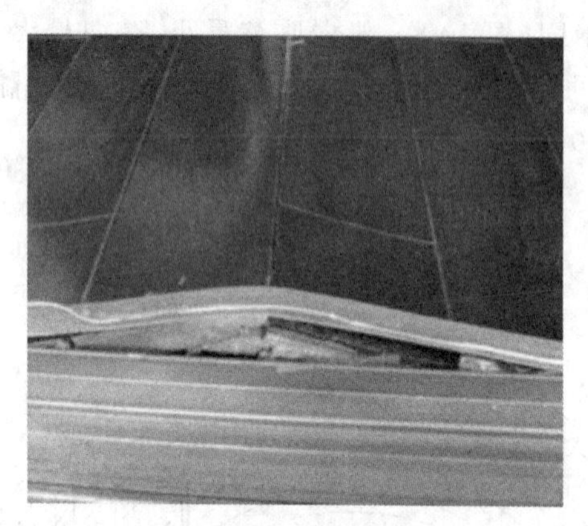

图10-10 木地板的隆起

图10-11 木地板板缝

【预防措施】 一是严格控制板材的含水率,含水率超标的需放置一段时间待含水率正常后再使用;二是选择合格的面层板,宽度不足的板条不用,宽度偏大的应先刨修后再铺设;三是原木地板在喷油漆前一定要注意防止阳光曝晒;四是铺设时要注意留缝一致,固定牢固,且与墙根结合处留够伸缩缝,同时还需要注意不同季节铺设地板时的板缝设置原则。

10.2.2.2 木材的强度及其影响因素

(1)木材的强度

木材的强度可分为抗压强度、抗拉强度、抗剪强度、抗弯强度等,由于木材是一种非均质材料,具有各向异性,木材强度具有明显的方向性。

抗压强度、抗拉强度、抗剪强度有顺纹、横纹之分(图10-12),而抗弯强度无顺纹、横纹之分,其中顺纹抗拉强度最大，可达 50～150MPa，横纹抗拉强度最小。若以顺纹抗压强度为 1 计，则木材各强度之间的关系见表 10-1。

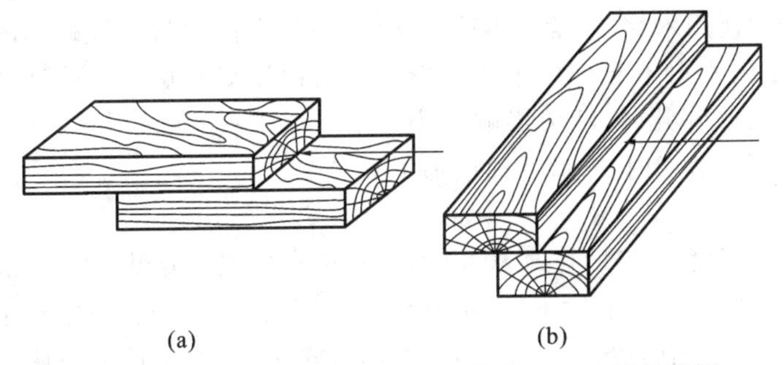

图 10-12 木材的剪切

(a)顺纹剪切；(b)横纹剪切；(c)横纹切断

表 10-1 木材各强度之间的关系

抗压		抗拉		抗弯	抗剪	
顺纹	横纹	顺纹	横纹		顺纹	横纹切断
1	1/10～1/3	2～3	1/20～1/3	3/2～2	1/7～1/3	1/2～1

(2)木材强度的影响因素

木材是有机各向异性材料，顺纹方向与横纹方向的力学性质有很大差别。木材的顺纹抗拉和抗压强度均较高，但横纹抗拉和抗压强度较低。木材强度还因树种而异，并受木材含水率、荷载作用时间、缺陷及温度等因素的影响。

①含水率。

当含水率在纤维饱和点以上变化时，木材的强度基本不变；当含水率在纤维饱和点以下时，木材的强度随含水率降低而提高。含水率大小对木材的各种强度影响不同，如含水率对顺纹抗压及抗弯强度影响较大，而对顺纹抗拉和顺纹抗剪强度影响较小(图 10-13)。为了便于比较，通常规定木材的强度以含水率为 15%时的测定值 σ_{15} 为标准值，其他含水率为 W%时测得的强度 σ_W，应按经验公式(10-1)进行换算。

$$\sigma_{15} = \sigma_W[1 + \alpha (W - 15)] \tag{10-1}$$

式中 σ_{15}——含水率为 15%时的强度值。

σ_W——含水率为 W%时的实测强度值。

α——含水率校正系数，随着作用力性质和树种的不同而异，顺纹抗压 $\alpha=0.05$；径向或弦向横纹局部抗压 $\alpha=0.045$；阔叶树顺纹抗拉 $\alpha=0.015$，针叶树顺纹抗拉 $\alpha=0$；所有树种顺纹抗剪 $\alpha=0.03$；所有树种抗弯 $\alpha=0.04$。

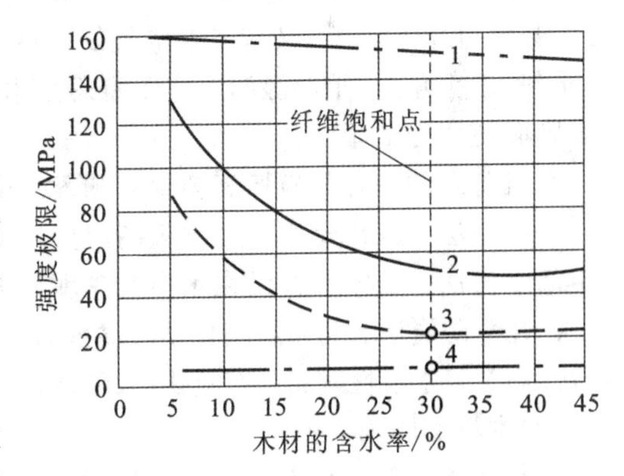

图 10-13 含水率对木材强度的影响

1—顺纹抗拉；2—抗弯；3—顺纹抗压；4—顺纹抗剪

②荷载作用时间。

研究表明，木材的长期承载能力远低于瞬时承载能力，这是因为在长期荷载作用下，木纤维发生塑性流变，不断累积产生较大变形而降低承载能力。

荷载作用持续时间越长，木材抵抗破坏的能力越低。在荷载长期作用下木材的长期强度几乎仅为瞬时强度的 50%～60%。因此，在设计木结构时，应考虑荷载作用时间对木材强度的影响。

③缺陷。

木材的缺陷也称疵病，主要可分为天然缺陷、生物引起的缺陷、干燥及机械加工引起的缺陷三大类。

a. 天然缺陷，如木节、斜纹理以及因生长应力或自然损伤而形成的缺陷。木节是树木生长时被包在木质部中的树枝部分。原木的斜纹理常称为扭纹，对锯材则称为斜纹。

b. 生物引起的缺陷,主要有腐朽、变色和虫蛀等。

c. 干燥及机械加工引起的缺陷,如干裂、翘曲、锯口伤等。

缺陷降低木材的利用价值。为了合理使用木材,通常按不同用途的要求,限制木材允许缺陷的种类、大小和数量,将木材划分等级。腐朽和虫蛀的木材不允许用于结构。影响结构强度的缺陷主要是木节、斜纹和裂纹,木节分为活节、死节、松软节、腐朽节等几种,活节影响最小。木节使木材顺纹抗拉强度显著降低,对顺纹抗压影响最小。在木材受横纹抗压和剪切时,木节反而增加了其强度。

④温度和热处理。

木材强度随环境温度升高会降低。当温度由25℃升到50℃时,针叶树抗拉强度降低10%~15%,抗压强度降低20%~24%。当木材长期处于60~100℃温度下时,水分和所含挥发物会蒸发,使木材呈暗褐色,强度下降,变形增大。温度超过140℃时,木材中的纤维素发生热裂解,色渐变黑,强度明显下降。因此,长期处于高温下的建筑物,不宜采用木结构。

在一定温度下,热处理可使木材中的非晶纤维素部分结晶化,可降低木材吸湿性和提高木材力学强度,但继续加热和高温处理,会造成纤维素的非晶化和各类化学成分的分解,使木材力学性质降低。

蒸煮加热处理对木材塑性和强度有一定的影响,如利用得当则可转化成有利因素。100℃温度下长期蒸煮加热处理木材,其质量会发生明显的损失,并且可导致木材弹性模量减小,力学强度下降,冲击韧性降低更多。这种变化在木材处理初期和时间较短的情况下并不明显。只是随着时间的增长,尤其是随温度上升,这种质量减小和强度降低变化加剧。原因在于木材长期受热后部分半纤维素分解,蒸煮加热引起半纤维素和纤维素分解的影响要比木材在空气中受热大,故木材力学强度下降的程度也大。在木材加工中,常通过蒸煮的方法来暂时降低木材的强度,以满足锯切的需要(如胶合板的生产)。蒸煮还能改变木材颜色、减小木材心材和边材色差、保持木材自然光泽、缓解木材初始含水率梯度差、降低木材干燥缺陷发生的概率。

10.2.3 木材的防护

木材的防护主要包括防腐、防火和防变形。

(1)木材的防腐

木材是天然生长的有机材料,易受真菌、昆虫侵害而腐朽变质。影响木材的真菌有霉菌和腐朽菌。霉菌以细胞腔内物质为养料,对木材力学性能无影响,但会影响木材外观;腐朽菌则以细胞壁为养料,是木材腐朽的主要原因。腐朽菌生存和繁殖必须同时具备水分、温度、空气这三个条件。当木材处于含水率15%~50%、温度为25~30℃,又有足够空气的条件下时,腐朽菌最易生存和繁殖,木材也最易腐朽。因此,有谚语"干千年,湿千年,干干湿湿两三年",意思是木材在干燥和特别潮湿的情况下经久耐用,但若时而干燥、时而潮湿则其使用寿命很短。

木材防腐的途径是破坏真菌生存和繁殖的条件。常见的防腐措施有:

①干燥法。采用蒸汽、微波、超高温处理等方法将木材干燥至含水率20%以下,并长期保持干燥。

②水浸法。将木材浸没在水中或深埋地下。

③化学防腐法。将木材用化学防腐剂涂刷或浸渍,从而达到防腐、防虫的目的。常用的防腐剂有水溶性和油溶性两类。水溶性防腐剂有氟化钠、硼铬合剂、氯化锌及铜铬合剂等。油溶性防腐剂有林丹、五氯酚合剂等。

(2)木材的防火

木材属木质纤维材料,其燃烧点很低,仅为220℃,极易燃烧。木材的防火就是将木材经过具有阻燃性能的化学物质处理后,变成难燃的材料,以达到遇小火能自熄,遇大火能延缓或阻滞燃烧蔓延的目的。

常用木材防火处理的方法有两种:

①表面涂敷法。在木材表面涂敷防火涂料,该方法既能防火又具有防腐和装饰的作用。防火效果与涂层厚度或每平方米涂料用量有密切关系。

②溶液浸注法。浸注处理前,将木材充分干燥并初步加工成型后,以常压或加压方式将防火溶剂浸注木材中,利用其中的阻燃剂达到防火的目的。

(3)防止木材变形

为减小木材在使用中发生变形和开裂,通常板材、方材需经自然干燥或人工干燥。自然干燥是将木材堆垛进行气干。人工干燥主要采用干燥窑法,亦可用简易的烘、烤方法。干燥窑是一种装有循环空气设备的干燥室,能调节和控制空气的温度和湿度。经干燥窑干燥的木材质量好,含水率可达10%以下。

10.2.4 木材的应用

木材是传统的建筑材料,在古建筑和现代建筑中都得到了广泛应用。在结构上,木材主要用于构架和屋顶,如梁、柱、椽、望板、斗拱等。木材在建筑工程中还常用作混凝土模板及木桩等。在国内外,木材历来被广泛用于建筑室内装修与装饰,给人以自然美的享受,还能使室内空间产生温暖与亲切感。建筑室内的一些小部位,如窗台板、窗帘盒、踢脚板等也会采用木材制作,和室内地板、墙壁互相联系,相互衬托,使得整个空间的格调、材质、色彩和谐、协调,从而收到良好的整体装饰效果。

装饰用木材分为天然木材和人造板材两类。

10.2.4.1 天然木材

(1)实木地板

实木地板是指以天然木材直接加工而成的地板,又称原木地板,其种类多种多样,根据断面接口构造的不同,可分为平口、错口和企口实木地板三类;按表面涂饰的不同,可分为素板和漆板两种;按木材性质的不同,可分为高、中、低三档。其中,杉木、松木、柳木等适用于制作低档的实木地板,其特点为耐蚀性好,木质松软,木节眼多;水曲柳、胡桃木等适用于制作中档的实木地板,其特点为耐磨性好、木质较硬、具有一定的抗冲击性能;柚木、檀木、花梨木等适用于制作高档的实木地板,其特点是纹理美观,木色洁白,装饰效果好。总体而言,实木地板具有弹性好、保温隔热性好、污染少、导热系数小、纹理自然等优点,其缺点为耐磨性、防火性、防水性较差。

(2)护壁板

护壁板又称木台度。在铺设拼花地板的房间内,往往采用木台度,以使室内空间的材料格调一致。护壁板可采用木板、企口条板、胶合板等装饰而成,设计施工时可采取嵌条、拼缝、嵌装等手法进行构图,以达到装饰墙壁的目的。

(3)木装饰线条

木装饰线条简称木线条。木线条种类繁多,主要有楼梯扶手、压边线、墙腰线、天花角线、弯线、挂镜线等。各类木线条立体造型各异,每类木线条又有多种断面形状,例如有平行线条、半圆线条、麻花线条、鸠尾形线条、半圆饰、齿形饰、浮饰、孤饰、S形饰、贴附饰、钳齿饰、十字花饰、梅花饰、叶形饰以及雕饰等。木线条主要用作建筑物室内的墙腰装饰线、墙面洞口装饰线、护壁板和勒脚的压条饰线、门框装饰线、顶棚装饰角线、楼梯栏杆的扶手、墙壁挂画条、镜框线以及高线建筑的门窗和家具等的镶边、贴附组花材料等,特别是在我国的园林建筑和宫殿式古建筑的修建工程中,木线条是一种不可缺少的装饰材料。

(4)木花格

木花格即用木板和枋木制作成的具有若干个分格的木架,这些分格的尺寸或形状一般都各不相同。木花格具有加工制作较简便、饰件轻巧纤细、表面纹理清晰等特点。木花格多用作建筑物室内的花窗、隔断、博古架等,它能起到调节室内设计格调、改进空间效能和提高室内艺术质量等作用。

(5)旋切微薄木

微薄木由两层材料胶合而成,一层是用珍贵树种木段旋制的极薄单板,其厚度为0.10~0.40mm,另一层是光滑的、强度较高的纸,其厚度为0.05~0.07mm。这种产品是成卷的,可用于房间内部装饰,也可胶贴在胶合板或其他人造板表面,作家具或其他立面装饰用。制造微薄木的树种要选用结构均匀细致、导管小的树种,如桦木、色木、胡桃木、桃花心木、橡木、槭木等。微薄木的表面光洁度要求很高,裂隙度应尽可能地减小,单板厚度要均匀,因此旋切微薄木要求使用高精度的旋切机,旋切工艺条件也应严格控制。制造微薄木一般采用旋切、胶合、干燥联合机组。生产中,纸首先通过蒸汽调湿,再通过辊筒单面涂胶,然后通过左右螺纹辊筒加以展平,纸和微薄木由胶合辊压合在一起,通过4个加热回转辊筒加热干燥,加热回转辊筒的温度可以调节,干燥温度为30℃、50℃、60℃、80℃、90℃。

旋切微薄木花纹美丽动人，材色悦目，真实感和立体感强，具有自然美的特点。采用树根瘤制作的微薄木，具有鸟眼花纹的特色，装饰效果更佳。微薄木主要用作高级建筑的室内墙、门、橱柜等家具的饰面。

10.2.4.2 人造板材

人造板材是利用木材在加工过程中产生的边角废料，添加化工胶黏剂制作成的板材。人造板材与木材比较，有幅面大、变形小、表面平整光洁、无各向异性等特点。装饰用人造板材是利用木材加工过程中剩下的边皮、碎料、刨花、木屑等废料，进行加工处理而制成的板材。人造板材品种很多，市场上应用最广的有胶合板类、刨花板类、中密度纤维板类、细木工板和防火板。

(1)胶合板

胶合板是将原木旋切成的薄片，用胶黏合热压而成的人造板材，其中薄片的叠合必须按照奇数层数进行，而且保持各层纤维互相垂直，胶合板最高层数可达15层。胶合板如果用在室内，一般使用较便宜的脲醛胶，但这种胶防水性能有限。用在室外由于要防腐通常使用酚醛胶，以防止胶合板分层开合，并在高湿情况下保持强度。

胶合板大大提高了木材的利用率，其主要特点是材质均匀、强度高、无疵病、幅面大、使用方便，板面具有真实、立体和天然的美感，广泛用作建筑物室内隔墙板、护壁板、顶棚板、门面板以及各种家具及装修用板材。在建筑工程中，常用的是三合板和五合板。我国胶合板主要由水曲柳、椴木、桦木、马尾松及部分进口原料制成。

(2)纤维板

纤维板是将木材加工下来的板皮、刨花、树枝等边角废料，经破碎、浸泡、研磨成木浆，再加入一定的胶料，经热压成型、干燥处理而成的人造板材，分为硬质纤维板、半硬质纤维板和软质纤维板三种。纤维板的表观密度一般大于800kg/m³，适合作保温隔热材料。

纤维板的特点是材质构造均匀、各向同性、强度一致、抗弯强度高(可达55MPa)、耐磨、绝热性好、不易胀缩和翘曲变形、不腐朽、无木节和虫眼等缺陷。生产纤维板可使木材的利用率达90%以上。

(3)刨花板、木丝板、木屑板

刨花板、木丝板、木屑板是分别以刨花木渣，边角料刨制的木丝、木屑等为原料，经干燥后拌入胶黏剂，再经热压成型而制成的人造板材。所用胶黏剂为合成树脂，也可以用水泥、菱苦土等无机胶凝材料。这类板材一般表观密度较小，强度较低，主要用作绝热和吸声材料，但其中热压树脂刨花板和木屑板，其表面可粘贴塑料贴面或胶合板作饰面层，这样既增加了板材的强度，又使板材具有装饰性，可用作吊顶、隔墙、家具等材料。

胶合板、刨花板和纤维板三者中，以胶合板的强度和体积稳定性最好，加工工艺性能也优于刨花板和纤维板，因此使用最广。但是人造板材也具有一些缺点，如胶合层易老化、长期承载力差、使用期限比天然木材短得多，还存在一定的污染等。在实际工程中因天然木材缺乏，人造板材会被用来代替天然木材的许多传统用途，其产量也迅速增加。

(4)复合地板

复合地板是指以不同的纤维板为基材经专门的工艺交错层压成的人造地面装饰板材，它由四层材料复合组成，即底层、芯层、装饰层和耐磨层。复合地板包括实木复合地板和强化复合地板两种。

①实木复合地板。

实木复合地板是将天然木材分别加工成面板、芯板和底板的单片，粘贴后经高压制成板材，再在表面均匀地压制一层耐磨剂或薄膜。实木复合地板的种类繁多，按结构的不同，可分为三层实木复合地板、多层实木复合地板和细木工板实木复合地板；根据甲醛排放量的不同，可分为A类实木复合地板和B类实木复合地板。实木复合地板具有材质均匀，不易翘曲和开裂等优点。

②强化复合地板。

强化复合地板是指以硬质纤维板、中密度纤维板、刨花板等作为基础层，再用聚酯材料制成底层，然后将带有图案的特殊纸放入专用溶液中浸泡以制成装饰层，将此三层经高压制成板材后，最后在表面均匀地压制一层耐磨剂或薄膜的复合地板。根据甲醛释放量的不同，可分为A类强化复合地板和B类强化复合地板。强化复合地板具有装饰效果好、安装方便、不易变形和无虫蛀等优点。

(5)细木工板

细木工板由芯板拼接而成,两个外表面为胶板贴合。此板握钉力均比胶合板、刨花板高。尺寸规格为915mm×915mm、915mm×1830mm、915mm×2440mm、1220mm×2440mm、1220mm×1220mm、1220mm×1830mm,厚度为5～30mm等。加工工艺与传统实木差不多,现普遍用作建筑室内隔墙、隔断、橱柜等的装修。

(6)蜂窝板

蜂窝板又称蜂巢纸,它是由200g左右牛皮纸加工成蜂窝形状,并可伸缩拉伸,产品共分A、B、C三级。蜂窝板的优点是质量轻、不易变形,但它要和中纤板或刨花板结合才能单独使用。特别适合用作防变形大跨度台面,或易潮变形的门芯。

(7)防火板

防火板是以硅质材料或钙质材料为主要原料与一定比例的纤维材料、轻质骨料、黏合剂和化学添加剂混合经蒸压技术制成的装饰板材,广泛用于室内装饰、家具、橱柜、实验室台面、外墙等领域。主要有矿棉板、玻璃棉板、水泥板、珍珠岩板、漂珠板、蛭石板、防火石膏板材、硅酸钙纤维板、氯氧镁防火板等。防火板具有保温隔热、轻质高强、防火阻燃、加工方便的特点,绿色环保,施工方便。

防火板颜色比较鲜艳,封边形式多样,具有耐磨、耐高温、耐剐、抗渗透、容易清洁、防潮、不褪色、触感细腻、价格实惠等优点。但其为平板,无法创造凹凸、金属等立体效果,时尚感稍差。

知古通今　光华永续

——木材的历史发展和性能

介绍

我国在木材应用方面具有很高的水平和独到之处,古人将其结构优点发挥到极致,结合我国的艺术精华,给后人留下了许多宝贵的建筑文化遗产。

北京故宫(图10-14)——世界上现存规模最大、最完整的古代木构建筑群,始建于1406年,占地面积72万平方米,建筑面积约15万平方米,历时14年完工,为明清两代的皇宫,有24位皇帝相继在此登基执政。宫殿分前后两部分,即前朝和内廷。前朝以太和殿、中和殿、保和殿三大殿为中心。主要建筑有乾清宫、交泰殿、坤宁宫及两侧的十二座宫院。内廷有三座花园,即宁寿宫花园、慈宁宫花园和御花园。

应县木塔(即佛宫寺释迦塔,图10-15),建于辽清宁二年(1056年),坐落于山西省应县佛宫寺内,为现存最古老、最高大的木结构佛塔建筑。应县木塔平面呈八角形,外观5层,夹有暗层4层,实为9层,通高67.13m。塔内明层均有塑像,是我国现存最古老、最高的一座木结构大塔,著名建筑学家梁思成先生曾这样评价它:是个独一无二的伟大作品。不见此塔,不知木构建筑的可能性达到了什么程度。

图10-14　北京故宫

图10-15　山西应县佛宫寺释迦塔

古代中国的匠人们将木结构发展到了极致,创造了令现代人也赞叹不已的卯榫结构体系,无数宏伟壮观的宫殿在东方的土地上拔地而起。中国古代建筑特别是木结构建筑,以其独特的取材、巧妙的结构和别具风格的造型艺术占有重要地位,被誉为“凝固的诗,立体的画”。在我国,木结构房屋分布广泛,结构形式多种多样,全国各地有着各种符合当地特色的木结构建筑,如图10-16所示。

在唐代时期,日本(图10-17)、韩国以及许多西方国家从中国借鉴学习了诸多当时先进的建筑技术,并发展出了自己的风格特点。

图10-16 江苏园博会主场馆——凤凰阁内景

图10-17 日本奈良已建立1400多年的法隆寺

启示

我国历史悠久的木建筑,对你有什么启示?

(1)材料的与时俱进并没有淘汰任何一种已有材料

不同于其他材料或产品,建筑材料虽然不断发展创新,但从未淘汰传统材料。千百年前使用的古老建筑材料(土、木、石等)如今依然呈现在我们的视野内,我们在不断挖掘,探索这些建筑材料的应用场景,更好地将各种建筑材料元素融入现代生活。

(2)历史文化的传承离不开各种建筑物

文物是老祖宗留下的珍贵遗产,是历史文脉传承的重要载体。保护好古建筑、保护好文物就是保存历史,保存城市的文脉,保存历史文化名城无形的优良传统。今天,徜徉在青砖黛瓦的古街老巷之中,我们更能感受到历史的厚重和文化的绚烂,在故宫看古人木结构建筑的奇妙之处,在长城触摸承载千年砖石的厚重,在如今感受科技时代钢筋铁骨的魅力。时代变迁文化传承,因材料之“变”而更有韵味。

(3)材料的微观结构决定了其性质

木材在风雨的洗礼下会自然腐朽,或是遭遇病虫害,若不经常进行维护,很难长期保存。但不同的木材耐腐朽的程度不尽相同,这又是其材料的微观结构所决定的。如木材中珍贵的金丝楠木,便可以做到千年不腐。同其他无机材料一样,各种木材由于其微观结构不同,其各种性质也不尽相同。由图10-18、图10-19可以看出金丝楠木与普通杨树微观结构的差异,材料的微观结构决定了其不腐的性质。不止建筑材料,其他如通信、交通、机械制造、仪器仪表、电子、化工、生物医学、采矿、航空航天等领域通过了解材料的微观结构进而对材料加以研究应用也尤为重要。

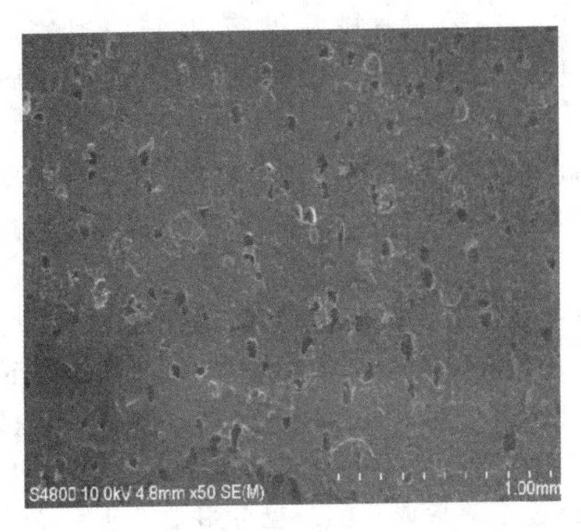

图 10-18 金丝楠木阴沉化木横切面

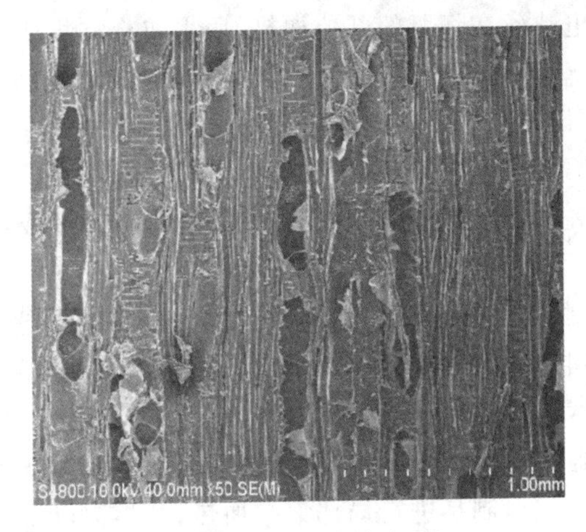

图 10-19 北京杨径切面

10.3 建筑玻璃

10.3.1 玻璃的基本知识

10.3.1.1 玻璃的原料与组成

玻璃，一种透明的固体物质，是在熔融时形成连续网络结构，冷却过程中黏度逐渐增大并硬化而未结晶的硅酸盐类非金属材料。熔制玻璃的原材料主要有石英砂、纯碱、长石、石灰石等，石英砂是构成玻璃的主体材料，纯碱主要起助熔剂作用，石灰石使玻璃具有良好的抗水性，起稳定剂作用。建筑玻璃的化学组成主要为 SiO_2、Na_2O、CaO、Al_2O_3、MgO、K_2O 等。

建筑玻璃图

10.3.1.2 玻璃的制造工艺

玻璃的制造工艺主要包括：①原料预加工。将块状原料（石英砂、纯碱、石灰石、长石等）粉碎，使潮湿原料干燥，将含铁原料进行除铁处理，以保证玻璃质量。②配合料制备。③熔制。将玻璃配合料在池窑或坩埚窑内进行高温（1550～1600℃）加热，使之形成均匀、无气泡，并符合成型要求的液态玻璃。④成型。将液态玻璃加工成所要求形状的制品，如平板、各种器皿等。⑤热处理。通过退火、淬火等工艺，消除或产生玻璃内部的应力、分相或晶化，以及改变玻璃的结构状态。

玻璃经成型和退火后，还需进行各种后加工。玻璃的后加工分为冷加工、热加工和化学处理三大类。冷加工包括研磨抛光、切割、喷砂、钻孔。热加工包括烧口、火抛光、火切割、火钻孔、真空成型和玻璃灯工，此外还包括烧釉等装饰，以及通过热处理，使玻璃微晶化、烧结，产生结构的转变。化学处理包括化学蚀刻、化学抛光、玻璃表面涂膜、离子交换等。

①研磨抛光。研磨是将制品粗糙不平或成型时余留部分的玻璃磨去，使制品具有平整的表面或需要的形状和尺寸。一般开始用研磨效率高的粗磨料研磨，然后逐级使用细磨料，直至玻璃表面较细致，再用抛光材料进行抛光，使玻璃表面变得光滑、透明、有光泽。磨料的硬度必须大于玻璃的硬度。光学玻璃和日用制品一般加工余量大，用刚玉或天然金刚砂作磨料；平板玻璃的加工余量小，但面积大，用量多，一般采用廉价的石英砂。常用的抛光材料有红粉（氧化铁）、氧化铈、氧化铬、氧化锆等。火抛光是采用最少辐射热的燃烧器，使制品表面熔化而不变形，并借表面张力作用使之光滑，以消除制品表面的微裂纹、折纹及波纹。化学抛光是利用氢氟酸破坏玻璃表面原有的硅氧膜，生成一层新的硅氧膜，使玻璃得到很高的光洁度和透光度。可单纯用化学侵蚀进行抛光，也可将化学侵蚀与机械研磨相结合，后者又称化学研磨法，多用于平板玻璃。

②切割。冷切割是利用玻璃的脆性和残余应力，在切割点加一刻痕造成应力集中，使之易于折断。一般的管、板可用金刚石、合金刀等坚韧的工具在表面刻痕，直接折断，或刻痕后用火焰加热进行切割。厚玻

璃可用电热丝在切割的部位加热,用水或冷空气使受热处急冷,产生局部应力,进行切割。火切割是对制品进行局部集中加热,使玻璃局部达到熔化流动状态,用高速气流将制品切开。由于激光能使物体局部产生10000℃以上高温,用于切割制品,准确、卫生、效率高、断口整齐。

③喷砂。利用高压空气通过喷嘴的细孔时所形成的高速气流,将石英砂或金刚砂等喷吹到玻璃表面,使玻璃表面的组织不断受到砂粒的冲击破坏,形成毛面。喷砂主要用于器皿的表面磨砂和玻璃仪器商标的打印。

④钻孔。有研磨钻孔、钻床钻孔、冲击钻孔、超声波钻孔、火钻孔等。研磨钻孔是用铜棒压在敷有碳化硅等磨料和水的玻璃上转动,使玻璃形成所需要的孔。钻床钻孔是用合金钻头在水、轻油的冷却下缓慢钻孔的技术。冲击钻孔是利用电磁振荡器使钻孔凿子连续冲击玻璃表面而形成孔。超声波钻孔是利用超声波发生器使加工工具发生振动,在振动工具和玻璃液之间注入含有磨料的加工液,使玻璃穿孔。火钻孔是用高速火焰对制品进行局部集中加热,达熔融状态时,喷高速气流形成孔洞。也可用激光使制品局部剧热形成孔洞。

⑤烧口。许多制品经切割后,口部具有尖锐、锋利的边缘,可用集中的高温火焰局部加热,依靠表面张力的作用使玻璃软化时变得圆滑。

⑥真空成型。真空成型通常用于制造精密内径玻璃管。把需校正管径的玻璃管一端熔封,在管内放入标准金属管,缓慢加热,同时抽真空,直至玻璃管与金属芯棒紧密贴附。由于金属收缩大,冷却后易取出。

⑦烧釉。将以易熔玻璃为基釉的釉料通过描绘、印刷、贴花纸或喷涂等工艺施于玻璃制品表面。在制品软化温度以下加热至釉料熔融,并牢固地附着在制品表面,可得到彩色釉、白色釉、透明色釉、无光釉等装饰制品。

⑧结构转变热处理。将玻璃磨碎成一定颗粒度,加入结合剂压成需要的形状和大小,加热至玻璃软化点温度后,形成有细气孔的制品,可用作滤器和电子元件等。配料中加入发泡剂可以制造烧结的泡沫玻璃。对某些设定成分的玻璃,还可通过热处理使其发生相的变化,以获得预期的特性。如微晶玻璃成型后经热处理产生微晶相,成为微晶玻璃制品;高硼硅酸盐玻璃经热处理产生富硅相和富硼相,用酸溶去富硼相后形成高硅氧玻璃。

⑨化学蚀刻。用氢氟酸溶掉玻璃表面层的硅氧,根据残留盐类的溶解度不同,可得到有光泽的表面或无光泽的毛面。容量仪器和温度计的刻度以及特色瓶罐、毛面灯泡等均可用此法加工。

⑩表面涂膜。利用化学反应可以将硝酸银还原成银层附着在玻璃表面,如保温瓶、镜子等。用同样的方法还可镀铜。真空蒸镀金属铝、铬、锡等于玻璃表面可以反射光线和导电。将金属有机物或氧化物喷于热的玻璃制品表面,可以产生虹彩效果的装饰膜。

⑪离子交换。使玻璃制品与一定温度下的无机盐接触,进行离子的相互置换和扩散,从而获得特殊性质。如熔盐大离子半径的钾离子与玻璃中钠离子交换,使玻璃表层因挤压效应产生了压应力,形成化学钢化玻璃;熔盐锂离子与玻璃中的钠离子交换,形成表层适合微晶化的玻璃成分;银盐或铜盐在一定温度下扩散进入玻璃,使玻璃着色。

10.3.1.3 普通玻璃的性质

①透明。普通清洁玻璃的透光率达82%以上。

②脆性。普通玻璃属于典型脆性材料,在冲击力作用下易破碎。

③热稳定性差。普通玻璃在急冷急热的条件下易破裂。

④化学稳定性好。普通玻璃抗盐和酸侵蚀的能力强,但不耐氢氟酸。

⑤表观密度较大,普通玻璃的表观密度一般为2450～2550kg/m^3。

⑥导热系数较大,普通玻璃约为0.75W/(m·K)。

10.3.2 玻璃制品

(1)普通平板玻璃

普通平板玻璃是指由浮法或引上法熔制的经热处理减小或消除其内部应力至允许值的平板玻璃。平板玻璃是建筑玻璃中用量最大的一种，厚 2～12mm，其中以 3mm 厚的使用量最大。广泛用作窗片玻璃。

(2)安全玻璃

安全玻璃是指与普通玻璃相比，具有力学强度高、抗冲击能力强、破碎时无尖锐棱角或四处飞溅伤人的玻璃，其主要品种有钢化玻璃、夹丝玻璃和夹层玻璃。

钢化玻璃是将普通平板玻璃或其他品种原片玻璃加热到一定温度后迅速冷却，或通过化学方法进行特殊钢化处理的一种预应力玻璃，其在受到荷载作用时所受的应力状态如图 10-20 所示。经钢化后，玻璃的抗弯曲强度、耐机械冲击和热冲击强度均明显提高，可达普通平板玻璃的 3～5 倍。由于钢化玻璃内部存在内应力，一旦有裂纹存在即发生整体碎裂，碎片无尖锐棱角(图 10-21)，故称为安全玻璃。

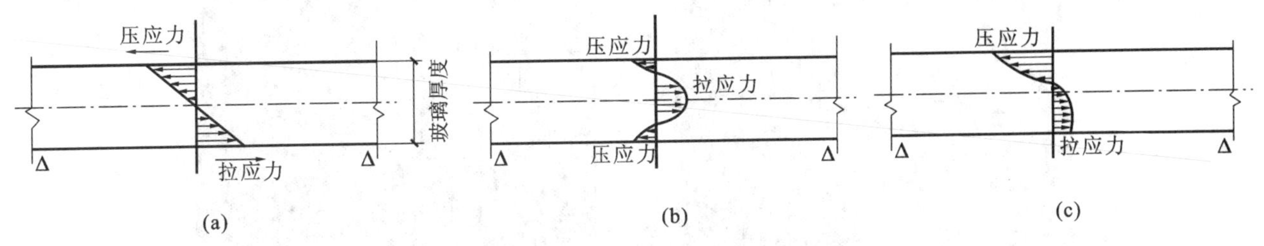

图 10-20 钢化玻璃与普通平板玻璃的应力状态对比

(a)普通玻璃受弯作用时截面上的应力分布；(b)钢化玻璃截面上的内力分布；(c)钢化玻璃受弯作用时截面上的应力分布

(a)

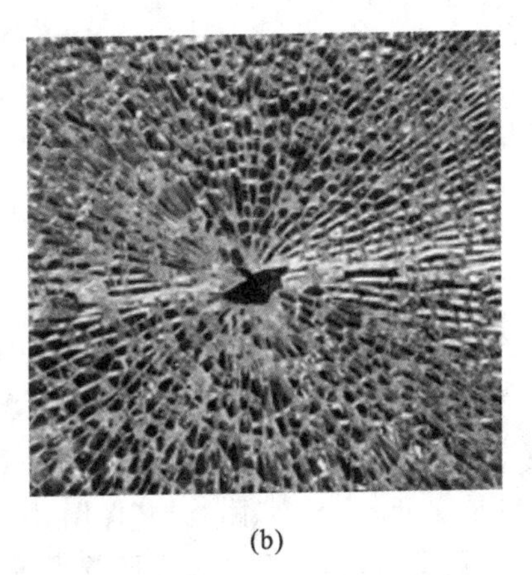

(b)

图 10-21 钢化玻璃与普通玻璃破碎后的对比

(a)普通玻璃；(b)钢化玻璃

夹丝玻璃是采用压延方法，将金属丝或金属网嵌于玻璃板内制成的一种具有抗冲击性能的平板玻璃(图 10-22)，受撞击时只会形成辐射状裂纹而不致堕下伤人，故多用于高层楼宇和振荡性强的厂房。

夹层玻璃一般由两片普通平板玻璃(也可以是钢化玻璃或其他特殊玻璃)和玻璃之间的有机胶合层构成(图 10-23)。

(3)保温绝热玻璃

保温绝热玻璃包括吸热玻璃、热反射玻璃、中空玻璃、空心玻璃砖、泡沫玻璃等。它们既具有良好的装饰效果，同时具有特殊的保温隔热功能，除用于一般门窗之外，常作为幕墙玻璃。普通窗用玻璃对太阳光近红外线的透过率高，易引起温室效应，使室内空调能耗大，一般不宜用于幕墙玻璃。

吸热玻璃是能吸收大量红外线辐射能并保持较高可见光透过率的平板玻璃。生产吸热玻璃的方法有两种：一是在普通钠钙硅酸盐玻璃的原料中加入一定量的有吸热性能的着色剂；另一种是在平板玻璃表面喷镀一层或多层金属或金属氧化物薄膜。吸热玻璃还可以阻挡阳光和冷气，使房间冬暖夏凉，可用于以防热为主的南方地区。

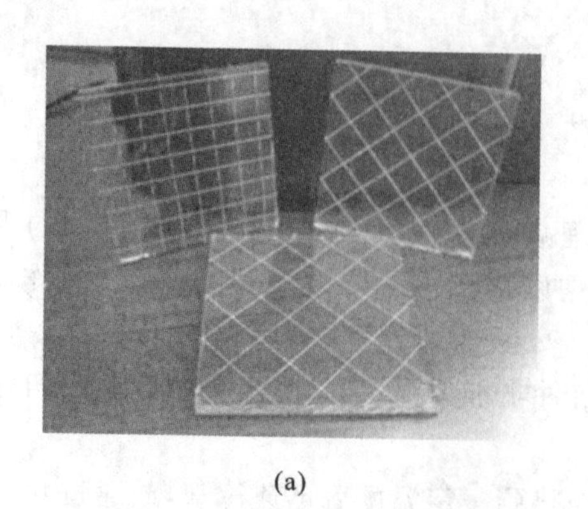

(a)

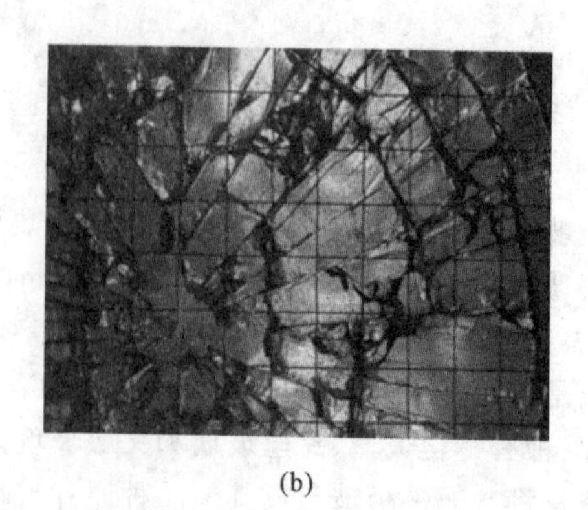

(b)

图 10-22 夹丝玻璃

(a)夹丝玻璃;(b)破碎后的夹丝玻璃

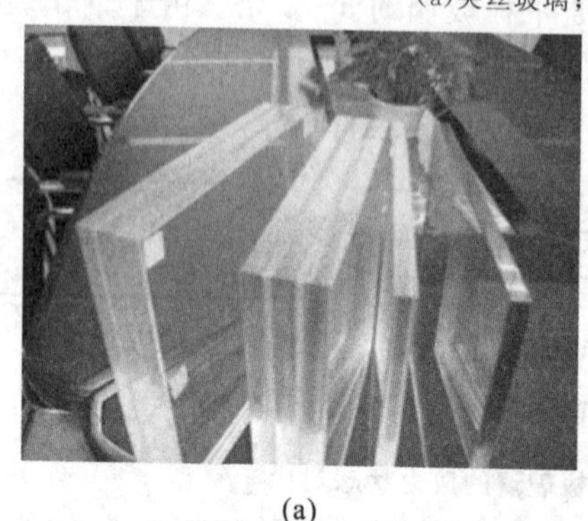

(a)

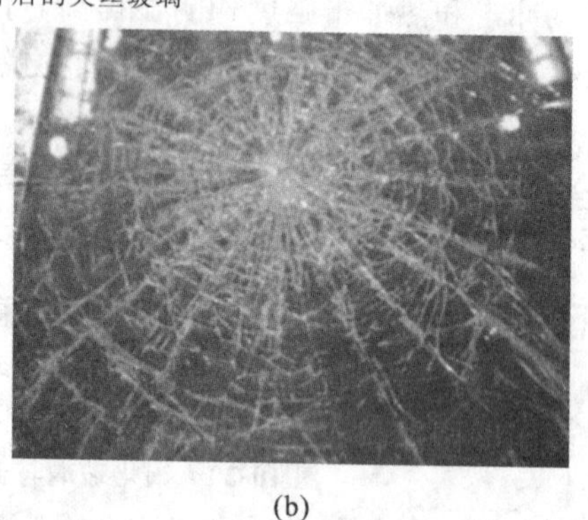

(b)

图 10-23 夹层玻璃

(a)夹层玻璃;(b)破碎后的夹层玻璃

热反射玻璃属于镀膜玻璃,是用物理或者化学的方法在玻璃表面镀一层金属或者金属氧化物薄膜,或采用电浮法等离子交换,以金属离子置换玻璃表层原有离子而形成热反射膜。对来自太阳的红外线,其反射率可达30%~40%,甚至可高达50%~60%。这种玻璃具有良好的节能和装饰效果,且具有单向透视功能。

中空玻璃多采用胶接法将两块玻璃保持一定间隔,间隔中是干燥的空气,周边再用密封材料密封而成,主要用于有隔音要求的装修工程之中。中空玻璃还具有防结露的作用。

空心玻璃砖由两块半坯在高温下熔接而成,由于中间是密闭的腔体并且存在一定的微负压,具有透光、不透明、隔音、热导率低、强度高、耐腐蚀、保温、隔潮等特点,可用来砌筑透光墙壁、隔断、门厅、通道等,装饰效果高贵典雅、富丽堂皇,是当今国际市场较为流行的新型饰材。空心玻璃砖有正方形、矩形及各种异形产品,尺寸以145mm×145mm×80mm/95mm、190mm×190mm×80mm/95mm的居多。空心玻璃砖适用于建筑物的非承重内外装饰墙体,用于建筑物外墙装饰时,一般采用95mm厚的玻璃砖,用于建筑物内部隔断时,95mm和80mm厚的玻璃砖均可使用。目前,水立方国家游泳馆、上海世博会联合国联合馆、上海东方体育中心、济南机场、深圳体育馆等著名建筑均采用了空心玻璃砖。

泡沫玻璃是由碎玻璃、发泡剂、改性添加剂和发泡促进剂等,经过细粉碎和均匀混合后,再经过高温熔化、发泡、退火而制成的无机非金属玻璃材料。泡沫玻璃又称为多孔玻璃,其内部充满无数开口或闭口的直径为1~2mm的均匀气泡,其中吸声泡沫玻璃为50%以上的开孔气泡,绝热泡沫玻璃为75%以上的闭孔气泡。

(4)半透明玻璃

半透明玻璃主要有压花玻璃、磨砂玻璃和喷花玻璃三大类。这三类玻璃的主要特点是表面粗糙,光线产生漫射,透光不透视,适宜用于卫生间、浴室、办公室的门窗。

压花玻璃是在玻璃硬化之前,经刻有花纹的滚筒,在玻璃的单面或两面压出深浅不同的各种花纹图案。

磨砂玻璃是采用机械喷砂、手工研磨或氢氟酸溶蚀等方法把普通玻璃表面处理成均匀毛面而成。一般厚度多在 9cm 以下，以 5cm、6cm 厚度居多。

喷花玻璃则是在平板玻璃表面贴上花纹图案，抹以护面层，性能上基本与磨砂玻璃相似，不同的是改磨砂为喷砂。

(5)装饰玻璃制品

装饰玻璃制品主要有玻璃马赛克、冰花玻璃、雕刻玻璃等(图 10-24)。

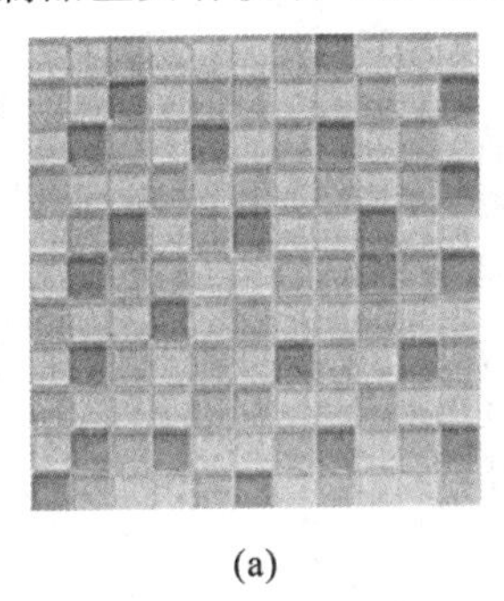

(a)

(b)

(c)

图 10-24　装饰玻璃制品

(a)玻璃马赛克；(b)冰花玻璃；(c)雕刻玻璃

玻璃马赛克也叫玻璃锦砖，广泛用作建筑物内外饰面材料或艺术镶嵌材料。它与陶瓷锦砖的区别主要在于，陶瓷锦砖是由瓷土制成的不透明陶瓷材料，而玻璃锦砖为半透明的玻璃质材料，呈乳浊或半乳浊状，内含少量气泡和未熔颗粒。玻璃马赛克在外形和使用上与陶瓷锦砖大体相似，但花色多，价格较低。一般尺寸为 20mm×20mm、30mm×30mm、40mm×40mm，厚度为 4～6mm，且品种多样，有透明、半透明、不透明，带金色、银色斑点或条纹。一般来说，玻璃马赛克上方光滑，四周侧边和背面略凹，有槽纹，和砂浆黏结良好。玻璃马赛克生产工艺简单，具有颜色绚丽，色泽众多，耐热、耐寒、耐酸、耐碱、不褪色、不易受污染、历久常新、与水泥黏结性好、便于施工等特性。

冰花玻璃是一种利用平板玻璃经特殊处理形成具有自然冰花纹理的玻璃。冰花玻璃对通过的光线有漫射作用，如作门窗玻璃，犹如蒙上一层纱帘，看不清室内的景物，却有着良好的透光性能，具有较好的装饰效果。冰花玻璃可用无色平板玻璃制造，也可用茶色、蓝色、绿色等彩色玻璃制造，其装饰效果优于压花玻璃，给人以清新感，是一种新型的室内装饰玻璃。

雕刻玻璃是一种刻有文字或图案、花纹的玻璃，作为装饰品，美观大方。雕刻玻璃分为人工雕刻和电脑雕刻两种。玻璃雕刻的喷砂技法，是用空压机的压缩空气把容器里的金刚砂直接喷打在玻璃表面，造成深浅不一的打磨雕刻效果，多表现为凹刻效果，根据要求可以更换金刚砂的粒度来表现不同的风格，有毛砂面、磨砂面、亚光面、凹雕深刻面等。玻璃的手工雕刻在雕刻平板玻璃时，多进行细小精致的表现，使用特种工具雕刻，也多用凹刻作为表现手法，也有结合立体雕、浮雕、镂空雕手法的。人工雕刻利用娴熟刀法的深浅和转折配合，更能表现出玻璃的质感。

10.4　建筑陶瓷

凡以黏土、长石、石英等为基本原料，经配料、制坯、干燥、熔烧而制得的成品，统称为陶瓷制品。用于建筑工程的陶瓷制品，则称为建筑陶瓷，主要包括釉面砖、外墙面砖、地面砖、陶瓷锦砖、玻璃制品、卫生陶瓷等。

建筑陶瓷图

10.4.1　陶瓷制品的分类

(1)按所用原料及坯体的致密程度分类

陶瓷制品按所用原料及坯体的致密程度可分为陶质、瓷质和炻质三类。陶质制品结构多孔，吸水率大(大于 10%)，断面粗糙，不透明，敲击声粗哑。陶质制品又可分为粗陶和精陶。建筑上常用的烧结黏土砖、瓦属粗陶制品。精陶一般施有釉,建筑饰面用的各种釉面砖均属精陶。瓷质制品结构致密,吸水率小(小于1%),有一定透明性,建筑上用于外墙饰面和铺地,陶瓷锦砖以及日用餐茶具均属瓷质。炻质制品介于陶和瓷之间,也称半瓷,结构较致密,吸水率为1%~10%,坯体不透明。炻器还可分为粗炻器和细炻器。建筑用的外墙面砖和地面砖属粗炻器,而日用炻器(如紫砂壶等)属细炻器。

(2)按用途分类

①日用陶瓷,如餐具、茶具、缸、坛、盆、罐、盘、碟、碗等。

②艺术(工艺)陶瓷,如花瓶、雕塑品、园林陶瓷、器皿、陈设品等。

③工业陶瓷,指应用于各种工业的陶瓷制品。包括建筑-卫生陶瓷:如砖瓦,排水管、面砖,外墙砖,卫生洁具等;化工陶瓷:用于各种化学工业的耐酸容器、管道,塔、泵、阀以及搪砌反应锅的耐酸砖、灰等;电瓷:用于电力工业高低压输电线路上的绝缘子,如电机用套管、支柱绝缘子、低压电器和照明用绝缘子,以及电信用绝缘子、无线电用绝缘子等;特种陶瓷:用于各种现代工业和尖端科学技术的特种陶瓷制品,有高铝氧质瓷、镁石质瓷、钛镁石质瓷、锆英石质瓷、锂质瓷,以及磁性瓷、金属陶瓷等。

10.4.2 陶瓷制品的表面装饰

陶瓷制品的表面装饰方法很多,常用的有以下几种。

(1)施釉

釉是以石英、长石、高岭土等为主要原料,再配以多种其他成分,研制成浆体,喷涂于陶瓷坯体的表面,经高温焙烧后,在坯体表面形成的一层连续玻璃质层。陶瓷施釉的目的在于美化坯体表面,改善坯体的表面性能并提高机械强度。施釉的陶瓷表面平滑、光亮、不吸湿、不透气。另外,釉层保护了画面,能防止彩釉中有毒元素的溶出。

(2)彩绘

彩绘是在陶瓷坯体的表面绘以彩色图案花纹,以大大提高陶瓷制品的装饰性。陶瓷彩绘分为釉下彩绘和釉上彩绘两种。釉下彩绘是在陶瓷生坯或经素烧过的坯体上进行彩绘,然后施一层透明釉料,再经釉烧而成的。釉上彩绘是在已经釉烧的陶瓷釉面上,采用低温彩料进行彩绘,然后再在较低温度下经彩烧而成的。

(3)贵金属装饰

对于高级细陶瓷制品,通常采用金、银等贵金属在陶瓷釉上进行装饰,其中最常见的是饰金,如金边、图画、描金等。

10.4.3 建筑陶瓷制品的技术性能

建筑陶瓷制品的技术性能包括外观质量、吸水率、耐急冷急热性、弯曲强度等。外观质量是装饰用建筑陶瓷制品最主要的质量指标,往往根据外观质量对产品进行分类。吸水率与弯曲强度、耐急冷急热性密切相关,是控制产品质量的重要指标,吸水率大的建筑陶瓷制品不宜用于室外。陶瓷制品的内部和表面釉层热膨胀系数不同,温度急剧变化可能会使釉层开裂。另外铺地的彩釉砖要进行耐磨试验,室外陶瓷制品有抗冻性和抗化学腐蚀性要求。

10.4.4 常用建筑陶瓷制品

(1)釉面砖

釉面砖[图10-25(a)]是用于建筑物内墙装饰的薄板状精陶制品,有时也称为瓷片。釉面砖的结构由两部分组成,即坯体和表面釉彩层。釉面砖按正面形状分为正方形砖、长方形砖和异型配砖三种。按表面釉的颜色分为单色(含白色)砖、花色砖和图案砖三种。异型配砖主要用于墙面阴阳角及各种收口部位,对装饰效果影响较大。

用釉面砖装饰建筑物内墙,可使建筑物具有独特的卫生、易清洗和清新美观的建筑效果,如图10-25(a)所示。

(2)外墙面砖

外墙面砖是指用于建筑物外墙的陶质或炻质建筑装饰砖。外墙面砖有施釉和不施釉之分，在外观上形成光泽度和质感的差异。外墙面砖的颜色有红、黄、褐等。外墙面砖具有坚固耐用、色彩鲜艳、易清洗、防火、防水、耐磨、耐腐蚀、维修费用低等优点。

外墙面砖是高档饰面材料，一般用于装饰等级要求较高的工程，它不仅可以防止建筑物表面被大气侵蚀，而且可使立面美观。但外墙饰面的不足之处是造价偏高、工效低、自重大。

(3)地砖

地砖又称防潮砖或缸砖，有不上釉的也有上釉的，形状有正方形、六角形、八角形、叶片形等。地砖表面平整，质地坚硬，耐磨、耐压、耐酸碱、吸水率小；可擦洗，不脱色、不变形；色釉丰富，色调均匀，可拼出各种图案。新型的仿花岗岩地砖，还具有天然花岗岩的色泽和质感，经磨削加工后表面光亮如镜。

(4)陶瓷锦砖

陶瓷锦砖俗称马赛克[图 10-25(b)]，是以瓷土为原料烧制而成的片状小瓷砖，需用一定数量的砖按规定的图案贴在一张规定尺寸的牛皮纸上，成联使用。它具有抗腐蚀、耐磨、耐火、吸水率小、抗压强度高、易清洗和永不褪色等优点，而且质地坚硬、色泽多样，加之规格小，不易踩碎，因而是建筑装饰中常用的一种材料。

陶瓷锦砖按表面性质分为有釉、无釉两种，按砖联分为单色、拼花两种。单块砖的边长不大于 50mm，常用规格为 18.5mm×18.5mm×5mm。砖联为正方形或长方形，常用规格为 305mm×305mm。按外观质量分为优等品和合格品。

(5)建筑琉璃制品

琉璃制品是用优质黏土塑制成型后烧成的，表面上釉，釉的颜色有黄、绿、黑、蓝、紫等色，经久耐用。琉璃瓦[图 10-25(c)]多用于具有民族特色的宫殿式大屋顶建筑。

琉璃瓦主要有两种形式：筒瓦与板瓦。其他屋面用琉璃瓦有屋脊、兽头、人物、宝顶等。除用于屋面外，通过造型设计，已制成的有花窗、栏杆等琉璃制品，广泛用于庭院装饰中。

(a)

(b)

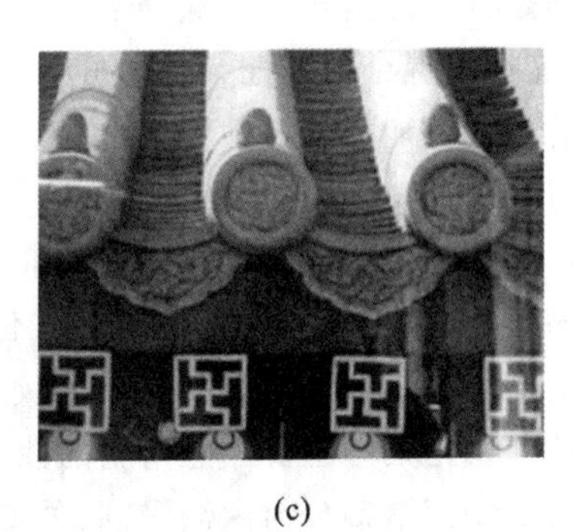

(c)

图 10-25 陶瓷装饰制品

(a)釉面砖；(b)马赛克；(c)琉璃瓦

(6)陶瓷壁画

陶瓷壁画是以陶瓷面砖、陶板、锦砖等为原料而制作的具有较高艺术价值的现代装饰材料。它不是原画稿的简单复制，而是艺术的再创造。它巧妙地将绘画技法和陶瓷装饰艺术融于一体，经过放样、制版、刻画、配釉、施釉、烧成等一系列工序，采用浸点、涂、喷、填等多种施釉技法和丰富多彩的窑变技术而形成神形兼备、巧夺天工的艺术效果。陶瓷壁画既可镶嵌在高层建筑上，也可陈设在公共场所，如候机室、候车室、大型会议室、会客室、园林旅游区等地。

(7)卫生陶瓷

卫生陶瓷是由瓷土烧制的细炻质制品，如洗面器、大小便器、水箱水槽等，其主要用于浴室、洗盥室、厕所等处。

10.5 建筑装饰塑料

塑料作为建筑装饰材料具有许多特性。一般来说,塑料具有加工性好、耐腐蚀性好、质量轻、比强度高、装饰性好、隔热性好、比较经济等优点。其缺点主要包括不耐高温、可燃烧、热膨胀系数大等。通过改进配方和加工方法,并通过在使用中采取适当防护措施,这些缺点都可以避免或得到改善。

由于塑料具有上述特点,且富有装饰性,不仅可以制成透明、半透明的制品,而且可以获得各种色泽鲜艳、经久不褪色的制品。在建筑装饰工程中常用作地面材料、墙面材料、顶棚材料,各种管材、型材等。

10.5.1 塑料的组成与分类

10.5.1.1 塑料的组成

塑料由合成树脂、填充料、增塑剂、着色剂、固化剂等组成。

(1)合成树脂

合成树脂是塑料的基本组成材料(含量为30%～60%),在塑料中起胶结作用,能将其他材料牢固地胶结在一起。按生产时化学反应的不同,合成树脂分为聚合树脂(如聚乙烯、聚氯乙烯等)和缩聚树脂(如酚醛、环氧聚酯);按受热时性能改变的不同,又分为热塑性树脂和热固性树脂。

(2)填充料

填充料也称填料,能增强塑料的性能,如纤维填充剂等的加入,可提高塑料的强度;石棉的加入,可提高塑料的耐热性;云母的加入,可提高塑料的电绝缘性等。

(3)增塑剂

增塑剂是具有低蒸气压的低分子量固体或液体有机化合物,主要为酯类和酮类,与树脂混合不发生化学反应,仅能提高混合物弹性、黏性、可塑性及延伸率,改进低温脆性和增加柔性、抗震性等。增塑剂会降低塑料制品的机械性能和耐热性。

(4)添加剂

①着色剂。着色剂一般为有机染料或无机颜料。要求色泽鲜明,着色力强,分散性好,耐热耐晒,与塑料结合牢靠。在成型加工温度下不变色、不起化学反应,不因加入着色剂而降低塑料性能。

②稳定剂。为了稳定塑料制品质量、延长使用寿命而加入稳定剂。常用的稳定剂有硬脂酸盐、铅白、环氧化物。选择稳定剂一定要注意树脂的性质、加工条件和制品的用途等因素。

③润滑剂。润滑剂分为内润滑剂、外润滑剂。内润滑剂能减少内摩擦,增加加工时的流动性。外润滑剂是为了脱模方便。

④固化剂。固化剂又称硬化剂,其作用是在聚合物中形成化学键,使分子交联,由受热可塑的线型结构变成体型的热稳定结构。不同树脂的固化剂不同。

⑤抗静电剂。塑料制品电气性能优良,缺点是在加工和使用过程中由于摩擦而容易带有静电。掺加抗静电剂的根本作用是给予导电性,即使塑料表面形成连续相,以提高表面导电度,迅速放电,防止静电的积聚。应注意的是,要求电绝缘的塑料制品,不应进行防静电处理。

⑥其他添加剂。在塑料里加入金属微粒(如银、铜等)就可制成导电塑料;加入一些磁铁粉,就制成磁性塑料;加入特殊的化学发泡剂,就可制成泡沫塑料;掺入放射性物质与发光物质,可制成发光塑料(冷光);加入香醇类,可制成经久发出香味的塑料。为了阻止塑料燃烧,使其具有自熄性,还可加入阻燃剂。

10.5.1.2 塑料的分类

塑料的品种很多,根据树脂在受热时所发生变化的不同可分为热塑性塑料和热固性塑料。热塑性塑料是指经加热成型、冷却硬化后,再经加热还具有可塑性的塑料,即塑化和硬化过程是可逆的,如聚乙烯、聚丙烯、聚氯乙烯、聚苯乙烯等都是热塑性塑料。热塑性塑料中树脂分子链都是线型或带支链的结构,分子链之间无化学键产生，加热时软化流动。冷却变硬的过程是物理变化过程。热固性塑料是指在初次加热时可以软化流动，加热到一定温度，产生化学反应，冷却硬化后，再经加热而不再软化和产生塑性的塑料，即塑化和硬化过程是不可逆的，如酚醛、环氧、不饱和聚酯以及有机硅等塑料。热固性塑料的树脂固化前是线型或带支链的，固化后分子链之间形成化学键，成为三度的网状结构，不仅不能再熔触，在溶剂中也不能溶解。

10.5.2 常用塑料品种

(1)聚氯乙烯塑料(PVC)

聚氯乙烯塑料是由氯乙烯单体聚合而成的，其化学稳定性和抗老化性能好，但耐热性差，通常的使用温度为60～80℃以下。根据增塑剂的掺量不同，可制得软、硬两种聚氯乙烯塑料。软聚氯乙烯塑料很柔软，有一定的弹性，可以作地面材料和装饰材料，也可以作为门窗框及制成止水带，用于防水工程的变形缝处等。硬聚氯乙烯塑料有较高的机械性能和良好的耐腐蚀性能、耐油性和抗老化性，易焊接，可进行黏结加工，多用作百叶窗、各种板材、楼梯扶手、波形瓦、门窗框、地板砖、给排水管等。

(2)聚甲基丙烯酸甲酯(PMMA)

聚甲基丙烯酸甲酯又称有机玻璃，是透光率最高的一种塑料(可达92%)，因此可代替玻璃。有机玻璃不易破碎，但其表面硬度比无机玻璃差，容易划伤。如果在树脂中加入颜料、稳定剂和填充料，可加工成各种色彩鲜艳、表面光洁的制品。有机玻璃机械强度较高，耐腐蚀性、耐气候性、抗寒性和绝缘性均较好，成型加工方便，其缺点是质脆、不耐磨、价格较贵，可用来制作护墙板和广告牌。

(3)酚醛树脂

酚醛树脂由苯酚和甲醛在酸性或碱性催化剂的作用下缩聚而成，多具有热固性，其优点是黏结强度高、耐光、耐热、耐腐蚀、电绝缘性好，但质脆。加入填料和固化剂后可制成酚醛塑料制品(俗称电木)，此外还可做成压层板等。

(4)不饱和聚酯树脂(UP)

不饱和聚酯树脂是在激发剂作用下，由二元酸或二元醇制成的树脂与其他不饱和单体聚合而成的树脂。

(5)环氧树脂(EP)

环氧树脂以多环氧氯丙烷和二烃基二苯基丙烷为主原料制成，是很好的黏合剂，其黏结作用较强，耐侵蚀性也较强，稳定性很高，在加入硬化剂之后，能与大多数材料胶合。

(6)聚乙烯(PE)

聚乙烯是乙烯经聚合制得的一种热塑性树脂。在工业上，也包括乙烯与少量α-烯烃的共聚物。聚乙烯无臭、无毒，手感似蜡，具有优良的耐低温性能，化学稳定性好，能耐大多数酸碱的侵蚀。常温下不溶于一般溶剂，吸水性小，电绝缘性能优良。聚乙烯容易光氧化、热氧化、臭氧分解，在紫外线作用下容易发生降解，炭黑对聚乙烯有优异的光屏蔽作用。受辐射后可发生交联、断链、形成不饱和基团等反应。

(7)聚丙烯(PP)

聚丙烯是无毒、无臭、无味的乳白色高结晶的聚合物，密度小，是目前所有塑料中最轻的品种之一。聚丙烯的结晶度高，结构规整，因而具有优良的力学性能。聚丙烯力学性能的绝对值高于聚乙烯，但在塑料材料中仍属于力学性能偏低的品种，其拉伸强度仅可达到30MPa或稍高的水平。聚丙烯具有良好的耐热性，制品能在100℃以上温度进行消毒灭菌，在不受外力的条件下，150℃时也不变形。其具有良好的电性能和高频绝缘性，且不受湿度影响，但低温时易变脆，不耐磨、易老化。

(8)聚苯乙烯(PS)

聚苯乙烯是一种透明的无定型热塑性塑料，其透光性能仅次于有机玻璃，优点是密度低，耐水、耐光、耐化学腐蚀性好，电绝缘性和低吸湿性极好，而且易于加工和染色；缺点是抗冲击性能差、脆性大和耐热性低。可用作百叶窗、隔热隔声泡沫板，可黏结纸、纤维、木材、大理石碎粒制成复合材料。

(9)ABS塑料

ABS塑料是一种橡胶改性的PS。不透明，呈浅象牙色，耐热，表面硬度高，尺寸稳定，耐化学腐蚀，电性能良好，易于成型和机械加工，表面还能镀铬。

(10)聚酰胺类塑料(尼龙或锦纶)

聚酰胺类塑料具有坚韧耐磨、熔点较高、摩擦系数小、抗拉伸、价格便宜等特点。

(11)聚氨酯树脂(PU)

聚氨酯树脂是性能优异的热固性树脂,它可以是软质的,也可以是硬质的。其力学性能、耐老化性、耐热性都比较好,可作涂料和黏结剂。

(12)玻璃纤维增强塑料(GFRP 或 FRP)

玻璃纤维增强塑料是一种以玻璃纤维增强不饱和聚酯、环氧树脂与酚醛树脂为基体材料的热固性塑料,俗称玻璃钢。玻璃纤维增强塑料的相对密度为1.5～2.0,只有碳素钢的1/5～1/4,但拉伸强度却接近甚至超过碳素钢,强度可以与高级合金钢媲美。某些环氧玻璃钢的拉伸、弯曲和压缩强度甚至能达到400MPa以上,比强度甚至高于钢材。玻璃钢具有耐腐蚀、电绝缘性能好、传热慢、热绝缘性好、耐瞬时超高温性能好,以及着色容易,能透过电磁波等特性,可设计性强,工艺性能优良,但是弹性模量小,长期耐温性差,层间剪切强度低。

10.5.3 塑料装饰制品

(1)塑料地板

塑料地板是发展最早、最快的建筑装修塑料制品,其装饰效果好,色彩图案不受限制,仿真,施工、维护方便,耐磨性好,使用寿命长,具有隔热、隔声、隔潮的功能,脚感舒适暖和。

塑料地板按其使用状态可分为块材(或地板砖)和卷材(或地板革)两种。按其材质可分为硬质、半硬质和软质(弹性)三种,软质地板多为卷材,硬质地板多为块材。我国目前主要生产半硬质地板,国外多生产弹性地板。按其基本原料可分为聚氯乙烯(PVC)塑料、聚乙烯(PE)塑料和聚丙烯(PP)塑料等多种。

(2)塑料壁纸

塑料壁纸由基底材料(纸、麻、棉布、丝织物、玻璃纤维)涂以各种塑料,加入各种颜色经配色印花而成。塑料壁纸强度较高,耐水可洗,装饰效果好,施工方便,成本低,目前广泛用作内墙、天花板等的贴面材料。有普通壁纸(单色压花壁纸、印花压花壁纸、有光印花和平光印花墙纸)、发泡壁纸和特种壁纸等品种。

(3)贴墙布

贴墙布分为无纺贴墙布、装饰墙布、化纤装饰贴墙布三种。

①无纺贴墙布。其是采用棉、麻等天然纤维或涤纶、腈纶等合成纤维,经过无纺成型、上树脂、印制彩色花纹而成的一种贴墙材料,特点是挺括、有弹性、不易折断、不老化、不散失、对皮肤无刺激;黏结方便,具有一定的透气性和防潮性;可擦洗、不褪色。

②装饰墙布。其以纯棉平布经过前处理、印花、涂层制作而成,特点是强度大、静电小、蠕变小、无光、吸声、无毒、无味、美观大方。

③化纤装饰贴墙布。化纤又称人造纤维。化纤装饰贴墙布无毒、无味、透气、防潮、耐磨、无分层。

(4)塑料装饰板材

塑料装饰板材是以树脂材料为基材或为浸渍材料,经一定工艺制成的具有装饰功能的板材。塑料装饰板材主要用作护墙板、层面板和平顶板,此外,有夹芯层的夹芯板可用作非承重墙的墙体和隔断。塑料装饰板材质量轻,能减轻建筑物的自重。塑料护墙板可以具有各种形状的断面和立面,并可任意着色。

常用的塑料装饰板材有以下三种。

①硬质聚氯乙烯建筑板材。其耐老化性好,具有自熄性,有波形板、异形板、格子板三种形式。波形板:具有各种圆弧形式或梯形断面的波形板,被用作屋面板和护墙板。异形板:具有异形断面的长条板材,也称为波迭板或侧板,主要用作吊顶和墙板。格子板:具有立体图案的方形或矩形,用作吊顶和护墙板。

②玻璃钢建筑板材。其可制成各种断面的型材或格子板。与硬质聚氯乙烯板材相比,其抗冲击性能、抗弯强度、刚性都较好,此外它的耐热性、耐老化性也较好,热伸缩率较小,其透光性相近。作屋面采光板时,室内光线较柔和。

③夹层板。复合夹层板一般为泡沫塑料或矿棉等隔热材料,具有装饰性和隔声、隔热等功能。用塑料与其他轻质材料复合制成的复合夹层墙,质量轻,是理想的轻质墙体材料。

10.5.4 其他塑料装饰材料

(1)塑料楼梯扶手

塑料扶手代替木质扶手,不仅可以节省木材,而且不需涂装,手感舒适,其加工也远比木材简单,省工省料。塑料扶手材质有软质、半硬质和低发泡三种,断面有开放式的和中空的等。

塑料扶手直接包覆在铁栏杆的样板铁上,样板铁的尺寸应与塑料扶手的尺寸接近。软质的扶手可以很长,整个楼梯扶手不需做接头,但转弯处必须是大弧形,小弧度的转弯就必须做接头,接缝处加以焊接。安装时可以直接把软质扶手包到样板铁上去,冬季变硬时可用电吹风加热扶手的内侧面,待其软化后再包到样板铁上。最好在反面做一些桥式接头,以防变形脱落。硬质的扶手可将扶手插入样板铁,样板铁必须十分平直。

(2)塑料踢脚线及画镜线

用异型挤出法制得的踢脚线和画镜线造型美观,富有立体感,断面可按要求设计。有的踢脚线可以设计成中空的,可用于排暗线。

(3)塑料百叶窗及纱窗

各种断面的卷帘式塑料百叶窗异型材,大多用硬PVC制作。在它的顶部有一个挂钩,下部有一个吊钩,相互可以连接起来,活动自由,可以卷起来。百叶窗有横百叶和竖百叶两种形式。

采用韧性好的塑料制成的纱窗和铁纱窗相比,具有安全、不生锈、耐风雨霜雪、可任意着色、维护保养方便等优点。

(4)塑料装饰嵌线和盖条

装饰嵌线用于家具等边角处,盖条用来封盖石膏板等建筑板材的接缝,它既起保护作用,又起装饰作用。

(5)塑料窗帘盒

塑料窗帘盒的使用性能优于普通木窗帘盒。其在使用过程中不变形,而且美观大方、质量轻、安装操作简便等,可用于工业与民用建筑。

(6)塑料花饰

塑料花饰又称PU花饰,与石膏花饰有相同的特点(除能调节室内湿度外),它独具抗压强度大而不易损坏的品质,弥补了石膏花饰的不足,其品种有欧洲风格雕花线板、PU素面板、壁饰、弯角线板、灯座、象鼻系列等。

(7)塑料隔断

用硬PVC门框和门芯板异型材拼起来可以做成各种尺寸的室内隔断,这种隔断美观、洁净、便于清洁,并有一定的隔热、隔声性能,适用于工厂车间、控制室、办公室等的分隔及民用和公共建筑室内分隔。

知识拓展

塑料的防火与阻燃处理

塑料易于燃烧,例如聚乙烯、聚苯乙烯和聚丙烯等热塑性塑料和不饱和聚酯等热固性塑料。防止塑料燃烧的方法很多,如多添加些无机充填剂,像碳酸钙和石灰石之类,以降低塑料的可燃性。但是,这类充填剂加少了作用不大,加多了则会改变塑料的性能。比较有效的防火阻燃方法有:

①添加水合氧化铝或氧化锑等无机阻燃剂。

②使用含有磷和溴的材料(有时使用氧化物,虽效果比溴差,但成本较低),这些元素既能制成添加剂,也能附加到聚合物的主链或侧链上,从而有可能制成透明的、能保持塑料原有特性的阻燃材料。

③采用膨胀型防火剂(又称为发泡型防火剂)。这类防火剂遇到火灾或受热后膨胀为泡沫体,此泡沫体很厚,难以燃烧,又能起绝热和隔绝空气的作用。

阻燃剂按使用方式可以分为添加型阻燃剂和反应型阻燃剂。添加型阻燃剂通常以添加的方式加入基础树脂中，它们与树脂之间仅仅是简单的物理混合；反应型阻燃剂一般为分子内包含阻燃元素和反应性基团的单体，如卤代酸酐、卤代双酚和含磷多元醇等，由于具有反应性，可产生化学键合到树脂的分子链上，成为塑料树脂的一部分。多数反应型阻燃剂结构还是合成添加型阻燃剂的单体。添加型阻燃剂主要是磷酸酯和含卤磷酸酯、卤代烃、氧化锑、氢氧化铝等。其优点是使用方便、适应性强。但由于添加量达10%～30%，常会影响塑料的性能。反应型阻燃剂实际上是含阻燃元素的单体，所以对塑料性能的影响较小。

按照化学组成的不同，阻燃剂还可分为无机阻燃剂和有机阻燃剂。无机阻燃剂包括氢氧化铝、氢氧化镁、氧化锑、硼酸锌和赤磷等，有机阻燃剂多为卤代烃、有机溴化物、有机氯化物、磷酸酯、卤代磷酸酯、氮系阻燃剂和氮磷膨胀型阻燃剂等。抑烟剂的作用在于降低阻燃材料的发烟量和有毒有害气体的释放量，多为钼类、锡类和铁类化合物等。尽管氧化锑和硼酸锌亦有抑烟性，但常常作为阻燃协效剂使用，因此归为阻燃剂体系。

以下三种阻燃剂可单独或混合使用：①氧化锑；②含有卤素的有机化合物；③磷酸或其和硫混合物的三卤化芳酯类(如磷酸三溴苯脂等)。这些阻燃料可以分散到塑料内部，也可添加到涂料中，再把涂料涂布于塑料表面。需要注意的是，含卤阻燃材料燃烧产生大量的烟雾和有毒腐蚀气体，会造成二次危害。常见阻燃剂配方成分有磷系化合物、硅系阻燃剂、氮系阻燃剂和金属氢氧化物等。燃烧时不挥发、不产生腐蚀性气体的，被称为无公害阻燃剂。无卤阻燃就是在材料中加入相适的无卤阻燃剂来达到阻燃目的，同时避免因含有卤素带来的二次危害。

10.6 建筑装饰涂料

10.6.1 建筑装饰涂料的组成

建筑装饰涂料与油漆属同一概念，是指涂敷于物体表面能与基体材料很好黏结并形成完整而坚韧保护膜的物料。它一般由成模基料、分散介质、颜料和填料、辅助材料四种基本成分所组成。

(1)成膜基料

成膜基料主要由油料或树脂组成，是使涂料牢固附着于被涂物体表面后能与基体材料很好黏结并形成完整薄膜的主要物质，是构成涂料的基础，决定着涂料的基本性质。

(2)分散介质

分散介质即挥发性有机溶剂或水，主要作用在于使成膜基料分散而形成黏稠液体，它本身不构成涂层，但在涂料制造和施工过程中都不可缺少。

(3)颜料和填料

颜料和填料本身不能单独成膜，主要用于着色和改善涂膜性能，增强涂膜的装饰和保护作用，亦可降低涂料成本。

(4)辅助材料

辅助材料能帮助成膜物质形成一定性能的涂膜，对涂料的施工性、储存性和功能均有作用，也称助剂。辅助材料种类很多，作用各异，如增塑剂、增稠剂、稀释剂和防霉剂等。

10.6.2 建筑装饰涂料的分类

10.6.2.1 按成膜基料的分类

涂料的种类很多，分类方法也多样。按《涂料产品分类和命名》(GB/T 2705—2003)规定，有以下两种分类方法。一是以涂料产品的用途为主线，并辅以主要成膜物的分类方法。其将涂料产品划分为三个主要类别：建筑涂料、工业涂料和通用涂料及辅助材料。二是除建筑涂料外，主要以涂料产品的主要成膜物为主线，并适当辅以产品主要用途的分类方法。其将涂料产品划分为两个主要类别：建筑涂料、其他涂料及辅助材料。涂料全名一般由颜色或颜料名称加上成膜物质名称，再加上基本名称(特性或专业用途)组成。对于不含颜料的清漆，其全名一般由成膜物质名称加上基本名称组成。建筑涂料的分类如表 10-2 所示。

表 10-2 建筑涂料的分类

主要产品类型		主要成膜物类型
墙面涂料	合成树脂乳液型内墙涂料 合成树脂乳液型外墙涂料 溶剂型外墙涂料 其他墙面涂料	丙烯酸酯类及其改性共聚乳液、醋酸乙烯酯及其改性共聚乳液、聚氨酯、氟碳等树脂、无机黏合剂等
防水涂料	溶剂型树脂防水涂料 聚合物乳液型防水涂料 其他防水涂料	EVA、丙烯酸酯类乳液；聚氨酯、沥青、PVC 胶泥或油膏、聚丁二烯等树脂
地坪涂料	水泥基等非木质地面用涂料	聚氨酯、环氧等树脂
功能性建筑涂料	防火涂料 防霉(藻)涂料 保温隔热涂料 其他功能性建筑涂料	聚氨酯、环氧、丙烯酸酯类、乙烯类、氟碳等树脂

注：主要成膜物类型中树脂类型包括水型、溶剂型、无溶剂型等。

10.6.2.2 按饰面涂刷材料的分类

虽然涂料已经制定了统一的分类标准，但由于建筑涂料种类繁多，近年来的发展异常迅速，现标准很难将其准确、全面地涵盖，因此人们通常更习惯按其他方法对建筑涂料进行分类，如按涂层结构分类可分为薄涂料、厚涂料和复层涂料。薄涂料的涂层厚度一般小于 1mm，厚涂料则常由封底涂层、主涂层和罩面涂层组成，厚度为 2～5mm。另外，根据饰面涂刷材料的性能和基本构造，可将涂料类饰面分为涂料饰面、油漆饰面、刷浆饰面。

(1)涂料饰面

涂料饰面按化学组分不同可分为无机高分子涂料和有机高分子涂料。常用的有机高分子涂料有以下三类。

①溶剂型涂料。此类涂料产生的涂膜细腻坚韧，且耐水性、耐老化性能均较好，成膜温度可以低于 0℃，但价格昂贵，易燃、挥发的有机溶剂对人体有害。常用的溶剂型涂料以有机溶剂为稀释剂，主要有氯化橡胶涂料、丙烯酸酯涂料、丙烯酸聚氨酯涂料、环氧聚氨酯涂料等。

②乳液型涂料。常用的乳液型涂料有乳胶漆和乳液厚涂料两类。当填充料为细粉末，所得涂料可形成类似油漆漆膜的平滑涂层时，称为乳胶漆；而掺用类似云母粉、粗砂粒等填料所得的涂料，称为乳液厚涂料。常用的内墙涂料有聚醋酸乙烯乳液涂料、乙烯乳液涂料、苯丙-环氧乳液涂料等；外墙涂料常用的有乙丙、纯丙、苯丙乳液型涂料及丙烯酸型涂料等几种。

③水溶性涂料。水溶性涂料是以水溶性合成树脂为主要成膜物质，以水为稀释剂，加入适量颜料、填料及辅助材料，共同研磨而成的涂料，其特性类似于乳液型涂料，但其耐水性和耐污染性差，若掺入有机高分子材料可改善这些性能。常用的主要有聚乙烯醇水玻璃内墙涂料和聚乙烯醇缩甲醛胶内墙涂料等。

(2)油漆饰面

油漆是指以合成树脂或天然树脂为原料的涂料。油漆饰面施工应在完成全部其他土建和设备安装工程之后进行，作业时既不应损坏已修整好的基体表面，也不应污损已装修好的房屋建筑其他部位。油漆饰面的施工，一般采用机械化方式完成。对房屋外立面装饰，多采用经过装饰加工的砌块和板材，现场喷涂彩色罩面，装配式房屋预制构配件的油漆作业除末道漆外多在工厂内进行。清漆多用于木材表面，以显露木纹，涂漆前应润以水粉或油粉。一般的油漆涂刷 1 遍底漆和 2～3 遍面漆；精致的油漆涂刷 1 遍底漆和 3～4 遍面漆；如为金属表面，则还要先涂刷防锈漆。涂刷底漆的目的在于粘牢基底，黏结面层。涂刷面漆的目的在于覆盖均匀，增加漆膜厚度和光亮。精致的油漆需要增加涂刷面漆的遍数，并反复打磨。

(3)刷浆饰面

刷浆饰面包括水泥避水色浆、聚合物水泥浆、大白浆、油粉浆、可赛银浆饰面等。

10.6.2.3 按涂刷部位的分类

建筑装饰涂料按涂刷部位进行分类,可分为内墙涂料、外墙涂料、地面涂料、顶棚涂料和屋面涂料。

(1)内墙涂料

①合成树脂乳液型涂料(乳胶漆)。合成树脂乳液内墙涂料是以合成树脂乳液为主要成膜物质,加入着色颜料、体质颜料、辅助材料,经混合、研磨而制得的薄质内墙涂料。这类涂料具有无毒、涂膜透气好、无结露的特点。

②聚乙烯醇水玻璃内墙涂料。聚乙烯醇水玻璃内墙涂料的主要成膜物质是聚乙烯醇树脂和水玻璃,聚乙烯醇水溶液有较好的成膜性,生成的膜无色透明,强度高,耐磨性好,但耐水性、耐刷洗性差。颜色以白色或浅色为主,无毒、无味、不燃,能在稍微潮湿的墙面上施工,涂膜干燥快,表面光滑,而且价格低,但这种涂料耐水性差,涂膜表面不能用湿布擦洗,容易起粉、脱落。因此,这种涂料仅适用于一般建筑物的内墙装饰。

③聚乙烯醇缩甲醛涂料。聚乙烯醇缩甲醛涂料是以聚乙烯醇与甲醛进行不完全缩合反应生成的以聚乙烯醇缩甲醛水溶液为主要成膜物质,加入着色颜料、体质颜料及其他辅助材料,经混合、搅拌、研磨、过滤等工序而制成的一种内墙涂料。

④多彩内墙涂料。其由不相混溶的两个液相组成,其中一相为分散介质,常为加有稳定剂的水相,另一相为分散相,由大小不等、有两种或两种以上不同颜色的着色液滴组成,是一种新颖的内墙涂料。两相互不融合,分散相在含有稳定剂的水中均匀分散悬浮,呈稳定状态。涂装干燥后形成坚硬结实的多彩花纹涂层。

(2)外墙涂料

①过氯乙烯涂料。过氯乙烯涂料是以过氯乙烯树脂为主要成膜物质,掺入增塑剂、稳定剂、颜料和填充料等,经混炼、切片后溶于有机溶剂中制得的。

②苯乙烯焦油涂料。它是以苯乙烯焦油为主要成膜物质,掺加颜料、填充料及适量的有机溶剂等,经加热熬制而成的。这种涂料具有防水、防潮、耐热、耐碱及耐弱酸的特征,与基面黏结良好,施工方便。

③聚乙烯醇丁醛涂料。它以聚乙烯醇缩成丁醛树脂为成膜物质,以醇类物质为稀释剂,加入颜料、填料,经搅拌、混合、溶制、过滤而成。这种涂料具有柔韧、耐磨、耐水等性能,并且有一定的耐酸碱性。

④丙烯酸乳液型涂料。它是以丙烯酸合成树脂乳液为基料,加入颜料、填充料和各种辅料,经加工配制而成的外墙涂料。这种涂料无毒、无刺激性气味、干燥快,不燃烧,施工方便,涂刷于混凝土或砂浆表面,兼有装饰和保护墙体的作用。

⑤外墙无机建筑涂料。外墙无机建筑涂料是以碱金属硅酸盐或硅溶胶为主要成膜物质,加入相应的固化剂或有机合成树脂、颜料、填料等配制成的涂料。

知识拓展

薄质涂层与厚质涂层的装饰效果和优缺点

薄涂料,又称薄质涂料。它的黏度低,刷涂后能形成较薄的涂膜,表面光滑、平整、细致,但对基层凹凸线型无任何改变作用,主要包括水性薄涂料、合成树脂乳液型薄涂料、溶剂型(包括油性)薄涂料、无机薄涂料等。厚涂料,又称厚质涂料。它的特点是黏度较高,具有触变性,上墙后不流淌,成膜后能形成有一定粗糙质感的较厚涂层,涂层经拉毛或滚花后富有立体感,主要有合成树脂乳液型厚涂料、合成树脂乳液型砂壁状涂料、合成树脂乳液轻质厚涂料和无机厚涂料等,常见的有防磁涂料等。

无论是薄质涂料还是厚质涂料,其涂层都需具有一定的厚度,具体表现在以下几个方面:

①防霉性。优质的乳胶油漆通常含有更多的防霉剂,如果涂层过薄,就会降低漆膜的防霉效果,较薄的涂层中包含的抑制生长添加剂不足。而较厚的漆膜不仅能够提供涂料应有的防霉性,而且还有助于防止菌类从基材中获得营养物质。

②抗开裂性。油漆涂料的抗开裂性与其干燥后的漆膜厚度直接相关。

③遮盖力。涂层过薄不能够完全遮盖表面,因而原有的颜色或图案会透过漆膜显现出来。一旦由于天

气原因或者清洗使漆膜受到侵蚀后，这个问题就更加严重。

④易清洗性。当涂层过薄，为去除污垢或污渍而进行的必要清洗可能会损伤部分漆膜，在平光漆膜上尤其严重。因此，较薄漆膜的耐清洗程度不及由相同涂料形成的厚漆膜。

⑤流动性和流平性。刷印和辊痕在干漆膜上很明显。涂装一道厚涂层可以提供更好的流动性和流平性。

另外，薄漆膜比厚漆膜更易被侵蚀，并影响光泽度的一致性。

10.7 金属装饰材料

金属材料具有独特的光泽、色彩与质感。金属作为装饰材料，以其高贵华丽、经久耐用而优于其他各类饰材。现代常用的金属装饰材料包括铝及铝合金，不锈钢，铜及铜合金，各类板、条、管等装饰制品。

10.7.1 铝及铝合金装饰材料

金属装饰材料图

10.7.1.1 铝

铝是一种轻金属，密度为2.7g/cm^3，为钢的1/3，熔点为660℃。铝呈银白色，反射能力很强，因此常用来制造反射镜、冷气设备的屋顶等。铝具有良好的延展性，有良好的塑性，易加工成板、管、线及箔(厚度为6～25μm)等。铝在低温环境中塑性、韧性和强度不下降，因此，铝常作为低温材料用于航空和航天工程及制造冷冻食品的储运设备等。此外，铝具有良好的导电性、导热性、耐低温性、耐热性和耐核辐射性，无磁性；基本无毒；有吸声性，弹性系数小；良好的力学性能；优良的铸造性能和焊接性能；良好的抗撞击性。但铝的强度和硬度不高，刚度低，故工程中不用纯铝制品，而主要使用铝合金材料。

10.7.1.2 铝合金

在铝中加入适量的合金元素，如铜、镁、锰、硅、锌等即可制得铝合金。铝合金不仅强度和硬度比纯铝高很多，而且还能保持铝材的轻质、高延性、耐腐蚀、易加工等优点。

按加工方式的不同，铝合金可分为铸造铝合金与变形铝合金。

①铸造铝合金。将液态铝合金直接浇筑在模型内，能铸成各种形状复杂的铝合金制件。对这类铝合金要求具有良好的铸造性，目前常用的有铝硅、铝铜、铝镁及铝锌四种，铸造铝合金常用于制作建筑五金配件，具有美观、耐久等特点。

②变形铝合金。通过冲压、冷弯、辊轧等工艺制成铝合金的板材、管材、棒材及各种型材。对这类铝合金要求具有良好的塑性和可加工性。

10.7.1.3 铝质型材的加工与装饰加工

(1)型材加工

建筑铝质型材主要指铝合金型材，其加工方法可分为挤压法和轧制法两大类。在国内外生产中，绝大多数采用挤压法，仅在批量较大，尺寸和表面要求较低的中、小规格的棒材和断面形状简单的型材时，才采用轧制法。

挤压法有正挤压、反挤压、正反向联合挤压之分。铝合金型材主要采用正挤压法。它是将铝合金锭放入挤压筒中，在挤压轴的作用下，强行使金属从挤压筒端部的模孔流出，得到与模孔尺寸形状相同的挤压制品。挤压型材的生产工艺，常因材料的品种、规格、供应状态、质量要求、工艺方法及设备条件等因素而不同，应按具体条件综合选择与制订。一般的过程为：铸锭→加热→挤压→淬火→张力矫直→锯切定尺→时效处理→型材。

(2)表面处理与装饰加工

①阳极氧化处理。以铝或铝合金制品为阳极置于电解质溶液中，利用电解作用，使其表面形成氧化铝薄膜的过程，称为铝及铝合金的阳极氧化处理。阳极氧化处理的目的是使铝型材表面形成比自然氧化膜厚

得多的人工氧化膜层,并进行"封孔"处理,使处理后的型材表面显银白色,提高表面硬度、耐磨性、耐蚀性等。同时,光滑、致密的膜层也为进一步着色创造了条件。

②表面着色处理。经中和水洗或阳极氧化后的铝型材,可以进行表面着色处理。常用的是自然着色法和电解着色法。前者是在进行阳极氧化的同时进行着色,后者在含金属的电解液中对氧化膜进一步进行电解,实际上就是电镀,是把金属盐溶液中的金属离子通过电解沉积到铝阳极氧化膜针孔底部,光线在这些金属离子上漫射,使氧化膜呈现颜色。

10.7.1.4 铝合金装饰材料

(1)铝合金门窗

铝合金门窗是将已表面处理过的型材,经过下料、打孔、铣槽、攻丝、制配等加工工艺而制造的门窗框料构件,再加连接件、密封件、开闭五金件一起组合装配而成的。门窗框料之间的连接采用直角榫头,不锈钢螺丝钉结合。现代建筑装修工程,尽管铝合金门窗比普通钢门窗的造价高3~4倍,但因其长期维修费用少,性能好,美观,坚固耐用,节约能源等,所以在国内外得到广泛应用。

(2)铝合金装饰板

铝合金装饰板是选用纯铝或铝合金为原料,经辊压冷加工而形成的饰面板材,是目前应用十分广泛的新型装饰材料,具有质量轻、不燃烧、耐久性好、施工方便、装饰效果好等优点,适用于公共建筑室内外墙面和柱面的装饰。

①铝塑复合板。铝塑复合板简称铝塑板,一般由内外两层高强铝合金板,内夹聚乙烯芯板或低密度PVC泡沫板三层构成,板材表面喷涂氟碳树脂面漆。铝塑板的施工性能优良,易切割、裁剪、折边、弯曲,施工便利;耐酸碱、易清洁,隔声、减震、阻燃效果好,火灾时不产生有毒烟雾;它还有很强的耐候性能和耐紫外线性能,轻质、高强、刚性优等特点。铝塑板主要用于现代建筑幕墙或与玻璃配合形成铝与玻璃幕墙,光洁、庄重,极具现代感。另外还广泛用于门面、包柱、内墙面、吊顶、家具、展台等处的装饰。铝板被弯成流线型曲面,用于室内包柱及弧形天棚墙面装饰。室外铝板用于室外包柱及大型门廊的天棚装饰。

②铝及铝合金穿孔吸声板。铝及铝合金穿孔吸声板是为满足室内吸声的功能要求,而在铝或铝合金板材上用机械加工的方法冲出孔径大小、形状、间距不同的孔洞而制成的功能、装饰性合一的板材。铝及铝合金穿孔吸声板除吸声、降噪的声学功能外,还具有质量轻、强度高、防火、防潮、耐腐蚀、化学稳定性好等特点。使用在建筑中造型美观、色泽幽雅、立体感强,同时组装简便、维修容易,被广泛应用于宾馆、饭店、观演建筑、播音室和中高级民用建筑及各类厂房、机房、人防地下室的吊顶作为降噪、改善音质的措施。

③铝合金花纹板。铝合金花纹板是采用防锈铝合金等坯料,用特制的花纹轧制而成的,花纹美观大方,不易磨损,防滑性能好,防腐蚀性强,便于冲洗。通过表面处理可以得到不同的颜色。花纹板材平整,裁剪尺寸精确,便于安装,广泛用于墙面装饰、楼梯及楼梯踏板处。

④蜂窝芯铝合金复合板。蜂窝芯铝合金复合板的外表层为0.2~0.7mm的铝合金薄板,中心层用铝箔、玻璃布或纤维制成蜂窝结构,铝板表面喷涂以聚合物着色保护涂料——聚偏二氟乙烯,在复合板的外表面覆以可剥离的塑料保护膜,以保护板材表面在加工和安装过程中不致受损。蜂窝芯铝合金复合板作为高级饰面材料,可用于各种建筑的幕墙系统,也可用于室内墙面、屋面、天棚、包柱等工程部位。蜂窝芯铝合金复合板的安装施工完全为装配式干作业。

⑤铝合金波纹板和压型板。铝合金波纹板和压型板都是采用纯铝或铝合金平板经机械加工而成的异型断面板材,由于截面形式的变化,增加了其刚度,具有质量轻、外形美观、色彩丰富、耐腐蚀、利于排水、安装容易、施工进度快等优点。对于阳光有很强的反射能力,利于室内保温隔热。这两种板材十分耐用,在大气中可使用20年以上,被广泛应用于厂房、车间等建筑物的屋面和墙体饰面。

(3)吊顶龙骨

铝合金吊顶龙骨具有不锈、质轻、防火、抗震、安装方便等特点,适用于室内吊顶装饰。吊顶龙骨可与板材组成450mm×450mm、500mm×500mm、600mm× 600mm的方格,不需要大幅面的吊顶板材,可灵活选用小规格吊顶材料。铝合金材料经过电氧化处理,光亮、不锈、色调柔和,吊顶龙骨呈方格状外露,美观大方。

(4)铝箔

铝箔是指用纯铝或铝合金加工成的6.3～200μm薄片制品。铝箔按状态和材质可分为硬质箔、半硬质箔和软质箔。硬质箔是轧制后未经软化处理(退火)的铝箔。软质箔是轧制后经过充分退火而变软的铝箔,多用于包装、电工材料、复合材料中。半硬质箔的硬度介于硬、软箔之间,常用于成型加工。建筑上应用较多的卷材是铝箔牛皮纸和铝箔布,前者用作绝热材料,后者多用在寒冷地区做保温窗帘,炎热地区作隔热窗帘以及太阳房和农业温室中作活动隔热屏,通过选择适当色调图案,可同时起到很好的装饰作用。

10.7.2 装饰用钢材

10.7.2.1 不锈钢及制品

(1)不锈钢

不锈钢是含铬12%以上,具有耐腐蚀性能的铁基合金,铬含量越高,其抗腐蚀性越好。铬金属的化学性质比钢铁活泼,在空气中铬首先与环境中的氧产生化学反应,生成一层与钢基体牢固结合的致密的氧化膜,称之为钝化膜,使合金钢的耐腐蚀性能大大提高,故称之为“不锈钢”。能抵抗大气腐蚀的钢称不锈钢,而在一些化学介质(如酸类)中能抵抗腐蚀的钢为耐酸钢,通常将这两种钢统称为不锈钢。不锈钢中的铬、镍、锰、钛、硅等元素成分及含量的不同都能影响它的强度、弹塑性和耐腐蚀性。

(2)装饰用不锈钢制品

建筑装饰用不锈钢制品主要是薄钢板,各种不锈钢型材、管材、异型材及其他装饰制品。不锈钢及制品在建筑环境设计上通常用于幕墙、屋面、门窗、内墙、包柱、栏杆扶手等。

①不锈钢板材。用于装饰上的不锈钢主要是板材,不锈钢板是借助于其表面特征来达到装饰目的的,如表面的平滑性和光泽性等。还可通过表面着色处理,制得褐、蓝、黄、红、绿等各种彩色不锈钢,既保持不锈钢原有的优异耐蚀性能,又进一步增强它的装饰效果。不锈钢饰面板有镜面抛光不锈钢饰面板与亚光不锈钢饰面板之分,是一种高档装饰材料,可用于高级宾馆、饭店、舞厅、展览馆、影剧院、银行等建筑高档装修的墙面、柱面、天棚(多用亚光板)、造型面、门厅、门面等的装饰,体现建筑的豪华与档次。除了耐火、耐潮、耐腐蚀,不会变形和破碎,施工方便等性能外,还有与玻璃不同的金属质感,尽显高贵华丽之美。镜面抛光不锈钢饰面板的反射率、变形率与高级镜面相似,可取得与周围环境交相辉映、流光溢彩的艺术效果。亚光不锈钢饰面板色泽灰白、高贵典雅,也极富装饰性。

②不锈钢管与不锈钢线材。不锈钢管与不锈钢线材具有高强、耐蚀等不锈钢的共同特点,表面处理有抛光与亚光之分。不锈钢线材主要用于各种装饰面的压边线、收口线、柱角压线等,主要有角形线和槽形线两类。不锈钢管按断面形式分为方管、圆管、矩形管、槽形管等,用于栏杆扶手、家具、厨房设备、卫生间配件等。

10.7.2.2 彩色涂层钢板

彩色涂层钢板又称彩钢板,是以冷轧或镀锌卷材为基板,通过连续式表面化学预处理、涂漆、固化或层压塑料薄膜制成的装饰性板材。

彩色涂层钢板具有优异的装饰性,涂层附着力强,可长期保持新鲜色泽。板材加工性好,可以进行切断、弯曲、钻孔、卷边等。彩色涂层钢板一般用于制造彩色建筑门窗、建筑屋面、墙面、护面板等装饰工程。

10.7.2.3 彩色镀锌压型板

彩色镀锌压型板是用上述彩色涂层钢板的基板(以镀锌钢板为多)辊压加工成型后涂敷油漆或彩色烤漆而成,也可以由彩色涂层镀锌钢板直接辊压加工而成。

彩色镀锌压型板是一种轻型围护结构材料,并具有优良的装饰性能,多用于工业与民用建筑的屋面、墙面的装饰。用彩色镀锌压型板、轻质保温材料与H型钢冷弯型材等各种经济断面型材的钢结构配合建造轻钢房屋,已发展成为一种完整的、成熟的建筑体系。

10.7.2.4 轻钢龙骨

轻钢龙骨是安装各种罩面板的骨架,是木龙骨的换代产品。轻钢龙骨配以不同材质、不同花色的罩面板,不仅改善了建筑物的热学、声学特性,也直接造就了不同的装饰艺术和风格,是室内设计必须考虑的重要内容。轻钢龙骨从材质上分有铝合金龙骨、铝带龙骨、镀锌钢板龙骨和薄壁冷轧退火卷带龙骨。从断面上分有V形龙骨、C形龙骨及L形龙骨。从用途上分有吊顶龙骨(代号D)、隔断(墙体)龙骨(代号Q)。吊顶龙骨有主龙骨(大龙骨)、次龙骨(中龙骨和小龙骨)之分。主龙骨也叫承载龙骨,次龙骨也叫覆面龙骨。隔断龙骨有竖龙骨、横龙骨和通贯龙骨之分。铝合金龙骨多做成T形,T形龙骨主要用于吊顶。各种轻钢薄板多作成V形龙骨和C形龙骨,它们在吊顶和隔断中均可采用。

10.7.3 其他金属装饰材料

10.7.3.1 铜及铜合金

铜是我国历史上使用最早的一种有色金属。铜的导电性好,且具有良好的导热性、耐腐蚀性及延展性,强度低,易于热压和冷压力加工,可制成管、棒、线、条、板、箔等铜材。为了改善和提高铜的硬度、强度等机械性能,在铜中加入锌、锡等元素,可制成铜合金,铜合金主要有黄铜、白铜和青铜。

黄铜是铜和锌的合金,黄铜中锌的含量越高,其强度也较高,塑性稍低。黄铜不易生锈,延展性好,其机械性能比纯铜高,价格比纯铜低,也不易锈蚀,易于加工制成各种建筑五金、建筑配件等装饰线材与板材。常用于木材、石材等装饰的封边或嵌缝条。黄铜加工生产的粉状材料俗称"金粉",主要用于调制装饰涂料,在建筑的某些部位进行装饰,代替"贴金"。白铜是以镍为主要添加元素的铜基合金,呈银白色,一般用于制造铜器,较少用于装饰。青铜是铜、锡和铝为主要成分的合金,根据锡和铝含量的不同,机械加工性能会变化,常用于制作工艺品及大型装饰构件。

铜的表面经抛光处理后光滑、漂亮、金光闪闪,显示出高贵的质感,是金属材料中最高档的饰材,故一般不会大面积使用,通常用于重要部位的装饰,以边条、嵌缝、饰带、装饰制品的形式出现,或制作室内外环境艺术品,用作柱面、墙面装饰,也可制成栏杆、扶手等装饰配件。铜及铜合金装饰制品有铜板、黄铜薄壁管、黄铜板、铜管、铜棒、黄铜管等。

10.7.3.2 铁艺制品

铁艺制品有装饰铸锻件和熟铁加工件两类。装饰铸锻件主要是用铁通过铸锻工艺加工而成的装饰材料产品,主要有各种欧式铁制品、阳台护栏、楼梯扶手、防盗门、庭院门、屏风、壁挂等装饰件及铁制家具。熟铁加工件通过铁管(方管、矩形管)、铁片条经焊接、弯曲而成,可随客户喜好,随意设计制作。铁艺制品古朴典雅,充满欧陆风情,它将欧式生活的浪漫与东方传统艺术的纯朴、高雅融为一体,是城市新兴的装饰制品,成为商业、文化、住宅建筑中的点睛之笔和装饰中的视觉中心。

独立思考

知识归纳

10-1 大理石和花岗石在组成、性质和应用上有何不同?

10-2 釉面内墙砖为什么不宜用于外墙装饰?

10-3 什么是木材的纤维饱和点和平衡含水率?它们在土木工程实际应用中有何意义?

10-4 木材含水率对其物理和力学性能有哪些影响?工程中可采取哪些措施来消除木材中含水造成的不利影响?

10-5 木材的强度有哪几种?影响木材强度的因素有哪些?

10-6 木材腐蚀的原因有哪些?如何防止这些腐蚀?

10-7 安全玻璃有哪些?它们各有何特性?

思考题答案

参考文献

[1] 叶青,丁铸. 土木工程材料. 2版. 北京:中国质检出版社,2013.
[2] 陈志源,李启令. 土木工程材料. 3版. 武汉:武汉理工大学出版社,2012.
[3] 施惠生. 土木工程材料:性能、应用与生态环境. 北京:中国电力出版社,2008.
[4] 彭小芹. 土木工程材料. 2版. 重庆:重庆大学出版社,2010.
[5] 柳俊哲. 土木工程材料. 2版. 北京:科学出版社,2009.
[6] 张长清,周万良,魏小胜. 建筑装饰材料. 武汉:华中科技大学出版社,2011.
[7] 张粉芹,赵志曼. 建筑装饰材料. 重庆:重庆大学出版社,2007.
[8] 陈宝璠. 建筑装饰材料. 北京:中国建材工业出版社,2009.
[9] 西北轻工业学院. 玻璃工艺学. 北京:中国轻工业出版社,2006.

11

土木工程材料实验

课前导读

◁ 内容提要

本章主要内容包括材料基本性能实验、水泥实验、砂石材料实验、混凝土实验、砂浆实验、沥青实验、沥青混合料实验、钢材实验、烧结砖与砌块实验、混凝土无损与半破损检测。

◁ 能力要求

通过本章的学习，学生应熟悉常用材料实验的实验方法及操作步骤。

11.1 材料基本性能实验

本节包含了材料的密度、表观密度、毛体积密度、堆积密度等实验内容。实验参照《水泥密度测定方法》(GB/T 208—2014)、《建设用砂》(GB/T 14684—2022)、《建设用卵石、碎石》(GB/T 14685—2022)、《普通混凝土用砂、石质量及检验方法标准》(JGJ 52—2006)等标准进行。

11.1.1 密度实验

密度实验视频

11.1.1.1 基本概念

材料的密度是指材料在绝对密实状态下单位体积的质量。

$$\rho_t = \frac{m}{V} \tag{11-1}$$

式中 ρ_t——材料的密度,g/cm³;

m——材料在干燥状态下的质量,g;

V——干燥材料在绝对密实状态下的体积,cm³。

材料在绝对密实状态下的体积,是指不包括材料内部孔隙的固体物质本身的体积,亦称真实体积。密度只取决于材料自身的组成及微观结构,与孔隙状况无关。

11.1.1.2 主要仪器设备

①李氏瓶:容积为220～250mL,刻度精确至0.1mL,见图11-1;

②筛子:方孔,孔径为0.90mm;

③天平:精度为0.01g;

④烘箱:温度能控制在(105±5)℃;

⑤干燥器、温度计等。

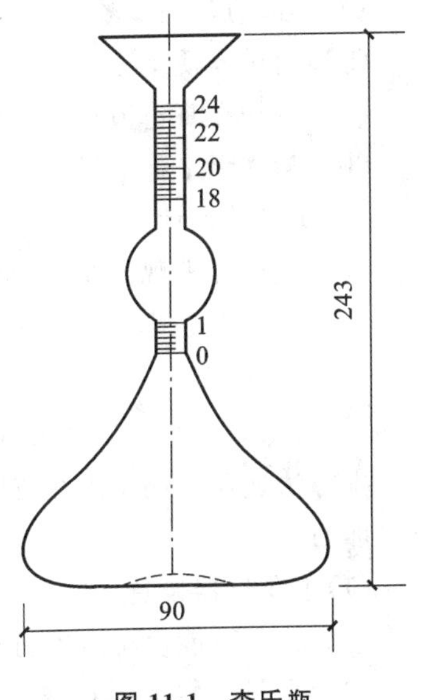

图11-1 李氏瓶

11.1.1.3 试样制备

①将试样破碎、磨细,全部通过0.90mm方孔筛后,置于(105±5)℃的烘箱中,烘至恒重。

②将烘干的粉料放入干燥器中冷却至室温待用。

11.1.1.4 实验方法及步骤

①在李氏瓶中注入水(与水不发生反应的物质)或无水煤油(与水发生反应的物质)至0到1mL刻度线,置于恒温水槽中恒温30min,记录液面刻度V_1。

②用天平称取试样质量为m_1,用小勺和漏斗小心地将试样徐徐送入李氏瓶中,直至液面上升至20mL或略高于20mL的刻度为止。

③用瓶内的煤油将黏附在瓶颈和瓶壁的试样洗入瓶内水或煤油中,并倾斜转动李氏瓶,排出水或煤油中气泡,恒温30min,记录液面刻度V_2。

④称取未注入瓶内剩余试样的质量m_2。

11.1.1.5 实验结果计算与评定

①按下式计算密度ρ_t,精确至0.01g/cm³。

$$\rho_t = \frac{m_1 - m_2}{V_2 - V_1} \tag{11-2}$$

②最后结果取两个平行试样实验结果的算术平均值。但两次结果之差不应大于0.02g/cm³,否则应重做。

11.1.2 表观密度实验

11.1.2.1 基本概念

表观密度是指材料在自然状态下,单位表观体积(材料闭口孔隙和材料真实体积之和)的质量。

$$\rho_a = \frac{m}{V_a} \tag{11-3}$$

式中 ρ_a——材料的表观密度,kg/m^3;

m——材料的质量,kg;

V_a——材料的表观体积,m^3。

11.1.2.2 外形规则或不规则大试样表观密度实验步骤——静水天平法

对此类材料可采用静水(浸水)天平法进行测定。

(1)主要仪器设备

①静水(浸水)天平——由电子天平和静水力学装置组合而成,称量10kg,精度为5g;

②真空饱水装置;

③烘箱——温度能控制在(105±5)℃;

④网篮、盛水容器、温度计等。

(2)试样制备

将试样在(105±5)℃的烘箱内烘干至恒重,取出放入干燥器中,冷却至室温待用。

(3)实验方法与步骤

①称出试样质量 m_0;

②将试样在真空饱水装置中先抽真空,再吸入水,使试样吸水饱和;

③用静水天平称出吸水饱和试样在水中的质量 m_2。

(4)实验结果计算

按下式计算表观密度 ρ_a,精确至 $10kg/m^3$。

$$\rho_a = \frac{m_0}{m_0 - m_2} \cdot \rho_{水} \tag{11-4}$$

11.1.2.3 外形不规则大试样表观密度实验步骤——广口瓶法

本方法适用于测定碎石或卵石等外形不规则大试样的表观密度,不宜用于最大粒径超过37.5mm的碎石或卵石。

(1)主要仪器设备

①烘箱——能使温度控制在(105±5)℃;

②天平——称量2kg,感量1g;

③广口瓶——1000mL,磨口,并带玻璃片;

④试验筛——孔径为4.75mm;

⑤毛巾、刷子等。

(2)试样制备

实验前,将样品筛去孔径4.75mm以下的颗粒,用四分法缩分至所需数量,洗刷干净后,分成两份备用。

(3)实验步骤

①将试样浸水至饱和,然后装入广口瓶中。装试样时,广口瓶应倾斜放置,注入饮用水,用玻璃片覆盖瓶口,以上下左右摇晃的方法排出气泡。

②气泡排尽后,向瓶中添加饮用水直至水面凸出瓶口边缘。然后用玻璃片沿瓶口迅速滑行,使其紧贴瓶口水面。擦干瓶外水分后,称取试样、水、瓶和玻璃片总质量(m_1),精确至1g。

③将瓶中的试样倒入浅盘中,放在(105±5)℃的烘箱中烘干至恒重。取出,放在带盖的容器中冷却至

室温后称重(m_0),精确至1g。

④将瓶洗净,重新注入饮用水,用玻璃片紧贴瓶口水面,擦干瓶外水分后称重(m_2),精确至1g。

注:实验时各项称重可以在15~25℃的温度范围内进行,但从试样加水静置的2h起直至实验结束,其温度相差不应超过2℃。

(4)实验结果计算与评定

表观密度ρ_{og}应按下式计算,精确至10kg/m³。

$$\rho_{og}=\left(\frac{m_0}{m_0+m_2-m_1}-\alpha_t\right)\times 1000 \tag{11-5}$$

式中 m_0——烘干后试样质量,g;

m_1——瓶+试样+水+玻璃片总质量,g;

m_2——瓶+水+玻璃片总质量,g;

α_t——水温对水相对密度修正系数,见表11-1。

表11-1 水温对水相对密度修正系数

水温/℃	15	16	17	18	19	20	21	22	23	24	25
α_t	0.002	0.003	0.003	0.004	0.004	0.005	0.005	0.006	0.006	0.007	0.008

以两次实验结果的算术平均值作为测定值,两次结果之差应小于20kg/m³,否则重新取样进行实验。对颗粒材质不均匀的试样,如两次实验结果之差超过20kg/m³,可取四次测定结果的算术平均值作为测定值。

11.1.2.4 外形不规则小颗粒试样——容量瓶法

本方法适用于外形不规则的小颗粒试样,如天然砂、机制砂等的表观密度测定。

(1)主要仪器设备

①天平:称量1000g,感量0.1g。

②容量瓶:500mL。

③烘箱:能控温在(105±5)℃。

④烧杯:500mL。

⑤其他:干燥器、浅盘、铝制料勺、温度计等。

(2)实验准备

将缩分至660g左右的试样在温度为(105±5)℃的烘箱中烘干至恒重,并在干燥器内冷却至室温,分成两份备用。

(3)实验步骤

①称取烘干的试样约300g,精确至0.1g(m_0),装入盛有半瓶洁净水的容量瓶中,摇动容量瓶,使试样充分搅动以排出气泡。塞紧瓶塞。

②在恒温条件下静置24h左右,然后用滴管添水,使水面与瓶颈刻度线平齐,再塞紧瓶塞,擦干瓶外水分。称其质量,精确至1g(m_1)。

③倒出瓶中的水和试样,将瓶的内外表面洗净,再向瓶内注入同样温度的洁净水(温差不超过2℃)至瓶颈刻度线,塞紧瓶塞,擦干瓶外水分,称其总质量,精确至1g(m_2)。

注:在砂的表观密度实验过程中应测量并控制水的温度,实验期间的温差不得超过2℃。

(4)实验结果计算与评定

①细骨料的表观密度ρ_{as}按下式计算,精确至10kg/m³。

$$\rho_{as}=\left(\frac{m_0}{m_0+m_2-m_1}-\alpha_t\right)\times 1000 \tag{11-6}$$

式中 m_0——烘干试样质量,g;

m_1——瓶+试样+水总质量,g;

m_2——瓶+水总质量,g;

α_t——水温对水相对密度修正系数,见表11-1。

②试验结果评定。

以两次平行试验结果的算术平均值作为测定值,如两次结果之差大于20kg/m^{3}时,应重新取样进行试验。

11.1.3 体积密度实验

11.1.3.1 基本概念

体积密度是指材料单位体积(包括开口、闭口孔隙)的质量。岩石的体积密度(块体密度)是一个间接反映岩石致密程度、孔隙发育程度的参数,也是评价工程岩体稳定性及确定围岩压力等必需的计算指标。

11.1.3.2 外形规则大试样体积密度实验步骤

(1)主要仪器设备

①游标卡尺,精度为0.02mm;

②钢直尺,精度为0.5mm;

③天平,称量2000g,精度为1g;

④烘箱、干燥器等。

(2)试样制备

将试样按照规定程序烘干至恒重[一般在(105±5)℃的烘箱内烘干],取出置于干燥器中,冷却至室温待用。

(3)实验方法与步骤

①用游标卡尺量出试样尺寸。

平行六面体试样:量取3对平行面一个方向的中线长度,两两取平均值。

圆柱体试样:量取十字对称直径,上、中、下部位各量两次,取6次结果的平均值;量取十字对称方向高度,取4次测定结果的平均值。

②计算出体积V_0。

③用天平称量出试件的质量m_0。

(4)实验结果计算

按下式计算体积密度,精确至10kg/m^3。

$$\rho_0 = \frac{m}{V_0} \tag{11-7}$$

11.1.3.3 外形不规则大试样实验方法与步骤——静水天平法

对外形不规则大试样,可采用静水天平法测定体积密度。

(1)主要仪器设备

①静水(浸水)天平,由电子天平和静水力学装置组合而成,称量为10kg,精确至5g;

②真空饱水装置;

③烘箱,温度控制在(105±5)℃;

④网篮、盛水容器、温度计等。

(2)试样制备

将试样在(105±5)℃的烘箱内烘干至恒重,取出放入干燥器中,冷却至室温待用。

(3)实验方法与步骤

①称出试样质量m_0;

②将试样在真空饱水装置中先抽真空,再吸入水,使试样吸水饱和,取出试样后,用干毛巾擦干表面,用电子天平测出试样在面干饱和状态下的质量m_1;

③用静水天平称出吸水饱和试样在水中的质量m_2。

(4)实验结果计算

按下式计算出表观密度 ρ_0，精确至 10kg/m³。

$$\rho_0 = \frac{m_0}{m_1 - m_2} \cdot \rho_{水} \tag{11-8}$$

11.1.3.4 外形不规则大试样实验方法与步骤——封蜡法

对外形不规则大试样采用静水天平法测定体积密度时，也可采用封蜡法，即首先将外形不规则试样表面涂蜡，封闭开口孔后，再采用静水天平法进行测定。

(1)主要仪器设备

①静水(浸水)天平，由电子天平和静水力学装置组合而成，称量为 10kg，精确至 5g；

②烘箱，温度控制在(105±5)℃；

③网篮、盛水容器、温度计等。

(2)试样制备

将试样在(105±5)℃的烘箱内烘干至恒重，取出放入干燥器中，冷却至室温待用。

(3)实验方法与步骤

①称出试样质量 m_0；

②将试样表面涂蜡，待冷却后称出质量 m_1；

③用静水天平称出涂蜡试样在水中的质量 m_2。

(4)实验结果计算

按下式计算体积密度 ρ_0，精确至 10kg/m³。

$$\rho_0 = \frac{m_0}{\dfrac{m_1 - m_2}{\rho_{水}} - \dfrac{m_1 - m_0}{\rho_{蜡}}} \cdot \rho_{水} \tag{11-9}$$

11.1.4 堆积密度实验

11.1.4.1 基本概念

散粒材料在堆积状态下单位体积(含颗粒内部孔隙和颗粒之间空隙)的质量称为堆积密度。

$$\rho'_0 = \frac{m}{V'_0} \tag{11-10}$$

式中 ρ'_0——散粒材料的堆积密度，kg/m³；

m——散粒材料的质量，kg；

V'_0——散粒材料在自然堆积状态下的体积，m³。

根据材料颠击振实程度可分为松散堆积密度和紧密堆积密度。

11.1.4.2 实验步骤

堆积密度的测定根据所测定材料的粒径不同，采用不同的方法，但原理相同。下面以砂和石子为例介绍两种堆积密度的测定方法。

(1)砂堆积密度实验

①主要仪器设备。

a. 容量筒：金属圆柱形，容积为 1L；

b. 标准漏斗：具体尺寸见图 11-2；

c. 天平：量程 10kg，精确至 1g；

d. 烘箱：温度控制在(105±5)℃；

e. 方孔筛、直尺、垫棒等。

②试样制备。

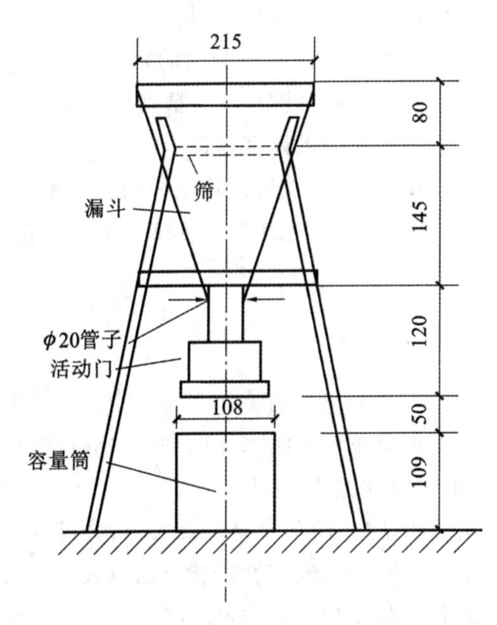

图 11-2 标准漏斗

用四分法(见砂、石实验)缩取约3L砂样,在温度为(105±5)℃的烘箱中烘至恒重,取出冷却至室温,筛除大于4.75mm的颗粒,分为大致相等的两份待用。

③实验方法及步骤。

a. 松散堆积密度。

(a)称取容量筒的质量 m_1 及测定容量筒的体积 V'_0;将容量筒置于漏斗下面,使漏斗对正中心。

(b)取一份试样,用料勺将试样装入漏斗,打开活动门,使试样徐徐落入容量筒,直至容量筒溢满,上部呈锥体后关闭活动门。

(c)用直尺将多余的试样沿筒口中心线向两个相反方向刮平,称出总质量 m_2,精确至1g。

注:加料及刮平过程中不得触动容量筒。

b. 紧密堆积密度。

(a)称取容量筒的质量 m_1 及测定容量筒的体积 V'_0。

(b)取一份试样,分两次装入容量筒。

(c)装第一层,筒底放10mm直径垫棒,按住筒左右交替颠击地面25次。

(d)装第二层,同上一步操作(垫棒方向转90°)。

(e)加试样超过筒口,用直尺将多余的试样沿筒口中心线向两个相反方向刮平,称出总质量 m_2,精确至1g。

④实验结果计算与评定。

a. 按下式计算试样的堆积密度 ρ'_0,精确至10kg/m³。

$$\rho'_0 = \frac{m_2 - m_1}{V'_0} \tag{11-11}$$

b. 最后结果取两个平行试样实验结果的算术平均值。

(2)石子堆积密度实验

①主要仪器设备。

容量筒、台秤、磅秤、小铲、烘箱等。

②试样制备。

用四分法(见砂、石实验)缩取所需石子烘干或风干后,拌匀并将试样分为大致相等的两份备用。

③实验方法及步骤。

a. 称取容量筒的质量 m_1 及测定容量筒的体积 V'_0。

b. 取一份试样,用小铲将试样从容量筒上方50mm处徐徐加入,试样自由下落,直至容器上部试样呈锥体且四周溢满时,停止加料。

c. 除去凸出容器表面的颗粒,并以合适的颗粒填入凹陷部分,使表面凸起部分体积和凹陷部分体积大致相等。称取总质量 m_2,精确至10g。

④实验结果计算与评定。

a. 按式(11-11)计算试样的堆积密度 ρ'_0,精确至10kg/m³。

b. 最后结果取两个平行试样实验结果的算术平均值。

11.2 水泥实验

本节主要介绍水泥的细度、标准稠度用水量、凝结时间、安定性、胶砂流动度和强度实验等。实验参照《水泥取样方法》(GB/T 12573—2008)、《通用硅酸盐水泥》(GB 175—2007/XG3—2018)、《水泥细度检验方法筛析法》(GB/T 1345—2005)、《水泥比表面积测定方法 勃氏法》(GB/T 8074—2008)、《水泥标准稠度用水量、凝结时间、安定性检验方法》(GB/T 1346—2011)、《水泥胶砂流动度测定方法》(GB/T 2419—2005)、《水泥胶砂强度检验方法(ISO法)》(GB/T 17671—2021)进行。

11.2.1 水泥实验的一般规定

(1)编号和取样

以同一水泥厂、同品种、同强度等级的水泥进行编号和取样。取样可以在水泥输送管道中、袋装水泥堆场和散装水泥卸料处或输送水泥运输机具上进行。取样应有代表性,可连续取,也可从20个以上不同部位抽取等量水泥样品,总质量不少于12kg。

(2)养护与实验条件

养护室(箱)温度应为(20±1)℃,相对湿度应大于90%;实验室温度应为(20±2)℃,相对湿度应大于50%;试样养护池水温应在(20±1)℃范围内。

11.2.2 水泥细度实验

11.2.2.1 基本概念

细度是指水泥颗粒的粗细程度,通常用负压筛析法或勃氏法进行测定。

11.2.2.2 负压筛析法

水泥细度的测定视频

(1)主要仪器设备

负压筛,方孔,孔径为80μm或45μm;负压筛析仪;筛座;天平;铝罐;料勺等。

(2)实验方法与步骤

①筛析实验前,应把负压筛放在筛座上,盖上筛盖,接通电源,检查控制系统,调节负压至4000~6000Pa,喷气嘴上口平面应与筛网之间保持2~8mm的距离。

②称取试样25g(W),置于洁净的负压筛中。盖上筛盖,放在筛座上,开动筛析仪连续筛析2min,在此期间如有试样附着在筛盖上,可轻轻敲击使试样落下,筛完后用天平称量筛余物质量R_s,精确至0.01g。

(3)实验结果计算与评定

①按下式计算水泥筛余百分数F,精确至0.1%。

$$F = \frac{R_s}{W} \times 100\% \times C \tag{11-12}$$

$$C = \frac{F_s}{F_t} \tag{11-13}$$

式中 C——实验筛修正系数,精确至0.01,为0.80~1.20;

F_s——标准样品的筛余标准值,精确至0.1%;

F_t——标准样品的筛余实测值,精确至0.1%。

②筛析结果取两个平行试样筛余百分数的算术平均值。两次结果之差超过0.5%时(筛余百分数大于5.0%时可放至1.0%),再做实验,取两次相近结果的算术平均值。

③负压筛析法与手工干筛法测定的结果发生争议时,以负压筛析法的结果为准。

11.2.2.3 勃氏法

(1)主要仪器设备

勃氏比表面积透气仪,如图11-3所示;

天平,精确至0.001g;

烘箱,温度能控制在(105±5)℃;

秒表、铝罐、料勺等。

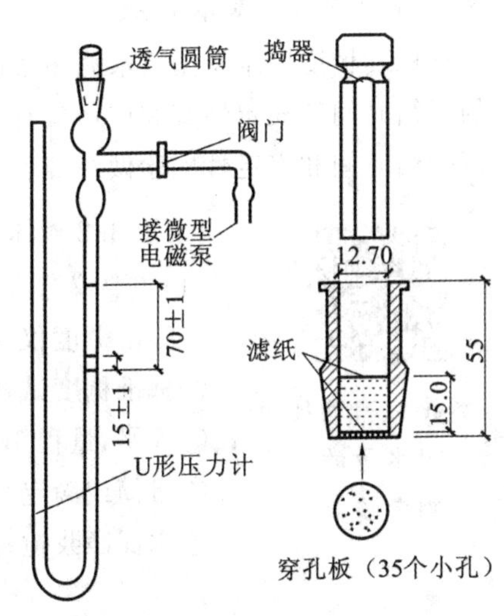

图11-3 勃氏比表面积透气仪示意图

(2)实验前准备

将水泥试样过0.9mm方孔筛,在(110±5)℃烘箱中烘1h后,置于干燥器中冷却至室温待用。

(3)实验方法与步骤

①按照密度实验方法测试水泥的密度。

②检查仪器是否漏气。

③P·Ⅰ、P·Ⅱ型水泥的空隙率采用0.500±0.005,其他水泥或粉料的空隙率采用0.530±0.005。

④按下式计算需要的试样质量m。

$$m = \rho_{水泥} V(1-\varepsilon) \tag{11-14}$$

式中 V——试料层的体积,按标定方法测定;

ε——试料层的空隙率。

⑤将穿孔板放入透气筒内,用捣棒把一片滤纸送到穿孔板上,边缘放平并压紧。称取试样质量m,精确至0.001g,倒入圆筒。轻敲筒边使水泥层表面平坦,再放入一片滤纸,用捣器均匀捣实试料,至捣器的支持环紧紧接触筒顶边并旋转1~2圈,取出捣器。

⑥把装有试料层的透气圆筒连接到压力计上,保证连接紧密不漏气,并不得振动试料层。

⑦打开微型电磁泵从压力计中抽气,至压力计内液面上升到扩大部下端,关闭阀门。当压力计内液体的凹液面下降到第一条刻线时开始计时,液体的凹液面下降到第二条刻线时停止计时,记录所需时间T,精确至0.5s,并记录温度。

(4)实验结果计算与评定

当实验和校准的温差小于或等于3℃时,如果被测试样密度、试料层空隙率与标准试样相同,按下式计算被测试样的比表面积S,精确至1cm²/g。如果温差大于3℃或者密度、空隙率不同,需要进行校准。

$$S = \frac{S_s \sqrt{T}}{\sqrt{T_s}} \tag{11-15}$$

式中 S_s——标准试样的比表面积,cm²/g;

T_s——标准试样压力计中液面降落时间,s;

T——被测试样压力计中液面降落时间,s。

水泥比表面积取两个平行试样实验结果的算术平均值,精确至10cm²/g。如两次实验结果相差2%以上,应重新实验。

11.2.3 水泥标准稠度用水量的测定

11.2.3.1 基本概念

标准稠度用水量是指水泥净浆以标准方法测定,在达到规定的浆体可塑性时,所需加的用水量。水泥的凝结时间和安定性都和用水量有关,此测定可消除实验条件的差异,有利于不同水泥间的比较,同时为进行凝结时间和安定性实验做好准备。

水泥标准稠度用水量的测定视频

11.2.3.2 标准法

(1)主要仪器设备

①标准稠度仪,如图11-4所示;

②标准稠度试杆和装净浆用试模,如图11-5所示;

③天平,量程1000g,精度为1g;

④量筒或滴定管,精度为±0.5mL;

⑤水泥净浆搅拌机、小刀、料勺等。

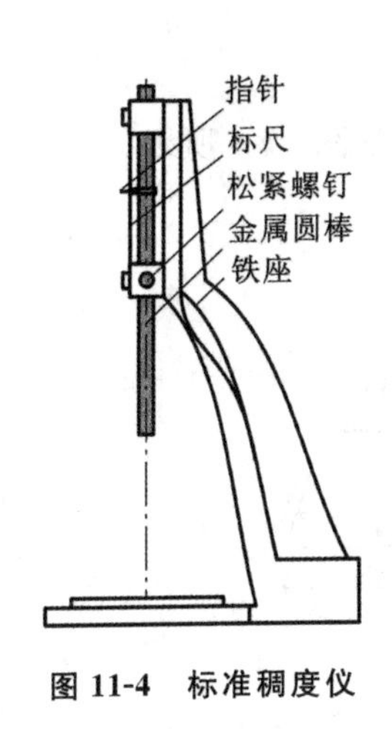

图 11-4 标准稠度仪

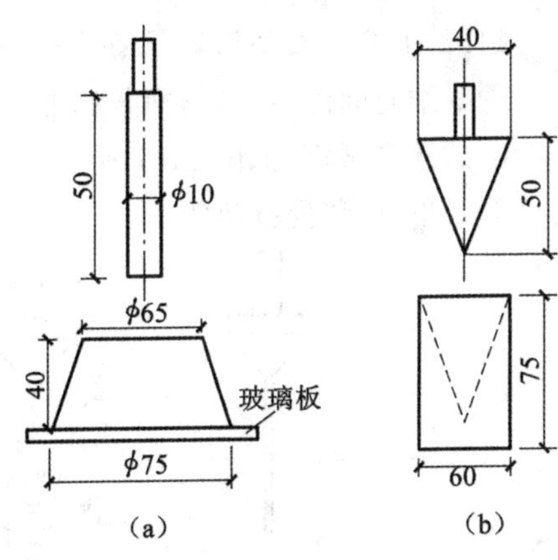

图 11-5 标准稠度试杆和装净浆用试模

(a)标准法;(b)代用法

(2)实验方法与步骤

①实验前准备。

实验前需检查稠度仪的金属棒能否自由滑动,调整至试杆接触玻璃板时,指针应对准标尺的零点。搅拌机运转正常。

②实验步骤。

a. 用湿布擦抹水泥净浆搅拌机的筒壁及叶片。

b. 称取 500g(m_c)水泥试样。

c. 量取拌和水 (根据经验确定,一般可取 135mL),水量精确至 0.1mL 或 0.1g,倒入搅拌锅。

d. 在 5~10s 内将水泥加入水中。

e. 将搅拌锅放到搅拌机锅座上,升至搅拌位置,开动机器慢速搅拌 120s,停拌 15s,再快速搅拌 120s 后停机。

f. 拌和结束后,立即取适量水泥净浆将其一次性装入已置于玻璃底板上的试模中,浆体超过试模上端,用宽约 25mm 的直边刀轻轻拍打超出试模部分的浆体 5 次,然后在试模上表面约 1/3 处,略倾斜于试模分别向外轻轻锯掉多余净浆,再从试模边沿轻抹顶部一次,使净浆表面光滑。在锯掉多余净浆和抹平的操作过程中,注意不要压实净浆。抹平后迅速将其放到稠度仪上,将试杆恰好降至净浆表面,拧紧螺钉 1~2s 后,突然放松,让试杆自由沉入净浆中,试杆停止下沉或释放试杆 30s 时,记录试杆与玻璃板距离,整个操作过程应在搅拌后 1.5min 内完成。

g. 若试杆沉入净浆距玻璃板不在(6±1)mm 范围内,则调整用水量大小,重新称量、搅拌、测试,直至试杆沉入净浆距玻璃板(6±1)mm,此时的水泥净浆为标准稠度净浆,此时的拌和用水量(m_w)占水泥质量的百分比为水泥的标准稠度用水量。

(3)实验结果计算

按下式计算水泥标准稠度用水量 P,精确至 0.1%。

$$P = \frac{m_w}{m_c} \times 100\% \tag{11-16}$$

11.2.4 水泥净浆凝结时间的测定

11.2.4.1 目的

水泥净浆凝结时间是指水泥从与水接触开始,到制备得到的标准稠度水泥净浆开始失去和完全失去可塑性所需的时间,可分为初凝时间和终凝时间,其中初凝时间是指从水泥与水接触到水泥净浆开始失去可塑性的时间,终凝时间是指从水泥与水接触到水泥净浆完全失去可塑性的时间。

水泥凝结时间的测定,是以标准稠度水泥净浆,在规定温度和湿度条件下进行的。通过凝结时间测定实验,可评定水泥的凝结硬化性能,判定是否达到标准要求。

凝结时间的测定视频

11.2.4.2 主要仪器设备

①凝结时间测定仪，与净浆标准稠度测定仪相同，如图 11-4 所示；

②试针和试模，如图 11-6 所示；

③天平、净浆搅拌机等。

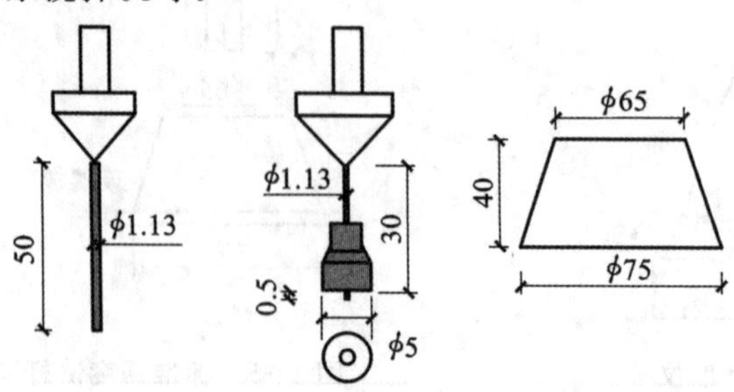

图 11-6 初凝试针、终凝试针和试模

11.2.4.3 实验前准备

将圆模放在玻璃板上，在模内侧稍涂一层机油，调整指针，使初凝试针接触玻璃板时，指针对准标尺的零点。

11.2.4.4 实验方法及步骤

①将标准稠度水泥净浆装入圆模，振动数次后刮平，放入标准养护箱内，将水泥全部加入水中的时间作为凝结时间的起始时间。

②凝结时间测定。

a. 初凝时间：在水泥与水接触 30min 后进行第一次测定。测定时，从养护箱中取出试模，放到初凝试针下，使试针与净浆面接触，拧紧螺钉 1～2s 后再突然放松，试针自由垂直地沉入净浆，记录试针停止下沉或释放试针 30s 时指针的读数。当试针下沉至距离底板(4±1)mm 时，水泥达到初凝状态。

b. 终凝时间：测定时，试针更换成终凝试针。完成初凝时间测定后，立即将试模和浆体平移离开玻璃板后翻转 180°，直径小端向下放在玻璃板上，再放入养护箱中继续养护。当试针沉入浆体 0.5mm，且在浆体上不留环形附件的痕迹时，水泥达到终凝状态。

11.2.4.5 实验结果计算与评定

初凝时间为自水泥全部加入水中时起至初凝试针沉入净浆中距离底板(4±1)mm时所需的时间；终凝时间为自水泥全部加入水中时起至终凝试针沉入净浆中 0.5mm，且不留环形痕迹时所需的时间。

11.2.5 水泥胶砂流动度实验

11.2.5.1 目的

水泥胶砂流动度是以一定配合比的水泥胶砂，在规定振动状态下的扩展范围。通过流动度实验，可衡量水泥相对需水量的大小。

11.2.5.2 主要仪器设备

①水泥胶砂流动度测定仪(跳桌)，如图 11-7 所示；

②水泥胶砂搅拌机，如图 11-8 所示；

③试模，截锥圆模，高 60mm，上口内径为 70mm，下口内径为 100mm；

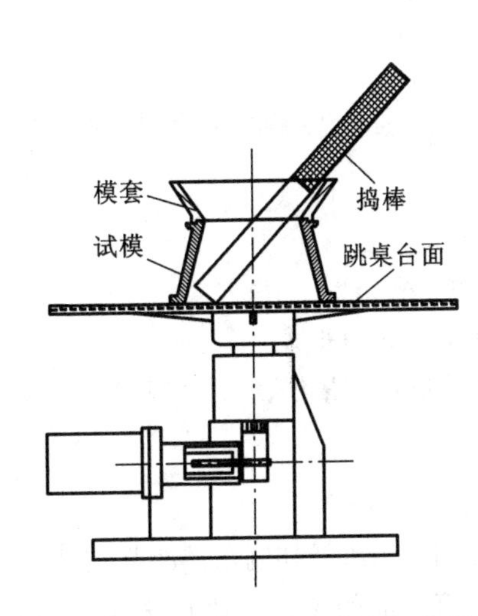

图 11-7 水泥胶砂流动度测定仪示意图

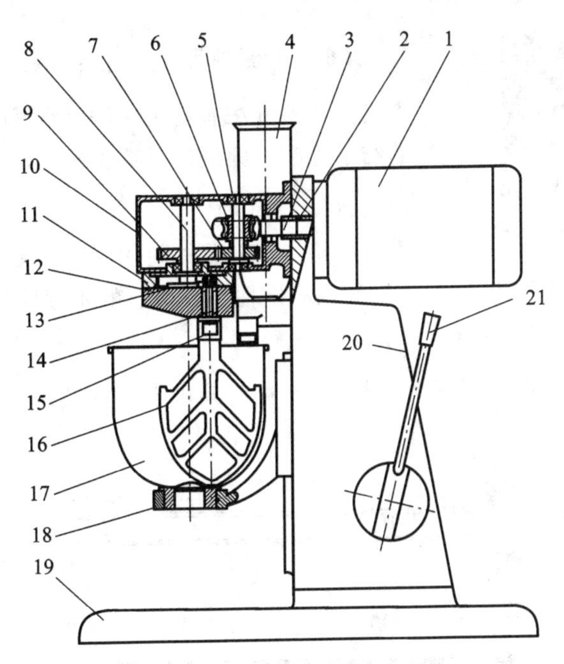

图 11-8 水泥胶砂搅拌机

1—电机;2—联轴器;3—蜗杆;4—砂罐;5—传动箱盖;6—蜗轮;7—齿轮Ⅰ;8—主轴;9—齿轮Ⅱ;10—传动箱;11—内齿轮;12—偏心座;13—行星齿轮;14—搅拌叶轴;15—调节螺母;16—搅拌叶;17—搅拌锅;18—支座;19—定位螺钉;20—立柱;21—手柄

④捣棒,直径为 20mm;

⑤天平、卡尺、模套、料勺、小刀等。

11.2.5.3 实验方法及步骤

①实验前准备。检查水泥胶砂搅拌机运转是否正常,跳桌空跳 25 次。

②根据配合比,按照“水泥胶砂强度实验”搅拌胶砂方法制备胶砂。

③在制备胶砂的同时,用湿抹布擦跳桌台面、试模、捣棒等与胶砂接触的工具,并用湿抹布覆盖。

④将拌好的胶砂分两层迅速装入加模套的试模,扶住试模进行压捣。

⑤第一层装至约 2/3 模高处,并用小刀在两垂直方向各划 5 次,用捣棒由边缘至中心压捣 15 次,压捣至 1/2 胶砂高度处。

⑥第二层装至高出模顶约 20mm 处,并用小刀在两垂直方向各划 5 次,用捣棒由边缘至中心压捣 10 次,压捣不超过第一层捣实顶面。

⑦压捣完毕,取下模套,用小刀倾斜由中间向两侧分两次近水平角度抹平顶面,擦去桌面胶砂,垂直轻轻提起试模。

⑧开动跳桌,以 1 次/s 的频率完成 25 次跳动。

⑨ 测试两个垂直方向上的直径,精确至 1mm。

⑩ 水泥加入水中起到测量结束的时间不得超过 6min。

11.2.5.4 实验结果计算与评定

胶砂流动度实验结果取两个垂直方向上直径的算术平均值,精确至 1mm。

水泥安定性的测定视频

11.2.6 水泥体积安定性实验

安定性实验方法有雷氏夹法(标准法)和试饼法(代用法),当实验结果有争议时,以雷氏夹法的结果为准。此处仅介绍雷氏夹法。

11.2.6.1 目的

安定性是指水泥浆体硬化后体积变化的均匀性。通过安定性实验,可检验水泥硬化后体积变化的均匀性,以控制因安定性不良引起的工程质量事故。

11.2.6.2 主要仪器设备

①沸煮箱,能在(30±5)min内将箱内水由室温升至沸腾状态并保持3h以上;

②雷氏夹,如图11-9所示;

③雷氏夹膨胀值测量仪、水泥净浆搅拌机、玻璃板等。

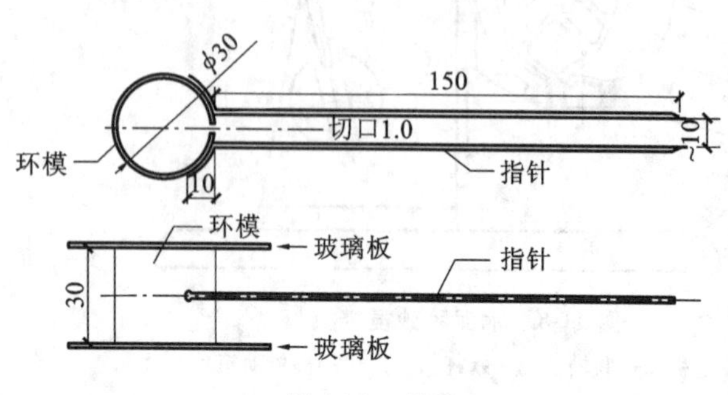

图11-9 雷氏夹

11.2.6.3 雷氏夹法

(1)实验方法及步骤

①按标准稠度用水量拌制水泥净浆,然后制作试件。

②把内表面涂油的雷氏夹放在稍涂油的玻璃板上,将标准稠度净浆装满雷氏夹,一只手轻扶雷氏夹,另一只手用宽约10mm的小刀插捣数次,然后抹平,盖上另一稍涂油的玻璃板,移至标准养护箱内养护(24±2)h。

③调整好沸煮箱的水位,使之能在整个沸煮过程中都没过试件。

④脱去玻璃板,取下试件,测量试件指针头端间的距离A,精确到0.5mm,再将试件放入水中试件架上,指针朝上,在(30±5)min内加热至沸腾,并恒沸(180±5)min。

⑤煮毕,将水放出,待箱内温度冷却至室温时,取出检查。

⑥测量煮后试件指针头端间的距离C,精确至0.5mm。

(2)实验结果计算与评定

①雷氏夹法实验结果以沸煮前后试件指针头端间的距离之差($C-A$)表示。

②雷氏夹法实验结果取两个平行试样实验结果的算术平均值,如两次实验结果相差大于4mm,应重新实验。

③距离之差($C-A$)小于或等于5.0mm时,表示安定性合格,反之不合格。

④安定性不合格的水泥为不合格品。

水泥胶砂强度测定视频

11.2.7 水泥胶砂强度实验

11.2.7.1 目的

根据国家标准要求,用40mm×40mm×160mm棱柱体试件测试水泥胶砂在一定龄期时的抗折强度和抗压强度,从而确定水泥的强度等级或判定是否达到某一强度等级。

抗压强度测定视频

11.2.7.2 主要仪器设备

①试模,由3个40mm×40mm×160mm的模槽组成,见图11-10;

②抗折强度实验机,抗压强度实验机,水泥胶砂搅拌机,抗折和抗压夹具,胶砂振实台、模套、刮平直尺等。

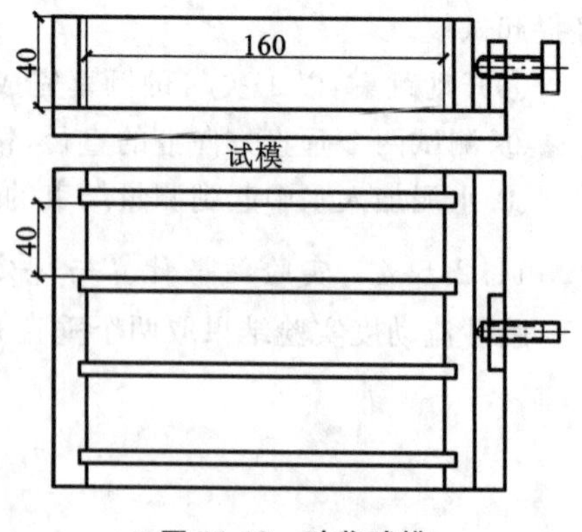

图11-10 砂浆试模

11.2.7.3 实验方法及步骤

(1)实验前准备

①将试模擦净,紧密装配,内壁均匀刷一层薄机油。

②每成型三条试件需称量水泥(450±2)g,标准砂(1350±5)g。

③矿渣硅酸盐水泥、火山灰质水泥、粉煤灰硅酸盐水泥、复合硅酸盐水泥和掺火山灰质混合材料的普通硅酸盐水泥,用水量按 0.50 水灰比和胶砂流动度不小于 180mm 来确定,当流动度小于 180mm 时,以增加 1%的水灰比调整胶砂流动度至不小于 180mm。胶砂流动度实验见 11.2.5 节"水泥胶砂流动度实验"。

硅酸盐水泥和掺其他混合料的普通硅酸盐水泥,水灰比为 0.50,拌和用水量为(225±1)mL。

(2)试件成型

①把水加入搅拌锅内,再加入水泥,把搅拌锅固定后立即开动机器。低速搅拌 30s 后,在第二个 30s 开始的同时均匀地将砂加入,再高速搅拌 30s。停拌 90s,在停拌的第一个 15s 内将叶片和锅壁上的胶砂刮入锅中间,再高速搅拌 60s。

②把试模和模套固定在振实台上,将搅拌锅里的胶砂分两层装入试模,装第一层时,每个槽内约放 300g 胶砂,用大播料器垂直架在模套顶部沿每个模槽来回一次将料层播平,接着振实 60 次。装入第二层胶砂,用小播料器播平,再振实 60 次。

③从振实台上取下试模,用一金属直尺以近 90°的角度从试模一端沿长度方向以横向锯割动作慢慢将超过试模部分的胶砂刮去,并用直尺以近乎 0°的角度将试体表面抹平。

④在试模上作标记或加字条,表明试件编号和试件相对于振实台的位置。

(3)养护

将试模水平放入养护室或养护箱,养护 20~24h 后,取出脱模;脱模后立即放入水槽中养护,养护水温为(20±1)℃,养护至规定龄期。

(4)强度实验

①龄期。

各龄期的试件必须在 3d±45min 至 28d±2h 内进行强度测定。

②抗折强度测定。

a. 每龄期取出 3 个试件,先做抗折强度测定,测定前需擦去试件表面水分和砂粒,清除夹具上圆柱表面黏着的杂物,以试件侧面与圆柱接触方向放入抗折夹具内。

b. 开动抗折机,以(50±10)N/s 的速度加荷,直至试件折断,记录破坏荷载 F(N)。

c. 按下式计算抗折强度 f_{tm},精确至 0.1MPa。

$$f_{tm} = \frac{3FL}{2bh^2} = 0.00234F \qquad (11\text{-}17)$$

式中 L——支撑圆柱中心距离,为 100mm;

b,h——试件断面宽及高,均为 40mm。

d. 抗折强度结果取 3 个试件抗折强度值的算术平均值,精确至 0.1MPa。当 3 个强度值中有 1 个超过平均值的±10%时,应予剔除,取其余 2 个的平均值;如有 2 个强度值超过平均值的±10%时,应重做实验。

③抗压强度测定。

a. 取抗折实验后的 6 个断块进行抗压实验,抗压强度测定采用抗压夹具,试体受压面尺寸为 40mm×40mm,实验前应清除试体受压面与加压板间的砂粒或杂物;实验时,以试体的侧面作为受压面。

b. 开动实验机,以(2.4±0.2)kN/s 的速度均匀地加荷至破坏,记录破坏荷载 F_c(N)。

c. 按下式计算抗压强度 f_c,精确至 0.1MPa。

$$f_c = \frac{F_c}{A} \qquad (11\text{-}18)$$

式中 A——受压面积,即 $40mm \times 40mm = 1600mm^2$。

d. 抗压强度结果取 6 个试件抗压强度的算术平均值,精确至 0.1MPa;如 6 个测定值中有 1 个超出平均值的±10%,就剔除这个结果,而以剩下5个的平均值作为结果;如果5个测定值中再有超过它们平均值±10%的,则此组结果作废。

11.3 砂石材料实验

本节实验内容为典型的砂石性能指标实验,主要包含砂石材料的筛分析、坚固性、碱活性等实验。实验参照《建设用砂》(GB/T 14684—2022)、《建设用卵石、碎石》(GB/T 14685—2022)、《普通混凝土用砂、石质量及检验方法标准》(JGJ 52—2006)、《公路工程集料试验规程》(JTG E42—2005)、《砂、石碱活性快速试验方法》(CECS 48—1993)等进行。

11.3.1 砂石材料的取样方法

11.3.1.1 *砂石材料的取样*

在料堆抽样时,铲除表层后从料堆不同部位均匀取8份砂或15份石;从皮带运输机上抽样时,应用接料器在出料处定时抽取大致等量的4份砂或8份石;从火车、汽车和货船上取样时,从不同部位和深度抽取大致等量的8份砂或16份石。分别组成一组样品。

11.3.1.2 *四分法缩取试样*

用分料器直接分取或人工分取。将取回的砂试样在潮湿状态下拌匀后摊成厚度约20mm的圆饼,或将石试样在自然状态下拌匀后堆成锥体,在其上划十字线,分成大致相等的4份,取其对角线的2份混合后,再按同样的方法持续进行,直至缩分后的材料量略多于实验所需的数量为止。

11.3.2 砂石材料筛分析实验

11.3.2.1 *砂的筛分析实验*

(1)目的

通过筛分析实验,获得砂的级配曲线,即颗粒大小分布状况,判定砂的颗粒级配情况;根据累计筛余百分数计算出砂的细度模数,评定出砂的规格,即粗砂或中砂或细砂。

(2)主要仪器设备

①标准筛,方孔,孔径为9.5mm、4.75mm、2.36mm、1.18mm、600μm、300μm、150μm,并附有筛底和筛盖;

②天平,量程1000g,精确至1g;

③烘箱,能使温度控制在(105±5)℃;

④摇筛机、浅盘、毛刷和容器等。

(3)试样制备

将四分法缩取的约1100g试样,置于(105±5)℃的烘箱中烘至恒重,冷却至室温后先筛除大于9.50mm的颗粒(并记录其含量),再分为大致相等的两份备用。

(4)实验方法及步骤

①准确称取试样500g,精确至1g。

②将标准筛由上到下按孔径从大到小顺序叠放,加底盘后,将试样倒入最上层4.75mm筛内,加筛盖后置于摇筛机上,摇10min。

③将筛取下后按孔径大小,逐个用手筛分,筛至每分钟通过量不超过试样总重的0.1%为止,通过的颗粒并入下一号筛内一起过筛。直至各号筛全部筛完为止。

各筛的筛余量不得超过按下式计算出的量,超过时应按方法a或方法b处理。

$$G=\frac{A\sqrt{d}}{200} \tag{11-19}$$

式中 G——在一个筛上的筛余量，g；

A——筛面的面积，mm^2；

d——筛孔尺寸，mm；

200——换算系数。

a. 将筛余量分成少于式(11-19)计算出的量分别筛分，以各筛余量之和为该筛的筛余量。

b. 将该筛孔及小于该筛孔的筛余混合均匀后，以四分法分为大致相等的两份，取一份称其质量并进行筛分。计算重新筛分的各级分计筛余量时需根据缩分比例进行修正。

④称量各号筛的筛余量 m_i，精确至 1g。分计筛余量和底盘中剩余质量的总和与筛分前的试样质量之差，不得超过筛分前试样质量的 1%。

(5)实验结果计算与评定

①分计筛余百分数 a_i：各号筛的筛余量除以试样总量的百分数，精确至 0.1%。

②累计筛余百分数 β_i：该号筛的分计筛余百分率与大于该筛的分计筛余百分数之和，精确到 0.1%。筛分后，如每号筛的筛余量与筛底的剩余量之和同原试样质量之差超过 1%时，应重新试验。

③粗细程度确定。

a. 按下式计算细度模数 M_x，精确至 0.01。

$$M_x=\frac{(\beta_2+\beta_3+\beta_4+\beta_5+\beta_6)-5\beta_1}{100-\beta_1} \tag{11-20}$$

式中 β_1，β_2，β_3，β_4，β_5，β_6——公称直径为 4.75mm、2.36mm、1.18mm、600μm、300μm、150μm 孔径筛的累计筛余百分数。

b. 测定结果取两个平行试样实验结果的算术平均值，精确至 0.1，两次所得的细度模数之差不应大于 0.2，否则应重做。

c. 根据细度模数的大小确定砂的粗细程度。

④级配的评定。

累计筛余百分数取两次实验结果的平均值，绘制筛孔尺寸-累计筛余百分数曲线，或对照规定的级配区范围，判定是否符合级配区要求。

注：除孔径为 4.75mm 和 0.600mm 的筛孔外，其他各筛的累计筛余百分数允许略有超出，但超出总量不应大于 5%。

11.3.2.2 石的筛分析实验

(1)目的

通过石的筛分析实验，可测定石的颗粒级配及粒级规格，为其在混凝土中使用和混凝土配合比设计提供依据。

(2)主要仪器设备

①标准筛，方孔，孔径为 2.36mm、4.75mm、9.50mm、16.0mm、19.0mm、26.5mm、31.5mm、37.5mm、53.0mm、63.0mm、75.0mm 和 90mm，并附有筛底和筛盖；

②台秤，量程 10kg，精度为 1g；

③烘箱，能使温度控制在(105±5)℃；

④摇筛机、搪瓷盆等。

(3)试样制备

所取样用四分法缩取的数量略大于表 11-2 规定的试样数量，经烘干或风干后备用。

(4)实验方法与步骤

①按表 11-2 规定称取烘干或风干试样质量 m_0，精确至 1g。

②将筛从上到下按孔径由大到小顺序叠置，把称取的试样倒入上层筛中，摇筛 10min。

表 11-2

石筛分析所需试样的最小质量

最大粒径/mm	9.5	16.0	19.0	26.5	31.5	37.5	63.0	75.0
试样质量/kg	≥1.9	≥3.2	≥3.8	≥5.0	≥6.3	≥7.5	≥12.6	≥16.0

③将筛取下后按孔径由大到小进行手筛,直至每分钟通过量不超过试样总量的 0.1%,通过的颗粒并入下一号筛中一起过筛。试样粒径大于 19.0mm,允许用手拨动试样颗粒。

④称取各筛上的筛余量,精确至 1g。在筛上的所有分计筛余量和筛底剩余质量的总和与筛分前测定的试样总量之差,不得超过筛分前试样质量的 1%。

(5)实验结果计算与评定

①分计筛余百分数:各筛上筛余量除以试样总质量的百分数,精确至 0.1%。

②累计筛余百分数:该筛上分计筛余百分率与大于该筛的各筛上的分计筛余百分数的总和,精确至 1%。

③级配的评定:粗骨料的各筛上的累计筛余百分率是否满足规定的粗骨料颗粒级配范围要求。

11.3.3 砂石材料的强度实验(压碎指标法)

11.3.3.1 人工砂的强度实验

(1)主要仪器设备

①鼓风干燥箱,能使温度控制在(105±5)℃;

②天平,量程 10kg 或 1000g,精度为 1g;

③压力实验机,压力大小为 50~1000kN;

④受压钢模,由圆筒、底盘和加压块组成,其尺寸如图 11-11 所示;

⑤方孔筛,规格为 4.75mm、2.36mm、1.18mm、600μm 及 300μm 的筛各一只;

⑥搪瓷盘、小勺、毛刷等。

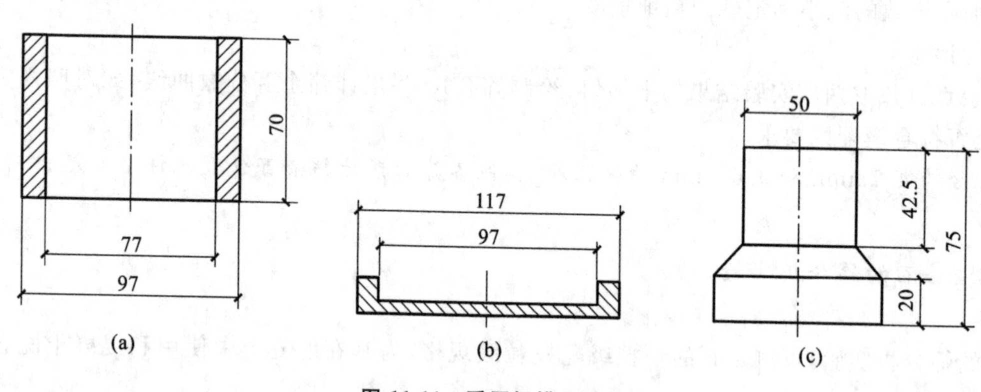

图 11-11 受压钢模尺寸图

(a)圆筒;(b)底盘;(c)加压块

(2)实验步骤

①取样放在干燥箱中于(105±5)℃下烘干至恒重,待冷却至室温后,筛除大于 4.75mm 及小于 300μm 的颗粒,然后筛分成公称粒级为 300~600μm、0.600~1.18mm、1.18~2.36mm 及 2.36~4.75mm 四个粒级,每级取 1000g 备用。

②称取单粒级试样 330g,精确至 1g。将试样倒入已组装成的受压钢模内,使试样距底盘面的高度约为 50mm。整平钢模内试样的表面,将加压块放入圆筒内,并转动一周使之与试样均匀接触。

③将装好试样的受压钢模置于压力机的支承板上,对准压板中心后,开动机器,以 500N/s 的速度加荷。加荷至 25kN 时稳荷 5s 后,以同样速度卸荷。

④取下受压模,移去加压块,倒出压过的试样,然后用该粒级的下限筛(如粒级为 2.36~4.75mm 时,则其下限筛孔径为 2.36mm)进行筛分,称出试样的筛余量和通过量,均精确至 1g。

(3)实验结果计算与评定

①第 i 单粒级砂样的压碎指标按下式计算,精确至 0.1%。

$$Y_i = \frac{G_2}{G_1 + G_2} \times 100\% \tag{11-21}$$

式中 Y_i——第 i 粒级颗粒的压碎指标,%;

G_1——试样的筛余量,g;

G_2——通过量,g。

②第 i 单粒级压碎指标值取 3 次实验结果的算术平均值,精确至 1%。

③取最大单粒级压碎指标值作为其压碎指标值。

④采用修约值比较法进行评定。

11.3.3.2 石子的强度实验

(1)主要仪器设备

①压力试验机,压力为 300kN,示值相对误差为 2%;

②台秤,量程 10kg,精度为 1g;

③压碎指标测定仪,见图 11-12;

④方孔筛,规格为 2.36mm、9.50mm 及 19.0mm 的筛各一只;

⑤垫棒,直径为 10mm、长 500mm 的圆钢。

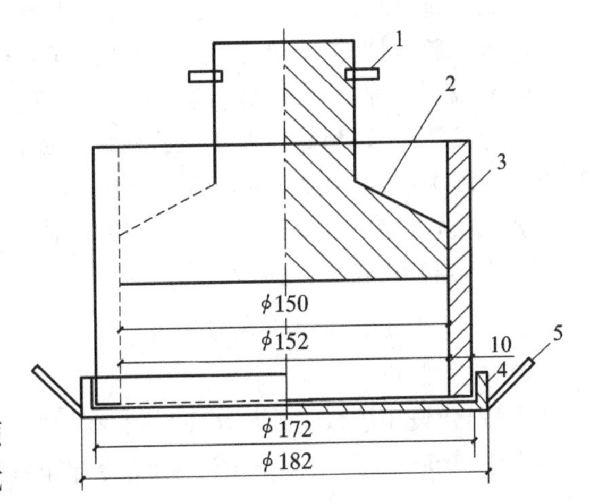

图 11-12 压碎指标测定仪

1—把手;2—加压头;3—圆模;4—底盘;5—手把

(2)实验步骤

①取样风干后筛除大于 19.0mm 及小于 9.50mm 的颗粒,并去除针、片状颗粒,分为大致相等的三份备用。当试样中粒径在 9.50～19.0mm 之间的颗粒不足时,允许将粒径大于 19.0mm 的颗粒破碎成粒径为9.50～19.0mm的颗粒用作压碎指标实验。

②称取单粒级试样 3000g,精确至 1g。将试样分两层装入圆模(置于底盘上)内,每装完一层试样后,在底盘下面垫放一直径为 10mm 的圆钢,将筒按住,左右交替颠击地面各 25 下,两层颠实后,平整模内试样表面,盖上压头。当圆模装不下 3000g 试样时,以装至距圆模上口 10mm 为准。

③将装好试样的圆模置于压力试验机上,开动压力试验机,按 1kN/s 的速度均匀加荷至 200kN 并稳荷 5s,然后卸荷。取下加压头,倒出试样,用孔径 2.36mm 的筛筛除被压碎的细粒,称出留在筛上的试样质量,精确至 1g。

(3)实验结果计算与评定

①压碎指标按下式计算,精确至 0.1%。

$$Q_e = \frac{G_1 - G_2}{G_1} \times 100\% \tag{11-22}$$

式中 Q_e——压碎指标,%;

G_1——试样的质量,g;

G_2——压碎实验后筛余的试样质量,g。

②压碎指标取 3 次实验结果的算术平均值,精确至 1%。

③采用修约值比较法进行评定。

11.3.4 砂石材料快速碱-硅酸反应活性实验

11.3.4.1 目的

快速测定砂、石的碱活性,为防止混凝土工程发生碱集料反应提供依据。

11.3.4.2 试剂和材料

①NaOH:化学纯;

②蒸馏水或去离子水;

③NaOH溶液:将40g NaOH溶于900mL水中,然后加水到1L,所需NaOH溶液总体积为试件总体积的(4±0.5)倍(每一个试件的体积约为184mL)。

11.3.4.3 主要仪器设备

①鼓风干燥箱,能使温度控制在(105±5)℃;

②天平,量程1000g,精度为0.1g;

③方孔筛,规格为4.75mm、2.36mm、1.18mm、600μm、300μm及150μm的筛各一只;

④比长仪,由百分表和支架组成,百分表的量程为10mm,精度为0.01mm;

⑤水泥胶砂搅拌机,符合《水泥胶砂强度检验方法(ISO法)》(GB/T 17671—2021)的要求;

⑥高温恒温养护箱或水浴,温度保持在(80±2)℃;

⑦养护筒,由可耐碱长期腐蚀的材料制成,应不漏水,筒内设有试件架,筒的容积可以保证试件分离地浸没在体积为(2208±276)mL的水中或1mol/L的NaOH溶液中,且不能与容器壁接触;

⑧试模,规格为25mm×25mm×280mm,试模两端正中有小孔,装有不锈钢质膨胀端头;

⑨干燥器、搪瓷盘、毛刷等。

11.3.4.4 实验方法及步骤

(1)试样制作

①按《建设用砂》(GB/T 14684—2022)7.1规定取样,并将试样缩分至约5000g,用水淋洗干净,放在干燥箱中于(105±5)℃下烘干至恒重,待冷却至室温后,筛除大于4.75mm及小于150μm的颗粒,然后筛分成150~300μm、300~600μm、0.600~1.18mm、1.18~2.36mm及2.36~4.75mm五个粒级,并分别存放在干燥器内备用(粗骨料需破碎后进行筛分)。

②水泥与砂的质量比为1∶2.25,水灰比为0.47。一组3个试件共需水泥440g(精确至0.1g)、砂990g(各粒级的质量按表11-3分别称取,精确至0.1g)。

表11-3 碱集料反应用砂/破碎集料各粒级的质量

筛孔尺寸	2.36~4.75mm	1.18~2.36mm	0.600~1.18mm	300~600μm	150~300μm
质量	99.0g	247.5g	247.5g	247.5g	148.5g

③砂浆搅拌应按《水泥胶砂强度检验方法(ISO法)》(GB/T 17671—2021)的规定进行。搅拌完成后,立即将砂浆分两次装入已装有膨胀测头的试模中,每层捣40次,注意膨胀测头四周应小心捣实。浇捣完毕后用刀刮除多余砂浆,抹平、编号并标明测长方向。

(2)养护与测长

①试件成型完毕后,立即带模放入标准养护室内。养护(24±2)h后脱模,立即测量试件的初始长度。待测的试件需用湿布覆盖,以防止水分蒸发。

②测完初始长度后,将试件浸没于养护筒(一个养护筒内的试件品种应相同)内的水中,并保持水温在(80±2)℃的范围内(加盖放在高温恒温养护箱或水浴中),养护(24±2)h。

③从高温恒温养护箱或水浴中拿出一个养护筒,从养护筒内取出试件,用毛巾擦干表面,立即读出试件的基准长度[从取出试件至完成读数应在(15±5)s内完成],在试件上覆盖湿毛巾,全部试件测完基准长度后,再将所有试件分别浸没于养护筒内1mol/L的NaOH溶液中,并保持溶液温度在(80±2)℃的范围内(加盖放在高温恒温养护箱或水浴中)。

④测长龄期自测定基准长度之日起计算,在测基准长度后第3天、7天、10天、14天再分别测长,每次测长时间安排在每天近似同一时刻内,测长方法与测基准长度的方法相同,每次测长完毕后,应将试件放入原养护筒中,加盖后放回(80±2)℃的高温恒温养护箱或水浴中继续养护至下一个测试龄期。14天后如需继续测长,可安排每7天测一次。

11.3.4.5 实验结果计算与评定

①试件膨胀率按如下公式计算,精确至0.001%。

$$\varepsilon_t = \frac{L_t - L_0}{L_0 - 2\Delta} \times 100\% \tag{11-23}$$

式中 ε_t——试件在t天龄期的膨胀率,%;

L_t——试件在t天龄期的长度,mm;

L_0——试件的基准长度,mm;

Δ——膨胀测头的长度,mm。

②膨胀率以3个试件膨胀值的算术平均值作为实验结果,精确至0.01%。一组试件中任何一个试件的膨胀率与平均值相差不大于0.01%,则结果有效;而若膨胀率平均值大于0.05%,每个试件的测定值与平均值之差小于平均值的20%时,也可认为结果有效。

③碱-硅酸反应活性的判定。

其采用修约值比较法进行评定。结果按如下条件判定:

a. 当14d膨胀率小于0.10%时,在大多数情况下可以判定为无潜在碱-硅酸反应危害;

b. 当14d膨胀率大于0.20%时,可以判定为有潜在碱-硅酸反应危害;

c. 当14d膨胀率为0.10%~0.20%时,不能判定最终有无潜在碱-硅酸反应危害,可再进行骨料的碱-硅酸反应实验。

11.4 混凝土实验

本节实验内容有混凝土的拌和方法,新拌混凝土的和易性、湿表观密度、试件的成型与养护,硬化混凝土的抗压强度、劈裂抗拉强度、抗折强度实验和耐久性实验。实验参照《普通混凝土配合比设计规程》(JGJ 55—2011)、《普通混凝土拌合物性能试验方法标准》(GB/T 50080—2016)、《混凝土物理力学性能试验方法标准》(GB/T 50081—2019)进行。

11.4.1 混凝土拌合物实验室拌和方法

混凝土拌合物的制备实验视频

11.4.1.1 目的

通过混凝土的拌和,加强对混凝土配合比设计的实践性认识,掌握普通混凝土拌合物的拌制方法,为测定混凝土拌合物以及硬化后混凝土性能做准备。

11.4.1.2 一般规定

①拌制混凝土的环境条件:室内的温度应保持在(20±5)℃,所用材料的温度应与实验室温度保持一致。当需要模拟施工条件下所用的混凝土时,所用原材料的温度应与施工现场保持一致,且搅拌方式宜与施工条件相同。

混凝土人工拌和方法视频

②砂石材料:若采用干燥状态的砂石,则砂的含水率应小于0.5%,石的含水率应小于0.2%。若采用饱和面干状态的砂石,则应进行相应修正。

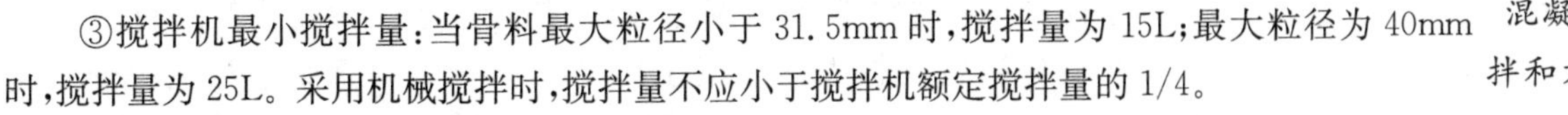

③搅拌机最小搅拌量:当骨料最大粒径小于31.5mm时,搅拌量为15L;最大粒径为40mm时,搅拌量为25L。采用机械搅拌时,搅拌量不应小于搅拌机额定搅拌量的1/4。

④原材料的称量精度:骨料为±1%,水、水泥、外加剂为±0.5%。

⑤从试样制备完毕到开始做拌合物各项性能实验不宜超过5min。

11.4.1.3 主要仪器设备

①磅秤,精度为骨料质量的±1%;

②天平,精度为水、水泥、掺合料、外加剂质量的±0.5%;

③搅拌机、拌和钢板、钢抹子、拌铲等。

11.4.1.4 拌和方法

(1)机械拌和法

①按实验室配合比备料,称取各材料用量。

②拌前宜先用配合比要求的水泥、砂和水及少量石,在搅拌机中涮膛,倒去多余砂浆,防止正式拌和时水泥浆挂失影响混凝土拌合物性能的测试。

③将称好的石、砂、水泥按顺序倒入搅拌机内,开启搅拌机,进行干拌。时间可控制在1min左右。

④边搅拌边将水徐徐倒入,加水时间在20s左右。

⑤加水完成后继续拌和2min。

⑥将拌合物从搅拌机中卸出,倾倒在拌板上,再人工拌和2～3次。

(2)人工拌和法

①按实验室配合比备料,称取各材料用量。

②将拌板和拌铲用湿布润湿后,将砂倒在拌板上,加入水泥,用拌铲翻拌,反复翻拌混合至颜色均匀,再放入称好的粗骨料与之拌和,继续翻拌,直至混合均匀。

③将干混合物堆成长条锥形,在中间作一凹槽,倒入称量好的1/2水,然后翻拌并徐徐加入剩余的水,边翻拌边用铲在混合料上铲切,直至混合物均匀,没有色差。

④拌和过程力求动作敏捷,拌和时间可按拌合物体积控制:拌合物体积为30L以下时以4～5min为宜;拌合物体积为30～50L时以5～9min为宜;拌合物体积为51～75L时以9～12min为宜。

11.4.2 混凝土和易性实验

11.4.2.1 目的

通过和易性实验,可以判定混凝土拌合物的工作性,即其在工程应用中的适宜性,也是混凝土配合比调整的基础。

11.4.2.2 坍落度与坍落扩展度实验

坍落度与坍落扩展度实验方法适用于塑性混凝土和流动性混凝土,坍落度值不小于10mm,骨料最大粒径不大于40mm混凝土拌合物的稠度测定。

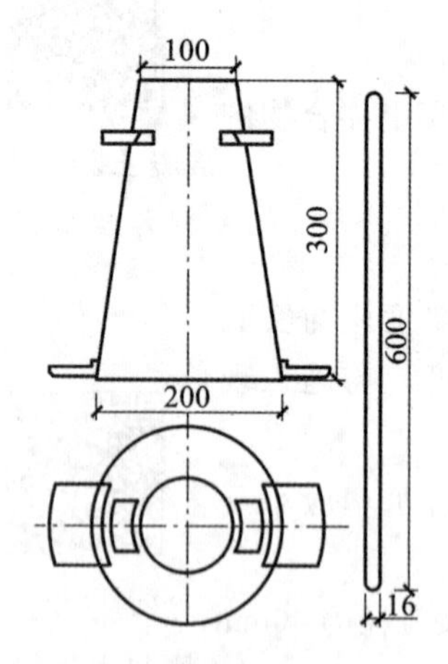

图11-13 坍落度筒、捣棒

(1)主要仪器设备

①坍落度筒、捣棒,见图11-13;

②小铲、钢尺、喂料斗等。

(2)实验方法及步骤

①测定前,用湿布将拌板及坍落筒内润湿,并在筒顶部加漏斗,放在拌板上,用双脚踩紧脚踏板,固定位置。

②取拌好的混凝土分三层装入筒内,每层高度在插捣后约为筒高的1/3,每层用捣棒插捣25次,插捣呈螺旋形由外向中心进行,各插捣点均应在截面上均匀分布。插捣底层时捣棒应贯穿整个深度,插捣第二层和顶层时,捣棒应插透本层至下一层表面。在插捣顶层时,应随时添加混凝土使其不低于筒口。插捣完毕,移去漏斗,刮去多余混凝土,并用抹刀抹平。

③清除筒边底板上的混凝土后,在5～10s内垂直平稳地提起坍落度筒。

④用两钢直尺或专用工具测量筒高与坍落后混凝土试体最高点之间的高度差,此值即为坍落度值,精确至1mm。

(3)实验结果评定

坍落度筒提起后,如拌合物发生崩塌或一边剪切破坏,则应重新取样测定,如仍出现上述现象,则该混凝土拌合物和易性不好,并应记录。

坍落度大于220mm时，扩展度值取拌合物扩展后最终的最大值和最小值的平均值，两者差值应小于50mm，否则应重做。

11.4.2.3 黏聚性和保水性实验

(1)黏聚性

用捣棒在已坍落的拌合物锥体侧面轻轻敲打，如锥体逐渐下沉，表示黏聚性良好，如锥体倒塌、部分崩裂或出现离析现象，则表示黏聚性不好。

(2)保水性

坍落度筒提起后，如无稀浆或仅有少量稀浆自底部析出，表明拌合物保水性良好。

坍落度筒提起后，如有较多的稀浆从底部析出，锥体部分的拌合物也因失浆而骨料外露，则表明保水性不好。

11.4.2.4 维勃稠度实验

维勃稠度法适用于干硬性混凝土，骨料最大粒径不超过40mm，维勃稠度值在5～30s的混凝土拌合物稠度测定。

(1)主要仪器设备

①维勃稠度仪，如图11-14所示；

②捣棒、小铲、秒表等。

(2)实验方法及步骤

①用湿布将容器、坍落度筒、喂料斗内壁及其他用具润湿。

②将喂料斗提到坍落度筒上方扣紧，使其中心与容器中心重合，拧紧固定螺栓。

③把拌合物用小铲分三层经喂料斗均匀地装入筒内，装料及插捣方式同坍落度实验。

④将圆盘、喂料斗转离，垂直地提起坍落筒，注意不要使混凝土试体产生横向扭动。

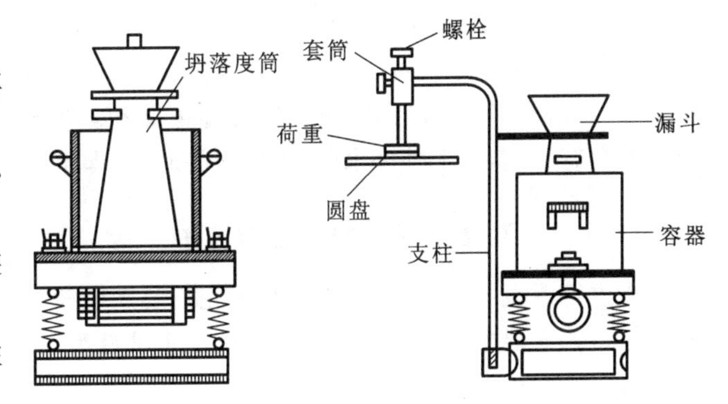

图11-14 维勃稠度仪

⑤把透明圆盘转到试体顶面，旋松测杆螺栓，降下圆盘，使其轻轻地接触到试体顶面。

⑥开启振动台和秒表，当振动到透明圆盘的底面被水泥浆布满的瞬间，停止计时，关闭振动台。

(3)实验结果确定

记录秒表的时间，精确至1s，即为混凝土拌合物的维勃稠度值。

11.4.3 混凝土拌合物湿表观密度实验

本实验适用于测定混凝土拌合物捣实后的湿表观密度，以备修正、核实混凝土配合比计算中的材料用量。

11.4.3.1 主要仪器设备

①容量筒：其内径应不小于集料最大公称粒径的4倍，如最大粒径为40mm时，容量筒容积$V=5L$，即ϕ186mm×186mm，精确至2mm(或其他合适容量筒)。容量筒应为刚性金属圆筒，两侧装有把手，筒壁坚固而不漏水，也可用混凝土试模进行实验。

②弹头形捣棒：同坍落度试验捣棒。

③磅秤：称量100kg，感量50g。

④其他：振动台、金属直尺、镘刀、玻璃板等。

11.4.3.2 实验步骤

①实验前用湿布将容量筒内外擦拭干净，称出质量m_1，精确至50g。

②捣固方法采用人工捣固,当坍落度不小于70mm时,将代表样分三层装入容量筒,每层高度约1/3筒高,用捣棒从边缘到中心沿螺旋线均匀插捣。捣棒应垂直压下,不得冲击,捣底层应至筒底,捣上两层时,须插入其下一层20~30mm。每捣毕一层,应在容量筒外壁拍打10~15次,直至拌合物表面不出现气泡为止。每层插捣25次。

③用振动台振实时(坍落度小于70m),应将容量筒在振动台上夹紧,一次性将拌合物装满容量筒后,立即开始振动,直至拌合物出现水泥浆为止。

④用金属直尺齐筒口刮去多余的混凝土,仔细用抹刀抹平表面,并用玻璃板检验,而后擦净容量筒外部并称其质量 m_2,精确至50g。

11.4.3.3 实验结果计算

按下式计算拌合物湿表观密度 ρ_{0c},精确至10kg/m³。

$$\rho_{0c}=\frac{m_2-m_1}{V} \tag{11-24}$$

式中 ρ_{0c}——拌合物湿表观密度,kg/m³;

m_1——容量筒质量,t;

m_2——捣实或振实后混凝土和容量筒总质量,kg;

V——容量筒容积,m³。

以两次实验结果的算术平均值作为测定值,试样不得重复使用。

应经常校正容量筒容积,将干净的容量筒和玻璃板合并称其质量,再将容量筒加满水,盖上玻璃板,勿使筒内存有气泡,擦干外部水分,称出水的质量,即可得出容量筒容积。

11.4.4 混凝土试件的成型与养护

在进行混凝土力学性能实验前,首先需要采用满足和易性要求的混凝土拌合物成型力学性能实验所需的试件。普通混凝土力学性能实验应以3个试件为一组,每组试件所用的拌合物应从同一盘混凝土或同一车混凝土中取样。

11.4.4.1 基本规定

成型前,应检查试模尺寸并符合有关规定;试模内表面应涂一薄层矿物油或其他不与混凝土发生反应的脱模剂。取样应在拌制后尽可能短的时间内成型,一般不宜超过15min。拌制或取样得到的混凝土拌合物应至少用铁锹再来回拌和三次。

11.4.4.2 试件尺寸

混凝土试件的尺寸应根据骨料最大粒径进行选择,骨料最大粒径不大于31.5mm时,试件的最小尺寸可选择100mm;骨料最大粒径不大于40mm时,试件的最小尺寸可选择150mm;骨料最大粒径不大于63mm时,试件的最小尺寸可选择200mm。

11.4.4.3 成型方法

成型时,应根据混凝土拌合物的稠度确定成型方法,坍落度不大于70mm的混凝土宜用振动成型;坍落度大于70mm的混凝土可用捣棒进行人工捣实。检验现浇混凝土或预制构件的混凝土,试件成型方法宜与实际采用的方法相同。对自密实混凝土,成型时不需要进行振动或捣实。

11.4.4.4 成型步骤

①采用振动台振实成型试件时,应按下述方法进行:

a. 将混凝土拌合物一次性装入试模,装料时应用抹刀沿各试模壁插捣,并使混凝土拌合物高出试模口。

b. 试模应附着或固定在符合要求的振动台上,振动时试模不得有任何跳动,振动应持续到表面出浆为止;应避免过振,以防止混凝土离析。一般振捣时间为10s。振动至试件出浆为止。

c. 刮除试模上口多余的混凝土,待混凝土临近初凝时,用镘刀抹平。

②采用人工捣实方法成型试件时，应按下述方法进行：

a. 混凝土拌合物应分两层装入模内，每层的装料厚度大致相等。

b. 插捣应按螺旋方向从边缘向中心均匀进行。在插捣底层混凝土时，捣棒应达到试模底部；插捣上层时，捣棒应贯穿上层后插入下层 20～30mm；插捣时捣棒应保持垂直，不得倾斜。然后用抹刀沿试模内壁插拔数次，使灰浆饱满。

c. 每层插捣次数不得少于 12 次。

d. 插捣后应用橡皮锤轻轻敲击试模四周，直至插捣棒留下的空洞消失为止。

e. 刮除试模上口多余的混凝土，待混凝土临近初凝时，用抹刀抹平。

11.4.4.5 混凝土试件的养护

试件成型后应立即用不透水的薄膜或者土工布覆盖表面。

采用标准养护的试件，应在温度为(20±5)℃的环境中静置一昼夜至两昼夜，然后编号、拆模。拆模后应立即放入标准养护室中养护，使要养护的试件控制在温度为(20±2)℃，相对湿度不小于 95%以上的条件下，或在温度为(20±2)℃的不流动的饱和溶液中养护。标准养护室内的试件应放在支架上，彼此间隔10～20mm，试件表面应保持潮湿，并不得被水直接冲淋。

11.4.5 混凝土立方体抗压强度实验

混凝土立方体抗压强度实验视频

11.4.5.1 主要仪器设备

①压力试验机，精度为 1%；

②钢直尺、毛刷等。

11.4.5.2 实验方法及步骤

①将试件从养护室取出，随即擦干并量出其受压面边长 a、b，精确至 1mm。

②将试件居中放于下压板上，试件的受压面应与成型时的顶面垂直。

③开动试验机，按试验机使用要求进行操作。

④加载应连续而均匀，当试件接近破坏而开始急剧变形时，停止调整试验机送油阀的开启程度，直至试件破坏，记录破坏荷载 P(N 或 kN)。

11.4.5.3 加载速度要求

①混凝土强度等级低于 C30 时，加载速度为 0.3～0.5MPa/s。

②混凝土强度等级等于或高于 C30 且低于 C60 时，加载速度为 0.5～0.8MPa/s。

③混凝土强度等级等于或高于 C60 时，加载速度为 0.8～1.0MPa/s。

11.4.5.4 实验结果计算与评定

①按下式计算试件的抗压强度 f_{cu}，精确至 0.1MPa。

$$f_{cu}=\frac{P}{A} \tag{11-25}$$

②抗压强度取 3 个试件的算术平均值，精确至 0.1MPa。3 个测值中如有 1 个与中间值的差超过中间值的 15%，则取中间值作为该组试件的抗压强度值；如有2 个 测值与中间值的差均超过中间值的 15%，则该组试件的实验结果无效。

③混凝土强度等级低于 C60 时，边长为 200mm 和 100mm 的非标准立方体试件抗压强度值需乘对应的尺寸换算系数 1.05 和 0.95，换算成标准立方体试件抗压强度值。混凝土强度等级高于 C60 时，宜采用标准试件，使用非标准试件时，尺寸换算系数应根据实验确定。

11.4.6 混凝土劈裂抗拉强度实验

11.4.6.1 主要仪器设备

①压力试验机，精度为 1%；

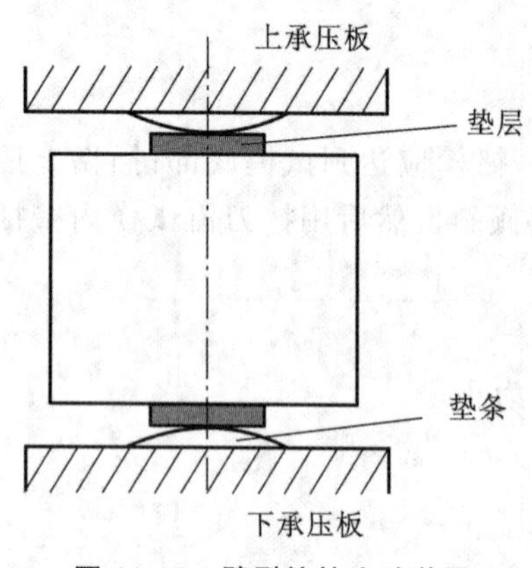

图 11-15 劈裂抗拉实验装置

②劈裂抗拉实验装置，如图 11-15 所示；

③垫条、垫层等。

11.4.6.2 实验方法及步骤

①从养护室取出试件后，将表面擦干净，在试件中部画线定出劈裂面的位置，劈裂面应与试件的成型面垂直。

②测量劈裂面的边长 a、b，精确至 1mm。

③将试件居中放在试验机下压板上，分别在上、下压板与试件之间加垫条与垫层，使垫条的接触母线与试件上的劈裂面(荷载作用线)准确对正。

④开动试验机，使试件与压板接触均衡后，连续均匀加载，试件接近破坏时停止调整油门，加载至破坏，记录破坏荷载 P(N 或 kN)。

混凝土劈裂抗拉强度实验视频

11.4.6.3 加载速度要求

①混凝土强度等级低于 C30 时，加载速度为 0.02～0.05MPa/s。

②混凝土强度等级等于或高于 C30 且低于 C60 时，加载速度为 0.05～0.08MPa/s。

③混凝土强度等级等于或高于 C60 时，加载速度为 0.08～0.10MPa/s。

11.4.6.4 实验结果计算与评定

①按下式计算混凝土的劈裂抗拉强度 f_{st}，精确至 0.1MPa。

$$f_{st}=\frac{2P}{\pi A}=0.637\frac{P}{A} \tag{11-26}$$

②混凝土劈裂抗拉强度取值方法与混凝土立方体抗压强度取值方法相同。

③混凝土强度等级低于 C60 时，边长为 100mm 的非标准立方体试件劈裂抗拉强度值需乘尺寸换算系数 0.85，换算成标准立方体试件劈裂抗拉强度值。混凝土强度等级高于 C60 时，宜采用标准试件，使用非标准试件时，尺寸换算系数应根据实验确定。

混凝土抗折强度实验视频

11.4.7 混凝土抗折强度实验

11.4.7.1 主要仪器设备

①压力试验机，精度为 1%；

②混凝土抗折实验装置，如图 11-16 所示；

③钢直尺、毛刷等。

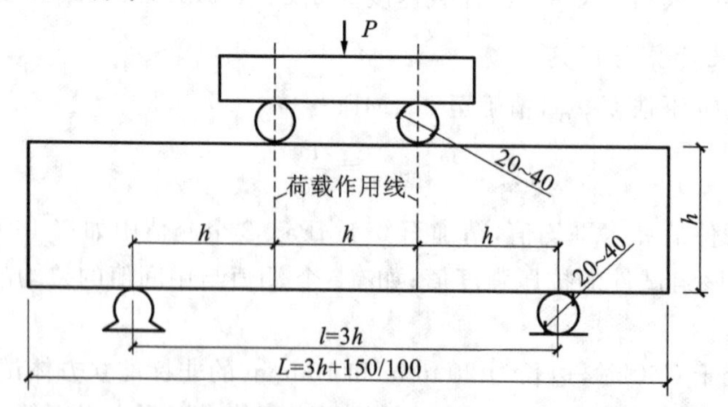

图 11-16 混凝土抗折实验装置

11.4.7.2 实验方法及步骤

①将试件从养护室取出，随即擦干。

②将试件居中放于抗折实验装置上，试件的受荷面应与成型时的顶面垂直。

③开动试验机，按试验机使用要求进行操作。

④加载应连续而均匀，当试件接近破坏时，停止调整试验机送油阀的开启程度，直至试件破坏，记录破坏荷载 P(N)及试件下边缘断裂位置。

11.4.7.3　加载速度要求

加载速度要求同混凝土立方体劈裂抗拉强度实验。

11.4.7.4　实验结果计算与评定

①按下式计算试件的抗折强度 f_{tm}，精确至0.1MPa。

$$f_{tm}=\frac{Pl}{bh^2} \tag{11-27}$$

式中　l——支座间跨度；

b,h——试件横截面宽度和高度，mm。

②抗折强度的取值，精确至0.1MPa。

a. 3个试件下边缘均断于两个集中荷载作用线之间时，取值方法同混凝土立方体抗压强度。

b. 3个试件中有1个折断面位于两个集中荷载之外时，以另外2个实验结果计算。如2个测值的差值不大于较小值的15%，抗折强度取2个测值的算术平均值，否则该组试件的实验结果无效。

c. 3个试件中有2个折断面位于两个集中荷载之外时，则该组试件的实验结果无效。

d. 混凝土强度等级低于C60时，尺寸为100mm×100mm×400mm的非标准试件抗折强度值需乘尺寸换算系数0.85，换算成标准抗折强度值。混凝土强度等级高于C60时，宜采用标准试件，使用非标准试件时，尺寸换算系数应根据实验确定。

11.4.8　混凝土耐久性实验

11.4.8.1　抗渗实验

(1)主要仪器设备

①混凝土抗渗仪，如图11-17所示；

②抗渗试模、钢丝刷等。

(2)实验方法及步骤

①按试件的制作与养护方法成型标准尺寸混凝土抗渗试件。

②试件拆模后，用钢丝刷刷去上下两端面的水泥浆膜，按标准条件进行养护。

③养护至27d，从养护室取出试件，晾干。

④在试件侧面涂密封材料，可用熔化的石蜡或黄油和粉煤灰混合物，同时对金属模套加热。

⑤把涂密封材料的试件压入预热后的金属模套。

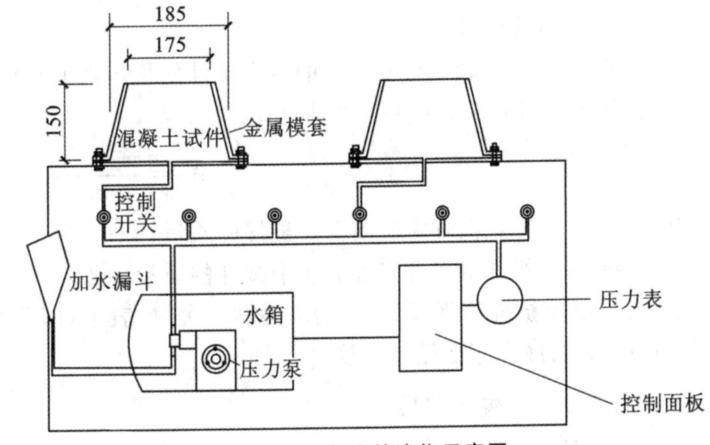

图11-17　混凝土抗渗仪示意图

⑥将试件和金属模套一起组装到抗渗仪上。

⑦实验水压从0.1MPa开始，每隔8h增加0.1MPa水压，并随时观察渗水状况。

⑧抗渗等级评定时，当一组6个试件中有3个试件渗水时，停止实验，并记录水压 H。

⑨进行对比实验时，也可将未渗水的试件垂直居中剖开，在底面分成10等份，分别测试渗水的高度 h_i。

(3)实验结果计算与评定

①按下式计算混凝土的抗渗等级 P。

$$P=10H-1 \tag{11-28}$$

②抗渗等级以 P_n 表示，n 为一组6个试件中4个试件未渗水时的最大压力。

③按下式计算单个试件的平均渗水高度 $\bar{h}$。

$$\bar{h} = \frac{\sum_{i=1}^{10} h_i}{10} \tag{11-29}$$

11.4.8.2 抗冻实验(慢冻法)

(1)主要仪器设备

①冻融实验箱,冷冻温度能保持在－20～－15℃,融解温度能保持在15～20℃;

②压力试验机,精度为1%;

③台秤,量程10kg,精度为5g。

(2)实验方法及步骤

①按试件的制作与养护方法成型标准尺寸试件。

②养护至24d,从养护室取出试件,检查外观,泡入15～20℃水中4d。

③试件取出后擦干表面水分、称取质量后放入冻融实验箱,尺寸为100mm×100mm×100mm和150mm×150mm×150mm的试件冻结时间不少于4h,尺寸为200mm×200mm×200mm的试件冻结时间不少于6h。

④冻完后取出放入15～20℃水中融解不少于4h。

⑤步骤③和④一起为一次冻融循环。

⑥在实验过程中应检查试件的外观,当有严重破坏时应进行称量,如平均质量损失超过5%,可停止实验。

⑦达到规定的循环次数后,分别称取质量,按混凝土立方体抗压强度实验方法测试3个试件的抗压强度。

(3)实验结果计算与评定

①按下式计算冻融强度损失率 Δf。

$$\Delta f = \frac{f_{co} - f_{cn}}{f_{co}} \times 100\% \tag{11-30}$$

式中 f_{co}——对比试件抗压强度平均值,即标准条件下养护的与冻融试件同龄期的3个试件的抗压强度平均值,MPa;

f_{cn}——经冻融循环实验后的3个试件的抗压强度平均值,MPa。

②按下式计算冻融质量损失率 ΔW。

$$\Delta W = \frac{m_0 - m_1}{m_0} \times 100\% \tag{11-31}$$

式中 m_0——冻融循环实验前3个试件的质量,kg;

m_1——经冻融循环实验后3个试件的质量,kg。

③混凝土抗冻等级以 F_n(n 为冻融循环次数)表示,即同时满足强度损失率不超过25%,质量损失率不超过5%时的最大冻融循环次数。

11.4.8.3 碳化实验

(1)主要仪器设备

混凝土碳化实验箱,二氧化碳浓度能控制在20%±3%,温度能控制在(20±5)℃,相对湿度能控制在70%±5%。

(2)实验方法及步骤

①按试件的制作与养护方法成型立方体试件或高宽比不小于3的棱柱体试件。

②试件拆模后,按标准条件进行养护。

③养护至26d,从养护室取出试件,置于60℃的烘箱中烘48h。

④将试件留下一对侧面,其余面用石蜡密封。

⑤在留下的侧面上以10mm间距画沿长度的平行线,作为碳化深度测试点。

⑥把处理好的试件放入碳化箱箱体内,间距不小于50mm。

⑦二氧化碳浓度、温度和相对湿度在实验前 2d 测定间隔时间为 2h,实验后间隔时间为 4h。

⑧碳化到 3d、7d、14d 和 28d 或确定的其他龄期时,取出试件破型并测试碳化深度,测试部分每次厚度不小于试件宽度的 1/2,完成后将试件端面用石蜡密封。

⑨将剖下部分清除粉末,滴上浓度为 1%的酒精酚酞溶液,溶液含水 20%。

⑩30s 后,按画线每 10mm 测试碳化深度 d_i,精确至 1mm。若碳化分界线上正好有粗骨料颗粒,则可取颗粒两侧处的平均值为该点的碳化深度。

也可测试碳化到一定龄期的混凝土立方体试件的抗压强度 f_{cut},与标准条件养护下的混凝土立方体抗压强度 f_{cu}相比得到强度对比关系,此时的立方体试件可不用蜡密封。

(3)实验结果计算与评定

①按下式计算各龄期混凝土试件的平均碳化深度 $\overline{d}_t$,精确至 0.1mm。

$$\overline{d}_t = \frac{\sum_{i=1}^{n} d_i}{n} \tag{11-32}$$

混凝土碳化值取 3 个试件的平均值。

②以碳化时间为横坐标、碳化深度为纵坐标绘出两者的关系曲线,可表示在标准碳化条件下混凝土碳化的发展规律。

③按下式可计算抗压强度比 A,表示碳化对混凝土抗压强度的影响。

$$A = \frac{f_{cut}}{f_{cu}} \tag{11-33}$$

11.5 砂浆实验

本节内容有砂浆的拌和方法、新拌砂浆的稠度和分层度实验、硬化砂浆的抗压强度实验、砂浆拉伸黏结强度测试。实验参照《砌筑砂浆配合比设计规程》(JGJ/T 98—2010)、《建筑砂浆基本性能试验方法标准》(JGJ/T 70—2009)进行。

11.5.1 砂浆的拌和方法

11.5.1.1 目的

通过砂浆的拌制,加强对砂浆配合比设计的实践性认识,掌握砂浆的拌制方法,为测定新拌砂浆以及硬化后砂浆的性能做准备。

11.5.1.2 主要仪器设备

砂浆搅拌机、台秤、天平、铁板、铁铲、抹刀等。

11.5.1.3 实验方法与步骤

本节仅对机械拌和法进行介绍,如采用人工拌和或者特殊要求的拌和方法可参考相关规定。

①将称好的砂、水泥装入砂浆搅拌机内。

②开动砂浆搅拌机,将水徐徐加入(混合砂浆需将石灰膏或黏土膏稀释至浆状),搅拌时间约为 3min,使物料拌和均匀。

③将砂浆拌合物倒在铁板上,再用铁铲翻拌两次,使之均匀。

11.5.2 砂浆稠度实验

砂浆稠度实验视频

11.5.2.1 目的

通过稠度实验,可以测定达到设计稠度时的加水量,或在施工期间控制稠度以保证施工质量。

11.5.2.2 主要仪器设备

①砂浆稠度仪,试锥高度为145mm、锥底直径为75mm,试锥及滑竿质量为300g,见图11-18;

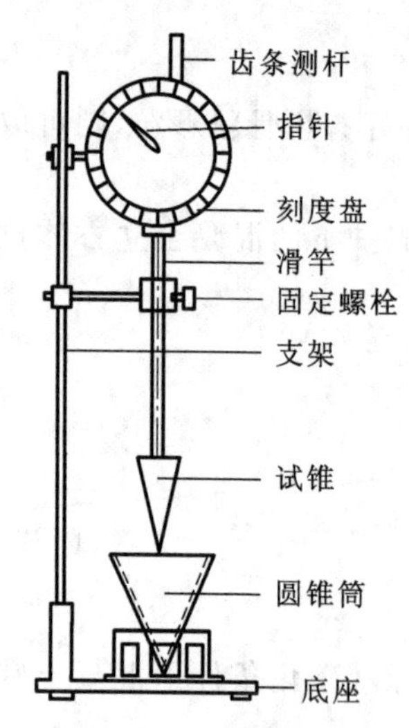

图11-18 砂浆稠度仪

②捣棒,直径10mm、长350mm;

③小铲、秒表等。

11.5.2.3 实验方法及步骤

①将拌好的砂浆一次装入圆锥筒内,装至距离筒口约10mm,用捣棒捣25次,然后将筒在桌上轻轻振动或敲击5~6下,使之表面平整,随后移置于砂浆稠度仪台座上。

②将试锥对准砂浆中心,调整试锥的位置,使其尖端和砂浆表面接触后,拧紧固定螺栓,将指针调至刻度盘零点,然后突然放开固定螺栓,使圆锥体自由沉入砂浆中,10s后读出下沉的距离,即为砂浆的稠度值K_1,精确至1mm。

③圆锥筒内砂浆只允许测定一次稠度,重复测定时应重新取样。

11.5.2.4 实验结果计算与评定

稠度取两次测定结果的算术平均值,精确至1mm;如两次测定值之差大于10mm,应重新配料测定。

11.5.3 砂浆分层度测试

砂浆分层度测试视频

11.5.3.1 目的

砂浆保水性将直接影响砂浆的施工性能及砌体质量。通过分层度实验,可测定砂浆在运输及停放时的保水能力。

11.5.3.2 主要仪器设备

①砂浆分层度测定仪,如图11-19所示;

②小铲、木槌等。

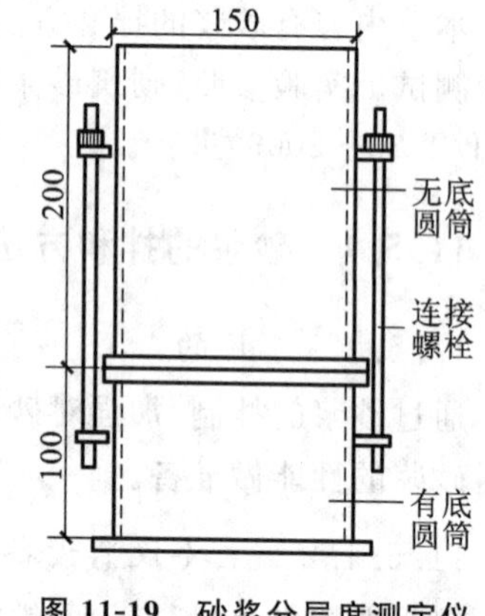

图11-19 砂浆分层度测定仪

11.5.3.3 实验方法与步骤

①测试出拌和好的砂浆稠度K_1,精确至1mm。

②再把砂浆一次注入分层度测定仪中,装满后用木槌在四周4个不同位置敲击容器1~2下,如砂浆沉落到低于筒口,则应随时添加,然后刮去多余砂浆并用抹刀抹平。

③静置30min后,去除上层200mm砂浆,然后取出底层100mm砂浆重新拌和均匀,再测定砂浆稠度值K_2,精确至1mm。

两次砂浆稠度值的差值(K_2-K_1)即为砂浆的分层度。

11.5.3.4 实验结果计算与评定

砂浆分层度结果取两次实验结果的算术平均值。两次分层度实验值之差如大于10mm,应重新取样测定。

砂浆的分层度宜为10~30mm,如大于30mm,易产生分层、离析、泌水等现象,如小于10mm则砂浆过黏,不易铺设,且容易产生干缩裂缝。

11.5.4 砂浆抗压强度实验

11.5.4.1 目的

通过砂浆抗压强度实验,可检验砂浆的实际强度是否满足设计要求。

11.5.4.2 主要仪器设备

①压力试验机,精度为2%;

②试模，尺寸为70.7mm×70.7mm×70.7mm，带底试模；

③捣棒、抹刀、油灰刀等。

11.5.4.3 实验方法与步骤

(1)制作试件

①应用黄油等密封材料涂抹试模的外接缝，试模内涂刷薄层机油或脱模剂。

②将拌制好的砂浆一次性装满砂浆试模，成型方法根据稠度而定。当稠度大于或等于50mm时采用人工振捣成型，当稠度小于50mm时采用振动台振实成型。

a.人工振捣：用捣棒均匀地由边缘向中心按螺旋方式插捣25次，插捣过程中如砂浆沉落低于试模口，应随时添加砂浆，可用油灰刀插捣数次，并用手将试模一边抬高5～10mm各振动5次，使砂浆高出试模顶面6～8mm。

b.机械振动：将砂浆一次装满试模，放置到振动台上，振动时试模不得跳动，振动5～10s或振动持续到表面出浆为止；不得过振。

③待表面水分稍干后，将高出试模部分的砂浆沿试模顶面刮去并抹平。

(2)养护试件

试件制成后在(20±5)℃温度下停置(24±2)h，当气温较低时，可适当延长时间，但不应超过48h，然后对试件进行编号拆模。试件拆模后应立即放入温度为(20±2)℃，相对湿度为90%以上的标准养护室中养护。养护期间，试件彼此间隔不小于10mm，混合砂浆试件上面应覆盖膜，以防有水滴在试件上。

(3)测试抗压强度

①将试件从养护室取出并迅速擦拭干净，测量尺寸，检查外观。试件尺寸测量精确至1mm。如实测尺寸与公称尺寸之差不超过1mm，可按公称尺寸进行计算。

②将试件居中放在试验机的下压板上，试件的承压面应垂直于成型时的顶面。

③开动试验机，以0.25～1.5kN/s加荷速度加载。砂浆强度为5MPa及以下时，取下限值为宜，砂浆强度为5MPa以上时取上限值为宜。

④当试件接近破坏而开始迅速变形时，停止调整试验机油门，直至试件破坏，记录破坏荷载P(N)。

11.5.4.4 实验结果计算与评定

①按下式计算试件的抗压强度，精确至0.1MPa。

$$f_{mu}=\frac{P}{A} \tag{11-34}$$

②砂浆抗压强度取3个试件抗压强度算术平均值的1.35倍，精确至0.1MPa。当3个试件的最大值或最小值与中间值之差超过15%时，应把最大值及最小值一并舍去，取中间值作为该组试件的抗压强度值。

③当两个测值与中间值的差值均超过中间值的15%时，该组实验结果无效。

11.5.5 砂浆拉伸黏结强度测试

11.5.5.1 目的

通过对砂浆拉伸黏结强度的测试，可以判定砂浆与基底材料之间黏合作用的强弱。

11.5.5.2 主要仪器设备

①拉力试验机，破坏荷载应在其量程的20%～80%范围内，精度为1%，最小示值为1N。

②拉伸专用夹具。

③成型框，外框尺寸为70mm×70mm，内框尺寸为40mm×40mm，厚度为6mm，材料为硬聚氯乙烯或金属。

④钢制垫板，外框尺寸为70mm×70mm，内框尺寸为43mm×43mm，厚度为3mm。

11.5.5.3 实验方法与步骤

(1)基底水泥砂浆试件的制备

①原材料。水泥：符合《〈通用硅酸盐水泥〉国家标准第3号修改单》(GB 175—2007/XG3—2018)的

42.5级水泥;砂:符合《普通混凝土用砂、石质量及检验方法标准》(JGJ 52—2006)的中砂;水:符合《混凝土用水标准》(JGJ 63—2006)的用水标准。

②配合比。水泥∶砂∶水=1∶3∶0.5(质量比)。

③成型。将按上述配合比制成的水泥砂浆倒入70mm×70mm×20mm的硬聚氯乙烯或金属模具中,振动成型,试模内壁事先宜涂刷水性脱模剂,待干,备用。

④成型24h后脱模,放入(23±2)℃水中养护6d,再在实验条件下放置21d以上。实验前用200# 砂纸或磨石将水泥砂浆试件的成型面磨平,备用。

(2)砂浆料浆的制备

①干混砂浆料浆的制备。

a. 待检样品应在实验条件下放置24h以上。

b. 称取不少于10kg的待检样品,按产品制造商提供的比例进行水的称量,若给出一个值域范围,则采用平均值。

c. 将待检样品放入砂浆搅拌机中,启动机器,徐徐加入规定量的水,搅拌3~5min。搅拌好的料应在2h内用完。

②湿拌砂浆料浆的制备。

a. 待检样品应在实验条件下放置24h以上。

b. 按产品制造商提供的比例进行物料的称量,干物料总量不少于10kg。

c. 将称好的物料放入砂浆搅拌机中,启动机器,徐徐加入规定量的水,搅拌3~5min。搅拌好的料应在规定时间内用完。

③现拌砂浆料浆的制备。

a. 待检样品应在实验条件下放置24h以上。

b. 按设计要求的配合比进行物料的称量,干物料总量不少于10kg。

c. 将称好的物料放入砂浆搅拌机中,启动机器,徐徐加入规定量的水,搅拌3~5min。搅拌好的料应在2h内用完。

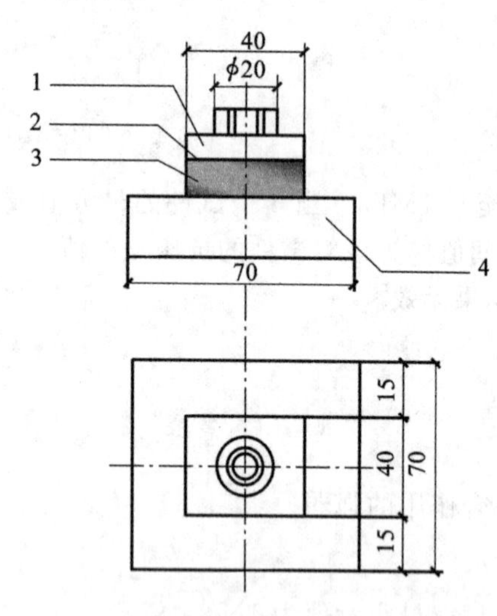

图11-20 拉伸黏结用钢制上夹具

1—拉伸用钢制上夹具;2—黏合剂;3—检验砂浆;4—水泥砂浆块

(3)拉伸黏结强度试件的制备

将成型框放在制备好的水泥砂浆试块的成型面上,将制备好的干混砂浆料浆或直接从现场取来的湿拌砂浆试样倒入成型框中,用捣棒均匀插捣15次,人工颠实5次,再转90°,再颠实5次,然后用刮刀以45°方向抹平砂浆表面,轻轻脱模,在温度为(23±2)℃、相对湿度为60%~80%的环境中养护至规定龄期。每一砂浆试样至少制备10个试件。

(4)拉伸黏结强度实验

①将试件在标准实验条件下养护13d,在试件表面涂上环氧树脂等高强度黏合剂,然后将上夹具位置对正放在黏合剂上,并确保上夹具不歪斜,继续养护24h。

②测定拉伸黏结强度。其示意图见图11-20。

③将钢制垫板套入基底砂浆块上,将拉伸黏结强度夹具安装到实验机上,试件置于拉伸夹具中,夹具与实验机的连接宜采用球铰活动连接,以(5±1)mm/min速度加荷至试件破坏。实验时破坏面应在检验砂浆内部,则认为该值有效,并记录试件破坏时的荷载值。若破坏形式为拉伸夹具与黏合剂破坏,则实验结果无效。

11.5.5.4 实验结果计算与评定

拉伸黏结强度应按下式计算：

$$f_{at} = \frac{F}{A_z} \tag{11-35}$$

式中 f_{at}——砂浆的拉伸黏结强度，MPa；

F——试件破坏时的荷载，kN；

A_z——黏结面积，mm^2。

单个试件的拉伸黏结强度值应精确至 0.001MPa，计算 10 个试件的平均值，如单个试件的强度值与平均值之差大于实验值的 20%，则逐次舍弃偏差最大的实验值，直至各实验值与平均值之差不超过实验值的 20%，当 10 个试件中有效数据不少于 6 个时，取剩余数据的平均值为实验结果，结果精确至 0.01MPa。当 10 个试件中有效数据不足 6 个时，则此组实验结果无效，应重新制备试件进行实验。

11.6 沥青实验

本节内容为沥青针入度、延度和软化点实验。实验参照《建筑石油沥青》(GB/T 494—2010)、《沥青软化点测定法 环球法》(GB/T 4507—2014)、《沥青延度测定法》(GB/T 4508—2010)、《沥青针入度测定法》(GB/T 4509—2010)、《公路工程沥青及沥青混合料试验规程》(JTG E20—2011)进行。

11.6.1 针入度实验

11.6.1.1 目的

沥青针入度是在规定温度(25℃)和规定时间(5s)内，附加一定质量(100g)的标准针垂直贯入沥青试样中的深度，单位为 0.1mm。通过针入度的测定可以确定石油沥青的稠度，针入度越大说明稠度越小，同时它也是划分沥青牌号的主要指标。

11.6.1.2 主要仪器设备

①针入度仪：能保证针和针连杆在无明显摩擦下垂直运动，并指示针贯入深度准确至 0.01mm，具体如图 11-21 所示。

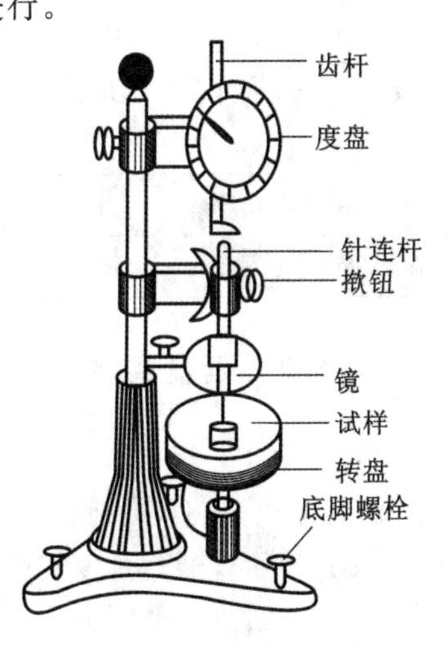

图 11-21 沥青针入度仪

②标准针：洛氏硬度 HRC 为 54～60，针及针杆总质量为(2.5±0.5)g。

③温度计：测量范围为 0～50℃，分度值为 0.1℃。

④恒温水槽：容量不少于 10L，控温精度为±0.1℃。水中应设有一带孔的搁板(台)，位于水面下不少于 100mm，距水槽底不得少于 50mm 处。

⑤秒表：分度值为 0.1s。

⑥盛样皿，平底玻璃皿，电炉或沙浴、石棉网、金属锅或瓷坩埚等。

11.6.1.3 实验准备

①将恒温水槽调到要求的温度 25℃，保持稳定。

②将试样放在放有石棉垫的炉具上缓慢加热，时间不超过 30min，用玻璃棒轻轻搅拌，防止局部过热。加热至脱水温度，石油沥青不超过软化点以上 90℃，焦油沥青不超过软化点以上 60℃。沥青脱水后通过孔径为 0.6mm 的滤筛过筛。

③将试样注入盛样皿中，高度应超过预计针入度值 10mm，盖上盛样皿盖，防止落入灰尘。在 15～30℃室温下，小的试样皿中的样品冷却 0.75～1.5h(小盛样皿)，中等试样皿中的样品冷却 1～1.5h，较大的试样皿中的样品冷却 1.5～2h。冷却结束后移入保持规定实验温度±0.1℃的恒温水槽中恒温 0.75～1.5h(小试样皿)、1～1.5h(中试样皿)或者 1.5～2h(大试样皿)。

④调整针入度仪使之水平。检查针连杆和导轨,以确认没有水和其他外来物,无明显摩擦。用三氯乙烯或其他溶剂清洗标准针,并擦干。将标准针插入针连杆,用螺栓紧固。按实验条件,加上附加砝码。

11.6.1.4 实验方法与步骤

①取出达到恒温的盛样皿,并移入水温控制在实验温度±0.1℃(可用恒温水槽中的水)的平底玻璃皿中的三脚支架上,试样表面以上的水层深度不少于10mm。

②将盛有试样的平底玻璃皿置于针入度仪的平台上。慢慢放下针连杆,用适当位置的反光镜或灯光反射观察,使针尖恰好与试样表面接触。拉下刻度盘的拉杆,使其与针连杆顶端轻轻接触,调节刻度盘或深度指示器的指针使其指示为零。

③开动秒表,在指针正指5s的瞬间,用手紧压按钮,使标准针自动下落贯入试样,经规定时间,停压按钮使针停止移动。拉下刻度盘拉杆与针连杆顶端接触,读取刻度盘指针或位移指示器的读数,即为针入度,精确至0.1mm。当采用自动针入度仪时,计时与标准针落下贯入试样同时开始,至5s时自动停止。

④同一试样平行实验至少3次,各测试点之间及与盛样皿边缘的距离不应少于10mm。每次实验后应将盛有盛样皿的平底玻璃皿放入恒温水槽,使平底玻璃皿中水温保持实验温度。每次实验应换一根干净标准针或将标准针取下用蘸有三氯乙烯溶剂的棉花或布揩净,再用干棉花或布擦干。

⑤测定针入度大于200的沥青试样时,至少用3支标准针,每次实验后将针留在试样中,直至3次平行实验完成后,才能将标准针取出。

11.6.1.5 实验结果计算与评定

针入度取3次实验结果的算术平均值,取至整数。3次实验所测针入度的最大值与最小值之差不应超过表11-4的规定,否则应重测。

表11-4 石油沥青针入度测定值的最大允许差值

针入度/(0.1mm)	0～49	50～149	150～249	250～350
最大允许差值/(0.1mm)	2	4	6	8

11.6.2 延度实验

11.6.2.1 目的

沥青延度是将规定形状的试样在规定温度(25℃)条件下以规定拉伸速度(5cm/min)拉至断开时的长度,以cm表示。通过延度实验测定沥青能够承受的塑性变形能力。

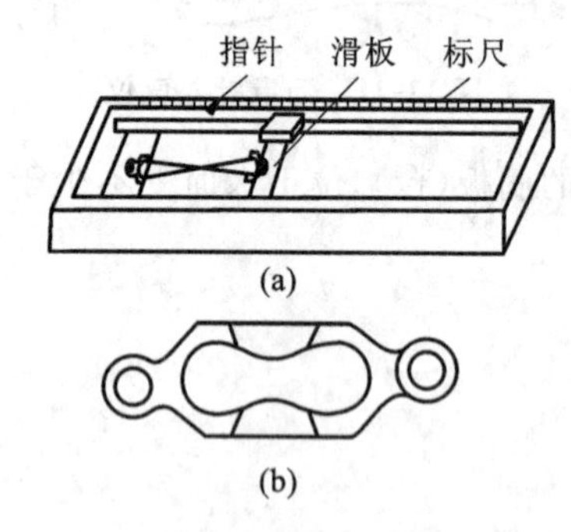

图11-22 沥青延度仪及模具
(a)延度仪;(b)模具

11.6.2.2 主要仪器设备

①延度仪:能按照规定拉伸速度拉伸试件,如图11-22所示。

②温度计:测量范围为0～50℃,分度值为0.1℃。

③恒温水槽,延度试模,平刮刀、石棉网、酒精、食盐等。

11.6.2.3 实验准备

①将隔离剂拌和均匀,涂于清洁干燥的试模底板和两个侧模的内侧面,然后将试模在试模底板上装妥。

②均匀加热沥青至流动,然后将试样自试模的一端至另一端往返数次仔细缓缓注入模中,最后略高出试模。灌模时不得使气泡混入。

③将试件在室温中冷却30～40min,然后放在规定温度的水浴中保持30min取出,用热刮刀刮除高出试模的沥青,使沥青面与试模面齐平。沥青的刮法应自试模的中间刮向两端,且表面应刮得平滑。

④检查延度仪拉伸速度是否符合规定要求,然后移动滑板使其指针正对标尺的零点。将延度仪注水,并保温达到实验温度±0.1℃。

11.6.2.4 实验方法及步骤

①将保温后的试件连同底板移入延度仪的水槽中，然后将盛有试样的试模自玻璃板或不锈钢板上取下，将试模两端的孔分别套在滑板及槽端固定板的金属柱上，并取下侧模。水面距试件表面应不小于2.5cm。

②开动延度仪，并注意观察试样的延伸情况。此时应注意，在实验过程中，水温应始终保持在实验温度规定范围内，且仪器不得有振动，水面不得有晃动，当水槽采用循环水时，应暂时中断循环，停止水流。

在实验中，如发现沥青细丝浮于水面或沉入槽底，则应在水中加入酒精或食盐调整水的密度，使沥青材料既不浮于水面，又不沉入槽底。

③试件拉断时，读取指针所指标尺上的读数，以cm计。在正常情况下，试件延伸时应成锥尖状，拉断时实际断面接近于零。如3次实验得不到正常结果，则应在报告中注明。

11.6.2.5 实验结果计算与评定

①若3个试件测定值在其平均值的5%内，取平行测定3个结果的平均值作为测定结果。若3个试件测定值不在其平均值的5%以内，但其中2个较高值在平均值的5%以内，则弃去最低测定值，取两个较高值的平均值作为测定结果，否则应重新测定。

②重复性实验精度的允许差为平均值的10%；再现性实验的允许差为平均值的20%。

11.6.3 软化点实验(环球法)

11.6.3.1 目的

软化点是反映沥青在温度作用下，其黏度和塑性改变程度的指标，它是在不同环境下选用沥青的最重要指标之一。

11.6.3.2 主要仪器设备

①软化点实验仪：由耐热玻璃烧杯、金属支架、钢球、试样环、钢球定位环、温度计等部件组成，如图11-23所示。上层为一圆盘，直径略大于烧杯，中间有一圆孔，用来插放温度计。中层板上有两个孔，各放置金属环，中间有一小孔可支持温度计的测温端部。一侧立杆距环上面51mm处刻有水高标记。环下面距下层底板为25.4mm，而下底板距烧杯底不小于12.7mm，也不得大于19mm。钢球直径为9.5mm，质量为(3.5±0.05)g；试样环由黄铜或不锈钢制成，高(6.4±0.1)mm，下端有一个2mm的凹槽。

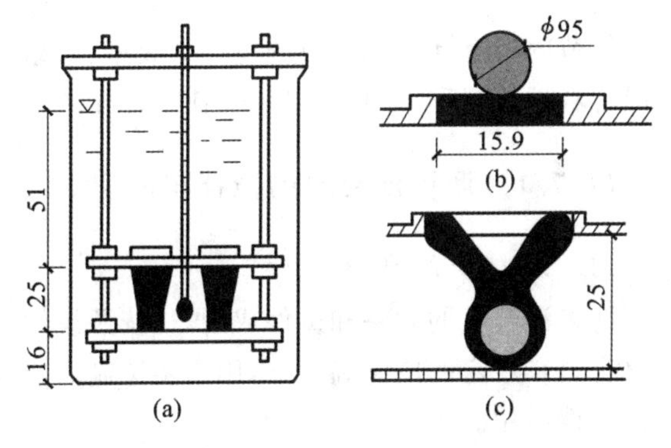

图11-23 沥青软化点实验仪

(a)软化点仪装置；(b)实验前钢球位置；(c)实验后钢球位置

②温度计：测量范围为0～80℃，分度值为0.5℃。

③电炉或其他加热炉具、恒温水槽、刮刀等。

11.6.3.3 实验准备

①将试样环置于涂有甘油滑石粉隔离剂的试样底板上，将准备好的沥青试样徐徐注入试样环内至略高出环面为止。

如估计试样软化点高于120℃，则试样环和试样底板(不用玻璃板)均应预热至80～100℃。

②在空气中冷却不少于30min后，用热刀刮去多余的沥青至与环面齐平。

③试样在室温冷却30min后，用环夹夹着试样杯，并用热刮刀刮除环面上的试样，使其与环面齐平。

11.6.3.4 实验方法及步骤

①试样软化点在80℃以下者，试验方法及步骤为：

a. 将装有试样的试样环连同试样底板置于(5±0.5)℃水的恒温水槽中至少15min，同时将金属支架、钢球、钢球定位环等亦置于相同水槽中。

b. 烧杯内注入新煮沸并冷却至5℃的蒸馏水,水面略低于立杆上的深度标记。

c. 从恒温水槽中取出盛有试样的试样环放置在支架中层板的圆孔中,套上定位环;然后将整个环架放入烧杯中,调整水面至深度标记,并保持水温为(5±0.5)℃。环架上任何部分不得附有气泡。将0~80℃的温度计由上层板中心孔垂直插入,使端部测温头底部与试样环下面齐平。

d. 将盛有水和环架的烧杯移至放有石棉网的加热炉具上,然后将钢球放在定位环中间的试样中央,立即开动振荡搅拌器,使水微微振荡,并开始加热,使杯中水温在3min内调节至稳定每分钟上升(5±0.5)℃。在加热过程中,应记录每分钟上升的温度值,如温度上升速度超出此范围,则实验应重做。

e. 试样受热软化逐渐下坠,至与下层底板表面接触时,立即读取温度,精确至0.5℃。

②试样软化点在80℃以上者,实验方法及步骤为:

a. 将装有试样的试样环连同试样底板置于装有(32±1)℃甘油的恒温槽中至少15min,同时将金属支架、钢球、钢球定位环等亦置于甘油中。

b. 在烧杯内注入预先加热至32℃的甘油,其液面略低于立杆上的深度标记。

c. 从恒温槽中取出装有试样的试样环,按上述①的方法进行测定,精确至1℃。

11.6.3.5 实验结果计算与评定

①同一试样平行实验两次,当两次测定值的差值符合重复性实验精密度要求时,取其平均值作为软化点实验结果,精确至0.5℃。

②当试样软化点小于80℃时,重复性实验允许差为1℃,再现性实验允许差为4℃;当试样软化点大于或等于80℃时,重复性实验允许差为2℃,再现性实验允许差为8℃。

11.7 沥青混合料实验

本节内容有沥青混合料的搅拌与成型、马歇尔稳定度实验、车辙实验等。实验参照《公路工程沥青及沥青混合料试验规程》(JTG E20—2011)进行。

11.7.1 沥青混合料的搅拌与成型

11.7.1.1 目的

沥青混合料的制备和试件成型,是按照设计的配合比,按规定的拌制温度制备成沥青混合料,然后将这种混合料在规定的成型温度下,用击实法制成直径101.6mm、高63.5mm的圆柱体试件,供测定其物理常数和力学性质用。

11.7.1.2 主要仪器设备

①沥青混合料拌合机,如图11-24所示;

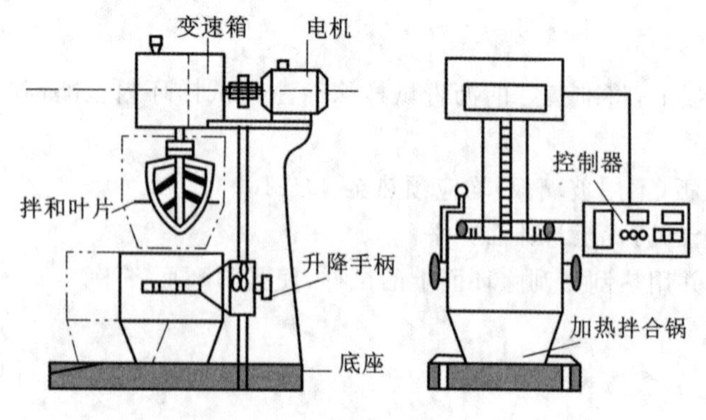

图11-24 沥青混合料拌合机

②击实仪、标准击实台、脱模器、烘箱、天平、毛细管黏度计等。

11.7.1.3 实验准备

①将各种规格的矿料置于(105±5)℃的烘箱中烘干至恒重(时间一般不少于4~6h)。

②分别测定不同粒径粗、细集料及填料(矿粉)的各种密度,并测定沥青的密度。

③按每个试件设计级配要求称量,在一金属盘中混合均匀,矿粉单独加热,置于烘箱中预热至沥青拌和温度以上约15℃,沥青加热至拌和温度。

④用沾有黄油的棉纱擦净试模、套筒及击实座等，置于100℃左右烘箱中加热1h备用。

⑤将沥青混合料拌和机预热至拌和温度以上10℃左右备用。

11.7.1.4 实验方法及步骤

①将预热的粗、细集料置于拌合机中，适当混合后加入沥青，开机边搅拌边将拌和叶片插入混合料中，拌和1～1.5min后暂停，加入矿粉，继续拌和至均匀。总拌和时间为3min。

②均匀称取一个试件所需的拌好的沥青混合料约1200g。

③用沾有黄油的棉纱擦拭预热的套筒、底座及击实锤底面，将试模装在底座上，垫一张吸油性小的圆纸，按四分法从四个方向将混合料铲入试模，用插刀沿周边插捣15次，中间插捣10次。最后将沥青混合料表面整成凸圆弧面。

④插入温度计至混合料中心附近，检查混合料温度。

⑤温度符合要求后，将试模连同底座放在击实台上固定，在装好的混合料上面垫一张吸油性小的圆纸，再将装有击实锤及导向棒的压实头插入试模中，然后开启击实仪击实至规定次数。

⑥试件击实一面后，将试模掉头后以同样的方式和次数击实另一面。

⑦击实完成后，取掉上下面的纸，用卡尺量取试件离试模上口的高度并由此计算试件高度，如高度不符合要求，则试件应作废，并调整试件的混合料数量，使高度符合要求。

⑧卸去套筒和底座，将装有试件的试模横向放置，冷却至室温后脱模。再将试件置于干燥洁净的平面上，在室温下静置12h以上供实验用。

11.7.2 沥青混合料的马歇尔稳定度实验

沥青混合料的马歇尔稳定度实验视频

11.7.2.1 目的

通过马歇尔稳定度实验和浸水马歇尔稳定度实验，可为沥青混合料的配合比设计提供依据或验证沥青混合料的配合比，也可检验沥青路面的施工质量。浸水马歇尔稳定度实验可检验沥青混合料受水损害时抵抗剥落的能力。

11.7.2.2 主要仪器设备

①沥青混合料马歇尔实验仪，如图11-25所示；

②圆柱形试件，直径(101.6±0.2)mm、高(63.5±1.3)mm；

③恒温水槽、真空饱水容器、烘箱、天平、温度计等。

11.7.2.3 实验方法及步骤

(1)标准马歇尔实验

①将试件及马歇尔实验仪的上下压头置于规定温度的恒温水槽中保温30～40min。对黏稠石油沥青混合料为(60±1)℃，对煤沥青为(33.8±1)℃。

②将上下压头取出擦拭干净内面。再将试件取出置于下压头上，盖上上压头，然后装在加载设备上。

③将流值测定装置安装在导棒上，使导向套管轻轻地压住上压头，同时将流值计读数调零。在上压头的球座上放妥钢球，调整应力环中千分表对准零或将荷载传感器的读数复位为零。

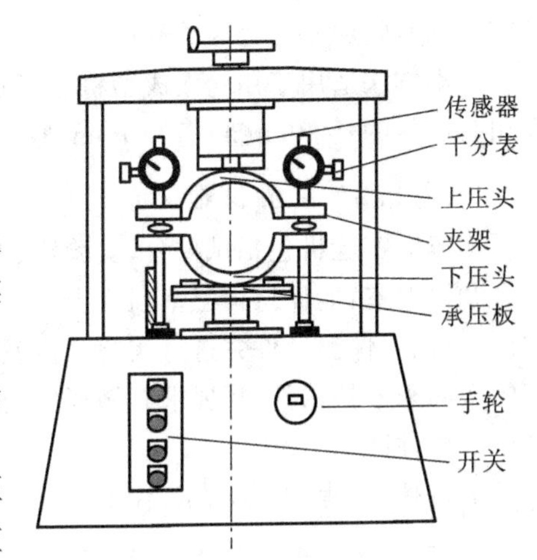

图11-25 沥青混合料马歇尔实验仪

④启动加载设备，以(50±5)mm/min的速度加载。记录实验荷载达到最大值瞬间的应力环中千分表或荷载传感器读数和流值计的流值读数。

⑤从恒温水槽中取出试件至测出最大荷载值的时间，不得超过30s。

(2)浸水马歇尔实验和真空饱和马歇尔实验

①浸水马歇尔实验是将试件在规定温度的恒温水槽中保温48h，其余同标准马歇尔实验方法。测试出

试件浸水48h后的稳定度MS_1。

②真空饱和马歇尔实验是将试件先放入真空干燥器中，干燥器的真空度达97.3kPa(730mmHg)以上，维持15min，然后打开进水胶管，使试件全部浸入水中，15min后恢复常压，取出试件再放入规定温度的恒温水槽中保温48h，其余同标准马歇尔实验方法。测试出试件真空饱水，浸水48h后的稳定度MS_2。

11.7.2.4 实验结果计算与评定

①稳定度和流值。

a. 测得的荷载最大值即为试样的稳定度MS，精确至0.01kN。

b. 最大荷载时试件垂直变形值，即为试件的流值FL，精确至0.1mm。

②按下式计算试件的马歇尔模数T(kN/mm)。

$$T=\frac{MS}{FL} \tag{11-36}$$

③按下式计算试件浸水残留稳定度MS_0(%)。

$$MS_0=\frac{MS_1}{MS}\times 100\% \tag{11-37}$$

④按下式计算试件真空饱水残留稳定度MS'_0(%)。

$$MS'_0=\frac{MS_2}{MS}\times 100\% \tag{11-38}$$

⑤实验结果的评定。

实验结果取测定值的算术平均值。如测定值中有数据与平均值之比大于标准差的k倍时，舍弃该值后取剩余测定值的算术平均值。试件数目为3个、4个、5个和6个时对应的k值为1.15、1.46、1.67和1.82。

11.7.3 车辙实验

11.7.3.1 目的

①本方法适用于测定沥青混合料的高温抗车辙能力，供沥青混合料配合比设计的高温稳定性检验使用。

②车辙实验的实验温度与轮压可根据有关规定和需要选用，非经注明，实验温度为60℃，轮压为0.7MPa。根据需要，如在寒冷地区也可采用45℃，在高温条件下采用70℃等，但应在报告中注明。计算动稳定度的时间原则上为实验开始后45～60min之间。

③本方法适用于用轮碾成型机碾压成型的长300mm、宽300mm、厚50mm的板块状试件，也适用于现场切割制作的长300mm、宽150mm、厚50mm的板块状试件。根据需要，试件的厚度也可采用40mm。

11.7.3.2 主要仪器设备

①车辙实验机包括试件台、实验轮、加载装置、试模、变形测量装置和温度检测装置。

②恒温室：能保持恒温室温度为(60±1)℃[试件内部温度为(60±0.5)℃]，根据需要亦可为其他需要的温度；用于保温试件并进行实验。恒温室必须有足够的空间，做到整机必须安放在恒温室内，且必须有一定的空间来养护试件，还要求有循环气流。通过实验发现，空气不回流时的试件动稳定度比有气流循环装置中的试件高一倍。

③台秤：量程15kg，精度不大于5g。

11.7.3.3 实验方法及步骤

(1)准备工作

①实验轮接地压强测定：测定在60℃时进行。在实验台上放置一块50mm厚的钢板，其上铺一张毫米方格纸，上铺一张新的复写纸，以规定的700N荷载实验轮静压复写纸，即可在方格纸上得出轮压面积，并由此求得接地压强。当压强不符合(0.7±0.05)MPa时，荷载应予以适当调整。

②按照《公路工程沥青及沥青混合料试验规程》(JTG E20—2011)，用轮碾成型法制作车辙实验试块。在实验室或工地制备成型的车辙试件，其标准尺寸为300mm×300mm×50mm。也可从路面切割出需要尺

寸的试件，要求长、宽允许误差为－10mm，厚度采用实际的厚度。由于大多数切割试件尺寸偏小，因此必须采取相应的固定措施，比如用水泥浆固定等。

当直接在拌和厂取拌和好的沥青混合料样品制作试件检验生产配合比设计或混合料生产质量时，必须将混合料装入保温桶中，在温度下降至成型温度之前迅速送达实验室制作试件，如果温度稍有不足，可放在烘箱中稍作加热(时间不超过30min)后使用。也可直接在现场用手动碾或压路机碾压成型试件，但不得将混合料放冷却后二次加热重塑制作试件。重塑试件的实验结果仅供参考，不得用于检验评定配合比设计是否合格。

③如需要，将试件脱模按《公路工程沥青及沥青混合料试验规程》(JTG E20—2011)的方法测定密度及空隙率等各项物理指标。如经水浸，应用电扇将其吹干，然后再装回原试模中。

④试件成型后，连同试模一起在常温条件下放置的时间不得少于12h。对聚合物改性沥青混合料，放置的时间以48h为宜，使聚合物改性沥青充分固化后方可进行车辙实验，但室温放置时间也不得长于一周。

注：为使试件与试模紧密接触，应使四边的方向位置不变。

(2)实验步骤

①将试件连同试模一起，置于已达到实验温度(60±1)℃的恒温室中，保温不少于5h，也不得多于12h。在试件的实验轮不行走的部位上，粘贴一个热电偶温度计(也可在试件制作时预先将热电偶导线埋入试件一角)，控制试件温度稳定在(60±0.5)℃。

②将试件连同试模移置于轮辙实验机的实验台上，实验轮在试件的中央部位，其行走方向需与试件碾压或行车方向一致。开动车辙变形自动记录仪，然后启动实验机，使实验轮往返行走，时间约1h，或最大变形达到25mm时为止。实验时，记录仪自动记录变形曲线及试件温度。

注：对300mm宽且实验时变形较小的试件，也可对一块试件在两侧1/3位置上进行两次实验取平均值。

11.7.3.4 实验结果计算与评定

①读取45min (t_1)及60min (t_2)时的车辙变形 d_1 及 d_2，精确至0.01mm。当变形过大，在未到60min变形已达25mm时，则达到25mm(d_2)时的时间为 t_2，取 t_2 前15min时的时间为 t_1，此时的变形量为 d_1。

②沥青混合料试件的动稳定度按下式计算。

$$\mathrm{DS}=\frac{(t_2-t_1)\cdot N}{d_2-d_1}\cdot C_1\cdot C_2 \tag{11-39}$$

式中 DS——沥青混合料的动稳定度，次/mm；

d_1——对应于时间 t_1 的变形量，mm；

d_2——对应于时间 t_2 的变形量，mm；

C_1——实验机类型修正系数，对曲柄连杆驱动试件变速行走方式为1.0，对链驱动实验轮等速方式为1.5；

C_2——试件系数，对实验室制备的宽300mm的试件为1.0，对从路面切割的宽150mm的试件为0.8；

N——实验轮往返碾压速度，通常为42次/min。

③实验结果的评定。

同一沥青混合料或同一路段的路面，至少平行实验3个试件，当3个试件动稳定度变异系数小于20%时，取其平均值作为实验结果。变异系数大于20%时应分析原因，并追加实验。如计算动稳定度值大于6000次/mm时，记作：大于6000次/mm。

11.8 钢材实验

本节实验有钢筋的拉伸、冷弯实验。实验参照《金属材料 拉伸试验 第1部分：室温试验方法》(GB/T 228.1—2021)、《金属材料 弯曲试验方法》(GB/T 232—2010)、《钢筋混凝土用钢 第1部分：热轧光圆钢筋》(GB 1499.1—2017)、《钢筋混凝土用钢 第2部分：热轧带肋钢筋》(GB 1499.2—2018)、《型钢验收、包装、标志及质量证明书的一般规定》(GB/T 2101—2017)、《钢及钢产品交货一般技术要求》(GB/T 17505—2016)进行。

拉伸实验视频

11.8.1 钢材拉伸实验

11.8.1.1 主要仪器设备

①万能材料实验机,精度为1%;

②钢板尺,精度为1mm;

③天平,精度为1g;

④游标卡尺、千分尺、钢筋标点机等。

11.8.1.2 试件的制作与准备

①测量试样的实际直径 d_0 和实际横截面面积 S_0。

a. 光圆钢筋:可在标点的两端和中间3处,用游标卡尺或千分尺分别测量2个互相垂直方向的直径,精确至0.1mm,计算3处截面的平均直径,精确至0.1mm,再按 $S_0=\pi d_0^2/4$ 分别计算钢筋的实际横截面面积,取四位有效数字。实际直径 d_0 和实际横截面面积 S_0 分别取3个值中的最小值。

b. 带肋钢筋。

(a)用钢尺测量试样的长度 L,精确至1mm。

(b)称量试样的质量 m,精确至1g。

(c)按 $S_0=m/(\rho L)=m/(7.85L)\times1000$ 计算实际横截面面积,计算结果取四位有效数字。

②确定原始标距 L_0:$L_0=5.65\sqrt{S_0}=5.65\sqrt{\pi d_0^2/4}$,约修至最接近5mm的倍数。

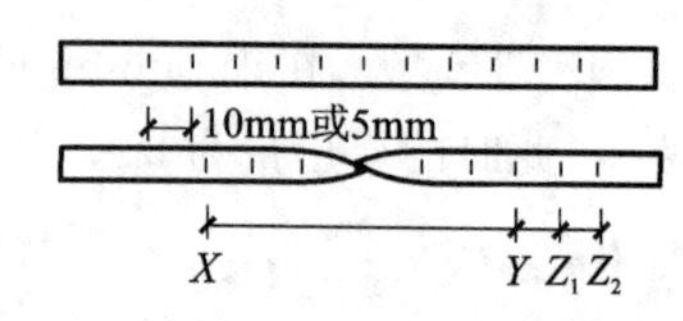

图11-26 钢筋标点及移位法

③根据原始标距 L_0、公称直径 d 和实验机夹具长度 h 确定截取钢筋试样的长度 L。L 应大于 $(L_0+1.5d+2h)$,若需测试最大力总伸长率,则应增大试样长度。

④在试样中部用标点机标点,相邻两点之间的距离可为10mm或5mm,见图11-26。

11.8.1.3 实验方法与步骤

①按实验机操作使用要求选用实验机。

②将试样固定在实验机夹头内,开机匀速拉伸。拉伸速度要求:屈服前,速度为6~60MPa/s;屈服期间,实验机活动夹头的移动速度为 $(0.015\sim0.15)(L-2h)$ MPa/min;屈服后,实验机活动夹头的移动速度不大于 $0.48(L-2h)$ MPa/min,直至试件拉断。

③拉伸过程中,可根据荷载-变形曲线或指针的运动,直接读出或通过软件获取屈服荷载 F_s(N)和极限荷载 F_b(N)。

④将已拉断试件的两段,在断裂处对齐,使其轴线位于一条直线上。测试断后标距 L_u。

a. 断后伸长率。

(a)以断口处为中点,分别向两侧数出标距对应的格数,用卡尺直接量出断后标距 L_u,精确至0.25mm。

(b)若短段断口与最外标记点距离小于原始标距的1/3,则可采用移位方法进行测量。短段上最外点为 X,在长段上取短段格数相同点 Y。原始标距 L_0 所需格数减去 XY 段所含格数得到剩余格数:为偶数时取剩余格数的1/2,得 Z_1 点;为奇数时取所余格数减1的1/2的格数得 Z_1 点,加1的1/2的格数得 Z_2 点,见图11-26。

例:设标点间距为10mm。若原始标距 $L_0=60$mm,则量取断后标距 $L_u=XY$;若 $L_0=70$mm,断后标距 $L_u=XY+YY+YZ_1=XY+YZ_1$;若 $L_0=80$mm,断后标距 $L_u=XY+2YZ_1$;若 $L_0=90$mm,断后标距 $L_u=XY+YZ_1+YZ_2$。

(c)在工程检验中,若断后伸长率满足规定值要求,则不论断口位置位于何处,测量结果均为有效。

b. 最大力总伸长率。

(a)采用引伸计或自动采集时，根据荷载-变形曲线或应力-应变曲线，可得到最大力时的伸长量，经计算得到最大力总伸长率，或直接得到最大力总伸长率。

(b)在长段选择标记点 Y 和 V，测量 YV 的长度，精确至0.1mm。YV 在拉伸实验前长度 L'_0 应不小于100mm，其他要求见图11-27。

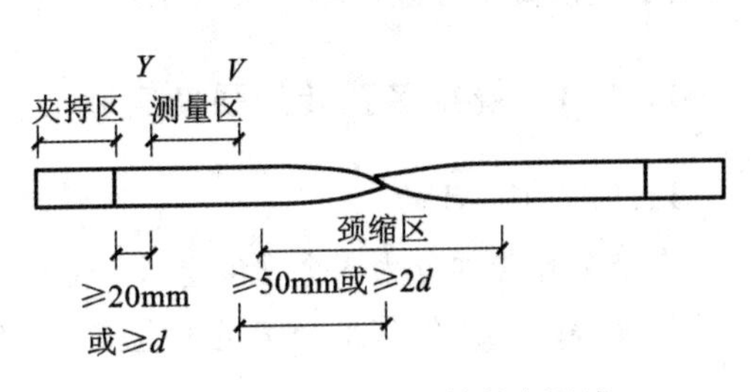

图 11-27 最大力总伸长率测试

11.8.1.4 实验结果计算与评定

①按下式计算屈服强度 R_{eL}，约修至5MPa。

$$R_{eL}=\frac{F_s}{S_0}\text{ 或 }R_{eL}=\frac{F_s}{S} \tag{11-40}$$

式中 S——公称面积，mm^2，取四位有效数字，工程检验时采用。

②按下式计算抗拉强度 R_m，约修至5MPa。

$$R_m=\frac{F_b}{S_0}\text{ 或 }R_m=\frac{F_b}{S} \tag{11-41}$$

③按下式计算断后伸长率 A，约修至0.5%。

$$A=\frac{L_u-L_0}{L_0}\times 100\% \tag{11-42}$$

④按下式计算最大力总伸长率 A_{gt}，约修至0.5%。

$$A_{gt}=\frac{L'-L'_0}{L'_0}\times 100\% \tag{11-43}$$

11.8.2 钢筋冷弯实验

冷弯实验视频

11.8.2.1 主要仪器设备

万能实验机或弯曲实验机、冷弯压头等。

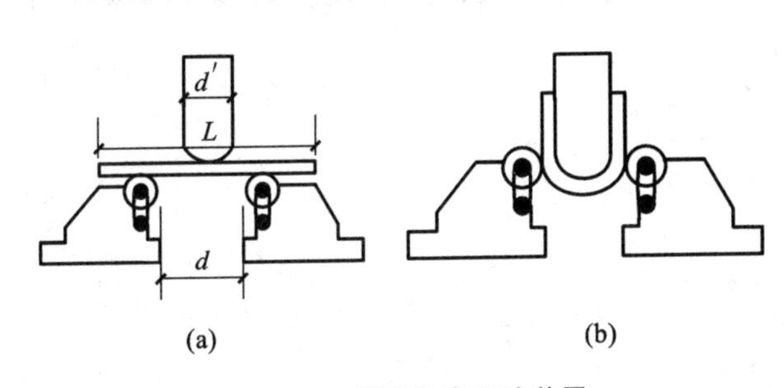

图 11-28 钢筋冷弯实验装置

(a)试样安装就绪；(b)弯曲180°

11.8.2.2 实验方法及步骤

①试件长度根据实验设备确定，一般可取$(5d+150)$mm，d 为公称直径。

②按图11-28确定弯心直径 d' 和弯曲角度。

③调整两支辊间距离使其等于$(d'+2.5d)$，见图11-28(a)。

④装置试件后，平稳地施加荷载，弯曲到要求的弯曲角度，见图11-28。

11.8.2.3 实验结果评定

试样弯曲后，按有关标准的规定检查弯曲处的外表面，进行结果评定。若有关标准未作出具体规定，则检查试样弯曲处的外表面之后，可按《金属材料　弯曲试验方法》(GB/T 232—2010)的规定评定为完好、微裂纹、裂纹、裂缝和裂断五类。

11.9 烧结砖与砌块实验

本节实验有烧结多孔砖的强度实验、加气混凝土砌块的抗压强度实验。实验参照《砌墙砖试验方法》(GB/T 2542—2012)、《烧结普通砖》(GB/T 5101—2017)、《烧结多孔砖和多孔砌块》(GB/T 13544—2011)、

《蒸压加气混凝土性能试验方法》(GB/T 11969—2020)、《蒸压加气混凝土砌块》(GB/T 11968—2020)进行。

11.9.1 烧结多孔砖的强度实验

11.9.1.1 目的

烧结多孔砖共分为5个强度等级,不同等级的砖可用于不同的结构部位。通过抗压强度实验,可以评定出其强度等级或评价其是否满足规定强度等级的要求。

11.9.1.2 主要仪器设备

①实验机,精度为1%;

②切割设备、钢直尺、抹刀等。

11.9.1.3 实验方法及步骤

①制备试样。

a. 将试样切割成均匀的两半,且每半长度不得小于100mm。

b. 将砖断开的试样泡水10～20min,取出后用厚度不大于5mm的水泥砂浆黏结,断口方向相反。

c. 用厚度不大于5mm的水泥砂浆抹平表面。

d. 试样在不低于10℃的不通风室内养护3d后待用。

e. 取10块试样进行实验。

②测取试样的连接面或受压面的长 L 和宽 B 各两个,分别取平均值,精确至1mm。

③将试样居中放在下压板上,以约4kN/s的速度均匀加荷,直至试件破坏,记录最大破坏荷载 P(N)。

11.9.1.4 实验结果计算与评定

①按砖抗压强度实验计算单块砖的抗压强度 f(即 R_p),精确至0.01MPa。

$$R_p = \frac{P}{BL} \tag{11-44}$$

②按下列公式计算10块砖的强度平均值 $\overline{f}$、标准差 s、强度变异系数 δ 和强度标准值 f_k,精确至0.1MPa:

$$\overline{f} = \frac{1}{10}\sum_{i=1}^{10} f_i \tag{11-45}$$

$$s = \sqrt{\frac{1}{9}\sum_{i=1}^{10}(f_i - \overline{f})^2} \tag{11-46}$$

$$\delta = \frac{s}{\overline{f}} \tag{11-47}$$

$$f_k = \overline{f} - 1.8s \tag{11-48}$$

③根据强度平均值 $\overline{f}$、变异系数 δ 和强度标准值 f_k 或单块最小抗压强度值,判定砖的强度等级。

11.9.2 加气混凝土砌块的抗压强度实验

11.9.2.1 目的

加气混凝土砌块按强度和干密度分级。通过抗压强度实验,可以评定出其强度级别或评价其是否满足规定强度级别的要求。

11.9.2.2 取样方法

加气混凝土砌块以同品种、同规格、同等级的砌块,1万块为一检验批,不足1万块也按一批计;采用随机抽样法取样,强度检验的试样从外观与尺寸偏差检验合格的样品中抽取,数量为3块。

11.9.2.3 主要仪器设备

①实验机，精度不低于2%；

②天平或台秤，量程2000g，精度为1g；

③切割设备、钢直尺等。

11.9.2.4 实验方法及步骤

①制备试样。沿加气混凝土砌块膨胀方向中心部分上、中、下锯取1组3块试样，3块砌块共锯取3组9块试样。"上块"距离顶面30mm，"中块"位于正中，"下块"距离底面30mm，试样的尺寸为100mm×100mm×100mm。砌块高度不同，试样间距可不同。

②调整试样的质量含水率至25%～45%后待用。

③测量试样的受压面尺寸 a、b，精确至1mm。

④将试样居中放在下压板上，以(2.0±0.5)kN/s的速度均匀加荷，直至试件破坏，记录最大破坏荷载 P(N)。

⑤将实验后的试件全部或部分立即称量后置于(105±5)℃的烘箱中烘至恒重，计算其含水率，精确至0.1%。

11.9.2.5 实验结果计算与评定

①按下式计算单块试样的抗压强度 f，精确至0.1MPa：

$$f=\frac{P}{ab} \tag{11-49}$$

②单组试样的抗压强度取3块试样的算术平均值，精确至0.1MPa。

③强度级别以3组试样的算术平均值和单组最小值进行评定。

11.10 混凝土无损与半破损检测

回弹法检测混凝土强度实验视频

混凝土无损检测是指在不破坏混凝土结构的条件下，在混凝土结构构件原位上，直接测试相关物理量，推定混凝土强度和缺陷的技术，一般还包括局部破损的检测方法。实验参照《回弹法检测混凝土抗压强度技术规程》(JGJ/T 23—2011)、《回弹法检测泵送混凝土抗压强度技术规程》(DB33/T 1049—2016)、《超声回弹综合法检测混凝土抗压强度技术规程》(T/CECS 02—2020)、《钻芯法检测混凝土强度技术规程》(CECS 03—2007)、《超声法检测混凝土缺陷技术规程》(CECS 21—2000)等进行。

11.10.1 回弹法检测混凝土抗压强度

11.10.1.1 基本原理

回弹法的原理是通过混凝土抗压强度—混凝土表层硬度—回弹能量—回弹值建立相互间的关联，即以表面的状况推定混凝土的抗压强度。

回弹时用弹簧驱动弹击锤，通过弹击杆，弹击混凝土表面，并测出锤被反弹回来的距离，即回弹值 R。通过回归的方法与混凝土的抗压强度 f_{cu} 建立函数关系，即测强曲线 $f_{cu}=aR^{b}$，推定混凝土的抗压强度。

11.10.1.2 主要仪器设备

①回弹仪，如图11-29所示；

②碳化深度测试仪；

③榔头、凿子等。

11.10.1.3 实验方法及步骤

①在需要测试的构件上按规定要求画出测区，标记测区编号。

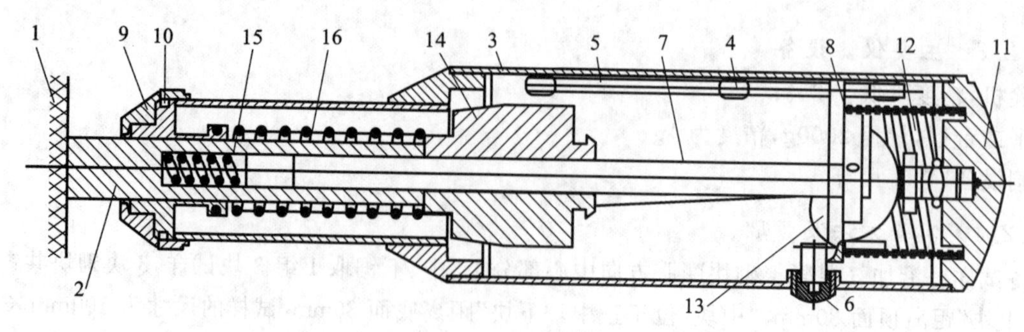

图 11-29 回弹仪

1—混凝土表面;2—弹击杆;3—机壳;4—指针滑块;5—刻度尺;6—按钮;7—中心导杆;8—导向法轮;9—盖帽;10—卡环;11—尾盖;12—压力弹簧;13—挂钩;14—弹击锤;15—缓冲弹簧;16—弹击拉簧

②用回弹仪以垂直表面的方式测试各测区的回弹值。每测区布置16个测点,测试16个回弹值,精确至1。测点不应在气孔或外露石子上,每个测点只允许弹一次。

③测量代表性测区或全部测区的碳化深度。

11.10.1.4 实验结果计算与评定

①测区回弹值的计算。

将一个测区的16个回弹值中剔除3个最大值和3个最小值,计算余下10个回弹值的算术平均值 $\overline{R}$,即测区平均回弹值,精确至0.1。

②非水平方向检测时,对所得回弹值进行角度影响修正,得到修正后的测区平均回弹值 $\overline{R}'$,修正值 R_a 可查阅相关规范。

③检测面为混凝土浇筑表面和底面时,除需要对回弹值进行角度影响修正外,还需进行浇筑面修正,得到修正后的测区平均回弹值 $\overline{R}''$,修正值 R_b 可查阅相关规范。

④测区混凝土强度换算值的计算。

a. 根据测区平均回弹值或修正后的测区平均回弹值和碳化深度值,查相关规范或根据回归公式得到测区混凝土强度换算值 $f^c_{cu,i}$。

b. 若混凝土为碳化深度不大于2.0mm的泵送混凝土,则需再将测区混凝土强度换算值进行泵送修正,得到泵送修正后的测区混凝土强度换算值 $f^c_{cu,i}$。

c. 若采用同条件试件或混凝土芯样的修正,则需再将测区混凝土强度换算值乘修正系数 η 进行修正,得到经试块或芯样强度修正后的测区混凝土强度换算值 $f^c_{cu,i}$。

⑤结构或构件混凝土强度推定值。

a. 结构或构件测区数少于10个时,按下式计算该结构或构件的混凝土强度推定值 $f^c_{cu,e}$,精确至0.1MPa。

$$f^c_{cu,e} = f^c_{cu,min}$$

式中 $f^c_{cu,min}$——经修正或未修正的最小测区混凝土强度换算值。

b. 结构或构件测区数不少于10个和按批量检测时,应按下式计算该结构或构件和该批构件的混凝土强度推定值 $f^c_{cu,e}$,精确至0.1MPa。

$$f^c_{cu,e} = m_{f^c_{cu}} - 1.645S_{f^c_{cu}} \tag{11-50}$$

$$m_{f^c_{cu}} = \frac{\sum_{i=1}^{n} f^c_{cu,i}}{n} \tag{11-51}$$

$$S_{f^c_{cu}} = \sqrt{\frac{\sum_{i=1}^{n} (f^c_{cu,i})^2 - n(m_{f^c_{cu}})^2}{n-1}} \tag{11-52}$$

式中 $m_{f^c_{cu}}$——结构或构件测区混凝土强度换算值的平均值,精确至0.1MPa。

$S_{f^c_{cu}}$——结构或构件测区混凝土强度换算值的标准差，精确至 0.01MPa。

n——对于单构件，取该构件的测区数；对于批量构件，取所有构件测区数之和。

11.10.2 超声回弹法检测混凝土强度

11.10.2.1 基本原理

超声波的传播速度与介质的物理性质以及结构存在密切关系，超声波通过混凝土时其速度与混凝土的弹性模量、强度以及密实程度相关联，超声波波速可在相当程度上反映出混凝土的整体质量。

因此，将回弹法和超声波法相结合，综合考虑混凝土表面和整体状况，建立了超声回弹综合法检测混凝土强度试验方法。

11.10.2.2 主要仪器设备

①回弹仪；

②超声波检测仪，要求使用的环境温度应为 0～40℃；

③换能器，频率宜在 50～100kHz；

④空气中实测声速与理论值相比误差不应超过 0.5%。

11.10.2.3 实验方法及步骤

①在需要测试的构件两侧面上画出对称测区，标记测区编号，并在对称位置标记出超声波探头位置，每测区为 3 点。

②用回弹仪以垂直表面的方式测试各测区的回弹值，每个测点只允许弹一次。每测区在构件两侧分别测试 8 个回弹值 R_i，精确至 1。

回弹仪使用方法同回弹法检测混凝土抗压强度实验。

③测试 3 点的声时 t_i，精确至 0.1μs。

a. 开启超声波检测仪，根据现场波形确定电压、增益。

b. 根据仪器使用要求调零。

c. 分别在测试点、发射探头和接收探头涂上耦合剂。

d. 将两探头置于检测构件对称两侧。

e. 测读出测点的声时值。

f. 测量构件的宽度即超声测距 l_i，精确至 1.0mm。

11.10.2.4 实验结果计算与评定

(1)测区回弹值的计算与修正

测区回弹值的计算方法、非水平方向检测时的角度影响修正、检测面为混凝土浇筑表面和底面时的浇筑面修正与回弹法检测混凝土抗压强度相同。

(2)超声声速的计算

按下式计算测区声速值代表值 v，精确至 0.01km/s。

$$v=\frac{1}{3}\sum_{i=1}^{3}\frac{l_i}{t_i} \tag{11-53}$$

当在混凝土浇筑顶面或底面测试时，尚需进行再次修正。

(3)测区混凝土强度换算值 $f^c_{cu,i}$

按下式计算测区混凝土强度换算值 $f^c_{cu,i}$，精确至 0.1MPa。

粗骨料为卵石时：

$$f^c_{cu,i}=0.0056v^{1.439}\bar{R}^{1.769} \tag{11-54}$$

粗骨料为碎石时：

$$f^c_{cu,i}=0.0162v^{1.656}\bar{R}^{1.410} \tag{11-55}$$

式中 $\bar{R}$——测区回弹平均值或修正后的测区回弹平均值。

(4)结构或构件混凝土强度推定值

当结构或构件的测区抗压强度换算值中出现小于10.0MPa的值时,该构件的混凝土抗压强度推定值$f_{cu,e}$取小于10MPa。

当结构或构件中测区数少于10个、不少于10个或按批量检测时,其强度推定值计算方法与回弹法检测混凝土强度时的计算方法相同。

11.10.3 钻芯法检测混凝土强度

11.10.3.1 基本原理

从混凝土结构或构件中直接钻取混凝土,并加工成高径比为1∶1的试件,测试得到混凝土的真实强度。钻芯法与其他方法相比,具有直接、可靠的特点,常作为其他无损检测方法中的修正手段;由于钻芯法也会在一定程度上对结构或构件产生损伤,因此也称为半破损方法。

11.10.3.2 主要仪器设备

钻芯机、磨平机、钢筋探测仪、压力试验机、钢直尺、钢卷尺等。

11.10.3.3 实验方法及步骤

①确定需要测试混凝土强度的构件。

②根据构件受力特点和其他要求确定出取芯的大概区域,并在此区域用钢筋探测仪确定出钢筋位置。

③根据钢筋位置结合构件截面的受力特点,画出取芯和钻芯机固定的位置。

④按钻芯机操作要求钻取混凝土芯样。

⑤将芯样按适当方式编号,并记录构件和芯样的位置。

⑥把芯样加工成高径比为1∶1的试件,并根据构件所处的潮湿状况调节芯样的干湿状态。

⑦在芯样中部两垂直方向测量直径,取平均值$\bar{d}$,精确至0.5mm;同时检查垂直度、平整度等是否符合要求。

⑧按混凝土立方体抗压强度实验方法测试芯样的抗压强度。

11.10.3.4 实验结果计算与评定

(1)混凝土芯样试件的抗压强度

按下式计算芯样试件的抗压强度,精确至0.1MPa。

$$f_{cu,cor}=\frac{F_c}{A}=\frac{F_c}{\frac{1}{4}\pi\bar{d}^2} \tag{11-56}$$

(2)单构件混凝土强度推定值

单构件混凝土强度推定值取芯样试件抗压强度值中的最小值。

(3)批量检测混凝土强度推定值

①按下式计算混凝土强度推定区间。

$$f_{cu,e1}=f_{cu,cor,m}-k_1S_{cor} \tag{11-57}$$

$$f_{cu,e2}=f_{cu,cor,m}-k_2S_{cor} \tag{11-58}$$

$$f_{cu,cor,m}=\frac{\sum_{i=1}^{n}f_{cu,cor,i}}{n} \tag{11-59}$$

$$S_{cor}=\sqrt{\frac{\sum_{i=1}^{n}(f_{cu,cor,i}-f_{cu,cor,m})^2}{n-1}} \tag{11-60}$$

式中 $f_{cu,cor,m}$——芯样试件的混凝土抗压强度平均值,精确至0.1MPa;

$f_{cu,cor,i}$——单个芯样试件的混凝土抗压强度值,精确至0.1MPa;

$f_{cu,e1}$——混凝土抗压强度推定上限值,精确至0.1MPa;

$f_{cu,e2}$——混凝土抗压强度推定下限值，精确至 0.1MPa；

k_1，k_2——推定区间上、下限系数，置信度为 0.85 条件下根据试件数确定；

S_{cor}——芯样试件的抗压强度标准差，精确至 0.1MPa。

$f_{cu,e1}$和 $f_{cu,e2}$之间的差值不宜大于 5.0MPa 和 0.10$f_{cu,cor,m}$两者中的较大值。

②宜以 $f_{cu,e1}$作为批量检测混凝土强度推定值。

11.10.4 超声法检测混凝土均匀性和缺陷

11.10.4.1 基本原理

混凝土缺陷超声检测技术是在金属超声探伤技术的基础上发展而来的，直接在结构上进行全面检测，虽然测试精度尚不太高，但其数据代表性较强，因此有一定实际意义，国际上也都通认超声法是检验混凝土均匀性和缺陷的有效方法。

11.10.4.2 实验方法及步骤

超声法检测混凝土缺陷主要有以下几种方法：

(1)平面检测(采用厚度振动式换能器)

①对测法：将一对发射(T)、接收(R)换能器，分别耦合于被测构件相互平行的两个表面，两个换能器的轴线位于同一直线上。该方法适用于具有两对相互平行表面可供检测的构件。

②斜测法：将一对发射(T)、接收(R)换能器，分别耦合于被测构件的两个表面，两个换能器的轴线不在同一直线上。该方法适用于具有一对相互平行或两个相邻表面可供测试的构件。

③平测法：将一对发射(T)、接收(R)换能器，置于被测构件同一个表面进行检测。该方法适用于被测部位只有一个表面可供测试的结构。

(2)钻孔或预埋管检测(采用径向振动式换能器)

①孔中对测：将一对发射(T)、接收(R)换能器，分别置于被测结构的两个对应钻孔(或预埋管)中，在同一高度进行测试。该方法适用于大体积混凝土结构的普测。

②孔中斜测：将一对发射(T)、接收(R)换能器，分别置于被测结构的两个对应钻孔(预埋管)中，但两个换能器不在同一高度，而是保持一定高程差进行检测。该方法适用于大体积混凝土结构细测，以进一步查明两个测孔之间的缺陷位置和范围。

③孔中平测：将一对发射(T)、接收(R)换能器，或一发一收(一发双收)换能器，置于被测结构的同一个钻孔中，以一定的高程差同步移动进行检测。该方法适用于大体积混凝土结构细测，以进一步查明某一钻孔附近的缺陷位置和范围。

(3)混合检测(采用一个厚度振动式换能器和一个径向振动式换能器)

将一个径向振动式换能器置于钻孔中，一个厚度振动式换能器耦合于被测结构与钻孔轴线相平行的表面，进行对测和斜测。该方法适用于断面尺寸不太大或不允许多钻孔的混凝土结构。

测试时，应使发射(T)、接收(R)换能器在对应的一对测点上保持良好耦合状态，逐点读取声时 t_i。超声测距的测量，可根据构件实际情况确定，若各点测距完全一致，可在被测构件的不同部位测量几次，取其平均值作为该构件的超声测距值 l_i。当各测点的测距值不尽相同(相差大于或等于 2%)时，应分别进行测量。如条件许可，最好采用专用工具逐点测量 l_i 值。